LE NOUVEAU
PARFAIT
MARECHAL.

LE NOUVEAU
PARFAIT
MARÉCHAL,

OU

LA CONNOISSANCE GENERALE
ET UNIVERSELLE
DU CHEVAL,

DIVISE' EN SIX TRAITE'S.

1°. DE fa Conftruction.

2°. DU Harras.

3°. DE l'Ecuyer & du Harnois.

4°. DU Chirurgien & des Operations.

5°. DU Maréchal ferrant.

6°. DE l'Apoticaire, *ou* des Remedes.

AVEC UN DICTIONNAIRE
DES TERMES DE CAVALERIE.

Le tout enrichi de quarante-neuf Figures en Taille-douce.

Par M. FR. A. DE GARSAULT, *ci-devant Capitaine en Survivance du Haras du Roi.*

A PARIS,

Chez DESPILLY, ruë Saint Jacques, Cour de la vieille Pofte.

_____

M. DCC. XLI.

AVEC APPROBATION ET PRIVILEGE DU ROI.

PRE'FACE.

Tiré de Job ch. xxxix. le Seigneur parle à Job.

℣. 19. *Numquid præbebis equo for-titudinem , aut circumdabis collo ejus hinnitum?*

℣. 20. *Numquid suscitabis eum quasi locustas ? gloria narium ejus ter-ror.*

℣. 21. *Terram ungula fodit , exul-tat audacter : in occursum pergit ar-matis.*

℣. 22. *Contemnit pavorem , nec cedit gladio.*

℣. 23. *Super ipsum sonabit phare-tra , vibrabit hasta & clypeus.*

℣. 24. *Fervens & fremens , sorbet terram , nec reputat tuba sonare clan-gorem.*

℣. 25. *Ubi audierit buccinam , dicit : vah ! procul odoratur bellum , exhorta-tionem Ducum , & ululatum exercitûs.*

Est-ce-vous qui donnerez au cheval sa force, qui lui ferez pousser ses hen-nissemens ?

Ou qui le ferez bondir comme les sauterelles: le souffle si fier de ses na-rines repand la terreur.

Il frappe du pied la terre : il s'élance avec audace , il court au-devant des hommes armés.

Il ne peut être touché de la peur : le tranchant des épées ne l'arrête point.

Les flêches sifflent autour de lui, le fer des lances & des dards le frappe de ses éclairs.

Il écume , il fremit , & semble vou-loir manger la terre: il est intrepide au bruit des trompettes.

Lorsque l'on sonne la charge il dit : allons! Il sent de loin l'approche des troupes , il entend la voix des Capi-taines qui encouragent les soldats , & les cris confus d'une armée.

L E Cheval qui fait l'unique objet de ce Livre, est sans contredit le plus utile des animaux soûmis à l'empire de l'homme ; nous avons pour premier garant de ses grandes quali-tés l'estime genérale dans laquelle il a toûjours été :

*

cette eftime a été portée anciennement à un fi haut degré, qu'on a accordé à un Dieu puiffant du Paganifme (*a*) l'avantage de l'avoir créé pour le bonheur de la terre ; on l'a enfuite affocié en quelque façon à la nature humaine, en fuppofant un peuple entier moitié homme & moitié cheval (*b*) : la Religion payenne l'a attelé au char de fes plus grands Dieux (*c*) : les Auteurs des Romans les plus celébres lui ont fait partager les grandes actions de leurs heros (*d*) : les Poëtes lui ont donné des aîles en plufieurs occafions (*e*), & l'ont honoré de la plus haute place au Parnaffe fejour des Mufes (*f*). Nous trouvons dans l'hiftoire, des chevaux celébres dont le nom & les actions ont paffé à la pofterité (*g*) ; & la Nobleffe actuellement encore n'a pas de plus beaux titres que ceux qu'elle emprunte du nom de cet animal (*h*). En effet il force à la reconnoiffance

(*a*) Neptune fit fortir le cheval de terre d'un coup de fon trident dans fa difpute avec Minerve au fujet de la Ville d'Athenes.

Primus ab æquoreâ percuffus cufpide lacis

Theffalius fonipes bellis ferialibus omen

Exiluit. Lucain Pharfale.

Fudit equum magno tellus percuffa tridenti. Virgile Georg. l. 1.

(*b*) On appelloit ce peuple les Centaures : on a feint qu'ils étoient moitié homme & moitié cheval ; mais la verité eft que les Theffaliens ont été les premiers en Gréce qui ont commencé à monter fur des chevaux & à les dompter, & que les premiers qui les ont vû à cheval, les ont pris pour des monftres, moitié homme & moitié cheval ; ce qui leur a donné le nom de Centaures.

(*c*) Le char du foleil, celui de Plu-ton, & celui de Neptune font tirés par des chevaux fui\`ant la fable.

(*d*) Scyphius, Arion, les chevaux de Caftor & de Pollux, les chevaux d'Achille dans Homere nommés Balie & Xante, ceux de Pallas fils d'Evandre dans Virgile.

(*e*) Le cheval de Perfée, de Bellerophon qui eft le même que Pegafe.

(*f*) Cheval aîlé placé au fommet du Parnaffe.

(*g*) Le cheval de Darius qui le fit élire Roy : le cheval d'Alexandre nommé Bucephale, qui combattoit avec Alexandre à qui il fit de magnifiques funerailles, & fit bâtir une ville en fon honneur : l'Empereur Neron fit nommer fon cheval Conful, & Caligula faifoit manger le fien à fa table.

(*h*) Les dignités de Connétable, de Chevalier & d'Ecuyer tirent leur origine du cheval. Le mot de Con-

PRÉFACE.

par tous les biens dont il nous fait joüir, & par les
agrémens infinis qu'il nous procure : il fert à la pompe
& à la magnificence des Rois : leur fûreté, leur vie même lui eſt confiée. De quelle néceſſité n'eſt-il point à la
guerre, tant pour la défenſe de ſes maîtres, que pour
leur fournir tous les ſecours neceſſaires : Il rompt par
ſa diligence les meſures des ennemis : il aide au Général à donner ſes ordres : il s'anime, il combat : auſſi bon
citoyen dans l'interieur de l'Etat, il y diſtribue les denrées de toute eſpéce par terre & par eau ; enfin il ſert
au commerce mutuel des Peuples d'un même conti-
nent auſſi eſſentiellement que le vaiſſeau : cette machine admirable l'entretient au travers des mers d'un con-
tinent à l'autre. C'eſt pour remplir tous ces uſages differens que la ſage Nature ſemble avoir conſiderable-
ment varié la figure, la taille, & même les inclinations
des chevaux. On en voit des grands & épais qui ne ſemblent deſtinés qu'à tirer des voitures proportionnées à
leur volume (a) : d'autres, de moindre taille, mais traverſés, doivent porter les fardeaux (b). Parmi ceux-ci
les plus nobles ſont excellens pour des voitures legeres (c) ; c'eſt dans cette eſpéce que ceux qui ſont moins

nétable ſignifie Chef d'écurie : le terme de Chevalier, c'eſt-à-dire, homme de cheval, eſt très-ancien ; les
Chevaliers Romains étoient le ſecond Ordre de la Republique. Cet
Ordre a commencé du tems de Ro-
mulus : les Rois ont depuis nommé
Chevaliers ceux à qui ils ont accordé des Ordres, & la haute Nobleſſe
prend ce titre dans tous ſes actes No-
tariaux. Le titre d'Ecuyer eſt actuellement un titre de Nobleſſe depuis
1579 ; c'étoit autrefois celui qui por-

toit l'écu, autrement le bouclier du
Chevalier : celui qui a le gouvernement d'une écurie chez les Rois,
chez les Princes & chez les gens de
grande condition, ſe nomme Ecuyer.
La profeſſion même de Marchand de
chevaux eſt libre, & ne déroge point.
(a) Chevaux de charette, de coche, de grand caroſſe.
(b) Chevaux de baſt, de coche
d'eau, de labour.
(c) Chevaux de voiture legere.

* ij

épais, & qui commencent à tirer sur le fin, ne respirent que la guerre *(a)* : les plus nobles & les plus distingués sont faits pour les Généraux, les Officiers & les chasseurs *(b)*. On en voit de taille inferieure appellés doubles bidets, tranquilles & marchans aisément, qui offrent leurs services aux voyageurs, aux femmes, & aux tireurs *(c)*. Les bidets se presentent pour servir à des courses utiles & souvent réiterées, au transport des provisions & marchandises *(d)* ; enfin les plus petits d'entre eux paroissent naturellement destinés à accoutumer les enfans à un exercice salutaire *(e)*. Si la vie de cet animal nous est si précieuse, sa mort même ne nous ôte pas tous les avantages que nous pouvons en retirer. *(f)*

Ce grand nombre d'utilités reconnues a engagé de tous tems les hommes à perpetuer, & à conserver une espéce si chere au genre humain, de-là ont été formés les haras composés d'estelons & de jumens : il a fallu charger des hommes de fournir aux chevaux tous leurs besoins ; on nomme ces serviteurs des palfreniers *(g)*. D'autres exercent la profession de les guerir de leurs maladies, & doivent être en même tems leurs Cordo-

(a) Chevaux de Cavalier, de Dragon, de la Maison du Roy.

(b) Chevaux de manége ou de bataille, chevaux de chasse, ou coureurs.

(c) Chevaux d'aleure, de femme, d'arquebuse.

(d) Chevaux de poste & de messager.

(e) Bidets d'enfans.

(f) Le crin & la bourre servent aux Tapissiers, aux Selliers, aux Carossiers, aux Perruquiers, aux Luttiers, aux Boutoniers, aux Brasseurs, aux Chapeliers, à faire des lignes, des tamis, des vergettes, brosses, aigretes de chevaux, des cordes, &c. La corne sert aux Tabletiers, Peigniers, Lunetiers : la peau passée aux Selliers, Boureliers, & l'huile qui est la graisse du col & du ventre fondue, aux Emailleurs.

(g) Nom tiré des domestiques qui avoient soin des palefrois, ou chevaux de promenade & de Dames.

niers, leurs Medecins, leurs Chirurgiens & leurs Apoticaires; celui qui se charge de ce soin est appellé Maréchal (*a*).

Les Rois & les Seigneurs ont attaché à leur dignité, pour la rendre plus respectable, de belles écuries (*b*), & un grand nombre de chevaux : plusieurs Gentilshommes en nourrissent, tant pour leur agrément, que pour leur utilité : les Officiers, surtout ceux de Cavalerie sont obligés d'en entretenir certaine quantité : les Maîtres de poste, les messageries, les voituriers de terre & d'eau ne peuvent s'en passer : enfin je ne finirois pas si je voulois detailler ceux à qui cet animal est necessaire pour le besoin, ou pour l'agrément. Il est vrai en même tems qu'il ne peut remplir parfaitement ni longtems sa destination de quelque nature qu'elle soit, sans un soin journalier & assidu de la part de l'homme ; & comme le Public est interessé à le conserver, & par consequent à en connoître les moyens, j'ai cru comme Citoyen, devoir faire part à ma patrie des connoissances que j'ai tâché d'acquerir à ce sujet, y ayant été moi même plus intimément engagé par une profession qui exigeoit absolument la science de tout ce qui peut concerner cet animal. C'est pour parvenir au peu que j'en sçai, que j'ai tâché de profiter des lumieres de gens consommés dans l'Art, & que j'ai fait des remarques sur ma propre experience, ayant été élevé au milieu des chevaux. Je n'ai rien negligé pour rassembler toutes les

(*a*) Le nom de Maréchal est tiré de *Mar* qui signifie cheval en Langue Celtique, & de *Sca'k* qui veut dire Ministre ; ainsi Maréchal signifie celui qui administre, ou qui a soin du cheval.

(*b*) Les plus belles écuries qui soient en France sont, la petite écurie au Louvre à Paris, la petite écurie à Versailles, & celle de Chantilly : celle de Chilly à quatre lieües de Paris est dans de belles proportions.

branches qui peuvent concourir à me mettre au fait de leur gouvernement en général depuis leur naiſſance juſqu'à leur mort ; & comme un des principaux objets eſt celui de la connoiſſance des maladies , parce qu'il regarde la conſervation de l'animal , j'ai crû qu'il falloit commencer par connoître la ſtructure intérieure du cheval ; c'eſt-pourquoi m'étant informé ſi nous n'avions pas quelque bon livre d'anatomie générale du cheval, je n'en ai point trouvé parmi nous, il a fallu recourir aux Etrangers ; & ſur la reputation que l'Anatomie de *Snape* a en Angleterre, j'en ai entrepris la traduction que j'ai donnée au public : non content de ma lecture , j'ai voulu voir par moi-même en diſſequant & injectant quelques parties qui m'ont paru eſſentielles , auſquelles je me ſuis plus particulierement attaché ; ſçavoir , la tête & les jambes. J'ai deſſiné ces parties d'après nature , & je les ai gravées dans ce Livre ; j'ai joint à toutes ces études la connoiſſance des plantes , & principalement de celles qui ſont en uſage dans la Medecine, afin de pouvoir compoſer des remedes ſimples que j'ai ſouvent trouvés auſſi effectifs que ceux qui ſont chargés de beaucoup de drogues.

Il n'eſt pas douteux que la découverte des veritables cauſes des maladies ne ſoit un des objets de la Medecine qui conduit le plus ſûrement à leur guériſon ; c'eſt ſur ce principe que j'ai penſé ne pouvoir mieux faire pour me mettre au fait de ces véritables cauſes, que de profiter de l'amitié du célébre M. Chirac, dont les lumieres ont enrichi à jamais l'Art de la Medecine. C'eſt donc ce Medecin par excellence qui a bien voulu me faire part d'une partie de ſes grands principes à cet égard. J'ai tâché de les recüeillir du mieux qu'il m'a été poffible : c'eft à lui à qui j'ai l'obligation d'avoir été detrompé de plufieurs erreurs & fuperftitions qui font encore en valeur dans la Maréchalerie, comme des influences de la Lune, des amulettes, fecrets, &c. du peu d'ufage de la faignée, & d'autres qu'on pourra découvrir dans le courant de ce Livre, fi après les avoir adoptées précedemment, on eft capable de s'en défabufer. Quand nous parlions de la fiévre continuë, il me difoit que cette maladie n'eft autre chofe qu'un arrêt du fang, & par conféquent une difpofition inflammatoire plus éloignée ou plus prochaine dans quelque partie intérieure dont le cerveau comme principe des efprits étoit toûjours averti, que la feule difference de la moindre fiévre continuë à la plus confiderable, n'étoit autre chofe que cette difpofition plus ou moins forte ; qu'ainfi, fans avoir égard à tous les noms dont il a plû à nos Anciens de caraéterifer chaque fiévre, ainfi que beaucoup d'autres maladies provenant des mêmes caufes, il n'eft queftion que d'y apporter des fecours d'autant plus prompts, que le cerveau eft plus engagé, & que l'abcès interieur eft plus prêt à fe former.

J'apprenois encore de lui qu'anciennement, & j'ajoûte même quelque tems avant lui on n'avoit pas connu clairement que fouvent plufieurs maux de differente dénomination ont une caufe commune ; de façon que le procedé du Medécin varioit fuivant les differens noms des maladies, & non fuivant la caufe qui les produifoit, qu'on n'imaginoit pas être fouvent la même : par exemple, ajoûtoit-il, quatre perfonnes font à la chaffe , ils ont tous les quatre fort chaud , vient un vent froid qui bouche les pores , & fait fubitement ceffer la tranfpiration , cette humeur refluant en dedans , fera des ravages differens fuivant la difpofition du fujet : elle donnera à l'un une fluxion de poitrine , à l'autre un rhumatifme , au troifiéme la fiévre , & au quatriéme un point de côté. Voilà quatre maladies de differens noms , dont cependant la caufe eft la même. Il ne s'agit que de la tranfpiration interrompuë dont les effets fe montrent fous differentes faces , & qui ne donne , pour ainfi dire , qu'une maladie dont les dégrés font plus foibles ou plus forts; attaquez alors la caufe plus ou moins vigoureufement , & venant à bout de la vaincre , vous guerirez ces quatre noms de maladies.

A l'égard des maladies de la peau , depuis le plus petit bouton jufqu'à la pefte , il ne faut nullement fonger , difoit-il à guérir l'exterieur , c'eft-à-dire , ce qui paroît fur la peau. Lorfqu'on ne s'applique pas à rendre fain l'intérieur , de plus fi on travaille à effacer ce qui paroît au-dehors , en le refferrant on bouche l'écoulement que l'humeur a pris , & on l'oblige à fe jetter fur quelque vifcere , qu'elle corrompra dangereufement.

Lorfque je lui faifois mes difficultés fur le choix que j'avois à faire des remedes , attendu qu'on en trouvoit une fi grande quantité dans les difpenfataires , qu'il étoit difficile de fe décider , il m'avoüoit que lorfqu'il étoit jeune Medécin , il tomboit lui-même dans la recherche de cette abondance de remedes , qu'il ordonnoit tantôt l'un & tantôt l'autre , parceque la véritable caufe des maux n'étant pas alors bien developée en lui, il efperoit que le reméde par fon action fuppléeroit à

fon

son défaut de connoiffance ; mais que depuis qu'il avoit vû clair , & qu'il avoit trouvé des principes certains , il étoit venu au point d'avoir à peine trente remedes pour toutes les maladies du corps humain.

C'eft ainfi que ce grand homme avoit la bonté de m'inftruire , & c'eft par fes lumieres que j'ai réuffi lorfque j'ai été en occafion de les mettre en pratique. Je fouhaite que la prévention ne s'oppofe point au bien qu'on pourroit en tirer en les fuivant , & que l'igno-rance ceffe d'être orgueilleufe & confiante.

Après avoir tiré de M. Chirac de fi bonnes inftru-ctions , j'ai eu la curiofité de parcourir tous les Livres François de Cavalerie que j'ai pû rencontrer. J'en ai trouvé plufieurs qui traitent uniquement du manége , & d'autres qui en voulant parler des maladies , ont fi fort embrouillé la matiere , qu'ils ne peuvent être re-gardés pour la plûpart que comme des poffeffeurs de recettes mal digerées dont ils fe fervent par routine & fans raifonnement. Quelques-uns donnent dans ce qui s'appelle des paroles , & dans l'Aftrologie judiciaire , indiquant les Signes du Zodiaque qui préfident aux dif-ferentes parties du corps , croyant les influences de la Lune & des Planettes & plufieurs autres puérilités, Fil-les de l'ignorance. On ne fçait en genéral à quoi s'en tenir dans la plûpart de ces Livres, au milieu de cet amas confus ; quelques-uns cependant fe font diftin-guer , & doivent exciter la curiofité , tel eft le Livre de M. de Pluvinel qui a pour titre , *l'Inftruction du Roy en l'Art de monter à cheval.* Ce Livre eft recommandable & curieux, tant à caufe que par fa lecture on peut juger

**

PRE´FACE.

du progrès que l'Art de monter à cheval a fait en se sim-
plifiant depuis la jeunesse de Louis XIII jusqu'à present, qu'à cause de 67 Estampes assez belles, dans lesquelles se trouve le portrait de Louis XIII en 1624, &
celui de la plus grande partie des Seigneurs & Magi-
strats renommés de ce tems avec leurs noms, comme
aussi celui de Pluvinel, des autres Ecuyers des Ecuries
du Roy, & du Duc de Bellegarde Grand Ecuyer de
France (*a*). On voit aussi dans differentes Estampes le
cavesson, la selle à piquer de l'invention du Sieur de
Pluvinel, l'habillement qu'on portoit à cheval en ce
tems ; les piéces de l'armure qu'on endossoit pour rom-

(*a*) Les Seigneurs qui montent à
cheval au manége avec le Roy, &
qu'on voit sur des chevaux de mané
ge en differentes Estampes, sont le
Grand Ecuyer, Messieurs le Comte
d'Harcourt, de Soissons, M. le Che
valier de Souvré, M. le Baron de
Valence, M. le Marquis de Morte-
mart, M. le Prince, le Comte de
More, M. Pluvart fils du Marquis
de la Mosse. Ceux qui se tiennent auprès du Roy à pied, sont le Maréchal de Souvré, le Comte Deffiat, le
Duc de Mayenne, le Baron de Termes. Dans les dernieres Estampes où
le Roy fait ses exercices de guerre,
comme de courre la bague, la quintaine l'épée à la main, rompre en
lice, sont distribués comme spectateurs à cheval, tous ceux qui suivent, sçavoir, Monsieur frere du
Roy, M. le Prince, M. de Mets,
Ducs de Vendôme, de Rohan, d'Es-
pernon, de Guise, de Nevers, de
Chevreuse, d'Elbœuf, de la Roche-
foucaut, de la Rocheguyon, de Lon-
gueville, de Montbazon, de Retz,
d'Angoulême, de Nemours, Du-
zaye, de la Tremouille, de Sully,
les Cardinaux de Savoye & de la
Valette, M. le Connetable, M. de
Montmorency, le Maréchal de
Chastres & d'Ornano, les Comtes de
Soissons, de Moret, de S. Paul, de
Rochefort, de Candale, de Cham-
bor, le Chevalier de Vendôme, le
Marquis de Bois-Dauphin, de Te-
mines, de Praslin, de Bassompierre,
de Vitry, de Châtillon, d'Alin-
court, de Courtenvaux, de la Vieu-
ville, de Beuvron, MM. de Blinville,
de la Valette, Milord Donc Kaster,
M. le Chancelier, M. le Premier
Président, M. de la Villaucler premier Secretaire d'Etat, le Président
Jeannin, M. de Châteauneuf, M. de
Lomenies. Les Ecuyers qui sont re-
presentés dans differentes Estampes
sont Messieurs Dupré, de Belleville,
de Poitrincourt, de Botbose, Vante-
let, de Zuffertes, Bellou, Benjamin,
& de Charnezay Ecuyer du Duc de
Nevers.

pre en lice , & plufieurs figures de brides. Eſt à la fin repreſenté le ballet de l'invention de M. de Pluvinel , & eſt écrit au bas de l'Eſtampe, *le magnifiquë Ballet qui fut danſé à la Place Royale l'an MDCXIII. le cinq Avril.* Ce ballet fut compoſé de ſix Chevaliers & de ſix Ecuyers, qui avec des habits faits exprès firent manier leurs chevaux à toutes ſortes d'airs au ſon des inſtrumens.

Un Livre de Cavalerie bon & curieux eſt celui du Comte de Neucaſtle , il a pour titre , *Méthode & invention nouvelle de dreſſer les chevaux , par Guillaume Marquis & Comte de Neucaſtle* : il eſt orné de belles Eſtampes , il eſt d'une belle impreſſion , & on y trouve de trés-bonnes choſes, tant pour le manége que pour les haras (a). Quelques Eſtampes depeignent la ſelle à piquer , les étriers , les éperons, le caveſſon & les mords dont il ſe ſervoit. Cet ouvrage eſt diviſé en cinq Livres : le premier eſt un traité du Haras , les quatre autres traitent du Manége , où on voit que M. le Comte ſe ſervoit pour plier la tête de ſon cheval d'un caveſſon , dont il arrêtoit la longe à la ſelle , & le manioit ainſi ; attachant cette longe à droit , ou à gauche , ſuivant qu'il vou-

(a) La quatriéme & cinquiéme Eſtampe ſont dignes de remarque. Dans la 4me le Comte de Neuclaſte paroît ayant une couronne ſur la tête , & aſſis dans un char traîné par deux centaures, au milieu d'un cercle d'une vingtaine de chevaux proſternés ſur les genoux , & la tête baſſe en ſigne de reſpect. Dans la 5me ledit Comte eſt dans les airs monté ſur le cheval Pegaſe , qu'il fait manier : tous les Dieux ſont aſſemblés au Ciel, & ſont témoins de ce manége, & un demi-cercle de chevaux aſſis ſur leurs croupes, ſemblent en être émerveillés. On voit dans une de ces Eſtampes le Roy Charles II à cheval, quatre Anges ayant chacun une couronne à la main, la ſoûtiennent ſur ſa tête, les Rois d'Angleterre prenant le titre de Rois d'Angleterre, d'Ecoſſe, d'Irlande & de France. Dans celles qui le repreſentent au manége, ou bien il eſt à cheval, ou il donne leçon au Capitaine Mazin : M. Procter, ou M. Houlay portent ſon manteau. Après que quelques autres Eſtampes ont repreſenté les Châteaux

loit que la tête du cheval fût tournée en maniant.

Le Livre le plus généralement eftimé, fans parler du Manége, & qui eft auffi le plus généralement utile, eft le *Parfait Maréchal* fait par M. de Soleyfel Ecuyer Sieur du Clapier, l'un des Chefs de l'Academie Royale proche l'Hôtel de Condé : je crois que c'eft le meilleur des anciens qui ait été fait. Il eft divifé en deux Livres, dont le premier traite des maladies des chevaux, & le fecond de la connoiffance du cheval, du panfement, des voyages, de la ferrure, &c. A la fin eft un difcours fur le haras, ou plûtôt des remarques fur quelques articles du Traité du Haras de M. le Comte de Neufcaftle. Ceux qui liront cette Préface verront bien que la quantité de remedes difficiles à compofer qui font repandus dans ce Livre n'eft point dans mon fiftéme ; d'ailleurs m'étant appliqué à éviter la prolixité & le manque d'ordre, afin que le Lecteur puiffe trouver aifément & en bref les chofes qui l'intéreffent, j'ai fait mon poffible pour raffembler dans chaque article tout ce que j'ai pû en fçavoir, perfuadé que l'arrangement d'un Livre le rend beaucoup plus clair au Lecteur, & en l'inftruifant mieux, lui épargne bien de la peine. Comme l'inftru-

de Welbeck, d'Ogle, & de Bothel enrichi de chaffes, la derniere confifte en un periftile formé par plufieurs arcades, dans lefquelles font des enfoncemens qui forment des efpéces de niches, au nombre de cinq ; celle du milieu eft occupée par Monfieur le Comte de Neucaftle Auteur du Livre, & Madame la Comteffe fa femme affife à fes côtés comme fpectateurs, regardant monter à cheval le Vicomte Charles de Mansfiels leur fils ainé, & le Seigneur Henry Cavendyshe leur cadet : les femmes de ces deux Seigneurs font affifes à côté l'une de l'autre dans la premiere niche à gauche ; les autres font occupées par le Comte de Brigdwater & fa femme fille du Comte, par le Comte de Bullingbrooke & fa femme fille du Comte, & par M. Cheyne & Mᵉ. Jeanne fille du Comte.

PRE'FACE.

ction eft mon but, j'ai tâché d'agir en conféquence.
Je commence donc par la conftruction du cheval, connoiffance qu'il faut avoir, pour fçavoir à quel animal
on a affaire, & les précautions qu'on doit prendre quand
on l'achette ; enfuite viennent dans le Traité du Haras les moyens de perpetuer fon efpéce ; je paffe enfuite
aux foins qu'on doit en avoir ; quatriémement aux
moyens d'en faire ufage ; enfuite à ceux de le guérir de
fes maux. Cette matiere contient tout le refte du Livre,
à la fin duquel j'ai joint un Dictionnaire des termes de
Cavalerie. Le premier Traité a pour titre, *la Conftruction
du Cheval* ; le fecond eft, *le Traité du Haras* ; enfuite *le
Traité de l'Ecuyer* : la guérifon des chevaux eft divifée en
plufieurs Traités, dont le premier eft intitulé, *le Medécin*, il contient les maladies qui ont befoin de l'affiftance du Maréchal-Médecin ; le fecond a pour titre, *le
Chirurgien* : il renferme les playes & les opérations,
après lefquelles fuit le Traité du *Maréchal - Ferrant :* le
quatriéme, nommé *l'Apoticaire*, contient les remedes
tant fimples que compofés pour les differentes indications, & le Livre finit par le *Dictionnaire*. Voilà le plan
de mon Livre qui après avoir fervi à m'inftruire moi-
même, montrera fans doute au public monzél e pour
lui, plus que ma capacité.

 Pendant le courant de l'impreffion de ce Livre, il
m'eft venu en penfée de montrer par deffein autant
que faire fe peut, la figure de plufieurs plantes que
j'indique, & dont peu de gens ont connoiffance; mais
n'ayant pas alors eu le tems de les graver moi-même,
comme j'ai fait de toutes les autres Eftampes de ce Li-

vre ; j'en ai donné les deſſeins à un Graveur, qui ſans doute n'a pû les exécuter pour la précifion comme je l'aurois fait moi-même, puifque je les ai toutes deſſi-nées d'après nature ; mais j'efpere que les petites cir-conſtances qui peuvent y manquer, n'empêcheront pas de reconnoître chaque plante quand on voudra les chercher dans les jardins ou à la campagne.

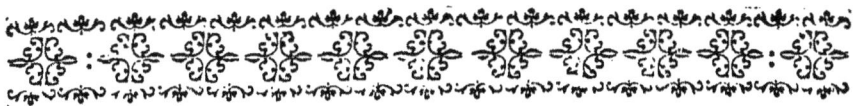

TABLE
DES CHAPITRES.

TRAITÉ
DE LA CONSTRUCTION DU CHEVAL.

TABLE

TRAITÉ DU HARAS.

De

DES CHAPITRES.

TRAITÉ DE L'ECUYER.

TABLE

LE MEDECIN,
OU
TRAITE' DES MALADIES DES CHEVAUX.

DES MALADIES AIGUES, OU DE CELLES
QUI DEMANDENT UN PROMPT SECOURS.

DES CHAPITRES.

DES MALADIES CRONIQUES, OU DE CELLES qui agiffent lentement fur le temperament du Cheval.

*** ij

TABLE

Des maladies de la peau.

Des maladies de fluxions, & enflures.

DES CHAPITRES.

TABLE

LE CHIRURGIEN,

OU

TRAITE' DES LUXATIONS, FRACTURES,

ABSCEZ, PLAYES, ET OPERATIONS.

DES CHAPITRES.

Opérations

TABLE

TRAITÉ
DU MARE'CHAL FERRANT.

De la Ferrure des Pieds sans défaut.
Premiere Ferrure des Chevaux de Caroße.
Ferrure des Chevaux de Manege.
Ferrure des Chevaux encastelés ou Talons ferrés.
Ferrure des Pieds plats & des Pieds combles.
Ferrure des Chevaux fourbus.
Ferrure des Chevaux droits sur leurs membres boulctés
    & arqués.
Ferrure des Chevaux qui se coupent.
Ferrure des Chevaux qui forgent.
Des Chevaux qui se déferrent.
Ferrure des Chevaux rampins.
Ferrure du Pied foible ou gras.
Ferrure des Talons bas, & de la Fourchette graße.
Ferrure des Talons inégaux.
Ferrure des Pieds de Bœuf.
Ferrure contre les clouds de ruë & chicots.
Ferrure des Bleymes.
Ferrure des Chevaux qui bronchent.
Des Fers à Patins.
Des Fers couverts.
Des Chevaux difficiles à ferrer.

L'APOTI-

L'APOTICAIRE,

OU

TRAITE' DES MEDICAMENS.

****

TABLE

DES CHAPITRES.

**** ij

TABLE

DES CHAPITRES.

APPROBATION.

J'AY lû par ordre de Monseigneur le Chancelier un Manuscrit qui a pour titre, *le Nouveau Parfait Maréchal*. L'Auteur qui avoit été choisi, depuis plusieurs années, pour avoir soin du Haras du Roy, prouve par cet Ouvrage combien il est digne de ce choix ; ceux qui le liront sans prévention, le trouveront plein de recherches curieuses, d'observations utiles pour la conservation des Chevaux ; les Dissertations anatomiques y sont exactes, les maladies décrites avec beaucoup d'ordre, & les remedes que l'Auteur propose pour les détruire, doivent être d'autant plus efficaces qu'ils sont appuyés sur de bons principes & sur l'expérience ; c'est pourquoi j'estime qu'il mérite d'être imprimé. à Paris, ce 14 Septembre 1739.

CASAMAJOR.

PRIVILEGE DU ROY.

LOUIS PAR LA GRACE DE DIEU ROY DE FRANCE ET DE NAVARRE à nos amés & feaux Conseillers, les Gens tenans nos Cours de Parlement, Maîtres des Requêtes ordinaires de notre Hôtel, Grand-Conseil, Prevôt de Paris, Baillifs, Sénéchaux, leurs Lieutenans Civils & autres nos Justiciers qu'il appartiendra ; SALUT, Notre bien amé le Sieur DE GARSAULT cy-devant Capitaine en survivance de notre Haras en notre Province de Normandie, Nous ayant fait remontrer qu'il souhaiteroit faire imprimer & donner au public un Ouvrage de sa composition qui a pour titre *le Nouveau Parfait Maréchal* par le Sieur GARSAULT, s'il Nous plaisoit lui accorder nos Lettres de Privilege sur ce necessaires, offrant pour cet effet de le faire imprimer en bon papier & beaux caractères suivant la feuille imprimée & attachée pour modéle sous le contrescel des Présentes. A CES CAUSES, voulant traiter favorablement ledit Sieur exposant, Nous lui avons permis & permettons par ces Présentes de faire imprimer ledit ouvrage ci-dessus spécifié en un ou plusieurs volumes, conjointement ou séparément, & autant de fois que bon lui semblera, & de le faire vendre par tout notre Royaume pendant le tems de vingt années consecutives, à compter du jour de la datte desdites Présentes : Faisons défenses à toutes sortes de personnes de quelque qualité & condition qu'elles soient, d'en introduire d'impression étrangere dans aucun lieu de notre obéïssance, comme aussi à tous Libraires Imprimeurs, &

autres, d'imprimer, faire imprimer, vendre, faire vendre, débiter ni contrefaire ledit ouvrage ci-dessus exposé en tout ni en partie, ni d'en faire aucuns extraits, sous quelque pretexte que ce soit d'augmentation, correction, changement de titre, ou autrement, sans la permission expresse & par écrit dudit Sieur Exposant ou de ceux qui auront droit de lui, à peine de confiscation des exemplaires contrefaits, de six mille livres d'amende contre chacun des contrevenans, dont un tiers à Nous, un tiers à l'Hôtel-Dieu de Paris, l'autre tiers audit Sieur Exposant, & de tous depens, dommages & intérêts; à la charge que ces Présentes seront enregistrées tout au long sur le registre de la Communauté des Libraires & Imprimeurs de Paris dans trois mois de la datte d'icelles; que l'impression de cet Ouvrage sera faite dans notre Royaume, & non ailleurs, & que l'Impetrant se conformera en tout aux Reglemens de la Librairie, & notamment à celui du 10 Avril 1725, & qu'avant que de l'exposer en vente, le Manuscrit ou l'Imprimé qui aura servi de copie à l'impression dudit Ouvrage, sera remis dans le même état où l'approbation y aura été donnée ès mains de Notre très-cher & féal Chevalier le Sieur DAGUESSEAU Chancelier de France, Commandeur de nos Ordres, & qu'il en sera ensuite remis deux exemplaires dans notre Bibliothéque publique, un dans celle de notre Château du Louvre, & un dans celle de notredit très-cher & féal Chevalier le Sieur DAGUESSEAU Chancelier de France, Commandeur de nos Ordres; le tout à peine de nullité des Présentes; du contenu desquelles vous mandons & enjoignons de faire jouir ledit Sieur Exposant ou ses ayans-cause pleinement & paisiblement, sans souffrir qu'il leur soit fait aucun trouble ou empêchement; voulons que la copie desdites Présentes qui sera imprimée tout au long au commencement ou à la fin dudit Ouvrage soit tenue pour dûement signifiée, & qu'aux copies collationnées par l'un de nos amez & feaux Conseillers & Secretaires, foi y soit ajoutée comme à l'original. Commandons au premier notre Huissier ou Sergent de faire pour l'exécution d'icelles tous Actes requis & necessaires, sans demander autre permission, & nonobstant clameur de Haro, Chartre Normande, & Lettres à ce contraires; CAR tel est notre plaisir. Donné à Paris le vingt-huitiéme jour de Septembre, l'an de grace mil sept cens trente-neuf, & de notre regne le vingt-cinquiéme. Par le Roi, en son Conseil.

SAINSON.

Registré sur le Registre X. de la Chambre Royale & Syndicale des Libraires & Imprimeurs de Paris, Nº 277. fol. 261. conformément au Reglement de 1723. qui fait défenses Art. iv. à toutes personnes de quelque qualité qu'elles soient, autres que des Libraires & Imprimeurs, de vendre, débiter, & faire afficher aucuns Livres pour les vendre en leurs noms, soit qu'ils s'en disent les Auteurs, ou autrement, & à la charge de fournir à ladite Chambre Royale & Syndicale des Libraires & Imprimeurs de Paris les huit exemplaires prescrits par l'Article cviij. du même Reglement. A Paris, le 2 Octobre 1739.

LANGLOIS, Syndic.

ERRATA NECESSAIRES A CORRIGER.

PAge 12 *ligne* 7, gris truite, *lisez* gris truité. P. 17 *lig.* 23, l'herbe E, *ôtez le grand* E. P. 32 *à la marge*, Pl. I. fig. G, *lis.* fig. C. P. 75 *lig.* 23, l'avant-train, *lis.* l'avant-main. P. 79 *à la marge*, Pl. V. *lis.* pl. VII. P. 95 *lig.* 13, & embarafferoit, *lis.* qui embarafferoit auffi. *lig.* 24 fus, *lis.* fics. P. 98 *lig.* 14, canillons, *lis.* cavefons. P. 108 *lig.* 34, par-deffus fon bras, *lis.* par-deffous fon bras. P. 129 *à la marge*, pl. XXIV, *lis.* Pl. XII. P. 133 *lig.* 10, Q. x, *lis.* Q. y. *lig.* 11, Q y, *lis.* Q x. P. 136 *lig.* 26, & l'afche o, *lis.* & l'afche 6. *lig.* 28, fin du canal : quand le licol eft en place, *lis.* fin du canal quand le licol eft en place : P. 137 *lig.* 5, trouffequeue m, *lis.* trouffequeue K. P. 138 *lig.* 11, rembourré e au bout du fiége en devant : *lis.* rembourré C. Au bout du fiége en devant. P. 148 *lig.* 34, le croupelin : quand on mene le cheval fellé en main, *lis.* le croupelin quand on mene le cheval fellé en main : P. 167 *à la marge*, Clenitand, *lis.* Cleveland. P. 193 *lig.* 35, d'aliener, *lis.* d'alumer. P. 235 *lig.* 14, a paffé l'âge : il doit la jetter, *lis.* a paffé l'âge où il doit la jetter. P. 269 *à la marge*, Pl. XXIV. *lis.* Pl. XXV. P. 271 *lig.* 16, immédiatement après : le fublimé fe fépare, *lis.* immédiatement après le fublimé fe fépare. P. 283 *lig.* 11, ces vertiges, *lis.* ces veftiges. P. 289 *à la marge*, Pl. LXXVII. *lis.* Pl. XXVII. P. 290, *lig.* 4, du bas anterieur de l'os ; du bas, *lis.* anterieur de l'os du bas. P. 321 *lig. derniere* efpointe E, ôtez E. P. 363 *lig. derniere*, Chapitre IV, *ajoutez* des maladies des chevaux. P. 369 *lig.* 18, ne fe diftribue, *lis.* ne fe diftribuant. P. 385 *lig.* 31, de fers, fervent, *lis.* de fer 3 fervent. P. 409 *lig.* 29, avec l'onglée, *lis.* avec l'ongle. P. 424 *lig.* 12 ni trop couvert, *lis.* ni trop ouvert. P. 444 *lig.* 16, Ricin purgent, *lis.* Ricin b purgent. P. 454 *lig.* 24, fes fleurs, *lis.* fes fleurs a, *lig.* 25, fa femence, *lis.* fa femence b, *lig.* 36 fes fleurs, *lis.* fes fleurs aa, *lig.* 38, dans chaque calice, *lis.* dans chaque calice b. P. 479 *lig.* 26, farceparcelle, *lis.* farceparcille. P. 480 *à l'article* Marguerite *lig.* 20, *ajoutez* à la marge Pl. XVIII. P. 498 *lig.* 29, de fommités de Venus, *lis.* de fommités de ronce.

DICTIONNAIRE.

PAge vj, *ligne* 25, encorne, *lis.* encornée. P. viij, *lig.* 6 & 7, barillons, *lis.* barbillons. P. ix, *lig.* 2, en miroir, *lis.* où à miroir. P. xviij, *lig.* 23, godé, *lis.* gode. P. xxiij, *lig.* 6, plus, *lis.* pliés. P. xxxiij *lig.* 41, eftraint, *lis.* eftrein. P. xlix *ligne avant derniere*, les barbes, *lis.* la barbe. P. lx *lig.* 7, poulius, *lis.* poulins. P. lxij, *lig.* 1, attaches un même, *lis.* attachés à un même. P. lxiij, *lig.* 9, fentir au trot ; & au galop, *lis.* au trot & au galop.

Avis pour placer les Figures.

LA 3e à la page 3, la 2e à la page 7, la 4e à la page 29, la 1, 5, 6, 7e à la page 89, une marquée à la page 146 ; la 8, 9, 10, 11, 12, 13, 14, 15 & 16e à la page 177 ; la 17, 18, 19, 20, 21, 22, 23, 24, 25, 26, 27, 28e à la page 328.

La 1, 2, 3, 4, 5, 6, 7, 8, 9, 10, 11, 12, 13, 14, 15, 16, 17, 18, 19 & 20e des Plantes à la page 512.

LE NOÛVEAU

LE NOUVEAU
PARFAIT MARÉCHAL.

TRAITÉ
DE LA CONSTRUCTION
DU CHEVAL.

CHAPITRE PREMIER.

Les noms des Parties du Corps du Cheval , leurs comparaifons avec celles de l'Homme , & leurs defcriptions.

PLUSIEURS des Parties qui forment le corps du Cheval, quoiqu'elles correfpondent aux mêmes dans les Hommes, ne laiffent pas d'avoir des noms differens, plufieurs autres auffi ont des noms communs à celles des Hommes; la beauté des Parties des Chevaux eft fondée fur un arrangement proportionnel du total; cependant cette beauté & la bonté ne fe rencontrent pas toujours enfemble. Pour la bonté, il faut une

A

forte conftitution interieure, que nous ne pouvons décrire puifqu'elle ne tombe pas fous les yeux.

Des Parties qu'on ne croiroit pas avoir rapport à celles des hommes, font cependant conftruites comme elles, & peuvent leur être comparées avec raifon.

De la Tête.

La Tête en général doit être menuë, féche, déchargée de chair, pas trop longuë; elle doit auffi être bien penduë, c'eft-à-dire, au plus haut de l'encolure; elle eft compofée des oreilles, du toupet, du front, des larmiers, des falieres, des yeux, du chanfrein, de la ganache, du canal, de la barbe ou barbouchet, du menton, des nazeaux, du bout du nez, des levres. Le dedans de la bouche eft compofé des dents de devant, des crocs, crochets ou écaillons, des dents machelieres, des barres, de la langue & du palais.

PLANCHE I.
Figure A.

Les oreilles a a.

Les oreilles font les parties les plus élevées de la tête du Cheval, elles font l'organe de l'oüie. *Elles doivent être petites, étroites, droites, minces, bien plantées fur le haut de la tête, & fermes en leurs places.*

Le Toupet b.

Le Toupet eft une portion de la criniere, laquelle eft fituée entre les deux oreilles.

Le Front c.

Le Front prend au deffous du Toupet, & contient tout le devant de la tête jufqu'aux yeux, ainfi qu'à l'homme, c'eft fur le front que fe trouve la pelote ou étoile dont on parlera au Chapitre des Marques. *Il doit être étroit.*

Les Larmiers h.

Les Larmiers répondent aux temples des hommes; il paffe en cette partie une veine & une artere qu'on nomme la veine & l'artere temporale.

Les Salieres d.

Les Salieres fe voyent au-deffus des yeux entre l'œil & l'oreille, où elles paroiffent plus ou moins creufes. *Elles doivent être remplies, c'eft-à-dire, que le creux doit très-peu paroître.*

Les Yeux e.

Les yeux font compofés, comme ceux des hommes, des paupieres, du blanc de l'œil & de la prunelle. *Ils doivent être médiocrement gros, à fleur de tête & la prunelle grande.*

Le Chanfrein f.

Le Chanfrein eft le devant de la tête depuis les yeux jufqu'aux nazeaux, il fe rapporte au deffus du nez de l'homme. *Il doit être droit ou un peu en arc, ce qui s'appelle moutoné ou bufqué.*

La Ganache g.

La Ganache ou Ganaffe eft pour ainfi dire les joües du Che-

Fig. A.

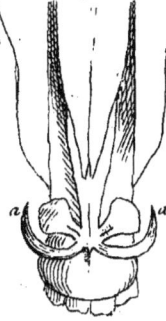

Fig. B.   *Pl. III.*

Fig. C.

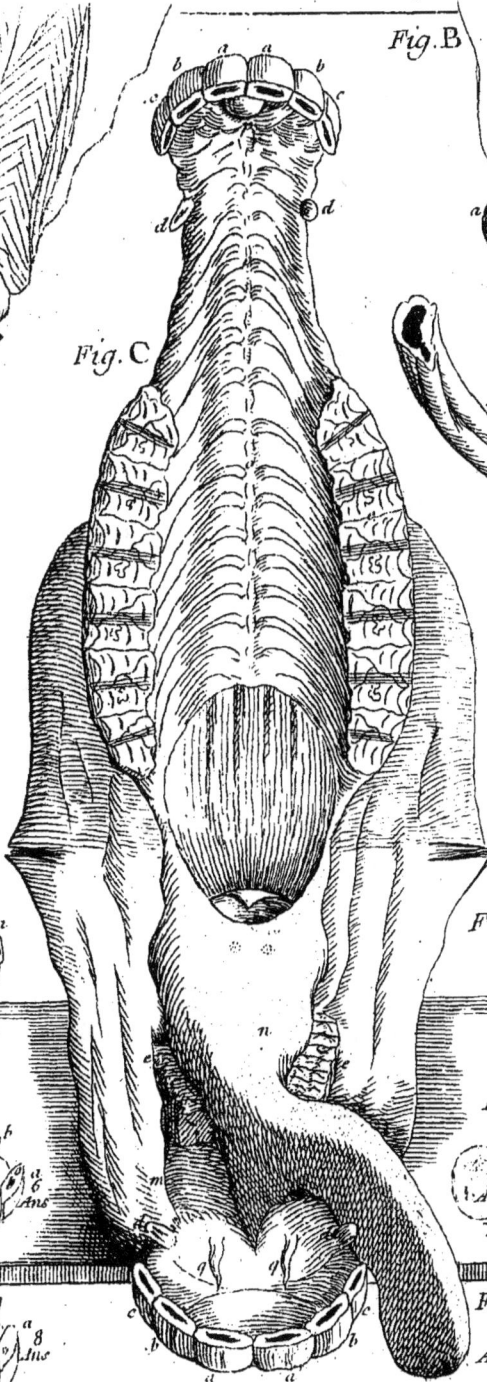

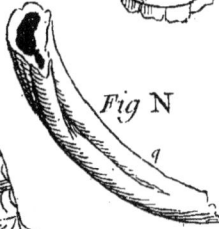

Fig N

q

Fig. L.

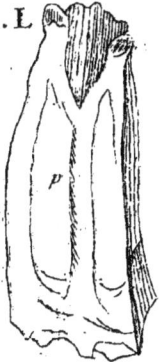

p

Fig. M.

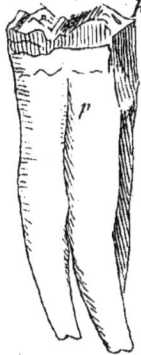

p

Fig. G.

5
Ans

Fig. D.   *Dents de lait*

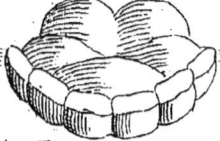

Fig. H.

de
5
Ans

Fig. E.

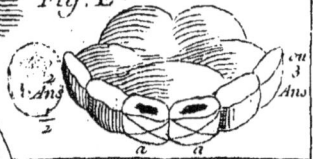

ou
3
Ans

Fig. K.

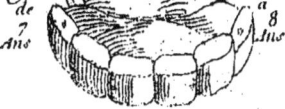

de
7
Ans

8
Ans

Fig.
3
Ans
½   *F*

ou
4
Ans

val ; les deux os de la Ganache tiennent les deux côtés de la tête depuis l'œil jufqu'au gofier, & depuis le gofier jufqu'au menton, c'est proprement les deux os de la mâchoire inferieure. *Il ne doit y avoir que peu de chair fur les os de la Ganache, lefquels os doivent être peu épais.*

Le canal est un creux en forme de goutiere que l'on découvre en regardant fous la tête ; ce creux est formé par les deux os de la Ganache, & va depuis le gofier jufqu'à la barbe ; c'est l'endroit qu'occupe la glande dans la Planche XXI. où est le Cheval abattu. *Il doit être bien évidé.*   Le Canal *k.*

La Barbe ou le Barbouchet est la jonction des deux os de la ganache au haut du menton ; la gourmette couvre cet endroit quand le Cheval est bridé.   La Barbe *o.*

Le Menton est une élevation ronde qui fe trouve au deffous de la barbe, & qui est entourée par en-bas & aux côtés de la levre inferieure.   Le Menton *p.*

Les Nazeaux font les inftrumens de l'odorat & du henniffement du Cheval ; ils font féparés l'un de l'autre par le bas du chanfrein ou le bout du nez. On appelle la Souris le cartilage qui forme le tour des nazeaux par en-haut & en-devant. *Ils doivent être bien ouverts & bien fendus.*   Les Nazeaux *r* & la Souris. PL. III. Fig. A. & B.

Le bout du nez est l'efpace qui defcend entre les deux nazeaux & finit à la levre fuperieure, qui est quelquefois garnie d'une efpece de mouftache. *Il doit être menu.*   Le bout du nez *l.*

De la Bouche.

Les parties exterieures de la Bouche *m* font, la levre fuperieure & inferieure. *La Bouche doit être médiocrement fenduë.*   Les Levres *n.*

La Bouche interieure est compofée des dents de devant, des barres, de la langue, du palais & des dents machelieres.   PL. III. Fig. C.

Les Dents de devant font au nombre de douze, fçavoir fix à la mâchoire fuperieure, & fix à la mâchoire inferieure ; c'est à ces Dents qu'on connoît l'âge du Cheval. On appelle les deux de devant de chaque mâchoire les Pinces *a a a a*, les deux qui joignent celles-là les Mitoyennes *b b b b*, & les dernieres les Coins *c c c c* & *q*, *Fig. N.*   Les Dents de devant *c b a a b c.*

Les Chevaux entiers ou hongres ont une autre efpece de dents qu'on appelle Crocs, Crochets ou Ecaillons ; ces dents font fituées entre les dents de devant & les machelieres, les   Les Crocs, Crochets ou Ecaillons *d d d d.*

Jumens ont très-rarement de ces Crochets. On connoît auſſi l'âge à cette eſpece de dents.

Les Dents machelieres *e e e e & p p.* **Fig. L. & M.**

Les Dents machelieres ſont au nombre de vingt - quatre, ſçavoir douze deſſus & douze deſſous en quatre rangs.

Entre les dents de devant & les machelieres les os de la mâchoire inferieure ne ſont recouverts que par une chair vermeille. Ce ſont ces eſpaces vuides de dents qu'on appelle les Barres,

Les Barres *m.*

& c'eſt ſur ces os charnus que poſe le mords de la bride. *Elles doivent être peu charnuës & tranchantes.*

La Langue *n.*

La Langue eſt la même partie dans le Cheval que dans l'Homme. *Elle ne doit point être trop groſſe.* ❋

Le Palais *o o.*

Le Palais eſt la même partie dans le Cheval que dans l'Homme ; la ſeule difference dans celui du Cheval eſt qu'il eſt traverſé d'un bout à l'autre par des élevations qu'on appelle Crans ou Sillons du Palais.

Du Train de devant.

Planche I. **Fig. A.**

Le Train de devant eſt compoſé de l'encolure, des épaules, du poitrail & des jambes de devant.

L'Encolure ou le Col.

L'Encolure eſt compoſée du col, de la criniere ou crin, des avives & du goſier. *Elle doit être longue & élevée.*

Le Crin ou la Criniere *t t.*

Le Crin ou la Criniere tient le plus haut lieu de l'encolure, elle commence entre les deux oreilles, & formant le toupet *b* qui eſt ſur le crâne, elle va juſqu'au garot *u*, en quoi elle eſt differente des cheveux des hommes qui ſont tous plantés ſur la tête. *Elle doit être médiocrement garnie, & cette partie de l'encolure doit être droite & maigre.*

Les Avives *q.*

Les Avives ſont des glandes qui ſe trouvent entre les oreilles & le goſier près le haut de la ganache ; on dit que quand elles ſe gonflent elles cauſent de la douleur au Cheval.

Le Goſier *ſ ſ.*

Le Goſier occupe la partie inferieure du col, & va depuis la ganache juſqu'au poitrail. Près du goſier paſſe la veine du col ou la jugulaire 1.

Le Poitrail *x.*

Le Poitrail répond à la poitrine de l'homme, quoiqu'imparfaitement, car les mamelles des Jumens ſont au bas-ventre, & les Chevaux n'en ont point du tout. *Il doit être ouvert ſuivant la proportion de l'eſpece du Cheval.*

Le Garot *n.*

Le Garot répond à l'entre-deux des palerons des épaules des hommes ; il eſt placé entre le bas de l'encolure & le dos. *Il doit être élevé, tranchant & déchargé de chair.*

Les Epaules prennent depuis le garot jufqu'au bras de la jambe, & contiennent les deux jointures qui forment l'épaule & l'avant-bras de l'homme. *Elles doivent être féches & plates, & que l'os qui eſt à côté du poitrail ne foit pas trop gros & ne ferre pas le poitrail.* Les Epaules *y.*

Les Jambes de devant font compofées du coude, du bras, de l'ars, du genoüil ; ces parties font particulieres aux jambes de devant, & les fuivantes font communes aux quatre jambes, telles font le canon & le nerf, le boulet, le pâturon, le fanon, l'ergot & le pied ; ces parties auſſi-bien que le pied feront chacun un article à part.

Le Coude eſt un os qui eſt au haut du bras de la jambe du côté du ventre, il répond au coude de l'homme. Le Coude *z.*

Le bras eſt une partie mufculeufe qui forme le haut de la jambe jufqu'au genoüil, le gros du bras eſt en dehors, en dedans du bras il paſſe une veine qu'on appelle l'Ars, où on feigne le Cheval. Cette partie fe rapporte à l'avant-bras de l'homme. *Le bras doit être gros & charnu.* Le Bras 2. & l'Ars 3.

Le genoüil eſt au-deſſous du bras, c'eſt une jointure compofée de plufieurs petits os ; cette partie fe rapporte au poignet de l'homme. *Il doit être effacé, c'eſt-à-dire pas trop gros.* Le Genoüil 5.

Des parties communes aux quatre jambes.

Un peu au deſſus & à côté du genouil, en dedans du bras, & un peu au deſſous & à côté du jarret en dedans, il paroît à tous les Chevaux & à toutes les Jumens une efpece d'élevation aplatie de confiſtence de corne molle dénuée de poil, de la groſſeur d'une groſſe chaſteigne aplatie, quelques-uns appellent cette corne ergot ; mais il vaut mieux, comme plufieurs Auteurs, l'appeler chaſteignes ou lichênes pour les diſtinguer des ergots, autres parties que nous verrons ci-après. Chaſteignes ou Lichênes 4 4.

Le canon eſt la partie qui va du genouil, & celle qui va du Jarret au boulet ; il eſt compofé d'un gros os & d'un principal tendon qu'on appelle improprement le nerf ; cette partie fe rapporte au deſſus de la main de l'homme, & au cou-de-pied de l'homme pour les jambes de derriere. *Il doit être large, vû en côté, & plat, & le nerf bien detaché, c'eſt-à-dire qu'il foit gros & viſible.* Le Canon 6 6.

Le boulet eſt la partie ou plûtôt la jointure qui eſt au bas du canon ; cette partie a rapport à la premiere jointure des Le Boulet 7, le Fa-

non 8 , & doigts de la main & du pied. *Il doit être menu, & peu de poil au fanon.*
l'Ergot.

Le fanon eft un bouquet de poil qui cache une efpece de corne molle qui termine le boulet par derriere , c'eft cette corne qui s'appelle l'ergot.

Le Patu- Le paturon qu'on appelle auſſi la jointure , eſt une join-
ron ou la ture qui va du boulet juſqu'au pied ; il eſt compoſé d'un os
Jointure 9. & de l'aſſemblage des tendons du pied, il répond au ſecond article des doigts de la main & du pied de l'homme. *Il doit être gros & pas trop long.*

Du Pied.

Le pied du Cheval eſt compoſé de pluſieurs parties , qu'il eſt eſſentiel de connoître & de ſçavoir nommer ; il a rap-port à la jointure des doigts des mains & des pieds des hom-mes où ſont attachés les ongles ; il eſt compoſé aſſés differem-ment dans le Cheval , quoiqu'à toute rigueur on pourroit trouver à-peu-près les mêmes parties dans le bout du doigt de l'homme.

La Cou- La couronne eſt une élevation qui ſe trouve au bas de la
ronne o o o o jointure ou du paturon qui eſt la même choſe ; elle eſt gar-nie de poils plus longs que le reſte de la jambe, & c'eſt de la couronne que la corne du pied prend ſon origine : cette par-tie répond à l'origine des ongles. *Elle ne doit pas être trop groſſe.*

Le Sabot Le ſabot eſt pour ainſi dire l'ongle du Cheval, il forme le
10 10 , ou pied exterieur , & entourre un os qui s'appelle l'os du petit
la Corne, la pied , *Pl. XVII. fig. E* , & comme le ſabot eſt rond , ſa par-
Pince , les tie de devant s'appelle la Pince *a a fig. A*, les côtés ſe nomment
Quartiers & les quartiers *b b b* & le derriere forme deux élevations appellées
les Talons. les talons *c c figure A, & c c figure I. La corne doit être noire , unie & luiſante ; le ſabot doit être haut , les quartiers ronds ,*
Pl. IV. *& les talons hauts & larges.*
Fig. A.
La Four- La fourchette eſt une continuation des deux talons qui
chette *d.* ſe joignant en pointe vers le milieu du deſſous du pied , forment ce qu'on appelle la fourchette. *Elle doit être me-nue & maigre.*

La Solle *e.* La ſolle eſt pour ainſi dire la plante du pied du Cheval, elle tapiſſe le deſſous du pied, elle eſt de conſiſtence de cor-ne ; la fourchette eſt par-deſſus. *Elle doit être forte , épaiſſe , & creuſe ou concave.*

Pl. II.

Fig. A

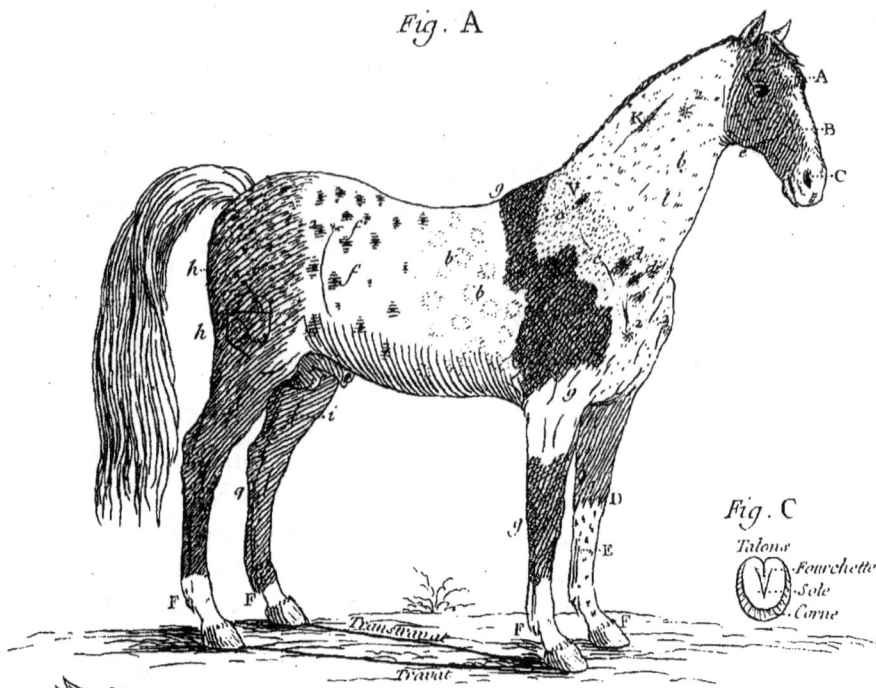

Fig. C

Talons
Fourchette
Sole
Corne

Fig. B

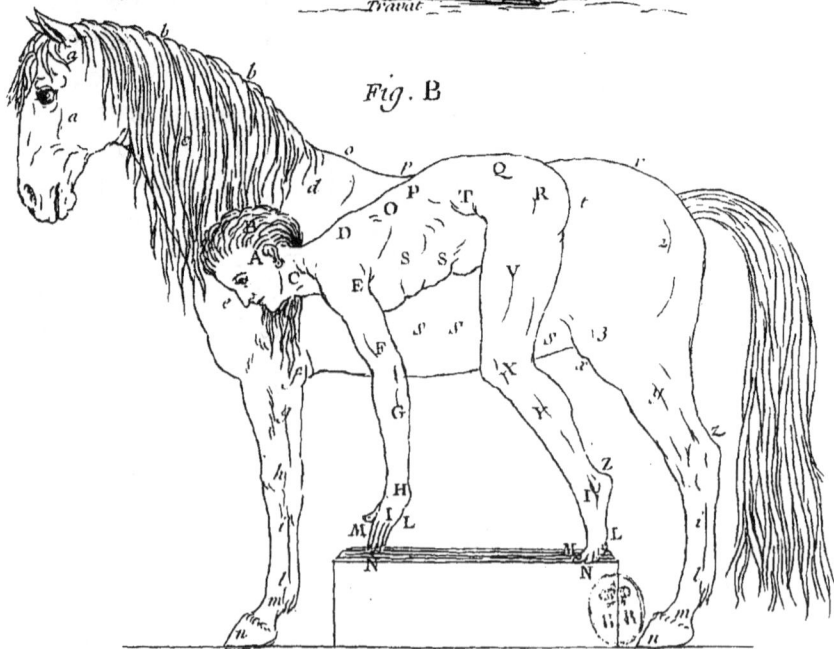

Le petit pied est un os caché sous le sabot, & à peu près PL. XVII.
Fig. E.
Le Petit-
pied.
de sa forme, le sabot est attaché au petit pied par son côté
interieur, & la solle y est aussi attachée par-dessous.

Du corps ou coffre , & du train de derriere.

Le corps est composé du dos, des reins ou rognons, du PLANCHE I.
Fig. A.
ventre, des tetines (les Jumens en ont, mais les Chevaux
n'en ont aucune marque) des côtes & des flancs.

Le train de derriere est composé de la croupe, de la queue,
des hanches, des cuisses, du graffet ou gros muscle de la
cuisse, du jarret & de la pointe du jarret.

Le reste du train de derriere est expliqué ci-dessus en parlant des jambes de devant, parce que les quatre jambes du
Cheval se ressemblent depuis le genouil pour les jambes de
devant, & depuis le jarret pour les jambes de derriere.

Le dos est entre le garrot & les reins ; c'est proprement Le Dos 11.
l'endroit où pose la selle, il se rapporte au dos de l'homme.
Il ne doit être ni trop elevé en arc ou bossu, ni trop creux dans
le milieu, ce qui s'appelle ensellé.

Les reins sont l'extrêmité du dos du côté de la croupe. Les Reins
ou Roi-
gnons 12.
Entre le dos & les reins est un petit espace appellé le nombril.

Les côtes prennent des deux côtés du dos, & vont se PL. XXII.
Fig. A. *n n.*
rendre au ventre ; c'est ce tout ensemble qu'on appelle particulierement le coffre. Au bas du ventre entre les cuisses sont Le Ventre
17, les Te-
tines & les
Côtes 15.
les deux tetines des Jumens, & les parties de la génération
des Chevaux entiers : il coule une veine tout le long du
ventre, qui s'appelle la veine de l'éperon. *Les côtes ne doi-* PL. I.
vent pas être applaties, elles doivent former avec le ventre
une rondeur proportionnée à la taille du Cheval. Une Jument
Pouliniere ne sçauroit avoir le coffre trop large.

Les flancs sont au dessous des reins, & au deffaut des Les Flancs
19.
fausses côtes, entre elles & les hanches. *Ils doivent être pleins*
& courts.

La croupe est le haut du train de derriere, elle est com- La Croupe
13.
posée des deux fesses & de l'origine de la queue. *Elle doit*
être fournie & assez large.

La queue est un alongement du croupion. *Le tronçon ou* La Queuë
14.
l'origine de la queue doit être gros.

La Hanche
16.

La hanche eſt formée par un os qui ſe trouve à côté d
la croupe , & qui termine le haut du flanc ; cet os ſe rap
porte à l'os de la hanche de l'Homme, il deſcend juſqu'au
commencement de la cuiſſe du Cheval, où il y a une rotu
le 20 qui ſe rapporte au genouil de l'Homme ; elle ſe trou
ve près le ventre du Cheval. *Cet os doit être effacé ; quand i
ſort trop dehors il rend le Cheval cornu.*

La Cuiſſe
21, le Graſ-
ſet 20 & la
Veine du
plat de la
Cuiſſe 22.

La cuiſſe eſt une partie formée par un os & pluſieurs muſ
cles qui vont ſe rendre au jarret du Cheval, cette partie ſe
rapporte à la jambe de l'Homme ; & ce qui fait le gras de
la jambe de l'Homme, forme ce qu'on appelle au Cheval le
graſſet 21, ou le gros de la cuiſſe ; en dedans de la cuiſſe
eſt une veine 22 qu'on barre quelquefois, & où on ſeigne
quelquefois le Cheval, elle s'appelle la veine du plat de la
cuiſſe. *Elle doit être charnue, & le graſſet épais & gros.*

Le Jarret
23.

Le jarret eſt une jointure au bas de la cuiſſe, cette jointure ſe rapporte au talon de l'Homme, principalement ce
qu'on appelle la pointe du jarret 23 ; le dedans du jarret
s'appelle le pli du jarret 24 ; & le gros nerf du jarret qui paroît ſe terminer à cette pointe, eſt le même qui dans l'Homme ſe termine à ſon talon. *Il doit être large & évidé.*

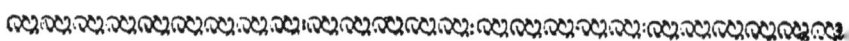

TABLE

DE LA COMPARAISON DES PARTIES
DE L'HOMME A CELLES DU CHEVAL.

EN ſuppoſant qu'un homme s'appuyeroit également ſur
le bout des mains & des pieds , il ſeroit alors dans l'attitude où il le faut, pour comparer plus facilement les parties
de ſon corps avec celles des animaux à quatre pieds ; c'eſt pourquoi je l'ai mis dans cette ſituation dans la Planche II.

Pl. II. Fig.
B.

A. La tête & les oreilles de l'Homme. *a a* Celle du Cheval
& ſes oreilles.

B. Les cheveux de l'Homme ; ils ſont tous plantés ſur ſon
crâne, au lieu que le crin *b b* du Cheval croît en outre tout le
long de ſon col.

C. Le col de l'Homme. *c* Celui du Cheval ; il ne reſſemble

à

à celui de l'Homme que parce qu'il a précisément le même nombre de vertebres ou d'os du col, mais celles du Cheval font à proportion bien plus grosses, c'est ce qui lui rend le col si long.

D. Les épaules de l'Homme à l'endroit appellé omoplates; elles sont maintenuës en arriere par les clavicules qui les empêchent de se raprocher de la poitrine; & comme les animaux à quatre pieds n'ont point de clavicules, leurs épaules tombent toutes droites en bas, venant accompagner la poitrine, pour que ce qui sert de bras aux Hommes leur serve de jambes pour porter leur corps: c'est encore cette raison qui rend le train de devant des animaux à quatre pieds égal à leur train de derriere, ainsi *d* est l'omoplate du Cheval.

E. Le haut de l'épaule de l'Homme; il se rapporte à *e* qui est à côté du poitrail du Cheval.

F. L'avant-bras de l'Homme; il se rapporte au bas de l'épaule du Cheval qui va depuis *e* jusqu'au coude *f*. La difference de ces deux parties est que celle du Cheval tient au corps, & celle de l'Homme en est séparée.

G. Le bras de l'Homme; il se rapporte au bras du Cheval *g*.

H. Le poignet de l'Homme; il se rapporte au genoüil du Cheval *h*.

I I. Le dessus de la main & du pied de l'Homme; il se rapporte au canon de la jambe de devant & de la jambe de derriere du Cheval *i i*.

L L. La premiere jointure des doigts de la main & du pied de l'Homme se rapportent aux boulets du Cheval *l l*.

M M. La seconde jointure des doigts de la main & du pied de l'Homme se rapportent aux pâturons de devant & de derriere du Cheval *m m*.

N N. La jointure des doigts de l'Homme où sont les ongles se rapporte aux sabots de devant & de derriere du Cheval *n n*.

O. Le bas de l'omoplate de l'Homme; la jonction des deux omoplates du Cheval se nomme le garrot *o*.

P. Le dos de l'Homme se rapporte à celui du Cheval *p*; de la façon dont l'Homme est situé dans cette Planche son dos descend en devant, ce qui fait voir que le train de devant de l'Homme, pour ainsi dire, est bien plus court que son train de derriere.

B

q. Les reins de l'Homme se rapportent à ceux du Cheval.

R. Les fesses de l'Homme ; elles se rapportent au haut de la croupe du Cheval, & la queuë du Cheval au croupion de l'Homme.

S S ſſſ Les côtes & le ventre de l'Homme & du Cheval.

T t La hanche de l'Homme & du Cheval.

V. La cuisse de l'Homme ; elle se rapporte au bas de la croupe du Cheval depuis 2 jusqu'à 3 ; mais cette partie au Cheval est adherente au corps & enfermée, pour ainsi dire, dans la croupe, au lieu que la cuisse de l'Homme est dégagée du corps.

X. Le genoüil de l'Homme, au devant duquel est un os qui se nomme la Rotule ; il se rapporte à la pointe du haut de la cuisse du Cheval x du côté du ventre. On trouve en cet endroit une pareille Rotule.

Y. Le gras de la jambe de l'Homme ; il se rapporte à la cuisse du Cheval y.

Z. Le talon de l'Homme ; il se rapporte à la pointe du jarret du Cheval.

CHAPITRE II.

Des Poils.

LORSQU'ON veut désigner la couleur d'un Cheval, on se sert du terme de Poil au lieu de celui de couleur ; ainsi au lieu de dire un Cheval est d'une telle couleur, on doit dire il est d'un tel poil.

Quoique les opinions que plusieurs ont de la bonté ou du peu de vigueur des Chevaux sur la simple inspection des poils, soient très-fautives, je vais cependant les déduire en détaillant les differens poils ; mais en même tems j'avertis de ne s'y point laisser prévenir, car il y a de bons Chevaux de tous poils.

Le discours ne sçauroit démontrer que très-imparfaitement les couleurs des poils, il n'y a que l'usage ou la peinture qui puissent en donner une connoissance parfaite ; ceci est donc plutôt pour en désigner les noms que les couleurs au juste.

Je diviserai les poils en poils simples, c'est-à-dire, en ceux qui ne sont point mêlés de differentes couleurs ; en poils composés de plusieurs couleurs, & en poils bizarres, ou rares & extraordinaires.

Poils ſimples.

Le blanc de naiſſance eſt extrémement rare, mais à meſure que les Chevaux gris vieilliſſent, le noir qui étoit dans leur poil s'efface, & quand ils ſont vieux ils ſont tout blancs. Les Chevaux blancs de naiſſance paſſent en Eſpagne pour durer très-long-tems, c'eſt pourquoi les Eſpagnols diſent, Cheval blanc, bon pour le pere & les enfans.

L'Iſabelle eſt un poil jaune, il n'eſt pas généralement eſti-mé, il y a des Chevaux Iſabelles dont les crins & la queuë ſont blancs, & d'autres dont les crins & la queuë ſont noirs; ceux-ci ont quelquefois une raye noire tout le long de l'arête du dos juſqu'à la queuë, ce qui s'appelle la Raye de Mulet. Ce poil a pluſieurs nuances, la plus claire ſe nomme *Soupe de lait*, c'eſt un jaune très-clair approchant de la couleur d'une ſoupe au lait où on a mis des jaunes d'œuf. Enſuite vient l'*Iſabelle clair*, puis l'*Iſabelle commun*, l'*Iſabelle doré*, & enfin l'*Iſabelle foncé*.

L'Alzan eſt un poil tirant ſur le roux ou ſur la canelle; il paſſe pour bon, ſes nuances ſont l'*alzan clair* ou *poil de va-che*, l'*alzan commun*, l'*alzan bay*, c'eſt-à-dire, tirant ſur le rouge, l'*alzan obſcur* & l'*alzan brûlé*. Les Eſpagnols ont tant d'opinion de ce dernier alzan, qu'ils diſent en Proverbe: Al-zan brûlé plutôt mort que laſſé.

Il y a des alzans qui ont les crins & la queuë blancs, & d'autres qui ont les crins & la queuë noirs.

Le Bay eſt une couleur rougeâtre; il eſt eſtimé bon, il a pour nuances le *bay clair* ou *lavé* i, le *bay doré*, le *bay ſan-guin* ou *d'écarlate*, le *bay châtein*. Lorſque dans cette eſpece de bay, qui eſt de couleur de châteigne, il ſe trouve beaucoup de places rondes d'un bay plus clair, on appelle ce poil *bay miroitté* h h. Le *bay maron*, le *bay brun*; cette eſpece de bay a communément au flanc & au bout du nez un bay écarlatte qui ſe nomme alors *du feu*.

Le noir eſt un poil très-commun, il ne paſſe pas pour être des meilleurs, peut-être à cauſe qu'il eſt trop commun. On le diſtingue en *noir mal teint*, qui a un œil rouſſeâtre; en *noir ordinaire* & en *noir jays*, qui eſt très-liſſe & très-noir.

Poils compoſés.

Les poils compoſés ſont ceux qui ſont mêlés confuſément, ou bien par places d'une couleur avec une autre; tels ſont les ſuivans.

Blanc.

Iſabelle.

Alzan.

Bay.
Pl. II. Fig. A.

Noir.

Pl. II. Fig. A.

B ij

Gris. Le poil gris eſt un fond blanc mêlé ou de noir ou de bay, &c. Les varietez du poil gris ſont *gris argenté*; il y a très-peu de noir dans cette eſpece de gris, & le fond blanc eſt liſſe & reluiſant comme de l'argent. *Gris pommelé b b* eſt un gris marqué de ronds blancs & noirs aſſez également eſpacés; ces deux eſpeces de gris deviennent blancs en vieilliſſant. *Gris vineux* eſt un gris mêlé de bay dans tout le poil. *Gris truite* eſt un fond blanc mêlé d'alzan par petites taches longuettes aſſez également ſemées ſur tout le corps. *Gris ſal c c* eſt un gris mêlé de noir dans tout le poil. *Gris tourdille* eſt un gris ſale qui approche de la couleur d'une groſſe Grive. *Gris eſtourneau* eſt un gris ſale qui approche de la couleur d'un Eſtourneau ou Sanſonnet. *Gris tiſonné* ou *charbonné d d* eſt un gris dont les taches noires ſont irreguliérement jettées de côté & d'autre, comme ſi on avoit noirci ce poil avec un tiſon. *Gris de ſouris* reſſemble à la couleur d'une Souris. Les Chevaux de ce poil ont ordinairement les extrémitez noires & la raye de Mulet.

Louvet. Le poil de loup ou le louvet eſt un iſabelle roux mêlé d'iſabelle foncé, le tout approchant de la couleur d'un Loup.

Rouhan. Le Rouhan eſt un poil mêlé de blanc, de gris ſale & de bay; il eſt de trois ſortes, *Rouhan ordinaire*, *Rouhan vineux*, lorſqu'il eſt mêlé avec du bay doré, & *Rouhan cap-de-more* c; celui-ci n'a point de bay, c'eſt une eſpece de gris ſale avec la tête & les extrémitez noires. Il paſſe pour être ſujet aux mauvais pieds, ce qui fait dire aux Eſpagnols: Cap-de-More, ſi tu avois bon pied tu vaudrois plus que l'or.

Du Rubi-can. Le Rubican n'eſt pas un poil, mais lorſqu'un Cheval noir a du poil blanc ſemé çà & là, & ſur-tout aux flancs, on dit qu'il a du Rubican.

Poils bizarres & non communs.

Tigre. Le Tigre *f f* eſt un poil blanc ſemé de taches bien diſtinctes, noires, bayes ou alzanes, quelquefois toutes rondes.

Pie. Pie *g g g* eſt un poil blanc interrompu par de très-grandes taches ou noires, ou bayes, ou alzanes bizarrement placées & figurées; c'eſt en conſéquence de ces taches qu'on nomme les Chevaux Pie bay, Pie alzan & Pie noir.

Porcelaine. Porcelaine eſt un gris mêlé de poil bleuâtre couleur d'ardoiſe par taches; ce poil eſt aſſez rare, & ſon nom vient de la reſſemblance qu'il a avec les vaſes de porcelaine bleuë & blanche.

Aubert, millefleurs ou fleurs de Pêcher, eſt un mélange paſſablement confus de blanc de bay & d'alzan, approchant de la couleur des fleurs de Pêcher.

On entend par du ladre un Cheval de quelque poil que ce ſoit, dont le tour des yeux, ou le bout du nez, ou même tous les deux enſemble ſont ſans poil, & d'une chair rouge ou fade mêlée de taches obſcures.

On appelle Cheval zain celui qui n'étant ni blanc ni gris, a tout le corps couvert d'un même poil ſimple de quelque couleur qu'il ſoit, ſans qu'il s'y rencontre aucun poil blanc, les François ont très-mauvaiſe opinion d'un tel Cheval, & les Eſpagnols en font ſi grand cas, qu'ils diſent: beaucoup deſirent un Cheval noir zain, & peu ont le bonheur d'en avoir.

L'experience a fait entrevoir, 1°. que le poil gris, ſur-tout le gris ſale eſt plus ſujet à mauvaiſe vûë que les autres. 2°. Que les poils clairs marquent peu de force. 3°. Que les poils bruns lavés aux flancs & au bout du nez, c'eſt-à-dire, dont la couleur devient plus claire en ces endroits, marquent un Cheval de peu de vigueur; & au contraire que le feu aux mêmes endroits, qui eſt un bay vif, eſt un ſigne de vigueur. Quoique ces remarques ſoient quelquefois fautives, elles doivent être préferables à la comparaiſon que quelques-uns ont faite des poils aux élemens, & des élemens aux humeurs du Cheval; cette façon de comparer eſt même devenuë abſurde: il ſeroit, je crois, plus raiſonnable de penſer que la vigueur vient de la bonne conformation des reſſorts interieurs, & principalement du genre nerveux, & qu'elle ſe continuë par la copulation d'animaux conſtruits avec ces qualitez; ce qu'on ne peut juger que par l'uſage qu'on en fait quant aux Chevaux, & non par aucune autre marque exterieure, comme eſt le poil & les balzanes dont nous allons parler.

Aubert, Millefleurs, ou Fleur de Pêcher. Du Ladre.

Zain.

CHAPITRE III.

Des Marques blanches des Chevaux: ſçavoir l'Etoile ou Pelote, le Chanfrain, & les Balzanes ou Pieds-blancs.

LEs Chevaux ne peuvent être appelés zains, *Voyez le* chap. precedent, pour peu qu'ils ſoient marqués de quelques poils blancs à la tête ou aux jambes: lorſque ces poils

blancs font au milieu du front , on les appelle une pelote ou
une étoile. Si ils occupent depuis les yeux jufqu'au deffus des
nazeaux, on dit que le Cheval a le chanfrain blanc , nou
allons expliquer ceci plus au long.

Quelques-uns ont voulu rendre la connoiffance des marques des Chevaux une affaire férieufe & effentielle, peut-être
la croyent-ils eux-mêmes de conféquence , ce qui n'eft pas
fort à l'avantage de leur phifique ; les perfonnes non préve-
nues feront très en état de juger par ce que je rapporterai à la fin
de ce chapitre, fi du poil blanc à la tête ou aux jambes d'un cheval , peut le rendre bon ou mauvais, heureux ou malheureux.

Pl. II. Fig. A.

L'Etoile ou Pelote.
L'étoile ou pelote A eft un efpace de poil blanc plus ou
moins grand placé au milieu du front au deffus des yeux.

Chanfrain blanc.
Le chanfrain blanc B eft une bande de poil blanc, qui occupe plus ou moins d'efpace le long de l'os du devant de la
tête, entre les yeux & les nazeaux.

Bout du nez blanc.
Le bout du nez blanc C s'entend affez, le poil blanc alors
fe trouve entre les nazeaux, & defcend plus ou moins fur la
lévre fupérieure.

Un même cheval peut avoir ces trois marques en même
tems à la tête , & fi le blanc du bout du nez defcend fur toute
la lévre fupérieure , le cheval eft dit boire dans fon blanc C.

Pieds blancs ou Balzanes F F F F.
Les pieds blancs qu'on a appellé balzanes (ce terme n'eft
plus gueres en ufage auffi-bien que *travat* & *tranftravat* dont
nous allons parler) ne font autre chofe que partie ou le tout
du canon des jambes du Cheval remplis de poil blanc : lorfqu'à la jonction du poil blanc du canon de la jambe avec la
couleur dont eft le Cheval , il fe trouve des irregularitez en
pointes comme des dents de fcies empruntées du blanc & de
la couleur du poil du Cheval, on dit alors que *la balzane eft
dentelée* D ; la *balzane herminée ou mouchetée* E, eft celle qui
eft tachetée de noir ; & lorfque la balzane monte près du genouil ou près du jarret & même au deffus, on dit que le Cheval eft *chauffé trop haut.* D

Travat, Tranftra-vat,
Un Cheval *travat* eft celui qui a deux pieds blancs du même côté , fçavoir celui de devant & celui de derriere. Le Cheval *traftravat ou tranftravat* a un pied de devant blanc d'un
côté & le pied de derriere blanc de l'autre, il n'y a point de
nom particulier pour fignifier les autres arrangemens des
pieds blancs, *Voyez la Planche II. Fig. A.*

Opinions sur les marques des Chevaux.

La pelote ou étoile seule.
Le chanfrain blanc seul.
Le pied gauche du montoir de devant seul.
Le même pied avec l'étoile.
Deux pieds de derriere.
Deux pieds de derriere & un devant avec la pelote ou le chanfrain.
Quatre pieds blancs.
Les pieds blancs herminés.
Les pieds blancs dentelés.
Trois pieds blancs, excellent ; ce qui fait dire aux Espagnols Cheval de trois, Cheval de Roi.
Un, deux ou trois, & deux en croix : un, c'est-à-dire, l'étoile seule : deux, c'est l'étoile & le pied gauche de derriere : trois, l'étoile & les deux pieds de derriere : deux en croix, c'est le pied droit de devant & le pied gauche de derriere qui est un transtravat.

Boire dans son blanc.
Chauffé trop haut.
Le pied droit de derriere.
Le Cheval arzel, les Espagnols appellent ainsi celui qui a le pied droit de derriere blanc accompagné de l'étoile ou du chanfrain blanc ; ils en ont trop mauvaise opinion, ce qui leur fait dire en forme de proverbe : Gardez-vous du Cheval arzel.
Les deux pieds de devant.
Travat & transtravat.
On donne pour maxime que tout Cheval qui aura plus de blanc devant que derriere est mal marqué.
Il est aisé de voir par toutes ces opinions qu'elle en est la baze & le fondement, ainsi je n'en parlerai pas davantage.

Bonnes marques.

Mauvaises marques.

CHAPITRE IV.

Des Epics ou Molettes, des Ergots, des Chateignes, & du Coup de Lance.

Les Epics
2 2 2 2.

L'Epic ou molette est un endroit sur le corps du Cheval d'où les poils partent en rond ce qui forme un centre qu'on remarque aisément : les épics plus ordinaires se trouvent au front, au poitrail & au ventre vers la cuisse, quelques Chevaux en ont d'autres placés en differens endroits du corps.

Les differens augures que quelques-uns tirent des épics, ont le même principe que ceux qui se tirent des autres marques des Chevaux, dont nous avons parlé aux chapitres precedens, Ils disent, par exemple, que deux ou trois épics séparés ou bien qui se joignent, situés au front ou au pli de la cuisse par derriere sont de très bonnes marques : que les épics que le Cheval peut voir en ployant le col sont de mauvaises marques, & qu'au contraire ceux qu'il ne peut pas voir en sont de bonnes ; Que l'épée romaine K est la meilleure de

L'Epée Romaine K.

toutes les marques : ce qu'ils appellent épée romaine, est un épic qui s'allonge le long du haut de l'encolure. Que lorsqu'il a ce même épic de chaque côté du col, il ne doit pas exister dans le monde un meilleur Cheval.

Le coup de lance V.

Le coup de lance V est un creux assez profond qu'on voit à quelques Chevaux Turcs & d'Espagne à la jonction du col à l'épaule, tantôt plus haut, tantôt plus bas : ceci passe pour une très bonne marque dont le fondement est une fable, & cette fable est qu'un excellent Cheval Turc reçut un coup de lance en cet endroit, qu'on le mit au haras & que toute sa race a conservé cette marque d'honneur.

Les Chateignes q q.

Tous les Chevaux ont naturellement aux quatre jambes quatre durillons ou élévations sans poil, de consistence de corne molle ; ceux de devant sont au dessus du pli du genouil, & ceux de derriere au dessous du pli du jarret, tous quatre en dedans ; on les nomme lichesnes, chateignes ou ergots : plus elles sont petites & étroites, plus elles marquent une jambe séche & déchargée d'humeur : quand elles croissent trop on les coupe, il ne faut jamais les arracher, car il y resteroit une plaie.

Les

Les Chevaux ont auſſi à l'extrémité du derriere de chaque boulet une petite élévation de corne tendre plus ou moins groſſe recouverte par le fanon, on appelle auſſi cette corne ergots. Les Ergots.

CHAPITRE V.

De la connoiſſance de l'âge par les dents.

ON ne peut gueres aſſûrer l'âge d'un Cheval lorſqu'on ne l'a pas vû naître que par les différences qui arrivent à ſes dents de devant juſqu'à l'âge de huit ans, après quoi il faut avoir recours à d'autres ſignes qui ſont très fautifs depuis huit ans juſqu'à la vieilleſſe qui ſe diſtingue plus aiſément. Ce Chapitre eſt deſtiné pour la connoiſſance des dents, nous parlerons des autres ſignes dans le Chapitre ſuivant.

Les Chevaux ont douze dents de devant, ſçavoir ſix à la machoire ſupérieure couvertes par la lévre ſupérieure, & ſix à la machoire inférieure : il vient au Poulin peu après ſa naiſſance douze dents de lait qui ſont courtes, fort blanches & nullement creuſes, celles d'en bas ſont marquées *Fig. G*, il garde ces dents de lait juſqu'à environ 30 mois ou 2 ans & demi. Pl. III. Dents de lait. *Fig.* D.

A *deux ans & demi* & quelquefois à *trois ans* il tombe deux dents du milieu de chaque machoire qu'on nomme les pinces, parce que c'eſt avec ces dents que le Cheval pince l'herbe E, & en quinze jours il en revient d'autres à leurs places moins blanches, plus fortes, noires & creuſes en deſſus A A, & alors le Cheval n'a que deux ans & demi ou trois ans tout au plus, & il a encore huit dents de lait. *Fig.* E. Les Pinces à 2 ans ½ ou 3 ans.

A 3 ans & demi & rarement à 4 *ans*, les deux dents de lait qui ſont à côté des deux pinces de chaque machoire & qui ſe nomment les mitoyennes, parce qu'elles ſont entre les pinces & les dents du coin dont nous allons parler, tombent, & environ quinze jours après en vient d'autres A A de la conſiſtance des pinces : alors le Cheval n'a que trois ans & demi ou quatre ans, il a encore quatre dents de lait deux en haut & deux en bas, & alors le creux des pinces eſt à demi uſé. *Fig.* F. Les Mitoyennes à 3 ans ½.

A *quatre ans & demi ou environ*, les deux dernieres dents de lait à chaque machoire qui ſe nomment les coins ou les dents des coins, parce qu'elles terminent de chaque côté les *Fig.* G. Les Coins à 4 ans ½.

C

dents de devant, tombent, & il en vient d'autres à leurs places. Les coins *a a* pouffent à la machoire d'en haut *Fig. G* bien avant ceux de la machoire d'en bas, ces dernieres dents ne font pas parvenues à la longueur qu'elles doivent avoir en quinze jours comme les pinces & les mitoyennes ; elles ont cependant autant de largeur dès leur naiffance & font tranchantes, elles viennent prefque toujours après les crochets d'en bas *Fig.*

Crochets d'enbas. *F. b b*, quelquefois en même tems & quelquefois avant : comme les crochets méritent d'être détaillés plus au long, nous en parlerons ci-après.

Lorfque les coins pouffent, il femble que la dent ne faffe que border la gencive par dehors, & le dedans eft garni de chair jufqu'à *cinq ans* ; alors la chair du dedans eft toute retirée, & la dent fort de la gencive de l'épaiffeur d'un écu blanc.

Crochets d'enhaut. Fig. H. C'eft vers ce tems que les crochets d'en haut *Fig. G. b b* pouffent affez ordinairement ; *de cinq ans à cinq ans & demi*, la dent du coin reftant toujours creufe en dedans eft fortie de l'épaiffeur de deux écus ; *de cinq ans & demi à fix ans*, elle eft fortie de l'épaiffeur du petit doigt, & le creux s'étant effacé autour de la dent, il n'y refte qu'un petit creux noir dans le milieu qu'on nomme le germe de féve, parce qu'il a la figure

Le germe de féve *o o*. du germe d'une féve. Alors le creux des pinces eft totalement ufé & celui des mitoyennes l'eft à demi ; ainfi depuis que le Cheval eft parvenu à fix ans, on ne regarde qu'aux coins, aux mitoyennes & aux crochets, attendu que la marque des pinces eft ufée.

A *fix ans complets* le germe de féve des coins fera diminué & les crochets auront acquis toute leur longueur.

A *fept ans* la dent fera longue environ le travers du troifiéme doigt, & le germe de féve ou le creux fera beaucoup di-

Fig. K. minué & ufé.

A *huit ans* la dent fera longue comme le deuxiéme doigt & le Cheval aura razé & ne marquera plus, ce qui fignifie que la dent n'aura plus de creux noir & fera toute unie.

Nota Qu'il y a des Chevaux qui confervent une marque noire aux coins après les huit ou neuf ans : mais elle ne fera pas creufe, ainfi par là on reconnoîtra qu'elle ne fait rien à l'âge.

Des Crochets. Il eft affez rare que les Jumens ayent des crochets ; lorfqu'elles en ont, ils font beaucoup plus petits que ceux des Chevaux & ne fervent pas à faire connoître l'âge, les cro-

chets d'en bas pouffent & font hors de la gencive avant
ceux de deffus. Les Chevaux font quelquefois malades avant
que les crochets d'en haut leur percent, mais ils ne le font
jamais pour les crochets d'en bas. Il y a des Chevaux qui
n'ont plus de dents de lait & qui n'ont pas encore percé leurs
crochets d'en haut quoiqu'ils ayent mis les coins; ordinairement cependant les crochets viennent avant les coins.
Attachez-vous à la connoiffance du crochet & de la dent
du coin, au moyen de quoi vous vous tromperez rarement
fur l'âge. Si le Cheval n'a que *fix ans*; le crochet d'en haut
fera un peu canelé & creux par dedans : après fix ans il s'arrondit par le dedans.

Lorfque le Cheval a razé, c'eft-à-dire à huit ans, une remarque des meilleures eft celle du crochet, principalement
de celui d'en haut; fi il fe trouve tout ufé & arrondi le Cheval a au moins dix ans.

Le crochet d'en bas eft auffi une fort bonne remarque :
les jeunes Chevaux l'ont pointu, médiocrement grand,
tranchant des deux côtés & fans aucune craffe. A mefure
que le Cheval avance en âge, les crochets d'en bas, grandif-
fent, s'émouffent, s'arrondiffent & deviennent craffeux,
puis ils deviennent fort gros & ronds : & enfin dans la vieilleffe ils paroiffent jaunes & tout ufés.

On connoît auffi la vieilleffe à la longueur des dents : car
plus la dent eft longue & décharnée, plus elle a amaffé de
rouille & plus elle eft jaune, plus le Cheval eft vieux : de
plus à mefure que le Cheval vieillit, les pinces avancent
comme pour fortir de la bouche, & dans l'extrême vieilleffe
elles vont quafi tout droit en avant : quelquefois ce font les
dents d'en haut & quelquefois ce font les dents d'en bas qui
avancent, & quelquefois auffi tous les deux rangs enfemble : alors le Cheval eft dit faire les forces à caufe de la reffemblance que fes dents ont dans cette fituation avec une efpece
de tenaille qu'on appelle des forces.

Nota Qu'il y a des Chevaux qui confervent leurs dents
jufqu'en un âge très avancé, belles, blanches & courtes :
ceux-là font bons à contremarquer, ce que les Maquignons
ne manquent pas de faire. *Voyez* le Chap. XI.

Longueur des dents.

CHAPITRE VI.

De l'âge depuis huit ans.

Quelques personnes prétendent connoître l'âge d'un Cheval quand il ne marque plus, à d'autres indices qu'à ceux des dents : mais plusieurs de ces remarques ne sont pas absolument sûres.

La Queuë. On prétend que vers dix ou douze ans, il descend un nœud de plus à la queuë & à quatorze ans un autre, ce qu'on connoît en passant la main le long du tronçon de la queuë depuis le haut jusqu'en bas ; il paroîtroit par ce signe que le Cheval a quelque vertebre de la queuë enfermé dans la croupe jusqu'à cet âge, ce qui mériteroit confirmation.

Les Salieres creuses. Les salieres excessivement creuses sont encore un signe qui peut manquer quelquefois pour indiquer l'extrême vieillesse d'un Cheval, parce qu'il arrive aussi que les Chevaux engendrés d'un vieil Etalon héritent quoique jeunes, de cette marque de la vieillesse de leur pere.

Le Cheval sillé. Le poil blanc à l'endroit du sourcil lorsque le Cheval n'est ni gris ni blanc, est une marque quasi assurée que le Cheval a passé sa quinze ou seiziéme année : on appelle un Cheval ainsi marqué un Cheval qui a sillé.

Le Palais décharné. Le palais décharné indique la vieillesse ; car à mesure que les Chevaux avancent en âge, les sillons de leurs palais *Pl. III. Fig. C. o o* qui dans la jeunesse étoient élevés & charnus s'abaissent peu à peu : & enfin le palais se desseche de façon qu'aux vieux Chevaux les sillons sont totalement effacés.

Les Plis de la Levre. Quelques-uns disent qu'en poussant en haut la lévre supérieure, il s'y fait autant de plis que le Cheval a d'années : je crois qu'on pourroit s'abuser à une pareille remarque.

L'os de la ganache. Lorsqu'en maniant l'os de la ganache quatre doigts plus haut que la barbe on sent qu'il est rond, c'est une marque de jeunesse : si on le trouve aigu & tranchant le Cheval est vieux, cette remarque n'est pas mauvaise.

La Peau. Si on tire à soi la peau sur la ganache ou sur l'épaule, & qu'elle ne se remette pas vîte en sa place, signe de vieillesse : je crois cette remarque très incertaine.

Le Cheval blanc. Comme il est fort rare de trouver des Poulins & des jeunes

Chevaux tout blancs, & que les Chevaux gris blanchiſſent en vieilliſſant, il arrive ſouvent qu'un Cheval blanc n'eſt tel qu'à cauſe qu'il eſt vieux.

CHAPITRE VII.

Des Chevaux Béguts, ou qui marquent toute leur vie.

LEs Chevaux qui marquent toute leur vie ſont appellés Béguts; à ces Chevaux le creux noir des dents s'uſe peu, de façon qu'ils paroîtroient toujours n'avoir que ſix ans : les Chevaux hongres y ſont plus ſujets que les Chevaux entiers.

Il y a deux ſortes de Chevaux Béguts, ſçavoir ceux qui marquent de toutes les dents, premiere ſorte : mais ils n'en ſont que plus aiſés à diſtinguer : car comme j'ai dit dans le chapitre des dents, à trois ans & demi lorſque les mitoyennes viennent, la marque des pinces eſt à demi uſée. A ſix ans le creux des pinces eſt uſé & les mitoyennes à demi uſées; ainſi lorſqu'on voit que les pinces & les mitoyennes marquent également, le Cheval eſt ſurement Bégut : alors vous pourrez diſtinguer ſon âge aux autres ſignes du chapitre precedent.

La deuxiéme ſorte de Chevaux Béguts eſt ceux qui ne marquent pas à toutes les dents, mais qui marquent toute leur vie; à ceux-là on reconnoîtra l'âge à la longueur des dents, aux crochets & aux autres ſuſdites remarques.

PL. III.
Fig. *c c b a a*
b c.

CHAPITRE VIII.

Récapitulation de l'âge.

PEu après la naiſſance, quatre pinces.
   Peu après les pinces, quatre mitoyennes.
Trois ou quatre mois après, quatre coins.
A deux ans & demi les pinces creuſes.
A trois ans & demi les mitoyennes creuſes.
Les crochets d'en bas.
A quatre ans & demi les coins creux bordent la gencive.

Dents de lait.

Dents de Poulins.

C iij.

Les Crochets d'en haut.

A cinq ans les coins sortent de l'épaisseur d'un écu.

A cinq ans & demi les coins sortent de l'épaisseur de deux

Dents de écus, les crochets d'en bas tranchants & blancs.

Cheval. De cinq ans & demi à six ans les coins sortent de l'épaisseur du petit doigt, le germe de féve, le creux des pinces usé, celui des mitoyennes à demi usé.

A six ans complets le germe de féve des coins diminué & les crochets parvenus à leur longueur, crochets d'en haut canelés ou raboteux en dedans.

A sept ans les coins sortis de l'épaisseur du troisiéme doigt, le germe de féve beaucoup diminué.

A huit ans, les coins longs du travers du second doigt, & le germe de feve effacé, ce qui s'appelle ne plus marquer.

Signes de vieillesse.

Le crochet d'enhaut arrondi & diminué.
Le crochet d'enbas arrondi, grossi & jaune.
Les dents avancées, jaunes & longues.
Les Salieres creuses.
Le Cheval sillé.
Le palais décharné.
L'os de la ganache tranchant.
Le Cheval gris devenu blanc.

CHAPITRE IX.

Des défauts des Parties du Cheval.

DES YEUX.

LEs yeux sont bien difficiles à bien connoître, & il faut de la pratique pour en remarquer les défauts.

On ne peut bien examiner les yeux qu'en se postant face à face du Cheval, & qu'il soit situé de maniere qu'il y ait de l'obscurité derriere & au-dessus de ses yeux: pour cet effet on met le Cheval la tête à la porte d'une Ecurie le corps en dedans de l'Ecurie, & se tenant en dehors vis-à-vis on voit chaque œil par son côté, afin que la vûë du regardant perce au travers de l'œil du Cheval ; vous rifquez à vous tromper fi vous vous y prenez de toute autre maniere, comme de vous mirer dans l'œil pour voir s'il rend exactement votre figure, car un mauvais œil vous reprefentera mieux qu'un bon ; ou de paffer votre main devant l'œil pour voir s'il fermera l'œil, ou de pouffer votre doigt vis-à-vis comme pour crever l'œil, car le vent que fera votre main pourra lui faire cligner l'œil quand même il feroit aveugle.

Les yeux font fujets à plufieurs infirmitez ou défauts de con-formation, qui font plus ou moins à craindre ; mais ce font toujours des défauts dont les moindres ne laiffent pas de di-minuer le prix des Chevaux.

1°. Il y a des poils qui paffent pour être plus fujets à vûë foi-ble que les autres, comme gris fale, gris eftourneau, aubert ou fleur de pêcher & rouhan.

2°. Dans le tems que les Poulains changent leurs dents de lait, particuliérement les coins, & auffi lorfque les crochets d'enhaut pouffent, la vûë devient trouble à quelques-uns ; ils en peuvent devenir borgnes ou même aveugles, mais fouvent auffi la vûë fe raccommode. PL. I. Fig. C.

3°. Les prunelles petites, longues & étroites fe gâteront plutôt que les autres. Prunelles petites.

4°. Un cercle blanc autour de l'œil eft un figne douteux de mauvaife vûë, car il y a des Chevaux qui avec ces cercles blancs ont cependant la vûë bonne. Cercle blanc.

5°. Lorfqu'on voit la prunelle d'un blanc verdâtre tranf-parent, on dit qu'il y a un cul de verre dans l'œil ; cet œil ne vaut rien ; mais comme la réflexion d'objets blancs contre une muraille, &c. pourroit faire voir cette couleur dans l'œil, il faut regarder celui qu'on foupçonne d'avoir ce mal en plu-fieurs places, & fi le défaut fubfifte le Cheval a le cul de verre. Cul de verre.

6°. La vitre trouble eft sûrement mauvaife, il faut qu'elle foit claire & tranfparente comme du criftal ; car on doit voir au travers & y diftinguer deux taches noires comme fi c'étoit des grains de fuye qui font au-deffus du trou de la pru-nelle. Vitre trou-ble.

7°. La vitre rougeâtre vife au lunatique, ou à l'œil fluxion-naire. Vitre rou-geâtre.

8°. La vitre feuille-morte par le bas & trouble par le haut, ou les yeux enflés & pleurans des larmes claires & chaudes, Vitre feüil-le-morte.

font une marque infaillible que le Cheval est lunatique, ayant actuellement la fluxion.

Oeil noir. 9°. L'œil noir & brun dans le fond & la vitre trouble, marque un Cheval lunatique, mais qui n'a pas actuellement la fluxion.

Oeil plus petit que l'autre. 10°. Un œil plus petit que l'autre est une mauvaise disposition qui dénote la fluxion.

Dragon. 11°. Une tache blanche au fond de la prunelle, quelque petite qu'elle soit, s'appelle un dragon & est incurable.

De la Ganache & de la Bouche.

Ganache serrée B. Le défaut de la ganache est d'être trop serrée, parce que lorsque les deux os de la ganache sont trop près l'un de l'autre, le Cheval ne sçauroit loger son gosier entre deux, ce qui l'empêche de bien placer sa tête, & lui fait porter le nez au vent.

Glandes C. En examinant la ganache, si on y trouve des glandes attachées & douloureuses, ce pourroit être un indice que le Cheval a disposition à devenir morveux, sur-tout lorsqu'il a passé six ans; cependant ce n'est quelquefois qu'une suite de morfondure; que si le Cheval est dans l'âge de jetter, & qu'on le trouve glandé, cela signifie qu'il va jetter sa gourme; après quoi il reste quelquefois & pendant long-tems des glandes à la ganache, mais elles ne sont point douloureuses & elles sont mouvantes, celles-là ne sont d'aucune conséquence.

Barres insensibles. Dans la bouche, il faut examiner sur-tout les barres : lorsqu'elles sont garnies de trop de chair elles n'ont que très-peu de sensibilité, le Cheval pesera à la main, le Cavalier ou le Cocher aura de la peine à s'en faire obéir; & si outre cela le Cheval a de l'ardeur, il ne sentira point la bride & pourra emporter le Cavalier ou prendre le mors aux dents.

Barres rompuës. Si les barres ont été rompuës par quelques saccades que ceux qui ont mené le Cheval lui auront données, on le sentira à la main, quoique la playe soit guerie, par les cicatrices qui y seront restées, ou par le creux que l'esquille y aura laissé en tombant. Cet accident arrivé aux barres déprise le Cheval, car il signifie ou que les barres étoient trop dures & insensibles, ou bien qu'elles ont été cassées par la faute de celui qui a mené le Cheval; en ce cas sa bouche n'est jamais assurée. Il y a des gens qui ne voulant pas se défaire d'un Cheval qui a la bouche

che

che forte, lui caſſent les barres exprès pour les lui rendre plus
ſenſibles.

Nota. Que ſi avec une bouche inſenſible le Cheval a peu de
vigueur & de reins, ce ſera le plus deſagréable Animal qu'on
puiſſe monter : car il faudra lui porter continuellement la
tête ; & s'il bronche, il tombera. Un tel Cheval ne peut ſervir
qu'à la charette.

Le défaut contraire aux precedens ſont des barres trop ſenſibles. Lorſqu'un Cheval a les barres trop ſuſceptibles des im-
preſſions du mors, il n'a aucun appui à la main, le moindre
mouvement du mors l'étonne, l'embaraſſe, le fait béguayer   Barres trop
& battre à la main : & il s'en trouve de ſi ſenſibles aux bar- ſenſibles.
res, que pour peu qu'on tire la bride, ils ſe renverſent & mettent le Cavalier en danger de la vie ; ainſi ces bouches ſont
mauvaiſes pour être trop bonnes.

Des Epaules, du Garrot, & du Poitrail.

On conſidere deux endroits principaux à l'épaule du Cheval : ſçavoir la pointe de l'épaule & la jointure qui eſt à côté
du poitrail ; & comme en général toute l'épaule doit être
ſéche & très peu chargée de chair ; lorſqu'on voit que la pointe
de l'épaule au lieu d'être platte & colée contre le garrot, eſt   Epaules
groſſe & ronde, & que toute l'épaule eſt chargée de chair,   groſſes. D.
c'eſt un grand défaut pour un Cheval de ſelle, parce qu'il
dénote un Cheval peſant qui ſe laſſera aiſément, ſera ſujet à
broncher, & à ſe ruiner les jambes de devant. Lorſqu'un
Cheval a toute l'épaule groſſe, c'eſt-à-dire, la pointe de l'é-
paule ronde, beaucoup de chair ſur l'épaule & la jointure qui
eſt à côté du poitrail groſſe & avancée, il ne peut ſervir qu'à
la charette où il eſt très-bon, & il en tire mieux par la peſanteur ſeule de ſes épaules : on dit d'un tel Cheval qu'il eſt large
du devant ; qualité bien differente que celle d'être ouvert du
devant, comme nous allons l'expliquer.

Comme le garrot doit être tranchant & élevé, c'eſt un dé-   Garrot
faut de conformation lorſqu'il eſt rond & bas.   rond. E.

Le défaut oppoſé, pour ainſi dire, à celui des groſſes épau-
les eſt de les avoir ſerrées, on le reconnoît en ſe mettant vis- Epaules ſer-
à-vis du Cheval, lorſqu'on voit le poitrail fort étroit & mal   rées & poi-
à ſon aiſe entre les deux os de l'épaule qui le flanquent des   trail étroit.
deux côtés. A ces Chevaux les deux jambes de devant ſont ſi   F.

D

proches l'une de l'autre par en haut, que peu s'en faut qu'elles ne se touchent, ce qui dénote qu'ils sont foibles sur le devant, de plus ils sont sujets à se croiser & se mêler les jambes en marchant, & par conséquent à se couper & à tomber. Lorsqu'on voit le poitrail bien à son aise entre les deux épaules, & que les deux jambes de devant sont éloignées l'une de l'autre d'une distance raisonnable par en haut, on dit que le Cheval est bien ouvert du devant.

Epaules froides. On appelle épaules froides celles qui n'aident pas au Cheval à lever la jambe en marchant, & qui n'ont de mouvement que pour la porter en avant & près de terre : alors le Cheval est sujet à broncher & à buter quand le terrein n'est pas uni, faute de lever suffisamment les jambes.

Epaules prises. Les épaules prises ou entreprises, sont celles qui ont si peu de jeu qu'il faut que les jambes travaillent presque toutes seules, ce qui les ruine en peu de tems par le trop grand mouvement qu'elles sont obligées de faire; & par cette raison le Cheval se fatiguant aisément est très sujet à tomber.

Epaules chevillées. F. On appelle épaules chevillées les épaules serrées & sans aucun mouvement, comme si on les avoit attachées l'une à l'autre avec une cheville passée au travers ; ceci est le plus grand défaut des épaules, car il rend le Cheval quasi inutile à quelque emploi que ce soit.

Des Jambes de devant & de derriere.

Comme la jambe de devant est composée du bras, du genoüil, du canon de la jambe, du boulet & du pâturon, & que chacune de ces parties est sujette à des défauts, je vais les détailler l'un après l'autre.

Le bras menu. G. Le défaut du bras de la jambe de devant est d'être menu ; outre la mauvaise conformation, ces bras menus désignent que le Cheval a peu de force dans les jambes de devant.

Genoüil gros. H. C'est un défaut du genoüil que d'être trop gros, il dénote que l'Animal est pesant.

Brassicourt. I. Le Cheval est dit brassicourt lorsque le canon de la jambe au lieu de tomber à plomb est ployé en dessous, ce qui fait paroître le genoüil avancé ; quelques Chevaux ont cette mauvaise conformation dès leur naissance, & ce sont ceux-ci qu'on appelle brassicourts ; alors ce défaut n'est que desagréable à la vûë, car il se trouve des Chevaux brassicourts excellens.

Cette même situation de jambe se trouve plus communément aux Chevaux dont les jambes sont usées. Lorsqu'un Cheval commence à avoir les jambes fatiguées, elles deviennent d'abord droites, c'est-à-dire, que le boulet avance plus qu'il ne doit naturellement, & alors le canon de la jambe, le boulet & la couronne du pied tombent à plomb l'un sur l'autre, & le Cheval est dit droit sur ses jambes, ce qui se remarque au boulet comme je viens de dire. Il devient arqué lorsque la jambe fait l'effet de celle d'un Homme qui ploye un peu le genoüil; on voit par là qu'il y a une différence essentielle entre brassicourt & arqué, puisque brassicourt n'est qu'un défaut de conformation, & arqué marque des jambes très-fatiguées; & quoiqu'on dise qu'un Cheval arqué n'est que brassicourt, il faut en être sûr avant d'en faire l'acquisition : les jambes des Chevaux deviennent aussi quelquefois arquées quand on leur a mis pendant long-tems des entraves dans l'écurie. {.column-marginal Droit sur ses boulets. K.}

On appelle jambes de Veau celles dont le canon va en devant & fait l'effet contraire des jambes arquées, c'est un défaut de conformation desagréable à voir; on appelle aussi jambes de Bœuf ou de Veau un défaut dont nous parlerons ci-après.

Lorsque les jambes des Chevaux sont tout-à-fait usées, elles deviennent bouletées, c'est-à-dire, que le boulet pousse & avance plus que le sabot, ce qui vient de longues fatigues qui ont retiré les tendons de la jambe.

Le défaut du pâturon qu'on appelle aussi la jointure est d'être trop menu, ce qui dénote foiblesse en cette partie. Lorsqu'avec cela la jointure est longue & si pliante que l'ergot touche presque à terre, c'est un vice dans cette partie qui marque que les tendons n'ont pas la force de maintenir cette jointure en sa situation, car il y a des Chevaux long-jointés dont le pâturon est bien placé, alors ce n'est un défaut qu'à la vûë : mais les jointures pliantes manquent de force & sont sujettes aux molettes.

Comme il faut que le gros tendon du canon de la jambe, qu'on appelle abusivement le nerf de la jambe, soit gros & détaché, c'est un défaut lorsqu'il est menu & près de l'os; ces jambes sont foibles & sujettes à se gorger.

Les jambes dont le tendon amincit si considérablement au dessous du pli du genoüil qu'on ne le sent plus, paroissent plus

Droit sur ses boulets. K.

Arqué. I.

Jambes de Veau. L.

Jambes boutées ou bouletées. K.

Long-jointé. M.

Tendon trop mince. N.

Jambes de Bœuf. O.

étroites à la vûë au deſſous du genoüil que vers le boulet ; &
quoique le tendon ſoit détaché, cette conformation dénote
qu'il eſt trop mince & par conſéquent foible : on appelle ces
jambes, jambes de beuf, parce que la jambe de ces animaux eſt
ſerrée au deſſous du genoüil.

Boulet trop menu. M. Le boulet trop menu & trop fléxible eſt une marque de foibleſſe en cette partie ; ces boulets ſont ſujets aux molettes.

Les Chevaux rampins *p p* ſont ceux qui ſont bouletés des
jambes de derriere, n'appüiant que ſur la pince & le boulet en
avant : on appelle auſſi ces Chevaux juchés ; ce défaut ne fait
qu'augmenter en vieilliſſant, il y en a qui ſont juchés de
naiſſance, ce n'eſt alors un défaut qu'à la vûë.

Du Flanc & du Corps du Cheval.

Flanc creux. Q. Lorſque l'eſpace qui eſt entre la derniére côte & l'os de la
hanche, eſt creux, on dit que le Cheval a le flanc creux ; outre le deſagrément de cette conformation, les Chevaux qui
ont le flanc creux ſont ſujets à n'avoir pas de corps ou à le
perdre aiſément, particuliérement ſi la derniére côte eſt trop
loin de l'os de la hanche, ou ſi elle ne deſcend pas aſſez bas,
ce qui s'appelle *avoir la côte trop courte.*

Etroit de boyaux. R. Lorſque le ventre d'un Cheval s'éleve vers le train de derriere reſſemblant au ventre d'un Lévrier, il eſt dit n'avoir pas
de corps ou être étroit de boyau : ces Chevaux ſont communément délicats au manger, ne ſe nourriſſent pas bien, & ont
preſque tous de l'ardeur.

Côtes plat-tes. S. Les côtes plattes, ou le Cheval plat, eſt celui dont les côtes
ne s'étendent pas aſſez en rondeur ; c'eſt une ſorte de défaut
qui empêche que le Cheval n'ait de corps, la reſpiration n'en
doit pas être ſi libre ; & ſi le Cheval eſt grand mangeur, le ventre ne pouvant pas s'étendre en côté, eſt obligé de deſcendre &
Ventre ava-lé. T. de s'avaler comme le ventre d'une Vache, ce qui alourdit un
Cheval & lui ôte l'haleine : ces ſortes de Chevaux ſont ſujets
à la pouſſe.

Méthode des An-glois. Quand les Anglois engraiſſent les Chevaux maigres & qu'ils
voyent qu'ils ont diſpoſition à avoir le ventre avalé, ce qui
arrive aſſez ordinairement en pareille occaſion. Ils joignent
pluſieurs ſurfais & font par ce moyen une ſangle large d'un
pied & demi, avec laquelle ils leur entourent tout le ventre,
mettant des couſſinets à l'endroit des côtes pour ne les pas

Pl. IV.

Fig. A

Le
Bon Pied

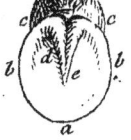

Fig. F

Fig. B

Fig. D

Fig. E

Fig. C

Fig. H

Pied
plat et
comble

Fig. G

Fig. I

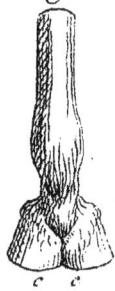

Fig. K

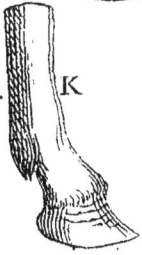

Fig. L

Fig. M

Fig. N

Fig. O

blesser , & tous les jours ils resserrent la sangle d'un point , ce qui empêche le ventre de descendre , & fait passer plus promptement la graisse à la croupe.

Les Chevaux ensellés, ou qui ont les reins bas, sont ceux dont le dos est creux principalement à l'endroit de la selle ; ces Chevaux ne doivent pas avoir les reins si forts que ceux qui les ont en dos de Mulet ; mais on est communément plus doucement sur ces Chevaux dont les reins se font moins sentir , & ils paroissent à la vûë plus relevés du devant. *Les reins bas, ou ensellés. V.*

De la Croupe , des Cuisses, & des Jarrets.

La croupe est défectueuse à la vûë seulement lorsque les os du haut des hanches paroissent à un Cheval qui n'est pas maigre ; on dit alors qu'il a les hanches hautes : mais si quelque gras que soit un Cheval on voit encore les os des hanches faire l'effet de deux grosseurs aux deux côtés du haut de la croupe , le Cheval est tout-à-fait cornu. Il y a des Chevaux cornus excellents, mais ils sont très desagréables à la vûë, parce qu'ils contrefont les Chevaux maigres. *Hanches hautes & Cheval cornu. X.*

Le Cheval espointé E ou éhanché, est celui qui a une hanche plus basse que l'autre ; ce défaut n'ôte rien à la bonté du Cheval, il est seulement desagréable à voir. *Cheval espointé. Pl. XXIII. Fig. B.*

La croupe est coupée , lorsque, si on la regarde de profil on voit qu'elle est étroite, c'est-à-dire, qu'elle ne prend pas bien sa rondeur & son étendue. *Croupe coupée. Y.*

La croupe avalée est celle qui tombe trop tôt, ce qui fait que l'origine de la queuë est plus bas qu'elle ne doit être pour être bien placée. *Croupe avalée. Z.*

La croupe de Mulet est celle qui est tranchante en la regardant par derriere, parce que les fesses sont applaties : on nomme ainsi ces croupes par la ressemblance qu'elles ont avec celles des Mulets. *Croupe de Mulet.*

Tous ces défauts sont plutôt choquants que dangereux.

Les cuisses plattes sont celles dont les muscles ne sont pas ronds & garnis de chair, cette conformation marque foiblesse dans la partie ; il en est de même quand les cuisses sont serrées, c'est-à-dire, qu'elles sont trop près l'une de l'autre. *Cuisses plattes & serrées. a.*

Les Chevaux crochus sont ceux dont la pointe des jarrets se touchant, les jambes vont ensuite s'éloignant l'une de l'autre , comme aux caigneux ; les Maquignons appellent ces *Chevaux crochus.*

D iij

Chevaux clos du derriere. Une autre espece de Chevaux crochus est celle de ceux dont la jambe de derriere est en dessous située naturellement comme un Cheval qui fait une courbete : ces défauts de conformation sont souvent des défauts de force & d'agrément pour le Cavalier.

Jarrets mols.

Un autre défaut plus considérable que le precedent est celui d'avoir les jarrets mols. Les jarrets mols sont ceux qui balancent & qui se jettent en dehors lorsque le Cheval marche, ce défaut dénote beaucoup de foiblesse au train de derriere.

Jarrets étroits b. & Jarrets pleins. c.

Les jarrets étroits sont foibles : lorsque les jarrets sont pleins, c'est-à-dire, qu'ils ne sont pas bien évidés entre le tendon & l'os, ils sont foibles & chargés d'humeurs.

Des Pieds.

Pl. IV.

Les défauts des pieds sont très-considérables, parce que le meilleur & le plus beau Cheval devient inutile s'il ne peut marcher & vous servir : c'est pourquoi cette partie doit être bien examinée.

Pied foible. Fig. E.

Le pied foible est celui qui a médiocrement de talon & qui a peu d'épaisseur de pied, ces pieds-là ont la sole creuse ; mais si de la pointe de la fourchette on perçoit jusqu'à la corne, on ne trouveroit pas assez d'épaisseur. Ils sont sujets à s'échauffer aisément sur le dur & à boiter.

Pied gras. Fig. D.

Un autre espece de pied foible est le pied gras ; le pied gras est celui qui communément est trop gros & dont la corne du sabot & la sole ont peu d'épaisseur ; on ne peut connoître cette espece de pied qu'en le parant, & alors on voit si la corne est mince, mais il faut être connoisseur pour le découvrir. Il est nécessaire de laisser reposer quelque tems les Chevaux qui ont le pied gras, après la ferrure, car ils boitent ordinairement après avoir été nouveau-ferrés.

Pieds trop petits. Fig. B. & trop gros. Fig. D. Corne cassante. Fig. E.

Les pieds trop petits sont douloureux.

Les pieds trop gros rendent les Chevaux lourds & pesants, & même sont une marque de pesanteur.

La corne cassante est un défaut très-incommode, on la reconnoît en ce qu'on la voit ébrechée près du fer en beaucoup d'endroits : ces breches sont causées par les clouds des fers qui l'ont éclatée, & si vous voyez des clouds brochés au talon, ce qui ne se fait qu'à la derniére extrémité, aux pieds de devant, c'est un signe certain que la corne s'est tellement éclatée & caffée en pince que l'on n'y a pû brocher; la corne blanche eft fujette à être caffante.

Les cercles fur la corne font des efpeces de goutieres qui entourrent & ferrent le fabot en travers & qui y forment autant de fillons; ces cercles dénotent un pied trop chaud & aride dont fouvent le Cheval devient boiteux : les cercles font quelquefois une fuite de la fourbure. *Pieds cerclés. Fig. K.*

Les avalures n'arrivent que par accidents & bleffures à la corne. Lorfque la corne a été entamée par une bleffure ou par quelque opération il fe fait une avalure, c'eft-à-dire, qu'il croît une nouvelle corne à la place de celle qui aura été emportée. Cette nouvelle corne eft plus raboteufe, plus groffiére & plus molle que l'ancienne; elle part communément de la couronne & defcend toujours chaffant la vieille corne devant elle : lorfqu'on voit une avalure, on peut compter que le pied eft altéré. *Avalures.*

L'encaftelure n'eft autre chofe que les talons ferrés, c'eft-à-dire, trop étroits, finiffant en pointe & collés l'un contre l'autre, ils font plus étroits vers la fourchette qu'en haut vers le poil; ce défaut fait boiter, il n'arrive gueres qu'aux Chevaux fins & des Pays chauds, il marque aridité & féchereffe de pied. *Pieds encaftelés. Fig. L.*

Les pieds trop longs font ceux dont les talons s'alongent en arriere, ceux-là font fujets à être encaftelés. *Pieds trop longs. Fig. D. a.*

Il y a des Chevaux qui ont un côté des talons plus haut que l'autre, ce qui provient de féchereffe du pied; la ferrure peut auffi caufer cette difformité, elle peut auffi y remédier, ainfi ce défaut n'eft pas fi confidérable que l'encaftelure. *Un talon plus haut que l'autre. Fig. I.*

Les talons foibles font ceux qui obéiffent fous la main lorfqu'on les preffe l'un contre l'autre; ces Chevaux font fujets à boiter à caufe de la foibleffe de leurs talons qui fe foulent & fe ferrent aifément. *Talons foibles.*

Les talons bas font ceux qui ont peu d'épaiffeur; ces Chevaux font fujets à boiter à caufe du peu de force qu'ils ont dans les talons. *Talons bas.*

On dit que la fourchette eft graffe quand elle eft trop groffe & qu'elle touche à terre, c'eft un défaut qui fait boiter le Cheval; les Chevaux qui ont les talons bas font fujets à ce défaut. *Fourchette graffe. Fig. H. a.*

La fourchette maigre & ferrée marque un pied aride & *Fourchette maigre. Fig. L. b.*

fec & prefque toujours que le pied eft encaftellé, ou du moins y a grande difpofition.

La fole trop mince eft fujette à être foulée.

La fole haute eft un grand défaut au pied d'un Cheval, & fi elle furpaffe la corne, le Cheval aura le pied comble, marchera fur fa fole & boitera infailliblement : les pieds qui ont la fole haute ont prefque toujours la corne platte & éva-fée comme une écaille d'huître : c'eft le défaut des gros Che-vaux élevés dans les Pays marécageux ; ces pieds font très-difficiles à ferrer pour que la fole ne porte pas fur le fer ni à terre. Ce défaut provient aufli d'accident, c'eft-à-dire, de la fourbure qui fera tombée dans les pieds, il n'en eft que plus dangereux.

Sole mince. Pieds plats & comblés. Sole haute. Fig. H. b b.

TABLE
DES DE'FAUTS VISIBLES
DU CHEVAL.

Pl. I, Fig. G.

Les Oreilles baffes, écar-técs & pendantes. 1.
La tête mal penduë. 2.
Les falieres creufes. 3.
Les yeux petits. A.
Le nez creux ou le chan-frain enfoncé. 4.
La ganache ferrée. B.
Le bout du nez gros. 5.
De groffes glandes fous la ganache. C.
L'encolure renverfée. 6.
L'encolure fauffe. 7.
Le col court. 8.
Le garot rond & bas. E.
Les épaules groffes. D.
Les épaules chevillées. F.
Le poitrail ferré. 9.
Le bras menu. G.

Une loupe au coude 10, qui provient de meurtriffure du fer aux Chevaux qui fe cou-chent en Vache, c'eft-à-dire, la jambe de devant ployée de façon que le fer du pied tou-che le coude, le meurtrit & occafionne enfin cette loupe.
La jambe arquée, ou le Che-val braflicourt. I.
Les furos. 11.
Les malandres. 12.
La jambe de Veau. L.
La jambe de Beuf. O.
La jointure longue & plian-te. M.
Les molettes. 13.
La bouture, ou le Cheval bouté ou bouleté. K.

Les

Les reins bas ou le Cheval enfellé. V.

Les côtes plattes. S.

Le flanc creux. Q.

Le ventre avalé. T.

La croupe pointue. Y.

Le Cheval cornu ou les hanches hautes. X.

La croupe avalée. Z.

La queuë mal pendue. 14.

La queuë de Rat. 14.

La cuiffe platte. a.

Les veffigons. 15.

Les capelets. 16.

Les variffes. 17.

Les courbes. 18.

Les éparvins. 19.

Les foulandres ou folandres. 20.

Les jardons. 21.

Le Cheval crochu.

Les formes. 22.

Les arêtes, grappes, ou queuës de Rat. 23.

Les poireaux. 24.

Les eaux. 25.

Les crevaffes.

Les mules traverfieres. 26.

Les feymes & pieds de Beuf. 27.

Le Cheval juché ou rampin. pp.

Le fic. 28.

Le pied plat. 29.

CHAPITRE X.

De l'achat des Chevaux.

AVERTISSEMENT.

LE Cheval eft un des animaux les plus néceffaires, & en même tems un de ceux auquel on eft le plus aifément trompé ; premierement, parce que fa figure & fes qualités ne fe rapportent pas toûjours ; de plus, parce que non-feulement les Maquignons, mais beaucoup de Particuliers, ne fe font aucun fcrupule de cacher & de déguifer les défauts des Chevaux qu'ils veulent vendre, adoptant volontiers pour leurs interêts un mauvais dictum : Qu'en Chevaux on peut tromper fon pere même ; après quoi ils croyent leur honneur à couvert ; ce qui fans doute eft impoffible, parce que la fauffeté ne fçauroit s'accorder avec l'honneur : on peut à la vérité vendre un Cheval taré, mais on ne doit pas en bonne confcience déguifer fes défauts, afin que l'acquereur ne les apperçoive pas ; & l'achéte auffi cher que s'il n'en avoit aucun. Les gens du veritable honneur ne tomberont point dans cet inconvénient ; nous n'avons à nous garantir que des Maquignons & des

Avertiffement.

E·

faux honnêtes gens; c'est à quoi pourront servir les préceptes & les connoissances suivantes.

Quand on veut acheter un Cheval, il est dangereux de se prévenir en sa faveur; car la prévention aveugle sur ses défauts; c'est pourquoi il ne faut donner aucune attention à tous les discours du Marchand qu'il débite ordinairement pour distraire & étourdir; il faut s'appliquer seulement à bien examiner le Cheval depuis les pieds jusqu'à la tête, & ne point ôter les yeux de dessus que l'on ne soit pleinement satisfait de son examen.

De la mesure & de la taille.

Les personnes accoûtumées à voir des Chevaux connoifsent quelquefois à vûë d'œil la hauteur d'un Cheval; mais pour en être plus sûr, il faut le mesurer avec la chaîne ou avec la potence : on se sert plus communément de la chaîne, parce qu'elle est plus portative, mais la mesure avec la potence est la plus exacte : la chaîne AA est faite de petits chaînons de fer ou de laiton haute de six pieds, marquée de pied en pied par un fil de laiton tortillé; & depuis le quatriéme jusqu'au sixiéme pied, d'autres petits fils de fer ou de laiton marquent les pouces; au bas de la chaîne est un plomb. Lorsqu'on veut mesurer un Cheval, on laisse tomber le plomb au bas du sabot de la Jambe de devant à côté, puis coulant la chaîne le long de l'épaule, on s'arrête au haut de la pointe du garrot; puis on compte sur la chaîne les pieds & les pouces jusqu'à l'endroit où on s'est arrêté, & on a la hauteur du Cheval suivant cette mesure qui n'est pas parfaitement exacte, parce qu'elle peut être alterée par l'épaule plus ou moins charnue de deux Chevaux de taille égale, ce qui fait quelquefois jusqu'à un pouce & demi de difference. La potence BB n'est autre chose qu'une regle platte de six pieds de haut, séparée par pieds & par pouces, le long de laquelle coule par le moyen d'une mortoise, une autre regle placée d'équerre avec la toise ou la regle de six pieds, faisant la figure d'une potence : on place la premiere regle de six pieds toute droite, & touchant à terre près du bas du sabot à côté; & on hausse ou baisse l'autre regle jusqu'à ce qu'elle touche sur le milieu du tranchant du garrot, puis comptant sur la toise jusqu'à l'endroit où cette regle est demeurée, on connoît précisement la hauteur du Cheval.

Chaîne.

PL. XXIV.

Potence.

Quelques perfonnes au défaut de chaîne, fe fervent encore du poing fermé fur une corde; le poing fermé a trois pouces, ce qui s'appelle une paume; ainfi dix-neuf paumes font environ quatre pieds neuf pouces: on fe fert rarement de coudées pour mefurer un Cheval, une coudée eft un pied & demi.

Un Bidet eft environ de quatre pieds à la chaîne: un double Bidet de quatre pieds cinq à fix pouces: un Cheval de taille ordinaire, eft de quatre pieds huit à neuf pouces: un Cheval de caroffe ordinaire, eft de cinq pieds; & un très-grand Cheval de caroffe, ou de Voiture, eft de cinq pieds cinq à fix pouces.

Il fe trouve des Bidets de trois pieds de haut, mais ils font rares & de peu d'utilité.

CHAPITRE XI.

Des tromperies des Maquignons & de la garantie.

L'Art des Maquignons n'eft autre chofe que d'achéter de mauvais Chevaux à bon marché, & de les reparer & retaire de façon qu'ils puiffent fafciner les yeux du public, & vendre leurs Chevaux beaucoup plus cher qu'ils ne les ont achetés; c'eft pourquoi il eft bon d'être inftruit des moyens qu'ils employent pour y réuffir, afin de fe mettre à l'abri de leurs tromperies: Je vais déduire toutes celles qui font venues à ma connoiffance & les moyens de les diftinguer.

Comme on a de la peine à fe défaire d'un Cheval trop jeune, les Maquignons arrachent les dents de lait bien avant qu'elles tombent; cela fait pouffer les autres plutôt qu'elles n'auroient pouffé naturellement; & à cela ils y gagnent un an, c'eft-à-dire, qu'on croit le Cheval plus vieux d'un an qu'il n'eft effectivement: c'eft ici où la connoiffance des crochets pour les Chevaux fert à découvrir la tromperie.

Lorfque les Chevaux font hors d'âge de marquer naturellement, c'eft-à-dire à huit ans, les Maquignons contremarquent, fur tout ceux qui confervent la dent courte & blanche jufques dans leur vieilleffe. Il y a plufieurs façons de contremarquer, c'eft-à-dire, d'ajufter la dent, de maniere qu'elle paroiffe noire & creufe; la plus commune eft le burin, ils creufent la dent avec un burin, puis ils noirciffent ce creux avec de l'ancre double ; ils le noirciffent encore avec un grain de feigle, qu'ils mettent dans le creux, & qu'ils brûlent enfuite avec un fer rouge : Il eft bon de remarquer ici que la marque noire à la dent, s'il n'y a point de creux, ne fignifie rien pour l'âge, quelque chofe que vous dife le Maquignon, pour vous perfuader que le Cheval marque encore.

Il faut un peu de pratique & d'examen, pour connoître les creux naturels des Chevaux qui marquent, & alors on ne fera guéres trompé à la contremarque ; car on trouvera communément la dent rayée à côté du creux, parce que fouvent le Cheval remue pendant l'operation, ce qui fait gliffer le burin fur la dent : on trouvera auffi le noir de la dent plus noir que le naturel ; d'ailleurs pour les Chevaux on a recours aux crochets, on examine auffi s'il n'y a aucune des marques de vieilleffe déduites au Chap. VI.

Scier ou limer les Dents. Si les Chevaux font vieux, les Maquignons mal-adroits leur fcient ou leur liment les dents de devant en-deffus ; d'autres plus avifés, les liment par-devant en bec de flûte, afin d'effacer l'avance des dents, & n'y touchent point pardeffus. A l'égard des premiers, la tromperie eft facile à connoître quand le Cheval a la bouche fermée, car les dents de devant ne fe joindront plus, à caufe que les machelieres les en empêchent : aux autres, il eft aifé de voir que le noyau ou le cœur de la dent paroît plus brun : ce noyau a été découvert en limant, de plus la dent paroît voûtée comme fi elle retournoit en dedans.

Peindre les Sourcils. Lorfque le Cheval eft fillé, c'eft-à-dire, qu'il lui eft venu des poils blancs au-deffus des yeux, qui font une marque de vieilleffe ; s'il a peu de ces poils, ils les lui arrachent ; en y regardant de près, on peut découvrir qu'il y a en cet endroit du poil arraché ; fi ces poils blancs font en quantité, ils leur donnent la couleur bay ou noire, fuivant le poil du Cheval.

Peindre les Chevaux. Ils peignent auffi les Chevaux en bay, en bay brun, ou en noir, pour les empêcher d'être reconnus, ou pour en accommoder celui qui aime mieux ces fortes de poils ; mais lorfque le Cheval muë, il redevient de fa couleur naturelle, & quelquefois quinze jours après qu'il a été peint, fi on a épargné la couleur.

Ils font aussi des étoiles, ou pelotes artificielles, pour que le Cheval ne soit pas zain, ou pour appareiller des Chevaux de carosse : on les connoît, en ce que les poils blancs sont beaucoup plus longs que les autres, & que communément au milieu de la pelote, il se trouve un espace sans poil. Les fausses queuës leur servent lorsqu'ils ont des Chevaux qui ont la queuë coupée, & qu'on leur demande des Chevaux qui ayent toute leur queuë : on sentira aisément la fausse queuë avec la main ; car elle est liée sous le crin de la queuë coupée.

Etoiles artificielles & fausses queues.

Aux bouches seches, ils frottent le mors avec des drogues, qui font venir l'écume ; & aux bouches pesantes, ils mettent dans les lévres une petite chaînette attachée à la bride & à la gourmette : cette chaînette est difficile à appercevoir.

Pour la Bouche.

Ils sçavent arrêter la pousse, & il est bien difficile de s'en appercevoir ; ils arrêtent aussi la morve pendant 12 heures : on pourra le découvrir pour peu qu'on en ait de soupçon, en serrant le gosier ; ce qui fait tousser le Cheval : si après avoir toussé, il semble qu'il ravale quelque chose, méfiez-vous de la Morve ; ils resserrent les molettes pendant un tems, mais on voit le poil plus uni dans la place des molettes qu'ailleurs. Ils dessechent les eaux du soir au matin : lorsque la jambe n'est pas gorgée, on ne peut guéres s'en appercevoir, sinon qu'on ne sent pas le pâturon bien net ; mais ils ne peuvent guéres cacher une jambe gorgée, & quelque chose qu'ils vous disent alors, ne vous y laissez point aller.

Arrêter la Pousse & la Morve.

Resserrer les Molettes, dessecher les Eaux.

Les Maquignons ont aussi des discours trompeurs ; par exemple, quand vous croyez voir des peignes au Cheval qu'ils veulent vous vendre, ils vous disent que le poil hérissé que vous voyez sur la couronne, vient de ce que le Cheval a marché dans des terres fortes ; quand le Cheval est crochu, le Maquignon pour adoucir le terme, dira qu'il est clos par derriere, &c.

Discours des Maquignons.

Comme ils sont attentifs à tout ce qui peut faire valoir leurs Chevaux, s'ils en ont qui soient lourds & paresseux, ils leur donnent tant de coups de fouet dehors & dedans l'Ecurie, qu'à la seule vûe du fouet, quand le Maquignon le tient, ils sont toujours en l'air ; c'est pourquoi plus on verra le Cheval foueté ou se tourmenter à la vûe du Maquignon, plus il faut se méfier de sa légereté & de sa bonté : alors re-

Autres Tromperies.

gardez aux yeux du Cheval ; si vous les voyez tristes & immobiles, quoiqu'il soit toujours inquiet & en mouvement, soiez persuadé que c'est la vûë du Maquignon qui lui cause cet éveil, & que c'est une Rosse : quand le Cheval est ombrageux, le Maquignon le fait passer à force de crier : quand il n'est pas sensible à l'éperon, il lui passe du verre pilé entre cuir & chair dessous la peau du ventre où porte l'éperon, ce qui le rend sensible à l'éperon pendant quelques jours : on découvrira cette tromperie, si en voulant lever la peau à l'endroit de l'éperon, le Cheval fait mine de s'y opposer, en remuant la queue, & tournant la tête pour mordre : quand le Cheval a quelques grosseurs ou autres maux apparents aux jambes & aux pieds, le Maquignon choisira un terrein plein de boüe, pour vous le montrer, afin que la boue cache ces défauts ; mais il faudra lui faire laver les jambes pour les examiner ensuite : si son Cheval a les jambes roides de fourbure ou autrement, il le dégourdira & l'échauffera à marcher sur un terrein doux avant de l'exposer en vente.

La maxime de tous les Marchands de Chevaux, pour montrer les Chevaux en main, est de les brider avec des filets, dont les branches sont très-longues, afin que leurs Valets leur soutiennent la tête haute.

On ne peut limiter toutes les fourberies de ces Messieurs: car ils en inventent à mesure qu'ils en ont besoin, comme de vendre un Cheval tout sellé, dont la selle cachera un ulcere ; ils l'ameneront au Marché avec un licol de sangle, pour qu'on ne voye point une playe ou une fistule qui sera sous ce Licol, &c.

Garantie. Les Marchands à Paris, doivent garantir leurs Chevaux de poulse, morve, courbature & boiteux d'un vieux mal ; le tout pendant neuf jours, pendant lequel tems on les peut contraindre en Justice à reprendre leur Cheval; mais après les neuf jours passés, ils n'y sont plus obligés : il faut quand on achéte un Cheval d'un inconnu, prendre ses précautions pour s'assurer qu'il n'a pas été volé ; car son Maître le peut reprendre par tout où il le trouvera : il n'en est pas ainsi des Chevaux vendus en pleine Foire.

CHAPITRE XII.

Comment on doit examiner un Cheval avant de l'acheter.

Quand on veut acheter un Cheval de quelque espece qu'il soit, il faut tâcher d'abord de pouvoir l'examiner dans l'écurie tranquillement, afin de voir s'il se soulage tantôt sur un pied, tantôt sur l'autre, ou s'il avance un pied de devant : ce qui dénote qu'il a les jambes fatiguées. On examine ses yeux le faisant arrêter à la porte de l'écurie : quand il est sorti, la première chose qu'on doit faire est de lui regarder dans la bouche pour connoître son âge ; puis on considere sa figure en général ; on lui manie ensuite la ganache pour sçavoir s'il n'a point de glandes, & si elle est bien ouverte ; on regarde dans les nazeaux pour voir s'il n'est point chancré, ce qui pourroit être un signe de morve. On regarde & on parcourt avec la main le garrot, les épaules, les jambes, les jarrêts, pour voir si le tout est bien conditioné, bien sain, & bien net de tous défauts. On regarde le flanc pour voir s'il n'est point alteré, les pieds dessus, dessous & dedans. On fait lever le pied & on fait frapper avec le gros du fouet ou autre chose dessus le fer pour connoître si le Cheval est aisé à ferrer, c'est-à-dire, s'il ne retire pas le pied quand on frappe dessus ; ensuite on le fait trotter pour voir s'il ne boite pas, & s'il trotte bien ; après quoi on l'essaye à l'emploi pour lequel il est destiné, c'est-à-dire, au carosse en le mettant à un chariot, ou à la charette, ou on monte dessus s'il doit servir à la selle : on voit alors s'il est difficile à brider ou à seller. Toutes ces cérémonies faites si le Cheval convient on en fait le prix, puis on le mene à l'écurie, on lui jette un peu d'avoine pour voir s'il la mange bien sans tiquer & sans inquiétude, & on finit le marché.

Lorsqu'on achete un Cheval d'un Marchand à Paris ; le Palfrenier de celui qui l'achepte exige du Marchand un droit qu'il lui paye : si on s'est servi d'un Courtier, autre droit qui tombe sur le Marchand : si on amene un Maréchal, le Maréchal communément exige encore son droit. Tout cela augmente le prix du Cheval, car le Marchand paye tous ses droits de l'argent de l'acquereur. Si le marché se fait de Parti-

Coutume de Paris.

culier à Particulier, l'ufage à Paris.eft.que le vendeur donne
au Palfrenier de l'acheteur la même fomme que celui-ci
donne au Palfrenier du vendeur.

CHAPITRE XIII.

Des Allures, & des qualités de la Bouche des Chevaux.

LEs allures des Chevaux font le pas, le trot, l'amble, le
galop, & les trains rompus qui tiennent de deux alures
enfemble, font l'entrepas ou le traquenard, & l'aubin.

Comme le trot eft l'allure qu'on examine à tout Cheval
qu'on veut acheter en le faifant trotter en main, c'eft par
cette allure que je vais commencer, après avoir parlé en général de ce qui forme les allures.

Les allures des Chevaux doivent plutôt leur origine au
train de derriere qu'au train de devant; ce font les reins &
les jarrets qui les déterminent, les épaules & les jambes de
devant en fuivent feulement les impreffions. Quand le Cheval
va au pas, au trop & au galop, la jambe de devant d'un côté,
& la jambe de derriere de l'autre côté, avancent à peu près en
même tems. Lorfqu'il va l'amble la jambe de devant & de
derriere du même côté avancent en même tems : voilà ce qui
fait la différence de l'amble aux autres allures ; au pas les quatre jambes fe meuvent à loifir ; au trot il fe fait une efpece
d'élancement du train de derriere caufé par le reffort des
reins, ce qui contraint le train de devant de redoubler de
vîteffe ; ce même élancement fe fait à l'amble, mais on n'en
fent pas la dureté, parce que rien ne lui réfifte, la jambe de
devant du côté où fe fait le mouvement y cede en partant
auffi-tôt ; au galop les reins & les jarrets travaillent également,
& le reffort des jarrets adoucit plus ou moins le coup des
reins ; plus ce reffort des jarrets eft liant, plus le galop eft
doux ; plus les jarrets font nerveux, plus le galop eft vîte,
& plus les reins font forts, plus le galop eft foutenu, c'eft-à-
dire, plus le Cheval galope fur les hanches. Le Cheval fe fatigue davantage au galop qu'au trot, parce qu'au trot les reins
foutiennent, pour ainfi dire, les jambes de derriere & par ce
moyen leur épargnent du travail, au lieu qu'au galop les jarrets ont autant de befogne à faire que les reins ; s'ils n'en ont
plus.

Remarques fur les Al-lures.

plus, il n'est pas étonant aussi que le galop soit l'allure la plus
vîte, parce qu'elle est poussée par plus de ressorts que les autres. L'amble fatigue le Cheval, parce que la précipitation de
cette allure n'est aidée d'aucun ressort.

Il faut examiner lorsqu'un Cheval trotte en main s'il trotte
franc & vigoureusement, c'est-à-dire, si le derriere chasse
bien le devant; si le trot est vîte & égal; si le Cheval trotte la
tête haute & les reins droits, c'est-à-dire, s'il ne berce point
& ne dandine point. On dit que le Cheval berce ou dandine Le trot.
lorsqu'on voit la croupe balancer, parce qu'alors les hanches
baissent alternativement à chaque tems de trot, ce qui marque un Cheval mol & sans force. On voit aussi si le Cheval
trotte bien devant lui, & pour le reconnoître on se place
précisément derriere le Cheval; quand il jette les jambes de
devant en dehors, elles paroissent au-delà de la ligne du
corps à chaque tems de trot s'il trotte mal, mais s'il trotte
bien devant lui, les jambes de derriere cacheront entierement celles de devant. Le trot est l'allure que l'on considere
le plus aux Chevaux de carosse, parce qu'ils sont principalement destinés à celle-ci.

Le pas est la plus lente & la plus posée des allures des Chevaux,
& en même tems celle qui fatigue moins un Cheval. Les qualités du pas sont d'être doux, prompt ou léger & sûr. Il faut
pour que le Cheval ait le pas doux, qu'il ait les mouvemens
des épaules, des hanches & des reins fort liants, de façon que
le Cavalier ne les ressente presque pas; & alors on dit que le
Cheval est *doux comme un bateau*, ce qui signifie que l'on
ne sent pas plus ses mouvemens que si on voguoit dans un
bateau. Il faut qu'il ait un grand pas, c'est-à-dire, qu'il avance Le pas.
au pas le plus qu'il est possible sans dandiner, tenant toujours
sa tête haute & en même situation, qu'il ne leve pas trop les
jambes; car il se les fatigue & se les ruine plus aisément: qu'il
ne les leve pas aussi trop peu; car alors il a ce qu'on appelle des
allures froides & est sujet à broncher: que le derriere suive
bien le devant, c'est-à-dire, qu'il pose son pied de derriere
à la place où étoit celui de devant, & non au-delà, ce qui
marqueroit foiblesse de reins. Les Chevaux qui passent leurs
pieds de derriere bien au-delà de celui de devant, ont les
hanches trop longues, sont sur leurs épaules, dandinent, ce
qui leur donne un pas dégingandé; & de plus sont sujets à

F

forger. Il faut que le Cheval qui va le pas ait la jambe fûre, qu'il ne croife point fes jambes de devant, qu'il ne porte fes jarrets ni en dehors, ni en dedans, qu'il ne piaffe point, ni ne trépigne, & qu'il n'ait point d'ardeur.

Le pas redoublé eft un pas plus vîte que l'ordinaire, moyennant un mouvement plus prompt des jambes du Cheval.

Les regles d'un bon galop, font que le Cheval coure aifément & très-legerement, fans faire un mouvement trop élevé des jambes de devant : ce qui marque que le Cheval peine au galop, parce que les épaules ne répondent pas ; qu'il fe tienne toujours dans une belle fituation, la tête haute & les hanches baffes ; que le derriere chaffe le devant, de façon qu'on ne voye point le devant fe pofer, & enfuite le derriere, ce qui s'appelle courre à deux tems : mais il faut que les quatre jambes foient, pour ainfi dire, toujours en l'air. Les Chevaux qui ont les hanches trop longues, ne peuvent pas aller au petit galop ; ils ne galoppent que vîte, parce qu'ils ne fçauroient ployer les jarrets, & mettre les hanches fous eux. Quand le Cheval qui galoppe leve trop le devant, cette façon de courre lui fait perdre de fa vîteffe, & marque même qu'il a peu d'haleine. Il faut donc qu'un Cheval au galop coule également de fes deux trains en pliant les hanches. Les Chevaux qui courent près du tapis en font plus vîtes, car ils ne perdent point de tems de bas en haut.

On reconnoît les hanches longues à voir les pieds de derriere campés trop en arriere, & que le haut de la queuë ne tombe pas à plomb à la pointe des jarrets : on a bien de la peine à affeoir un tel Cheval fur les hanches.

L'amble eft à peu près égal en vîteffe au trot, c'eft une allure naturelle à quelques Chevaux & forcée à d'autres, c'eft-à-dire, qu'on apprend à ceux-ci à aller l'amble. Cette allure a fon agrément quand elle eft naturelle, car elle ne fecoue pas comme le trot, & elle avance autant. Elle fe maintient auffi davantage que l'artificielle : car celle-ci remue le Cavalier d'une façon qui n'eft pas fort agréable. Elle entreprend les épaules du Cheval, & le laffe aifément : cependant il eft fort commun en Angleterre de forcer les Chevaux à aller l'amble, au moyen d'entraves & de boules qu'on leur attache aux pieds ; en général tout Cheval d'amble n'a jamais les épaules

bien libres. On reconnoît ſi l'amble eſt naturel en faiſant
aller le Cheval en main : car au lieu de troter il ira l'amble ;
au lieu que celui auquel on aura donné cette allure ne manquera pas de troter en main , & n'ira l'amble que quand on
ſera deſſus. J'ai dit précédemment que l'amble étoit une allure
qui ſe diſtingue des autres , en ce que le Cheval porte en
avant les deux jambes du même côté ſucceſſivement. On
appelle Haquenée ou ambulant, un Cheval qui va l'amble. Haquené

    L'entrepas ou le traquenard eſt un train rompu qui tient Le traque-
de l'amble & du pas, & l'aubin eſt un autre qui tient de l'am- nard.
ble & du galop. Pluſieurs Chevaux prennent ces allures à
meſure qu'ils s'uſent , & ſe fatiguent les reins. Le traquenard
devient l'allure des Chevaux de Meſſager & de Marchand , &
l'aubin des Chevaux de poſte ; quelques Chevaux ont ces allures naturellement.

    Les qualités de la bouche ſont eſſentielles au Cheval qu'on Bonnes &
veut acheter , & principalement au Cheval de monture ; & mauvaiſes
comme la bonté de la bouche vient des barres, on peut en qualités de
quelque façon s'aſſurer avant de monter ou d'atteler un la bouche.
Cheval , s'il a la bouche bonne ou mauvaiſe en appuyant
fortement le doigt ſur la barre. Si le Cheval marque qu'il le
ſent , c'eſt ſigne qu'il a la bouche bonne ; on peut voir auſſi
par le même moyen s'il n'a pas les barres trop charnues , ce
qui dénote une bouche peſante & inſenſible , ou s'il n'a pas
eu les barres rompues : car on ſentira la cicatrice ou un creux
qui provient des eſquilles d'os qui en ſont tombées ; le Cheval en cet état ne ſçauroit avoir la bouche aſſurée. Un Cheval pour avoir la bouche bonne, doit l'avoir légere & à pleine
main , c'eſt-à-dire, que le Cavalier ſans ſentir un poids conſidérable à la main de la bride, ſente cependant qu'il tient
quelque choſe ; car s'il ne ſentoit rien dans ſa main , ce ſeroit
une preuve que la bouche eſt trop légere & trop ſenſible , ce
qui eſt dangereux , parce que le moindre mouvement de la
main peut faire renverſer le Cheval. Si le Cavalier ſentoit
un poids conſidérable à ſa main , il doit être ſûr que la bouche eſt peſante , & qu'il ſera contraint de porter tout le
poids de la tête de ſon Cheval. Il ſe trouve d'autres cir-
conſtances à la bouche d'un Cheval qui la rendent incommode au Cavalier , comme de béguayer , de battre à la
main ; d'avoir la bouche fauſſe ou égarée ; & vous trouverez

l'explication de tous ces termes dans le Dictionnaire.

Lorſqu'on verra la barbe bleſſée, c'eſt un indice & non une certitude que la bouche eſt dure ou peſante, car cela peut être arrivé par quelques ſaccades, ou par une gourmette mal faite. On peut auſſi alors ſe méfier de l'ardeur, mais on s'éclaircit de tout cela en eſſayant le Cheval à l'emploi que l'on lui deſtine.

CHAPITRE XIV.

De l'achat des Chevaux de ſelle ou de monture.

ON ſe ſert des Chevaux de ſelle à différens uſages, ces uſages ont trois intentions générales : ſçavoir les voyages, la guerre, & la chaſſe. Les voyages comprennent le Cheval du Maître & celui du Domeſtique, autrement le Cheval de ſuite, & le Bidet de poſte. La guerre comprend ce qu'on appelloit autrefois les grands Chevaux, ou les Chevaux de manége deſtinés à monter à la guerre les Rois, les Princes, & les Officiers Principaux, le Cheval de ſimple Officier, le Cheval d'appareil ou de revue, le Cheval de Troupe pour le ſimple Cavalier, & le Cheval de Timbalier. La Chaſſe dont il eſt de deux eſpeces, ſçavoir aux chiens courants, & au chien couchant, ou à tirer, comprend pour la premiere eſpece, le Cheval de Maître, & le Cheval de Piqueur. La deuxiéme eſpece ne demande que le Cheval d'Arquebuſe.

Les diffé-rentes deſtinations des Chevaux de ſelle.

Comme tous ces uſages exigent différentes qualités aux Chevaux, je vais les détailler, après avoir parlé de la façon dont on doit eſſayer un Cheval de ſelle qu'on veut acheter, & qu'on monte pour la premiere fois.

De l'eſſai d'un Cheval de ſelle.

Lorſque vous aurez bien examiné votre Cheval, ſuivant ce qui eſt dit au Chap. XII. pour voir s'il n'a point de défauts qui vous empêche de l'acheter : il s'agit alors de connoître ſes qualités, c'eſt-à-dire, ſes allures, ſa vigueur, & ſa bouche ; pour cet effet, il faut qu'il ſoit monté. Il eſt ordinaire lorſque le Cheval appartient à un Marchand qu'il le faſſe monter devant vous par un de ſes garçons, ou ſi vous le marchandez en Foire, il s'y trouve des gens appellés Piqueurs qui y montent les Chevaux pour tous ceux qui en ont à vendre. Il eſt bon de vous avertir que le Marchand, ſon Garçon, ou le

Séduction des Marchands.

Piqueur n'ont pas encore perdu sur le Cheval l'envie de vous
fasciner les yeux , & de vous tromper s'ils peuvent, aussi ont-
ils une façon de monter les Chevaux avec laquelle il est bien
difficile de découvrir le mérite ou le démérite du Cheval
qu'ils montent. Premiérement ils ne laissent gueres le Cheval en
repos : ils font ce qu'ils peuvent pour lui maintenir la tête
haute , & plus il est pesant & paresseux, moins vous venez
à bout d'empêcher celui qui le monte de le tenir perpétuellement en agitation. S'il part au galop, & qu'il sache que les
reins & les jambes de son Cheval , ne valent rien, il s'agitera &
donnera des mouvemens à son Cheval qui seront capables
de vous éblouir : enfin ces gens là ont une façon de monter
les Chevaux sur ce que les Marchands appellent *la montre* , qui
est un espace de terrein qu'ils choisissent, pour faire voir &
monter leurs Chevaux; ils ont , dis-je, une façon de les monter si extravagante, que vous ne pouvez quasi rien découvrir
du Cheval, si vous ne le montez long-tems vous-même , &
hors de leur montre : c'est alors qu'il faut en agir tout diffé-
remment ; ne songez qu'à l'appaiser afin qu'il puisse oublier
la crainte dans laquelle il étoit; ne lui demandez rien, me-
nez-le la bride sur le col; en un mot, laissez-le aller entiérement à sa fantaisie : par cette conduite vous découvrirez infailliblement son caractere , soit ardeur ou paresse, ce qu'il a
de force ; quelles sont ses allures, s'il a la jambe sûre & la
bouche bonne, s'il est peureux ou retif. En l'attaquant des
deux, ce qu'il ne faut faire qu'à la fin, vous connoîtrez s'il y
est sensible à l'éperon ; & s'il n'est point ramingue ; le Cheval ramingue, est celui qui recule au coup d'éperon seulement :
enfin vous pourrez voir alors si c'est un bon, médiocre ou mauvais Cheval.

Maintenant si vous voulez choisir un Cheval de maître pour
voyager, prenez-le dans la force de son âge, c'est-à-dire, depuis six ans, car un trop jeune Cheval ne supporteroit pas
aisément la fatigue : que votre Cheval soit de bonne taille,
la jambe sûre, le pied bien fait, & la corne bonne, afin qu'il
ne soit point sujet à se déferer en chemin, & à marcher pied
nud, ce qui lui gâteroit le pied peut-être pour long-tems;
qu'il soit sans ardeur & tranquille sans être paresseux ; qu'il ait
les mouvemens doux, & qu'il ait un grand pas, puisque c'est
la seule allure qu'on demande à un Cheval de voyage ; qu'il ait

Principe pour essaye un Cheval de selle.

Cheval de Maître pour le voyage.

fur tout la bouche légere, car c'eſt un martire pour le cavalier de porter continuellement la tête de ſon Cheval ; qu'il n'ait peur de rien, & qu'il ne ſoit point délicat au manger, car il s'affoibliroit & deviendroit à rien, s'il ne ſe nourriſſoit pas à proportion de ſon travail : c'eſt dans ces vûës que l'on doit examiner un Cheval pour voyager, s'attachant ſur-tout au pied, à la jambe, à la bouche, & à l'allure.

Cheval de Suite. Le Cheval de ſuite, ou de Palfrenier, doit être de taille étoffée & fort pour porter un Porte-manteau : on ne ſe ſoucie guéres de la douceur de ſes mouvemens ni de la bonté de ſa bouche qui ſeroit bientôt endurcie par un domeſtique, il vaut mieux même par cette raiſon qu'elle ſoit plutôt ferme que légere.

Le Bidet de Poſte. Le Bidet de poſte, eſt une eſpece fort commune, auquel la beauté de la figure eſt fort indifférente auſſi-bien que les qualités de la bouche ; on ſe ſert ordinairement de Bidets entiers, parce qu'ils ſont plus durs à la fatigue : on doit les choiſir étoffés, courts & ramaſſés, bon pied & bonne jambe, qu'ils galopent aiſément, & ſans faire ſentir leurs reins ; qu'ils n'ayent pas de fantaiſies, & ſur-tout ne ſoient pas retifs, ce qui eſt aſſez commun à ces ſortes de Chevaux.

Origine du Manege. Un homme à Cheval, n'eſt pas en ſituation de faire faire à ſon corps dans un combat les divers mouvemens qu'il feroit à pied ; pour attaquer ou pour ſe défendre, comme de ſe retourner ſubitement, de faire face à ſon ennemi de tous côtés, &c. Le Cheval eſt un animal qui ſçait très-bien ſe battre contre ceux de ſon eſpece, mais à qui la nature n'a point appris les moyens de pourvoir à la ſûreté de l'homme qui eſt ſur lui ; ce même homme l'a trouvé capable d'obéïr à ſes leçons, s'il pouvoit les lui faire entendre ; il a enſuite découvert des moyens pour y parvenir, ce ſont ces moyens mis en pratique, qui rendent les Chevaux ſi ſouples & ſi adroits qu'on ne ſçauroit trop admirer le génie de ceux qui ſont venus à bout de faire exécuter avec tant de juſteſſe, de ſoupleſſe, & de promptitude, leurs penſées à un animal à qui elles ſont naturellement indifferentes. L'origine de ce qu'on appelle l'Art du manége, vient donc du but qu'on s'eſt propoſé, de dreſſer les Chevaux au combat des hommes & d'accoûtumer les hommes à dreſſer ces Chevaux : en même tems pluſieurs avantages ſont émanés de cet Art ; car il enſeigne à l'homme la grace qu'il doit avoir fur un Chéval, l'accoûtume à y être ferme & à l'affouplir, non-feulement pour la guerre, mais encore pour tous les ufages, aufquels cet animal peut fervir, & par conféquent lui donne des reffources pour les dangers, & de l'agrément dans le cours de fa vie.

Les Chevaux de Manége, font donc proprement des Chevaux dreffés pour la guerre. Le Roy de France a un très-beau Manége, qui lui doit fournir des Chevaux quand il va à la guerre ; on appelloit autrefois ces Chevaux, les grands Chevaux du Roy ; ce Manége eft remonté tous les ans d'une vingtaine & plus de Poulains fournis par fon Haras, qui font enfuite dreffés par deux excellents Ecuyers. *Du Manege du Roy.*

Toutes fortes de Chevaux, ne font pas propres au Manége : le Cheval de Manége, doit être beau, léger, vigoureux, la bouche excellente, brillant & vif, point de roideur, afin qu'il puiffe fe ployer à tous les airs qu'on lui apprend ; un pas tranquille & commode & un galop allongé, font des imperfections pour lui : fon pas & fon galop, doivent être vifs & raccourcis : de bons jarrets & de bons reins, lui font néceffaires pour le relever & l'affeoir fur les hanches, fans quoi il fera toujours aterré ; les Chevaux d'Efpagne font excellens au Manége. *Le Cheval de Manege.*

Le Cheval de guerre pour l'Officier, eft dans le genre des Chevaux fins ou Chevaux de Maître ; il doit être fenfible, fouple & adroit, n'ayant peur de rien, courageux, point délicat, de fatigue fans ardeur, & leger ; c'eft dans ces vûës qu'on doit le choifir. *Le Cheval d'Officier.*

Le Cheval de troupes, c'eft-à-dire, de cavalier, ou de dragon, eft dans le genre des Chevaux communs, il doit être étoffé, bien de la jambe, bon troteur, & la bouche ferme, attendu que celui qui le monte, eft plûtôt fait pour lui gâter la bouche que pour lui accommoder ; en un mot ce doit être un Cheval de refiftance. *Cheval de Troupes.*

Il n'eft pas néceffaire qu'un Cheval qui ne fervira que pour briller à la tête d'une troupe, à une révûë, ou à une entrée, foit un bon Cheval pour le Service ; il fuffit qu'il ait de l'apparence, afin d'éblouir les yeux du Spectateur ; c'eft dans ces occafions que les piaffeurs peuvent avoir place, car en toute autre ils font fort incommodes : il faut donc s'attacher principalement ici à la beauté du poil, de la figure & des crins, *Cheval d'Appareil ou de Revûë.*

que le Cheval foit inquiet & relevé; les qualités des jambes & des allures, lui font inutiles; mais il faut qu'il ait la bouche bonne & écumante, mâchant perpétuellement fon mors; enfin belle montre & peu de rapport. Les mauvais Chevaux d'Efpagne, font très-propres à ce métier, quand ils font piaffeurs. Il faut avoir de l'argent de refte pour s'embaraffer d'un tel animal qui n'a que du faux brillant, & qui dans le fonds n'eft qu'une vraye roffe; un beau Cheval de manége, bien dreffé & monté par un bon homme de Cheval, doit fatisfaire bien plus agréablement la vûë du Spectateur.

Cheval de Timbalier.

Le Cheval de Timbalier, doit être un grand Cheval de felle de belle apparence, portant beau, étoffé & paifible.

Cheval de Promenade.

Comme il arrive fouvent à la guerre, que le Général monte à Cheval, pour ce qu'on appelle la promenade, afin de s'inftruire par lui-même des difpofitions des poftes, des mouvemens de l'Ennemi, &c. & qu'il eft accompagné alors d'Officiers, que la curiofité attire à fa fuite: j'ai cru ne pouvoir mieux placer les qualités du Cheval, choifi pour la promenade, qu'à la fuite de l'article des Chevaux de guerre, quoique celui-ci puiffe fervir également à toutes perfonnes qui veulent fe promener pour le feul plaifir de faire fans fatigue un exercice moderé, très-utile à la fanté. Le Cheval de promenade doit donc être un animal paifible, marchant très-bien le pas fans faire fentir fes mouvemens à fon Cavalier, c'eft pourquoi il doit être choifi entre deux tailles, & plûtôt petit que grand; car les mouvemens d'un double Bidet, doivent moins fe faire apercevoir que ceux d'un grand Cheval, & d'ailleurs il eft plus facile de monter fur un petit Cheval que fur un grand; il n'eft pas néceffaire qu'un tel Cheval ait un grand fond de vigueur, il fuffit qu'il ait les mouvemens liants, la jambe fûre, la bouche bonne, & qu'il n'ait furtout aucune ardeur ni peur de rien, afin que celui qui eft deffus puiffe jouir de la promenade, fans fatigue & fans inquiétude. Les plus doux & les plus tranquiles de ces Chevaux, font ce qu'on appelle Chevaux

Cheval de Femme.

de femmes, c'eft avec ces qualités qu'on doit les choifir pour qu'ils puiffent être montés par le commun des femmes.

On entend par Cheval de chaffe, celui qui eft deftiné à monter ceux qui chaffent avec des chiens courants, les animaux des forêts ou des plaines. La chaffe des chiens courants exige de deux fortes de Chevaux; fçavoir des Chevaux de

maître,

maître, & des Chevaux de piqueurs : on doit choisir les Chevaux de maître avec les qualités suivantes : sçavoir, de la vîtesse de la légereté & du fonds ou de l'haleine, c'est-à-dire, qu'ils puissent resister à des chasses de plusieurs heures, ce qui ne peut arriver sans vigueur & sans les qualités susdites qu'ils ayent la bouche bonne, mais pas trop sensible, car la moindre branche qui toucheroit la bride, les feroit renverser : il n'est pas nécessaire qu'un Cheval de chasse aille bien le pas, il suffit qu'il courre aisément, car cette allure est celle pour laquelle ces Chevaux sont principalement faits ; il est nécessaire qu'ils soient froids, c'est-à-dire, que le bruit des chiens & des trompes, ne leur donne point d'envie d'aller ; car outre que cette ardeur les fatigue aussi-bien que celui qui les monte, il est encore à craindre que la tête ne leur tourne, & qu'ils n'emménent leur homme au danger de sa vie : c'est pour éviter ce malheur qu'il est toujours plus sensé, lorsqu'on a acheté un Cheval pour la chasse, de le faire méner en main sans monter dessus aux premieres chasses que l'on fait, afin de voir comme il s'y comporte, & afin de l'accoûtumer au bruit des chiens & des trompes. Il y a des Chevaux qui se font à ce bruit, plûtôt les uns que les autres ; & il y en a d'autres qui n'y prennent aucune ardeur ; ceux-ci sont les plus rares : on accoûtume aussi un Cheval de chasse à perdre son ardeur en le courant dans de jeunes taillis en beau païs, il en est plûtôt fatigué ; & on en vient ensuite mieux à bout : cette méthode est encore bonne pour l'assouplir & pour le rendre plus adroit : les Chevaux Anglois réussissent très-bien à ce métier pour les Maîtres ; à l'égard des Piqueurs, il leur faut des Chevaux vigoureux & courant bien, quoique plus étoffés & plus communs, car ces Chevaux doivent soutenir une fatigue plus grossiére, c'est-à-dire, percer dans les bois, & passer par tout où les chiens passent.

Cheval de Chasse.

Cheval de Piqueur.

On appelle Cheval d'arquebuse, un Cheval qu'on a dressé à tirer de dessus, sans qu'il soit effrayé du coup de fusil ; on s'en sert pour chasser au chien couchant. Cette espece de Cheval doit être de taille de double Bidet, pour qu'il soit plus facile de le monter & de le descendre ; il doit être tranquile & sans aucune espece de volonté, avoir la bouche bonne, & marcher bien le pas : de bien courre, ne lui est pas essentiel, car on ne se sert gueres du galop d'un Cheval d'arquebuse.

Cheval d'Arquebuse.

G

CHAPITRE XV.

De l'achat des Chevaux de tirage, & qui portent.

J'Appelle Chevaux de tirage, ceux qu'on a attelés à une voiture pour la tirer ; tels font les Chevaux de caroſſe, de Chaiſe & de Charette, Coche, Canons, &c. Les Chevaux qui portent, font les Chevaux de baſt, de Meſſager, &c. les plus nobles de tous ces Chevaux, & ceux de qui on exige plus de qualités, font les Chevaux de caroſſe, c'eſt auſſi par eux que je vais commencer.

Eſſai des Chevaux de Caroſſe.   Depuis les Chevaux de caroſſe d'un Roy, juſqu'à ceux d'un Fiacre, il y a bien des degrés pour la figure, & il y en a trop pour les détailler. Je ne m'arrêterai donc que ſur la bonté, c'eſt-à-dire, ſur l'achat d'un bon Cheval de caroſſe ; mais je dirai précedemment que comme les Chevaux de caroſſe font attelés deux à deux, il eſt d'uſage de les apareiller de taille, de poil, de marques au front, de figure, & le plus qu'on peut d'allures & d'inclination ; c'eſt à ce dernier article qu'il eſt néceſſaire d'avoir une attention particuliere : c'eſt pourquoi quand vous aurez vû ſi le Cheval trotte bien en main, vous le ferez atteler. On eſſaye les Chevaux de caroſſe au chariot ou au *diable*, qui eſt une machine faite exprès pour cet uſage, afin qu'en cas qu'un Cheval ruë il ne puiſſe pas bleſſer celui qui mene les deux Chevaux : étant attelés on commence par les mener le trot, cette allure étant la principale qu'on demande aux Chevaux de caroſſe. Alors examinez s'ils trottent bien, c'eſt-à-dire, les hanches baſſes ſans dandiner de la croupe & la tête haute, s'ils trottent & tirent également, c'eſt-à-dire, ſi le trot de l'un n'eſt pas plus racourci que celui de l'autre, ce qui les empêche de tirer également, auſſi-bien que la vivacité de l'un des deux, car ſouvent il y en a un vif & l'autre pareſſeux, le pareſſeux ruine le vif, parcequ'il le laiſſe tirer tout ſeul. Si cette pareſſe eſt extrême, gardez-vous bien de l'acheter ; mais s'il n'eſt qu'un peu moins vif & un peu plus lourd que ſon camarade, on y remedie en l'attelant ſous la main du Cocher, c'eſt-à-dire, à droit, afin que le Cocher l'avertiſſe du foüet, lorſqu'il ſe ralentira ; il eſt de la grace de l'attelage que les deux Chevaux attelés à côté l'un de l'autre portent également, c'eſt-à-dire, qu'en trottant ils tiennent leurs têtes également hautes & en même ſituation : il eſt auſſi plus agréable qu'ils ſoient tous deux marqués en tête, ſoit par l'étoile ou par le chanfrain ; mais il eſt eſſentiel qu'ils ayent la bouche bonne, ce qu'on voit en les faiſant reculer au caroſſe après avoir précedemment examiné les barres, & qu'ils ayent des pieds excellents & des jambes de fer, c'eſt-à-dire, beaucoup de jambe, & des jambes très-nerveuſes : les plus beaux Chevaux de caroſſe, ſont les Danois, & les plus grands, ſont les Hollandois ; les Normands ſont ceux qui s'uſent moins ſur le pavé.

Les Chevaux qui ſervent aux Chaiſes de poſte, & qui ne ſont point Chevaux de poſte, ſont d'une eſpece toute differente des Chevaux de caroſſe : une Chaiſe de poſte eſt attelée de deux Chevaux qui ſont auſſi très-differents l'un de l'autre, l'un s'appelle Cheval de brancart, & l'autre Cheval de côte ou bricolier : le Cheval de brancart doit être choiſi de bonne taille, étoffé, allongé, trottant vîte & aiſément : le bricolier qui porte le poſtillon, n'eſt pas ſi étoffé, tirant plus ſur le Cheval de ſelle : il doit avoir un galop racourci & aiſé. *Des Chevaux de chaiſe.*

Les autres Chevaux de tirage, comme Chevaux de charette, de charuë, de coche, ſont ordinairement des rouſſins, ou Chevaux entiers, attelés avec un colier ; il ne leur faut de qualités que celle de tirer bien & fort, qu'ils ſoient bien étoffés de par tout, le poitrail large, & les épaules nourries, car la peſanteur ſeule de ces parties leur aide beaucoup à entraîner les fardeaux qu'ils doivent voiturer. *Des autres Chevaux de tirage.*

Les Chevaux de bats ou de bagage, qui ſervent à la guerre, à porter des fardeaux, ſont dans le genre des Chevaux communs, il les faut bien traverſés, & qu'ils ayent ſur-tout de bons reins & forts : les Chevaux de Meſſager qui ſont deſtinés à porter des balots d'un endroit à un autre, ſont d'une eſpece plus mince, afin qu'ils ſoient plus légers, car ils vont ſouvent au trot ; ils doivent d'ailleurs avoir les qualités des précedents à proportion de leur eſpece. *Chevaux de bats, de meſſager, &c.*

Les Marchands qui vont en campagne, appellent les Chevaux ſur leſquels ils montent, leurs porteurs, ce ſont communément des Bidets d'amble, ou qui aubinent.

CHAPITRE XVI.

Des Chevaux des differens Pays & de la durée des Chevaux.

LEs plus beaux & les plus diftingués des Chevaux de fel-le étrangers, tant pour monter que pour tirer race, nous viennent de Barbarie, d'Efpagne & d'Angleterre : nous tirons les Chevaux étrangers pour le caroffe, de Danemarc, d'Allemagne, d'Italie, & d'Hollande.

Chevaux françois.

Parmi les Chevaux François, il s'en trouve de toute efpece, ceux de felle les plus eftimés, viennent du Limoufin & de Normandie, quelques-uns de Poitou & d'Auvergne : les Che-vaux de caroffe, de la Baffe Normandie & du Cotentin, & de Flandres ; & les Chevaux de tirage, du Boulenois, & de la Franche-Comté.

Efpagnols, Barbes & Anglois.

Il fe trouve peu de bons Chevaux d'Efpagne ; ceux de la Haute-Andaloufie paffent pour les meilleurs : les bons Che-vaux d'Efpagne réuffiffent principalement au manége & à la guerre : les Barbes font bons au manége & à la chaffe, & les Anglois font excellens Chevaux de chaffe.

Il fe trouve tant de varietés dans les Chevaux d'un même Pays, tant pour les qualités que pour la figure, qu'il eft pref-que impoffible d'en déduire toutes les circonftances ; y ayant de bons, de médiocres, & de mauvais Chevaux, de beaux & de laids : on peut dire en général que les Chevaux d'Ef-pagne ont les épaules plus libres & les mouvemens plus fou-ples que tous les autres Chevaux fins étrangers : enfuite vien-nent les Chevaux d'Italie. Parmi ce qu'on appelle Barbes, les Chevaux Arabes, font les plus vigoureux & de meilleure race : parmi les Barbes, les Chevaux de Maroc, font fupé-rieurs ; enfuite les Barbes de Montagne : les Chevaux Turcs, Perfans, Morifques & d'Armenie, font médiocres en géné-ral : les Barbes font froids, mais de grande vîteffe : on rend ceux-ci fouples, mais les Efpagnols le font naturellement : il eft rare de voir de grands Chevaux de ces deux contrées : les Chevaux Anglois, ne font pas généralement bons : il en vient beaucoup de mauvais de ce Royaume : les Chevaux Anglois, ne font pas de race du Pays ; ils viennent de race de Barbes bien confervée & maintenuë ; ils font communé-ment légers, & ont de l'haleine.

Nous avons en France de beaux & bons Chevaux de toute eſpece, ou de médiocres & de mauvais, à meſure qu'on a plus ou moins de ſoin d'envoyer dans les Provinces du Royaume, des Etalons qui y conviennent.

Quant aux Chevaux de Caroſſe, les plus beaux ſans contredit, ſont les Chevaux d'Italie, enſuite les Danois & Allemands, puis les Chevaux de Friſe, & du Nord de la Hollande. En France les plus eſtimés ſont les Chevaux Normands; les Chevaux Flamands ſont les moindres de tous, à cauſe de leur groſſe tête, & de leurs pieds plats. *Italiens, Danois, Allemands, Hollandois, Normands, Flamands.*

Les Bidets François ſont communément excellents. *Bidets.*

Les Chevaux fins & de race acquierent leur force plus tard que les Chevaux communs: c'eſt pourquoi il faut les attendre juſqu'à ſept ou huit ans pendant que les communs ſont en état de ſervir à quatre & cinq ans: mais auſſi les Chevaux fins durent juſqu'à vingt & trente ans, pendant que les autres ſont vieux à quinze ans. *Chevaux fins, & communs.*

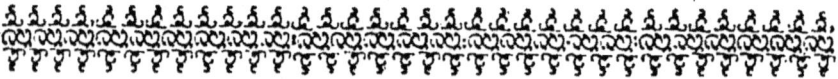

TRAITÉ
D U
HARAS.

CHAPITRE PREMIER.

Des Haras du Royaume.

QUoique le terme de Haras ſignifie proprement un nombre de Chevaux entiers & de Juments raſſemblées dans un lieu choiſi pour y perpétuer leur eſpece, & y produire des Poulins qui puiſſent s'y élever juſqu'au tems où ils doivent être employés au ſervice de l'Homme; cependant on appelle auſſi les Haras du Royaume, des Chevaux ou Eſtalons entiers

difperfés un à un par tout le Royaume chez differens Parti-
cúliers pour couvrir les Jumens qu'on leur amene.

Lorfque les Haras du Royaume feront bien regis & entre-
tenus de beaux Eftalons, il eft certain qu'il en fortira d'auffi
bons Chevaux qu'il y en ait dans le monde pour quelque
ufage que ce foit ; au moyen de quoi nous ne ferons pas dans
la néceffité de faire fortir du Royaume des fommes confidérables, & d'enrichir nos voifins pour toutes les efpeces de
remontes dont nous aurons befoin.

Les Haras du Royaume étoient totalement perdus avant
M. Colbert : mais ce Miniftre ayant aifément compris tout
l'avantage que le Royaume tireroit de leur rétabliffement,
ne négligea rien pour en venir à bout. Il chargea mon
Grand-Pere de l'infpection generale des Haras du Royaume. Plufieurs Commiffaires furent nommés pour veiller dans
les Provinces à leur adminiftration ; il fit venir des Eftalons
des Pays Etrangers, & les diftribua dans toute l'étendue du
Royaume. Non content de cela, il accorda des gratifications
aux Commiffaires les plus attentifs, & les plus intelligents.
Il excitoit par divers moyens les Gentilshommes à concourir
à fon deffein, faifant efperer des graces du Roi à ceux qui y
montreroient le plus de zele, & faifant même écrire le Roi
aux Perfonnes les plus diftinguées. J'ai eu le plaifir de trouver
toutes ces Lettres dans les papiers de mon Grand-pere, & j'ai
extrait celles qui m'ont paru les plus propres à témoigner
combien ce grand Miniftre étoit ardent à ce qui pouvoit contribuer au bien de l'Etat, & en particulier à l'établiffement
des Haras qu'il regardoit avec raifon comme effentiel dans le
Royaume. Il eft vrai que depuis M. Colbert, ce projet fi
bien commencé, ne s'eft pas continué avec le même zele, ce
qui a été caufe que dans les deux dernieres guerres de 1688.
& de 1700. on a été obligé d'acheter des Chevaux chez l'E-
tranger, & la fomme qu'on y a employée a monté à plus de
cent millions.

EXTRAIT DE PLUSIEURS LETTRES DU ROI,
ET DE M. COLBERT, AU SUJET DU RE'TABLIS-SEMENT DES HARAS.

De M. COLBERT, *à M.* DARGOÜGES, *le 4 Juin* 1663.

Monfieur. Le Roi ayant eftimé que le rétabliffement des Haras dans les Provinces de fon Royaume eft fort important à fon fervice & avantageux à fes fujets, tant pour avoir en tems de guerre le nombre de Chevaux pour monter fa Cavalerie, que pour n'être pas néceffité de tranfporter tous les ans des fommes confidérables dans les Pays Etrangers pour en acheter, a réfolu d'y appliquer une partie des foins que Sa Majefté donne à la conduite de fon Etat, & à tout ce qui peut le rendre floriffant ; & pour cet effet elle a fait choix du fieur Garfault, l'un des Ecuyers de fa grande Ecurie, pour aller dans toutes les Provinces du Royaume reconnoître l'état où font lefdits Haras, les moyens qu'il y a d'en établir de nouveaux, & pour y exciter la Nobleffe : & comme ledit fieur de Garfault a un ordre particulier de vifiter exactement la Bretagne où ils étoient autrefois les plus abondants, je vous conjure, Monfieur, de lui donner toute l'affiftance qui peut dépendre de l'autorité qui vous eft commife, &c.

Du ROI, *à M. le Marquis* DE BOISION, *Gouverneur de Morlais en Baffe-Bretagne.*

Monfieur le Marquis de Boifion. La négligence qui a été apportée depuis quelque tems à l'entretien des Haras qui font dans mon Royaume, a été fi grande, que comme à préfent il eft très-difficile de trouver des Chevaux capables de bien fervir, l'on eft contraint d'en aller chercher dans les Pays Etrangers ; ce qu'ayant confideré, & qu'il eft néceffaire pour le bien de mon fervice & celui de mes Sujets, d'y pourvoir ; je vous fais cette lettre pour vous exhorter de travailler inceffamment, non feulement au rétabliffement defdits Haras, aux endroits où il y en avoit déja, mais auffi d'en faire de nouveaux aux lieux où les paturages font propres pour cet effet ; à quoi me promettant que vous vaquerez avec foin, diligence, & affection, je vous assurerai que vous ferez chose qui me sera très-agréable, & dont je vous sçaurai bon gré; cependant je prierai Dieu qu'il vous ait, Monsieur le Marquis de Boission, en sa sainte garde. Ecrit à Paris le 22 Juillet 1663.

LOUIS.

De M. COLBERT, à M. DE GARSAULT: extrait du 21 Septembre 1663.

J'ai lû au Roi toutes vos dépêches & memoires: Sa Majesté a témoigné beaucoup de joie de la bonne disposition où toutes choses se trouvent pour le rétablissement des Haras, &c. Sur tout continuez à bien exciter les Gentilshommes qui ont des lieux propres pour faire des nourritures, à faire amas de belles Cavales, & à donner au Roi la satisfaction qu'il espere du rétablissement de ce commerce, dans lequel, outre l'avantage qu'ils trouveront de plaire à Sa Majesté, ils y trouveront aussi du profit infailliblement.

De M. COLBERT, à M. DE GARSAULT, du 9 Novembre 1663.

Je vous envoye une lettre du Roi pour M. le Marquis de Montausier, dans les termes que vous l'avez jugé nécessaire pour l'exciter fortement à tenir la main au rétablissement des Haras en Normandie, & pour disposer la Noblesse à élever dans leurs terres un nombre de belles Cavales: vous trouverez aussi ci-joint une vingtaine d'autres lettres, le nom en blanc, pour les distribuer aux principaux Gentilshommes de la Province.

LETTRE CIRCULAIRE du ROI, aux Principaux des Provinces.

Monsieur. Ayant été informé par le sieur de Garsault, un de mes Ecuyers ordinaires en ma grande Ecurie, des diligences que vous avez faites pour avoir nombre de bonnes Cavales pour l'établissement d'un Haras dans vos terres, & pour exciter tous les Gentilshommes de votre Province à suivre votre exemple, j'ai bien voulu vous témoigner par cette lettre, le gré que je vous en sçai, & le désir que j'ai que vous continuiez, & que vous vous appliquiez au rétablissement de mes Haras, comme à une des choses que j'ai fort à cœur, & qui me sera fort agréable: ce que me promettant de votre affection à mon service, je ne vous ferai la présente plus ex-

presse

preſſe , & prie Dieu qu'il vous ait ; Monſieur, en ſa ſainte
garde. Ecrit à Saint Germain-en-Laye ce 30 Mai 1665.

De M. COLBERT, *à M.* DE GARSAULT : *extrait du 2 Avril* 1666.

Vos lettres du 2 & du 20 du mois paſſé m'ont été rendues :
en même tems j'ai vû par ce qu'elles contiennent , que vous
avez fait quelques achats de Chevaux , & que ceux qui ſont
d'une bonté un peu extraordinaire ſe vendent à un prix exceſſif ; ce qui nous doit encore plus encourager à nous appliquer
au rétabliſſement des Haras dans le Royaume , puiſque les
bons Chevaux ſont rares par tout, & qu'ils ſe vendent très-che-
rement, &c.

Du ROI , *à M. le Duc* DE LA VIEUVILLE.

Mon Couſin. Envoyant le ſieur de Garſault l'un des
Ecuyers de ma grande Ecurie en Poitou , pour viſiter les
Haras qui ont été rétablis dans madite Province , & pour exciter la Nobleſſe du Pays à s'appliquer à en établir de leur part ;
j'ai bien voulu l'accompagner de cette lettre , & vous dire
que vous ayez à donner audit Garſault toute l'aſſiſtance dont
il aura beſoin , & vous pourra requérir pour le ſuccès de ſon
voyage ; vous employant envers les principaux de la Nobleſſe
pour les convier d'établir des Haras , & faire élever nombre
de bons Chevaux ſuivant leurs facultés : vous aſſurant que
vous ferez choſe qui me ſera bien agréable. Sur ce je prie Dieu
qu'il vous ait , mon Couſin , en ſa ſainte & digne garde.
Ecrit à Tournai le 26 Juillet 1667.

LOUIS.

De M. COLBERT, *à M.* COLBERT DU TERRON , *le* 27 *Juillet* 1667.

Le Roi ayant jugé que le rétabliſſement des Haras étoit
fort important pour ſon ſervice , & pour l'avantage du commerce , vous avez été informé de tems en tems par les lettres
que je vous ai écrites, combien Sa Majeſté l'a à cœur , & des
diligences qui ont été faites par ſes ordres pour y réuſſir. A
preſent elle envoye le ſieur de Garſault l'un des Ecuyers de
ſa grande Ecurie pour ſe tranſporter dans le Pays d'Aunis, &
voir le progrès qui s'y eſt fait par les ſoins que vous y avez

H

apportés : je vous prie donc de lui donner une entiere créance fur tout ce qui concerne cette matiere, & même de lui faire connoître les Gentilshommes qui auront plus montré de chaleur & de zéle, enfuite des excitations que vous leur avez faites d'élever eux-mêmes des Chevaux, afin qu'à fon retour il puiffe l'informer de leurs noms, & des efforts qu'ils ont faits dans la vûe de lui plaire.

COLBERT.

Du 24 Août 1668.

Tous les extraits des lettres fuivantes font de M. Colbert à mon Grand-pe-re.

... Quoique je défiraffe vous revoir bientôt, je vous avoue que ces établiffemens font d'une fi grande conféquence, que vous ne fçauriez donner trop de tems & de loifir pour les bien faire, & tâcher de les faire réuffir à la fatisfaction du Roi, & de ceux qui y auront contribué fous les ordres de Sa Majefté. Obfervez encore s'il y avoit lieu d'établir des Haras de grands Chevaux pour fervir au Caroffe : parce que fi nous y pouvions une fois parvenir, nous retiendrions beaucoup d'argent au dedans du Royaume, & priverions les Hollandois de celui qu'ils en tirent annuellement pour ces fortes de Chevaux.

Du 7 Septembre 1668.

... Et vous ne devez pas douter que les Intendans n'appuient cet établiffement de toute l'étendue de leur pouvoir, le leur ayant plufieurs fois recommandé, & me propofant de les exciter fouvent par mes lettres.

Du 21 Septembre 1668.

... Et même j'eftime à propos que quand il y aura quelques beaux Chevaux fortis des Cavales qui auront été couvertes par les Etalons donnés par le Roi, il fera bon de les acheter pour Sa Majefté, & même d'engager les Gentilshommes qui les auront nourris de les lui amener, afin que leur faifant quelque gratification, comme elle fera fans doute, cela convie la Nobleffe à s'appliquer encore plus fortement à rétablir la race des bons Chevaux.

Du 5 Octobre 1668.

... Je vous dirai feulement que les mefures que vous avez

prifes , en ne faifant pas couvrir les Cavales avant l'âge, font très-bonnes, & que le fervice que vous rendez actuellement, doit être d'autant plus confidérable, que par les affaires qui fe préparent on aura un plus grand befoin de Chevaux que jamais, & que par conféquent ce fera un grand bien , fi avec un peu de tems on en peut trouver dans le Royaume propres à la guerre.

Du 29 Août 1670.

… J'efpere un grand fruit du voyage que vous allez faire, & de l'application que vous donnerez à mettre les Haras dans le bon état que l'on peut fouhaiter. Pour cet effet, excitez fortement les Commiffaires qui font établis dans les Provinces à bien faire leur devoir, & attachez-vous fur tout à perfuader aux peuples que le Roi n'a d'autre deffein que de rétablir la race des bons Chevaux dans fon Royaume, en leur faifant perdre la penfée qu'ils ont que Sa Majefté prendra pour elle les Poulains qui viendront des Etalons. Et pour plus facilement venir à bout de leur ôter toutes les mauvaifes impreffions qu'ils peuvent avoir, il faudra de tems en tems dans les Foires des Provinces acheter pour Sa Majefté les plus beaux Poulains qui feront venus des Etalons ; & outre le prix que vous en payerez, il faudra donner encore un prix particulier de cent écus ou de quatre cent livres à celui qui aura eu le plus beau Poulain, & trois ou quatre actions de cette nature perfuaderont plus que toute autre chofe. Je crois même qu'il fera bon que vous indiquiez en chaque Province une Foire pendant l'hyver ou au commencement du printems, dans laquelle vous vous trouverez, ou quelqu'un qui y fera envoyé en votre place , pour faire le choix du plus beau Poulain : fur tout ne manquez pas de publier le deffein de Sa Majefté dans tous les lieux où vous pafferez , &c.

Du 13 Septembre 1670.

… Et comme le fuccès de cet établiffement dépend principalement du foin qu'y apportent les Intendans ; il eft néceffaire que vous m'informiez de l'application que chacun y a en particulier, &c.

Du 26 Septembre 1670.

… Et vous devez feulement prendre garde que la différence

des efprits des Intendans n'apporte aucun préjudice à cet établiffement, qu'il eft important de foutenir par tous les moyens poffibles. J'écris de nouveau à tous les Intendans de redoubler leurs applications pour le faire réuffir, & d'exécuter ponctuellement toutes les chofes dont vous ferez convenu avec eux, & je ne doute pas que cette nouvelle excitation ne produife un très-bon effet. Continuez votre voyage avec exactitude, & faites enforte de bien connoître l'application que les Intendans donnent à faire réuffir cet établiffement. Excitez toujours les Commiffaires à faire régulièrement leurs vifites, en leur faifant connoître que c'eft le feul moyen de mériter les gratifications que Sa Majefté veut leur faire, & n'oubliez rien de tout ce qui pourra contribuer au rétabliffement des Haras, &c.

Du 18 Août 1674.

... Je fuis bien aife que le nombre des Chevaux qui entrent dans le Royaume ait diminué à mefure que les Haras ont augmenté, &c.

Du 29 Octobre 1676.

... Continuez à rechercher tous les moyens poffibles pour augmenter toujours cet établiffement, & mettre un plus grand nombre d'Etalons dans toutes les Provinces, &c.

Du 7. Octobre 1678.

... Vous avez bien fait de faire connoître qu'il n'eft pas à propos de deffendre la vente des Poulains qui fe fait aux Savoyards & Piedmontois, d'autant que tant plus ils feront recherchés, & tant plus les peuples s'appliqueront aux Haras.

Après ces témoignages de l'opinion qu'un auffi grand Miniftre avoit des Haras & de l'abondance des Chevaux dans le Royaume, il eft inutile de s'étendre davantage fur cette matiere pour en faire concevoir l'utilité & le profit, & pour engager à défirer qu'un établiffement auffi profitable fe perfectionne & s'augmente toujours de plus en plus; puifqu'un Etat ne fçauroit être floriffant, à moins que tous les objets qu'il embraffe, & principalement un commerce avantageux, ne tendent à le rendre tel, & n'y foient fortement aidés par un gouvernement fage & clair-voyant.

CHAPITRE II.
De l'Etabliſſement d'un Haras.

CElui qui veut former un Haras, c'eſt-à-dire, avoir dans un même lieu nombre de Jumens poulinieres & d'Etalons, pour y élever les Poulains qui en proviendront, ne ſçauroit ſe paſſer de pâturages pour la nourriture des Jumens & Poulains : il eſt à propos même qu'il en ait de differente eſpece, ſçavoir de plus & de moins gras.

La premiere choſe qu'on doit obſerver, eſt de proportionner la quantité de Chevaux à l'herbe, au terrein en pâturages qu'on poſſede : pour cet effet il faut ſçavoir que dans un fonds entre gras & maigre, trois arpens peuvent nourrir pendant toute l'année un Cheval ordinaire, en y joignant des Bœufs ou des Vaches ; car le Bœuf engraiſſe le fonds que le Cheval amaigrit ; de plus ces animaux mangent la grande herbe, & les Chevaux n'aiment que l'herbe tendre & courte ; nous parlerons ci-après de la quantité de beſtiaux qu'il faut mettre avec les Chevaux, ſuivant que le fonds eſt bon ou mauvais.

Terrein

Si donc vous avez un lieu convenable pour votre Haras, vous commencerez par partager cette étendue en pluſieurs grands parquets ou enclos fermés de hayes, palis, foſſez, &c. Par exemple, en trois le plus gras ſera deſtiné aux Jumens pleines, & à celles qui allaitent leurs Poulains, étant eſſentiel de bien nourrir ces Jumens pour fortifier le Poulain qui doit naître, & lui préparer l'abondance du lait qui doit continuer quand le Poulain eſt venu au monde, parce que de cette premiere nourriture dépend ſa bonne conſtitution. Le deuxième parquet qui doit être moins gras, ſervira de pâture aux Jumens vuides, c'eſt-à-dire, à celles qui n'ont pas retenu de la derniere monte. On ſépare celles-ci des premieres, quand on peut reconnoître qu'elles ne ſont pas pleines, parce que ſe ſentant plus légeres & plus dégagées que les Jumens pleines, elles pourroient leur donner des coups de pieds qui les feroient avorter ; (on verra dans le Chapitre IV. quand & comment on peut diſtinguer ſi une Jument eſt pleine ou non ;) de plus ces Jumens vuides ne devenant pas ſi graſſes, retien-

Grands parquets.

H iij

dront mieux à la monte prochaine : car le trop de graiffe
s'oppofe à la génération aux Jumens comme aux femmes : on
mettra auffi les Pouliches dans le même parquet ; enfin le
moins gras de tous fera deftiné pour les Poulains mâles entiers
ou hongres : fur tout que ce parquet foit bien clos pour ôter
à ceux-ci toute communication avec les Jumens & Pouliches,
car ils font capables de couvrir à deux ans ; & s'ils paffoient
avec les femelles, ils s'énerveroient immanquablement, les
hongres faifant des efforts inutiles, tourmentent les Jumens,
& fe perdent les jarrets. Je dis qu'il faut que ce dernier parquet foit le moins gras, parce que la nourriture fe changeant
en la fubftance de l'animal, principalement lorfqu'il prend
fa croiffance, elle donne à fon tempéramment les qualités
qu'elle a : ainfi quand cette nourriture aura fuffifamment de
fucs pour les entretenir fimplement en chair; elle rendra leur
fang moins épais & plus fpiritueux, par conféquent plus propre à nourrir & à fortifier les nerfs, puifqu'il fe diftribue alors
avec plus de vivacité dans tous les conduits fans les engluer,
au lieu que la graiffe qui provient du fang gluant & épais,
enveloppant les mufcles s'oppofe à leur jeu, & les empêche
de fe fortifier, & par conféquent éteint le nerf & la vigueur;
auffi voit-on que les Chevaux nourris dans des pâturages trop
gras, fe chargent de tête & d'encolure, ont la vûë foible, &
de groffes épaules.

Si dans le Parquet des poulains mâles, il fe trouve des co-
teaux, des hauts & des bas, les poulains en montant & defcendant, fe dénoueront les épaules & les hanches, ce qui
fera un grand avantage, fur-tout pour les Chevaux fins,
dont le défaut le plus commun, eft de n'avoir pas les épaules bien libres.

Les terreins humides & marécageux, caufent les mêmes
inconveniens, dont nous venons de parler à l'égard des terreins gras, & même à un plus haut point : ils ont encore une
autre mauvaife qualité, qui eft d'attendrir la corne, & de
rendre les pieds plats & combles. Les Chevaux que ces terreins produifent deviennent très-grands, mais fans vigueur,
parce que la nourriture eft aqueufe, flegmatique, & ne
fourniffant pas affez d'efprits ; il en eft de même de toutes les
productions de la nature qui croiffent dans ces fortes de terreins ; elles augmentent en volume, à mefure qu'elles dimi-

nuênt de force; c'est par cette raison que les arbres y deviennent très-hauts, & les plantes très-grandes ; mais leurs fruits
ou sont indigestes, ou ont moins de goût que les mêmes qui
viendroient en terrein sec & sur des hauteurs, lorsqu'ils y
trouvent suffisamment de nourriture. De là on peut conclure
avec l'expérience, que dans un terrein sec, on aura de petits
Chevaux très-nerveux; qu'un terrein entre gras & maigre, produira des Chevaux de taille & vigoureux ; & qu'un terrein
trop gras ou marécageux, donnera de très-grands Chevaux
grossiers, mols & sans vigueur.

Revenons à nos Parquets. On ne peut se dispenser de couper chacun des grands Parquets en plusieurs autres, pour
pouvoir les rétablir successivement, à mesure que les Chevaux
les gâtent ; car il est certain que leur fiente recente & leur
urine, amaigrit & brûle le fonds du terrein ; mais les bœufs,
vaches & moutons, l'améliorissent, & l'engraissent : de plus
les bœufs & vaches mangent la grande herbe, ne pouvant
pincer près de terre comme les Chevaux, parce qu'ils n'ont
point de dents de devant à la mâchoire supérieure ; au lieu
que les Chevaux qui n'aiment que l'herbe tendre, cherchent
la plus courte & la rasent de près. Ainsi tant pour manger la
grande herbe, que pour entretenir votre fonds, vous mettrez
de ces animaux dans une de vos séparations, pendant que vos
Chevaux seront dans l'autre, & ainsi toujours successivement.
A l'égard des moutons, l'engrais en est excellent, mais on
ne peut mettre les Chevaux où les moutons auront été que
six mois après, lorsque leur fiente sera incorporée avec la
terre ; car cette fiente étant récente, dégoûte les Chevaux,
qui la trouvent incessamment sous la dent : si vous ne pouvez
vous servir d'aucun de ces moyens, reparez le tort que vos
Chevaux auront fait à vos pâturages par quelqu'engrais que
ce soit.

Ce que je viens de dire de la ruine des fonds par les Chevaux, est si vrai & si redouté, que dans les meilleurs fonds
de la Basse-Normandie, les Proprietaires stipulent ordinairement dans les Baux, que le Fermier ne pourra nourrir dans
un herbage de cent bœufs, que deux ou trois Chevaux, de
peur que le fonds ne déperisse, s'il y en avoit davantage ; cependant c'est trop appréhender, car ces bons fonds pourroient
supporter sans aucun déchet dix Chevaux par cent bœufs ;

Parquets de sépara- tion.

Terreins. mais fi on veut employer fon terrein à un Haras, on le main-
tiendra dans fa bonté, en mettant dans un fonds maigre quatre vaches ou deux bœufs par Cheval ; dans un fonds médiocre deux petites vaches ou un bœuf par Cheval, & dans un
fonds excellent, un bon bœuf pour deux Chevaux, obfervant le changement fucceffif des Parquets, comme nous
avons dit.

Faites en forte qu'il y ait dans chaque Parquet de l'eau fuffifamment, pour abreuver votre Haras, comme Mares, Etangs,
ou retenue d'eau, fur-tout point d'eau vive, qui caufe des
tranchées aux Chevaux, & qui pourroit faire avorter vos Jumens : l'eau fale convient aux Chevaux, comme l'eau nette
aux hommes ; qu'il y ait auffi quelques arbres femés de côté
& d'autre, afin que les Chevaux s'y mettent à l'abri du grand
foleil & des mouches ; qui malgré ces précautions, les fatiguent fi fort en Efté, qu'il arrive toujours vers le mois d'Août
dans la force des mouches, que les Chevaux maigriffent par
l'inquiétude, & le tourment que ces infectes leur caufent :
Mouches, vous verrez dans la Pl. V. toutes les efpeces de mouches qui
Pl. V. piquent les Chevaux.

A, la mouche ordinaire : B, la mouche platte ou bretonne,
elle eft grife, & fe tient le plus fouvent autour du fondement du Cheval ; on a bien de la peine à la prendre : quand
on la tient, il faut lui arracher la tête : les Chevaux qu'on
panfe, y font communément très-fenfibles, mais ceux qui
font à l'herbe, en ont quelquefois des quatre-vingt, fans s'en
foucier : C, le taon gris ordinaire : D, le gros taon : E, autre
efpece de taon : ces trois efpeces piquent plus communément les Chevaux dans les temps chauds & orageux.

Ne négligez pas s'il y a quelques trous ou foffés dans vos
pâturages, fur-tout dans ceux des Jumens, de les faire com-
bler foigneufement, de peur que tombant dans ces trous,
& faifant effort pour en fortir, les Chevaux ne s'eftropient,
& les Jumens pleines n'avortent : arrachez par la même raifon tous les chicots d'arbres, s'il s'en trouve dans votre enceinte ; en un mot que le terrein foit uni & fans aucun obftacle qui puiffe faire tort à votre Haras en pâture.

Il eft néceffaire auffi d'avoir des hommes qui veillent fur les
Chevaux qui paiffent, pour prendre garde aux accidens qui
peuvent leur arriver.

Si

Si votre Parc n'eſt pas entouré de murailles , les loups ſont à craindre , car ils ſont friands des poulains de l'année ; ainſi il faut travailler à les détruire aux environs de votre Haras : la meilleure de toutes les façons pour en venir à bout , eſt d'avoir un ou deux Valets de limiers actifs , leſquels auſſi-tôt qu'il fait bon en revoir , partent avant le jour avec leurs limiers , pour détourner les loups qui ſe trouveront dans les Bois voiſins , & qui , le loup detourné , envoyent avertir ſur le champ chez vous , & dans les endroits voiſins : une douzaine de bons fuſiliers , qui entourent une enceinte ſans bruit , ſont ſouvent ſuffiſans : quand ils ſont tous poſtés , on avale la botte au limier , qui du premier ou ſecond coup d'aboi , fera ſortir le loup de l'enceinte : on le tire en ſortant , & on le tue ſouvent , ou on le bleſſe ; mais s'il échappe la pre-miere fois , vient un jour où il y demeure : d'ailleurs ces Va-lets de limiers découvrent les portées de loup , & les détrui-ſent.

Vos Prés , ſi vous en avez , ſerviront à nourrir tout votre Haras , tant les Chevaux qui ſont à l'écurie toute l'année , que ceux qui ont été en pâture pendant les herbes , qu'on eſt obligé de nourrir avec du foin pendant l'hyver , à moins que vous n'ayez des pâturages d'hyver , comme de jeunes tailles , des brouſſailles , de grandes bruyeres , &c. ſous leſquelles l'herbe étant à l'abri , ſe conſerve tendre : alors vous aurez moins de foin à dépenſer , parce que votre Haras vivra en partie de ces herbes pendant l'hyver ; mais ſi vous n'avez point de ces pâtures , il faudra le nourrir au foin pendant toute cet-te ſaiſon ; & pour ſçavoir , ſi vous avez ſuffiſamment de Pré pour tout votre Haras , voici ſurquoi vous pouvez vous re-gler : dans un fonds ordinaire , trois quarts d'arpens , qui pro-duiront environ quatre à cinq cens bottes de foin peſant 10 livres la botte , nourriſſent pendant toute l'année un Cheval entre deux tailles.

Si vous faites conſtruire dans votre enclos des Hangards , qui ne ſont autre choſe que des rateliers couverts d'un toit , il ſuffira de les garnir de foin ; car les Chevaux l'hyver y vien-nent quand ils ont faim , & en ſortent quand ils veulent : ce-pendant les Hangards ont un inconvenient que n'ont pas les Ecuries : cet inconvenient eſt que lorſqu'un Cheval fort ſe trouve au ratelier à côté d'un foible , il le bat & l'empêche de

Chaſſe des Loups.

Prés.

Hangards & Ecuries.

I

manger ; mais dans une Ecurie on peut separer les forts d'avec les foibles & en avoir plus de soin : de plus on aprivoise mieux les Poulains quand on les tient l'hyver dans une Ecurie où on peut les aprocher, les caresser, & leur [illegible]er les jambes pour les accoutumer à la ferrure : quand les Chevaux sont ainsi à l'Ecurie, on les fait sortir pour les égayer quand il se trouve quelque heure de beau tems.

Pour connoître la qualité d'un Pré, il est utile de sçavoir quelles sont les herbes qui le rendent bon ; il y a des Prés hauts & des Prés bas qu'on peut couvrir d'eau quand on veut : ces deux sortes de Prés produisent differentes especes de plantes. J'ai dessiné Pl. VI. les plantes dont l'abondance dans un Pré tant haut que bas, le rend bon pour les Chevaux.

Herbes des Prés hauts. Pl. VI.

A, Herbe nommée l'*éternue* : B, *le trefle*, toutes les especes en sont bonnes. CCCC, *le lotier*, plante qui fleurit jaune, 1 sa feuille séparée de la tige, 2 sa graine, 3 sa fleur. DDDD, *la crête de coq*, autrement *trompe-cheval* ; elle fleurit jaune, 1 sa feuille, 2 sa graine avec la gaîne de ses graines, 3 sa fleur. EEEE, espece de *gesse*, elle fleurit jaune, 1 ses feuilles qui s'accrochent par des filaments qui se trouvent au bout de leurs petites tiges, 2 ses cosses où sont les graines, 3 la fleur. GGG, espece de *vesce sauvage* dont les bouts sur quoi sont les feuilles, s'accrochent aux plantes voisines, elle fleurit bleu-violet, 1 ses cosses, 2 sa fleur. HH *la jacée* des prés, elle fleurit pourpre, 1 sa fleur.

Des Prés bas.

Herbes des prés bas : L, *le petit roselet*. M m, *la presle* ou *queue de Cheval*. O, sa fleur. P, sa feuille.

Après avoir parlé de l'emplacement necessaire & de tout ce qui concerne les pâtures des Jumens & des Poulains à l'herbe, il est tems maintenant de songer à ce qui est necessaire pour mettre à couvert & nourrir les Etalons & les Poulains qu'on a retirés, pour les dresser. Les Etalons ne peuvent aller en pâture pour plusieurs raisons ; 1°. Ils se battroient les uns contre les autres jusqu'à se tuer. 2°. Ils s'énerveroient n'y ayant ni haye ni fossé qui pût les empêcher d'aller chercher les Jumens. 3°. Vous ne seriez pas maître de vos races, puisqu'ils couvriroient indifferemment toutes les Jumens ; il faut donc absolument les tenir à l'Ecurie, & les nourrir au sec pendant toute l'année : reste à sçavoir l'espece d'Ecurie

qui leur convient le mieux , ce fera celle dont les places feront feparées par des cloifons à la maniere des Anglois , au
moyen de quoi on donne plus de largeur à chaque place.

L'avantage de ces cloifons eft que le Cheval y eft plus en
repos, qu'il n'eft point fujet à recevoir des coups de pieds &
à s'embarrer, ce qui arrive principalement dans le tems de
la monte, auquel tems les Étalons deviennent plus vicieux
& plus animés ; il ne fera pas neceffaire de prendre toutes
ces précautions avec les Poulains mâles qu'on retirera de l'herbe, car ils ne doivent point avoir couvert de Jumens : de
plus ils ne font pas fi forts en cœur, ainfi ils feront moins
vicieux.

Il eft bon d'avoir une Ecurie à part pour les Chevaux malades, & un Manege couvert pour y exercer les Etalons &
les Poulains.

Ecuries cloifonées

Manége

CHAPITRE III.

De l'Etalon ; & du foin qu'on en doit avoir.

APrès avoir parlé de l'établiffement d'un Haras en ge-
neral, il eft queftion maintenant d'en tirer de beaux
& bons Chevaux : un des moyens pour y réuffir eft d'avoir
des Etalons qui puiffent mettre dans votre Haras d'excellentes races, tant à l'égard des Poulains qu'à celui des Pouliches, qui devenant Jumens poulinieres, doivent les perpetuer.

On nomme Etalon ou Etelon indifferemment un Cheval
entier, auffitôt qu'il eft choifi pour couvrir des Jumens : les
Chevaux fins qu'on deftine à cet ufage fe nomment fimplement Etelons, mais les gros Chevaux deftinés à faire des
Chevaux de tirage s'appellent auffi des Rouffins.

Ce que c'eft qu'Etalon.

Comme l'Etelon ou le Rouffin doivent être en partie
les modeles de la race qu'ils produiront, il faut les choifir les meilleurs & les plus beaux de leur efpece, afin que
ce qui en doit provenir participe des mêmes qualités ; ayez
donc pour un Haras des Etelons de belle taille, ni trop
jeunes ni trop vieux, bien faits, furtout forts & nerveux par
preference, de bon poil, fans aucun défaut hereditaire, en
un mot les plus diftingués, & pour ainfi dire les rois de

Qualités des Ete-lons.

leur espece : nous allons expliquer tout ceci en detail.

Si vous voûlez avoir un Haras de Chevaux fins & de Chevaux de Maître, les races que vous devez rechercher pardessus les autres, sont les Chevaux de certains Païs chauds, comme de l'Arabie si vous en pouvez avoir ; du Royaume de Maroc, de Barbarie, d'Espagne, surtout de ceux de la Haute Andalousie. Les Chevaux Anglois quoique d'un Païs temperé, ont grande reputation, parce qu'ils viennent de race d'Arabes & de Barbes bien conservée par les Habitans du Païs qui sont très curieux en Chevaux , & que le Païs est excellent pour la nourriture. Les Chevaux d'Italie, particulierement du Royaume de Naples, peuvent faire des Chevaux fins accouplés avec des Jumens fines , & feront de beaux Chevaux de carosse avec des Jumens de taille & étoffées. Le Barbe & l'Arabe a reputation de faire plus grand que lui , & le Cheval d'Espagne plus petit que lui ; les Chevaux Anglois sont assez de leurs tailles. Toutes ces regles ont leurs exceptions, parce que la race remonte souvent jusqu'au grand-pere, pour la taille, pour la vigueur & même quelquefois pour le poil ; ainsi un petit Cheval dont le pere ou le grand-pere ont été grands, fera un grand Poulain ; si le pere ou le grand-pere a été de poil noir, quoiqu'il soit gris, il pourra faire un Poulain noir , & ainsi du reste.

Pour un Haras de gros Chevaux , comme sont les Chevaux de carosses, tirez race des Napolitains avec des Jumens de carosse, des Danois & de certains Cantons d'Allemagne, comme du Holstein, de l'Oldembourg, & de la Frise, qui font de très-beaux & bons Chevaux à deux mains, Chevaux de troupes & de carosse.

Quand je dis qu'il faut avoir des Etalons de belle taille, c'est à dire depuis 8 jusqu'à 10 pouces pour les Chevaux fins, & de 5 pieds & au-delà pour les Chevaux de carosse & de tirage.

L'âge le plus convenable pour commencer à mettre en œuvre un Etalon fin, est à 6 ans, car avant ce tems sa force n'est pas encore venue , par consequent il s'affoibliroit davantage les jarrets, & s'useroit beaucoup plûtôt, il peut continuer jusqu'à 18 & 20 ans ; enfin en suivant la nature à la piste, c'est à vous à voir si votre Etelon a toujours la même vigueur, & à le reformer quand il commence à dechoir , parce qu'a-

Pays.

Des Races.

Age de
l'Etalon.

lors il feroit des Poulains moins forts , & qu'on a beaucoup plus de peine à élever. Il en est des Chevaux comme des Hommes , car il s'en trouve dont les ressorts sont si bien composés qu'ils sont encore tout neufs dans l'âge où communement les autres viennent à foiblir & à déchoir. Vous observerez la même chose pour les gros Chevaux , excepté qu'ayant ordinairement acquis leur force de bonne heure , ils sont en état de couvrir à 4 ans , mais aussi ils sont plûtôt hors de combat que les Etelons fins.

Les poils les plus agreables , & qui passent pour les meil- *Poils.* leurs , sont le Bay , le Rhouan & l'Alezan ; le Pie , le Tigre & l'Isabelle doré à crins noirs , sont des poils ornés dont il n'est pas mal d'avoir quelques-uns dans votre Haras pour la curiosité.

Les maux héréditaires , c'est-à-dire , ceux qui se communi- *Maux héré-* quent aux Poulains par la voye de la generation sont , les yeux *ditaires.* foibles , les fluxions habituelles appellées lunatiques , & les maux de jarrêts , surtout les éparvins.

Passons maintenant au soin qu'on doit prendre des Eta- *Soin qu'on* lons: pour cet effet il faut diviser l'année en deux tems , *doit avoir* le tems de la monte qui dure 3 mois ou environ , & le reste *des Eta-* de l'année. Nous renvoyons le Lecteur pour ce premier tems *lons.* au Chapitre VI. qui traite de la monte : à l'egard du reste de l'année nous dirons que les Etalons étant toujours à l'Ecurie doivent être nourris generalement de foin , paille & avoine , ne leur en donnant qu'autant qu'il en faut à des Chevaux qui ne doivent faire qu'un exercice moderé ; il leur faut même donner plus de paille que de foin , principalement quand ils ont passé 8 ans , ou qu'ils sont grands mangeurs , car la plûpart des Etalons finissent par la pousse.

Pour maintenir les Etalons en santé , il faut les entretenir dans un exercice moderé en les montant une heure par jour , les promenant en main & les trottant autour du Pilier , si on ne peut les monter , & en attelant au Chariot ceux qui peuvent tirer. Le trop grand travail & la fatigue énerveroient vos Etalons , & leur diminueroient l'espece de vigueur qui leur est necessaire pour le mêtier auquel ils sont destinés.

Comme l'Etalon n'est échauffé après la monte qu'à cause d'une grande dissipation d'esprits qui a rendu son sang épais ,

& par conſequent lui donne de la diſpoſition à avoir le flanc alteré, je crois qu'alors le vert ne lui eſt pas bon, & qu'il vaudroit mieux après l'avoir ſaigné, lui donner pendant quelques jours le foye d'antimoine afin de remettre ſon ſang dans une fluidité convenable, le vert ne faiſant qu'augmenter la pouſſe, & par conſequent la diſpoſition à l'avoir.

CHAPITRE IV.

De la Jument Pouliniere ; & du ſoin qu'on en doit avoir.

ON appelle Cavale ou Jument Pouliniere, une Jument de Haras deſtinée conjointement avec l'Etalon à produire ſon ſemblable qu'elle doit nourrir de ſon lait ; la Cavale contribue ainſi que l'Etalon, quoique moins eſſentiellement, à la figure & aux qualités de ſon Poulain : il faut de-plus qu'elle le porte dans ſon ventre, & qu'elle le nourriſſe abondamment ; c'eſt pour toutes ces raiſons qu'elle doit être choiſie belle de taille, la côte bien ronde, ni trop jeune ni trop vieille, vigoureuſe, & ſurtout bonne nourrice : entrons en explication.

Generalement parlant le Poulain tient plus du pere que de la mere pour la figure ; il ſe trouve même des Jumens qui font leurs Poulains ſi ſemblables au pere, (ce qui eſt une excellente qualité) que l'on pourroit s'y méprendre ; mais lorſqu'une Cavale donne à la progeniture quelque choſe d'elle, c'eſt plus communément ſon avant-main qu'elle lui communique, c'eſt pourquoi il faut que vos Cavales ayent de la nobleſſe dans la tête & dans l'encolure. La Jument n'étant donc le plus ſouvent que la depoſitaire de la race de l'Etalon, on peut la choiſir de quelque Païs que ce ſoit, pourvû qu'elle ait les qualités que nous venons de dire, & que nous allons expliquer ci-deſſous. On ne doit pas cependant s'attendre qu'il ſorte d'une Jument de race commune ou d'une Jument de Païs, ce que produiroit celle qui ſort d'une race pure & diſtinguée ; néanmoins ſi cette Jument commune eſt accouplée avec un Cheval de race, & qu'elle ait des qualités, elle fera toujours plus beau & meilleur qu'elle ; ſa fille accouplée de même la ſurpaſſera, & ainſi du reſte.

Choix des Cavales.

Pays. Les races de Jumens les plus eſtimées pour faire des Che-

vaux de diftinction font les Efpagnoles, les Angloifes & les
Italiennes.

Il faut que la Jument ait un grand coffre afin que le Poulain foit logé à fon aife & puiffe profiter, c'eft-à-dire, croître
& s'étoffer dans le ventre de fa mere ; car on remarque que
les Jumens plates & qui ont peu de ventre mettent au monde
des Poulains chetifs & minces. Les Jumens qui ont la queuë
coupée fouffrent confiderablement plus l'Efté à caufe des
mouches, que celles qui ont leur queuë ; ainfi que vos Ju- Qualités
mens de Haras ayent tous leurs crins, circonftance qui con- des Cava-
tribue à l'augmentation du lait ; car plus une Jument eft en les.
repos & tranquille dans la pâture, plus la nourriture lui profite ; il eft effentiel pour le Poulain que fa mere foit bonne nourrice, fans quoi il reftera petit, delicat & fans force,
ayant fouffert la faim dans le tems où il ne doit fon accroiffement & fa vigueur qu'à l'abondance de la feule nourriture
du lait, ou à fa bonne qualité.

Une Cavale ne porte qu'un Poulain, cependant il s'en eft
vû qui en ont mis deux au monde, mais cela eft exceffivement rare : elles mettent bas dans le douziéme mois, &
quoiqu'on dife qu'elles portent onze mois, & autant de jours Combien
qu'elles ont d'années, il n'y a rien de moins fûr ; il eft plus elles por-
certain que leur accouchement eft plus hâtif ou plus reculé, tent.
fuivant qu'elles ont été en meilleur ou plus mauvais état de
fanté pendant le tems de leur groffeffe, ce qui avance plus
ou moins la formation du Poulain.

L'âge auquel les Pouliches font en état de devenir Pou- Age.
linieres eft depuis 4 ans jufqu'à 15 ou plus, felon leur vigueur
comme il eft dit de l'Etalon dans le Chapitre précedent.

Pour avoir bien foin des Poulinieres pendant toute l'année, il faut les confiderer dans deux fituations ; la premiere
pendant le tems de l'herbe, & enfuite pendant l'hyver jufqu'au
tems de la monte.

Au commencement du Printems vous faites couvrir vos Ju- Nourritures
mens, & vous les mettez dans les pâturages les plus gras d'efté.
quand l'herbe y eft affés grande pour qu'elles puiffent la paître & en trouver une quantité fuffifante. Au bout de cinq
mois ou environ, examinez celles qui font pleines pour les
feparer de celles qui n'auront pas retenu par les raifons dedui-
tes dans le premier Chapitre : il eft difficile de le reconnoî-

tre plûtôt, encore s'y trompe-t'on quelquefois, furtout à celles qui ont accoutumé de pouliner tous les ans, parce que
leur exterieur ne change point, & que leur ventre conferve toujours fa même rondeur: cependant voici les obfervations les moins incertaines. On a remarqué que les Jumens
pleines s'entretiennent toujours plus graffes que les autres,
furtout l'hyver. Secondement, quand on voit ou qu'on fent
remuer le Poulain, ce qui fe connoît quelquefois par hazard
dans le tems qu'on y donne attention, la chofe eft fûre ; mais
lorfque ce figne ne fe prefente pas de lui-même, il faut faire
faire quelque exercice à la Jument, comme de la trotter
cinq ou fix tours, puis la mettant fur le champ à l'Ecurie,
vous la ferez boire ou manger : alors mettant la main fous le
ventre, on fentira le Poulain remuer fi la Jument eft pleine.
Deux mois avant que les Cavales poulinent, leur pic s'affermit,
& fe tend davantage, puis leur croupe & leurs flancs s'avallent
& fe creufent.

L'Hiver venu on donne du foin à tout le Haras qui a été
en pâture pendant le Printems, l'Eté, & l'Automne :
ainfi lorfqu'il n'y a plus d'herbes & que les pluyes froides
commencent à venir, on renfermera les Jumens à l'écurie
pendant la nuit ; & quand il ne pleuvra pas, on les fera fortir
pendant le jour dans les pâturages, qui, quoique peu nour-
riffants pendant cette faifon, font cependant convenables à
des bêtes accoûtumées à être dehors, parce qu'alors c'eft le
feul exercice qu'elles puiffent faire. Les pluyes froides font
plus contraires au Haras que la gelée, parce qu'elles bouchent les pores & empêchent la tranfpiration, ce qui fe voit
en ce que le poil devient piqué, c'eft-à-dire, qu'il fe hériffe.
Cette tranfpiration interceptée donne des morfondures ou
d'autres maladies ; il eft cependant à remarquer que quand
on a commencé à faire entrer les Jumens dans leurs écuries,
s'il vient à geler blanc, il ne faut pas mettre celles qui font
pleines en pâture que la gelée ne foit fondue, parce qu'elle
contribueroit à les faire avorter.

Si une Jument avorte il la faut conduire comme malade,
& fouvent elle l'eft effectivement. Les ravages du lait mêlé
dans le fang font d'abord à craindre: c'eft pourquoi tenez-la
chaudement la couvrant bien, afin de procurer la tranfpiration du lait; il faut même la traire fi elle a beaucoup de lait,

&

*Signes de
la Jument
pleine.*

*Nourritures
& foins de
l'hiver.*

*Avorte-
ment.*

& lui faire obſerver pendant quelque tems une diéte ſevere, la nourriſſant de choſes legeres & d'eau blanche, de peur que ſon lait ne s'augmente par la nourriture, & que ſortant de ſes limites, il ne corrompe le ſang & ne faſſe tomber la Jument en une maigreur extrême, ou en d'autres maux fâcheux.

Lorſque le terme eſt venu de mettre bas, il faut redoubler de ſoins & d'attention pour aider celles qui auroient de la peine à pouliner en les ſeignant, & leur faiſant obſerver la diéte: on aidera auſſi dans le tems des efforts quand le Poulain eſt mal ſitué & qu'il a de la peine à ſortir, en le rangeant avec la main, afin que la tête paſſe la premiere. Si on ſentoit que le Poulain eſt mort, il faut promptement en délivrer la mere, en faiſant entrer de l'huile dans la matrice pour faire couler le Poulain, que l'on tirera enſuite avec les mains, ou même avec des cordes que l'on attache à ce qui en paroît le premier en dehors, comme la tête, les jambes, &c. & on traitera la Jument comme ſi elle avoit avorté.

Accouchemens diffciles.

Lorſqu'une Jument pouline, ſi on eſt preſent, on peut remarquer une eſpece de ces fameux hyppomanes qui ont tant été cités par les Auteurs anciens ſur la foi les uns des autres, & auxquels on a imaginé de ſi grandes propriétés pour les filtres amoureux. Preſque tous ont placé cette eſpece d'hyppomanes ſur le front du Poulain, quelques-uns ſur la langue: c'eſt un morceau d'une eſpece de chair griſe long de trois ou quatre pouces ou plus long, de la couleur & à peu près de la figure d'une rate, ſans avoir aucune forme arrêtée. Cette chair eſt ordinairement compoſée de trois feuillets réunis tout autour l'un à l'autre par un bord commun : ce qui fait que ſi vous le coupez par un bout, vous pouvez fourer votre main juſqu'au fond dans deux cavités ſéparées par le feuillet du milieu comme dans une bourſe applatie qui ſeroit partagée en deux côtés par une cloiſon. Lorſque le Poulain a crevé les membranes qui l'envelopoient, ce qui arrive dans le moment qu'il paroît pour ſortir, vous voyez quantité d'eau s'écouler, & ce morceau de chair tombe en même tems; les mêmes Auteurs diſent que lorſque cet hyppomanes eſt à terre, la Jument ſe retourne ſur le champ & l'avale, & que quand on eſt aſſez adroit pour s'en ſaiſir, cette chair donnée en boiſſon a la propriété de faire aimer la perſonne qui l'a préparée

De l'hyppomanes du Poulain.

K

& donnée à boire. Je fçais par expérience que l'hyppomanes tombé, la Jument n'y fait aucune attention, elle léche feulement fon Poulain couché pendant quelques momens, & le Poulain après quelques efforts fe leve & fuit fa mere. Ce fameux hyppomanes abandonné fe fond en eau en plufieurs jours, ce qui fait bien voir que ce n'eft qu'un épaiffiffement de la limphe la plus-groffiere de celle qui fe trouve dans les envelopes du Poulain, qui a formé cette maffe grife pendant tout le tems qu'il a été dans le ventre de fa mere. Je laiffe à penfer quelle vertu cette eau peut communiquer, l'Auteur Anglois dont j'ai traduit l'anatomie parle de cette hyppomanes, Chapitre XXVIII. page 84.

L'autre efpece d'hyppomanes qui eft celui des Jumens, eft bien différent de celui-ci ; j'en parle dans le Chapitre VI. qui traite de la Monte.

CHAPITRE V.

De l'Accouplement.

COmme le but pour lequel on établit un Haras, eft la propagation de l'efpece par l'accouplement de l'Etalon avec la Jument, la monte qui eft le moment auquel cet accouplement s'exécutera doit être precedée de quelques obfervations.

Croifer les races. Il eft effentiel de bien croifer les races, c'eft la premiere maxime. On les croife en s'attachant à faire toujours faillir les Jumens par des Chevaux de Pays différent du leur ; fans cela, c'eft-à-dire, fi vous joignez un Cheval avec une Jument de fon pays, ce qui en proviendra ne manquera pas de dégénérer, n'étant point dans le fol originaire ; c'eft pourquoi, au lieu d'accoupler une Jument d'Efpagne avec un Cheval d'Efpagne, un Cheval Anglois avec une Jument Angloife, &c. il faut donner la Jument d'Efpagne au Cheval Anglois ; la Jument Angloife au Cheval d'Efpagne, & ainfi des autres: parce que ces races mêlées donnent pour ainfi dire, origine à une race toute nouvelle, qui participant des qualités différentes des peres & meres, relevera l'une par l'autre, & fera un bon compofé. Cette même maxime fe pratique avec fuccès à l'égard des Chiens. Les Chiens courans François ont de l'épaule, crient & rapprochent bien, mais ils n'ont pas de vîtesse. Les Chiens Anglois ont une figure plus légere, ne rapprochent point, crient gresle, & sont très-vîtes ; mêlez ces deux Pays ensemble, & vous avez des Chiens qui tiennent de la voix des François, qui augmentent de vîtesse, diminuent d'épaule, & qui rapprochent bien.

Il faut en second lieu avoir attention à l'accouplement des figures, comme à celui des qualités, & réparer par l'une ce qui manque à l'autre, de peur de produire des membres si disproportionnés & si peu convenables entre eux, qu'ils ne puissent pas s'étayer mutuellement, & qu'ils s'opposent eux-mêmes au jeu réciproque qu'ils doivent se communiquer, tant pour la beauté que pour la bonté. Par exemple, si on accouploit un petit Barbe avec une grande Jument de carosse bien épaisse, le Poulain pourroit avoir de la noblesse ; mais elle seroit si décousue, qu'elle en deviendroit désagréable ; il aura, par exemple de gros pieds, une jambe menue, &c. & ainsi des autres accouplemens disproportionnés. Il faut donc songer à cette circonstance, & au lieu de défigurer vos Poulains, tâcher à réparer les défectuosités réciproques ; par exemple, donner à une Jument épaisse un Etalon qui puisse par un peu plus de finesse diminuer cette épaisseur : si elle péche par l'avant-train, lui donner un Cheval qui ait de la noblesse : si la Jument est petite, un Cheval plus haut qu'elle, mais pas excessivement, & ainsi du reste pour le Cheval comme pour la Jument.

Accouplement des figures.

Il peut cependant arriver que malgré toutes ces précautions, vous ne réussirez pas quelquefois : puisque de deux beaux Chevaux, il peut provenir un Poulain médiocre ; mais si on tiroit race de ce Poulain, les Chevaux qui viendroient de lui, remonteroient à la premiere race, & retrouveroient les qualités du grand-pere ou du pere. Cecy n'est point une idée vague, c'est une expérience réiterée : la raison en est, je crois, que la nature ayant manqué dans une partie de son ouvrage, les principes essentiels se trouvent cachés & embarrassés : mais ils se développent dans l'occasion, c'est-à-dire, dans une seconde génération, ce qui doit s'entendre des Chevaux de race pure : car il ne faut jamais tirer race de Poulains de votre Haras, qui n'iroient qu'en dégénérant, mais bien

Effet des races.

des Pouliches, parce qu'elles n'influent pas fur la race comme l'Etalon.

Le trop de feu & de vivacité des deux parts rend fouvent inutile l'acte de la génération, il en eft de même du contraire ; ainfi je donnerois à une Jument jeune & vive un Etalon plus mûr & à une vieille Jument un jeune Cheval.

Du premier Poulain. Le premier Poulain d'une Jument vient rarement auffi étoffé que ceux qu'elle aura enfuite, fe trouvant dans un efpace qui n'a pas encore été occupé, qu'il eft en quelque façon obligé de préparer à fes dépens pour ceux qui y feront renfermés par la fuite : c'eft pourquoi il eft à propos de donner pour la premiere fois à la Jument un Etalon beaucoup plus étoffé qu'elle, afin que ce premier Poulain ait plus de confiftence & donne du coffre à la Jument.

Des changemens de nourritures par rapport à l'accouplement. Si vous faites couvrir une Jument qui ait toujours été à l'écurie, & que vous l'y laiffiez toujours enfuite, elle ne pourra faire un Poulain fort, & elle aura peu de lait ; que fi vous la mettez enfuite à la pâture, le même inconvénient arrivera, attendu que cette nourriture eft nouvelle pour elle, & que n'ayant pas le corps endurci à l'air, elle fouffrira des injures du tems & des mouches, ce qui empêchera le Poulain de profiter dans le ventre de fa mere. Il ne faut pas non plus attendre un bon Poulain pour la premiere année d'une Jument qui après avoir fervi quelque tems, & par conféquent avoir été nourrie au fec, eft deftinée au Haras. Il lui faut du tems avant que fon tempérament s'accoutume à cette nouvelle nourriture & à ce nouveau genre de vie ; de plus il eft très-rare que ces Jumens retiennent : ainfi le meilleur eft que vos Jumens ayent toujours pâturé, ou ayent été peu à l'écurie.

Des noms. On donne des noms aux Jumens & aux Etalons, & cela eft néceffaire : car on doit écrire & tenir un regiftre de chaque accouplement, afin de connoître les peres & meres, & de juger des races qu'ils ont produites.

CHAPITRE VI.

De la Monte & de l'Hyppomanes des Jumens.

LES Jumens de Haras, commencent à entrer en chaleur vers le commencement d'Avril, depuis ce temps jusqu'à la fin de Juin ; c'est ce qu'on appelle en terme de Haras, le temps de la Monte, c'est-à-dire, le temps, pendant lequel les Etalons sont employés à monter, couvrir, saillir, sauter ou servir les Jumens en chaleur. Si une Jument venoit plutôt ou plûtard en chaleur, il ne seroit pas à propos de la faire couvrir : plutôt, parceque le Poulain venant au monde l'hyver & auparavant, que les herbes soient poussées, la mauvaise saison & le peu de nourriture ou la méchante nourriture de la Jument seroient capables de le faire périr : plûtard, il viendroit pendant les chaleurs & le temps des mouches qui le tourmenteroient excessivement dans un âge aussi tendre, & de plus il n'auroit pas assez de temps pour acquerir la force de resister à l'hyver suivant.

De la chaleur des Jumens.

Comme il est inutile, de faire couvrir une Jument, à moins qu'elle ne soit bien en chaleur, parce qu'elle ne retiendroit pas, on examinera avant de la livrer à l'Etalon, si elle montre des signes de chaleur. Les signes se connoissent à sa nature, dont le bas se gonfle davantage qu'à l'ordinaire : de plus si elle voit un Cheval, elle hennit & cherche à s'en approcher ; elle jette ce que nous appellons des chaleurs, qui est une liqueur gluante & blanchâtre ; c'est cette liqueur, que les anciens appelloient hyppomanes, c'étoit celui-ci qui étoit l'hyppomanes par excellence ; & celui du Poulain, dont nous avons parlé dans le Chapitre précedent, ne venoit qu'après. *Hyppomanes* est composé de deux mots grecs, qui signifient fureur, ou manie de Cheval. Aristote, Pline, Virgile & Pausanias, ont fait mention des deux hyppomanes, & y ont mêlé plusieurs fables. Ils disent de celui-ci, que la Statue d'un Cheval, dans l'airain duquel on avoit mêlé de l'hyppomanes, mettoit les Chevaux dans une telle fureur, que les coups ne pouvoient les empêcher de s'en approcher amoureusement. Bayle fait une assez longue dissertation sur les hyppomanes à la fin de son Dictionnaire, dans laquelle il

Signes de la chaleur ; & de l'Hyppomanes.

K iij

rapporte ce qui en a été dit par ces Auteurs.

Du Boutte-en-train.

Lorsque l'on a nombre de Jumens, il est à propos de se précautionner pour le tems de la Monte de quelque Cheval entier, qui ne servira qu'à faire connoître les Jumens qui sont en chaleur, ou à les y faire venir ; c'est pour cette raison qu'on l'appelle un boutte-en-train : sa principale qualité, est d'être ardent, & d'hennir fréquemment. On fait passer en revûë toutes les Jumens devant le boutte-en-train : celles qui ne sont pas en chaleur, se défendent de lui & veulent le ruër ; mais celles qui y sont le laissent approcher, & montrent des signes de chaleur : après cette épreuve on retire le boutte-en-train ; & on fait couvrir les Jumens en chaleur par les Etalons qui leur sont destinés, renvoyant les autres jusqu'à ce que leur chaleur se dénote.

Des jours de Monte.

Une Jument est communément en chaleur au bout du neuviéme jour qu'elle a pouliné ; c'est pourquoi il faut la mener à l'Etalon, le neuviéme jour en chaleur ou non. Lorsqu'une Jument a été couverte cette premiere fois, on la fait revoir au boutte-en-train neuf jours après : si elle se trouve encore en chaleur, on la fait recouvrir ; on la ramene ainsi tous les neuviémes jours, jusqu'à la fin de la Monte, & on la fait toujours couvrir, tant qu'elle est en chaleur : lorsque sa chaleur cesse, c'est une marque qu'elle est pleine. Ce témoignage n'est pas toujours sûr ; mais on n'a pas d'autre expédient, pour en être plus certain : il se trouve aussi des Jumens qui se font couvrir tous les neuf jours, quoique pleines de la premiere fois ; d'autres, qui jettent de fausses chaleurs à l'approche du Cheval, & qui ne voudront pas le souffrir. Remarquez que pendant le tems de la Monte, il faut avoir grande attention à ne laisser approcher des Jumens aucun Cheval entier, ni hongre, ce qui les tiendroit plus long-tems en chaleur, & feroit qu'elles retiendroient plus difficilement.

Abus & superstitions.

L'envie d'avoir un Poulain mâle de sa Jument, a persuadé à quelques-uns qu'il pouvoit se trouver des moyens d'en venir à bout, en avertissant la nature de leurs intentions, & en la dirigeant, pour ainsi dire, suivant leurs souhaits : chacun à sa recette ; les uns mettent une poignée d'ortie sous la queuë de la Jument, après qu'elle est couverte : d'autres la font trotter : d'autres la font entrer dans l'eau jusqu'à la tête : les autres, ou la font tourner en rond en la fouettant, ou la font courir à toutes jambes, ou bien lui font manger de la graine de chenévis : plusieurs les font seigner avant, pendant ou après la Monte ; avant la Monte, seroit le meilleur : il y a aussi des secrets pour avoir des mâles ; & d'autres pour que le Poulain ait le poil qu'on voudra. Evitez de donner dans toutes ces simagrées, pour ne pas faire connoître, que vous n'êtes guéres instruit de l'indépendance de la nature.

Venons maintenant à la Monte même, c'est-à-dire, au moment auquel l'Etalon couvre la Jument. Il se pratique de deux especes de Montes ; l'une s'accomplit avec l'aide des hommes, & l'autre se fait en liberté. Comme la premiere est sujette à moins d'inconvéniens, c'est aussi celle qui se pratique le plus : nous allons donc commencer par la détailler, ensuite dequoi vous parlerons de l'autre, qui peut être bonne dans de certains cas.

De deux especes de Monte.

Quand on veut faire couvrir une Jument, il faut premierement voir, si elle est ferrée du derriere ou non ; si elle l'est, on la fait déferrer ; ou bien on se sert d'entraves, de peur qu'en ruant, elle ne blesse le Cheval ; car ces animaux font l'amour à coups de pied ; & il se trouve des Jumens, qui quoique fort en chaleur, sont chatouilleuses, & ne laissent pas de ruër l'Etalon, quand il approche, ou quand il monte : l'espece d'entraves dont on se sert, pour empêcher que la Jument n'allonge la ruade à l'Etalon, est composée de deux cordes A A, dont un des bouts est tourné en anneau : on en met une à chaque pied de derriere, en passant le bout qui n'a point d'anneau, dans l'anneau de l'autre bout ; & tirant ce bout à soi, il se forme un nœud coulant B, qui entourre le pâturon. On passe ensuite ces deux cordes que l'on croise sous le ventre entre les jambes de devant, & les faisant revenir ensuite des deux côtés du col, on les lie sur le garrot, ou bien on a un colier de cuir *c c*, on le passe par la tête & par le col ; & on attache les deux cordes qui se croisent à deux anneaux de fer D, mis aux deux côtés de ce colier : on n'arrête point les nœuds pour les défaire promptement, en cas d'accident : un homme tient la Jument par le licol ; ce qui vaut mieux que de l'attacher au Pilier, parce qu'elle est moins gênée : si elle n'est point ferrée du derriere, on ne se sert point d'entraves, on la tient seulement comme je viens de dire.

PL. V. f. A

Entraves.

Il s'agit maintenant de l'Etalon, furquoi il y a plufieurs obfervations à faire avant de venir à la conclufion. Premierement, comme cet animal diffipe beaucoup d'efprits, & fe fatigue dans cette operation, il faut pour la faire, prendre le tems le plus frais de la journée, qui eft le matin & dans les jours chauds le plus matin qu'on peut eft le mieux, comme auffi le panfer avant de le mener à la Jument, pour le laiffer tranquille après qu'il a couvert ; ce qui lui fait grand bien, parce que le repos repare les forces qu'il a perduës ; c'eft pour cette raifon qu'il faut éviter le plus qu'on peut d'aller & de venir dans l'Ecurie, après que les Chevaux ont couvert, de peur de les inquiéter & pour les laiffer fe tranquilifer à leur aife.

Le terrein où fe paffe la Monte, doit avoir des inégalités, afin d'aider l'Etalon, pendant qu'il couvre ; car fi la Jument eft plus grande que lui, on la placera près d'une petite hauteur, afin que le Cheval fe trouve fur la hauteur & ait de l'avantage : fi la Jument eft plus baffe que le Cheval, on la fera mettre fur la hauteur par la même raifon.

Quand on veut mener l'Etalon à la Jument, on lui met un caveffon à trois anneaux E, garni de deux cordes longues, F F, attachées aux anneaux des côtés : deux Palfreniers prennent chacun une de ces cordes ou longes, & font fortir ainfi l'Etalon qui fe trouvant alors comme en liberté, marchera de lui-même à la Jument. Lorfqu'il voudra la couvrir, on l'aidera tant à fon égard que pour la queuë de la Jument. Le figne auquel on reconnoît qu'un Cheval couvre, eft un mouvement de balancier, qui fe fait voir au tronçon de la queuë près la croupe, c'eft à quoi on doit abfolument prendre garde, car un Cheval fort quelquefois de deffus la Jument fans avoir couvert ; & on le rameneroit à l'Ecurie, fi on n'étoit pas inftruit de cette particularité, au lieu qu'il faut attendre qu'il l'ait réellement couvert.

Comme il arrive dans le moment même de la Monte plufieurs inconvéniens qui pourroient embaraffer, il eft bon de mettre au fait des expédiens, dont on doit fe fervir pour y remedier. Lorfque le Cheval eft prompt & la Jument tranquille, tout fe paffera bien, & ne donnera point d'inquiétude ; mais il fe trouve des Etalons qui montent plufieurs fois inutilement fur la Jument, ce qui ne fait que les fatiguer : à

ceux-là

ceux là , mettez des lunettes , ils fe tourmenteront moins :
d'autres s'élevent & fe dreffent , de façon qu'ils font fujets
à fe renverfer : il faut alors que les Palfreniers baiffent les
cordes jufqu'à terre, pour ramener le Cheval en bas. Il fe
trouve des Etelons lents à couvrir , qui reftent quelquefois
long-tems tranquilles auprès de la Jument : on les éloigne
alors de la Jument, en les promenant un tour, puis on les laiffe raprocher ; ils couvriront à la fin. D'autres par trop de vivacité , fe mettent tout en eau fans pouvoir couvrir : ce qui
arrive plutôt aux jeunes Chevaux qui n'ont pas encore couvert : on les remettra dans l'Ecurie , & un quart-d'heure
après, on fera une nouvelle tentative. La Jument eft quelquefois inquiéte & dérange le Cheval par fon agitation : alors
il faut que l'homme qui eft à fa tête, lui parle & la tienne de
près ; fi cela ne réuffit pas , il lui mettra le torchenez qu'il
aura foin de· défaire promptement dans le moment que le
Cheval couvre.

Quand le Cheval a couvert, on le ramene à fa place , on
lui remet fa couverture : s'il a chaud , on le bouchone bien :
s'il eft en nage , on abat la fueur avec le couteau de chaleur
& on le laiffe en repos ; on reconduit la Jument à l'herbe
fans autre cérémonie, c'eft-à-dire, fans fe fervir d'aucun fecret pour la faire retenir , fuivant ce que j'ai dit plus haut.

Ce qui s'appelle la Monte en liberté , n'eft autre chofe que
de lâcher un Etelon dans un pâturage bien fermé avec la
quantité de Jumens qu'on veut qu'il couvre. Il eft certain
que les Jumens retiendront bien mieux, mais l'Etelon fe fatigue & fe ruine plus à cette fois qu'il ne feroit en quatre ans :
ainfi on ne doit fe fervir de cette maniere que quand on a un
Etelon , dont on veut tirer encore quelques couvertures avant
de le reformer ; il faudra lui donner les jeunes Jumens qui
n'ont pas encore porté, & celles qui retiennent le plus difficilement.

De la Monte en liberté.

Pendant les trois mois de la Monte, qui doivent être depuis Avril jufqu'en Juin , on ne monte point les Etalons. L'e-
xercice qu'ils font leur fuffit; & même quoiqu'un Etelon puiffe
couvrir tous les jours, il vaut mieux fi on veut qu'il dure , ne
le faire couvrir que de deux jours l'un : on compte qu'un
Etalon ainfi menagé, couvrira environ quinze ou vingt Jumens.

L

De la nour-
riture des
Etelons
dans le tems
de l'accou-
plement.

Comme le Cheval qui couvre, diſſipe beaucoup à ce métier ; pluſieurs croyent qu'il faut alors reparer cette diſſipation par des nourritures chaudes, & qui excitent à l'acte, comme des jaunes d'œufs, du chénevis, &c. ces moyens ſont excellens pour forcer la nature en accelerant ſes operations ;
mais comme on ne lui donne pas le loiſir d'y mettre, pour
ainſi dire, la dernière main, la ſemence trop tôt formée ne
ſçauroit avoir à la longue le degré de cuiſſon qui lui convient,
pour être féconde. A l'égard de la reparation des eſprits, à
quoi ces nourritures paroiſſent ſervir, on répond que par ce
moyen on augmente la diſpoſition à diſſiper, ajoutant des
alimens chauds à un ſang déja échauffé & par conſéquent
épaiſſi ; au lieu qu'on devroit en diminuer l'ardeur en lui
rendant ſa temperature. C'eſt pourquoi au lieu d'ajoûter chaleur ſur chaleur, le mieux qu'on puiſſe faire à mon avis, ſeroit de nourrir l'Etalon dans le tems de la Monte comme à
l'ordinaire, & pour peu que l'on lui vît diſpoſition à s'échauffer, ſonger à le rafraichir avec de l'orge concaſſé, ou de l'orge moulu au lieu d'avoine.

Quand la Monte ſera finie, faites ſeigner vos Etelons, &
les mettez au ſon pendant quelques jours.

CHAPITRE VII.

De la Monte, pour faire des Mulets & des Joumars.

LE Mulet & la Mule, ſont des animaux monſtrueux,
engendrez le plus communément par un Ane & par
une Jument & rarement par un Cheval & une Aneſſe. Les
Joumars mâle & femelle, ſont pareillement monſtrueux,
puiſqu'ils proviennent du Taureau & de la Jument ou de l'A-
neſſe, ou de l'Ane & de la Vache : ces deux eſpeces d'animaux n'engendrent point leurs ſemblables, quoiqu'ils ayent
en apparence tout ce qu'il faut pour cela.

Les Mulets ſont beaucoup plus communs que les Joumars,
attendu qu'on en tire beaucoup plus d'avantage, ſur-tout
pour la guerre ; ils tiennent de l'Ane, la bonté du pied, la
ſûreté de la jambe & la ſanté : ces animaux ont les reins
très-forts, & portent beaucoup plus peſant que le Cheval :
quelques-uns ont des allures aſſez agréables ; mais cela eſt très-

rare, car communément ils ont le pas fec, trottent très-dur, & galopent fous eux. On ne s'en fert guéres dans nos Païs pour tirer, car dans les mauvais chemins ils refufent pour peu qu'ils trouvent de refiftance, ainfi leur principal emploi eft de porter des fardeaux : l'Efpagne, le Poitou, le Mirebalais & l'Auvergne, fourniffent de très-bons Mulets. Dans les Païs fecs, on les ferre d'une maniere particuliere, comme vous verrez dans le Traité de la Ferrure : ils vivent très-fains, mangent bien moins que les Chevaux, & ne font point fujets aux maux de pied.

Le Joumart eft un petit animal un peu plus grand qu'un Ane ; mais exceffivement fort, fa tête reffemble affez à celle du Taureau, ayant le front très-large & le bout du nez gros, de façon que quand on le voit en face, on croiroit que c'eft un Taureau fans cornes : les Joumars font communs en Dauphiné, on ne s'en fert que pour porter des fardeaux.

Quand on veut avoir un Mulet, on prefente à l'Ane une Aneffe : puis quand il eft prêt à couvrir, on fait prendre la place de l'Aneffe à une Jument bien en chaleur ; il en eft de même pour faire des Joumars : on prefente une Vache au Taureau, ou une Aneffe à l'Ane, puis on leur fuppofe la Jument, la Bourique, ou la Vache : le Joumart venu du Taureau avec la Jument, ou l'Aneffe, eft different du Joumart provenant de l'Ane & de la Vache, en ce que celui-ci n'a point de dents de devant à la machoire fupérieure.

Si ces meres n'ont pas retenu, elles peuvent redevenir en chaleur, & on les fait recouvrir jufqu'à ce que leur chaleur foit paffée, ainfi qu'il eft dit des Chevaux.

CHAPITRE VIII.

Des Poulains, du foin qu'on en doit avoir, & comment on les dreffe.

Quelques précautions qu'on prenne à obferver tout ce qui eft dit ci-deffus, il faut compter qu'un bon tiers des Jumens que vous avez fait couvrir n'auront pas retenu, & que celles qui deviennent pleines, vous donnent bon an mal an, ou moitié mâles & moitié femelles.

Du proc des Jume

Les Poulains fuivent leurs meres, & tettent depuis qu'ils font nés jufqu'à ce qu'on les fevre, ce qui fe fait communément à la fin d'Octobre : ainfi ils ont cinq ou fix mois de lait. Quand ils ont été féparés de leurs meres & mis dans une écurie qui ne foit pas trop chaude, parce qu'elle les rendroit délicats à l'air, ils font inquiets pendant quelques jours, jufqu'à ce qu'ils ayent oublié leurs meres : dans cette écurie où ils paffent tout l'hiver, on leur donne du foin tant qu'ils en veulent, & d'abord deux jointées de fon à chacun, deux fois par jour. Il y a des perfonnes qui mêlent dès ce tems-là de l'avoine concaffée avec le fon, ce qui s'appelle de la provende : mais je retrancherois l'avoine & ne leur donnerois que le fon pour cette premiere année, perfuadé que l'avoine les échauffe trop à cet âge. Lorfque l'on voit que leur inquiétude d'être féparés de leurs meres eft paffée, on les laiffe fortir par le beau tems, après leur avoir donné le fon & fait boire une heure avant d'aller dans les pâtures ; il faut obferver de ne les point faire fortir trop matin, ni rentrer trop tard, furtout dans le cœur de l'hiver, & il faut toujours les rentrer par les grandes pluyes qui leur font très-contraires.

Dans les premiers jours de Mai de l'année d'enfuite, c'eft-à-dire, quand ils auront un an, on les mettra coucher la nuit dans les herbages, & on les y laiffera jufqu'à la fin d'Octobre : ne leur faites jamais paître les reguins, parce qu'ils les dégoutent des autres herbes par leur délicateffe. L'hiver venu, on leur donnera feulement du foin quand ils ne pâtureront plus, pourvû qu'ils foient en bon état : car s'ils font maigres on y ajoutera le fon le foir, fi on les fait pâturer pendant le jour les pâtures d'hiver, car quand on leur donne le fon le matin, l'herbe leur fait vuider, & cet aliment ne leur profite point.

On fuivra la même façon d'agir tant qu'on les tiendra à l'herbe, c'eft-à-dire, jufqu'à ce qu'on les retire à l'écurie pour les monter, ou pour s'en fervir à quelque ufage que ce foit.

Comme ils n'ont pas encore pris leur croiffance, ni affez de force à trois ans, il eft effentiel de ne les retirer pour toujours de l'herbe qu'à quatre ans, & de paffer un an à les acheminer & dreffer tout doucement : après lequel tems on peut les travailler comme des Chevaux faits.

Nourritures des Poulains jufqu'à quatre ans.

Quand on retire les Poulains pour commencer à s'en servir, on ne les pense point pendant quelques jours, on ne fait que les bouchoner pour leur ôter petit à petit de dessus le corps la grosse crasse sur laquelle l'étrille ni la brosse ne pourroient pas mordre : on ne doit leur donner pendant huit jours que de la paille, pour leur laisser vuider leur vert, puis il sera bon de leur donner pendant quelques jours des breuvages contre les vers, sur tout s'ils ont souffert de la rigueur des saisons, parce que les mauvaises digestions de l'herbe refroidie, leur causent des vers qui deviennent quelquefois dangereux; quand toutes ces précautions seront prises, on les mettra petit à petit au foin & à l'avoine, puis on les traitera comme les autres Chevaux.

Traitement des Poulains depuis quatre ans.

Il arrive souvent que dans les premiers jours que les Poulains sont à l'écurie, les jambes leur deviennent enflées, cette enflure s'en va ordinairement quelques jours après : mais il vaut mieux la faire dissiper en leur frotant d'eau de vie & les seignant; la seignée indépendamment de cela ne peut être que très-bonne à ces animaux, à cause qu'ils changent de façon de vivre & de nourriture.

Soit que vos Poulains soient destinés au harnois ou à la selle, il faut commencer de bonne heure, c'est-à-dire, quelques jours après leur arrivée à l'écurie, à les faire trotter suivant leurs forces au bout de la longe autour du pilier; pour cet effet on leur met un caveçon à anneaux, & un Palfrenier tenant le bout d'une corde attachée à l'anneau qui est sur le nez, on excite le Cheval tout doucement à avancer, & le Palfrenier restant en sa place, celui qui doit le faire trotter tourne autour du Palfrenier ayant la Chambriere à la main; quelques jours après on fait trotter le Cheval avec le harnois sur le corps, si c'est un Cheval de carosse, ou avec une selle, si c'est un Cheval de selle. Quand le Cheval de carosse est accoutumé au harnois, on l'attelle avec un Cheval fait, lui mettant une bride, & un homme le conduit avec une longe qu'il passe dans la bride : quand il commence à être sage au trait, on ne le conduit plus par la bride, & le Cocher essaye à le faire reculer ayant pour aide un homme devant, qui au moyen de petits coups de gaule sur les jambes, ou sur le poitrail, lui aide à entendre ce qu'on désire de lui, le tout avec grande douceur & patience : car si on y alloit rudement, on rebuteroit un Cheval. A l'égard du Cheval de felle, quand il eſt fait à ſentir la ſelle ſur ſon corps, on lui met un ſimple bridon dans la bouche, puis on eſſaye de le monter, mettant d'abord le pied à l'étrier ſans paſſer la jambe de l'autre côté ; enfin on ſe met en ſelle : tout cela ſe paſſe en pluſieurs jours, & on avance à meſure qu'on voit que ſon inquiétude diminue. Quand on eſt aſſuré deſſus, on le fait avancer petit à petit, le Palfrenier tenant toujours la longe du caveſſon, & marchant devant ; enfin on le fait trotter autour de la longe l'homme deſſus, après quoi on ôte le caveſſon : au bout de quelque tems, on lui met une bride avec laquelle on le conduit, & c'eſt ainſi qu'on l'accoutume à obéir, à quoi on ne ſçauroit avoir trop de patience ; car ſi un Cheval eſt mené rudement dans le commencement, il s'effarouche, devient indocile, rétif, & quelquefois indomptable : c'eſt de ces premiers tems que dépendent les fantaiſies, & les deffenſes qu'on voit à pluſieurs Chevaux & qui deviennent très-difficiles à détruire.

Je conſeille de commencer à dreſſer les Chevaux peu après qu'ils ſont à l'écurie, parce qu'alors n'étant pas encore en cœur, ils obéiſſent mieux & cédent plus aiſément à ce qu'on leur demande : au lieu que ſi on les laiſſe engrener, & qu'ils ayent envie de réſiſter, leur force leur aidera & ils deviendront plus difficiles à ſoumettre.

CHAPITRE IX.

Des Hermaphrodites.

JE finis ce traité par les Hermaphrodites, je n'en ai point vû de parfaits, mais j'en ai vû deux ou trois (car ils ſont rares), qui étoient mâles, & dont les parties de la génération étoient retournées, le mâle paroiſſant par derriere, & le gland ſortant à quatre ou cinq pouces au deſſous de l'anus ; les teſticules ſont reſtés dans le ventre, & ce ſont de véritables Chevaux entiers qu'on ne ſçauroit châtrer, & qui urirent ſur leurs queues : ils ſervent d'ailleurs comme d'autres Chevaux.

PL. XXVIII
Fig. A.

CHAPITRE X.

Pour conduire les Chevaux accouplés.

QUand on veut conduire nombre de Chevaux neufs ou autres fans les fatiguer, & pour les rendre au lieu de leur deftination ; fi on ne veut pas faire la dépenfe d'un nombre fuffifant d'hommes pour les mener à pied un à un, on les couple, c'eft-à-dire, on les attache l'un derriere l'autre, de façon qu'ils ne puiffent pas fe nuire, ni fe donner des atteintes ; de cette maniere un feul homme à pied ou à Cheval fuffit pour en mener quatre ou cinq ou fix. Il eft bon d'avertir que, lorfqu'on a deffein de faire voyager ainfi de jeunes Chevaux qui n'ont point encore fervi, il eft néceffaire de les y accoutumer petit à petit au moins trois femaines auparavant, ce qui s'appelle les mettre dans les barres : venons à l'explication de ce harnois.

On commence par tortiller de la filaffe en forme de corde : on paffe le milieu de la corde fous le haut de la queue, puis on la treffe en deffus avec le crin de la queue jufqu'à la longueur des trois quarts de la queue, on laiffe cette treffe à la queue jour & nuit fans l'ôter, tant qu'on accoutume le Cheval, & jufqu'à ce qu'il foit rendu où on veut le conduire.

Quand on veut coupler les Chevaux, on leur met dans la bouche un bridon garni d'un billot ou mors creux de fer garni de filaffe, auquel tiennent au lieu de refnes deux cordes paffées en fautoir l'une dans l'autre A, qui s'attachent comme les refnes d'un Cheval de caroffe fur le couffinet du furfais B. On met à la tête un gros licol du cuir CC, & dans l'anneau de ce licol on paffe deux anneaux de cordes *d d* deftinés à fupporter les barres : ceci fe met à tous les Chevaux, excepté au premier de chaque bande qui eft mené par un homme tenant la longe du licol. Les couvertures E E qu'on met fur le dos des Chevaux doivent être accompagnées d'un furfait *t t t t* avec fon couffinet B : on paffe dans le furfait un anneau de corde de chaque côté appellé porte-barres *g g*. L'eftroffe *y* eft une corde courte dont les deux bouts forment chacun un anneau : on paffe cette eftroffe

PL. VII
Fig. B.

par deſſous le haut de la queue au deſſus du tour de la corde
de filaſſe treſſée dont nous avons parlé d'abord, & on paſſe &
repaſſe un anneau dans l'autre, de maniere que des deux il
n'en paroît plus qu'un en deſſus: après quoi on forme de la
treſſe de la queue une eſpece de gros bouton ou entortille-
ment *u*, afin que l'eſtroffe ne puiſſe deſcendre, & ſoit ferme
en ſa place. On paſſe enſuite le couple R R R au col, ce couple eſt un colier lâche de corde auquel eſt attaché un long
bout de corde, qui paſſera d'abord au travers du porte-barre
du ſurfaix *g* du côté du montoir, enſuite dans l'eſtroffe *y* ;
puis on le nouera à la longe du licol du Cheval de derriere *m* ;
reſte à placer les barres S S S S qui ſont des morceaux de bois
longs de ſix pieds, ronds & de l'épaiſſeur du poignet ou environ, ayant une hoche aux deux bouts, afin d'y lier une petite corde *x x* qu'on attache à nœud coulant aux porte-
barres du ſurfaix, & à ceux du licol du Cheval de derriere :
ces barres ſont miſes afin d'empêcher le Cheval de derriere
d'avancer trop ſur celui qui le précede, & de lui donner des
atteintes. A chaque barre eſt attachée une ſouventriere de
corde *o o* qui va rendre à la barre de l'autre côté. Les Marchands de Chevaux qui n'ont que de petites routes à faire,
ne s'embarraſſent pas de tout cet attirail, & ne conduiſent
leurs Chevaux qu'avec le couple & l'eſtroffe.

Le billot ou mors creux avec ſes cordes A paſſées l'une dans
l'autre, & attachées au couſſinet.

Le licol de cuir avec ſa longe C C.

Le ſurfaix *t t t t* & ſon couſſinet, B B ; les porte-barres,
g g.

Le couple R R R qui coule le long du côté gauche, &
s'attache à la longe du licol du deuxiéme Cheval en *m*.

L'eſtroffe *y*.

La treſſe de la queue formant un bouton *u*.

La couverture E E.

Les barres S S S S avec leur ſouventriere *o o*.

Les portes-barres du licol du deuxiéme Cheval *d d*.

Les petites cordes qui attachent les barres aux quatre porte-barres *x x*.

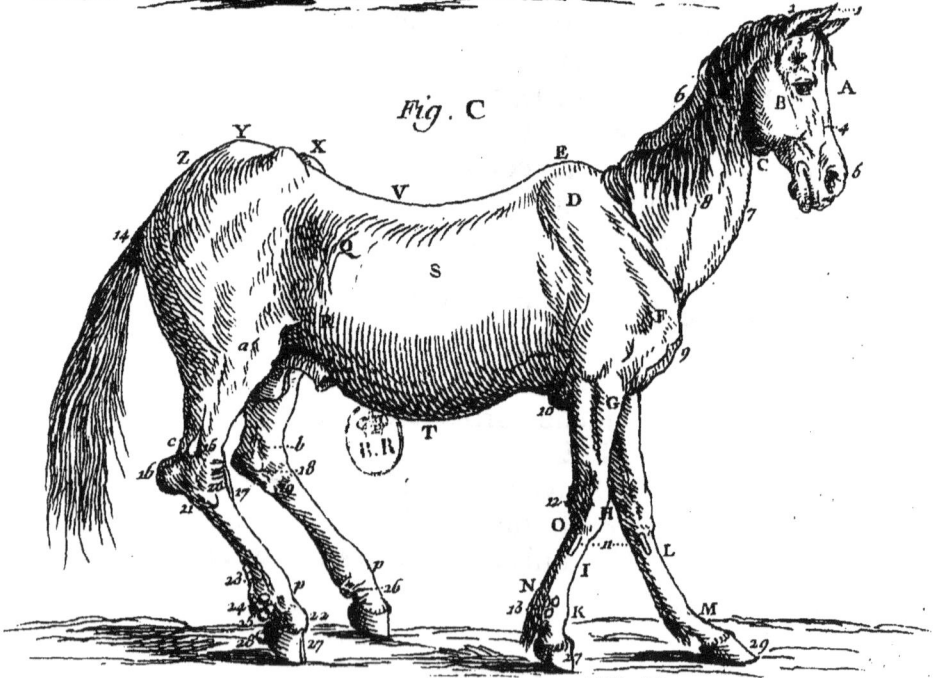

Pl. V.

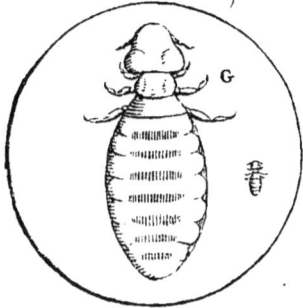

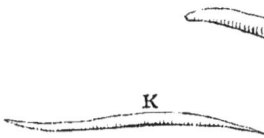

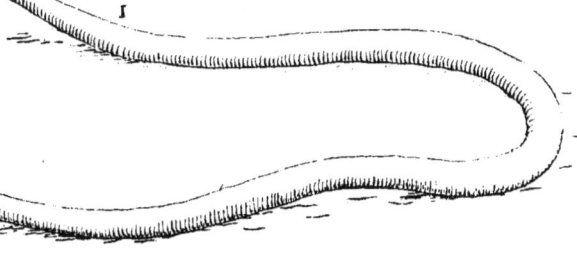

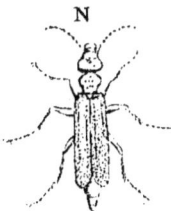

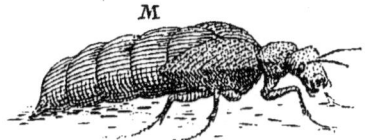

Pl. V.

Pl. VII.

Fig. A

Fig. B

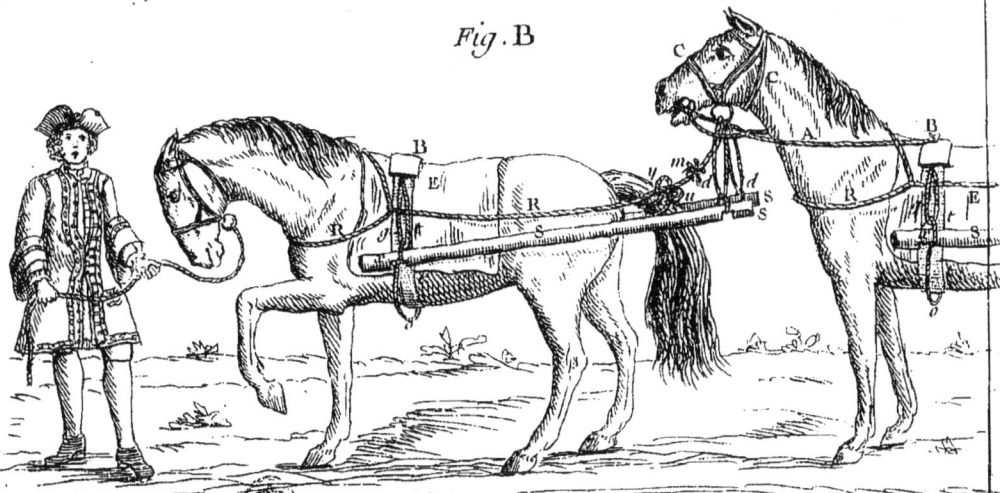

CHAPITRE XI.

Pour adoucir les Chevaux farouches.

Quand on n'a point apprivoifé les Poulains dès leur tendre jeuneffe, il arrive fouvent que l'approche & l'at-
touchement de l'Homme leur caufe tant de frayeur, qu'ils
s'en deffendent à coups de dents & de pieds, de façon qu'il
eft prefque impoffible de les panfer & de les ferrer : quelquefois ils fe privent en les approchant avec patience & circonfpection, c'eft-à-dire, fans les furprendre, & en leur préfen-
tant de l'herbe, ou quelque chofe à manger qu'ils aiment;
mais quand cela ne vient pas à bien, il faut fe fervir du
moyen que je vais indiquer, lequel réuffit prefque toujours,
il eft pris de la Fauconnerie. Lorfqu'on veut priver un Oifeau
de proye qu'on vient de prendre, pour enfuite le dreffer au
vol, on en vient promptement à bout en le veillant, c'eft-
à-dire, en l'empêchant de dormir jufqu'à ce qu'il tombe de
foibleffe ; c'eft ainfi qu'il en faut ufer avec un Cheval farouche : après quoi vous l'approcherez enfuite très-aifément,
& vous verrez avec étonnement comme il eft fi fubitement
adouci, que vous n'aurez plus de peine à le confirmer dans
ce changement d'inclination, en ufant cependant toujours
de beaucoup de douceur, principalement immédiatement
après cette épreuve. Il y a des Chevaux qu'on eft obligé de
veiller pendant huit jours. Pour veiller un Cheval, on le tourne à fa place le derriere à la mangeoire, & un homme eft
toute la nuit & tout le jour à fa tête, qui lui donne de tems
en tems une poignée de foin, & l'empêche de fe coucher.

La méthode de les laiffer avoir foif eft encore fort bonne.

M

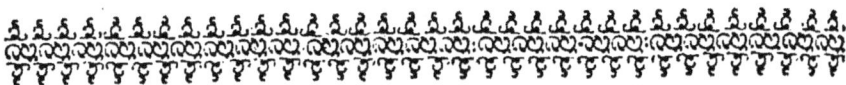

TRAITÉ
DE
L'ECUYER.

CHAPITRE PREMIER.

Des Ecuries de toute espece, & de leurs proportions.

Differentes espèces d'écuries.

IL se construit de trois sortes d'écuries pour y mettre les Chevaux à l'attache ; la premiere est l'écurie à un seul rang de Chevaux ; la deuxiéme est l'écurie double, ou à deux rangs de Chevaux , les croupes des Chevaux vis-à-vis les unes des autres , & un espace pour passer entre les deux rangs ; la troisiéme est une autre espece d'écurie double séparée au milieu dans sa longueur par un mur ou une forte cloison , les têtes des Chevaux regardent ce mur ou cette cloison , & sont vis-à-vis l'une de l'autre , sans se voir: entre les croupes & le gros mur de chaque côté , est un passage, & le mur, ou la cloison du milieu cessent avant les bouts de l'écurie pour laisser la liberté de communiquer d'un côté à l'autre, ou si les bouts sont fermés, on laisse une communication ou porte au milieu.

Construction & proportions.

Toute écurie est meublée d'une mangeoire, d'un ratelier, de barres , & de poteaux: elles sont communément pavées avec un ruisseau pour écouler l'eau & les urines ; on les fait ou voutées de voutes pleines, ou à ance de panier, ou bien avec un platfonds ; les voutées sont préférables étant plus chaudes, & plus agréables à la vûë. C'est aux Architectes à proportionner leurs voutes à la longueur & à la largeur des écuries , afin qu'elles ne soient ni trop hautes ni trop basses : notre affaire est d'espacer les places des Chevaux de façon qu'ils foient à leur aife , & qu'on ait affez de place pour paffer derriere eux fans crainte d'en être bleffé ; pour ces raifons, je crois qu'il fuffit que la largeur d'une écurie foit de vingt-quatre pieds de dedans en dedans : vous prendrez douze pieds pour l'habitation des Chevaux , fi le ratelier eft droit ; fi le ratelier eft panché , vous diminuerez la place des Chevaux de deux pieds , & pour lors vingt-deux pieds fuffiront pour la largeur de votre écurie.

Il fe conftruit de deux efpeces de rateliers , les uns panchés   **Rateliers** & les autres droits ; les rateliers panchés ne prennent rien fur l'écurie, parce que le bas du ratelier eft fcellé contre le mur, & le haut qui eft panché en devant eft foutenu dans cette fituation par des barres de fer qui vont horifontalement du mur au haut du ratelier , alors la mangeoire eft contre le mur ; mais le ratelier droit doit avancer de près d'un pied , & la mangeoire eft appuyée contre fa cloifon. Au bas des rouleaux de ce ratelier entre fa cloifon & le mur , on pofe une grille de bois diagonalement , dont le haut s'accôte contre le mur , & qui laiffe paffer la poufliere du foin.

La mangeoire ou l'auge eft un conduit d'environ un pied   **Mangeoire.** de creux qui préfente le côté , & qui continue d'un bout à l'autre de l'écurie foutenu en deffous de diftance en diftance par des morceaux de bois qui fe nomment des racinaux : le haut de la mangeoire eft ordinairement élevé de trois pieds & demi , & fon bord eft garni de tôle ou de cuivre , afin que les Chevaux ne rongent point le bois ; c'eft dans le concave de ce conduit qu'on jette l'avoine qu'on donne au Cheval : on attache à diftances égales au parois de la mangeoire au deffous de fon rebord trois anneaux, celui du milieu fert à foutenir la barre , & par les autres paffent les longes du licol qui attachent chaque Cheval à fa place.

Les places des Chevaux font féparées par les barres & les poteaux. Les barres font des morceaux de bois ronds & longs   **Barres &** troués par les deux bouts , afin d'y mettre deux cordes, dont **poteaux.** l'une attache la barre à l'anneau de fer de la mangeoire , & l'autre l'attache au poteau ; les poteaux font de gros morceaux de bois ronds & hauts de quatre pieds, hors de terre, efpacés de diftance en diftance & placés debout , lefquels

M ij

terminent la place de chaque Cheval ; chaque poteau eſt percé par le haut d'un trou dans lequel on paſſe une des cordes de chaque barre pour la ſoutenir par un des bouts, pendant que l'anneau de la mangeoire la ſoutient par l'autre. On met au haut & aux deux côtés des poteaux un anneau de fer de chaque côté qui ſert à attacher les longes de la caveſſine, l'une à un poteau, l'autre à l'autre quand on veut retourner le Cheval dans ſa place. On met encore au haut du poteau en devant un crochet pour y pendre la caveſſine, la bride, ou le filet : chaque poteau eſt enfoncé de deux pieds & demi au moins dans terre, & bien ſolidement fondé, afin qu'il ſoit ſtable & ferme.

Cloiſons. Les Anglois pour ſéparer leurs Chevaux afin qu'ils ſoient plus en ſûreté, & qu'ils ne puiſſent ſe bleſſer les uns les autres, mettent à la place des barres, des cloiſons qui montent depuis le haut du poteau juſqu'au bas des roulons du ratelier ; cette méthode eſt fort bonne, mais en même tems, il faut donner plus de largeur aux places, afin que le Cheval ait aſſez d'eſpace pour ſe coucher.

Propor-tions des places. Chaque place doit avoir ſept pieds & demi, à huit pieds de longueur, depuis la mangeoire juſqu'aux poteaux, & quatre pieds de large avec des barres, mais il faut cinq pieds avec des cloiſons, elle doit avoir une pente douce depuis la mangeoire juſqu'au poteau, afin de donner écoulement à l'urine, & pour que le devant du Cheval étant un peu plus haut que le derriere, il ne peſe pas tant ſur ſes épaules, & ait plus de grace à la vûë : chaque place doit être pavée, elle en eſt plus propre & plus aiſé à nétoyer. Le reſte de l'écurie ſera pavé,

Ruiſſeau. & il y aura un ruiſſeau à un pied des poteaux où ſe rendront toutes les eaux des places ; le mur qui fait face aux croupes des Chevaux doit être percé de croiſées pour donner du jour :

Derriere des places. on garnit ce mur de planches en tablettes de taſſeaux & de porte-manteaux pour y mettre & y pendre tous les utenciles du Palfrenier, les ſelles, brides, étrilles, filets, &c. On met quelquefois auſſi dans les embraſures des fenêtres des lits faits en

Lits. coffres pour les Palfreniers qui couchent dans les écuries ; dans celles où il y a nombre de Chevaux, on y place un coffre

Coffre à l'avoine. à l'avoine à l'endroit le plus commode, ſoit au bout, ou dans une embraſure de fenêtre : ce coffre aura en dedans une ſéparation pour le ſon, & s'il le faut une autre pour l'orge.

Les lanternes font néceffaires dans les écuries, les meilleures font à peu près faites comme les lampes des Eglifes, & on n'y brule que de l'huile, parce que la lumiere qui eft dans la lanterne ne doit jamais en être ôtée de peur du feu : mais quand le Palfrenier aura befoin de lumiere , il faut qu'il ait une petite lanterne de corne ordinaire avec une chandelle dedans qu'il allumera à la lanterne d'écurie. Il y a des écuries au bout defquelles eft une fellerie ou garde-meuble pour y ferrer les felles, brides, &c. ce qui eft fort commode pour que l'humidité de l'écurie ne moififfe pas les cuirs : il eft encore mieux qu'il y ait une cheminée dans la fellerie pour y faire de tems en tems du feu, afin de tenir cet endroit fec. Il eft encore bon d'appliquer à chaque bout de l'écurie contre le mur à côté du dernier Cheval une cloifon , afin que la blancheur du mur ne fatigue pas l'œil du Cheval, & pour le préferver de l'humidité de la muraille. On fait de deux fortes de fenêtres aux écuries, ou fenêtres vitrées, ou chaffis de treillis ; avec les fenêtres vitrées les écuries font toujours plus claires & plus chaudes qu'avec les chaffis de treillis : quelques écuries ont des puits en dedans , ce qui eft fort commode pour laver les Chevaux, & ne peut fervir à leur donner à boire : car l'eau fortant du puits eft trop crue, & ne leur vaudroit rien.

Revenons maintenant aux differentes Ecuries qui fe conftruifent, & examinons-en les inconveniens & les avantages. J'ai dit au commencement de ce Chapitre qu'on en faifoit de trois fortes, une fimple & deux doubles. L'Ecurie fimple eft fans contredit la plus commode, parce qu'on eft maître des embrafures des fenêtres & de tout le mur qui regarde la croupe des Chevaux, qui fervira à loger tous les utenciles, & le Palfrenier même qui a fous fa main & à portée du Cheval qu'il penfe tout ce qu'il lui faut : La premiere Ecurie double, qui eft celle dont les croupes des Chevaux fe regardent, eft plus belle au coup d'œil , puifque vous voyez en même tems deux rangs de Chevaux ; mais elle eft fort incommode, parceque le Palfrenier n'a point derriere fes Chevaux dequoi mettre fes uftenciles qu'il faut aller chercher aux bouts de cette Ecurie, où on pratique ordinairement un efpace fans Chevaux à cet effet ; ainfi plus ces Ecuries font longues , plus elles font incommodes. A l'égard de la deuxiéme Ecurie dou-

Lanternes
Garde-meuble.
Fenêtres.
Ecurie fimple.
Ecuries doubles.

ble, dont nous avons parlé , sçavoir celle dont les têtes des Chevaux font vis-à-vis l'une de l'autre, & séparées par un mur : ce n'est autre chose que deux Ecuries simples, accolées par un mur mitoyen , & ainsi elles ont chacune les mêmes commodités de l'écurie simple ; puisqu'il y a un mur derriere la croupe des Chevaux de chacune. Il se fait dans ce goût-là à peu près, une espece d'Ecurie double sur le mur du milieu, desquelles on pose de côté & d'autre un Ratelier panché ; je n'ai point parlé de celle-ci, parcequ'elle ne peut gueres servir à des Chevaux qui sont à l'attache & qui ont leur ordinaire reglé ; c'est plûtôt une Ecurie de Haras, où on fait entrer les Chevaux au sortir des pâtures, sans les attacher. On garnit tout le Ratelier de foin pour la nuit, & chaque Cheval mange, chacun de son côté, tant qu'il veut, & pour ainsi dire dans la même écuelle.

Observa-
tions sur les
Rateliers &
Mangeoi-
res.
Il y a aussi quelques observations à faire sur les Rateliers & sur les Mangeoires. J'ai parlé de Rateliers panchés & de Rateliers droits ; les Rateliers panchés ne sont bons que par nécessité, c'est-à-dire, quand on n'a pas assez de terrein pour en faire de droits ; car comme ces Rateliers panchent précisement au-dessus de la Mangeoire , les fétus & la poussiere du foin, tombent perpétuellement sur la tête & sur le col du Cheval, & le lui rendent sale & malpropre, ce qui ne peut pas être aux Rateliers droits ; mais ceux-ci avancent de deux pieds dans l'Ecurie, & par conséquent la retrecissent de deux pieds. Les roulons d'un Ratelier doivent être éloignés l'un de l'autre de trois à quatre pouces, afin que le Cheval puisse tirer le foin : ceux qui sont arrondis au tour, sont plus agréables à la vûë, & ceux qui tournent & roulent sur leur essieu, donnent plus de facilité au Cheval pour tirer son foin & sa paille. A l'égard des Mangeoires, Auges, ou Creches, il s'en construit de deux sortes de matiéres ; sçavoir, de bois ou de pierre : celles de bois sont les plus communes ; & pour en conserver le bord que les Chevaux rongeroient en s'amusant, on le garnit de tôle : quelques personnes plus curieuses & riches, les garnissent de cuivre rouge. Il est sûr que les Auges de bois durent beaucoup moins que celles de pierre, & même il faut regarder de tems en tems s'il ne s'y fait point de trous, ni de fente par la desunion de l'assemblage du bois, car l'avoine tomberoit à terre & n'engraisseroit pas le Cheval :

les Mangeoires de pierre ont certainement l'avantage de la durée, se nettoyent bien plus aisément en les lavant que celles de bois : elles deviennent même un abbreuvoir quand on peut y porter de l'eau, par le moyen d'un Robinet placé à un bout, & un bondon ou bouchon à l'autre : alors vous remplissez votre Mangeoire d'eau ; & après que les Chevaux ont bu, vous débouchez l'autre bout : toute l'eau s'écoule & la Mangeoire devient nette & propre. Observez encore à l'égard des racinaux qui sont les soutiens de la Mangeoire, de les espacer, de façon que chacun se trouve à l'endroit où est attachée une barre, parceque si un racinal se trouvoit dans le milieu d'une place, le Cheval pourroit se blesser le genoüil ou la jambe contre le racinal, & embarasseroit pour relever la litiere sous la Mangeoire.

Il nous reste à examiner l'exposition de l'Ecurie, c'est-à-dire, en cas qu'on soit le maître de son terrein, quel côté du monde il faut qu'elle regarde pour être seche, & par conséquent saine. Pour cet effet, il faut éviter de la construire dans des lieux humides & bas, mais il faut la placer sur un terrein sec & élevé & l'exposer au levant, d'où vient communément un air temperé en toutes saisons. L'humidité est contraire aux Chevaux, & par conséquent les Ecuries situées dans des fonds & dans des souterrains, causent des maladies aux Chevaux comme eaux, poireaux, fus, morfondures, &c. parceque l'humidité bouche les pores & interrompt par conséquent la transpiration, qui refluant dans le sang se rejette sur quelque partie qu'elle affecte. La trop grande chaleur est mal-saine pour les yeux foibles, & entretient le mauvais air ; & le trop grand froid bouche les pores & fait herisser & planter le poil.

Exposition
des Ecuries.

Les Personnes curieuses d'Ecuries, peuvent les orner extérieurement d'une belle architecture avec des sculptures : on place aussi si on veut, le nom de chaque cheval au-dessus du Ratelier ; on applique sur les murs des bois de cerf, &c.

CHAPITRE II.

Du *Commandant de l'Ecurie*.

POur mériter à jufte titre, le nom de Commandant, il faut être né avec le talent de commander, c'eft-à-dire, une difpofition de l'ame forte & raifonnable : l'expérience ne nous apprend que ce qu'il faut commander, mais le temperamment ou la nature feule nous inftruifent comment il faut s'y prendre : c'eft pourquoi les préceptes qu'on pourroit donner à cet égard, deviendroient gauches dans un fujet qui voudroit s'efforcer à les mettre en pratique, en dépit de l'éloignement qu'il y auroit, & contre toutes les difpofitions naturelles, mais ils pourroient faire profit à un qui n'auroit pas encore reflechi fur fon talent, & lui accelerer le dégré auquel il peut atteindre. Commençons donc.

Premierement, il eft effentiel que l'homme qui ordonne foit inftruit lui-même jufqu'au moindre petit détail, qu'il aime ce dont il eft chargé, fans quoi il le négligera. Comme il ne travaille que d'efprit, il faut qu'il l'ait fort, vif, attentif & capable de détail, qu'il donne fes ordres intelligiblement, à propos & fans précipitation, avec décence, douceur & fermeté, qu'il les faffe exécuter auffi promptement que le befoin le requiert fans emportement ; qu'il ait le maintien férieux fans rudeffe, & qu'il reprime furtout fa colere, de peur de mettre de la confufion dans fes idées. La pénétration lui eft néceffaire pour le choix des perfonnes qu'il doit employer : il eft tenu de connoître & d'approfondir leurs difpofitions auffi-bien que leur probité, afin de les mener par les differens chemins qu'exigent leurs caracteres, & de les traiter felon la diftance de leurs fubordinations : voilà je crois le caractere que doit avoir tout Commandant, & particulierement celui de notre Ecurie.

CHAPITRE III.

Du Maître Palfrenier.

LE Maître Palfrenier est proprement le chef des Palfreniers, & par conséquent de tout ce qui concerne l'Ecurie; ainsi elle doit être son principal séjour. Son devoir est d'avoir l'œil sur tout ce qui se passe autour des Chevaux, tant pour le pansement, le boire & le manger, que pour faire observer à ceux qui sont soumis à son autorité, l'ordre & la vigilance; en un mot, il est responsable de la conduite des Palfreniers & du gouvernement des Chevaux.

CHAPITRE IV.

Du Piqueur d'Ecurie.

LE Piqueur dans une Ecurie de Chevaux de selle, est un homme destiné uniquement à monter les Chevaux, tant pour leur faire prendre de l'exercice que pour les débourrer & les dresser, suivant que le Commandant le juge convenable. Un Piqueur doit être actif, vigoureux & hardi; surtout, sçavoir bien monter à Cheval, & y être très-patient, principalement à l'égard des jeunes Chevaux qu'on n'accoûtume à être montés, qu'au moyen de beaucoup de douceur & de patience. Il doit être sobre & continant : ces qualités perpétueront sa vigueur & son jugement; choses qui lui sont nécessaires dans son métier : car non-seulement il doit être ferme à Cheval, mais il doit encore s'étudier à connoître l'exercice, dont chaque Cheval qu'il monte a besoin, afin de ne lui en pas demander plus qu'il ne peut en faire.

CHAPITRE V.

Du Délivreur & Maître Garde-meuble.

L'Emploi du Délivreur, est premierement d'avoir soin du Coffre à l'avoine, dont il a les clefs; de se trouver

N

dans l'Ecurie aux heures marquées , pour donner l'avoine aux Chevaux, afin de la diſtribuer aux Palfreniers qui la portent aux Chevaux : ſon Emploi demande auſſi de l'exactitude & de l'attention, à ſuivre le détail que lui indique le Maître Palfrenier pour le plus ou le moins de nourriture de chaque Cheval dans la diſtribution de l'avoine, ſon foin, paille, &c. car c'eſt lui qui eſt chargé de toutes les eſpeces de nourritures, qui conviennent aux Chevaux, devant avoir les clefs des greniers comme du coffre à avoine : c'eſt-pourquoi il tiendra un Regiſtre exact, jour par jour, de ce qu'il a diſtribué, car il eſt comptable du dégât qui pourroit s'en faire. Si le Délivreur eſt en même-tems Maître Garde-meuble, il doit avoir ſoin de ſerrer & d'arranger ce qui s'appelle meubles d'Ecurie, comme ſelles , harnois, licols, canillons, &c. ſçavoir ce qu'il en diſtribue,& faire raporter journellement ce qui doit rentrer dans le Garde-meuble ; & comme la plûpart de ces uſtenciles ſont garnis de cuir ou de fer , il doit veiller à les tenir nets & à les défendre de l'humidité qui pourrit les cuirs & rouille le fer , en faiſant de tems en tems du feu dans le Garde-meuble , ſurtout dans les tems humides.

CHAPITRE VI.

Du Palfrenier.

QUoique le métier de Palfrenier paroiſſe ne demander qu'une certaine routine , cependant dans le nombre de ceux qui s'y emploient, il s'en trouve peu qui ſachent le bien faire ; car il y faut de l'activité , une certaine adreſſe qui n'eſt pas commune dans ces ſortes de gens, de la vigueur & de la hardieſſe auprès des Chevaux , ſans brutalité , au contraire de la douceur, point d'yvrognerie & beaucoup d'attention pour ce qui regarde le panſement & les ſoins qu'exige cet animal : le Palfrenier, eſt pour ainſi dire , celui qui vit le plus avec les Chevaux, qui les approche le plus ſouvent, & qui doit plûtôt connoître leur état. Ainſi il doit avertir ſans tarder lorſque les Chevaux ont beſoin de quelque choſe , comme d'être médicamentés, ferrés , &c. Il faut de plus qu'il ait la propreté en recommandation , afin de tenir les Chevaux nets : il y a des Pays affectés pour les bons Palfreniers. Les Bas-Bretons font excellens à ce métier : mais les Anglois y font fupérieurs.

CHAPITRE VII.

Des Inftrumens du Palfrenier , & de l'Ecurie.

L ES inftrumens dont un Palfrenier ne fçauroit fe paffer Pl. VIII. font les fuivans.

L'étrille de fer étamé fert à ôter la premiere craffe. A.

La broffe ronde fert enfuite à ôter la craffe la plus fine, & à unir le poil. B.

Le peigne de corne à peigner la queue & les crins. C.

L'éponge, à laver les crins & nettoyer les jambes. D.

L'épouffette de drap ou de ferge, à effuyer les crins & à rendre le poil luifant. E E.

Le couteau de chaleur à abattre la fueur du Cheval. F.

Les cizeaux ou le razoir G G, pour faire les crins, le tor-chenez H pour empêcher le Cheval de fe tourmenter quand on lui fait les crins, &c.

Le fceau I, pour apporter toute l'eau néceffaire au panfe-ment, & pour faire boire.

La pelle K, pour nettoyer l'écurie de crotin.

La fourche de bois, pour faire & remuer la litiere. L.

Le balet de bouleau M, pour balayer l'urine des Che-vaux.

Le balet de jonc O ne doit fervir qu'à laver les roues & le train des voitures, parce que pour laver les jambes on doit fe fervir de la petite broffe longue P avec l'éponge.

La fourche de fer Q fert à remuer le fumier.

La pince à poil R fert à arracher le poil du fanon à un Cheval qui en a trop.

Le bouchon de foin S fe fait fur le champ pour frotter un Cheval qui a chaud, &c.

Le cure-pied T fert à nétoyer le deffous du pied : un Pal-frenier doit le porter en campagne pour ôter les gravois & pierres qui s'engageroient fous le pied.

Il doit auffi avoir toujours dans fa poche un couteau à poinçon U, tant pour couper les cuirs quand il en eft befoin, que pour faire des trous aux courroyes fuivant les cas.

Les meubles d'écurie font les entraves X, qu'on met aux pieds des Chevaux accoutumés à mettre leurs pieds dans la mangeoire.

Les boules *b b* pour faire defcendre les longes du licol.

La vanette Y, ou le crible Z, pour ôter la pouffiere de l'avoine quand on la donne.

La mefure *a a* dans laquelle on mefure l'avoine qu'on donne aux Chevaux, elle eft de bois plein ou d'ozier.

PL. IX.　La civiere A A fert à tranfporter le fumier hors de l'écurie.

Le tablier de Palfrenier ou l'épouffete de toile B fert au Palfrenier à mettre autour de fa ceinture, quand il panfe le Cheval, &c.

Les lunettes C C fe mettent au Cheval en plufieurs occafions où on ne veut pas qu'il voye clair.

La Caveffine D à deux longes fert à attacher le Cheval aux deux piliers quand on le panfe, &c.

La caveffine de main E fert à paffer par deffus la bride d'un Cheval pour le tenir quand on le mene en main.

La muzeliere de fer ou le panier de fer F, fert quand on veut empêcher le Cheval de manger, ou de mordre fon compagnon.

Le Chapelet H fe met au col du Cheval, quand on veut l'empêcher de porter la dent fur quelque mal qu'il a, de peur qu'il ne l'envenime.

Le coupe-paille M M fert à couper de la paille par petits fétus, de façon que le Cheval puiffe la manger en guife d'avoine, en y mettant cependant moitié avoine. Je crois que cette machine a été inventée en Allemagne, les Allemands en font beaucoup d'ufage; c'eft une efpece de canal de bois de grandeur capable de recevoir une botte de paille, il eft terminé en devant par une arcade de fer *a a*, un morceau de planche *b* plat en deffous & traverfé par une barre de fer dont les deux bouts paffent de chaque côté par une petite fenêtre ferrée *dd*, communiquent par le moyen de courroyes à un marche-pied *f* fur lequel l'homme qui coupe la paille met le pied pour ferrer la botte de paille qu'il avance à chaque coup de couteau qu'il donne, afin d'en couper l'extrémité

par le moyen du rateau de fer *h* qu'il enfonce dans la botte :
quand la paille excede la longueur d'un grain d'avoine,
il la tranche en faisant couler le couteau S tout le long de
l'arcade de fer : plus elle est coupée courte, & mieux les Chevaux la mangent : il est bon de la mouiller en la mêlant
avec l'avoine en santé ou en maladie.

CHAPITRE VIII.

Du Panſement des Chevaux, & de la conduite journaliere
du dedans de l'Ecurie.

UN Palfrenier ne doit gueres avoir plus de cinq Chevaux
à panſer pour pouvoir en avoir bien ſoin.

La premiere choſe qu'il a à faire le matin, est de bien nettoyer la mangeoire devant chaque Cheval, ou avec la main,
ou bien avec un bouchon de foin ; après quoi il donne à chaque Cheval ſa meſure d'avoine : quand elle est mangée, il
relevera la litiere avec une fourche, ſéparant la vieille qu'il
tirera hors de la place du Cheval, d'avec la nouvelle qu'il
pouſſera ſous la mangeoire : le crotin ou la vieille litiere ſera
portée dehors ſur une civiere ou autrement : c'est cette vieille
litiere amaſſée & pourrie qui fait le fumier dont on engraiſſe
les terres.

Aprés avoir bien balayé les places de ſes Chevaux & ôté
la vieille litiere, il mettra une caveſſine ou un filet à ſon
Cheval, & il le ſortira de l'écurie s'il ſe peut pour le panſer,
ce qui est préférable à cauſe que la pouſſiere qui ſort du Cheval revole dans l'écurie ſur les autres Chevaux ; s'il y avoit
obſtacle pour le panſer dehors, du moins il le ſortira de ſa
place & l'attachera au poteau, après quoi il ſe mettra en devoir de l'eſtriller.

L'eſtrille doit toujours marcher à rebrouſſe poil ; ainſi il
commencera à eſtriller par la croupe. Il pendra donc l'eſtrille
par le manche, de la main droite & la queue de la main gauche, & commençant par la croupe, il ira tout le long du
corps toujours à grands coups, étendant & déployant bien
ſon bras, ſans appuyer rudement, mais à l'aiſe & légerement,
& finira aux oreilles ; quand il aura donné cinq ou ſix coups
d'eſtrille, il la frapera contre le pavé afin d'en faire ſortir la

Eſtriller.

pouffiere, & continuera toujours ainfi. Quand il aura eftrillé un côté, il en fera autant à l'autre, & ceffera d'eftriller quand l'eftrille n'amenera plus de pouffiere : il ne paffera point fon eftrille fur l'arrête du dos, ni fur les canons des jambes.

Quand l'eftrille aura paffé fuffifamment, il la quittera pour prendre une épouffete, qui eft une aulne de drap ou de ferge verte coupée en quarré & la tenant par un des coins avec une main, il en donnera légerement des coups par tout le corps, afin d'en faire partir le refte de la pouffiere, & enfuite avec la même épouffete il nettoyera les oreilles dedans & dehors : il frotera fous la ganache, entre les jambes de devant, entre les cuiffes, enfin tous les endroits où l'eftrille ne fçauroit aller.

Broffer. Cela fait il prendra la broffe, ou plûtôt la chauffera paffant fa main à plat fous la courroye, fon étrille dans l'autre main, & ayant précedemment pouffé la têtiere de la caveffine le plus qu'il aura pû en arriere fur le crin : ou bien fi le Cheval n'a qu'un licol, l'ayant abfolument ôté, il broffera bien la tête de tous fens, à poil & à contre-poil, commençant par le front & broffant bien aux yeux & aux fourcils, car il s'y amaffe beaucoup de craffe : puis continuant à broffer de fuite par tout le corps, à chaque coup de broffe, il la frottera fur l'ef-trille pour la nettoyer, finiffant toujours chaque endroit qu'il quitte du fens du poil, & en l'uniffant bien : la broffe n'é-pargnera aucune partie du corps & marchera par tout, juf-qu'à ce qu'elle ne rende aucune craffe ni pouffiere.

Bouchoner. Après avoir quitté la broffe, le Palfrenier fera un bouchon de paille tortillée ou de foin pour les Chevaux qui ont le poil fin : ce bouchon fera dur & gros comme le bras : il l'humec-tera un peu, le paffera & repaffera fur tout le corps & par-ticuliérement fur les jambes qu'il s'appliquera à frotter long-tems en tous fens le long des nerfs & aux jointures, jufqu'à ce qu'elles foient bien nettes & le poil bien uni : ce frotte-ment ouvrira les pores, & contribuera à maintenir les jam-bes faines.

Quelques-uns fe fervent enfuite d'une épouffete de frize humectée, qu'ils font paffer par tout le long du corps pour bien unir le poil & le rendre luifant ; les Anglois ont pour cet effet des épouffetes de crin dont ils effuyent leurs Che-vaux, ils lavent enfuite ces épouffetes & les laiffent fécher : cette méthode eft bonne ; car elle nétoye à merveilles.

Quand tout cela est fait, le Palfrenier doit mettre un sceau plein d'eau à côté de lui, puis prenant son peigne il démêlera le crin tout doucement de peur de l'arracher, commençant par le bas du crin & finissant par la racine ; ensuite si le Cheval a sa queue, il l'empoignera à un pied près du bout, & commençant à peigner comme aux crins, c'est-à-dire, par en bas, il peignera & démêlera toujours en montant insensiblement jusqu'au haut de la queue, ensuite ayant humecté son éponge, il recommencera à peigner & crins & queue : mais cette fois il commencera par la racine, & à chaque coup de peigne il passera l'éponge humide, ce qui unira & rafraîchira les crins ; puis il les essuyera en faisant couler une époussète par dessus jusqu'à ce qu'ils ne restent que peu mouillés, il lavera le peigne quand il sera crasseux. Lorsque la queue est sale, ce qui arrive ordinairement aux queues blanches, il prendra son sceau par l'anse, & l'élevant devant lui il fera entrer toute la queue dedans, puis remettant le sceau à terre, il la frottera entre ses deux mains depuis le bas jusqu'en haut de la façon qu'on remue le bâton d'une chocolatiere pour faire mousser le chocolat, & cela jusqu'à ce qu'elle soit devenue nette : quelques-uns se servent de savon noir ou de savon ordinaire pour enlever la saleté ; puis il lavera le fourreau du Cheval avec de l'eau fraiche, ce qui se doit faire tous les jours.

Peigner.

On finira le pansement en hiver par cette cérémonie : mais en esté, on y ajoutera de bien laver les jambes des Chevaux en se servant d'une petite brosse faite exprès, ou de la moitié d'une brosse ordinaire que l'on trempera à tous momens dans l'eau à mesure qu'on brossera, continuant ainsi jusqu'à ce que l'eau qui d'abord sortira toute blanche devienne claire, ou bien on mouillera l'éponge & la mettant au genouil ou au jarret du Cheval, on la pressera ; & à mesure que l'eau coulera le long de la jambe, on fera aller la brosse du sens du poil & à contrepoil, jusqu'à ce que la jambe soit bien nettoyée.

Laver.

Il y a une façon de panser avec la main : celle-ci doit être préferée pour les Chevaux si sensibles & si chatouilleux, que l'estrille & même la brosse les tourmente excessivement ; cette façon consiste à tenir sa main un peu humide, & à s'en servir comme on feroit de la brosse, la passant à plat sur tout le corps en tous sens ; la lavant quand elle est crasseuse, &

Panser avec la main.

recommençant ainſi juſqu'à ce qu'il ne paroiſſe plus de craſſe à la main. La premiere fois il faut y employer deux ou trois heures, mais enſuite une heure tous les matins ſuffira : cette maniere rend le Cheval très-net.

Lorſque le panſement eſt fait, ſi le Cheval a beſoin qu'on lui faſſe les crins ou la queue, le Palfrenier s'y mettra tout de ſuite. Pour faire la queue il commencera par couler ſa main depuis le haut juſqu'à l'endroit où il faudra la rafraîchir, empoignant toute la rondeur de la queue, obſervant de faire deſcendre ſa main droit en bas & à plomb, ſans aller ni à droite ni à gauche, ni en dedans, ni en dehors, ſans quoi quand il l'auroit coupée & qu'il auroit laiſſé aller la queue, elle ſe trouveroit coupée en biais. Etant donc arrivé à l'endroit où il veut couper, il ſerrera tout le crin de la queue dans ſa main, puis retournant la main, le crin qu'il en doit couper ſe trouvera en deſſus, & il le coupera à raze de ſa main : puis laiſſant aller la queue, elle ſe trouvera coupée droite à la hauteur de terre qu'il aura déſiré, ce qui eſt ordinairement environ un demi-pied. A l'égard des crins on ſe ſert ordinairement pour les faire de deux ſortes d'inſtrumens, ſçavoir, ou des cizeaux ou du razoir. Quand un Cheval a tous ſes crins, c'eſt-à-dire, qu'on ne lui a pas coupé la queue, ni la criniere, lui faire les crins ou les oreilles, c'eſt couper ou razer une bordure d'un demi-pouce autour du bord des oreilles en dedans & en dehors. A l'égard de ceux à qui on a coupé la queue, on leur coupe auſſi communément le toupet & une partie de la criniere, depuis les oreilles juſques vers le milieu de l'encolure, plus ou moins. Pour procéder donc à faire le crin ſoit des oreilles, ou du col, on attache le Cheval à des anneaux, ou à ſon genouil, même de façon qu'il ait la tête baſſe : puis le Palfrenier prenant ſes cizeaux, il coupe à petits coups & le plus ras qu'il peut le poil de l'oreille, formant ſa bordure bien égale en dehors; ou bien, après avoir mouillé l'oreille avec du ſavon, il emporte le poil de l'oreille avec un razoir; les crins de l'encolure & le toupet ne ſe coupent qu'avec les cizeaux : on coupe le toupet tout entier, & le long du col on coupe une bordure d'un bon pouce de large de chaque côté, depuis le toupet juſqu'où on veut s'arrêter & laiſſer du crin.

Si le Cheval a le crin de l'encolure trop garni, on en arrache

cɩɩ

en prenant avec deux doits de la main gauche la portion
qu'on veut emporter, puis relevant le surplus avec les dents
du peigne, on embarasse dans les dents du peigne ce qu'on
veut arracher, & on le tire avec violence. Lorsque le Cheval
a de grands poils autour des levres, on les coupe le plus près
qu'on peut avec les cizeaux ; on laisse ordinairement tous les
crins aux grands Chevaux de carosse, toujours aux Chevaux
de manége, & il est mieux de les laisser aux Chevaux de
guerre pour les garantir des mouches, & aux Chevaux dont
ont veut se défaire ; ils en sont mieux vendus, parce que
l'acquereur a la liberté de leur laisser ou de leur couper suivant l'usage auquel il les destine : mais on coupe ordinairement la queue & les crins aux Chevaux de carosse de moyenne taille, aux Chevaux de chasse, &c. pour leur donner un
air plus leger & pour embellir leurs figures. Par exemple, si
le Cheval a la tête & le col gros, on coupe le toupet & plus
de crin sur l'encolure, ce qui lui dégage le col & la tête;
s'il a le col mince, on le dégarnit moins ; s'il l'a court on l'allonge à la vûë en le rendant plus nud, &c. Enfin on tâche de
faire en sorte que cette opération lui donne une figure plus
avantageuse qu'il n'avoit auparavant.

Il y a des Chevaux à qui le poil croît fort long sous la ganache & au ventre ; quelques-uns allument un brandon de
paille, & le passent legerement sous ces parties, allant &
venant sans s'arrêter, jusqu'à ce que tous ces grands poils
soient brûlés.

Quand la jambe & le fanon sont trop garnis de poil, on
se sert de cizailles ou pinces à poil avec lesquels on arrache
de ce poil, l'étageant comme un Perruquier qui coupe les
cheveux, de façon qu'il ne paroisse pas qu'on en ait ôté. Il y a
de l'art & de la difficulté à réussir à cette manœuvre : cependant les Maquignons ont des garçons qui y réussissent
très-bien. Cette opération est fort bonne aux Chevaux de
carosse, car cette abondance de poil est un magazin de crasse
& de boue.

Faire le poil des jambes.

Les Chevaux pansés comme il vient d'être dit, les Palfreniers emporteront sur des civieres le crotin qu'ils ont balayé,
ou bien on l'aura sorti de l'écurie avant ou après le pansement.

On couvrira ensuite chaque Cheval de sa couverture qui

O

Des couvertures.

eſt une piece de coutis quarrée, bordée & ourlée tout autour : on étend cette eſpece de drap de coutis ſur tout le dos depuis le garrot juſques ſur la croupe, & on le fait tenir ſur le corps du Cheval au moyen d'un ſurfais avec ſon couſſinet : quelques-uns ajoutent une croupiere de peur que la couverture ne tourne, & font joindre les deux coins de la couverture au poitrail avec des courroyes & des boucles. Les Marchands de Chevaux & quelques Curieux ajoutent à la couverture une criniere, c'eſt-à-dire, un étui de coutis qui envelope le col, les oreilles, la tête, à laquelle onne voit alors que les yeux & le bout du nez, afin que la pouſſiere ne tombe point ſur ces parties. Cette criniere ſe joint à la couverture avec courroyes & boucles. Quelques amateurs du coup d'œil de propreté couvrent leurs Chevaux à la façon des Anglois : cette maniere eſt d'étendre d'abord un drap de toile blanche de leſcive ſur le corps du Cheval, puis de mettre par deſſus une couverture de laine, cette couverture de laine s'ôte pour la nuit, & on ne laiſſe que le drap : cette méthode eſt bonne, car ce drap maintient toujours le poil liſſe & uni : le ſeul inconvénient qui s'y trouve, eſt qu'il faut avoir pluſieurs draps de rechange, & en mettre ſouvent de blancs : car ils ſont bientôt ſales, & par conſéquent mal-propres & deſagréables à la vûë.

L'uſage de la couverture eſt bon, & même néceſſaire pour deux raiſons : la premiere, pour empêcher la pouſſiere de l'Ecurie de s'amaſſer ſur le corps du Cheval, & de boucher les pores du cuir : la ſeconde, afin de maintenir le Cheval dans une chaleur qui laiſſe un libre cours à la tranſpiration, ſuppoſé qu'il ſoit dans une Ecurie telle qu'elle doit être, c'eſt-à-dire, ni trop chaude ni trop froide.

Après que votre Cheval eſt couvert, s'il eſt trop gras, ou qu'il ne faſſe pas beaucoup d'exercice, il eſt bon de le laiſſer au filet ſans manger juſqu'à neuf heures ; à l'égard des au-

Longes du licol & boules.

tres, on les remet en leurs places : le licol doit avoir deux longes de cuir ou de corde, ou bien deux chaînes de fer pour les Chevaux qui ont pris l'habitude de ronger leurs longes : on paſſe chaque longe dans l'anneau, attaché des deux côtés à la mangeoire, puis dans le trou d'une boule de bois percée, au delà de laquelle on noüe le bout de la longe, afin d'arrêter la boule qui doit être aſſez peſante pour que la longe puiſſe être entraînée par ſon poids, de peur que le Cheval ne s'encheveſtre, c'eſt-à-dire, qu'il ne ſe prenne le pied de derriere dans la longe du cheveſtre ou licol ; ce qui arrive quand ils va ſe grâtter la tête avec le pied de derriere ; alors le pied ſe trouvant pris dans la longe, le Cheval à force de ſe tourmenter pour le retirer, ſe coupe quelquefois le pâturon très-dangereuſement, & s'y fait une playe conſidérable.

Il eſt plus expédient pendant le jour, d'attacher une des deux longes du licol en haut aux roulons, que de les mettre toutes deux en bas : cette façon fait que le Cheval ne ſçauroit baiſſer la tête pour manger ſa litiere, ce qui l'échaufferoit & lui feroit mal.

La meilleure de toutes les manieres d'entretenir les pieds de devant bons, eſt de pouſſer du crotin à l'endroit où le Cheval doit avoir les pieds de devant : on arroſe ſur le champ ce crotin, en jettant deſſus avec la main de l'eau du ſceau, afin que tant que le Cheval ſera à ſa place, ſes pieds poſent ſur ce crotin moüillé, ou bien avec une palette de bois, on emplit le pied de crotin moüillé. Cette méthode eſt fondée ſur ce que les pieds de derriere des Chevaux, ne ſont jamais mauvais, c'eſt-à-dire, ni mal nourris ni encaſtelés, &c. parce que leur fiente ſur laquelle ils ſont preſque toujours poſez à l'Ecurie, les conſerve en bonne conſiſtence. Il en doit donc être de même des pieds de devant: s'ils ſont toujours ſur le crotin moüillé ; la ſole ſera humectée & la corne deviendra liante, ce que ne fait pas la fiente de vache, dont quelques-uns ſe ſervent ; elle tient à la verité la ſole en bon état, mais elle altere & brûle la corne: la terre glaiſe que les Marchands ſurtout mettent dans les pieds, entretient le pied en bon état, mais pour peu qu'on ceſſe d'en mettre, le pied ſe déſeche promptement, ſi on n'y met pas du crotin moüillé.

Si le haut du pied de devant a beſoin d'être nourri, on prendra de l'onguent de pied, qu'on étendra de la largeur d'un doigt au-deſſous de la couronne, en mettant davantage vers les talons que vers la pince : cet onguent nourrit la corne, & l'aide à pouſſer. Quand on a graiſſé le pied avec cet onguent, il ne faut point mener le Cheval à l'eau, car l'eau emporteroit l'onguent ; ou bien on ne le graiſſera que quand il ſera revenu de l'eau : quand tout cela eſt fait, on donne à

Conſervation des pieds.

O ij

Boisson.

chaque Cheval son foin bien secoüé : à dix heures, ou à huit heures en Esté on fait boire les Chevaux, en presentant à chacun un sceau d'eau, ou bien on les mene à l'abreuvoir à quelque grande riviere, ou à quelque étang; cela leur fait du bien, & les égaye. Si on les fait boire au sceau, & que l'on trouve que l'eau soit trop crüe, on en ôtera la crudité, mettant la main dedans, ou y broüillant du son : il faut bien prendre garde que les Chevaux ne boivent de l'eau crüe, c'est-à-dire, de l'eau de fontaine, de petite riviere, ou de l'eau de puits, en sortant du puits : quand ils viennent de l'abreuvoir, on leur avalera l'eau des quatre jambes avec les deux mains, & on leur essuyera ensuite avec de la paille : si on menoit les Chevaux boire à quelque eau minerale, ils n'en voudront point boire d'abord, mais cette eau leur est très-saine, & ils s'y accoutumeroient par la suite.

L'Avoine.

A leur retour de l'abreuvoir, ou après avoir bû au sceau, ils mangeront leur foin jusqu'aux environs de midi : vers cette heure, on leur donnera l'avoine bien vanée : dans les Ecuries nombreuses d'abord un Palfrenier va faire net tout le long de la mangeoire, c'est-à-dire, que prenant à sa main un bouchon de foin, il passe par-dessous le col de chaque Cheval, coulant son bouchon tout le long de la mangeoire pour rassembler tous les brins de foin & de paille qui y sont restés, & les jetter, afin que la mangeoire soit nette, pour recevoir l'avoine qui va être donnée. Pendant ce tems le Délivreur qui a la clef du coffre, après l'avoir ouvert, prend la mesure qui est un petit panier, ou un petit sceau : un autre Palfrenier, prend la Vanette, le Délivreur puise dans l'avoine & remplit ainsi sa mesure ; alors elle est comble : si on ne veut donner que mesure rase, le Délivreur passe sa main à plat, rasant les bords de la mesure, & par ce moyen rejette dans le coffre le trop plein, chaque Palfrenier en arrivant au coffre, jette son époussette de toile sous l'aisselle droite, de façon qu'une moitié sort par-dessus son bras, & l'autre pardevant : il étend avec ses deux mains cette moitié d'époussete : le Délivreur y verse une mesure d'avoine que le Palfrenier enveloppe, & met sous son bras, retournant son époussete, de façon qu'il reçoit une autre mesure, rapportant en devant la moitié de l'époussete qui étoit derriere son bras; alors il va faire vaner son avoine en jettant chaque mefure, l'une après l'autre dans la vanette, & les reprenant avec la même manœuvre ; puis paſſant entre deux Chevaux , il laiſſe tomber à droite & à gauche ſes deux meſures d'avoine : on continue ainſi juſqu'à ce que tous les Chevaux ayent l'avoine ; le Maître Palfrenier qui ſera preſent , doit ſe trouver toujours derriere les deux Chevaux qui ſuivent ceux qui viennent d'avoir l'avoine , afin de guider les Palfreniers.

L'avoine donnée, les Palfreniers ſe retirent, & on laiſſe manger les Chevaux tranquillement , ſans aller & venir dans l'Ecurie, afin qu'ils ne ſoient inquiétes de rien , & de peur que tournant la tête , à cauſe du bruit qu'ils entendroient, ils ne laiſſaſſent tomber une partie de leur avoine. Lorſque l'avoine eſt mangée, on va voir s'il n'y en a point quelqu'un qui ait laiſſé partie, ou le tout de ſon avoine : à celui-là on lui ôtera ce qui lui en reſte ; & on le mettra au maſtigadour, pour lui redonner apetit , en cas qu'on ne lui découvre d'autre mal que du dégoût : ſi ce dégoût pour l'avoine continue , on paſſera un ou deux ordinaires ſans lui en donner.

Vers quatre heures & demie , on donnera du foin : à ſix heures du ſoir, on fera boire ; & à ſept heures, on donnera l'avoine pour la derniere fois du jour : à neuf heures du ſoir, on mettra de la paille dans le ratelier : on ôtera la couverture de cette façon. Défaites le ſurfaix ; débouclez le poitrail, puis pliez tout le devant de la couverture vers le tiers en deſſus : pliez de même le côté de la croupe , puis coulez-la en arriere du ſens du poil juſqu'à la queuë ; alors vous l'enleverez & la mettrez ainſi pliée ſur la tête du poteau , où vous la lierez avec le ſurfaix : avant ou après avoir ôté la couverture, on fait la litiere de la façon qui ſuit, la paille la plus propre de la veille ayant été pouſſée le matin ſous la mangeoire , comme nous avons dit. Le Palfrenier pour faire la litiere, tirera avec ſa fourche cette paille, l'étendra juſqu'aux pieds de derriere du Cheval , puis défaiſant une botte de paille nouvelle , il en éparpillera une couche ſur l'ancienne & la litiere ſera faite. Enſuite ſi une des longes du licol, a été attachée au ratelier, vous la repaſſerez dans l'anneau de la mangeoire, afin que le Cheval puiſſe ſe coucher.

Alors le gouvernement de l'Ecurie eſt fini pour ce jour : les Palfreniers ſe retirent ; on allume une ou pluſieurs lam-

Préparations pour la nuit.

O iij

pes fufpenduës dans l'Ecurie, & il refte tour à tour, un ou plufieurs Palfreniers de garde pour toute la nuit comme il en refte tout le jour, pour tenir l'Ecurie nette, & veiller aux accidens.

Garde de nuit.

Voilà, je crois, la meilleure maniere de gouverner les Chevaux à l'Ecurie, quoiqu'il y ait plufieurs autres méthodes felon le goût & l'opinion.

CHAPITRE IX.

Suite du gouvernement des Chevaux en differentes occafions.

DA ns le Chap. précédent, j'ai enfeigné la maniere de conduire l'Ecurie journellement ; refte à fçavoir les foins qu'on doit prendre dans les circonftances qui naiffent de l'ufage, à quoi on employe les Chevaux, & de la condui-te qui doit fe tenir dans plufieurs cas differens, tels que font ceux qui fuivent. Comme l'exercice des Chevaux de Manége eft communément le matin jufqu'à midi, ou une heure, il leur faut donner la force de l'accomplir ; ainfi, quoiqu'on dife qu'après avoir mangé ils n'en font pas fi legers, on leur donnera l'avoine le matin, une heure ou deux avant qu'ils travaillent, fi on le peut ; puis on les panfe légerement avec la broffe & l'épouffete, fi on n'a pas le tems de les pan-fer tout-à-fait, ce qui vaut mieux quand il eft poffible : en-fuite on les felle & bride. Quand le travail eft fait, fi le Che-val eft en fueur, on le tourne dans fa place, & lui ayant ôté la felle, on lui abat bien la fueur par tout avec le couteau de chaleur, qui n'eft autre chofe qu'un morceau de vieille faux ; pour cet effet, on tient le couteau de chaleur à deux mains, & on le mene toujours du fens du poil par tout le corps ; puis avec une épouffete, on effuye bien la tête & entre les jam-bes de devant & de derriere ; puis prenant une poignée de paille dans chaque main, on frotte bien par tout le corps & particuliérement fous le ventre, jufqu'à ce que le Cheval foit fec, ou du moins, fi on ne peut pas le fecher totalement avec la paille, on lui met fa couverture & on le laiffe ainfi jufqu'à ce qu'il foit fec ; puis on le panfera à fond. Ce qui vient d'ê-tre dit pour la fueur des Chevaux de Manége, doit s'execu-ter à tout Cheval qui eft en fueur : Revenons aux Chevaux

Pour les Chevaux de Manége.

Du cou-teau de cha-leur.

de Manége : on leur donne l'avoine de midy, & on ne les fera boire qu'après ; car il est dangereux de les faire boire peu après leurs exercices : le reste de la journée se passera comme au Chap. précedent.

Les Chevaux de chasse éxigent pour soin principal qu'on ne les desselle pas quand ils ont chaud en arrivant de la chasse, de peur qu'il ne se fasse une enflure sous la selle ; on ne les doit desseller que quand ils sont reffroidis, c'est de peur d'enflure, & par la même raison que les Postillons mettent de la paille sur le dos des Chevaux de poste pour les ramener, parce qu'ils sont obligés de les desseller en arrivant. Si vos Chevaux sont en sueur, il faut la leur abattre comme je viens de dire des Chevaux de Manége, & ne les faire boire de long-tems. Il est essentiel d'examiner avant de partir pour la chasse si les fers de vos Chevaux tiennent bien : car s'ils se déferrent en courant, sur tout dans un pays pierreux, ils se feront bientôt gâté le pied ; c'est pour éviter cet inconvénient que dans les grands équipages de chasse, il y a toujours un garçon Maréchal à Cheval avec des fers & des clouds en cas de besoin. Une attention à avoir encore à la fin de la chasse, si votre Cheval a bien chaud lorsque l'animal est pris, c'est d'aller & venir cent pas cinq ou six fois au pas pour le laisser rassoir ; & quand vous vous arrêtez, soit que vous descendiez ou que vous restiez à Cheval, il faut toujours placer votre Cheval dans le terrein le plus sec de peur que l'humidité ne lui réfroidisse les pieds, ce qui lui est nuisible. {.margin} *Pour le Chevaux de chasse.*

Les Chevaux de carosse ne sont communément gueres dérangés des heures du pansement & des repas dans les Villes ; je dirai seulement à l'égard de la nourriture, que ceux qui sont la plus grande partie du jour à travailler, doivent avoir la paille pendant le jour & le foin la nuit : d'ailleurs l'essentiel des soins qu'on doit apporter aux Chevaux de carosse, est celui des jambes : cette partie du corps étant la plus fatiguée d'être toujours sur le pavé, & d'être le plus souvent salie d'une bouc âcre & salée qui corrodant le cuir l'altere, & y faisant crever les vaisseaux limphatiques, cause tous ces maux de jambes & de pieds, comme eaux, poireaux, fics, &c. c'est pourquoi on doit avoir une extrême attention à leur bien nettoyer les jambes quand ils réviennent de la Ville, {.margin} *Pour les Chevaux de carosse.*

afin d'ôter très-exactement la boue qui se fourre dans le poil du pâturon , & dans le fanon qui est communément beaucoup plus garni à ces sortes de Chevaux qu'aux autres. Pour cet effet, il faut bien se garder de suivre la maniere de la plûpart des Cochers qui mouillent le balet de jonc , & le passent plusieurs fois sur les jambes du sens du poil, ce qui ne nettoye que la superficie , & laisse la boue à la racine du poil : au lieu de cette méthode qui est très-mauvaise , il faut prendre une éponge mouillée d'une main , & de l'autre une petite brosse longue , placer votre éponge au genouil & au jarret , & à mesure que vous presserez l'éponge , vous brosserez bien les jambes en tout sens , & long-tems, jusqu'à ce que l'eau tombe à terre toute claire , & quand même vous auriez mené laver les Chevaux à la riviere , il est bon s'il y a loin pour le retour, de laver encore les jambes après en être revenu, pour ôter la boue qu'ils auront pû prendre de la riviere à la maison.

Il y a des Chevaux de carosse fort gras, qui dans les grandes chaleurs de l'esté , quoiqu'on les ait mené très-doucement battent du flanc à toute outrance , quelquefois pendant une heure après être rentrés à l'écurie pour s'être mis hors d'haleine , ou par ardour, ou par foiblesse : il faudra promener ceux-ci pendant une demie-heure au petit pas : après quoi on les débridera , on leur donnera du son mouillé ; puis on leur fera bonne litiere , ils seront très-soulagés aussitôt qu'ils auront uriné , & il ne leur arrivera aucun mal.

Quand on a outré des Chevaux de carosse ou des Chevaux de chasse par une longue course , il est nécessaire pour éviter la fourbure ou même qu'ils n'en meurent , de commencer par leur bien abattre la sueur avec le couteau de chaleur , en même tems leur laver les jambes, puis les bien frotter & bouchoner par tout le corps , ensuite les promener environ une demie-heure , pour leur laisser reprendre doucement haleine : après quoi on leur fera avaler une bonne pinte de vin rouge tiéde avec deux muscades rapées ; puis jettant deux poignées de sel dans deux pintes de vinaigre, on frottera bien les jambes à froid avec cette composition: de plus on leur fondra dans les pieds, (ce qui est essentiel pour empêcher la fourbure) de l'huile de laurier toute bouillante, ou à son défaut de l'huile de noix ou de navette, & par dessus des cendres chaudes,

de

de la filaſſe & des écliſſes : on remettra le Cheval à l'écurie, on le couvrira bien, & on lui fera bonne litiere, une heure après un lavement, & une demie-heure après on le débridera, & on lui donnera du ſon mouillé.

Ayez ſoin de tenir les embouchures bien nettes, de peur de dégouter les Chevaux : ce qui arrive lorſqu'on leur met un mors où l'écume a croupi.

CHAPITRE X.

Du gouvernement du Cheval en voyage.

AVant d'entreprendre un voyage, ſur tout s'il eſt long, il faut commencer par ſe munir d'un Cheval qui ait les pieds excellents : car lorſque les pieds ſont mauvais, le Cheval devient ſouvent boiteux, ſe déferre, ou perd le manger par la douleur qu'il y reſſent, & on a bien de la peine à achever ſon voyage. Ceci poſé, la premiere choſe qu'on doit faire eſt d'ajuſter à ſon Cheval une ſelle ſi bien faite qu'elle ne puiſſe bleſſer le Cheval, & une bride dont les porte-mors, la têtiere, & les rênes ſoient de bon cuir ; quelques-uns mettent des porte-mors doubles pour plus de précaution : il y a même des perſonnes qui font mettre pour la guerre, dans les rênes, des chaînettes de fer, tant afin qu'elles ne ſoient pas coupées par le ſabre, que de peur qu'elles ne caſſent quand le Cheval eſt attaché par la bride, s'il faiſoit quelque effort en arriere ou autrement. Il faut emboucher le Cheval qui voyage avec le mors le plus léger qu'on pourra, de peur qu'un mors trop groſſier ne lui entraîne la tête par la ſuite, & ne le faſſe peſer à la main, quand il commence à ſe laſſer.

A l'égard de la ferrure, il faut avoir grande attention que les Chevaux pour le voyage ſoient ferrés à leur aiſe. Quand on voyage en eſté, il eſt très à-propos de faire un bec ou pinçon aux fers de derriere, de peur que les Chevaux ne ſe déferrent à cauſe des mouches qu'ils veulent chaſſer de deſ-ſous leur ventre, parce qu'ils laiſſent retomber leurs pieds ſi rudement qu'ils ébranleroient & perdroient leurs fers ſans ce pinçon. Il eſt très néceſſaire de mettre ſon Cheval en haleine quelques jours avant le voyage en le promenant, tantôt la valeur d'une demie-lieue, & tantôt une lieue & plus ; l'acheminant petit à petit jusqu'à la veille ou la surveille du départ : sans cette précaution le Cheval vous manqueroit, & tomberoit malade, se degouteroit, & peut-être deviendroit fourbu, gras-fondu, &c.

Quand le Cheval est bien en haleine, il est bon en le sellant le jour du départ de mettre à cru sous la selle une couverture en double, puis la selle par dessus, afin d'empêcher que la selle ne le blesse. On fera d'abord de petites journées, c'est-à-dire, le premier jour six lieues communes, on augmentera le deuxiéme jour, & ainsi petit à petit jusqu'à quatorze lieues par jour, moitié avant, & moitié après dîner ; il vaut mieux mettre la plus grande moitié avant qu'après dîner. Si on peut mettre pied à terre aux montagnes, soit en les montant, ou en les descendant : on soulagera d'autant son Cheval, & si on peut séjourner au bout du troisieme ou quatriéme jour, il s'en trouvera mieux, parce que ce repos renouvellera ses forces : c'est à quoi ceux qui ont la conduite d'un équipage, doivent faire principalement attention.

Les allures dont on se sert ordinairement en voyage sont le pas ou le petit trot, ces deux allures ne fatiguent point le Cheval ; à l'égard des Chevaux de carosse, on se sert successivement du trot & du pas pour laisser reprendre haleine : car un Cheval qui tire, la perd plûtôt que celui qui porte.

Les Chevaux de carosse doivent être bien harnachés, & on doit suivre du reste tout ce que je viens de dire du Cheval de selle.

De la dînée.

Avant d'arriver à la dînée, si le Cavalier trouve de l'eau qui ne soit pas vive à quelque distance de l'auberge, il sera bon d'y faire boire le Cheval, principalement s'il a un peu chaud : auquel cas il faudroit lui couper l'eau plusieurs fois en buvant ; ensuite on doublera le pas pendant quelques tems, afin d'échauffer l'eau qu'il a bû ; il est bon aussi de lui laver les jambes si on trouve un beau gué, en l'y faisant aller & venir deux ou trois fois sans lui mouiller le ventre, cela empêche la chute des humeurs sur les jambes. Ces précautions de faire boire en chemin sont utiles, à cause qu'on n'oferoit faire boire un Cheval qui a chaud en arrivant à l'écurie, ni même que long-tems après qu'il eſt repofé, de-peur qu'il ne lui prenne des tranchées, ou qu'il ne devienne fourbu : ce qui feroit que le tems de rapartir venu, le Cheval ne pourroit pas avoir bû. Il eſt encore fort à propos de mener le Cheval échauffé doucement pendant un quart-d'heure avant que d'arriver à l'auberge : ceci eſt principalement pour les Chevaux de caroſſe, cela les rafraîchit, les repofe petit à petit, & les met en état de dîner plûtôt après leur arrivée : de plus le refroidiſſement fubit & les inconvéniens qui en arrivent font évités.

Si le Cheval arrive à la dînée ayant bien chaud, on le fera promener doucement jufqu'à ce qu'il foit paſſablement refroidi, puis on le paſſera dans l'eau fans mouiller le ventre, comme il vient d'être dit ; ou bien en l'entrant à l'écurie, on lui fera bien laver & baſſiner les jambes avec de l'eau froide, on fe gardera bien de les faire frotter, ce qui attireroit les humeurs deſſus, au lieu qu'il eſt queſtion de les empêcher d'y tomber en reſſerrant les pores.

Quand le Cheval fera dans l'écurie, on l'attachera avec fa bride au ratelier dont on aura fait ôter le foin, & ayant défait la gourmette, on le laiſſera bridé pendant une demie-heure ou une heure avant de le faire boire & manger, fur-tout s'il a chaud ; pendant ce tems il mâchera fon mors, ce qui lui fera venir de l'écume, & lui rafraîchira la bouche qu'il peut avoir feche ou amere, à caufe du chemin qu'il aura fait, ou de la pouſſiere qu'il aura avalée : s'il a humé beaucoup de pouſſiere, il fera bon de lui laver la bouche avec une éponge imbibée d'oxicrat, tout cela lui fera venir l'apétit.

Ayant attaché votre Cheval au ratelier, fi c'eſt un Cheval de felle, vous lâcherez les fangles, vous leverez la croupiere de deſſous la queue, puis vous fourrerez de la paille fraîche fous les panneaux de la felle entre la felle & le Cheval, ou bien fans le deſſangler, vous lui laiſſerez la felle fur le corps : il ne faut, comme vous voyez, jamais deſſeller un Cheval à la dînée, fur tout en hiver, parce que pour peu qu'il ait chaud, il eſt certain que ce qui eſt couvert de la felle a plus de chaleur que le reſte du corps, & que le froid fubit qui frappe-roit le dos fi on ôtoit d'abord la felle, interrompant la tranfpiration, occafioneroit des groffes ampoules à cette partie qui incommoderoient enfuite le Cheval, & pourroient même s'écorcher à la continue, & fe changer en une playe ou en un cors : on laiffe auffi le harnois aux Chevaux de caroffe.

Après ces précautions, faites tout de fuite lever les quatre pieds pour voir s'il ne manque point quelques clouds aux fers: fi cela étoit, il les faudroit faire remettre avant de repartir: car il pourroit arriver que le Cheval fe déferreroit en chemin & fe gâteroit le pied.

Quand vous jugez que le Cheval eft affez réfroidi, débridez-le, lavez bien fon mors dans un fceau d'eau, nettoyez-le bien & l'effuyez; puis pendez-le en quelque endroit; jettez-lui du foin dans le ratelier, quelques momens après donnez-lui l'avoine; examinez s'il la mange bien, afin qu'en cas qu'il la refufât, vous lui ôtiez fur le champ pour ce repas feulement, & vous lui donniez à la place du fon mouillé: que fi ce dégoût continuoit par la fuite, on lui donneroit une once de thériaque ou d'orviétan, ou deux onces de foye d'antimoine dans du vin. Pour éviter cet inconvénient de dégoût autant que l'on peut, il faut dans le commencement d'un voyage ménager l'avoine à votre Cheval, de peur que n'étant pas encore fait à la fatigue, cet accident ne lui arrive, & on augmentera la dofe petit à petit à mefure qu'il s'accoutume à cheminer.

Quand le Cheval a bien chaud, il faut lui donner l'avoine avant boire, comme je viens de dire, finon vous le ferez boire avant l'avoine, fur tout qu'il ne boive que de l'eau repofée & point crue; l'eau de la riviere d'Effonne eft très-dangereufe pour les Chevaux, elle leur donne des tranchées.

Au bout de deux heures & demie ou trois heures que le Cheval aura été à l'écurie, vous pouvez repartir pour aller gagner la couchée.

La couchée.

Il faut fuivre en arrivant à la couchée une partie des préceptes qui ont été donnés pour la dînée, comme d'arriver doucement, faire promener le Cheval en cas qu'il ait chaud, le faire paffer dans l'eau pour lui laver les jambes, ou les laver avec un fceau d'eau fraîche : quand il eft arrivé le laiffer quelque tems fcellé & bridé : quand il eft refroidi on lui donnera un coup d'étrille, puis on le couvrira bien, on aura foin de faire remettre les clouds qui manqueront aux fers, on donnera l'avoine, on fera boire, puis on mettra du foin dans le ratelier pour la nuit, on fera bonne litiere.

N'oubliez pas fur tout de vifiter les pieds pour en ôter avec un couteau ou un cure-pied les petites pierres & gravois qui s'y rencontreroient, puis remplir les dedans de crotin moüillé; examinez auffi s'il n'a pas les pieds chauds & douloureux : alors il faut abfolument déferrer le Cheval pour voir fi le fer ne porte point fur la fole, ce qui fe reconnoît lorfqu'on voit quelque endroit du dedans du fer plus poli & plus luifant que le refte, cet endroit liffé eft celui où le fer a porté : vous ferez parer le pied vis-à-vis de cet endroit, puis le fer étant ratta-ché, vous ferez fondre dans le pied de la poix noire ou du gaudron afin de nourrir la fole, d'ôter la douleur & de raffer-mir le pied. Quand les pieds d'un Cheval font douloureux à un certain point, il le donne fouvent à connoître : car il fe couchera auffi-tôt qu'il fera débridé ; fi alors vous lui voyez l'œil bon, & qu'il mange bien, quoique couché, il eft fûr que fon mal eft au pied, & il aimera mieux refter couché que de fe lever pour manger.

Examinez encore fi le Cheval fe coupe, il faudra fi cela eft y donner remede par la ferrure. Voyez pour cela le Chapitre de la ferrure.

Avant de quitter le Cheval le foir, il faut avoir attention à l'attacher de façon qu'il puiffe fe coucher à fon aife, c'eft-à-dire, qu'il faut laiffer à fa longe affez de longueur pour qu'il puiffe avoir fa tête à bas.

Maintenant il eft queftion de fonger à votre équipage.

En ôtant la bride ayez foin de bien laver le mors pour en ôter toute l'écume & le rendre bien net, afin que le Cheval le lendemain n'ait point dans la bouche cette écume croupie, ce qui feroit capable de le dégoûter. Pour cet effet on plonge à plufieurs reprifes le mors dans un fceau d'eau claire, puis on le pend pour qu'il féche ; voyez auffi fi les porte-mors font en bon état ; & fi vous vous appercevez que la gourmette ait écorché le Cheval, n'oubliez pas de la garnir de cuir gras ou feutre : il faut même prendre la précaution d'en porter tou-

jours avec foi en cas de befoin. Quand vous ôtez les harnois
des Chevaux de carofle, voyez s'ils ne les ont point écorchés
en quelque endroit; fi cela eft fervez-vous des moyens indiqués Chapitre XII. du Traité des Playes. De même quand vous
ôtez la felle, il eft effentiel de vifiter & manier les arçons pour
voir s'ils ne font point décolés ou rompus: examinez fi la bande du garot ou les deux grandes bandes ne fe détachent point
des arçons: & en cas que la felle ait bleffé ou foulé le Cheval, ce qu'on connoîtra mieux une heure après qu'il aura été
defellé que fur le champ, vous commencerez par remédier à
la bleffure, enflure ou foulure en vous fervant des remedes
du Chapitre XIII. du même Traité; puis après avoir reconnu
l'endroit de la felle qui a caufé le mal, vous y remédierez en
ôtant de la bourre de cet endroit ou en le faifant chambrer:
vous ferez fécher les panneaux de la felle au foleil ou au
feu, puis vous les battrez avec une gaule pour empêcher qu'ils
ne durciffent & ne bleffent le Cheval.

C'eft ici où il faut remarquer à l'égard de la felle, qu'il
arrive quelquefois que les Chevaux maigriffent pendant un
long voyage: de façon que, quoique la felle fût très-bien
ajuftée & portât également par tout lorfqu'on a commencé
la route, cependant elle devient trop large & porte fur le
garrot ou fur les reins, parce que la pointe des arçons ne
portera plus contre le corps du Cheval; fi cela eft arrivé, il
faut faire rembourer ces pointes d'arçon avec du crin ou de
la bourre de cerf fur la longe & aux mamelles s'il en eft befoin; il eft même quelquefois néceffaire quand le corps du
Cheval eft fort diminué de faire mettre du feutre aux bouts
des arçons.

Quand les Chevaux de fomme font enflés fous le baft, il
y a des gens qui les laiffent bâtés toute la nuit pour retenir
l'enflure & l'empêcher d'augmenter: cette maxime eft très-
mauvaife, parce qu'elle contraint les Chevaux à refter debout, pendant lequel tems ils ne fçauroient repofer à leur
aife, il vaut donc mieux emplir un fac de bon fumier bien
chaud & le lier fur l'enflure, il la diffipera.

Les Coquetiers de Normandie ne débâtent point leurs
Chevaux, mais ils les fufpendent.

Quand on voyage dans un tems chaud & fec, & quon
voit que les pieds des Chevaux fe deffechent & s'éclattent,

il faut avoir foin de les tenir tous les jours, gras, tant à la dînée qu'à la couchée avec de l'onguent de pied : car fans cela ils fe déferreroient perpetuellement, & à la fin on ne pourroit plus les referrer.

Je répete une chofe dont j'ai déja parlé dans ce Chapitre, qu'il eft pernicieux de frotter les jambes des Chevaux dans le moment qu'ils arrivent à l'hôtellerie, parce que cette méthode leur roidit les jambes, & y attire les humeurs : mais il eft très-bon de les bien bouchoner & frotter, même long-tems quand le Cheval eft tout-à-fait refroidi, & de les laver fimplement avec de l'eau froide quand ils arrivent, comme j'ai déja dit.

Le lendemain avant le départ, faites toujours manger l'ao voine au Cheval pour lui donner courage, & la force d'ar-river à la dînée.

CHAPITRE XI.

Du retour des voyages.

SI le voyage a été long & que le Cheval ait beaucoup fatigué, il fera fûrement échauffé au retour, & aura les jambes & les pieds laffés : c'eft-pourquoi afin de le remettre de fes fatigues & rétablir toutes ces parties, il faut auffi-tôt qu'on eft arrivé faire ôter deux clouds de chaque talon des pieds de devant, ou des quatre pieds fi c'eft un grand pied comme celui d'un Cheval de caroffe, cela lui mettra les pieds à l'aife, & d'ailleurs comme les pieds enflent quelque-fois après un long voyage, fi on n'ôtoit pas ces clouds, le fer pour lors gêncroit trop ces pieds enflés. Il fera bon auffi de remplir les pieds de fiente de vache pour ramolir la folle qui pourroit être deffechée; il ne faudra point alors déferrer le Cheval, ni lui parer les pieds de peur d'attirer la fluxion mais vous lui graifferez avec l'onguent de pied, & quand il fera délaffé on lui parera les pieds, puis on le referrera.

A l'égard des jambes, s'il les a fatiguées, on lui frottera plu-fieurs fois avec de l'eau de vie camphrée ou avec une leffive de cendres de farment ou d'autres cendres, excepté celles de bois blanc & de bois flotté, jettées toutes rouges dans de l'eau bouillante que vous laifferez réduire au tiers : de cette eau chaude, frottez toutes les parties fatiguées; chargez ensuite avec les cendres mêmes, & continuez jusqu'à ce que vous voiez les jambes, épaules, &c. souples; ou bien si vous le faites saigner peu de tems après être arrivé, vous lui ferez tout de suite une charge de son sang mêlé avec une chopine d'esprit de vin.

Pour rafraîchissement intérieur, il faut un ou deux jours après l'arrivée faire saigner le Cheval du col; on lui donnera quelques lavemens, & on le mettra dix ou douze jours au son mouillé, lui faisant bonne litiere pendant la journée: il sera bon encore de lui faire manger une livre de foye d'antimoine à deux onces par jour: si on trouve le flanc échauffé, on lui donnera le miel comme il est indiqué Chapitre XXXV. du Traité des Maladies des Chevaux, & s'il y avoit grande maigreur, on lui donneroit le vert quelque tems ou l'orge en vert au printems, ce que vous ne feriez pas s'il avoit le flanc altéré: mais à son lieu vous mêleriez sur un boisseau de paille coupée une poignée d'avoine, vous mouïlleriez un peu le tout, & lui donneriez pendant quelque tems.

Remarquez que lorsqu'on s'apperçoit qu'un Cheval fatigué que l'on veut rétablir recommence à bien boire, c'est un pronostic qu'il sera bientôt remis.

CHAPITRE XII.

De la nourriture & boisson.

QUand le Cheval vient au monde sa nourriture est le lait de sa mere, l'année d'ensuite il pâturera l'herbe verte, & lorsque l'herbe manque on lui donne du son, du foin & quelquefois de l'avoine. *Voyez* le traité du Haras. Ensuite vers quatre ans on le met au sec, c'est-à-dire, on ne le fait plus pâturer & on le nourrit à l'écurie de foin, de paille & d'avoine, c'est la nourriture ordinaire de tous les Chevaux au sec: on peut leur donner aussi de tous les grains, sçavoir du froment, du ségle & de l'orge, & plusieurs autres plantes suivant l'occasion: mais comme tous ces alimens ont des qualités différentes, il est à propos de faire les remarques nécessaires sur chacun.

Commençons

Commençons donc par la nourriture ordinaire, puis nous détaillerons celles qui ne font qu'accidentelles.

L'Avoine, eſt la nourriture qui convient le mieux à un Che-val qui travaille ; c'eſt pourquoi on dit Cheval d'avoine, Cheval de peine. Elle le ſoutient & lui donne une chaleur mode-rée dans le ſang ; la meilleure eſt communément la noire & la plus peſante à la main : l'avoine ne fait que renfler & augmen-ter dans le grenier ; c'eſt pourquoi il eſt bon d'en faire pro-viſion. **L'Avoine.**

Le foin a differentes qualités ſuivant le terrein où on l'a recueilli ; il eſt plus ou moins ſucculent & nourriſſant : le foin vaſé ne vaut rien aux Chevaux, il leur met de l'âcreté dans le ſang : le foin trop délicat ne leur convient guercs, il eſt trop nourriſſant ; & quand les Chevaux y ſont accoutumés, ils n'en veulent plus manger d'une autre eſpece, ce qui les fait maigrir. Le foin nouveau, c'eſt-à-dire, qui n'a pas encore ſué, ou qui a été donné avant d'avoir paſſé trois mois au moins dans le grenier, eſt très-dangereux aux Chevaux ; il faut donc leur donner du foin, ni trop gros ni trop fin, ni trop nouveau, ni pourri, ni de regain, mais d'une bonne conſiſtence, & pour peu qu'il y ait de pouſſiere dans le foin, il faut le bien ſecoüer & même le mouiller, car les Chevaux qui mangent du foin poudreux courent riſque de pouſſe. **Le Foin.**

Le foin rend ſouvent pouſſif les Chevaux qui en mangent trop paſſé l'âge de ſix ans ; mais avant ce tems, on ne court pas ce danger.

Pour peu qu'un Cheval ait de diſpoſition à la pouſſe, il faut lui ôter le foin qui lui eſt pernicieux & ne lui donner que de la paille : il ne faut pas abſolument bannir le foin quand il n'y a pas de raiſon expreſſe pour retrancher cette nourriture, car elle fait boire les Chevaux ; il faut donc leur donner un peu de foin avant de boire, quand on ſuit la maxime de le leur épargner qui eſt fort bonne.

Il n'y a pas de mal de donner plus de foin aux Chevaux étroits de boyau qu'aux autres, pourvû qu'ils ne ſoient point échauffés, car cet aliment en les faiſant boire davantage, leur ouvrira le flanc.

En général, le foin n'eſt bon qu'aux jeunes Chevaux ; il ne fait que de la chair, c'eſt une nourriture lourde, qui rend le Cheval pareſſeux ; ce qui a fait dire en proverbe, Cheval de foin, Cheval de rien. *Q

La Paille. La paille eſt une nourriture très-bonne aux Chevaux, elle n'eſt pas ſi terreſtre, ni ſi ſubſtancielle que le foin, & fait une bonne chair : le ſeul inconvenient qu'elle ait, eſt d'augmenter l'encolure à ceux qui ſont ſujets à s'en charger ; hors cela, elle eſt meilleure en abondance que le foin, ſurtout aux Chevaux de ſéjour ; elle rend la graiſſe plus ferme & le Cheval plus éveillé & leger, ce qui fait que l'on dit Cheval de paille, Cheval de bataille.

Pour peu qu'un Cheval ait diſpoſition à la pouſſe, il faut lui ôter le foin qui lui eſt pernicieux, & ne lui donner que de la paille.

On proportionne la nourriture ordinaire des Chevaux à leur taille & à leur travail.

Pour un Cheval de ſelle, de bonne taille ; dix à douze livres de foin, onze livres de paillé, cinq picotins d'avoine.

Doſe de la nourriture. Pour un double Bidet, ſix à huit livres de foin, huit livres de paille, trois picotins d'avoine.

Pour un Bidet, quatre à cinq livres de foin, autant de paille, & deux picotins d'avoine.

Pour deux Chevaux de carroſſe très-grands, trente livres de foin, vingt-quatre livres de paille, & quatorze picotins d'avoine : pour les médiocres, vingt-quatre livres de foin, autant de paille, & dix meſures d'avoine.

Pour un Cheval de manége, ſept livres de foin, huit livres de paille, quatre picotins d'avoine, & de plus deux picotins de ſon à midi.

Ceci eſt la regle ordinaire ; mais ſuivant les cas, on peut augmenter ou diminuer, c'eſt-à-dire, ſelon le travail, l'apetit, le plus ou le moins de graiſſe, &c. car il s'agit d'entretenir les Chevaux en chair, ſans être ni trop gras, ni trop maigres. Le Cheval en chair eſt plûtôt en haleine & plus en état de ſoutenir la fatigue, & ſes muſcles qui ne ſont point envelopés de trop de graiſſe, en ont plus de jeu ; s'il eſt trop gras, tous les reſſorts de ſon corps ſont obſedés, & ne peuvent ſe mouvoir qu'avec effort ; & s'il eſt trop maigre, ſes muſcles ſe deſſechent & ſe roidiſſent, s'il n'eſt que maigre, on l'engraiſſera, en lui augmentant ſon ordinaire d'avoine juſqu'à ce qu'il ſoit devenu bien en chair : ainſi donc, quand un Cheval eſt en chair, peu de nourriture lui ſuffit pour l'y maintenir, lorſqu'il ne fait qu'un exercice raiſonnable. Sur ce pied là, la nourriture des Chevaux de selle, doit être proportionnée à leur taille & à leur travail : celle des Chevaux de carosse & de tirage, est ordinairement plus ample, parce qu'ils sont plus grands ou plus épais, & celle des Chevaux de manége, est la moindre de toutes, puisqu'ils n'ont qu'un travail médiocre & qu'ils sont fins.

Quand les Chevaux, ne font rien, il ne leur faut que très-peu de nourriture, parce que le superflu se tourneroit en humeurs, ce qui causeroit des maladies considérables.

Quand les Chevaux sont trop nourris, il arrive souvent qu'ils se mettent à suer dans l'Ecurie, sur-tout en dormant ; alors, si vous ne voyez aucune cause manifeste de cette sueur, ne manquez pas de leur retrancher de leur nourriture. Quelquefois la cause de ces sueurs, provient aussi de manger leur litiere ; ce qu'il faut empêcher le plus qu'on peut, car cette paille échauffée les fera devenir poussifs par la suite.

Les Nourritures accidentelles seches, font le son, l'orge, le froment, le fénugrec, les feveroles, ou haricots, les cosfas de pois gris secs, les lentilles, l'herbe & le fruit, le sainfoin sec, la luzerne seche, la lande, ou le jonc marin, la paille hachée.

Le Son est proprement la nourriture des Chevaux malades, c'est le plus rafraichissant & le plus aisé à digerer de tous les alimens des Chevaux, c'est pourquoi celui-ci est le plus en usage après l'avoine. *Le Son.*

Plus un Cheval est échauffé, plus il lui faut continuer l'usage du son.

Un Cheval qu'on met au son, ne peut gueres travailler pendant qu'il en mange, c'est une espece de diéte pour lui qui diminue ses forces pour le travail, mais en même tems, elle lui rafraîchit le sang, & le retablit : ainsi quand les Chevaux font fort maigres, il est bon outre leur ordinaire d'avoine, de leur donner avant de se coucher deux picotins de son moüillé.

L'Orge en grain concassée, ou la farine d'orge, font rafraîchissans, & de plus très-nourrissans, elles feront bien pendant quelque tems aux Chevaux échauffés & maigres avec l'avoine. *L'Orge.*

Le Fénugrec, est un grain émolliant & nourrissant : ainsi mêlé avec l'avoine, il fera un très-bon effet pour rafraîchir *Fénugrec.*

& redonner du corps à un Cheval échauffé.

Paille hachée.

La Paille hachée & mêlée avec l'avoine, est une très-bonne nourriture, moins échauffante que l'avoine pure, & qui convient principalement mieux aux Chevaux alterés du flanc, en moüillant le tout : la dose de paille hachée, est deux jointées de cette paille contre une d'avoine.

Coupe-Paille.

Froment.

Le Froment est un grain excessivement chaud pour les Chevaux, ainsi il n'en faut gueres faire usage, car il leur met le feu au corps, & leur cause la fourbure & le farcin : il se trouve cependant des cas, où on en peut user moderement, par exemple une jointée de froment, tous les matins avant boire, pendant quelques jours, avec un peu de paille & beaucoup de foin, redonnera du corps à un Cheval étroit de boyaux : la paille de froment dans laquelle est resté beaucoup de grain, peut être donnée au lieu de paille & d'avoine aux Chevaux, pourvû qu'ils ne cessent point de travailler.

Feveroles.

Les Feveroles ou Haricots de marais n'échauffent pas tant que le Froment, mais elles sont encore très-chaudes : on les donne par jointées & avec modération, & il faut faire travailler journellement le Cheval.

Sainfoin.

Le Sainfoin, est un foin très-nourrissant, il engraisse les Chevaux, & leur donne du courage ; il ne faut en donner que la moitié de ce qu'on donneroit de foin ordinaire.

Luzerne, Cossas de Pois, Lentilles.

La Luzerne échauffe & engraisse les Chevaux ; on donne les Cossas de pois gris & les lentilles avec le grain, & l'herbe seche : tout cela doit être donné en moindre quantité que le foin ; & il faut faire travailler les Chevaux qui en mangent, car ces nourritures succulentes ne feroient qu'accumuler des humeurs, faute de dissipation : on en donne aussi pour redonner du corps aux Chevaux, mais aussi-tôt qu'il ont repris corps, il faut les remettre à la nourriture ordinaire qui est avoine, paille & foin.

Lande.

Dans les terreins maigres, on cultive d'une espece de genet, dont toutes les feüilles piquent comme celles du genié-vre, qui se nomme de la Lande, de l'Ajonc, du Jonc marin : on le donne aux Chevaux en vert, ou en sec, après en avoir amorti les pointes avec des pilons : cette nourriture est assez bonne.

Du Vert.

Les Nourritures qu'on donne en vert aux Chevaux, sont

deſtinées à les rafraîchir en leur lâchant le ventre & à leur
donner par ce moyen du corps : le vert s'employe donc aux
jeunes Chevaux & à ceux qui ſont extrêmement échauffés de
fatigue ou autrement. Je ne parle ici que des eſpeces d'herbes que les Chevaux mangent dans l'Ecurie ; ce qui s'appelle
mettre les Chevaux au vert : car quand on les lâche dans les
herbages, on dit qu'on les met à l'herbe, & non au vert.

L'herbe & le vert, ſont bons à bien des maladies où je les
ai indiqués pour remedes dans le Traité des Maladies : j'ajoute encore ici, que cette nourriture eſt pernicieuſe ſeulement
aux Chevaux pouſſifs, morveux & farcineux.

Quand on met les Chevaux au vert, ce qui arrive toujours
au Printemps, l'uſage commun, eſt de ne les point panſer du
tout, & de leur laiſſer leur litiere ſans l'ôter de deſſous eux
de façon qu'ils couchent dans la fange : on prétend que le
vert leur profite mieux de cette façon : c'eſt un uſage, c'eſt
tout dire, & une pure opinion ſans refléxion, de la part de
ceux qui la perpétuent ; mais je crois qu'il eſt plus ſenſé de
tenir les Chevaux propres ſans les trop tourmenter, & que le
vert leur profite également : on les bouchonnera donc du
moins tous les matins, & on leur fera litiere tous les ſoirs
comme à l'ordinaire ; ce ſeroit là mon avis, & je crois que
le vert ne leur profitera pas moins. Avant de donner le vert
dans l'Ecurie, il faut commencer à ſeigner les Chevaux, puis
le ſurlendemain, les mettre au vert : on coupe le vert à l'heure que la roſée eſt deſſus : cette maxime lâche mieux le ventre aux Chevaux ; puis on le donne par poignée pendant
toute la journée, tant qu'ils en veulent manger, car ſi on
leur en jettoit une grande quantité devant eux, ils ſouffle-
roient deſſus & s'en dégoûteroient ; ce qui n'arrive pas quand
on leur donne petit à petit, & on ne dépenſe pas tant d'herbe. Quand le Cheval eſt bien maigre, il faut lui donner du
ſon deux fois par jour, ſinon une fois ſuffit : vous ferez bien
même chaque fois que vous donnerez du ſon, de le mouiller
& d'y mettre deux onces de foye d'antimoine : cette précaution empêchera premierement que le vert n'agace les
dents, tuera les vers à meſure que cette nourriture les formera, & garantira de la fourbure qui quelquefois prend dans ce
tems-là, mais qui n'eſt pas dangereuſe, & qu'une ſaignée &
un remede pour la fourbure, guérit, ſans diſcontinuer le vert

Obfervez de tenir le Cheval bien chaudement, quand il prend le vert.

L'Orge en vert, eft le meilleur vert & le plus en réputation pour les Chevaux : il y en a de deux fortes, celui qu'on appelle Efcourgeon, & l'autre fimplement orge : ces deux orges fe donnent, quand elles font en fourreau, c'eft-à-dire, quand l'épy eft prêt à fortir du tuyau : on feme l'efcourgeon en Hyver, & il n'eft bon qu'à la fin d'Avril, & l'orge commune fe feme en Mars, & eft propre à donner à la fin de Mai. L'efcourgeon engraiffe plûtôt, mais l'orge purge mieux. Il faut femer ces orges, de façon que vous en ayez toujours au point de maturité, pendant tout le tems que vous en donnerez, qui eft ordinairement un mois ou fix femaines : il faut auffi les femer trés-épais : à chaque fois que vous donnerez l'orge, il faut toujours la moüiller.

Au défaut de ces orges, on donne le fainfoin, la luzerne, la vefce, les lentilles, le grand treffle, en les coupant en pleine fleur, & enfin l'herbe des prés dans le tems qu'elle eft verte & tendre.

La Boiffon.   La feule boiffon des Chevaux, eft l'eau ; l'eau blanche fe donne dans de certains cas : on fait auffi avaler quelquefois du vin.

Toutes efpeces d'eaux, ne fe donnent pas indifferemment aux Chevaux, car il y en a qui leur font très-préjudiciables & qui leur caufent des tranchées très-dangereufes : toutes les eaux vives & cruës leur font contraires, comme l'eau de fontaine, de puits, mais l'eau de grandes rivieres, d'étangs, de foffés, &c. en un mot, l'eau féjournée & même épaiffe, leur eft bonne.

Quand on eft obligé de donner de l'eau de puits, on la tire bien avant de la donner, & on lui laiffe prendre l'air dans des pierres ou autres vaiffeaux, afin de lui ôter fa crudité : fi on eft preffé, on y met du fon, ou du moins on met la main dans le feau, & on l'y tient quelques minutes : cette façon en diminuë un peu la mauvaife qualité : *l'eau de la riviere d'Effone*, fur le chemin de Fontainebleau, eft pernicieufe aux Chevaux ; il faut abfolument y ajoûter du fon. L'eau blanche qui n'eft autre chofe que du fon mêlé dans de l'eau, eft la boiffon des Chevaux malades.

Le vin s'employe pour fortifier & donner du cœur au Che-

val, quand on veut le mener plus loin que de coutume : sur-
tout dans les chaleurs , on lui en fouffle dans la bouche , ou
on lui en fait avaler une chopine avec la corne, quand il ne
veut pas le boire de lui-même.

CHAPITRE XIII.

De l'Equipage du Cavalier.

CElui qui va monter à Cheval doit s'ajufter de vêtemens
deftinés, tant pour fe garantir des accidents que pour
être gratieux à l'œil : c'eft en ce cas qu'il faut *mifcere utile*
dulci.

Commençons à détailler ces vêtemens par les jambes qu'il
faut garantir de la fueur du Cheval, des coups & des chûtes : pour cet effet on fe fert de bottes, de botines & de
guêtres.

PL. XII.

Les guêtres A ne doivent s'employer que dans une promenade ou un petit voyage fur un Cheval doux , ou lorfqu'on va tirer afin de fe moins laffer à monter & à defcendre
fouvent de Cheval : on les fait de coutis, de drap, &c.

Guêtres.

Les botines de cuir B font un peu plus de réfiftance que
les guêtres, les Marchands qui vont en voyage fe fervent communément de groffes botines de cuir.

Botines.

Les bottes molles C s'employent à la guerre pour les Officiers ; les Dragons font en bottes molles , parce qu'ils combattent quelquefois à pied. Ces bottes fervent encore aux
Académies, parce qu'elles donnent de la facilité pour monter
& defcendre de Cheval, & pour aider les Chevaux de Manége.

Bottes mol-
les.

Les bottes fortes D font néceffaires pour courre la pofte,
& pour la chaffe aux Chiens courans : parce qu'elles foutiennent un moment la pefanteur du Cheval quand il tombe,
fur le côté, & laiffent au Cavalier le tems de fe dégager la
jambe de fa botte ; & pour les Chaffeurs, elles les garantif-
fent des coups de branches d'arbres quand ils fuivent les
Chiens dans le bois.

Bottes for-
tes.

Les bottes, botines ou guêtres doivent être armées d'une
paire de bons éperons dont les molettes foient à fix pointes 2,
& non en roues 3 , car ceux-ci ne font que chatouiller &

Eperons.

inquiettent plûtôt un Cheval qu'ils ne le font avancer, au lieu que les premiers le piquent véritablement & le déterminent : les petits éperons quarrés 4 ou à cinq pointes, que les Marchands de guêtres coufent au bas des guêtres, n'ont prefqu'aucun effet.

Gands & habillement.

Il n'eft pas féant de monter à Cheval fans avoir des gands dans fes mains : l'habit qui fervira quand on monte à Cheval ne doit point être ferré, il fieroit très-mal ; il faut qu'il foit large, la redingotte fait un très-bon effet par cette raifon.

Précautions.

Si vous entreprenez quelque voyage ou bien même par précaution, il faut vous munir de quelques crochets de gourmette, de morceaux de feutre pour mettre fous la gourmette en cas que le Cheval s'écorche la barbe, d'un fer à tous pieds, d'un couteau à poinçon pour percer des trous, & de quelques boucles de fangles.

Foüets.

On ne monte jamais à Cheval fans gaule ou fans foüet, on fe fert de la gaule au Manége & pour dreffer les jeunes Chevaux ; du foüet à l'Angloife 5, pour la promenade & les voyages ; du foüet de chaffe 6, quand on va à la chaffe, tant pour fe garantir des branches, que pour châtier ou arrêter les Chiens courans ; & du foüet de pofte 7, quand on court la pofte.

CHAPITRE XIV.

De l'équipage du Cheval de felle.

Comme les Chevaux en général fervent à bien des ufages, chacun de ces ufages exige un équipage ou harnois particulier ; le Cheval de felle aura ici la préférence, puifqu'il fert aux ufages les plus nobles : c'eft pourquoi après avoir traité de l'embouchure qui fert à plufieurs fortes de Chevaux, je détaillerai la felle & tout le refte de l'équipage du Cheval de felle, après quoi je pafferai aux autres efpeces de harnois.

CHAPITRE XV.

De l'embouchure & de tout ce qui sert à la tête
du Cheval de selle.

AVant de parler des différentes especes d'embouchures,   Pl.XXIV.
il est nécessaire de détailler les noms de chaque partie
qui compose toute la bride.

L'embouchure est premiérement soutenue en sa place par La montu-
la monture de la bride ; cette monture est de cuir & a re.
plusieurs parties qui ont chacune leurs noms particuliers.

La têtiere ou le dessus de tête *a* est la partie qui pose sur La têtiere.
le haut de la tête derriere les oreilles.

Les porte-mors ou les montants de la bride *b* sont les deux Les porte-
cuirs qui passant dans les yeux du mors le soutiennent à sa mors.
place, chacun a une boucle pour pouvoir hausser ou baisser
le mors.

Le frontail *c* est le cuir qui traverse le front au dessus des Le frontail.
yeux, & qui est attaché à la têtiere des deux côtés, il n'a point
de boucles.

La sous-gorge *d* est le cuir qui part de la têtiere & dont on La sous-
entoure la jonction de la ganache au col, l'ayant attaché à gorge.
une boucle du côté du montoir.

La muserole *e* est le cuir qui entoure le milieu de la tête La musero-
du Cheval, & qui se boucle du côté du montoir. le.

Les rênes enfin *f f* sont deux cuirs qui d'un bout se bou- Les rênes.
clent aux anneaux des tourets des branches, & de l'autre sont
joints & liées ensemble.

Le bouton *g* est une espece d'anneau de cuir qu'on peut Le bouton.
couler tout le long des rênes.

Les porte-mors comme nous venons de dire passent dans Pl. X.
les yeux de la bride : ainsi l'œil *a a a a a* est la partie la plus L'œil.
haute de la bride : cet œil comme toutes les parties que nous
allons détailler, sont de fer étamé.

Aux yeux est attaché du côté du montoir le crochet *b* de
la gourmette, & de l'autre côté la gourmette même qui tient La gour-
à l'autre œil par une esse *c*, & qui est composée de mailles de mette L.
de fer *6666* & de deux maillons *3 3* destinées à entrer dans

R

le crochet *b* quand on veut mettre la gourmette en sa place, laquelle est d'entourer la barbe.

Le banquet.   Au bas de l'œil se trouve le banquet *d d d* qui n'est autre chose qu'un espace vuide terminé du côté de la gourmette par un arc ou demi-cercle qu'on appelle l'arc du banquet *d d d*, & vis-à-vis de cet arc par une partie droite qui se nomme la broche du banquet *e.*

C'est aussi au banquet que vient s'attacher le gros bout *f f f* de chaque côté du mors, ce gros bout du côté où il est recouvert par la bossette s'appelle le fonceau, & la partie qui touche sur la barre s'appelle le talon *g.*

Le mors.   Le mors est le fer qui entre dans la bouche du Cheval, il s'en compose de plusieurs façons : les plus usités à présent sont le canon brisé A, la gorge de pigeon brisée B, le canon simple, canne ou canon à trompe C, la gorge de pigeon D, le mors à porte E, & le pas d'âne F.

La branche.   Du bas du banquet part la branche dont le corps lui-même est nommé de différents noms suivant les contours qu'il décrit. Quand la branche se recourbe en partant du banquet, on appelle la courbure qu'elle décrit, le coude de la branche *h* : lorsqu'elle fait un retour vers son milieu, ce retour se nomme le genoüil ou jarret *i i* : ensuite vient la gargouille *l l* qui est une espece d'anneau bizarrement allongé au bas duquel est un trou dans lequel on met une espece de clou appellé le touret *m m* qui joue dans le trou, & dont la queue recourbée soutient un anneau qu'on appelle l'anneau du touret *n n* auquel se boucle la rêne : les deux branches sont jointes l'une à l'autre par deux chaînettes *o o* quand les branches sont longues, ou par une seule quand elles sont courtes qui les empêchent de s'écarter l'une de l'autre ; on les joint aussi par de petites barres de fer.

La sous-barbe.   La sous-barbe *p* est une piece de fer qui prend du fonceau au bas du coude de la branche, & qui ne sert qu'à attacher l'oreille du bas de la bossette, aux branches coudées.

Les bossettes.   Les bossettes *q q q* ne servent que d'ornement & sont faites pour cacher le banquet & le fonceau du mors ; elles sont attachées à l'œil & à la branche ou à la sous-barbe par leurs oreilles *r r.*

Après avoir montré & défini toutes les parties de l'embouchure & du mors du Cheval, il est question maintenant d'expliquer à quoi sert toute cette machine , & pourquoi elle est composée de tant de pieces qui ont chacune un usage particulier & nécessaire : toutes ces pieces cependant se réduisent à trois principales , sçavoir le mors *m*, premiére- Usage de la bride.ment destiné à appuyer sur les barres de la bouche à un doigt au dessus du crochet & non plus haut , de peur de froncer les levres du Cheval : la gourmette *s* qui est faite pour faire appuyer le mors par le moyen des branches Q & de l'œil *a* qui forment une espece de bascule laquelle pressant par dedans & par dehors la région du menton du Cheval , le contraignent à cause de la douleur plus ou moins grande que lui cause le Cavalier en tirant les rênes , à lui obéir & à agir suivant sa volonté ; ainsi l'emploi du mors est de porter sur les barres ; les branches & l'œil servent à l'y faire porter, & la gourmette à l'y faire appuyer. Or comme les barres des différentes bouches sont plus ou moins sensibles, on a formé de différentes embouchures suivant les diverses qualités & conformations intérieures de ces bouches. Anciennement on avoit tant d'égard aux moindres variations des levres, de la langue, & même des différents dégrés de sensibilité les plus subtils, & jusqu'aux moindres inclinations du Cheval, que pour chacun de ces cas, on avoit imaginé un mors dif- férent : mais on a reconnu depuis quelque tems cet abus , parce que ces mors égaroient à la fin ou endormoient la bouche du Cheval, & on a vu qu'avec trois ou quatre especes d'embouchures, on conduisoit également un Cheval , non tant par le mors que par l'art de ménager la bouche , & que par conséquent tout ce fatras de mors étoit superflu ; ainsi pour toutes sortes de bouches, on n'a à present que le canon simple brisé & non brisé, la gorge de pigeon brisée & non brisée. A l'égard du mors à porte & du pas d'âne , il n'est Les diffé- rents mors.gueres en usage que pour les Chevaux de carosse. J'ai dessiné un mors à miroir G qui peut servir quand un Cheval de carosse passe sa langue par dessus son mors pour l'en em- pêcher.

Outre ce que je viens de dire du mors de quelque espece Position du mors.qu'il soit, qui est qu'il doit porter à un pouce du crochet sur les barres : il faut observer encore qu'il n'excede pas trop la bouche de chaque côté, & aussi qu'il ne soit pas trop court, de façon que les levres soient prêtes à recouvrir les bossettes, quand cela arrive on dit qu'un Cheval boit fa bride, ce qui eft difgracieux.

Les groffes gourmettes rondes H font les plus douces : les gourmettes fines font plus rudes, parce qu'elles ferrent plus exactement : les gourmettes quarrées L font très-rudes à caufe de leurs quarres : les gourmettes à charnieres K font quafi hors d'ufage, elles font plus douces que les gourmettes quarrées, & comme elles font difficiles à faire on fe fert mieux des gourmettes rondes : la plus rude de toutes les gourmettes eft celle du mors à la turque M M, celle-là tient au mors dans la bouche, & en reffort pour entourrer le menton, on ne doit s'en fervir qu'à un Cheval qui a la bouche perdue & qu'on ne fçauroit retenir par aucune efpece de bride; il en eft de même de la gourmette N à ciguette dont les pointes de fer entrent dans le menton quand on tire la bride.

La gourmette doit porter précifément au deffous de l'os de la barbe pour faire fon effet : car fi elle pofe plus haut, c'eft-à-dire fur l'os, le Cheval la fentira peu, il en eft de même fi elle portoit fur le menton. Il y a façon de mettre la gourmette, c'eft-à-dire, de faire entrer le maillon dans fon crochet ; toute gourmette a un plat qui eft un côté qui n'eft pas boffu, c'eft ce plat qui doit toucher au Cheval ; il faut auffi que la gourmette foit proportionnée au tour qu'elle doit faire, de façon qu'elle ne ferre pas la barbe quand on l'accroche par le deuxiéme maillon, qui eft toujours celui qui doit fervir pour le mieux.

Quelques perfonnes font attacher & fouder un reffort de fer b au haut du crochet de la gourmette, ce qui forme une efpece de porte-moufquet qui empêche la gourmette de fortir quand elle eft une fois mife.

Plus l'œil qu'on appelle auffi l'œil du banquet eft bas & renverfé en arriere, moins la gourmette a d'effet ; & au contraire plus il eft haut, & plus la gourmette agit fur la barbe.

Il fe fait de plufieurs fortes de branches, fçavoir la buade ou branche à piftolet O O O qu'on forge plus ou moins longue, celle-là tombe tout droit ; c'eft la plus douce des branches, & plus elle eft longue, plus elle eft douce. Le filet P qu'on met à un Cheval pour le faire fortir en main, eft une efpece de bride à longues branches ou buade : les Marchands de Chevaux font fortir leurs Chevaux avec des filets très-longs de branches , afin que leurs garçons leur foutiennent toujours la tête haute. Enfuite viennent les branches courbées plus ou moins hardies QQQ , c'eft-à-dire , qui avancent plus ou moins en devant , celles qui avancent le plus font les plus rudes : plus le coude eft grand , plus elles ont de force : celles qui ont un genouil & un jarret s'appellent branches à la françoife : celles dont le tourret n'eft pas tout-à-fait au bas de la gargouille s'appellent à la connétable Q. *x* & celles qui n'ont point de genouil s'appellent à œil de perdrix Q *y* : les branches flafques R font celles qui font courbées du côté du col , celles-là ont très-peu d'effet.

Après ce que nous venons de dire, l'ordonnance de l'embouchure confifte à donner toujours à un Cheval la bride la plus douce , & qui lui fafle cependant effet : enfuite c'eft au Cavalier à ménager fi bien la bouche de fon Cheval qu'il lui rende par fes bonnes leçons auffi agréable qu'elle peut le devenir ; enfin le plus court moyen eft d'effayer plufieurs mors à un Cheval, & de s'en tenir à celui qu'on fent qui lui va le mieux , & qui le maintient dans la plus belle fituation fans le gêner , quelque efpece de bouche qu'il ait. L'ordonnance de l'embouchure.

Il y a des Chevaux qui ont la mauvaife habitude de prendre une branche de la bride avec les levres comme pour joüer avec , c'eft une efpece de tic fort incommode au Cavalier : pour empêcher cela, il n'y a qu'à attacher deux cuirs fins au banquet fous les boffettes , & on les agraffe l'un à l'autre dans le milieu, cela fe trouve au deffus de la gourmette : on verra que le Cheval ne peut plus prendre la branche, parce que cette invention la fait tourner en dehors.

* Comme les Chevaux de caroffe ont communément la bouche plus forte que les Chevaux fins , les barres plus charnues & moins fenfibles ; à ceux-là il faut des mors qui fe faffent fentir , le tout en proportion de leurs bouches à celle des Chevaux fins, obfervant toujours ce que je viens de dire.

Les Chevaux de tirage s'embouchent avec des mors creux de fer S ou des billots de bois.

Aux Chevaux de felle feulement on met un bridon dans la bouche : ce bridon eft une efpece de petit mors fort leger brifé au milieu qui s'appelle bridon Anglois T , ou bien il Les bridons.

est composé de trois pieces & brisé en deux endroits, celui-
ci se nomme bridon François V : sa monture consiste en deux

PL. XXIV.
Fig. C.

montans 77 attachés aux anneaux du bridon, un frontail 8,
& une rêne 9. Ce bridon est une piece nécessaire à un Cheval de selle, premiérement en ce que si une rêne vient à se
casser, ou qu'il arrive quelque autre accident à la bride qui
la rende inutile, si on n'avoit pas de bridon on se trouveroit
à la merci du Cheval , & on courroit quelquefois risque
de la vie sur un Cheval ardent ou animé qui s'en iroit à sa
volonté où bon lui sembleroit ; au lieu qu'alors on se sert du
bridon pour le diriger ou pour l'arrêter ; de plus c'est au
moyen du bridon qu'on raffraîchit & qu'on soulage la bouche du Cheval en rendant de tems en tems la main & prenant le bridon.

PL. X.
Gros bri-
dons.

On commence à monter les jeunes Chevaux avec de gros
bridons X pour les accoutumer à avoir du fer dans la bouche , afin qu'ils puissent souffrir plus aisément la bride par
la suite. Les Anglois montent & courent leurs Chevaux en
bridon, afin de leur donner plus d'haleine, & qu'ils puissent
aller plus vîte & plus long-tems ; ce n'est point notre maxime , celle-là n'est bonne que sur un terrein bien uni : car dans
tout autre il y auroit danger de faire des chûtes dangereuses, puisqu'un Cheval en cette situation s'en va sur ses épaules, & le nez haut, & qu'il ne se sert point de ses hanches :
d'ailleurs cette façon de courre ne nous paroît pas avoir
beaucoup de grace : nous voulons au contraire que les
épaules soient soulagées au dépens des hanches qui doivent
partager une partie du travail, que le bout du nez soit bas
& le col élevé.

Le masti-
gadour.

Le mastigadour Y est une espece d'embouchure, mais qui
ne sert que dans l'écurie , on met le Cheval au mastigadour pour le faire écumer , par conséquent lui décharger
le cerveau , l'empêcher de manger & lui donner appétit :
on le tourne pour cet effet en sa place , & on lui laisse
le mastigadour dans la bouche plus ou moins de tems selon
les cas.

CHAPITRE XVI.

Des Caveſſons.

IL ſe fait de trois ſortes de caveſſons, celui qui ſert à plus
d'uſages eſt le petit caveſſon, ou le caveſſon à charniere,
ou à trois anneaux, *fig.* A. Le caveſſon eſt pour ainſi dire, PL. XXIV.
une eſpece de muſerole de fer ſur le nez, & de cuir ſous la
ganache, tenue en ſa place par deux montants de cuir & un
frontail : les plus commodes ſont de fer à charniere, c'eſt-à-
dire, qui ſe briſent des deux côtés du chanfrain du Cheval :
on rembourre ce fer I I I de peur qu'il ne le bleſſe, & on laiſſe   PL. X.
ſortir au travers de la remboûrure les trois anneaux 444 dont
un ſur le nez & les deux autres aux deux côtés ; quand on
veut trotter un jeune Cheval autour du pilier, on paſſe une
longe de corde dans l'anneau du milieu, & le Palfrenier tenant le bout de cette corde ſe met au centre du rond que le
Cheval décrit en trotant ; quand on veut promener un Cheval malade ou autrement en main, le même anneau du milieu ſert de même, le Palfrenier s'éloignant du Cheval autant
& ſi peu qu'il veut, &c. Les deux anneaux des deux côtés
ſervent à mener un Cheval avec deux longes de corde tenues
à droite & à gauche par un ou pluſieurs Palfreniers : on ſort
ainſi un Etelon dans le tems de la monte pour aller à la Jument, &c.

Le gros caveſſon *fig.* b n'a qu'un uſage, qui eſt celui du PL. XXIV.
pilier au Manége : quand on veut mettre un Cheval entre
deux piliers, on l'attache aux piliers par le moyen de ce caveſſon fait d'un gros cuir fort large : le deſſus de la tête eſt
quelquefois rembourré, mais la muſerole l'eſt toujours, parce
qu'on met ce caveſſon par deſſus la bride du Cheval ; des
anneaux de ce caveſſon partent deux longes de corde qui
s'attachent aux piliers.

Le troiſiéme caveſſon s'appelle à ciguette I I I I, c'eſt-à-dire, PL. X.
à pointes en dedans, il eſt de fer & tout d'une piece, on ne
pourroit gueres s'en ſervir que quand on mene en main un
Cheval trop fougueux.

CHAPITRE XVII.

Des licols, des lunettes & de tous les autres utenciles du garde-meuble.

PL. XXIV. IL y a trois fortes de licols qui fervent aux Chevaux, fça-voir lé licol de corde *g*, le licol de fangle *f* & le licol or-dinaire de cuir *e*, on ne fe fert gueres que dans un Haras des deux premiers ; le troifiéme qui eft celui de cuit fert aux Chevaux de felle & de caroffe, le licol de corde n'a qu'une têtiere & une muferole, le licol de fangle eft compofé de même, il a de plus une petite corde qui fert de fous-gorge & un anneau de fangle 2 à la muferole dans lequel on met une corde pour attacher le Cheval.

Les licols de cuir font à une ou à deux longes, ils font compofés d'une têtiere avec frontail & muferole, les mon-tants & la muferole vont s'attacher fous la ganache au même anneau de fer 3, & font joints fur le côté par deux paffants 44. On met une ou deux longes de cuir ou de fer à cet an-neau, la longe de fer fe met lorfque le Cheval ronge le cuir.

Si les Chevaux font fujets à fe délicoter, voici un licol excellent *l* & avec lequel jamais un Cheval ne fçauroit fe délicoter, à celui-ci il n'y a point de fous-gorge, ou plûtôt il y en a deux qui vont fe croifer & fe rendre à deux anneaux quarrés 55 qui font au bas des montants, auxquels anneaux tiennent auffi le devant & le derriere de la muferole ; une efpece de bouton plat & lâche *o* affemble le milieu de cette croifée qui fe trouve au deffous des os de la ganache vers la fin du canal : quand le licol eft en place, on attache les lon-ges aux deux anneaux quarrés 55.

PL. IX.
Des lunet-
tes. Les lunettes CC fe mettent à la tête des Chevaux dans quel-ques occafions où on ne veut pas qu'ils voyent, foit où on les mene, foit ce qu'on veut leur faire : ce font deux efpeces de petites affiettes de cuir dont le dos eft du coté du fpectateur, elles font jointes enfemble par un deffus de tête, une fous-gorge & un frontail, le dedans eft doublé d'une ferge verte, afin que l'œil ne foit point bleffé.

Cc

Ce que j'appelle utenciles du garde-meuble eſt ce qu'on y va chercher quand on en a beſoin, comme couvertures, felles, bats, caveſſons à trois anneaux *a*, bridons *b. c.* brides *d*, licols de cuir *e l*, licols de fangles *f*, licols de corde, gros caveſſons de piliers *h*, maſtigadours *i*, trouſſe-quëue *m* pour les fauteurs de Manége, la potence ou toiſe pour meſurer la taille des Chevaux B B, la chambriere *u* pour faire trotter les Poulins & pour les fauteurs entre les piliers : du reſte on renferme dans les gardes-meubles de Manége l'épée *o* qui ſert à enlever la tête *x* en courant à toute bride, le javelot *p* pour percer la tête de Méduſe *s*, le dard *q* pour lancer à la tête *r*, la lance *t* pour courre la bague *n* ; on en court ordinairement cinq, dont la premiere & la plus grande s'appelle la porte cochere, & la plus petite le pucelage.

Utenciles du garde-meuble.
PL. XXIV.

CHAPITRE XVIII.

De la ſelle & de tout ce qui ſert au corps du Cheval de ſelle.

Avant de parler de la ſelle même, il eſt néceſſaire de connoître la fondation ſur laquelle elle eſt bâtie. Cette fondation eſt de bois de hêtre, & c'eſt d'elle que dépend principalement la bonne ou mauvaiſe façon de tout le reſte de la ſelle : on appelle cet aſſemblage de bois de hêtre des arçons A A A, il eſt compoſé de onze pieces de bois dont les principales à l'arçon de devant ſont le garot ou l'arcade *b*, les mamelles *c c c* & les pointes *d d d d* ; les bandes *e e e e* joignent l'arçon de devant à celui de derriere, les arçons de derriere ſont plus ouverts que ceux de devant, & ſont compoſées des pointes & du pontet *f*. Voilà ce qui eſt néceſſaire au Cheval & pour le Cavalier, on a ajouté à l'arçon de devant les liéges *9 9 9* & le trouſſequin *h h* à l'arçon de derriere ; l'arçon de devant eſt ferré en deſſous d'une bande de tole ou de fer H. Les liéges ſont maintenus enſemble par une bande de fer *i*, les porte-étriviere *l l* ſont cloués aux bandes, ainſi que deux boucles à chacune *m m m m*, pour y mettre les contre-ſanglots qui doivent attacher les ſangles : on ſoutient le trouſſequin quand on en met un avec deux petites bandes de fer *n n n* ;

PL. XI.

Arçons.

S

j'oubliois de dire qu'on appelle le colet de l'arçon, l'épaiſſeur du garrot *o*.

Paneaux.   Sur ce baſtis de charpente, on forme la ſelle des parties
qui la compoſent : les paneaux *fig.* B, A A, ſont très eſſen-
tiels, ce ſont deux couſſins rembourés, qui touchent immédiatement le Cheval : on les voit en renverſant la ſelle : les
Quartiers. quartiers *fig.* C, B, cachent les arçons des deux côtés en
deſſus, & garantiſſent les cuiſſes du Cavalier, des ardillons,
des ſangles, & de la ſueur du Cheval : on les fait de cuir,
Siége. de drap, ou de velours : ils ſont ſurmontés du ſiege, qui
eſt ordinairement rembourré *c* au bout du ſiege en devant :
Baſtes. on garnit les liéges, s'il y en a, avec des baſtes rembour-
Trouſſe- rées D, & ſi on a mis à l'arçon un trouſſequin, on le
quin. rembourre auſſi : on attache un pomeau F, quand on veut
Pommeau. en avoir un au-deſſus du garot de l'arçon ; & on met au pon-
tet un anneau de cuir, ou de fer quarré G, pour y paſſer
Croupiere. la croupiere H ; on attache à l'arçon de devant les crampons
Porte-piſ- de piſtolets *fig.* D, I, & des boucles qui tiennent la potence
tolets. *fig.* C, L L, du poitrail M, & alors la ſelle eſt faite & gar-
Poitrail. nie : quand on y a ajouté les étrivieres N, & étriers O, deux
Etrivieres, ſangles P P, & un ſurfait Q, un poitrail M, & une crou-
étriers, ſan- piere H.
gles.   Venons à preſent aux ſelles qui ſont en uſage pour les
Voyageurs, ou pour la guerre ; c'eſt la ſelle à la royale, &
celle à trouſſequin, qui ſert aux Valets, à la Cavalerie,
aux Dragons, &c.
Selle à la   La Selle à la royale *fig.* D, eſt compoſée d'un arçon de
royale. battes, & d'un trouſſequin, les quartiers ſe font de velours,
de drap ou de rouſſi : on orne communément ces ſelles de
galons, tréſſes & franges.
Selle à   La Selle à trouſſequin, eſt une ſelle plus groſſiere, elle eſt
trouſſequin. compoſée de deux arçons, avec des bandes : ſi c'eſt pour la
Cavalerie, il faut que ces bandes ſoient ferrées deſſus & deſſous, à cauſe des trouſſes que les Cavaliers portent ; leſdites
ſelles ſont faites d'un cuir de reſiſtance : on met deux
crampons, dans leſquels on paſſe deux courroyes à boucles, pour attacher les valiſes ou trouſſes, quatre crampons
de piſtolets, & un porte-mouſqueton : on y ajoute auſſi l'é-
tuy à mettre une hache, & une béche pour les dragons ;
& comme ils mettent quelquefois pied à terre pour com-

battre, on ajoute un crampon à l'arçon, de devant dans lequel on passe une courroye qui va d'un Cheval à l'autre : ces courroyes attachent ainsi tous les Chevaux ensemble.

La Selle à piquer *fig.* E, n'est en usage qu'au Manége : elle est composée de deux arçons, avec des bandes de fer : on attache les deux grandes bandes aux arçons à treize pouces de siége : on coût les battes de derriere avec un fond de bois que l'on garnit de toile, qu'on embourre avec de la paille ou foin piqué à six rangs de piqueures pour les rendre fermes ; puis on les garnit pardessus de cuir ; les bastes de devant sont ajustées de même ; ces bastes avec celles de derriere étant fort hautes, enchassent pour ainsi dire entre elles les cuisses du Cavalier, & augmentent sa fermeté : on met les étriers à cette selle, par le moyen d'un chapelet *fig.* F, dont on passe la couronne autour du pomeau : chaque Académiste a son chapelet à la main, qu'il met sur chaque Cheval qu'il monte & qu'il ôte quand il en descend ; par ce moyen, les étriers sont toujours à son point.

La Selle raze, ou demi-Angloise, & la selle Angloise, sont celles, dont communément les Chasseurs se servent comme plus legeres & moins embarassantes.

La Selle raze *fig.* C, est un arçon composé tout de bois, avec deux petits liéges qui sont colez sur l'arçon de devant, ausquels on ajuste des battes ; il n'y a ni battes ni troussequin derriere : on met aux arçons des porte-étrivieres doubles, pour y attacher double étrier & étriviere : les seconds étriers, qui ordinairement sont à l'Angloise, sont attachés à un porte-étrier de cuir, qui tient à l'arçon de derriere, & que le Cavalier a mis à son point ; ainsi si son étrier se casse ou se défait, il ne fait que détacher cet autre étrier qui lui sert à la place du premier.

La Selle Angloise ou à l'Angloise *fig.* G, est une selle dont l'arçon est fort petit : les quartiers arasent les bandes de l'arçon, venant à rien à l'arçon de derriere : le siége est coupé en deux pieces justes ensemble, avec un jonc de cuir ou de soye, & cousu tout autour des quartiers : le siege & les quartiers étant ainsi cousus ensemble, on les applique, on met les porte-étrivieres doubles, & deux ou trois contre-sanglots de chaque côté pour les sangles : on ne met à cette selle, ni poitrail ni croupiere.

Selle à piquer.

Selle raze, ou demi-Angloise.

Selle Angloise.

S ij

Comme la felle à bafque, & la felle de courfe, font des efpeces de felles Angloifes, je vais les décrire tout de fuite.

Selle à baf-que. La felle à bafque, fe fait plus moyenne que la felle Angloife; les quartiers font coupés fort petits, & la genoüilliere eft coupée en rond; on met un entre-jambe que l'on cloue à l'arçon, pour éviter le danger des boucles.

Selle de courfe. La Selle de courfe, ne fert qu'aux courfes de Chevaux, qu'on veut faire courre, l'un contre l'autre: celle-ci eft très-petite & exceffivement legere; elle reffemble en mignature à la felle à bafque: on met le faux fiége fort mince: on pofe les quartiers, & le fiége tout enfemble: on les colle fur la feutrure: on rabat la felle fur l'arçon, tout autour, & on l'y cloue: on fait une paire de panneaux très-minces: quand ils font rembourés & pofés, on fait fondre de la poix noire, & on en enduit tout le deffous des panneaux, pour que cette poix prenne fur le poil du Cheval, quand il fera fa courfe: quand la courfe eft finie, on rafe l'endroit où le poil eft imbu de poix.

Selle de femme. On appelle Selle de femme, *fig.* H, une felle faite exprès pour fervir aux femmes, qui ne montent point à Cheval, jambe deçà jambe delà; c'eft une felle à arçon de bois; l'arçon de devant fe fait à col d'oye *a a*, & on y ajoute une main de fer *b b* que la femme empoigne, quand elle eft affife fur la felle: on ajoute encore un petit couffinet *c c* devant la felle; & on met une houffe en fouliers, qui s'attache à un petit crampon qui eft à l'arçon: il n'y a à cette felle qu'un étrier qu'on rembourre.

Il fe fait d'autres efpeces de felles moins confidérables, qui fervent à differens ufages, comme la felle de pofte, la felle de poftillon, la felle pour les Courriers de males, la felle de Fourgoniers.

Selle de pofte. La Selle de pofte eft compofée d'arçons de bois, avec deux grands liéges, que l'on garnit de cuir, qui fervent de battes: le trouffequin, eft de deux pouces & demi de hauteur: les deux bouts rabatus, ledit arçon à feize ou dix-fept pouces de longueur: on fait le fiége de peau de mouton paffé à l'huile; & on coud deux entrejambes fur les quartiers de ladite felle: on coud des bourfes derriere ladite felle aux quartiers, pour mettre ce qu'on veut dedans: les fangles, la croupiere & le poitrail, font de cuir blanc.

La felle de poſtillon, eſt compofée d'un arçon de bois à trouſ-
fequin, faite de cuir noir, qui accompagne les harnois de
Chevaux de caroſſe : on met des bourſes fur les quartiers
pour la commodité du poſtillon ; les fangles font de cuir,
& la croupiere fera conforme aux harnois de caroſſe.

Selle de poſtillon.

La Selle des Courriers de males, eſt compofée de deux arçons fort épais, avec de longues bandes de fer fort épaiſſes,
où il y a trois boucles, avec des chapes de fer, qui font rivés
aux bandes : on met au trouſſequin, qui a dix pouces de hauteur, quatre équerres de fer clouées aux bandes & au trouſ-
fequin, pour empêcher que l'arçon ne caſſe, à cauſe de la
male qu'on met derriere la felle. Le fiége eſt de chamois ou
de veau ; il releve beaucoup du devant : on met quatre crampons de piſtolet à l'arçon de derriere, pour y attacher la male : on fait un grand couſſinet à garde-flanc fort épais, avec
deux barres de bois qu'on lie fur ce couſſinet, & qu'on attache avec des courroyes qui perçent tout au travers du couſſinet : on ajoute à cet équipage quatre courroyes d'un pouce
de large, & de fix pieds de long pour lier la male.

Selle des courriers de males.

La Selle des Fourgoniers, eſt une felle à arçon de bois fans
liéges, avec un fort petit trouſſequin : les quartiers de cuir liſ-
fé, le fiége de veau noir.

Selle de fourgo-nier.

Après avoir décrit la façon de pluſieurs eſpeces de felles, & à
quel ufage on les met : voyons maintenant ce qu'il faut pour
qu'une felle foit bien faite & commode en même tems au Cavalier & au Cheval ; ce qui dépend beaucoup de l'arçon bien
fait & bien choiſi. L'eſſentiel pour le Cheval, eſt que la felle
porte par tout également, c'eſt-pourquoi il faut que les arçons ne foient ni trop ouverts ni trop ferrés d'une pointe à
l'autre, tant celui de devant que celui de derriere : c'eſt cette
tournure juſte des arçons qui en fait le mérite ; car fi les pointes ferroient trop, les mamelles ne toucheroient point, & fi
les pointes étoient écartées, la felle fouleroit fur les mamelles,
& feroit venir des cors : enfin il faut que la preſſion foit égale
depuis l'endroit où l'arçon commence à pofer fur le Cheval, qui
eſt près du garot & des roignons, juſqu'où il fe termine, qui
eſt à la moitié de l'épaule & fur les dernieres côtes, le tout
quand les pancaux font pofés, leſquels paneaux doivent empêcher l'arçon de toucher fur le garot, fur l'épine du dos,
qu'on appelle la longe, en terme de Sellier, & fur le milieu des
deux roignons.

Conſtruc-tion des felles.

Les paneaux se rembourrent avec du crin, de la bourre de cerf ou de bœuf ; celle de cerf est préférable à celle de bœuf, parcequ'elle s'endurcit moins à la sueur ; il faut qu'ils soient rembourrés bien également, & que la toile soit déliée, car la grosse s'endurcit d'abord à la sueur : il est donc question que les paneaux éloignent assez du Cheval le haut des arçons, & qu'ils empêchent les côtes de porter à cru sur son corps ; pour cet effet, deux doigts de rembourure sont suffisans, davantage nuiroit au Cheval & au Cavalier, par les raisons que nous allons dire, quand nous parlerons de la maniere dont il faut que la selle soit faite pour la commodité du Cavalier.

Or voici ce qu'il faut observer pour que la selle soit commode à l'homme. 1°. Qu'elle soit proche du Cheval, de façon qu'entre les cuisses de l'homme & le corps du cheval, il y ait le moins de distance que faire se pourra, parceque plus on s'éloigne de l'origine du mouvement, plus il devient étendu : ainsi plus l'homme sera loin du Cheval, plus le mouvement du Cheval se fera sentir à l'homme, & par contrecoup plus le mouvement que l'homme endurera, fatiguera le Cheval : ainsi comme je viens de dire, deux doigts de rembourure aux paneaux sont suffisans, ce qui élevera l'homme au-dessus du garot du Cheval, de deux ou trois doigts tout au plus, qui est la distance ou le vuide qu'il doit y avoir au milieu, depuis le garot jusqu'aux roignons : il faut aussi que l'arçon n'ait qu'un pouce de colet.

2°. Il faut que la selle soit longue sur bandes ; les bandes sont de bois ou de fer, il faut qu'elles soient assez longues pour qu'on puisse être assis entre les deux arçons, & qu'on ne porte pas sur l'arçon de derriere où on seroit assis durement & incommodement : les bandes doivent être aussi près l'une de l'autre, au haut de l'arçon de devant ; car si elles sont attachées trop bas & éloignées l'une de l'autre, elles éloigneront l'homme du Cheval, & elles l'incommoderont quand il voudra serrer les cuisses : il faut aussi qu'elles soient rapées, en adoucissant à l'endroit des cuisses, afin qu'elles rencontrent ces bandes à plat & non en tranchant.

3°. Il faut aussi pour la commodité du Cavalier, que la selle ne soit gueres plus élevée sur le devant que sur le derriere : si elle est trop haute du devant, l'homme est assis sur le crou-

pion, & a les reins fatigués ; fi c'eft du derriere, elle le porte
en devant, lui donne une fituation très-defagréable & très-
mauvaife : cette fituation & cette conformation de felle, attirera la croupiere, qui en fe tendant trop, ne manquera pas
d'écorcher le Cheval fous la queue : enfin il faut en général
qu'une felle foit auffi légere que faire fe peut, & qu'elle tienne l'homme près du Cheval & affis à fon aife.

Les felles veritablement Angloifes, ont ces qualités : on
croiroit d'abord qu'elles porteront à vif fur le garot, mais
auffi-tôt qu'on eft en felle, les bandes font ajuftées & tour-
nées de façon, que le poids fait élever la felle fur le devant :
de forte qu'elle ne peut porter fur le garot, ni bleffer le Cheval : elles font ainfi très-près du Cheval fans l'incommoder,
& par conféquent l'homme en eft plus ferme, quand il y eft
accoûtumé. Le feul inconvénient qu'elles ont, eft d'être dures à un homme maigre, ou à qui n'y eft pas accoûtumé, parcequ'elles ne font point rembourées ; mais quand on y eft
fait, on les trouve excellentes, & on s'écorche moins en
courant, parcequ'elles n'échauffent pas les feffes, comme
celles qui font garnies.

Les demi-Angloifes font auffi legeres & bonnes, mais les felles à la royale, font fujettes à être trop garnies & à trop éloigner l'homme du Cheval.

L'ufage de mettre des couvertures avant la felle, eft bon
pour empêcher les paneaux de durcir & de fouler le Cheval,
celui de coudre fous les paneaux une peau de chevreuil, le
poil en dehors, évite le même inconvénient. Ce qui nous
refte à dire fur cet article, n'eft que le refultat d'une partie
de ce qui vient d'être dit : fçavoir, que celui qui veut mettre une felle fur fon Cheval, doit obferver premierement de
la placer juftement au milieu du corps : fi on la mettoit trop
en arriére, & que le Cheval foit étroit de boyaux, les fangles couleront d'abord le long du ventre jufqu'au fourreau :
fi elle eft trop en avant, le poids de l'homme qui fe fera fentir fur les épaules, fera marcher le Cheval contraint, &
le fera fouvent broncher ; c'eft pourquoi il faut que l'arçon
de devant foit placé au défaut des épaules à un endroit enfoncé aux Chevaux maigres, que les Selliers appellent les falieres des épaules : fi la felle eft trop avancée, ou les pointes
des arçons trop étroites, la chair des épaules paroîtra bour-

Couvertu-
res fous la
felle.

Pofition
de la felle.

soufflée au droit de la pointe des arçons, fur-tout en marchant.

Pour connoître enfuite, fi la felle porte bien par tout & s'éloigne où il faut, vous ferez monter un homme fur le Cheval fellé, vous paſſerez votre main de tous côtés, pour voir fi tout preſſe également, & fi elle ne porte point fur le garot; fur le dos & aux roignons : enfuite vous vous mettrez vous-même en felle, pour voir fi vous y êtes commodément.

La felle étant bien ajuftée fur le Cheval & commode au Cavalier, il faut avoir attention à tous les harnois, c'eſt-à-dire, à tout le reſte de l'équipage qui en dépend, c'eſt ce que nous allons détailler.

De la crou-
piere. La croupiere eſt deſtinée à maintenir la felle en fa place, & à l'empêcher de venir en avant, principalement dans les deſcentes, mais elle ne doit point être trop tendue, parce qu'elle preſſeroit fous la queuë, & écorcheroit infailliblement le Cheval. Il y a même des Chevaux qui fe mettent à ruer, quand la croupiere ferre trop ; elle ne doit pas non plus être trop lâche, parce qu'elle n'empêcheroit pas la felle de couler fur les épaules aux deſcentes, & de plus qu'elle auroit mauvaife grace : le culeron de la croupiere doit être plus gros que mince, de peur d'écorcher & de couper fous la queue : il faut ôter exactement le crin de la queue de deſſous le culeron ; car en froiſſant la peau fous le culeron, il écorcheroit infailliblement.

Il fe fait des croupieres de pluſieurs façons, celles qui ont des boucles, font les moins bonnes, car il faut avoir attention que la boucle ne porte pas fur le roignon ; fi elle y portoit, elle écorcheroit le Cheval trés-dangereufement, & même fi on voyoit qu'elle commençât à emporter quelques poils, il faudroit fur le champ mettre de la peau de veau ou de chevreüil fous la boucle, le poil tourné du côté du poil du Cheval.

Les croupieres à l'Angloife, font les meilleures ; la boucle pour racourcir & allonger, eſt au milieu de la croupiere, & celle qui tient à la felle & dans laquelle la croupiere paſſe, n'a point d'ardillon. Les croupieres de chaſſe n'ont que deux crampons de cuir, qui les attachent à la felle : il faut que ces crampons ne foient pas trop gros, & qu'ils foient bien attachés :

chés: il n'y a point à craindre que la boucle écorche , puiſqu'elles n'en ont point : il y a des croupieres qui quoiqu'elles ne ſoientguéres en uſage , parcequ'elles font un effet deſagréable à la vûë , ne laiſſent pas d'être fort bonnes, elles ont deux boucles éloignées , chacune de quatre pouces de l'endroit où on attache communément la croupiere : cette façon tient mieux une ſelle à ſa place qu'aucune autre croupiere ; à l'égard des écorchures de la croupiere & de leurs remedes, voyez le Chapitre XII. du Traité des Playes.

Le poitrail eſt fait , pour premierement empêcher la ſelle de couler en arriere, ſur-tout quand on monte une montagne : ſecondement, pour tenir les fontes de piſtolet en leur place, à côté de la ſelle ; à ceux-là , il faut abſolument deux potences, ayant chacune deux anneaux de cuir , dans leſquels on fait entrer les fontes. Il faut pour la proportion du poitrail qu'il ſoit de juſte longueur, que les potences ne ſoient pas trop longues , parce que le poitrail deſcendroit plus bas que le mouvement de l'épaule, & auſſi qu'elles ne ſoient pas trop courtes ; il ſeroit trop tendu , & couperoit le poil en pluſieurs endroits. Que les boucles qui tiennent le poitrail à la ſelle ſoient poſées, enſorte qu'elles n'entamenr pas le poil ; que ſi elles étoient trop avant , il faudroit les reculer entre l'arçon & le paneau , ou ſur l'arçon , ou bien mettre deſſous un morceau de peau de veau , ou de chevreüil, poil contre poil : ſi l'on voyoit auſſi que le poil ſe coupe à l'endroit des porte-piſtolets, il faudra y faire la même façon, ou bien fourrer cet endroit avec du cuir fort doux & de la laine en dedans.

Il eſt eſſentiel ici , d'avertir d'un accident très-dangereux, que peut cauſer le poitrail , ſur-tout quand un Cheval s'arme, ou que les branches de la bride ſont longues , & qu'on veut tenir trop dans la main, ou reculer ſon Cheval : le danger eſt que les branches ſe prenant dans le poitrail , & que ni vous ni le Cheval, ne pouvant les dégager, le Cheval viendra à reculer toujours par la douleur qu'il ſent aux barres, & enfin tombera en arriere, ou ſe renverſera : le plus ſûr eſt donc de n'avoir point de poitrail , quand on n'a point de piſtolets, & de prendre le crin de la main droite , quand on montera une montagne, afin d'empêcher la ſelle de couler. Quand les branches de la bride ſont très-courtes , il y

Du Poitrail.

a moins d'inconvenient à avoir un poitrail. On a inventé un reſſort qui tient un poitrail ſans potences, avec lequel ſi la bride s'engage, en tirant un bouton qui eſt à la ſelle, *fig.* C. 2,

Pl. XI.

près du garot, le reſſort laiſſe aller le côté du poitrail qu'il tenoit, & la bride ſe dégage ſur le champ, puiſque le poitrail ne tient plus que d'un côté.

Comme le reſſort du poitrail eſt extrémement utile par les raiſons que je viens de dire, il me paroît à propos de le décrire ici, & d'y joindre le Deſſein pris juſte ſur ſes proportions, tant pour la grandeur de la boëte, que pour les divers reſſorts qui ſont dedans.

La boëte & la boucle qui en ſort, ainſi que la branche qui fait agir les reſſorts en la tirant à ſoi par le bouton, y ſont marquées; ce qui paroît en dehors quand la boëte eſt en ſa place eſt marqué A; l'envers ou ce qui s'applique contre l'arçon au moyen des quatre vis *b b b b. b b* eſt marqué B; le profil de la boëte C en montre l'épaiſſeur, & l'endroit V où entre la queuë de la boucle D. La figure E montre le dedans de la boëte ſans la boucle, & la figure F montre la ſituation des reſſorts quand la queuë de la boucle a été pouſſée dans la boëte. On voit par cette Figure F. que la queuë de la boucle a pouſſé le reſſort *g*, & que le petit bec *h* pouſſé par le reſſort *k* eſt entré dans la rênure *mm* de la queuë de la boucle, & que tirant à ſoi la branche *n* on fait ſortir le bec de dedans la rênure de la queuë, & qu'alors le reſſort *g* ſe détendant fait ſortir & chaſſe de la boëte la boucle G à laquelle le poitrail eſt attaché du côté hors le montoir, & que par ce moyen les branches de la bride ſont dégagées.

On voit dans la Figure X la boëte *a* attachée à un arçon de devant & la branche *b* qui monte, elle ſort à côté du pommeau, il ne paroît que le bouton *d* qui tient à l'anneau *c*, comme vous le voyez paroître dans la Planche XI. en D 2, Figure C.

Ce qu'on appelle généralement les ſangles, eſt compoſé de deux ſangles, & un ſurfaix; ces trois piéces ont un coulant qui les aſſemble ſous le ventre, elles tiennent à la ſelle à droit. avec des contreſanglots, & on les boucle à gauche, quand elles ont fait le tour du ventre, avec de pareils contreſanglots. Les ſangles ſont faites pour tenir & ſerrer la ſelle ſur le dos du Cheval: il faut qu'elles ſoient larges & fortes, bien atta-

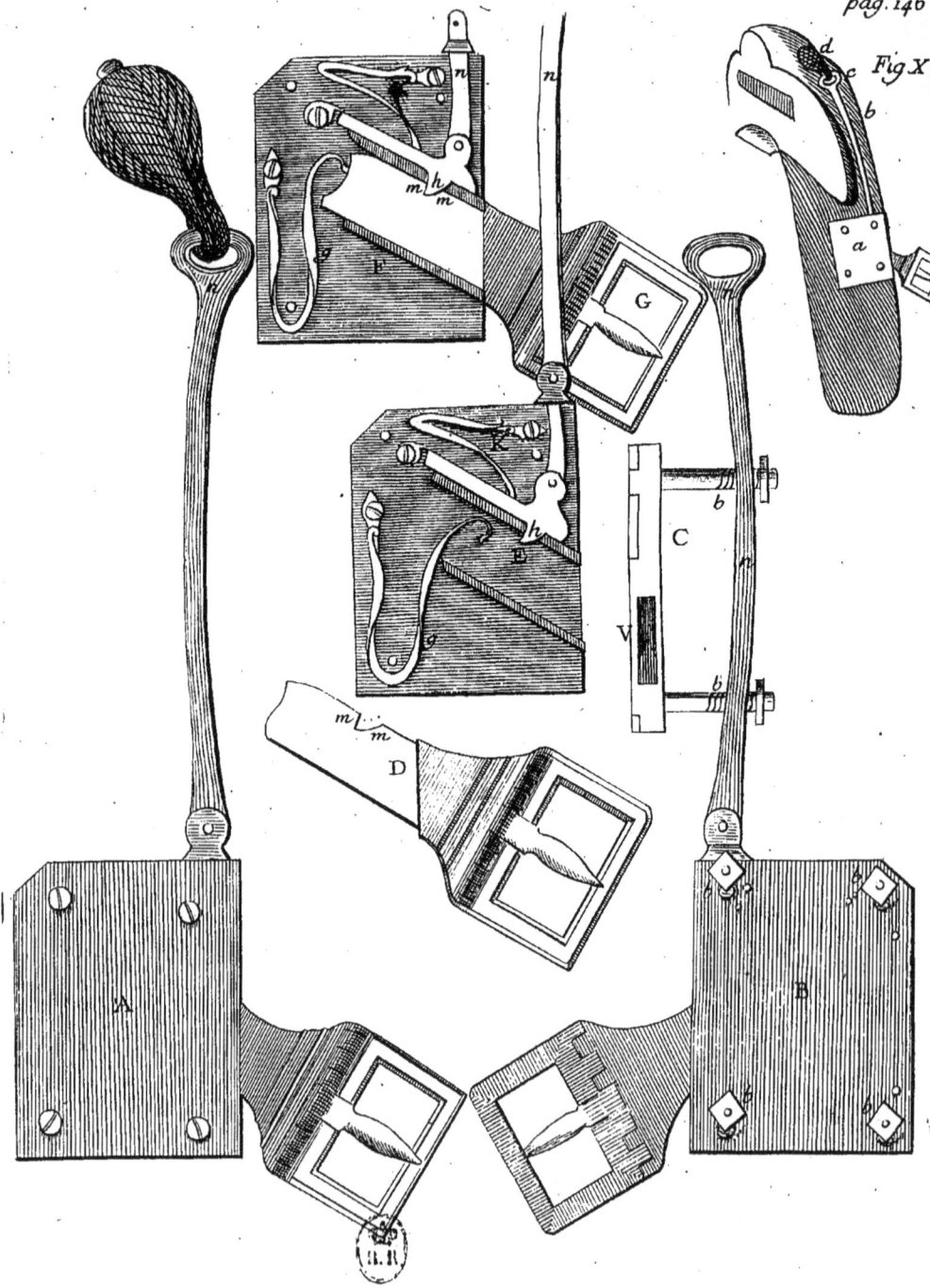

Fig X.

chées & bien garnies de boucles à l'Angloise, parceque celles-là ne déchirent jamais les bottes ou guêtres, avec les ardillons : les fangles d'Angleterre font les plus belles & les
mieux travaillées : que le furfaix foit bien large, ceux de
chaffe font très-bons & fanglent bien ; ils ont deux boucles,
dont une n'a point d'ardillon : que vos contrefanglots foient
de bon cuir d'Hongrie : il eft utile d'avoir doublés contrefanglots, parceque fi l'un venoit à rompre, l'autre fervira,
fans quoi on feroit obligé de laiffer traîner la fangle : prenez
garde que celui qui felle votre Cheval, trouvant les fangles
trop longues, n'y faffe un nœud pour les racourcir, car ces
nœuds peuvent fouler ou bleffer le Cheval.

On peut ferrer la fangle du devant, tant qu'on veut & le
furfaix auffi, quoique un peu moins ; mais il ne faut pas tant
ferrer celle de derriere, pour laiffer de la liberté à la refpiration du Cheval.

Il y a des Chevaux qui fe renverfent, quand les fangles les
ferrent quelquefois avant que le Cavalier foit en felle : à ceux-
là, il ne faut prefque pas les ferrer, ce qui eft une très-grande
incommodité. Quand on vous améne votre Cheval, voyez
s'il eft bien fanglé ; car il y a des Chevaux qui enflent le ventre dans le tems qu'on les fangle, & le moment d'après, ils
remettent leur ventre comme à l'ordinaire, & les fangles
fe trouvent trop lâches ; ainfi on eft obligé de les refferrer.

Les étrivieres qui font les longes de cuir, qui fufpendent **Des Etri-**
les étriers, doivent être de bon cuir d'Hongrie : ces longes **vieres.**
font doubles, par le moyen d'une boucle qui fert à les allonger
ou à les racourcir, fuivant que le Cavalier le défire, ce qui
s'appelle mettre les étriers à fon point : on les allonge ou racourcit d'un point, de deux, & ces points ne font autre chofe
que les trous, dans lefquels l'ardillon de la boucle doit entrer : il faut obferver que cette boucle foit du côté de la jambe de l'homme, & non du côté du ventre du Cheval, & de la
faire monter fous les quartiers de la felle, tout au plus haut
qu'elle puiffe aller, afin qu'on ne la fente pas fous le jarret :
il y a des perfonnes qui ont la mauvaife habitude de balancer toujours les jambes, en allant au pas par pays, & le haut
de l'étriviere bleffe les côtes du Cheval, & l'écorche au défaut de la felle ; c'eft pourquoi il faut qu'ils ayent la précaution de mettre une courroye qui aille de la pointe de l'arçon

de devant à celle de l'arçon de derriere, & de passer l'étriviere par-dessus.

Des Etriers. Les étriers tiennent aux étrivieres par l'œil, *fig.* C 3, ils doivent être grands, forts, & bien larges, pour qu'on puisse aisément en dégager ses pieds en cas d'accident : ils sont plus fermes, & ont plus de grace en arcade que tout ronds, & à grille qu'à barre : je crois qu'il vaut mieux qu'ils soient sans touret, car le touret s'use, & alors l'étrier ne tient plus & tombe.

PL. XII.
Des émou-
choirs & ca-
paraçons. Les émouchoirs ou caparaçons KK, qui servent à garantir le Cheval de la piqueure des mouches en Esté, peuvent aussi servir d'ornement, quand ils sont à mailles de soye bordés d'or, avec les volettes de soye *ll*, le tout de quelle couleur on veut, sinon on les fait de coutis, & les volettes de fil : on ne s'en sert gueres à la chasse, sur-tout quand on court dans le bois, parcequ'ils seroient déchirés.

Des crou-
pelins &
housses en
souliers. Les croupelins *ooo* servent à garantir l'habit du Cavalier de la sueur du Cheval, & font en même tems un ornement ; ils ne se font que de drap ou de velours, on les brode, ou on les galonne ; le tout à sa fantaisie. Les housses en souliers *pp* s'appellent ainsi, parcequ'on ne s'en sert que lorsqu'on ne met ni guêtres ni bottes, elles garantissent la jambe de la sueur du Cheval, elles entourrent toute la selle, & s'attachent avec deux rubans sur le garot du Cheval : on en accompagne les selles de femme, & on les orne comme les croupelins.

Des coussi-
nets à flanc. Les coussinets à flanc ou à garde-flanc *q*, se mettent en guise de croupelin, pour empêcher les males, ou porte-manteaux, de blesser le dos & le flanc du Cheval : ils se font de cuir, avec deux aîles qui garantissent les flancs, & qui communément sont de cuir double, garni & piqué.

Des housses
de main. Les housses de main RR, sont pour ainsi dire des couvertures de tout l'équipage du Cheval ; on s'en sert pour défendre de la pluye, la selle & le croupelin : quand on mene le Cheval sellé en main, elles sont de drap, & on les orne de broderie de laine ou soye, avec divers compartimens où paroissent les armes du Maître du Cheval. Sous la housse de main R, est cousue une sangle avec deux courroyes *s*, ausquelles on attache par deux boucles un surfaix *t*, qui fait le tour du ventre du Cheval : outre cela on attache encore la

houffe fur le poitrail du Cheval, avec deux boucles & deux
courroyes *uxxu*, afin qu'elle fe tienne en fa place.

La martingalle *yy*, n'eft autre chofe qu'une longe de cuir   De la mar-
qu'on attache aux fangles fous le ventre & à la muferole fous tingalle.
la ganache, pour empêcher les Chevaux fujets à donner des
coups de tête, de faire cette action.

C H A P I T R E XIX.

De l'Equipage des Chevaux de Caroffe.

LE fer de la Bride des Chevaux de Caroffe, eft le même   De la Brique celui des Chevaux de felle : il y a feulement quel- de.
que diverfité dans la têtiere, dont la matiere eft toujours la
même, tant pour la couleur que pour les ornemens que celle
du refte du harnois : d'ailleurs les Bourreliers appellent fous-
barbe A, le derriere de la muferole ; & mufeliere B, au lieu   PL. XIII.
de muferole, le devant qui paffe fur le nez : ils joignent quel- Fig. A.
quefois la fous-gorge & la fous-barbe fous la ganache, avec un
anneau de fer : on attache des œilleres C aux montans, pour
empêcher que le Cheval ne voye à côté de lui, afin qu'il n'ait
point peur, & ne foit point diftrait de fon travail par les objets qui l'approchent : les Bourreliers appellent frontau D, ce
qu'on appelle frontail, à un Cheval de felle : on orne quelquefois le côté de l'oreille en dehors d'un nœud d'oreille E,
à qui on donne differentes figures, fuivant fon idée : ce nœud
s'attache à la jonction du montant & de la fous-gorge : on y
ajoute quelquefois un gland F, qui pend à côté de l'œillere,
& on orne le deffus de tête d'une aigrette G. Dans le refte
des harnois des Chevaux de caroffe, j'y comprendrai encore
ceux des Chevaux de chaife : commençons par les Chevaux
du timon, dont chaque partie principale a fon utilité : on
multiplie fouvent quelques-unes de ces parties pour l'ornement : on fait les harnois de cuir blanc bordé ou noir, ou   Harnois.
de maroquin, de drap de velours, de rouffi, &c.

La chaînette de harnois, ou de timon A, tient au recule- PL. XIII.
ment d'un bout, & fon anneau paffe par le bout du timon & XIV.
jufqu'au crochet, & là on arrête avec un petit cuir les deux   Fig. B.
chaînettes des deux Chevaux de timon : le reculement
B B B B B B va s'attacher des deux côtés à la grande boucle

C C. C qui foutient le porte-trait : quand le Cheval recule, le reculement tire la chaînette, qui fait reculer le timon : le poitrail D. D , eſt large & renforcé, il va s'attacher des deux côtés à la grande boucle de l'épaule EE , c'eſt à ces deux boucles que tiennent les traits FFFF.F , qui paſſant dans les porte-traits *g g g g. g*, finiſſent par un anneau H H. H , formé par une boucle fans ardillon : ces anneaux fe ferrent aux deux bouts du palonier, & pour lors le Cheval eſt attelé : le couſſinet K. K , qui eſt rembourré, eſt caché par fa couverture, à laquelle font attachés deux anneaux, dans leſquels paſſent les guides LLL , & il y a au milieu deux petits cuirs *oo*, qui fervent à noüer les rênes de la bride, ce qui s'appelle enrêner ; ce couſſinet doit fe trouver fur le garot : il foutient le poitrail, par le moyen des deux barres de devant N N. N , les traits & une partie du reculement par le moyen des deux bras de bricole MM.M,& c'eſt auſſi au couſſinet que tient le trouſſe-chaînette *p*, fait d'un petit anneau de cuir & d'un petit bouton qu'on paſſe dans cet anneau ; quand ce petit bouton a paſſé auparavant au travers de l'anneau de la chaînette de timon : on arrête là cette chaînette, quand le Cheval eſt déharnaché. La patte S S. S S , d'où part le milieu du furdos Q. Q & les furdos *t t t*, part elle-même du couſſinet en arriere : tous les furdos qui foutiennent le reculement, viennent fe joindre au milieu du furdos, enſuite la pate fe fépare en trois parties, qui vont s'attacher à trois boucles de l'avaloire de deſſus V V. V , qui doit fe trouver au haut de la croupe, à l'endroit des roignons ; de cette avaloire qui eſt arrêtée à la groſſe boucle C C. C , où finit le reculement, part la croupiere X, qui eſt doublé au moyen de deux petites barres : les deux anneaux de cuir *y y. y*, dans leſquels on fait paſſer le bout des traits, quand le Cheval eſt déharnaché, tiennent auſſi à l'avaloire de deſſus : les barres *zz*, qui partent de cette avaloire, foutiennent l'avaloire d'en bas *2 2 2 2. 2*, qui tourne fous la croupe du Cheval, & va s'arrêter à l'anneau C C des porte-traits. Les ornemens qu'on met au harnois, communément font de cuivre doré & relevé : on augmente tant qu'on veut les furdos & les barres : on fait auſſi des harnois de timon fans avaloires ; ils en font plus legers & moins parants.

Il y a un anneau attaché au poitrail de chaque côté *3 3*, qui n'eſt mis en cet endroit, que pour recevoir le reculement

& le foutenir, afin qu'il ne s'évafe pas trop ; mais ces deux anneaux fe trouvent fervir à un ufage très-utile, pour empê- cher les Chevaux de ruer au Caroffe. C'eft une plate longe 4444 qui s'ajoute au harnois dans ce cas, & qui a un effet fûr : elle eft compofée de deux cuirs qui fe rejoignent en un, ou d'un gros cuir fort large, qu'on paffe autour du milieu du palonier : on le boucle enfuite en deffus avec une groffe boucle 6 : il fe fépare en deux longes, qui ont une traverfe 77, laquelle doit fe trouver fur le haut de la queue & fous la croupiere : la feconde traverfe 88, fe trouvera par-deffus la croupiere près de l'avaloire d'en haut : celle-là a une bou- cle pour la ferrer ou lâcher, felon le befoin. Voici le chemin que font les deux longes de cuir 4 : elles paffent fur le cule- ron fous les barres de la croupiere, fous l'avaloire de deffus, fous les furdos, fur les bras de bricole, & fe bouclent aux petits anneaux 33, qui foutiennent le reculement au poitrail. Il n'y a point de Cheval qui puiffe ruer avec cette machine : en Efté, quand on veut, on met par-deffus les harnois des émouchoirs à mailles, & en Hyver on met auffi par-deffus les harnois des houffes, dont l'objet devroit être de garantir le dos des Chevaux, de la pluye & de fe refroidir quand ils ont chaud, & qu'ils reftent long-tems arrêtés ; mais ce qui y conviendra le mieux, n'eft pas affez beau, qui feroit un cuir noir qui ne les échaufferoit point & qui ne perceroit pas à la pluye ; au lieu de cela, on les fait fuer d'abord avec des peaux d'ours, de tigres, &c. ou on leur met des houffes de drap rouge, qui percent à la pluye & leur tiennent long- tems le dos mouillé.

Plate lon- ge.

Emouchoirs & houffes.

Quand on attele fix Chevaux, les deux du milieu, ou les qua triémes, s'attelent à une volée avec deux paloniers, cette volée fe met au bout du timon, & y tient par le moyen d'u- ne chaînette de cuir.

On attele les Chevaux du milieu aux paloniers, comme ceux du timon par deux traits pareils A, qui font terminés à l'autre bout, ou du côté du poitrail par une boucle B, deftinée à boucler les traits des fixiémes Chevaux : d'ailleurs les harnois des uns & des autres, font compofés feulement d'un poitrail D, d'un couffinet K, de deux barres de devant N, pour foutenir le poitrail, de deux bras de bricole M, de deux furdos *t*, qui tiennent à une barre de croupiere fim-

Pl. XIV. Fig. C.

Harnois à 4 & à 6 Chevaux.

ple Z ; les traits des fixiémes, font foutenus par des porte-traits L, qui tiennent à la barre de croupiere : quand on attele à quatre, on ne met pas communément de volée, & on attache les traits O, à ceux des Chevaux de timon, le poftillon eft fur une felle décrite, Chapitre XVII.

Chevaux de chaife.

Comme les Chevaux de chaife, ne fçauroient s'atteler également à une chaife, parcequ'il y en a un qui eft enfermé entre les deux brancards, & l'autre à gauche du premier, attelé à un palonier, ayant fur lui un poftillon ; le harnois de chacun de ces deux Chevaux, eft different l'un de l'autre : voici

Fig. D.
Harnois du Cheval de brancard.

d'abord celui du Cheval de brancard. Il eft compofé d'une fellette A, qui eft une petite felle fort courte, les bandes fort larges ; on la garnit de cuir noir avec du clou doré, on perce lefdites bandes pour paffer deux courroyes à boucles B, qui fervent à maintenir à fa place la doffiere de la chaife : on perce l'arçon de devant pour y paffer une courroye, qu'on appelle la trouffeure C, qui fert à nouer les rênes du Cheval de brancard ; on garnit l'arçon de cinq grandes boucles, les deux de devant prennent les barres D de poitrail R, les deux de derriere prennent les petites barres E, qui foutiennent l'avaloire F, & la cinquiéme tient la croupiere : de cette croupiere part encore une barre d'avaloire G, qui fe trouve fur la croupe ; il part encore de la fellete un contre-fanglot H, qui foutient le poitrail, conjointement avec la barre de poitrail D : au bout du poitrail de chaque côte, eft un gros anneau de fer L, auquel tient un trait M, qui va fe boucler fous le brancard au trait de brancard, qui tient à l'effieu : le reculement N n'eft autre chofe qu'une courroye qui tient à un gros anneau, qui eft au bout de l'avaloire d'en bas ; on attache ce reculement à un crampon, qui tient au brancard, ce qui fait que quand le Cheval recule, l'avaloire tire à elle, & tend ce reculement, qui fait reculer les brancards : le Cheval eft attelé, quand le trait & le reculement font bouclés, & que la doffiere eft arrêtée fur la fellette : on ajoûte quand on veut deux anneaux O, aux deux côtés de la fellette, pour foutenir des guides qui fe bouclent dans les gargouilles de la bride, avec lefquelles celui qui eft dans la chaife, peut conduire le Cheval de brancard.

La longe de main P du Cheval de brancard, eft une courroye qui paffe dans les deux gargouilles de la droite à la gau-

che

che, & que le poſtillon tient toujours pour conduire le Cheval de brancard.

Le Cheval de côté de chaiſe, ou le bricolier, eſt attelé à un palonier, qui tient au brancard gauche de la chaiſe par deux traits, il a comme le Cheval de brancard un poitrail R, mais la barre qui ſoutient le poitrail, paſſe ſur ſa ſelle, & s'appelle deſſus de ſelle A : le ſurdos B, qui ſupporte les deux traits C, paſſe au travers du redoublement de la croupiere ; c'eſt communément une ſelle à trouſſequin, qui ſert au poſtillon : Voyez Chapitre XVII.

Fig. E.
Harnois du
bricolier.

CHAPITRE XX.

Des harnois des Chevaux de Tirage.

L'Eſſentiel des Chevaux, qui tirent à la charette, à la charrue, &c. eſt le colier : ces Chevaux ſont ornés à leur maniere, leur têtiere eſt de gros cuir, avec fronteau A, muſelieres B, & œilleres C aux montans ; mais quand on veut, on leur met des gros glands DD au fronteau, ſur le front, & à côté des oreilles, de petites aigrettes E, entre les oreilles : quelquefois on met du fronteau à la muſeliere, deux cuirs qui paſſent en croix ſur le chamfrain ; on leur met dans la bouche, ou bien un mors creux de fer, avec deux anneaux de fer F aux deux bouts, auſquels attachent les montans de la bride & les rênes, ou bien un billot de bois, avec deux pareils anneaux. Venons maintenant au colier & à ſa compoſition : les atteles GG, qui accompagnent ce qu'on appelle le veritable colier, & qui l'étayent pour ainſi dire, ſont de bois de hêtre, & occupent le devant du colier ; on donne au haut des atteles, telle forme que l'on veut ; car ce haut ne ſert qu'à la décoration ; on y peint quelquefois les armes du Maître de la voiture : on joint le colier aux atteles par devant & en haut par deux accouples HH, aux côtés par pluſieurs morceaux de cuir, appellés boutons KKKKK : deux cuirs appellés ſommiers O, embraſſent le derriere du colier, & viennent s'attacher vers le milieu des atteles en devant : il y a deux cuirs qui ſe croiſent au haut du colier, qu'on appelle la croiſée LL ; le bas des deux atteles eſt joint par une accouple de cuir M, & au-deſſous par la barre N, qui eſt de fer : le

PL. XIII.
Fig. C.
Bride.

Colier.

V

collier qui eſt de cuir rembourré P, entourre tout le devant de l'épaule, depuis le garot & le haut du poitrail : les rênes Q qui montent par-deſſus la croiſée, ſe joignent à une longe de cuir, qui continue avec un culeron & qui ſert de crou-piere : on couvre ordinairement le collier avec une peau de mouton, de loup, &c. dont on fait paſſer les deux côtés au travers des atteles : on attele les Chevaux de tirage, ou l'un devant l'autre, ce qui ſe pratique aux voitures qui ont deux limons ; ou l'un à côté de l'autre aux voitures qui ont un li-mon. Le premier Cheval qu'on met, & qui eſt ſeul entre les deux limons d'une voiture, s'appelle le limonier, c'eſt tou-jours le plus fort de tous ceux qu'on attelera enſuite ; celui-ci a un harnois que les autres n'ont pas ; il lui faut une ſellette de limon A : cette ſellette eſt compoſée d'arçons de bois qu'on appelle fuſts, & les bandes s'appellent aubes ; on les cloue ſur les deux fuſts : on la garnit de cuir noir ou de peau de ſan-glier : on met ſur le milieu de la ſellette une doſſiere de cuir large de ſept à huit pouces B, qui embraſſe les limons. Il y a des doſſieres, dont l'anneau eſt arrêté par un rouleau de bois C : le derriere du harnois, eſt compoſé de quatre bras d'a-valoires DD, deux ſur la croupe, & deux derriere, qui ſont ſoutenus par des branches F, qui ſe croiſent ordinairement : on attache derriere la ſellette, un morceau de peau de mou-ton E ſur les roignons en guiſe de croupelin ; il y a auſſi une eſpece de ſangle de cuir, qui joint la ſellette, qu'on appelle ſous-ventriere G : du gros anneau qui aſſemble les deux ava-loires, pend de chaque côté une chaîne H, dont un des chaînons s'arrête au limon, avec une cheville ; cette chaîne ſert de reculement. La mancelle L eſt une pareille chaîne, qui tient à l'attele, par le moyen d'un anneau M, qu'on ap-pelle le billot, & qui traverſant l'attele, eſt arrêté lui-même par une cheville de bois, qui ſe nomme un piquet R, PL. XIII. *Fig.* C. la mancelle s'arrête auſſi en arriére à une cheville ſur le limon, & contribue à donner de la force au coup de col-lier du limonier.

Le Cheval qui eſt immédiatement devant le limonier, ſe nomme le chevillier, ou le Cheval en cheville, parceque le trait de corde de celui qui eſt devant lui & le ſien, ſe joignent l'un à l'autre, au moyen d'une cheville de bois K, & le trait du chevillier finit par un anneau de corde qui s'arrête ſur le

PL. XIV.
Fig. F.
Harnois du
limonier.

Fig. G.
Harnois du
chevillier
& des au-
tres.

bout du limon, avec une autre cheville : d'ailleurs celui-ci & tous les autres qui le précedent, y en eut-il douze, ont la même forte de harnois, qui confifte en un collier, une demie rêne à culeron A, une couverture de toile B, un furdos C, qui tient à la demie rêne, duquel part une longe de cuir, appellée faux-furdos D, au bout duquel eft un petit anneau, qui foutient le cordeau qui communique à tous les Chevaux ; & le vrai furdos, foutient le fourreau E, dans lequel paffe le trait de corde ; c'eft à ce furdos que tient la fous-ventriere G. Or voici le chemin que le cordeau fait : il eft d'abord attaché au collier du limonier ; delà il va paffer dans l'anneau du faux-furdos, enfuite dans un anneau attaché au collier du chevillier H ; entre ces deux anneaux, il commence un autre petit cordeau, joint au veritable, qui va s'attacher à l'anneau du billot, ou du mors creux de chaque Cheval : ce petit cordeau s'appelle une retraite I. Le vrai cordeau en fuivant fon chemin va paffer à un anneau fufpendu, au montant de la têtiere M, d'où il va paffer dans le faux-furdos du Cheval qui eft devant, & toujours ainfi jufqu'au dernier Cheval. Comme le chartier fe tient toujours à gauche, quand il tire à lui le cordeau, cette action tire toutes les retraites, & fait tourner tous les Chevaux *à dià*, & il ne fait que leur parler pour les tourner *à burau*.

Quand les Chevaux de tirage, font attelés côte-à-côte, leurs traits tiennent à des paloniers, comme les Chevaux de caroffe. Voyez PL. XV. *Fig. E.* où eft deffinée une courbe de Chevaux, qui tirent les bateaux.

Les émouchoirs, dont on fe fert pour les Chevaux de tirage, ne font autre chofe que des volettes bordées ; on leur met auffi au bout du nez, un filet avec de petites volettes, le tout tient à la mufeliere.

CHAPITRE XXI.

De l'Equipage des Mulets.

COmme les Mulets font d'une grande utilité pour porter des fardeaux, & fur-tout à la guerre, il eft bon de fçavoir les noms des parties de leur harnois qu'on orne le plus

PL. XV.
Fig. B.

V ij

que l'on peut, à caufe qu'on croit qu'ils y font fenfibles , & qu'ils en deviennent plus en cœur. Premierement leur licol, fe nomme cadenat A, le deffus de la têtiere eft furmonté de plumes de coq, à plufieurs étages, ce qui fe nomme le plumet B : au lieu d'œilleres, ce font deux plaques C de cuivre relevé en boffe & doré ; il y en a une pareille au milieu du front; les glands qui tombent fous leurs oreilles, fe nomment des flots D, & d'autres glands, qui accompagnent les montans du licol, s'appellent des fimouffes E : une efpece de fac qui leur enferme la bouche & les nazeaux, fe nomme le moreau F : les rênes du bridon, vont s'accrocher à la felle, dont les paneaux GG, fe nomment des formes : les efpeces de liéges qui s'élevent deffus le baft, fe nomment des éleves HH ; la felle eft au milieu des éleves : il y a un poitrail o & un colier L, qui eft au-deffous, duquel pend le tablier M, orné de fimouffes ; ce colier eft orné de grelots ou fonettes : il y en a quelquefois un plus gros au milieu, qu'on nomme gros grelot q ; & quand au lieu de gros grelot, on attache une cloche, cette cloche ou clairan, s'appelle clape p : la croupiere R, fe nomme le Cavalo. Pour orner la croupe, on met au milieu de l'éleve de derriere des cordons qui fe feparent en plufieurs branches, & flottent fur la croupe : la fauchere N, eft une efpece de tringle de bois, contournée par les deux bouts, elle entourre lâchement la croupe fous la queuë, & elle eft fufpenduë en fa place par les fuffles P, qui font deux gros cuirs, qui fe feparent en deux accouples, appellées polies xx, lefquelles polies s'arrêtent à chaque côté de l'éleve de derriere : on met aux Mulets, de peur qu'ils ne fe crotent fous le ventre, un morceau de groffe toile qui entourre le ventre lâchement, qui s'appelle le fous-ventre S.

Les Mulets fervent encore à porter les litieres ; & pour cet effet, il en faut deux, & à chacun une fellette pour placer deffus les doffieres des brancards ; elle eft faite de deux futs & de deux aubes de bois ferrées : on garnit le fiége de paille ou de foin : on met le harnois comme à des Chevaux de caroffe, avec un reculement & un poitrail de harnois de caroffe, & des fangles de cuir : les doffieres de la liticre font de cuir de fept pouces de large.

Bride.

Harnois.

Harnois de litiere.

Fig. C.

CHAPITRE XXII.

Des Bats, Paneaux & Torches.

LEs Bats communs ne font autre chofe qu'une efpece   Fig. F.
d'arçon, compofé de deux fufts de bois, joints avec des
bandes de même matiere ; chaque fuft eft accompagné d'un
crochet *aa*, pour tenir les cordes qui foutiennent aux deux
côtes du Baft, des paniers, des balots, ou des échelettes : le
deffous du Baft, eft garni de paneaux : on ajoute au Baft, une
fangle, ou bien on fait paffer un furfaix par-deffus : on ajoute au fuft de derriere une courroye qui fert de croupiere.

Les Paneaux fervent aux païfans, tant pour monter fur leurs   Fig. E.
Chevaux, que pour mettre deffus, des fommes de grain ou
autres denrées : ils font faits de cuir rembourré : on les fait
tenir avec fangle ou furfaix.

Les Torches fervent de même aux païfans, ils font de toile   Fig. G.
garnie de paille, avec une croupiere : on les maintient en
leurs places avec un furfaix.

CHAPITRE XXIII.

Préceptes généraux pour l'attitude du Cavalier, & pour conduire fon Cheval.

JE n'entreprends pas ici de détailler toutes les fineffes d'un
art qu'il faut avoir exercé long-tems avec talent & intelligence pour les connoître, & dans lequel les plus habiles, de
leur aveu, apprennent tous les jours ; mais je vais feulement
déduire les préceptes généraux, les plus palpables & les plus
faciles à executer, & qui font comme la baze & le fondement
de cet Art : il ne s'agit ici que de bien pofter un Cavalier fur
un Cheval arrêté ; mais pour conferver toujours cette fituation fans s'en déranger quelques mouvemens que faffe le Cheval, il n'y a que l'habitude & non le difcours qui puiffe le faire executer : je dirai cependant comment il faut conduire fes
jarrets & fa main, quand le Cheval eft en mouvement, c'eft
toujours un a b c, que l'habitude accompagnée d'intelligence executera.

Premierement avant de monter à Cheval, examinez d'abord fi la felle eft placée où elle doit être, fi le Cheval eft bien fanglé : yoyez enfuite fi la bride l'eft auffi, & fur-tout fi la gourmette eft pofée fur fon plat, c'eft-à-dire, fi toutes les fehtes des mailles, font du côté de la barre : examinez enfuite fi les deux étriers font auffi longs l'un que l'autre, ce qui fe diftingue en les regardant, quand on eft vis-à-vis de la tête du Cheval. Cela fait, après avoir détortillé les rênes, fi elles font tortillées, prenez-les de la main gauche, avec une poignée de crin, près du garot : prenez de la main droite le bas de l'étriviere, & amenez ainfi l'étrier à votre pied levé, de peur qu'à tant chercher l'étrier avec le pied gauche, vous n'en donniez du bout contre le ventre du Cheval, ce qui le furprendroit, & pourroit lui faire faire quelque écart ; pendant ce tems le Palfrenier, fi vous en avez un, tenant de fa main droite la branche droite de la bride, doit prendre le haut de l'étriviere droite, & pefer deffus pendant que vous montez pour contrebalancer le poids de votre corps, afin que la felle refte toujours dans la même fituation.

Sur-tout ayez attention en montant & en defcendant de Cheval, de lever la jambe droite par deffus la croupe, affez haut pour que votre pied ou votre éperon, ne touche pas fur la croupe ; car plus un Cheval feroit fenfible, plus vous feriez en danger d'être jetté par terre fur le champ, & d'être traîné par le Cheval, fi vous n'avez pas le tems de dégager votre pied gauche de l'étrier.

Vous monterez à Cheval, en tenant le corps droit, & vous vous placerez bien dans le milieu de la felle, c'eft-à-dire, que vous ne jetterez point le corps plus d'un côté que de l'autre : vous vous affoirez bien en felle, jettant vos épaules bien en arriere : vous vous laifferez porter fur vos feffes, en foutenant les reins, & que votre menton foit bien détaché de la poitrine. Vous colerez vos deux cuiffes depuis le haut jufqu'en bas, contre la felle : vous laifferez tomber vos jambes à plomb le long des fangles, fur-tout ne les tendez point en avant, de façon que le talon aille gagner le devant de l'épaule ; car outre qu'on n'eft pas ferme en cette attitude, elle marque affectation & contrainte : il ne faut montrer à Cheval que beaucoup d'aifance & de liberté ; c'eft pour cette raifon, que fi vous faites un creux dans les reins, que vous avanciez l'eftomach au-deffus du pommeau, & que vous ayez le col roide, vous marquez une contrainte qui peine le fpectateur, & vous n'êtes pas ferme : laiffez tomber les bras jufqu'au coude le long des côtes ; que le pied ne foit pas en dehors, mais ne vous efforcez pas à en mettre le bout tout droit en devant, de façon que vous faffiez le pied rompu ou démis ; que le talon foit un peu plus bas que la pointe du pied ; il ne faut pas que vos étriers foient trop courts, car ils vous mettroient le genouil en avant, & vous feroient plier la jambe du côté du ventre du Cheval ; & s'ils étoient trop longs, vous feriez obligé de baiffer la pointe du pied pour les aller chercher ; encore vous échaperoient-ils fouvent, outre que ces deux attitudes font très défagréables à voir.

Que la main qui tient la bride, foit en l'air au-deffus du pommeau à deux doigts du pommeau & du corps, les ongles à demi tournés en haut fans affectation : la main qui tient le foüet ou la gaule, doit être placée dans les regles, à côté de celle-là, quand vous êtes au manége, ou que vous voulez donner leçon à un Cheval ; mais dans une promenade ou dans toute autre occafion, on la laiffe tomber négligemment tout le long du corps.

Que votre chapeau foit enfoncé & mis droit fur votre tête, fans être en clabaud ni fur l'oreille : fi votre habit eft déboutonné, il vous fiera mieux ; & s'il eft boutonné, il faut qu'il foit large, car un habit ferré & étroit, fait un très-vilain effet à Cheval : que votre vefte ne foit point débraillée : il vaut encore mieux qu'elle foit boutonnée jufqu'en haut.

Voici le refumé de l'attitude qu'on doit avoir à Cheval.

Droit dans la felle.

Le chapeau droit.

L'habit déboutonné ou large.

La vefte boutonnée.

Affis dans la felle.

Les épaules en arriére.

Soutenez les reins, en les pliant un peu.

Ne baiffez, ni ne levez le nez.

Les jambes à plomb près du Cheval, & le talon un peu plus bas que la pointe du pied.

Les bras le long des côtés.

La main de la bride en fa fituation, ainfi que celle de la gaule.

PL. XVI.
Fig. A.

Les étriers à votre point, ni trop longs, ni trop courts, & au bout du pied.

Aucune contrainte apparente en tout cela.

Quand tout ce qui est dit ci-dessus, est bien executé, alors vous faites partir votre Cheval, en serrant doucement & point à coup, le gras des jambes & sans déranger votre situation.

Quand votre Cheval est en mouvement, tenez vos jambes fermes, c'est-à-dire, ne les brandillez point ; appuyez sur vos étriers que vous tendrez au bout du pied, de peur que si le Cheval venoit à tomber ou autrement, vous n'eussiez vos pieds engagez dans les étriers ; rendez de tems en tems la bride, & prenez le bridon pour raffraîchir la bouche de votre Cheval, mais ne tenez jamais ensemble la bride & le bridon tendus, car vous diminueriez la sensibilité de la bouche : ne donnez jamais de saccades, au contraire ayez beaucoup de moelleux dans la main : ne menez jamais votre Cheval de biais, mais droit entre vos jambes, le bout du nez un peu à droit : quand vous voulez tourner, un petit mouvement de main suffit : n'é-cartez point vos bras en trotant : quand vous reculez, ne re-culez point de travers, mais sur la même ligne, & ne tirez pas perpétuellement la bride ; mais rendez-la, quand le Cheval recule ; l'égalité des cuisses & l'équilibre du corps, aident beaucoup à reculer droit, & le moelleux de la main à reculer long-tems.

Appellez le moins que vous pourrez de la langue ; au lieu de cet aide, serrez les cuisses. Il est bon de vous avertir que pour la grace, il ne faut point que les aides que vous donne-tez au Cheval, soit de la main, des cuisses, ou des jambes, soient apperçuës des regardans ; & par conséquent, il ne faut point faire de mouvemens subits ni précipités, parceque pre-mierement, en surprenant le Cheval, vous le brouillez : se-condement, que votre équilibre & votre situation se dérange : troisiémement, que ces mouvemens sont desagréables : enfin il faut tromper les yeux des spectateurs, de façon qu'ils croyent que c'est le Cheval qui fait de lui-même tout ce que vous lui faites faire effectivement. A l'égard des châtimens, il ne s'en faut servir qu'à propos, & qu'ils se fassent sentir : si vous ap-puyez des deux à votre Cheval, appuyez ferme ; & redoublez d'un pareil coup, s'il n'obéit pas ; mais ne picotez jamais, cela ne fait que brouiller le Cheval, & ne le détermine pas.

Deux

Deux chofes de conféquence, qu'il faut obferver tant que vous êtes à Cheval, font de ne jamais couler & arrêter le bouton des rênes fur la criniere, & de ne point quitter la bride: il y a du danger à ces deux chofes, quand on ne les obferve pas; car dans le premier cas, fi le Cheval vient à faire un mouvement de tête, il fe donnera à lui-même une faccade qui peut le faire tomber fur la croupe, ou fe renverfer; & dans le fecond, il peut arriver que fa bride paffe fur fa tête en fe baiffant ou autrement; alors, ou il vous emportera, ou il s'embaraffera les pieds dans les rênes, & pourra faire une chute dangereufe & pour vous & pour lui. Quand vous voudrez partir au galop, ferrez les cuiffes, & tâchez de faire partir votre Cheval fur le champ, fans trotiner auparavant: quand un Cheval eft dreffé, il part aifément au ferrement des cuiffes & des jambes; que votre Cheval galoppe toujours fur le bon pied, c'eft-à-dire, que fa jambe droite avance la premiere & non la gauche: pour peu qu'on y foit accoutumé, on fentira fi le Cheval eft fur le bon pied: comme cependant cette jambe droite fatigue plus que la gauche, on peut de tems en tems dans le courant d'une chaffe, quand on fent cette jambe foiblir, mettre le Cheval fur le pied gauche pour la repofer, quoique ce foit contre les regles. Tenez-vous toujours des cuiffes, & jamais au pommeau de la felle, cela eft honteux; ne tournez jamais court au galop: mettez votre Cheval au trot quelques pas avant de tourner; car au galop, un Cheval peut très-aifément s'abattre & tuer ou eftropier fon homme. Quand les Anglois galopent, ils fe baiffent de tems en tems vers l'épaule pour regarder les jambes de devant du Cheval: ils trouvent à ce mouvement une grace que nous n'avons point adoptée jufqu'à prefent: nous tenons au contraire pour maxime, de refter toujours dans la même fituation fans faire aucun mouvement du corps: par la même raifon, c'eft une mauvaife façon de fe pancher du côté qu'on fait tourner fon Cheval; il faut toujours fe tenir droit.

Si votre Cheval a peur de quelque objet, gardez-vous bien de le battre, pour l'en faire approcher de force, car au lieu de le guérir, il n'en deviendra que plus ombrageux, parcequ'il craindra l'objet & le châtiment; & enfin il le deviendra au point qu'il fera des écarts terribles, & fouvent, ou bien il tournera de la tête à la queuë à la moindre chofe qu'il verra: fi vous

X

entreprenez enfuite de le guérir de fes peurs en l'adouciffant, vous aurez bien plus de peine à l'en faire revenir : il faut donc commencer à le conduire doucement fur l'objet qui lui fait peur, & lui laiffer fentir : il fe raffure de lui-même, & fouvent enfuite il vient à n'avoir plus peur de rien : fi cette recette ne vous réuffit pas ; vous aurez bien de la peine à en trouver une meilleure.

Ce défaut de battre un Cheval qui a peur, eft très-commun fur-tout aux valets, ou à ceux qui ne fçavent pas méner un Cheval.

Un homme de Cheval doit avoir pour principes, que lors qu'un Cheval, quand même il feroit vicieux, n'obéit pas à ce que l'on lui demande, c'eft le plus fouvent la faute de l'homme & prefque jamais celle du Cheval : qu'il faut inventer les moyens d'en venir à bout, & que ces moyens doivent toujours avoir pour but la douceur : que ce qu'on attribue ordinairement à malice, ou à mauvaife volonté de la part de l'animal, n'eft prefque toujours que défaut de fcience ou de patience du côté de l'homme : il arrivera même qu'un Cheval trop gourmandé mal à propos, prendra averfion pour fon conducteur, & deviendra indomptable. Il faut inftruire un Cheval comme un Ecolier, & le châtier quand il le mérite ; mais il faut proportionner le châtiment à la defobéiffance ; car fi vous l'outrez, vous lui faites tourner la tête ; il fe défendra, & pourra devenir retif : d'un autre côté, il ne lui faut rien paffer, que vous n'en foyez venu à bout : car s'il fe trouve le maître, c'eft un animal avantageux qui gagnera toujours fur vous, & vous conduira enfuite fuivant fa fantaifie ; mais vous ne fçauriez cependant avoir trop en recommandation la patience. Les plus patiens font ceux qui réuffiffent, & quand un Cheval paroît refufer l'obéiffance, dites-vous à vous-même que c'eft votre faute de ne vous y être pas pris de la façon qu'il a fallu pour qu'il vous entende : cherchez le caractere de votre Cheval, & tôt ou tard vous en viendrez à bout.

Fig. B.   Je n'ai deffiné une femme à Cheval fur une felle de femme, que pour faire voir qu'une femme bien à Cheval, doit être en face des deux oreilles de fon Cheval comme un homme & non en côté comme les peintres les mettent ordinairement.

CHAPITRE XXIV.

Comment on dreſſe un Cheval d'arquebuſe.

LA plus eſſentielle des qualités d'un Cheval d'arquebuſe, eſt d'être froid & tranquille ; ainſi quand on veut dreſſer un Cheval à l'arquebuſe, c'eſt celui-là qu'il faut prendre : on s'en ſert ordinairement pour la chaſſe au chien couchant ou pour toute autre chaſſe où on veut tirer de deſſus.

Il s'agit donc de l'accoûtumer ſi bien à s'arrêter de lui-même, quand on couche en jouë, & au bruit du coup de fuſil, qu'on puiſſe ſe ſervir de cette arme comme ſi on étoit à pied : on ne peut y parvenir qu'avec douceur & patience ; & voici comme on doit s'y prendre. On commencera donc par le bien appaiſer, en le menant au pas ſans compagnie d'aucun autre Cheval ; on l'arrêtera ſouvent, & on l'accoûtumera à reſter long-tems arrêté, lui ôtant juſqu'au moindre deſir de repartir de lui-même : on le fera reculer quand il paroîtra avoir envie de remarcher avant le commandement ; enfin on l'endormira, de façon qu'il faille le ſolliciter de reprendre le pas. A chaque fois qu'on l'arrêtera on dira *hou*, afin qu'il connoiſſe que ce mot eſt deſtiné pour qu'il reſte auſſi-tôt qu'il l'entendra : on lui rendra toujours toute la bride au mot *hou* ; quand il ſera fait à ce langage, alors on ſe ſervira du fuſil, & à chaque fois qu'il s'arrêtera à *hou*, on lui fera voir le bout du fuſil, en le baiſſant à droit & à gauche de l'encolure ſans y toucher : quand l'on verra qu'il ne prend aucune inquiétude de ce mouvement, on fera remuer le chien du fuſil, le tenant droit ſur le pommeau : on abaiſſera la baterie, le tout à pluſieurs repriſes : s'il paroît inquiet de ces bruits, on le fera marcher quelques pas ; puis on l'arrêtera, & on recommencera toujours les mêmes actions, le faiſant repartir & l'arrêtant juſqu'à ce qu'il reſte immobile & ne donne aucun ſigne d'inquiétude, quand ce ne ſeroit que de faire un petit mouvement de tête. Enſuite on fera feu ſeulement avec des amorces juſqu'à ce qu'il endure ceci comme le reſte. après quoi on tirera le quart d'une charge ; & petit à petit on tirera la charge entiere, le confirmant tous les jours de plus en plus, afin que par la ſuite il s'arrête tout court, sans attendre qu'on lui dise *hou* par le seul mouvement de rendre toute la bride.

Il y a des Chevaux, qui aux premiers coups de fusils ne prennent aucune peur, & on les croiroit presque dressez ; mais au bout de quelques jours, il leur prend tout d'un coup une si grande frayeur qu'on a plus de peine à les en guérir, que ceux qui y ont été difficiles dans les commencemens : alors il faudra s'armer de beaucoup de patience, les monter souvent, être long-tems dessus, les adoucir, & tâcher d'en venir à bout ; mais le meilleur moyen, est de les mener souvent aux chasses où on tire, afin qu'à force d'entendre & de voir tirer des coups de fusils à leurs oreilles, ils s'accoûtument à ce bruit.

Il y en a d'autres qui n'ont nulle peur du fusil ; mais de l'aîle, c'est-à-dire, que des oiseaux qui partent devant eux leur font faire des mouvemens de surprise, ce qui empêche celui qui est dessus d'ajuster son coup pour les accoutumer autant qu'on peut à l'aîle ; un homme à pied a une maniere d'oiseau factice au bout d'une corde ; il fait élever cette espece d'oiseau devant le nez du Cheval ; mais quand un Cheval a peur de l'aîle, il ne s'en corrige presque jamais, ainsi il faut le plus souvent se résoudre à ne s'en point servir à cet usage.

Un autre défaut très-difficile à corriger, est celui de certains Chevaux, qui quoique très-sages, prennent l'habitude de donner un petit coup de tête dans le moment que le coup part ; ce défaut ôte la sûreté du coup, & est très-difficile à corriger.

CHAPITRE XXV.

Comment il faut se conduire, & son Cheval à la Chasse des chiens courans.

LA conduite qu'on doit avoir à la Chasse aux chiens courans, tant pour soi que pour son Cheval, n'est pas sans regles, ni sans précautions à garder, pour en revenir, & le ramener sain & sauf. Cette Chasse consiste à courre le cerf, le sanglier, le loup, le liévre, le chevreuil, le daim, & le renard.

Quand on veut, ce qui s'appelle chaſſer, c'eſt-à-dire, ſuivre les chiens à la Chaſſe du cerf, du loup, du chevreuil, du daim, & du ſanglier; il faut avoir pluſieurs Chevaux à monter, ſur-tout au cerf & au daim, qu'on ne tue jamais à coups de fuſils devant les chiens; mais aux autres chaſſes, ſi on veut forcer; le liévre & le renard ſe peuvent forcer avec un ſeul Cheval : on ne tire guéres le liévre devant des chiens courans; mais quelquefois le renard quand on apprehende qu'il ne ſe terre.

L'équipage d'un Chaſſeur, eſt un bon chapeau à large bord, un Couteau de chaſſe, avec un fort ceinturon qu'on met communément par-deſſus ſon habit ou ſa veſte; un fouet de chaſſe, qui ſert pour châtier, arrêter ou rompre les chiens, & pour oppoſer aux branches, quand on n'a point de trompe, de laquelle on ſe ſert au même uſage dans le tems qu'on ne ſonne point; de bonnes bottes fortes, tant pour ſe garantir les jambes des coups de branches que du danger des chutes. Equipage d'un Chaſſeur.

On va communément au pas au rendez-vous : quand on veut voir chaſſer un équipage, & qu'on n'a qu'un Cheval, il le faut ménager aux chaſſes de longue haleine, ſi on a envie d'en voir la fin; pour cet effet, on va dans les chemins, on coupe au plus court dans les retours; & quand il ſe trouve un défaut, on met pied à terre, ce qui s'appelle relayer à l'Angloiſe : ſi on voit que l'animal ſe dépaïſe, & qu'il entreprend des plaines de grande étenduë, il vaut mieux manquer la fin d'une chaſſe, que de créver ſon Cheval.

Lorſque l'on a pluſieurs Chevaux à la chaſſe, ce qui s'appelle *des relais*; ſi on les trouve à propos, il ne faut pas manquer de relayer; & ſi on les manque, il faut aller au trot le plus qu'on pourra, de peur de ſurmener ſon Cheval. Montez les montagnes au pas ou au trot, & les deſcendez le plus doucement que vous pourrez; & ſi vous les deſcendez au galop, ſoutenez bien de la main & des jarrets, de peur de faire une chute dangereuſe : ſi vous paſſez quelque eau où il faille nager, rendez toute la main, & ſerrez bien les jarrets, de peur que l'eau ne vous enleve de deſſus votre Cheval : ſi votre Cheval a chaud, quand vous relayez, le Palfrenier doit le promener quelque tems, car il ſe refroidiroit trop à coup, & pourroit devenir fourbu : il en faut uſer de même à la mort Des Relais.

de l'animal; & si on le prend dans un endroit humide, on menera toujours son Cheval dans une place seche; car s'il restoit arrêté dans l'humidité, il pourroit s'alterer les pieds, ou en devenir fourbu.

Il y a des gens qui ne suivent que les routes & les chemins, ce qu'il faut faire quand on n'a qu'un Cheval; mais ceux qui veulent suivre les chiens dans le bois, & qui n'y ont pas d'habitude, doivent sçavoir qu'il faut qu'ils ayent leur chapeau bien enfoncé dans la tête & sur les yeux, qu'il ne faut jamais fermer, afin de juger les branches & de les écarter avec le manche du foüet ou la trompe; que dans un bois fourré, il faut profiter de la moindre clairiere pour avancer, & qu'il ne faut jamais entrer dans les gaulis avec un Cheval d'ardeur, ou qui s'échauferoit la bouche: quand un cerf est méchant sur ses fins, ce qui arrive sur-tout dans le tems du rut, & qu'il tient aux chiens, approchez-vous de la queuë des chiens; car si vous restez en arriére dans le bois, vous pouvez courre le danger de rencontrer le cerf, qui fait alors beaucoup de retours & d'en être chargé, blessé ou tué: le sanglier blesse quelquefois; mais le cerf tue souvent; voilà pourquoi les Chasseurs ont pour proverbe: au cerf la bierre; au sanglier, le barbier: quand vous voudrez avoir l'honneur de couper le jarret au cerf, lorsqu'il tient aux chiens, & que vous mettez pied à terre pour cela, défaites-vous de vos bottes; car s'il vous avisoit quand vous êtes près de lui, il pourroit revenir sur vous, & vous auriez bien de la peine à l'esquiver, étant embarassé dans de grosses bottes.

Il me reste à indiquer comment on peut s'y prendre pour diminuer l'ardeur d'un Cheval à la chasse. Il y a peu de jeunes Chevaux qui ne sentent de l'émotion, & qui ne s'animent au son des trompes & au bruit des chiens: quand cette ardeur est supportable, elle se passe petit à petit par l'habitude de la Chasse & par la fatigue moderée qu'on leur donne, en les laissant aller dans des plaines ou dans de jeunes taillis; mais si cette ardeur est si forte, qu'il y ait du danger de les monter, le meilleur est de les faire méner en main à toutes les chasses, jusqu'à ce qu'à force de s'être débatus vainement, ils viennent à la fin à se moderer & à s'appaiser.

CHAPITRE XXVI.

Des Courses Angloises.

LEs principaux Seigneurs élevent des Chevaux de course uniquement pour la course : il y a un prix qu'on fait
publier, lorsque l'on indique le lieu & le tems de la course : le
Roy donne tous les ans au moins une bourse de cent guinées, pour servir de prix aux courses de Neumarker, lieu célébre pour la Course : les Villes ou les Communautés ou un
nombre de Soufcrivans, quelquefois même un Particulier, font
aussi les sommes nécessaires pour le Prix d'une course, qui quelquefois au lieu d'une Bourse, est d'une Jatte d'argent de 25
ou 30 guinées, pour faire du punch, ou une tasse, ou une
selle, ou une bride pour le Cheval, qui a le mieux couru,
& un foüet pour le second. Les loix pour la course fixent la
grandeur du Cheval & le poids qu'il doit porter : on égale ce
poids avec du plomb qu'on met, ou sur la selle, ou dans les
poches de celui qui pese le moins : on fixe aussi le nombre de
tours que le Cheval doit faire, le tems où il doit être mis dans
des Ecuries marquées pour cet effet, & l'argent qu'on doit
donner pour son entrée, ce qui se proportionne au Prix indiqué, & ce qui double, quand on ne le remet point à un certain jour à l'Ecurie, d'où il doit partir pour la Course : en vertu de ces loix, on peut exclurre des Chevaux d'une certaine
reputation ; des Chevaux, par exemple, tels que ceux qui auront couru pour des Prix d'une telle valeur, ne pourront être
admis à la course qu'on indique : on peut même marquer que
le Cheval victorieux, sera donné pour une telle somme d'argent ordinairement 60 guinées, à ceux qui ont soufcrit pour
faire le Prix de la course. Le nom des coursiers victorieux, est
publié dans les nouvelles publiques, & souvent même le nom
des Chevaux qu'ils ont vaincus, quand ils sont en quelque
reputation : il est vrai qu'on marque aussi le nom de ceux à qui
ils appartiennent. Lorsqu'il y a de pareils divertissemens dans
une Province, non-seulement toute la *gentry*, c'est-à-dire,
la Noblesse, & autres Habitans de la campagne ; mais la plûpart de ceux des Provinces voisines, viennent en foule ; ce ne
sont que festins, que bals, & que concerts.

*Tiré du
Pour &
Contre de
l'auteur de
Clenitand.*

CHAPITRE XXVII.

Du Cocher, Postillon & Chartier, & de la façon de méner.

L E Cocher, le Postillon, & le Chartier, ne different ordinairement du Palfrenier, qu'en ce que, au-delà du pansement de leurs Chevaux, ils font encore chargés de les atteler, & de mener une voiture. Le Cocher dans les maisons particulieres, a souvent foin des harnois, des équipages, des provisions, de la nourriture; enfin il a tout le détail de fon Ecurie, ainfi il lui faut toutes les qualités de chaque chofe en particulier. Il doit donc être foigneux, propre, fidelle, & furtout fobre, à l'égard du vin ; car fi l'ivrognerie eft à craindre dans tous les autres domeftiques, elle l'eft beaucoup davantage dans celui-ci, puifqu'elle le peut mettre auffi-bien que fon Maître en danger de la vie.

Choix & devoirs du Cocher. Il eft bon que le Cocher ait une figure agréable; il lui faut de la fanté, de la force, & de bons yeux : fes devoirs font de bien panfer fes Chevaux, & fur-tout de leur tenir les jambes & les pieds bien nets : il ne manquera jamais toutes les fois qu'il rentrera, avant de les remettre à l'Ecurie, de leur bien laver les pâturons & les boulets, non avec le balet de jonc, qui n'eft bon que pour nettoyer le train du caroffe, mais avec une éponge & une broffe; ce qui fe doit faire comme il fuit. Rempliffez d'eau votre éponge, appuyez-la au pli du genouil pour les jambes de devant, & à la pointe du jarret pour celles de derriere; preffez cette éponge, & à mefure que l'eau en coulera, vous vous fervirez d'une broffe pareille à celle des fouliers que vous tiendrez de l'autre main, & dont vous brofferez bien les jambes, boulets & pâturons, à rebrouffe poil, par ce moyen vous ferez fûrement écouler & fortir toute la boue, & vous garantirez le Cheval des maux qui viennent communément à ces parties, comme eaux, poireaux, &c. caufez par l'acreté des boues, pernicieufes dans les grandes Villes, principalement dans l'hyver : le balet de jonc, dont les Cochers fe fervent en le mouillant dans un fceau d'eau, & le paffant fur les jambes de haut en bas pour les laver, n'agit

que

que du fens du poil ; & par conféquent, fait plûtôt enfoncer la bouë qu'il ne l'ôte. Le fecond foin du Cocher, doit être de tenir bien net tout fon équipage ; comme brides, harnois, caroffe, &c. & de veiller qu'il n'y manque rien : il doit fe tenir propre lui-même pour fe faire honneur & à fon Maître ; & s'il prend des droits fur les ouvriers, ce qui cependant n'eft pas trop légitime, du moins qu'il ne s'en attribuë pas de lui-même fur la nourriture de fes Chevaux ; qu'il ne les empâte point non plus, de façon qu'ils crévent de graiffe, cette graiffe exceffive les défigure, & de plus les fait tomber fourbus, ou gras fondus au moindre exercice, & même dans l'Ecurie.

En voyage, qu'il ait fa ferriere bien garnie d'un petit marteau & de quelques clouds de fers, ce qui lui fervira en cas qu'il y ait quelques clouds à remettre en chemin aux fers de fes Chevaux ; c'eft pourquoi il eft bon qu'il fçache brocher un cloud ; il eft bon auffi de fe précautionner d'un fer brifé, qui fervira à conferver le pied d'un Cheval qui fe déferreroit en chemin, & dont le fer feroit perdû ; qu'il mette auffi dans fa ferriere, un gros marteau & de gros clouds pour les roues, en cas qu'il en foit befoin, auffi-bien que des cordages & des tenailles pour remedier à ce qui pourroit manquer aux harnois & au refte de l'équipage, & qu'il fe muniffe fur-tout d'une bonne enrayeure pour les defcentes. En voyage.

Le Poftillon doit être choifi petit, parcequ'il chargera moins fon Cheval, jeune, bienfait & ingambe. Que le Chartier foit actif, robufte & capable de refifter à la fatigue. Choix du Poftillon & du Chartier.

Paffons maintenant à la façon de mener de chacun de fes domeftiques. Nous commencerons par le Cocher.

Il feroit inutile de prétendre que fi par hafard un Cocher, un Poftillon, &c. venoient à lire ce Chapitre avec la meilleure volonté du monde, ils puffent devenir par cette feule lecture, excellens dans leurs métiers. Il eft fûr que la théorie, à l'égard de toutes les fciences de la main, comme à tous les exercices du corps, feroit peu de chofe, fi enfuite la pratique ne venoit pas à la confirmer : cependant cette théorie n'eft pas tout à fait à bannir & à rejetter ; car outre qu'elle eft pour ainfi dire une introduction à la pratique, elle fervira encore dans l'occafion prefente, à faire connoître au Maître de ces domeftiques, fi leur pratique eft bonne ou mauvaife. Je me Le Cocher pour mener.

Y

garde bien de propoſer cette inſtruction aux gens de Cavalerie, & qui ſçavent par eux-mêmes conduire & ménager la bouche d'un Cheval ; mais il ſe trouve nombre d'autres perſonnes, dont la profeſſion les empêche de vaquer à celle-là, qui je crois ne ſeront pas fâchez de rencontrer ici quelques éclairciſſemens ſur cette matiere, à moins qu'ils ne s'imaginent avoir la ſcience infuſe. J'ai penſé même qu'il ne ſeroit pas inutile de s'étendre un peu dans ce Chapitre, ſur des détails, qui m'ont paru de quelque conſéquence.

Un Cocher peut avoir pluſieurs imperfections, qui regardent ſa façon de mener, ou qui y ont rapport. L'imprudence ou le défaut de jugement, en eſt une conſidérable ; car ſi le jugement lui manque, il s'embarquera ſouvent dans de mauvais pas, dont non ſeulement il ſe tirera avec peine, mais qui cauſeront quelquefois la deſtruction de ſon équipage, en briſant ſa voiture, ou eſtropiant les Chevaux, lui-même, ou ſon maître. Comme le jugement eſt détruit par l'ivrognerie, ce vice fait tomber dans les mêmes fautes & auſſi dangereuſement. Il y a encore des Cochers qui prennent averſion pour un Cheval ; alors le pauvre animal eſt foüeté & harcelé de façon, qu'on le met encore moins en état de faire ce qu'on lui demande, & il eſt uſé bien plutôt que le Cheval favori : ſi celui qui méne des bêtes, vouloit bien ſe perſuader qu'il doit être plus raiſonnable qu'elles, qu'ainſi tout ce qu'on demande à des Chevaux, doit être dirigé par le jugement de l'homme, il ne les traiteroit pas comme ſes égaux, en les taxant de lui deſobeir exprès, d'être bien malins & autres épitetes qu'il leur donne, pendant que c'eſt ſouvent ſa faute, s'il n'en vient pas à bout ; car qu'un plus habile que lui monte ſur le ſiege, il fera tout ce qu'il voudra de ce Cheval, que ſon prédeceſſeur ne pouvoit conduire. D'autres Cochers foüetent perpétuellement leurs Chevaux par mauvaiſe humeur & ferocité naturelle : évitez de vous ſervir de ces gens-là ; car outre qu'un tel caractere repugne à l'humanité, ces coups de foüet font jetter les Chevaux en avant ; l'effort ſe fait ſentir ſur leurs barres, ce qui leur gâte totalement ; & de plus le Cheval eſt ſi harcelé qu'il peut en tomber malade, ou du moins cela le fatigue & l'uſe extrémement : communément un Cocher de cette eſpece, eſt d'ailleurs un très mauvais ſujet.

Le défaut le plus commun des Cochers, eſt d'avoir la main

plus ou moins mauvaiſe, ils ſont en quelque façon excuſa-
bles en cela, puiſqu'ils ne ſçavent pas monter à Cheval, &
que cette ſcience enſeignée par un habile homme, accoutume à ménager la bouche d'un Cheval ; c'eſt ſur cela principalement qu'il eſt difficile de donner des leçons par écrit : c'eſt
pourquoi quelques perſonnes curieuſes de leurs Chevaux &
ſûres d'un domeſtique, lui font apprendre quelque tems à
monter à Cheval, avant de le mettre ſur le ſiege ; cela eſt
très-rare dans ce païs-ci. J'ai entendu dire que les Allemands
pratiquent cette coutume : auſſi les Cochers Allemands paſſent
pour être les meilleurs, les Chevaux de caroſſe qui ont été
quelque tems montez au manége, ſont bien plus agréables
& bien plus faciles à méner enſuite. Je ne laiſſerai pas d'expliquer de mon mieux, ce que c'eſt que la main bonne, &
comment il faut faire pour l'avoir : on dit que la main eſt bonne, quand on l'a douce & légere raiſonnablement : pour expliquer ceci, il faut comparer l'effet que le mors fait ſur les
barres d'un Cheval, à celui d'un morceau de fer qui appuyeroit ſur votre doigt ; s'il y appuyoit toujours, il l'engourdiroit ;
ſi on le preſſoit fort avec ce fer par ſecouſſes, ce ſeroit comme
autant de coups, qui d'abord vous ſeroient très-ſenſibles :
enſuite viendroit l'engourdiſſement du doigt & l'inſenſibilité :
alors ſi vous êtes plus fort que celui qui tient le fer, vous l'at-
tirerez à vous malgré lui, s'il s'obſtine à vouloir vous reſiſter
avec ce fer. Voilà l'effet de la main mauvaiſe, qui engourdit
& ôte la ſenſibilité aux barres ; mais ſi celui qui tient ce fer,
ne l'appuyoit que de tems en tems, la ſenſibilité qui reviendroit
à votre doigt dans les intervales, feroit que vous en ſentiriez
toujours l'effet, comme la premiere fois : voilà la main douce
& légere, qui eſt toujours ſûre de ſon effet.

Il y a des Cochers qui croyent avoir la main légere, en ne tenant point du tout leurs Chevaux, & laiſſant les guides flotantes ; ceux-là outre qu'ils atterent leurs Chevaux en les laiſſant aller ſur le nez & ſur les épaules, ils ne laiſſent pas de leur
gâter la bouche ; car quand il faut reculer ou tourner promptement, ils ratrapent leurs guides ; & comme le tems les
preſſe, ils donnent une bonne ſaccade à leurs Chevaux, & à
force de ſaccades pareilles, leur endurciſſent les barres ; à la
fin ils ne les menent plus que par ſaccades, auſquelles les
Chevaux s'accoutument. Les Cochers qui ont la main rude,

en viennent encore à ce point, en tenant les guides toujours
tenduës ; & s'ils ont endurci les barres à leurs Chevaux, ils
s'en prennent aux mors, qu'ils trouvent alors être trop doux ;
ils en demandent de plus forts, & à mesure que les barres s'endurcissent de plus en plus, ils augmentent la force des mors,
jusqu'à ce qu'ils ayent si bien ruiné les barres ; que leurs Chevaux ne sentant pas plus ce qu'ils ont dans la bouche, que
si elle étoit de bois, alors ils vont à leur fantaisie, & ils finissent souvent par prendre le mors aux dents, se tuer, le Cocher
ou le Maître.

Comme cet accident funeste n'est arrivé que trop souvent,
je crois qu'il est bon de remarquer qu'alors il est imprudent
de se jetter à bas de la voiture, plusieurs ont trouvé ainsi une
mort certaine ; au lieu que quand on reste dedans, à moins
qu'on ne voie visiblement qu'on ne sçauroit éviter le précipi-
ce, il peut arriver que des Chevaux s'arrêtent d'eux-mêmes,
ou quelque objet inattendu les fait arrêter ; que la cheville
ouvriere quitte, & laisse le carosse ; quelque trait qui rompera,
peut aussi arrêter les Chevaux ; si le timon casse, ils ne peuvent aller loin ; si l'un des deux s'abat ; s'ils donnent du nez
contre un mur, &c. ainsi il y a beaucoup moins à risquer dans
la voiture qu'à se jetter.

Revenons à ce qui s'appelle la main légere : c'est de rendre
& retenir la bride à ses Chevaux par un mouvement moëlleux
de la main, afin de rafraîchir les barres & de leur y conserver
la sensibilité ; cela de tems en tems & point coup sur coup,
car on feroit arrêter ses Chevaux s'ils n'ont point d'ardeur,
& on donneroit plus d'envie d'aller à ceux qui en ont, car cette façon d'agir les impatiente ; à ceux-ci il faut la rendre &
retenir si finiment qu'ils ne s'apperçoivent quasi pas du mouvement de la main : c'est ce moëlleux de la main qui fait reculer facilement, & c'est principalement à cela qu'on peut connoître si un Cocher à la main douce ou non ; car l'un fera reculer ses Chevaux, sans presque se donner de mouvement, &
l'autre tirera par reprise, se renversera même sur son siege, &
se donnera bien de la peine : enfin c'est ce moëlleux de la
main qu'il faut avoir naturellement ; car il y a des Cochers,
quelque bonne volonté qu'ils ayent, qui ont les ressorts de la
main dures, & qui ne peuvent attraper ce moëlleux comme
d'autres, quelques efforts qu'ils y fassent ; mais s'ils y essayent,

ils en vaudront toujours beaucoup mieux.

Un autre défaut très-commun aux Cochers, est d'enrêner leurs Chevaux si court, que le bout du nez touche presque au poitrail, afin que l'encolure paroisse rouée : cette gêne perpétuelle fait qu'ils s'appuyent, sans pouvoir s'en empêcher, les barres sur le mors, ce qui les engourdit extrémement & leur rend la bouche dure, il vaudroit mieux les enrêner à leur aise ; mais si absolument on veut les gêner à ce point, il faudra alors passer les rênes entre le coude de la branche & la sous-barbe ; l'effet du mors en sera moins à craindre. Depuis peu on a inventé de mettre un anneau quarré à l'arc du banquet, qui est derriere la bossette, c'est le mieux qu'on puisse faire, puisque la gourmette n'a pour lors aucun effet pour serrer le mors sur les barres.

Une excellente maniere d'enrêner les Chevaux, est de les enrêner à l'Italienne : ceci est pour ainsi dire une double enrênure qui sert à les tenir toujours à la même distance du timon, & à les conduire sans communication des branches des guides de l'un à l'autre Cheval : chaque guide comme on sçait se separe en deux au-dessus du dos de chaque Cheval, & passant par deux anneaux qui sont au coussinet, la branche d'en dedans va se boucler à l'autre Cheval ; ce qui fait que quand le Cocher tire, supposé sa guide droite, le Cheval qui est à gauche, est attiré par la branche d'en dedans de cette guide vers son camarade, &c. L'inconvénient de ceci, est que si un Cheval a la bouche forte & l'autre légere, celui-ci se sent tiré plus fort qu'il ne le devroit être, & on ne peut pas ainsi conduire chaque bouche suivant ce qu'elle demande. L'enrênure à l'Italienne, remedie à cet inconvénient ; ce n'est autre chose qu'une courroye qui prend de la bride de chaque Cheval, & qui va s'arrêter au côté du coussinet de son camarade, par ce moyen chaque guide ne méne que son Cheval, & le Cocher peut ménager chaque bouche comme il veut.

Passons maintenant à la conduite de la voiture, & à tout ce qu'un homme qui méne doit observer.

On attelle les Chevaux de carosse deux à deux, jusqu'à six ; le Roy & les Princes en mettent jusqu'à huit, les deux du Cocher attellés au timon, s'appellent Chevaux de derriere, les deux d'ensuite, se nomment Chevaux de volée, parce qu'ils sont attellés à des paloniers, tenant à une volée qu'on attache

Le Cocher pour la conduite des Chevaux attellés.

au bout du timon; les deux autres sont appellés Chevaux de devant, & à huit Chevaux, de sixiéme : le Postillon monte celui qui est à gauche; ceux-ci sont attachés aux Chevaux de volée par des traits; le Cocher guide les Chevaux du timon, aussi-bien que les Chevaux de volée, au moyen d'une guide pour chaque Cheval, qui passant par un anneau cousu à la têtiere des Chevaux de timon en dedans, au-dessous de l'oreille, va se rendre à la bride des Chevaux de volée, & vient s'attacher à la fourchette des guides des Chevaux de derriere : le Postillon d'attelage, n'est chargé que de la conduite de ses deux Chevaux, conduisant l'un avec la bride, & l'autre avec la longe de main, qu'il arrête à une boucle qui est à sa selle; ce qui est le plus sûr, ou qu'il tient à la main, ayant son foüet de la main droite.

Comme les crins du Cheval, sont une de ses beautés, il faut qu'ils paroissent en dehors des deux côtés. Après avoir assorti tout le mieux qu'on a pu la taille, & avoir mis ensemble s'il a été possible, ceux qui tirent également, on peigne à droit les crins des Chevaux, qui sont sous la main du Cocher, c'est-à-dire, à droit, & à gauche les crins de ceux qui sont hors la main : les plus grands & les plus carossiers doivent être au timon; les Chevaux de volée, seront un peu moindres, & ceux du Postillon seront les moins carossiers, les plus petits & les plus légers; ainsi les six Chevaux ont leur place marquée avant de sortir de l'Ecurie : le foüet du Cocher à quatre & à six, est plus long que s'il n'avoit que deux Chevaux.

Le Cocher sur son siége. Quand un Cocher est sur son siége, il doit y être bien assis & bien droit, sans avancer ni reculer le corps, les coudes près de lui; il est de très-mauvaise grâce d'avoir les bras & les mains tenduës en avant, comme si elles étoient penduës aux guides : cette situation est affectée; & tout air affecté est contraint : il ne doit point faire de contorsions sur son siége, soit qu'il tourne ou qu'il recule, ou à l'approche de quelque borne pour l'éviter, comme il y en a qui se panchent, croyant que le mouvement de leur corps va faire obéir le carosse & les Chevaux : un bon Cocher doit sans y regarder, soit qu'il tourne, ou qu'il recule, sçavoir précisément où sa roüe de derriere doit passer.

On ne peut soutenir & aider les Chevaux de carosse, que de la main & du foüet; il ne faut donc se servir du foüet que

comme d'un aide, ou d'un châtiment ; mais sur-tout que ce
soit à propos, comme pour soutenir un Cheval qui se laisse
aller dans un tournant, pour le remettre sur les hanches,
quand il s'abandonne trop sur les épaules, pour faire tirer également un Cheval qui se néglige, & autres occasions qu'on
ne sçauroit décrire ; mais il faut donner le coup de foüet dans
le tems de la faute, afin que le Cheval connoisse pourquoi
on le châtie ; ne prodiguez donc point les coups de foüet, car
les Chevaux s'y accoutument comme aux saccades : quand
vous donnez un coup de foüet, qu'il soit bien appliqué, &
sur-tout à propos, comme je viens de dire, & n'imitez pas
ceux qui donnent perpétuellement de petits coups de foüet,
comme s'ils vouloient caresser leurs Chevaux, car ils n'en tiennent compte.

Les regles que doit observer le Cocher à deux Chevaux, Dans une
quand il marche dans une Ville, est d'aller un trot raisonna- Ville.
ble, quand le pavé est bon, & d'aller plus doucement, en
soutenant bien ses Chevaux sur le pavé sec ; qu'il use de précaution avant de tourner le coin d'une ruë, en diminuant son
train, soutenant ses Chevaux, & prenant son tournant le plus
grand qu'il pourra pour éviter de donner dans quelqu'autre
voiture, dont il pourroit arriver accident. Si en allant vîte,
on tourne trop court, il y a danger que le Cheval d'en dedans, ne s'abatte, parce que l'autre le pousse en tournant sur
lui ; s'il se trouve dans quelque embarras, où il soit obligé de
reculer, c'est alors qu'il doit être le maître de la bouche de
ses Chevaux, pour les reculer droit ; car il est dangereux de se
mettre en travers dans un embarras ; on recule sur vous, on
vous verse, ou on vous brise : en un mot, il faut qu'il ait une
attention perpétuelle, tant pour prévoir & éviter de faire embarras, que pour crier gare, de peur de passer sur le corps à
quelqu'un : il y a des Cochers qui approchent si fort des maisons, qu'ils ne laissent pas d'espace aux gens de pied pour
passer, c'est un inconvenient qui attire quelquefois des querel-
les ; & que le maître ne doit pas souffrir.

Il est une espece de Cochers qui aussi-tôt qu'ils sont sur le
siége, s'imaginent être devenus gens redoutables & considérables, de façon que rien ne doit leur resister. Comme les vic-
toires qu'ils peuvent remporter, ne sont que d'écraser quelqu'un, ou de briser une voiture, un homme sensé, ne doit

pas s'en fervir un moment ; ils trouveront condition, car les petits maîtres s'en accommodent : un bon Cocher recule promptement dans les cours & fous les remifes fans harceler & foüailler fes Chevaux.

A la Campagne. A l'égard de mener en campagne, ou en voyage, tout fon foin doit être de ménager fes Chevaux, pour qu'ils puiffent aifément fournir la route fans être fatigués. Le maître de l'équipage ordonne ordinairement la dînée & la couchée, & c'eft au Cocher à les y conduire fagement. Pour cet effet, il ira tantôt le trot, mais un trot moins foutenu que dans les Villes, & tantôt le pas plus ou moins fréquemment felon que fes Chevaux feront plus ou moins en haleine ; c'eft en voyage & en beau chemin qu'il faut laiffer les guides un peu flotantes, puifqu'on n'a rien alors à demander à fes Chevaux, finon d'aller droit devant eux ; mais dans les mauvais chemins il faut foutenir les Chevaux, de peur qu'ils ne s'abattent, & d'ailleurs cela les foulage ; aller bien doucement & fçavoir quartayer à propos, c'eft-à-dire, mettre le timon fur l'orniere, afin que les Chevaux marchent des deux côtés, quand le chemin eft pavé, & qu'on trouve un ruiffeau de pavé un peu profond, un bon Cocher le paffe en biais ; premierement pour que la fecouffe foit moindre au caroffe ; & fecondement pour que l'aiffieu en fouffre moins ; car les deux roues arrivant au fond du ruiffeau en même tems & remontant fur le champ, donnent une fecouffe à l'aiffieu, qui pourroit le faire caffer, fur-tout quand on va le trot. Il faut aller au pas à l'approche d'une montagne pour repofer les Chevaux, afin qu'ils ayent plus d'haleine & de force pour la monter ; & fi elle eft rude, on les arrêtera un moment au haut pour les laiffer fouffler. Tout le monde de la voiture doit, fi faire fe peut, monter la montagne à pied ; il en eft de même à une defcente où les Chevaux peineront beaucoup à retenir la voiture : on les foulage encore en enrayant une roue de derriere, ce qui l'empêche de tourner, & par conféquent rend la voiture moins roulante ; il faut auffi pour peu que les Chevaux ayent chaud, les méner au pas quelques momens avant d'arriver à l'Auberge, afin de les laiffer fouffler, & qu'ils ne fe refroidiffent pas tout à coup ; ce qui pourroit les faire tomber fourbus. A l'égard du refte du penfement qu'on doit obferver en voyage, voyez le Chap. X.

Quand

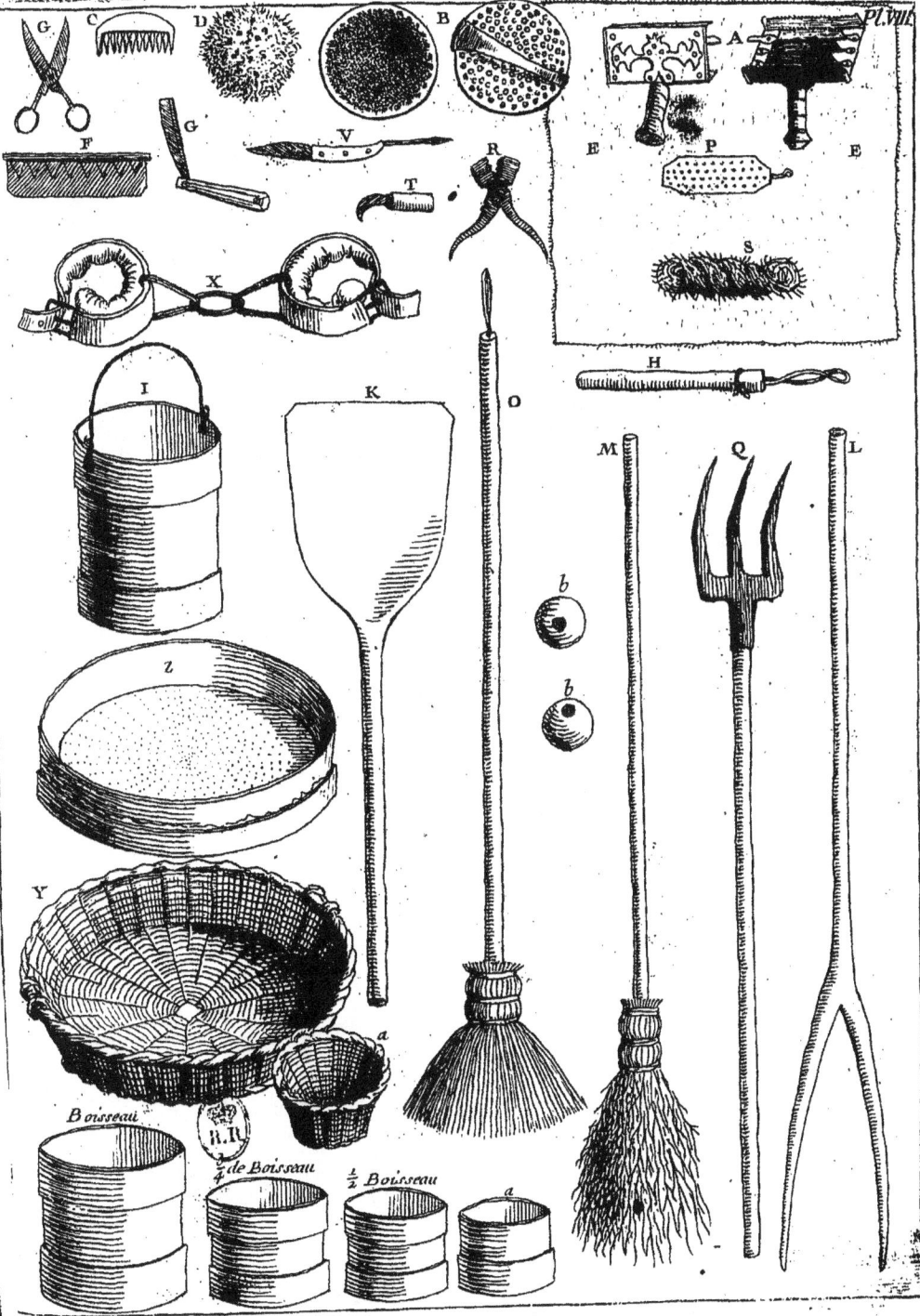

Pl. VII.

Pl. IX.

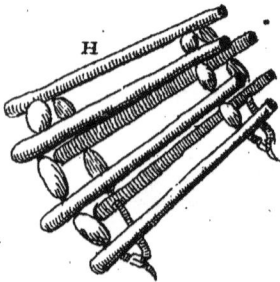

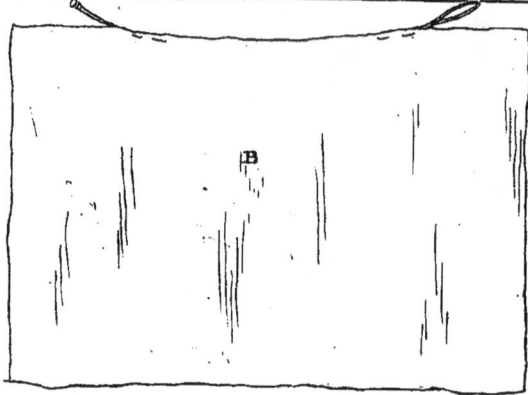

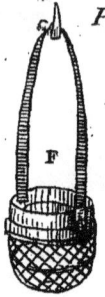

Pl. X.

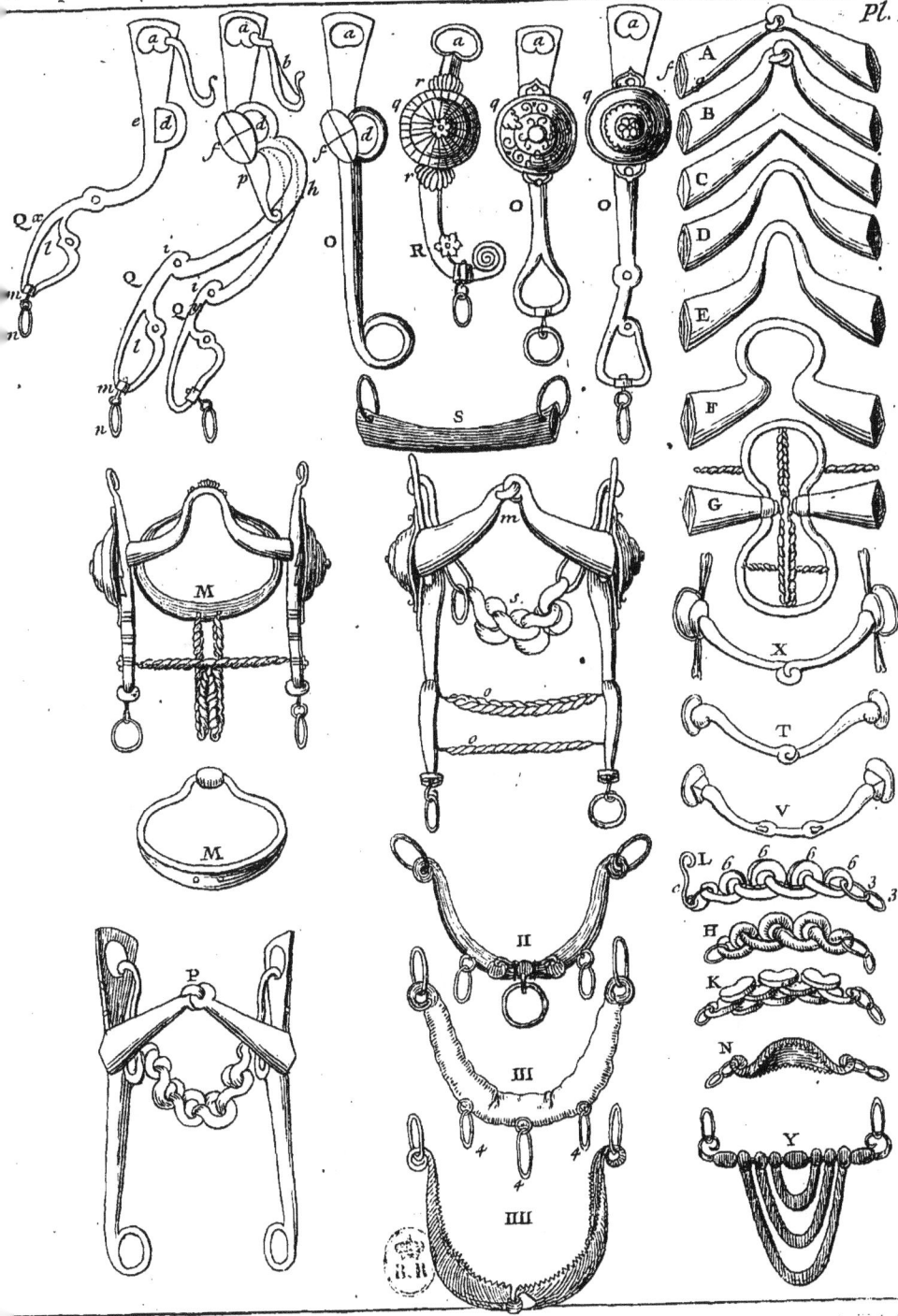

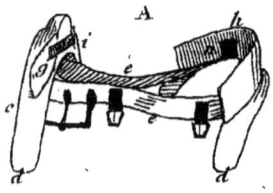

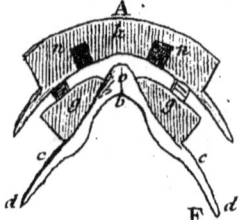

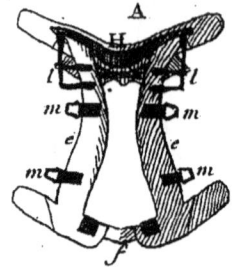

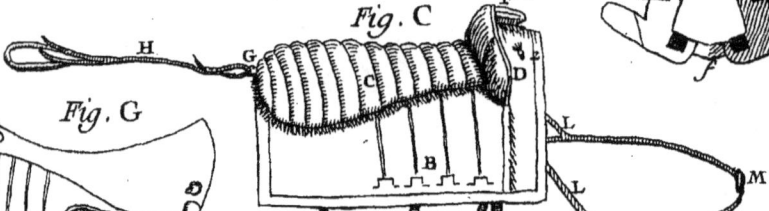

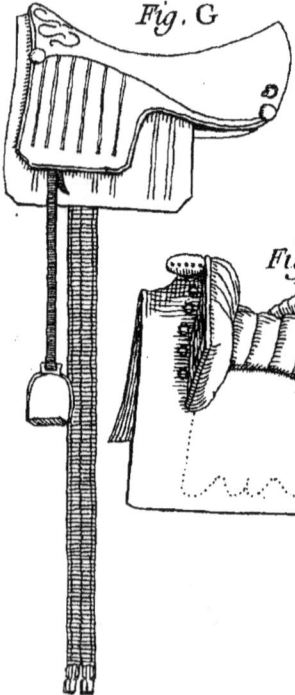

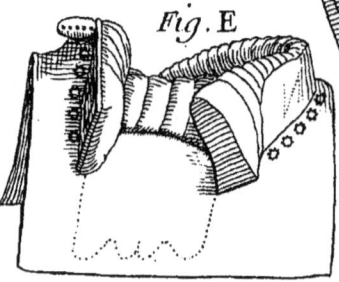

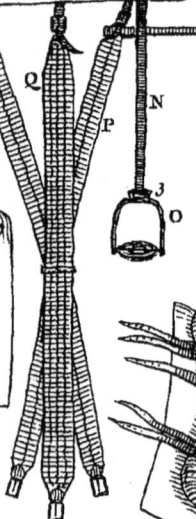

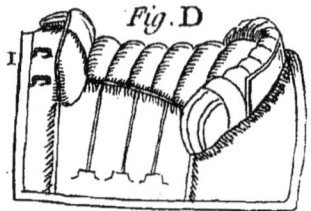

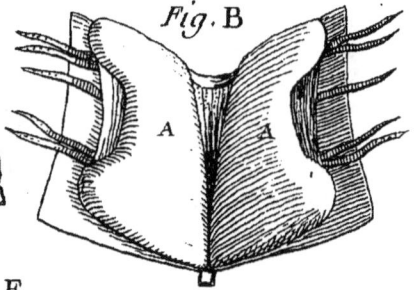

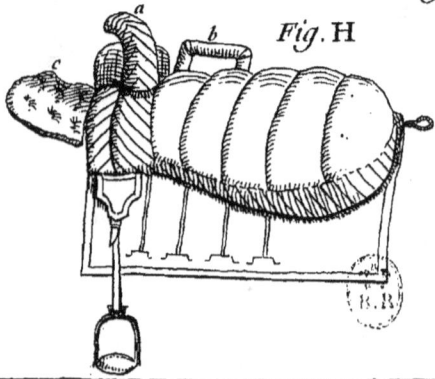

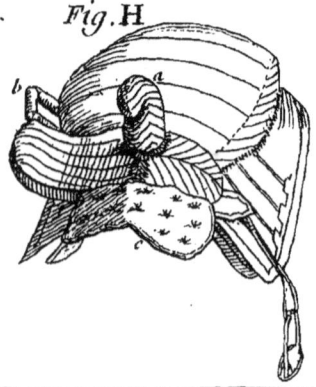

Pl. XI.

Fig. C
Fig. G
Fig. E
Fig. D
Fig. B
Fig. H
Fig. F
Fig. H

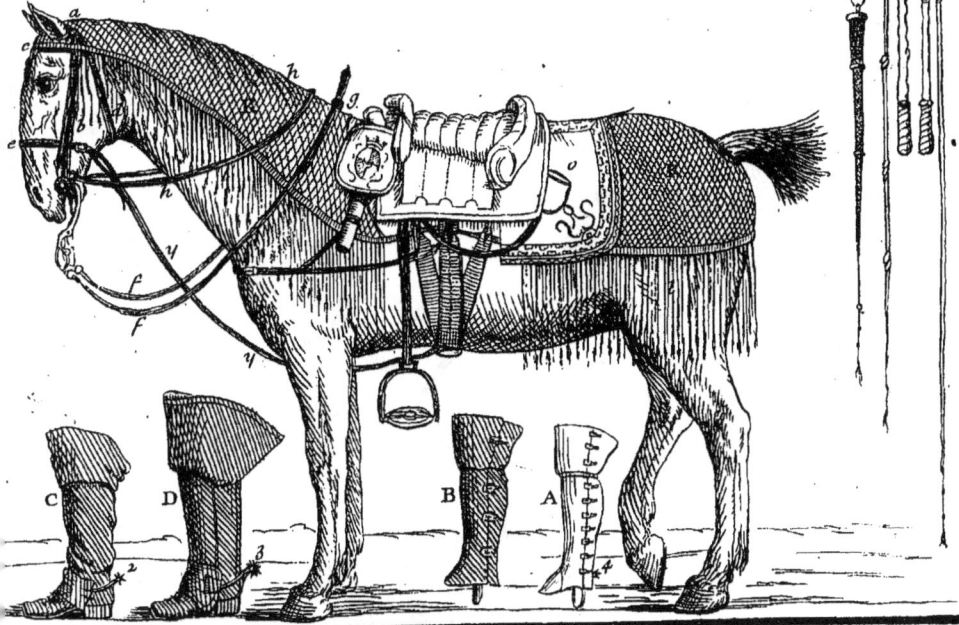

Pl. XII.

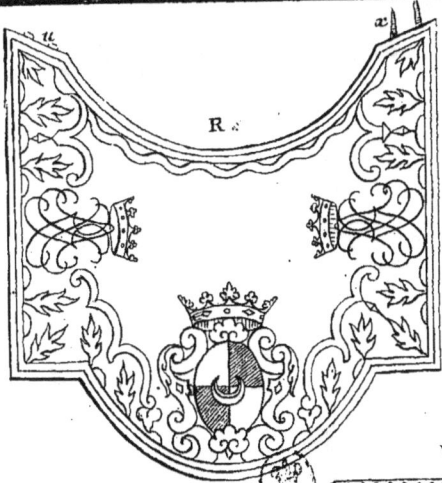

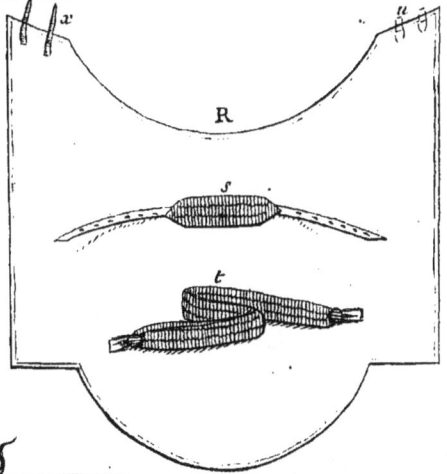

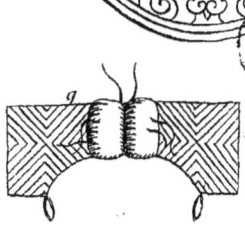

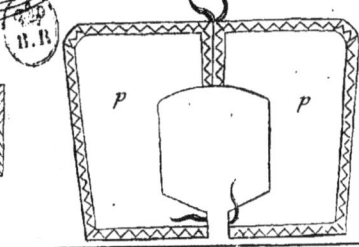

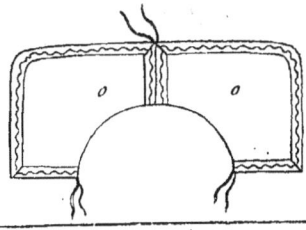

Pl. XIII.

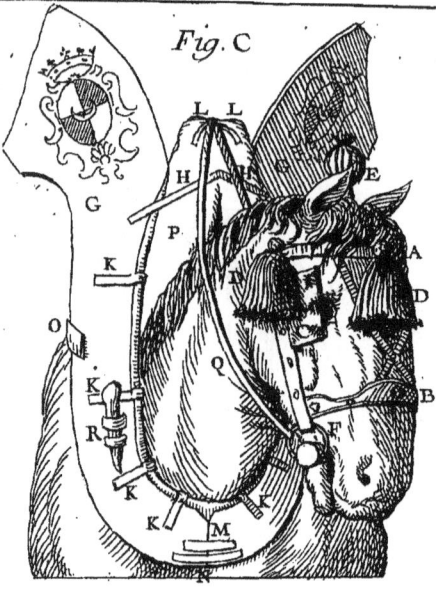

Fig. C

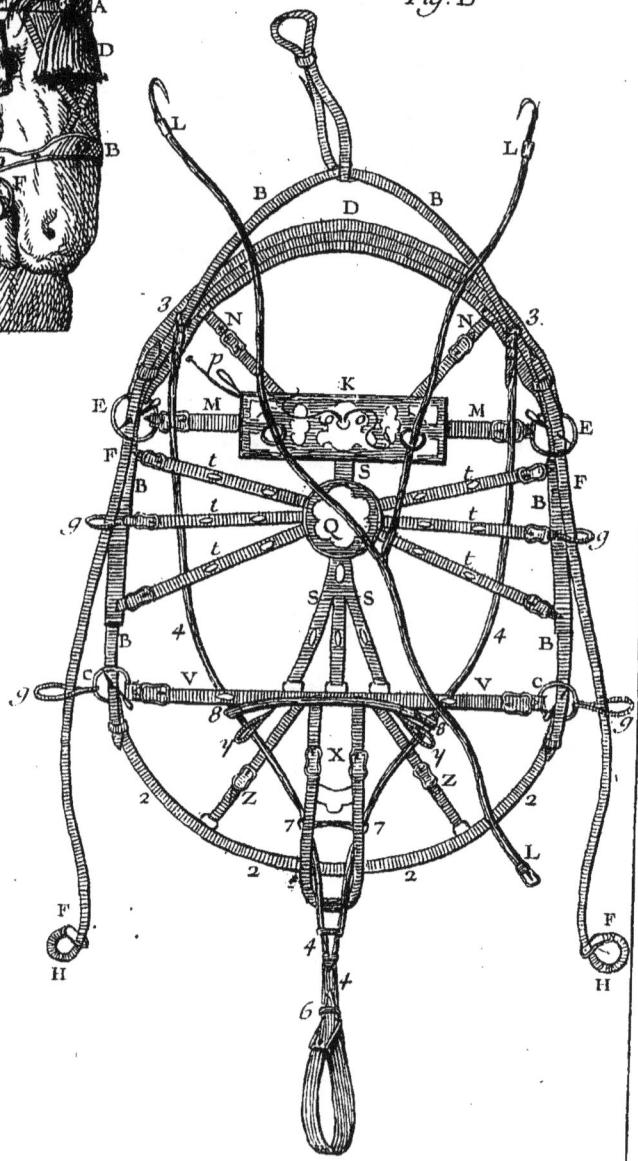

Fig. B

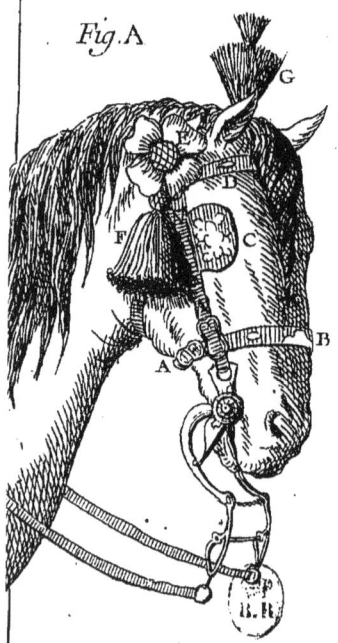

Fig. A

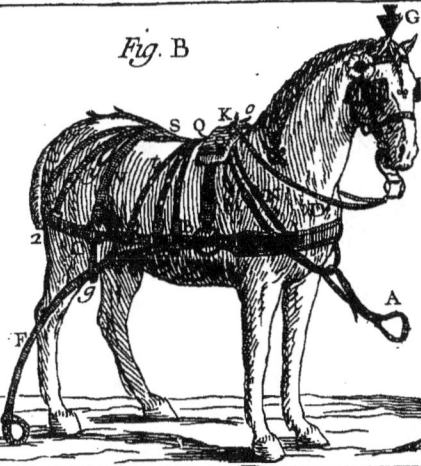

Fig. B

Pl. XIV.

Fig. C

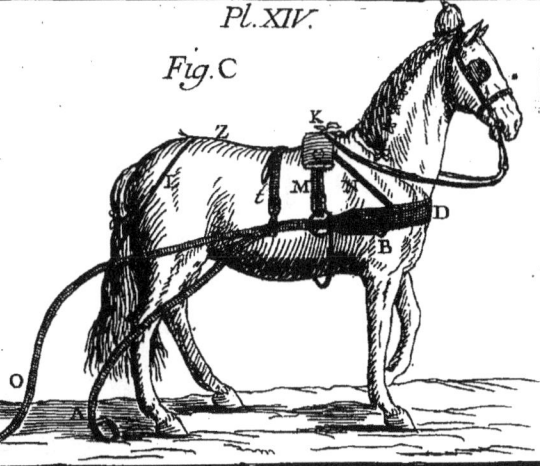

Fig. E

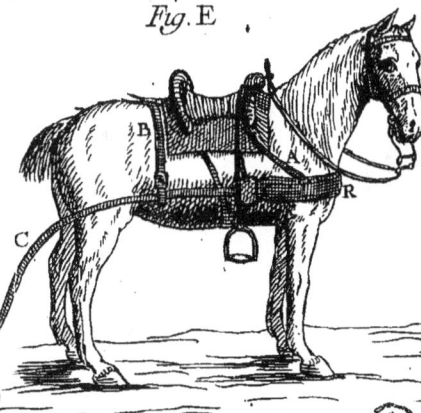

Fig. D

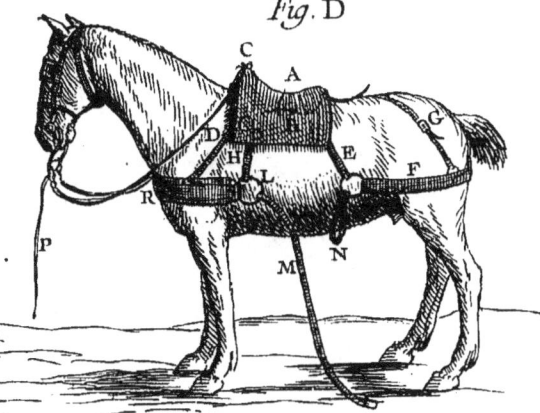

Fig. G

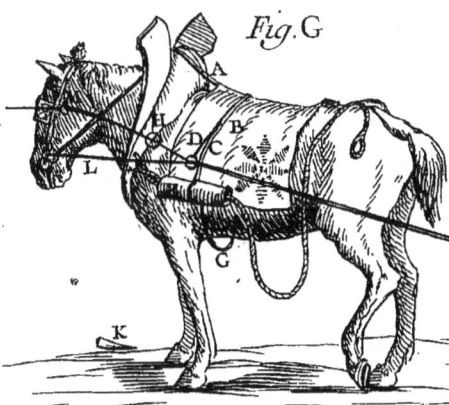

Fig. F

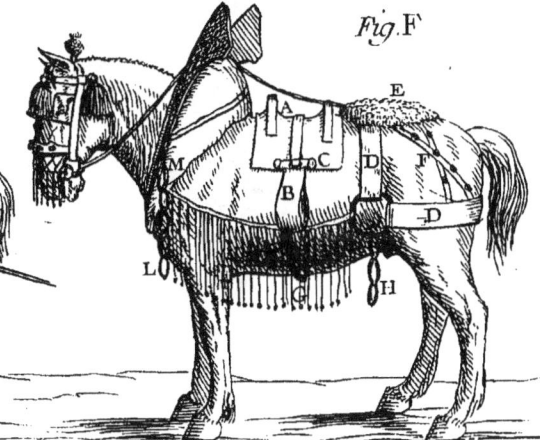

Fig.D
d
a
b

Fer
du pied
de derriere.

Fig.A

Fig.B

Fig.C

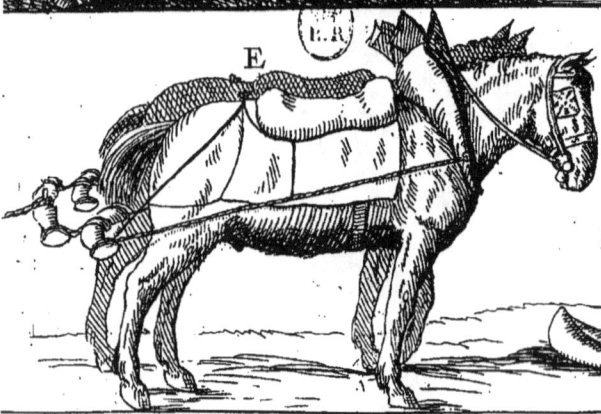

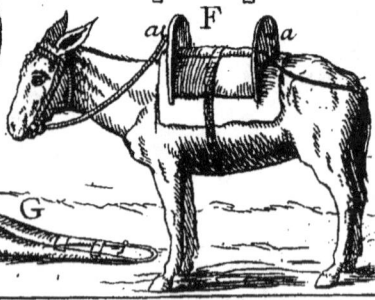

Fig. A

Fig. B

Quand on attele quatre Chevaux à une voiture, c'est com- A quatre
munément pour aller en Voyage, on s'en sert de deux façons; Chevaux.
sçavoir, sans postillon, le Cocher menant seul les quatre Chevaux, ou avec un postillon, qui mene les deux Chevaux de
devant, attachés par des traits aux harnois des Chevaux du timon : les quatre Chevaux sans postillon, ne sont pas sans danger, sur-tout dans les descentes ; car si les Chevaux de devant
sont jeunes ou sensibles, ou qu'ils n'ayent pas la bouche bonne, ils s'échaufferont peut-être la tête ; & la pente les favori-
sant, ils pourront bien prendre le mors aux dents, au lieu que
le postillon les retient facilement ; je conseillerois donc d'a-
voir toujours un postillon: venons maintenant à la conduite que
doit tenir un postillon d'attelage, soit à quatre ou à six Che- A six Chevaux. Comme le Cocher méne le timon, le postillon doit lui vaux.
être surbordonné, c'est-à-dire, executer sans replique tout ce
qu'il lui dit, & les signes qu'il lui fera, soit pour tourner, faire tirer ses Chevaux, &c. il doit donc avoir toujours attention à son Cocher & faire tirer ses Chevaux droit, c'est-à-dire,
ne les pas conduire à gauche, quand les Chevaux de derriere
vont à droit; car cette mauvaise manœuvre fatigue tout l'é-
quipage : qu'il songe à ne pas tant faire tirer son porteur : qu'il
prenne son tournant de loin, sans trop faire tirer, de peur de
forcer le Cocher à tourner trop court : il faut aussi quand il
s'agit de reculer qu'il maintienne ses Chevaux, de façon qu'ils
ne se mêlent pas dans leurs traits; ce qui pourroit arriver, si ils
étoient trop lâches; c'est pour la même raison, que le postillon doit partir le premier quand la voiture commence à marcher. Les Chevaux de derriere doivent retenir dans les descentes, & aux montagnes les Chevaux de devant doivent tirer
pour soulager ceux du Cocher.

Le Postillon qui méne la chaise de poste, n'a communément Postillon de
que deux Chevaux à conduire ; sçavoir le Cheval de brancard Chaise.
& celui sur lequel il est : il faut qu'un postillon soit à Cheval
de bonne grace; c'est pourquoi il seroit nécessaire qu'il eut appris à monter à Cheval, assez pour s'y bien tenir, son Cheval
& lui, en seroient plus à leur aise, & on ne verroit point de
postillon de travers sur leurs Chevaux, se donner bien du
mouvement du corps, ou brandiller les jambes continuellement.

Ordinairement le postillon va au petit galop, & le Cheval

Z

de brancard ne fait que trotter ; cela eſt plus agréable à voir, lorſqu'il ne s'agit que de faire trois ou quatre lieues, comme d'aller de Paris à Verſailles ; mais ſi on veut voyager en chaiſe de poſte avec ſes Chevaux, aucun des deux ne doit galopper ; il faut renoncer à la grace en cette occaſion ; car le galop quelque petit qu'il ſoit, fatigue toujours plus un Cheval que le trot, qui eſt ſon allure naturelle. Les Poſtillons de la poſte galopent communément ; mais leurs Chevaux ſont en haleine, & ils n'ont tout au plus que cinq ou ſix lieues à faire, auſſi voit-on que ces Chevaux ſe mettent bien-tôt pour ſe ſoulager à une eſpece de train rompu, qui tient du trot & du galop ; ce qu'on appelle l'aubin.

Le Poſtillon n'a d'autre attention à avoir, à l'égard de la voiture, que de bien conduire la roue droite ; car comme le Cheval de brancard eſt attelé entre les deux brancards, au milieu de la chaiſe ; & que le poſtillon eſt à ſa gauche, la roue gauche eſt derriere lui, vis-à-vis de la croupe de ſon Cheval ; ainſi cette roue ſuivra par tout où il aura paſſé ; il n'en eſt pas de même de la roue droite, qui eſt bien plus en dehors ; c'eſt pourquoi, quand il veut que la chaiſe tienne le milieu du chemin, il faut qu'il marche ſur le côté du chemin à gauche : quand il tourne à gauche, il peut tourner court ; mais à droite, il faut qu'il prenne ſon tournant de très-loin : quand il s'agit de quartayer, le Cheval de brancard doit marcher ſur le bord de l'orniere, à droite ou à gauche de ladite orniere : quand il voudra retenir ſon Cheval de brancard, ſoit qu'il aille trop vîte, ou dans une deſcente, il lui ſoutiendra la tête, en levant la longe de main, droit en haut, à côté de ſa tête : en montant il faut qu'il faſſe bander les traits de ſon porteur, pour ſoulager le Cheval de brancard ; mais en païs plat, ſon Cheval doit tirer médiocrement, ſur-tout lorſqu'il galoppe. Il doit être adroit à éviter les pierres : il ſe trouve beaucoup de poſtillons, avec leſquels vous ne perdez pas la moindre petite pierre d'un chemin ; il traverſera auſſi les ruiſſeaux de pavé & autres pentes pareilles en biais, comme il eſt dit du Cocher.

Ce n'eſt pas une précaution ſuperflue dans les mauvais chemins pour le ſoulagement du poſtillon & pour la ſûreté de celui qui eſt dans la chaiſe, d'avoir des guides, avec leſquelles il puiſſe conduire le Cheval de brancard, dans les cas où le poſtillon a de la peine à lui faire tenir la route ſûre, ou dans d'autres occaſions qui peuvent ſe rencontrer le long d'un chemin.

Le Chartier exige auſſi une eſpece d'intelligence; il doit ſe tenir toujours à gauche en devant du limonier : le nombre des Chevaux qu'on attele à une charette, n'eſt pas fixe; il ne paſſe guéres cependant dix ou douze; il doit bien charger ſa charette, de façon que le poids qu'il y mettra, ſoit en équilibre ſur l'eſſieu, afin que les limons ne peſent point ſur le limonier, ni auſſi que ſa charette ne ſe renverſe point trop en arriére : il ne harcelera point ſes Chevaux en beau chemin, de peur de ne les plus trouver au ſecours dans le mauvais : le limonier ne doit point ou peu tirer : il eſt fait pour tourner, reculer & ſoutenir dans la deſcente : l'eſſentiel du chartier, eſt de faire tirer tous ſes Chevaux également, de choiſir bien ſon chemin, de ſe ſervir à propos du limonier, de prendre bien ſes précautions, quand il a beaucoup de Chevaux pour tourner; ne jamais monter deſſus pour peu qu'il ait à gouverner ſa charette, & ne jamais dormir dans ſa charette en chemin, pour éviter bien des accidens, qui le menacent alors.

Le Chartier.

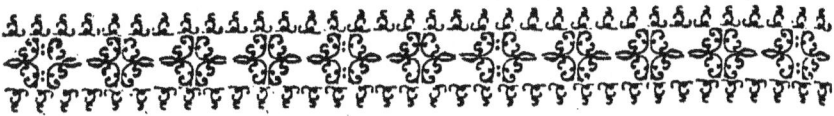

LE MÉDECIN,
OU
TRAITÉ
DES MALADIES
DES CHEVAUX.

CHAPITRE PREMIER.
Des avantages de la Saignée.

LA saignée est un des grands remedes qu'on puisse prati-
tiquer aux Chevaux qui abondent communément en un
sang cru & épais, soit par l'espece de leur nourriture, soit
par trop de fatigue ou trop de repos.

Les maladies aiguës, sur-tout celles qui attaquent le cerveau, ont besoin de frequentes saignées pour dégorger les vaisseaux, & donnant un libre cours au sang, le mettre en état
de chasser par transpiration l'humeur qui le fait fermenter &
qui feroit incessamment dépôt dans quelque partie interieure.

La saignée est sûrement évacuative ; & pour sçavoir si elle
est révulsive, il s'agit sans examiner la chose physiquement de
consulter l'experience sur les hommes, dans lesquels on voit
clairement que la saignée du pied soulage plus la tête dans de
grands maux que la saignée du bras : le Cheval ressemble à
l'Homme méchaniquement, la circulation de son sang est la
même, ainsi il peut être soulagé par les mêmes moyens. Le
Lecteur verra que j'employe ce remede en bien des occasions,
dont je suis persuadé qu'il se trouvera bien, si, malgré l'ancienne opinion des Maréchaux, il en fait usage. J'avance encore
avec certitude que les influences de la Lune & de quelque As-

tre que ce foit, n'ont aucun pouvoir fur les temperamens ni fur les effets des remedes ; ce que je dis pour avertir ceux qui par hafard ne feroient pas inftruits que généralement on eft defabufé de cette efpece de fuperftition.

Je ne m'étends pas davantage ici fur la faignée, on verra dans les maladies où je la confeille les raifons qui m'y engagent. Quant à l'operation de la faignée, & comme on la pratique fur les Chevaux, je renvoye au Traité des Operations ; je finirai ce chapitre en faifant l'obfervation que tout animal a environ le tiers de fa pefanteur de fang ; ainfi, qu'un Cheval ordinaire en a cinquante livres à peu près.

CHAPITRE II.

Des defavantages de la Purgation.

LA purgation bien loin d'être indifferente au Cheval lui caufe fouvent plus de mal que de bien ; cet animal n'eft pas fi aifé à émouvoir que l'Homme, & une médecine lui refte toujours vingt-quatre heures dans le corps, fouvent deux jours, quelquefois quatre : pendant ce long féjour il faut néceffairement que partie de la purgation fe digere & paffe dans le fang ; & comme la qualité des médicamens purgatifs eft plutôt d'exciter des crifes, de façon qu'ils produifent un effet non accoûtumé, que de fervir à la nutrition, ils ne peuvent pas manquer de donner une mauvaife qualité au fang en l'échauffant & quelquefois pour long-tems ; c'eft pourquoi fi vous purgez un Cheval maigre échauffé ou qui a la fiévre, vous lui faites avaller le poifon : la purgation ne peut faire quelque effet favorable qu'à un Cheval fluctionaire & rempli d'humeurs pefantes & aquatiques.

Si le Cheval pouvoit vomir ce feroit un grand avantage pour lui, parce que les vomitifs & émetiques font leur effet précipitament, & par conféquent ne peuvent laiffer que peu d'impreffion de chaleur ; mais cet animal eft privé de ce fecours qui eft accordé aux Hommes & aux animaux à pattes.

On fçait à prefent que la caufe du vomiffement provient en partie de l'irritation des fibres des mufcles du bas-ventre, laquelle leur caufe un mouvement convulfif qui les éleve avec violence & par fecouffes vers le bas de l'eftomac & en partie de l'abaiſſement du diaphragme, qui foule en même tems ſur la partie ſuperieure de l'eſtomac, lequel ſe trouvant preſſé de tous côtés eſt obligé de ſe dégorger par le conduit du manger appellé Oeſophage.

Les muſcles du bas-ventre des Chevaux ne paroiſſent pas diſpoſés à ceder à l'irritation, ils ſont d'une contexture ſi forte pour ſoutenir apparemment la peſanteur de leurs inteſtins, qu'ils demeurent quaſi immobiles, ils ne cedent pas même à la reſpiration qui n'eſt viſible qu'au défaut des côtes à l'endroit qu'on appelle le flanc ; & cela eſt ſi vrai que lorſqu'un Cheval eſt pouſſif, le mouvement de la reſpiration fait plutôt remuer le haut de la croupe qu'ébranler les muſcles du bas-ventre, d'où vient qu'on a imaginé de faire une operation au-deſſus de l'anus qui, quoiqu'inutile, donne à connoître qu'on eſperoit ſoulager le Cheval en donnant iſſuë par cet endroit à une partie de l'air qui gonfle la croupe. A l'égard du diaphragme, quand il s'abaiſſeroit ſur l'eſtomac du Cheval, il n'eſt pas capable tout ſeul d'exciter le vomiſſement, puiſque le bas de l'eſtomac ne ſeroit pas comprimé.

Les émetiques les plus violens ne pouvant donc faire vomir le Cheval, ne le purgent nullement ; mais par un effet ſingulier à cet animal ils lui ſervent de diaphoretiques & lui purifient le ſang.

Des Cordiaux. Les cordiaux que les Maréchaux mettent à toutes ſauces, ne ſont bons que pour l'eſtomac affoibli par dévoyement, indigeſtion, &c. ils échauffent, & dans ces cas aident à la digeſtion : on donne, ſuivant l'avis de *Soleuzel*, des cordiaux à la gourme, qui eſt un rhume ou une maladie qui attaque la poitrine, la morve qui en provient quelquefois fait bien voir que ce mal n'eſt pas un vice local de l'eſtomac, puiſque les poulmons ſont preſque toujours ce qu'on trouve de gâté quand on ouvre des Chevaux morts de la morve. En même tems qu'on donne des cordiaux qui échauffent, on donne le ſon & on fait boire à l'eau blanche, procedé qui rafraîchit ; ainſi on échauffe & on raffraîchit en même tems. Ceux qui tiennent une pareille conduite ſont ils bien éclairés dans les véritables cauſes des maladies ?

CHAPITRE III.

Des Breuvages tant par la bouche que par le nez; des Pilules;
des Armands; des Gargarismes, & des Billots.

LES préparations des médicamens des Chevaux consistent
en infusions ou en décoctions qu'on leur fait avaler ou
par la bouche ou par le nez, ce qui s'appelle breuvages: la façon la plus naturelle est toujours la meilleure, ainsi je ne vois
pas pourquoi on fait avaler un breuvage à un Cheval par le nez,
il ne fait pas un autre effet dans le corps pour avoir passé par
les conduits des nazeaux, préférablement au conduit naturel
qui est la bouche; mais il fait sûrement l'effet de tourmenter
davantage le Cheval: ainsi on devroit, je crois, se desabuser
de cette mauvaise façon de donner des breuvages, à moins
qu'il n'y eût quelque empêchement dans le gosier qui s'oppo-
sât à l'entrée du breuvage par la bouche, alors on s'y prend
par où on peut quand on compte soulager son Cheval.

J'aimerois mieux donner des breuvages que des pilules, parce que la graisse qui les forme est contraire au temperament du
Cheval; si on en donne, il faut les former avec le miel.

On appelle Armand une drogue dont on graisse le bout
d'un nerf de bœuf bien amoli, & fourrant le nerf de bœuf
jusqu'au fond du gosier, on y porte la drogue pour adoucir
quelque inflammation du gosier. On se sert ordinairement de
miel pour armand.

Le gargarisme se fait au moyen d'une seringue à injection.
On emplit la seringue de la composition du gargarisme & on
la pousse après l'avoir mise au coin de la bouche du Cheval; cette méthode est plus douce que l'armand, & je l'aimerois mieux.

Le Billot est un mors de bois joint à sa têtiere; on met autour de ce mors la drogue qu'on veut que le Cheval suce; &
on l'entourre de linge, ce qui s'appelle un Nouet. Quand le
Cheval a ce billot & ce nouet dans la bouche, il ne peut s'empêcher de mâcher, & la drogue se mêlant par la chaleur de
la bouche avec la salive, il la suce: on met communément
l'Assa-fœtida au billot, pour fortifier l'estomac & donner appetit; cela est bon dans un dégoût simple qui ne provient que
de quelque nourriture desagréable au Cheval & qui l'a dégoûté.

CHAPITRE IV.

De l'utilité des Lavemens.

LEs lavemens font un excellent remede pour déboucher les Chevaux, appaifer l'irritation des inteftins par l'écoulement des matieres retenuës, dégager & raffraîchir ; on en donne fuivant les occafions de raffraîchiffans & émollians, de purgatifs, d'adouciffans & narcotiques, &c. L'avantage qu'a ce remede eft qu'on ne fçauroit le prodiguer,& qu'il n'en arrive jamais aucun inconvenient. Vous trouverez la façon de les donner dans le Traité des Operations, & une recette pour chaque intention dans le Traité des Médicamens.

CHAPITRE V.

Signes généraux du Cheval malade.

QUoique beaucoup de maladies ayent leurs fignes particuliers par lefquels le Cheval indique qu'il en eft attaqué; cependant il fe peut trouver des fignes généraux qui marquent feulement qu'il eft malade, & qui avertiffent d'examiner auffi-tôt qu'on les voit paroître quelle eft la nature du mal dont ils ont fait appercevoir les premiers indices, tels que font les fuivans dont il peut être attaqué, foit d'un, foit de plufieurs enfemble, fuivant la conféquence de fa maladie ; fçavoir,

Le dégoût : nous en traiterons plus au long au Chap. fuivant.

L'œil hagard & farouche, ou pleurant.

L'oreille froide.

La bouche échauffée, pâteufe & baveufe.

La tête pefante & baffe.

Le poil hériffé & lavé aux flancs, c'eft-à-dire, d'une couleur plus pâle & plus déteinte qu'à l'ordinaire.

La fiente dure & noire, ou verdâtre : nous en parlerons au Chapitre fuivant.

L'urine claire & cruë, ou rouge & enflammée : voyez le Chapitre fuivant.

Regardant fouvent fon flanc, fe couchant & fe levant fréquemment dans l'écurie.

Si le flanc bat plus fort qu'à l'ordinaire.

Si le cœur lui bat.

La marche chancellante.

L'inclination tardive & pesante, c'est-à-dire, qu'ayant coutume d'être vigoureux il soit mol & sans cœur ni force, ou qu'étant précédemment vicieux aux autres Chevaux, il ne leur dise rien.

Lorsqu'un Cheval fait voir le blanc des yeux en haut, c'est une marque qu'il sent beaucoup de douleur.

C'est un signe souvent mortel lorsque dans le cours d'une grande maladie le Cheval qui avoit coutume de se camper pour uriner, ne se campe plus & laisse dégoûter l'urine sans tirer le membre dehors.

C'est un signe de dangereux état lorsque le crin & la queuë s'arrachent facilement, & ne tiennent, pour ainsi dire, à rien.

Lorsqu'un Cheval ne plic pas les reins lorsqu'on appuye les deux doigts dessus vers l'origine de la croupe, il est mal.

CHAPITRE VI.

Du Dégoût & des Cirons.

LE dégoût se reconnoît quand on voit qu'un Cheval mange moins qu'à l'ordinaire, ou qu'il mange plus mollement, ou qu'il refuse absolument de manger son avoine.

Les causes du dégoût sont quelquefois legeres ; il se trouve des Chevaux délicats qui se dégoûtent pour une ordure qu'ils auront trouvée dans leur nourriture ; alors en ôtant cette nourriture & leur en donnant la premiere fois de nette, ils se remettront à manger.

Il vient aussi aux Chevaux de petites élevûres ou cirons audedans des lévres de dessus & de dessous ; ces élevûres leur causent une demangeaison qui les oblige à se frotter continuellement les lévres contre la mangeoire, & leur font perdre ainsi le manger sans aucune autre indisposition. A cette incommodité il n'y a rien à faire qu'à couper avec un bistouris ou un coûteau bien affilé la premiere peau sur les cirons, puis frotter avec sel & vinaigre, & le Cheval recouvrera l'appetit : une écume amere qui dégoûte les Chevaux provient souvent de

A a

cruditez & de mauvaise digestion ; les gargarismes & les billots feront revenir l'appetit, mais en même tems il faut ôter
la cause avec le foye d'antimoine pendant quelques jours.

Si le dégoût continuë & qu'on voye le Cheval triste, alors il
peut provenir de quelque mauvaise disposition de l'interieur,
ou être l'avant-coureur de quelque maladie ; alors vous mettrez en usage la saignée, la diéte, le son, les lavemens, &
lui ferez manger deux fois par jour une once de foye d'antimoine jusqu'à ce qu'il en ait mangé une livre.

CHAPITRE VII.

De l'Urine & de la Fiente.

QUAND on voit au Cheval une urine claire & cruë, cela
dénote cruditez dans le sang, & par conséquent de mauvaises digestions, qu'il faut corriger sans échauffer le sang, les
amers font cet effet : si l'urine est rouge & enflammée cela
dénote que le Cheval est échauffé & a besoin de raffraîchisse-
ment.

Il y a des Chevaux dont la fiente est molle & qui se vuident
trop souvent, cela dénote obstruction ; car tant qu'ils sont en
cet état, ils ont beau manger ils ne sçauroient engraisser ; les
desobstruans, comme l'acier & le foye d'antimoine pendant
quelque tems ôteront cette indisposition. Lorsque la fiente est
dure, noire ou verdâtre, signe d'une bile échauffée ; si outre
cela le Cheval est resserré à outrance, ou sujet à avoir souvent
un flux-de-ventre, c'est une marque que la bile ne se sépare
pas dans le foye : les desobstruans ou aperitifs conviennent
dans cette occasion aussi-bien que les herbes ameres.

CHAPITRE VIII.

De la nourriture des Chevaux malades.

LA nourriture la plus usitée aux Chevaux malades est le
son & l'eau blanche : le son pour le manger sec ou moüillé & chaud, l'eau blanche est sa boisson, ce n'est autre chose que de l'eau qui devient blanche au moyen du son qu'on
met tremper dedans. Cette eau blanche est proprement le

boüillon des Chevaux & le fon la panade: quelquefois le dégoût d'un Cheval eſt ſi grand qu'il ne veut point manger du
tout; il n'y a rien de plus heureux dans la fiévre pendant laquelle l'eſtomac ne peut digerer aucun aliment; mais lorſque
la maladie tire en longueur & que le dégoût continuë, il y
auroit inconvenient à le laiſſer dans cet état, parce que la
ſouſtraction totale de nourriture l'échaufferoit & le deſſéche-
roit; c'eſt pourquoi il faut ſe ſervir de tous les moyens poſſi-
bles pour le faire manger un peu. Ne vous ſervez jamais de
lard & de graiſſe pour donner de la nourriture au Cheval, ces
alimens ſont totalement contraires à ſon temperament & lui
cauſeroient des obſtructions, mais de la mie de pain cuit avec
de l'eau & un peu de ſel en conſiſtence bien claire nourrira
fort bien le Cheval, du gruau ou de l'orge mondé cuite avec
de l'eau, puis paſſée & donnée tiéde, ou de la farine d'orge
tamiſée & cuite avec de l'eau en conſiſtence de boüillie, puis
y ajoûter du ſucre: toutes ces nourritures humectent & raf-
fraîchiſſent.

Dans les maladies de chaleur il eſt plus eſſentiel de faire
boire le Cheval que de le faire manger, quand vous devriez
le contraindre en lui verſant ſa boiſſon avec la corne.

Il faut ſouſtraire le foin & l'avoine au Cheval malade; on
peut lui laiſſer manger un peu de paille pour l'amuſer, excepté
toujours en cas de fiévre, pendant laquelle le Cheval ne peut
digerer que la boiſſon.

CHAPITRE IX.

DES MALADIES AIGUES, OU DE CELLES
QUI DEMANDENT UN PROMPT SECOURS.

De la Fiévre.

LA fiévre eſt un boüillonnement extraordinaire du ſang
qui fait battre le cœur & les arteres plus fréquemment
que dans l'état ordinaire.

Les Chevaux ne ſont guéres ſujets qu'à la fiévre continuë,
plus ou moins forte, & à la fiévre lente. Nous ne parlerons
ici que de la fiévre continuë, nous réſervant à détailler la fiévre lente au commencement des Maladies croniques, parce

qu'elle n'exige pas un secours aussi prompt que la fiévre continuë ; nous parlérons aussi dans cet article de la fiévre, causée
par la douleur, parcequ'elle est aiguë.

Des fiévres continues. Toutes fiévres continuës, depuis la plus petite jusqu'à la plus
grande, quoique plusieurs Auteurs les distinguent par plu-
sieurs noms, comme fiévre simple, fiévre putride, fiévre pesti-
lentielle, &c. ne sont autre chose qu'une disposition inflammatoire, plus ou moins forte, occasionnée par un épaississement & pour ainsi dire un grumellement de la masse du sang,
qui ne pouvant alors circuler comme à l'ordinaire, s'arrête
dans les vaisseaux des parties principales intérieures, & y produit de l'inflammation ; ce sang enflammé, se change en matiere, & forme des abscès ; qui venant à créver, se répandent
dans l'intérieur, & causent la mort à l'animal : ainsi toutes les
differences des fiévres continues des chevaux & des hommes,
ne doivent rouler que sur deux points principaux. 1°. Sur les
degrés & la force de l'épaississement du sang arrêté dans quelques parties. 2°. Sur la qualité & l'importance des parties,
dans les vaisseaux desquelles il s'arrête.

A l'égard de l'épaississement du sang, on peut dire en général, qu'une fiévre continue sera plus ou moins dangereuse :
toutes les fois que les causes de cet épaississement & de l'inflammation qu'il produit, seront plus ou moins faciles à resoudre
& à dissiper ; & en même tems il faudra juger du danger de
la fiévre & des inflammations qui l'entretiennent, par la grandeur des causes qui ont produit l'épaississement & par les mauvaises dispositions où le Cheval se sera trouvé, lorsqu'il a reçu l'impression de ces causes ; car il est plausible que les causes de l'épaississement du sang, étant jugées très-graves, il sera
très-difficile que les inflammations qu'il aura causées, viennent
à parfaite resolution.

Pour juger en second lieu du danger d'une fiévre continue,
suivant la qualité des parties attaquées, on comprendra aisément que la fiévre sera toujours moins perilleuse en quelque
degré qu'on en suppose la cause lorsque le sang ne sera arrêté, & ne produira quelque inflammation ou tumeur inflammatoire, que dans quelque partie externe, sans que les parties
internes & principales, soient autrement interessées, faisant
leurs fonctions à peu près à l'ordinaire : & tout au contraire,
on concluera que la fiévre continue fait courir un grand dan-

ger, lorſque le ſang ſera arrêté dans quelque partie interne principale, & abſolument néceſſaire à la conſervation de la vie : & comme parmi les parties internes, il en eſt qui ſont plus ou moins néceſſaires au ſoutien de la vie, on jugera aiſément des degrés du péril, par rapport à leur uſage : ainſi on pourra décider, par exemple, qu'un ſang arrêté dans les vaiſſeaux du cerveau, qui y produit néceſſairement une inflammation, doit cauſer une fiévre continue plus dangereuſe que toutes les autres, parceque le cerveau influant ſur le jeu de toutes les parties du corps en général, ne peut être intereſſé dans l'exercice de ſes fonctions, ſans affoiblir celles de toutes les autres parties.

Comme la reſpiration eſt une fonction, ſans laquelle on ne ſçauroit vivre, il eſt aiſé de juger que lorſque le ſang ſera arrêté dans les vaiſſeaux du poulmon, & qu'il y produira une inflammation, le danger pour la vie ne peut être que très-grand, quoiqu'abſolument moindre que n'eſt celui dont l'animal eſt menacé, lorſque le cerveau eſt attaqué.

Il en eſt de même ſur l'arreſt du ſang dans les vaiſſeaux du foye & ſur l'inflammation qui l'accompagne par rapport au grand uſage qu'il a dans l'ouvrage de la digeſtion, ainſi du reſte des parties, comme de l'eſtomac, des inteſtins, des reins, &c.

Suivant cette idée, il y aura des fiévres continues légeres, ſelon la petiteſſe des cauſes, comme des fiévres ephemeres même, & qui ne dureront qu'un jour, & des fiévres continues grandes & de pluſieurs jours; & parmi les grandes, il y en aura d'infiniment grandes & plus ou moins perilleuſes.

Les plus grandes de toutes & les plus perilleuſes, ſeront celles dans leſquelles le ſang ſera arrêté & produira des inflammations dans le cerveau, dans les poulmons, dans le foye, & généralement dans toutes les parties internes principales, & où les parties externes ſeront en même tems intereſſées : ces ſortes de fiévres qui ſuppoſent des cauſes d'une très-grande activité, & le ſang dans un état d'épaiſſiſſement ſi général, qu'il s'arrête par tout, on les appellera peſtilencielles, lorſ- *Fiévres peſ-* qu'elles ſeront épidémiques & générales, par rapport au ra- *tilencielles.* vage & à la mortalité qu'elles cauſeront : toutes les autres ne *Fiévres in-* ſçauroient être mieux deſignées que par le nom d'inflamma- *flammatoi-* tion, ou fiévre continue inflammatoire; par exemple la fiévre *res.*

continue, qui cause l'arrêt du sang dans les vaisseaux du cerveau, est une inflammation du cerveau; & lorsque cet arrêt du sang, se trouvera plus marqué dans le poulmon, on ne peut, il me semble, mieux définir cette fiévre que par le nom de peripneumonie, ou inflammation du poulmon; inflammation du foye, lorsque le sang s'arrêtera dans le foye; inflammation des reins, si l'arrêt se forme dans les vaisseaux hepatiques, ou du foye, &c.

Venons maintenant aux causes extérieures, qui produisent les fiévres continues.

De trop de travail.

La fiévre continue, dépend de plusieurs causes: 1°. d'un travail trop violent, ou trop outré, qui échauffe beaucoup le sang & provoque une transpiration très-abondante: alors si le Cheval étant dans cet état, est saisi subitement par un grand froid ou exposé à la pluie, ou aux autres injures du tems, le sang est plus susceptible d'épaississement & de coagulation par la dissipation d'esprits qui s'est fait précedemment, & il est dangereux qu'il ne s'arrête dans quelques parties principales, attendu que la matiere de la transpiration arrêtée par le resserrement des pores, vient à agiter les parties du sang épaissies, qui se trouvant arrêtées dans quelques visceres, se mettent en fermentation, s'échauffent & causent l'inflammation, & par conséquent la fiévre.

La fiévre peut encore prendre au Cheval, si dans cet état de fatigue excessive & d'épuisement, on fait manger un Cheval à son ordinaire; car alors l'estomac est hors d'état de bien digerer: les digestions se tournent en crudités, & le chile passant avec cette mauvaise qualité dans les vaisseaux, peut produire un grumellement dans la masse du sang qui le dispose à s'arrêter dans les vaisseaux capillaires des parties principales, & à y produire des inflammations.

Si on laisse boire de l'eau froide à un Cheval en sueur & fort échauffé par le travail, le froid de l'eau épaississant le sang qui roule dans les vaisseaux de l'estomac, le rend propre à s'arrêter dans les vaisseaux capillaires de la veine *porte* qui reçoit le sang qui vient de l'estomac: cet arrêt y cause très-ordinairement une inflammation; ou bien dans le poulmon, si le sang a pu se soutenir en fluidité pour se rendre des vaisseaux de la veine *porte* dans le tronc de la veine *cave*.

De mau-

A ces causes, il faut ajouter les mauvaises nourritures, comme le mauvais foin, qui aura été mouillé & aigri, ou le foin vaiſes nour-
ritures. trop nouveau qui n'a pas ſué ; il en eſt de même des mauvais grains : tout cela gâte inſenſiblement les digeſtions juſqu'au point de rendre le chile tout-à-fait aigre & cauſtique ; ce qui fait prendre à la maſſe du ſang un ſi haut degré de conſiſtence, qu'elle s'arrête dans les parties principales, & y produit des inflammations très-perilleuſes ; parceque le ſang ne ſçauroit devenir gluant & viſqueux, que la bile qui s'en ſepare dans le foye, s'étant épaiſſie, ne ſéjourne dans les vaiſſeaux, & s'y ramaſſant journellement n'en agite à la fin les parties & n'y produiſe une fermentation très-violente.

Il faut compter encore parmi les cauſes des fiévres conti- D'intem-
perie de
l'air. nues certaines conſtitutions de l'air, qui ſont également per- nicieuſes aux animaux, comme aux hommes ; elles roulent ordinairement ſur les irrégularités du chaud & du froid, ſur les excès, ou la longueur du froid, ou de l'humidité & des pluies ; le paſſage ſubit du chaud au froid, épaiſſit tout à coup le ſang & en arrête la tranſpiration : le froid exceſſif & de longue durée, produit le même effet, comme auſſi les pluies continuel- les & l'humidité de l'air : à toutes ces intemperies, il faut tou- jours joindre la mauvaiſe qualité des nourritures qui ne ſçau- roient jamais être bonnes, lorſque les ſaiſons ne leur ſont pas favorables ; ainſi l'irrégularité des ſaiſons & les mauvaiſes nourritures, concourant néceſſairement enſemble, il n'eſt pas ſurprenant qu'elles produiſent des fiévres continues épi- demiques, & pour ainſi dire générales dans les païs qui ſe trou- vent expoſés à toutes ces irrégularités des ſaiſons. Il en eſt de même des exhalaiſons infectées & ſouffrées qui ſe levent dans les païs aquatiques : ces vapeurs épaiſſiſſent inſenſiblement le ſang qui traverſe les vaiſſeaux du poulmon, & lui donnent lieu de s'y arrêter, ou dans quelqu'autre partie principale.

Il eſt auſſi aſſez vraiſemblable que les Chevaux ſe reſſentent Dans les
longs cam-
pemens. comme les hommes de la mauvaiſe odeur que contracte l'air dans les longs campemens, qui peut bien les jetter dans une eſpece de triſteſſe, qui fait qu'ils digerent mal les nourritures qui ſont communément très-mauvaiſes, joint au travail con- ſidérable, lorſqu'il faut aller au fourage fort loin du camp.

Les ſignes généraux de toute fiévre continue, ſont la reſpi- Le poulx
des Che-
vaux. ration fréquente & le battement de flanc : on ſent alors bat- tre le cœur avec violence, en poſant ſa main au défaut de l'épaule vers le coude : on ne s'apperçoit du battement du cœur qu'au Cheval qui a la fiévre ; hors ce tems, on ne sent presque jamais le cœur d'un Cheval : d'ailleurs il n'a point dans tout le corps d'artére assez superficielle ni assez proche de la peau pour qu'on puisse lui tâter le poulx ; cependant à quelques Chevaux on trouve une artère au larmier, que l'on peut sentir en tout tems, en appuyant plus ou moins fort un doigt, à un ou deux pouces au-dessus du petit coin de l'œil, en biaisant vers l'oreille.

Signes généraux & particuliers.

Le plus grand mal d'un Cheval qui a la fiévre, est de ne point se coucher ; s'il se couche un moment, il se releve sur le champ, tout le corps lui brûle : voilà à peu près tous les signes généraux : il y en a ensuite de particuliers qui peuvent donner à connoître, ou du moins à augurer quelle est la partie intérieure la plus offensée ; par exemple, si on lui voit la tête pesante, les yeux mornes ou fermés & pleurans, les lévres & les oreilles pendantes, ou les yeux rouges, & de la matiere flegmatique qui lui sort des nazeaux ; grande ardeur & secheresse à la tête ; ce sont des signes que l'inflammation occupe, principalement le cerveau : l'excessive difficulté de respirer, marque que la poitrine est affectée, le ventre paresseux ne rendant que des excrémens dessechés, ou un flux de ventre, quelquefois dissenterique, marquent que l'inflammation occupe le foye ; si c'est les reins, il y aura suppression d'urine, ou bien l'urine sera sanglante avec grande fiévre.

Danger de la fiévre continue.

La fiévre continue de quelque cause qu'elle vienne, est toujours un des plus grands maux qui puisse arriver à un Cheval, & on en voit peu qui en rechapent, quand elle n'a point cessé au bout du troisiéme ou quatriéme jour. Ne pourroit-on pas inferer de cette expérience, que le Cheval a le sang naturellement plus épais que l'homme, & par conséquent plus capable de s'arrêter & de s'enflammer, la lenteur avec laquelle il circule dans ses veines, même en pleine santé, paroîtroit confirmer cette opinion ; car en tâtant le poulx au larmier d'un Cheval sain, on trouvera que le poulx d'un homme bat deux ou trois fois entre deux battemens de celui d'un Cheval.

Il est inutile de diriger les remedes des fiévres, selon les remarques qu'on a fait de la cause qui les a produites ; il ne faut que s'opposer très-promptement à l'inflammation par quelque cause qu'elle ait été excitée.

Les

La maxime générale pour guérir tout Cheval qui a la fié- **Remedes.**
vre, est de le faire beaucoup jeûner, c'est-à-dire, le nourrir
très-peu, parceque dans cet état, l'estomac n'ayant pas du
sang l'aide qui lui est nécessaire pour la digestion, d'ailleurs
le dérangement du sang, & sa trop grande fermentation bou-
leversant toutes les parties qui servent à la digestion, dérange
leurs fonctions; ainsi jamais de digestions pendant la fiévre;
il faut donc plutôt songer à temperer l'ardeur du sang par des
boissons rafraîchissantes, comme l'eau de son, appellée eau
blanche: on peut donner encore pour boisson de l'eau boüillie, avec le cristal mineral, ou sur un sceau d'eau, une demie-
once de salpêtre rafiné: si on veut faire manger le Cheval, on
peut lui donner un peu de son moüillé.

Le grand remede à la fiévre, c'est la saignée, & c'est pres- **La saignée.**
que le seul qu'il faut faire, attendu que cette maladie ne vient
que du sang, comme nous l'avons assez amplement expliqué
ci-dessus: il s'agit donc pendant la fiévre même & le plutôt
qu'on peut, de diminuer le volume du sang par la saignée que
l'on réïterera plus ou moins, selon que la fiévre sera plus ou
moins allumée; ainsi pour une fiévre très-violente, il faudra
saigner des quatre à cinq fois dans un jour, pour couper promptement chemin à l'inflammation; & quand un Cheval tomberoit en foiblesse par l'abondance des saignées, il n'y a pas
plus de danger que quand un homme s'évanoüit en le saignant.
Il faudra autant que faire se pourra, saigner aux flancs & au
plat des cuisses, parce que la fiévre affecte principalement les
fonctions de la tête & du cerveau.

Le second remede après la saignée, & qui aide infiniment **Lavemens.**
à diminuer l'ardeur de la fiévre, est le grand usage des lavemens émolliens; on ne sçauroit trop en donner. Vous en verrez la description, à la fin du Traité des Médicamens.

Par tout ce que nous venons de dire, on peut inferer que
les cordiaux dont les Maréchaux ont coutume d'user dans les
fiévres des Chevaux, seroient plus préjudiciables qu'utiles, attendu que leur qualité est chaude & plus capable d'aliéner la
fiévre que de la diminuer: par cette raison les nouets avec assa-
fœtida devroient être exclus: le mastigadour tout simple doit
être préferé: les drogues avec lesquelles quelques Maréchaux
frottent le Cheval par tout le corps, dans le tems de la fiévre,
ne paroissent pas être utiles à sa guérison; mais comme un des

plus grands maux du Cheval qui a la fiévre, eſt de ne pouvoir ſe coucher, il eſt par conſéquent néceſſaire de chercher quelque moyen qui puiſſe lui procurer ce ſoulagement, & on a l'expérience que de lui frotter les reins d'eau-de-vie, puis faire boüillir un demi-boiſſeau d'avoine dans de l'eau, juſqu'à ce qu'elle ſoit crévée ; jetter l'eau, verſer ſur cette avoine une chopine de vinaigre, fricaſſer deux tours le tout enſemble; mettre cette compoſition dans un ſac, & l'appliquer toute chaude ſur les reins du Cheval ; quand l'avoine eſt froide, y remettre du vinaigre chaud ; tout cela, dis-je, aſſouplit les reins du Cheval & lui donne de la facilité à ſe coucher.

Nota. Qu'il ne faut jamais purger un Cheval pendant le tems de la fiévre ; cela eſt mortel.

Quand le Cheval eſt guéri de la fiévre, & qu'il a été beaucoup ſaigné, il lui faudra redonner de la nourriture petit à petit, augmentant tout doucement juſqu'à ce qu'il ſoit en état de manger, comme à ſon ordinaire. On pourra ſi l'on veut le purger après ſa fiévre ; mais parceque la purgation échauffe toujours beaucoup un Cheval, je crois qu'il vaut mieux ne lui rien faire, & le remettre petit à petit comme je viens de le dire.

Les Maréchaux qui craignent la ſaignée, & qui donnent des cordiaux & de la nourriture aux Chevaux qui ont la fiévre, ont peut-être de bonnes raiſons pour en agir ainſi, je ne m'y oppoſe point ; je dis ſeulement les miennes, c'eſt au public inſtruit à en décider.

Comme j'ai dit au commencement de ce Chapitre, que je parlerois de la fiévre, qui ſurvient à la ſuite d'une douleur violente, il eſt tems de définir cette fiévre, & ſa cauſe intérieure.

Fiévre de douleur.

La douleur repouſſe avec violence les eſprits au cerveau & les fibres du cerveau battuës par ce violent reflus des eſprits, les font déborder dans tout le reſte des nerfs du corps; & comme ces nerfs aboutiſſent preſque tous dans les vaiſſeaux, ils leur font faire des jeux de contraction plus forts qu'à l'ordinaire & la circulation doit devenir par conſéquent plus rapide, le ſang plus broyé & plus en mouvement de fermentation & de diſſolution : on fait ceſſer cette fiévre par la ſaignée, & les lavemens comme les autres.

CHAPITRE X.

Des Fiévres inflammatoires, appellées par les Maréchaux, Maux de tête, Mal de feu, Mal d'Espagne ; & de la Jauniſſe, appellée auſſi Mal de tête.

LEs maux que les Maréchaux appellent, Maux de tête, qu'ils regardent comme des maladies conſidérables, dont on ne connoit pas la cauſe, & qu'ils nomment tantôt, Mal de feu, tantôt Mal d'Eſpagne, ſans rien définir, ne ſont autre choſe que des fiévres continues très-dangereuſes, avec diſpoſition inflammatoire au cerveau, qui les rend exceſſive-ment perilleuſes ; elles viennent ſouvent de l'infection de l'air dans les longs campemens, des mauvaiſes nourritures, d'un trop grand travail &c. c'eſt pourquoi quand ces maladies prennent dans les armées, elles attaquent une grande quan-tité de Chevaux à la fois : on reconnoit à ces maux tous les ſignes de l'inflammation au cerveau, rapportés ci-deſſus dans le Chapitre précedent · ces ſortes de fiévres ſont quel-quefois ſi dangereuſes, qu'au bout de vingt-quatre heures, il n'eſt plus tems d'y remedier ; quelquefois auſſi l'inflammation eſt ſi prompte, qu'il n'y a pas moyen de ſauver le Cheval. Les maux de tête, de feu & d'Eſ-pagne.

Ces maux étant donc des fiévres continues très-violentes, il n'y a point d'autre remede que ceux de la fiévre continue, c'eſt-à-dire, de fréquentes ſaignées, coup ſur coup, force la-vemens, beaucoup d'eau blanche & grande diéte. Voyez le Chapitre de la Fiévre.

La Jauniſſe qu'on appelle, Mal de tête, improprement, eſt une maladie de la bile ; elle vient par l'obſtruction des canaux de la bile, laquelle ne pouvant ſe ſeparer du ſang comme à l'or-dinaire pour paſſer dans ſes propres tuyaux, eſt obligée de couler dans les vaiſſeaux du ſang ; ce qui fait qu'elle s'aliera avec la ſalive de la bouche & de l'eſtomac, & généralement avec toute la limphe nourriciere du corps ; c'eſt pourquoi le Cheval montre les ſignes ſuivans ; il eſt dégouté, & comme il digere mal les alimens, il eſt par conſéquent foible, triſte & abattu ; ce qui lui eſt occaſionné, tant par le défaut d'une bon-ne digeſtion, qu'à cauſe du picottement de la bile qui ſe trou- La Jauniſſe.

ve mêlée avec la limphe nourriciere des parties : on voit au Cheval l'oreille baffe, l'œil trifte, les nazeaux ouverts, qu'il chancelle en marchant, fes levres font jaunes en dedans, les yeux auffi font teints de la même couleur ; & fi cette bile qui regorge dans le fang, vient à s'échauffer à force d'y rouler, elle caufe quelquefois la fiévre, pour lors la maladie devient très-dangereufe, & emporte quelquefois le Cheval en peu de tems, fi on n'y remedie promptement. On peut appeller ce mal alors inflammation du foye, d'autant plus que prefque toujours les urines font rouges, chargées & difficiles à rendre : accident qui marque une grande abondance de bile dans les vaiffeaux.

Il faut à ce mal faigner d'abord plus ou moins felon la conféquence de la maladie, s'il y a fiévre, & le traiter du refte avec lavemens, eau blanche & grand regime.

Si le mal eft dans fon commencement, & que la fiévre ne foit pas encore déclarée ; il faut toujours le faigner, une ou deux fois ; le nourrir peu, lui donnant pour toute nourriture de la recoupe de bled ou de l'orge amolli dans de l'eau tiede, ou de la crême d'orge pendant quelques jours : on peut encore lui donner la compofition fuivante.

Eau de fontaine ou de riviere.	. . .	4 pintes.
Cendre de farment.	. . . .	½ boiffeau.
Bayes de laurier.	. . . . .	1 quarteron.

Faites boüillir l'eau, jettez-la fur les cendres de farment; repaffez quatre fois ladite leffive boüillante, puis mêlez les Bayes de laurier, faites avaler au Cheval la valeur de deux verres, continuez de trois heures en trois heures, jufqu'à ce qu'il ait avalé la compofition.

Après quelques jours du regime ci-deffus, il fera bon de lui donner pendant cinq ou fix jours un quarteron de miel, avec une once de limaille d'acier.

CHAPITRE XI.

Du Vertigo.

ON appelle Vertigo, deux efpeces de maladies, parce qu'elles ont quelques fignes communs à l'une, & à l'autre ; cependant elles font fort éloignées de la même origine, car l'ûne vient du fang, & l'autre de vapeurs, caufées par une palpitation de cœur affez forte.

Nous ne parlerons dans ce Chapitre, que du Vertigo de fang, refervant l'autre efpece au Chapitre XXVIII. qui traite de la palpitation de cœur.

Le Vertigo, que nous appellons Vertigo de fang, a fa caufe dans un boüillonnement extraordinaire du fang, qui fe porte fubitement à la tête. Si ce Vertigo qui eft produit par la grande rarefaction du fang, n'étoit pas joint à la fiévre, il n'y auroit aucune fuite dangereufe, mais quelquefois la fiévre s'y joint, & alors la maladie devient confidérable & périlleufe.

Le trop grand travail, & fur-tout dans les chaleurs, peut caufer cette efpece de Vertigo.

Les fignes de ce mal, font très-vifibles ; car on voit le Cheval chanceler, comme s'il étoit ivre : il a les yeux hagards & troublez : il fe donne de la tête contre les murailles & contre la mangeoire avec tant de violence, qu'il eft à tout moment en danger de fe caffer la tête : il fe couche & fe releve à tout moment avec grande agitation.

A ce mal, qu'il y ait fiévre ou non, il faut toujours faigner du train de derriere, pour faire revulfion du fang qui fe porte à la tête.

Un remede experimenté, eft de mettre fur le champ au Cheval, trois fetons de cuir, appellés orties ; fçavoir, un au milieu du front, & deux autres au commencement du col derriere les oreilles. Voyez cette operation, Chap. XXXII. du Traité des Operations.

S'il y a fiévre, il faut la regarder comme fiévre très-périlleufe, & faigner jufqu'à trois fois, en deux heures, force lavemens & un grand regime.

CHAPITRE XII.

De la Fourbure.

LA Fourbure, eft une efpece de fluxion, ou plutôt un rhumatifme univerfel, qui entreprend fouvent tout le corps du Cheval, mais toujours plus particulierement le train de devant.

B iij

Le Cheval qui a ce mal au plus haut degré, eſt entrepris de tout le corps, avec de grandes douleurs : il a beaucoup de difficulté à ſe mouvoir : il a les jambes roides : il croiſe les jambes de derriere en cheminant : il ne peut quaſi marcher : il n'oſe appuyer les pieds à terre : il eſt triſte, & ne veut point manger.

Quand la Fourbure eſt très-forte, elle eſt fort ſouvent accompagnée de grands battemens de cœur & de flanc, qui dénotent une fiévre, qui s'appelle dans cette occaſion courbature : il ſe joint encore quelquefois à cette complication de maux, un autre mal appellé, gras-fondure : ainſi un Cheval peut être en même tems fourbu, courbatu, & gras-fondu.

Fourbure de fatigue.

Il ſera fourbu, pour avoir travaillé au-delà de ſes forces, ſi après ce travail, ou après avoir eu grand chaud, on l'a laiſſé refroidir tout à coup, ou bien ſi on le fait entrer trop avant dans l'eau, c'eſt-à-dire, juſqu'au deſſus du ventre ; l'eau ou le froid ſubit, interceptant la tranſpiration épaiſſit la limphe dans le corps des muſcles ; ce qui rompt les vaiſſeaux limphatiques, & la limphe épanchée ſe jette principalement ſur les parties baſſes, les roidit, & les entreprend : le défaut de tranſpiration, pouvant cauſer en même tems l'épaiſſiſſement du ſang, donnera cette fiévre que les Maréchaux appellent courbature ; & ſi la bile s'épaiſſit en même tems dans le foye, elle cauſera ce qu'on appelle gras-fondure.

Fourbure d'Ecurie.

Un Cheval peut devenir encore fourbu, ſans ſortir de l'Ecurie, par trop manger & ne point faire d'exercice : ceux qui ménagent trop leurs Chevaux, les rendent aſſez ſouvent atteints de cette derniere fourbure : elle peut arriver encore à un Cheval, qui aura quelque douleur au pied, qui le retient long tems à l'Ecurie ; outre que cette douleur l'empêchera de prendre de l'exercice, elle occaſionne encore une grande diſſipation d'eſprits ; & par conſéquent l'épaiſſiſſement de la limphe du ſang & de la bile, accompagné ordinairement de mauvaiſes digeſtions : les ſignes & les ſuites de cette fourbure, ſont les mêmes qu'à la précedente.

Ce qu'on appelle fourbure a beaucoup de degrés ; quelquefois, ce n'eſt qu'un engourdiſſement, ou plutôt un refroidiſſement, qui n'attaque que foiblement le train de devant, & qui ſe guérit facilement : on juge de cette fourbure, quand on ne voit qu'un peu de roideur & d'embarras ſans autres ſimptômes plus confidérables ; en général la fourbure qui n'occupe que le train de devant, n'eft pas fi dangereufe que celle qui entreprend les quatre jambes.

La moins dangereufe des fourbures d'épaiffiffement d'humeurs, eft celle que les Chevaux prennent en mangeant du bled en verd à l'armée ; cela eft une indigeftion paffagere qui fe guérit facilement, en empêchant le Cheval de continuer cette nourriture : fi un Cheval boiteux, ou qui a les jambes roides pour avoir trop travaillé, devient fourbu, la guérifon en eft plus difficile.

Fourbure du verd.

Quand la fourbure a été confidérable, le moindre travail un peu violent, ou le moindre excès, la redonne communément.

Si un Cheval qui a été guéri de la fourbure, mange de l'avoine trop tôt, c'eft-à-dire, avant trois femaines ou un mois, il eft fujet à retomber plus dangereufement, & alors il en guérit rarement.

Le plus grand inconvénient de la fourbure, & fur tout de celles qui ont été négligées, eft la chute du petit pied qu'on appelle croiffant ; nous en parlerons en fon lieu dans ce Chapitre.

Il y a des précautions à prendre, pour éviter que les Chevaux deviennent fourbus après une longue courfe, ou à la fuite d'un grand travail ; & comme il ne s'agit que d'empêcher le refroidiffement fubit, il eft utile pour cet effet de promener, ou de faire promener fon Cheval en main pendant quelque tems, auffi-tôt qu'on eft defcendu de deffus, les Chaffeurs doivent avoir cette attention à la fin d'une chaffe, quand leurs Chevaux font tout en fueur, comme auffi celle de ne les jamais laiffer arrêtés dans un endroit humide, quand ils mettent pied à terre, auprès d'un étang à la mort d'un cerf : c'eft un abus de croire qu'un Cheval deviendra fourbu, fi on l'empêche de boire en chemin faifant ; tout au contraire, il pourroit lui arriver mal de boire, ayant chaud, & il ne fçauroit lui en arriver de ne pas boire.

A toutes fourbures donnez un prompt remede ; car fi vous les laiffez envieillir, vous aurez bien de la peine à les guerir.

Il fe commet des abus par quelques Maréchaux pour la cure de cette maladie, d'autant plus grands, qu'au lieu de

Abus.

foulager le Cheval, ils augmentent confidérablement fes douleurs : il y en a qui pour échauffer à ce qu'ils difent & affouplir la roideur des jambes du Cheval fourbu, lui lient étroi-
tement les jambes au-deffus des genouils & des jarets, avec
du ruban de fil qu'ils ferrent bien fort, & en cet état ils le font
bien promener : cette promenade eft pour lui déroidir les jambes, & cette ligature ferrée, eft deftinée à empêcher la fourbure de lui tomber dans les pieds : ils s'imaginent que la fourbure part du dedans du corps pour aller gagner les pieds, &
ne fe foucient pas de la douleur exceffive qu'ils ajoutent à celle
que le Cheval fouffre précedemment. Il y en a d'autres, qui
mettent des fagots entre les jambes des Chevaux dans la même vûë ; & par conféquent avec la même réuffite. D'autres
leur barent les veines au paturon ; du moins cette operation,
fi elle ne leur eft pas utile, elle ne leur fait pas tant de douleur. Enfin il y en a qui les faignent aux ars, au plat des cuiffes ou à la pince, auffi apparemment pour tirer la fourbure avec
le fang ; mais ils font le contraire de ce qu'ils efperent, car ils
attirent l'humeur dans ces parties avec l'abondance du fang,
qui fe porte toujours du côté de la faignée.

Quand la fourbure eft recente, c'eft-à-dire, quand on s'en
apperçoit dans le moment qu'elle paroit, on peut fe fervir du
bain froid, c'eft-à-dire, ouvrir la veine, & fur le champ faire
entrer le Cheval dans l'eau froide jufqu'à mi-jambes, & l'y
laiffer une demie heure, s'il peut y refter ce tems, fans que le
tremblement lui prenne ; il faut dans cet intervalle lui fermer la veine, quand il a faigné fuffifamment ; ce remede n'eft
bon que fur le champ ; car fi la fourbure a fait fon progrès, il
faut avoir recours au remede fuivant.

Il faut commencer par faigner, qu'il y ait fiévre ou non ; mais
fi la fiévre appellée courbature, s'y joint avec la fourbure, il
faut augmenter les faignées à proportion du mal, & les faire
promptement : il faut plus faigner un Cheval à qui la fourbure prend par un trop grand féjour à l'écurie, que celui qui
devient fourbu à force de travail. Suppofé qu'à l'un & à l'autre, il y ait, ou n'y ait point de courbature, il faut toujours
faire obferver une grande diéte, c'eft-à-dire, le mettre au fon
en petite quantité, à l'eau blanche & des lavemens : il eft bon
de bien froter les jambes à fec. La courbature jointe avec la
fourbure de quelque efpece qu'elle foit, eft une fiévre fort dangereufe,

gereufe, qu'il faut traiter comme la fiévre par de fréquentes faignées précipitées, force lavemens, & grande diéte. Voyez le Chap. fuivant de la Courbature.

Voici des breuvages bons pour cette maladie, vous pourrez choifir celui que vous aurez à votre commodité.

Theriaque.	1 once.
Foye d'Antimoine.	2 onces.

Mêlez le tout dans de l'eau, & donnez.

AUTRE.

Oignons blancs.	N°. 6.
Affa Fœtida.	2 onces.
Eau.	5 demi-feptiers.

Coupez les Oignons par tranches, faites-les cuire dans le vin, un quart-d'heure ; paffez enfuite en exprimant bien fort, ajoutez l'Affa-fœtida, & donnez.

AUTRE.

Oignons blancs. . . .	N°. 12.
Vin blanc.	3 demi-feptiers.
Fiente de Pigeons. . . .	

Mêlez le tout enfemble, & faites avaller au Cheval.

AUTRE.

Theriaque.	1 once.
Oliban.	1 once.
Vin.	3 demi-feptiers.

AUTRE.

Une livre de fel dans une pinte d'eau : cette dofe eft pour un grand Cheval.

Les Pilules puantes font bonnes.

Il eft bon en même tems que l'on fait ces remedes, de mettre fur les reins du Cheval, la charge d'avoine dans un fac, qui eft au Chapitre de la Fiévre.

Il s'agit maintenant de garantir les pieds, de peur que la fourbure ne tombe deffus, c'eft-à-dire, qu'elle ne faffe deffonder l'os du petit pied d'avec le fabot en pince ; ce qui forme les croiffans, dont nous allons parler inceffamment : il eft

Pour garantir la chûte du petit pied.

Cc

donc néceſſaire de travailler en même tems aux pieds pour reſſerrer cette partie que l'humeur abreuveroit trop ſans cela, & relâcheroit par conſéquent; c'eſt pourquoi, il faut froter les jambes avec du vinaigre & du ſel, mettre de l'eſſence de therebentine à la couronne; puis détremper de la ſuye avec du vinaigre, étendre cette compoſition ſur une envelope, avec laquelle vous entourrez la couronne; il faudra verſer dans le pied ſur la ſolle, de l'huile de laurier boüillante, ou bien y mettre de la fiente de porc avec du vinaigre.

Quand le Cheval eſt guéri de la fourbure, il ſera bon de lui faire manger du foye d'antimoine, pendant quelque tems.

Le plus grand inconvenient de la fourbure, & qui arrive preſque toujours, quand on a négligé de penſer les pieds & les jambes, eſt que la limphe qui tenoit les jambes roides, ſe jette ſur les pieds; alors on voit la couronne s'enfoncer, ce qui eſt un ſigne certain du relâchement du petit pied : ſi on néglige encore ce ſigne, & qu'on n'y apporte pas promptement remede, elle ſe deſſoudra par la ſuite d'avec la corne; les ſabots pourront bien ſe détacher tout-à-fait, ou du moins il ſe formera des croiſſans, qui ne ſont autre choſe que l'os entourré par le ſabot, que l'on nomme le petit pied, dont les ligamens ſe rélacheront étant abreuvés par l'humeur, laquelle déboitant auſſi & uſant les attaches qui uniſſent intérieurement la corne avec cet os du petit pied, donnera la liberté au petit pied de deſcendre du côté de la pince; alors il pouſſe la ſolle qui paroît enflée en maniere de croiſſant, & quand le mal eſt dans ſon plus haut point, les croiſſans font créver la ſolle, le ſabot ſe deſſeche, il s'y forme quantité de cercles, & le Cheval boite tout bas.

Quand les pieds d'un Cheval, qui a été fourbu, ſont reſtés douloureux, pour avoir été mal ſoignés, & qu'on le fait travailler en cet état, la chaleur que cauſe la douleur, reſtant dans le pied, le deſſeiche, le Cheval n'oſe appuyer ſur la pince en marchant, & par la ſuite les croiſſans paroiſſent.

Quand la fourbure eſt une fois tombée ſur les pieds, quand même il n'y auroit point de croiſſant, il y a peu de Chevaux qui puiſſent enſuite être d'un auſſi bon ſervice qu'auparavant quoiqu'on leur ſoulage les pieds le plus que l'on peut, par le moyen de la ferrure : le plus expédient, eſt de les envoyer labourer ; fi les croiffans font formés, à plus forte raifon, l'on n'a pas d'autre reffource que le labourage.

Quand la couronne a donc creufé (comme nous avons dit ci-deffus) par la chute de l'humeur, il faudra rayer toute la couronne, en faifant des incifions de haut en bas avec le biftouri ; il en fortira des eaux rouffes, puis vous penferez les playes que ces incifions ont faites avec de l'huile d'afpic, & de la therebentine, ou avec de l'effence de therebentine toute pure.

Si les croiffans font formés, il n'y a pas d'autre remede que de couper le croiffant à l'uni de la folle, puis penfer ; il fe reproduira une nouvelle chair, qui recouvrira l'os ; fi l'os eft totalement feparé en pince, de façon qu'il y ait un grand vuide entre le fabot & l'os du petit pied, la chair qu'on effayeroit de faire revenir, ne fe réuniroit jamais au fabot ; c'eft pourquoi ce mal feroit incurable.

A l'égard des pieds qui font reftés douloureux après la four-bure, il faut les ferrer à l'aife, & fondre dedans du talc ou gaudron.

CHAPITRE XIII.

De la Courbature.

LA Courbature peut être divifée en deux efpeces ; fça-voir, courbature fimple & courbature avec fiévre.

La courbature fimple, eft un rhume, ou morfondement plus fort que le morfondement ordinaire, provenant des mê-mes caufes que le rhume ; c'eft pourquoi nous parlerons de cette courbature, en parlant de la morfondure : il n'eft quef-tion dans ce Chapitre que de la courbature avec fiévre, parce que c'eft un mal preffant & dangereux.

La courbature avec fiévre, & la fourbure, ne font pour ainfi dire qu'une même maladie, puifqu'on appelle courba-ture, comme nous avons dit dans le Chapitre précedent, la fiévre qui furvient à un Cheval fourbu. On appelle auffi cour-bature, la fiévre qui accompagne la gras-fondure, comme auffi celle qui furvient, quand on a fait fouffrir au Cheval quelques douleurs fortes, comme le feu mis trop violemment, ou qu'on a appliqué de trop violens caustiques, ou bien qu'on a fait quelque operation douloureuse au Cheval pour de grands maux de pied.

Cette courbature se reconnoit par un grand battement de flanc ; grande difficulté de respirer , & le Cheval qui est atteint de cette fiévre , ne sçauroit se coucher ; ou s'il se couche un moment , il se leve aussi-tôt , parceque n'ayant pas la respiration si libre , couché comme debout , il est prêt à étouffer ; enfin cette fiévre met le Cheval en grand danger.

Quand cette courbature accompagne la fourbure , elle vient par les mêmes causes extérieures , qui ont occasionné la fourbure ; si elle vient après de grandes douleurs , c'est une fiévre de douleur , telle que nous l'avons définie à la fin du Chapitre de la Fiévre , & à laquelle il se joint une disposition inflammatoire dans le poulmon ; cette disposition , à l'égard du Cheval fourbu , est la même plus ou moins forte , suivant la conséquence des causes de la fourbure.

La courbature qui vient de fiévre de douleur , s'appaisera avec une saignée , & un ou deux lavemens de polycrete.

Pour guérir la vraye courbature , c'est-à-dire , celle qui accompagne la fourbure , il faut saigner brusquement jusqu'à trois ou quatre fois en un jour ; donner force lavemens , ôter le foin & l'avoine , nourrir avec son ou orge mondé en petite quantité ; que le Cheval ne boive que de l'eau blanche : enfin le traiter comme un Cheval qui a une fiévre très-dangereuse , qui ménace inflammation au poulmon.

Lorsque la fiévre commence à relâcher , mettez-le plusieurs jours à l'usage du miel , pour parvenir à lâcher le ventre ; ensuite dequoi , vous le mettrez à l'usage du foye d'antimoine , lui donnant toujours pour boisson de l'eau blanche avec du cristal mineral.

Les pilules puantes seront bonnes aussi , lorsque la fiévre aura cessé pour redonner de l'appetit au Cheval.

CHAPITRE XIV.

De la Grasfondure.

LA Grasfondure vient par les mêmes raisons , que la fourbure & la courbature , car c'est par trop grand travail & ssi pation d'esprits , ou par un trop long séjour , sans faire d'e-

xercice, ainſi on peut diſtinguer la Grasfondure en deux eſpeces, comme la fourbure. Gras-fondure de travail, qui eſt
la plus dangereuſe & la plus difficile à guerir, ſur-tout quand
elle ſe joint avec la fourbure; & grasfondure d'Ecurie, qui ſe
guérit avec un peu moins de peine : on pourroit ajouter gras-
fondure de douleur; car ce mal prend ainſi quelquefois aux
Chevaux qui ont eu des tranchées bien douloureuſe.

Les Chevaux trop gras, ſont preſque les ſeuls qui ſont ſujets
à ce mal.

Cette maladie eſt très-difficile à connoître; cependant voici
les ſignes, à quoi on peut la diſtinguer ordinairement. Le
Cheval qui a ce mal, perd tout-à-fait l'appetit; il ſe couche,
ſe releve ſouvent, & regarde ſon flanc; mais le ſigne le plus
aſſuré, eſt que lui mettant la main dans le fondement, on en
tire de la fiente toute coiffée & enveloppée comme d'une
membrane blanche qui a quelque reſſemblance avec de la
graiſſe; & ſi le mal devient plus violent, la fiévre s'y joint
avec grandes palpitations de cœur, & grand battement de
flanc : tous ces ſignes paroîtront plus promptement à un Cheval gras-fondu d'excès de travail, s'il eſt en repos dans le tems
que la maladie lui prendra.

Comme pluſieurs Maréchaux ont toujours cru juſques à preſent, que comme la grasfondure n'arrive guéres qu'aux Chevaux gras, cette maladie ne provenoit que de ce que la graiſſe
des Chevaux, ſe fondoit dans leur corps, & qu'enſuite elle
ſortoit avec les excrémens, prenant pour veritable graiſſe cette humeur blanchâtre qu'ils tirent du fondement; il eſt bon
de les détromper de cette erreur, en expliquant la cauſe intérieure de cet effet. Il faut donc ſçavoir que la grasfondure
qu'ils ont appellée ainſi, à cauſe de cette graiſſe qu'ils prétendent s'être fonduë dans le corps, provient de ce que le ſang
étant trop gras, il ſe met moins en mouvement, au moyen de
ſa conſiſtance, que celui des Chevaux qui ne ſont pas ſi bien
nourris; en conſéquence dequoi la bile s'étant auſſi trop épaiſſie, s'embaraſſe dans le foye, & en engorge les glandes; ce
qui empêche le paſſage du ſang qui vient de l'eſtomac, de la
rate & des inteſtins; c'eſt pourquoi ce ſang eſt obligé de refluer
dans les inteſtins, au moyen dequoi il pouſſe dans les glandes
inteſtinales, une ſalive ou humidité trop abondante : cette
humidité qui eſt la limphe ſalivale des inteſtins, ſe diſſipant à

caufe de leur chaleur, il n'en refte que le plus épais qui eft entraîné par les excrémens dans leur paffage : cette limphe falivale épaiffie, & cette humeur vifqueufe, eft ce qu'on voit autour de la fiente qui paroît alors grisâtre & blanchâtre, & qu'on prend pour de la graiffe fonduë.

Quand la fiévre fe joint avec la grasfondure, ce qui arrive prefque toujours, elle eft accompagnée de grandes palpitations de cœur, ce qui eft même le caractere effentiel de cette maladie : cette fiévre eft fort dangereufe, fi on n'y apporte un remede prompt ; elle devient même incurable, s'il arrive que le Cheval grasfondu, fe mette à jetter par les nafeaux une matiere femblable à de l'écume rouffe, qui eft un figne certain, que le regorgement du fang, provenant de fon boüillonnement dans le tems qu'il a été arrêté, a caufé quelque ruption de vaiffeau dans le poulmon ou dans la tête.

On peut prévenir la grasfondure en entretenant les Chevaux dans un exercice journalier & moderé, ne les nourriffant pas exceffivement, afin qu'ils fe confervent en chair, & qu'ils ne deviennent point trop gras ; car il arrive fouvent que non-feulement ils deviennent gras fondus dans cet état de graiffe exceffive, mais encore que pour peu qu'on les faffe travailler dans le tems des chaleurs, ils tombent morts fubitement par quelque ruption de vaiffeaux dans la tête.

On guérit prefque tous les Chevaux gras fondus, fi on y donne remede au commencement ; mais fi on retarde, on a de la peine à les tirer d'affaire, fur-tout à l'égard des Chevaux grasfondus, à force de travailler, lefquels font plus difficiles à guérir que les autres ; il faut donc traiter la grasfondure rapidement comme la fourbure & la courbature, parce que ces trois maladies ne dépendent que d'une même caufe, celle-ci n'en differe feulement que par la qualité du fang, qui moyennant la grande graiffe du Cheval, eft très-fufceptible d'épaiffiffement par des caufes même très-legeres.

Pour guérir la grasfondure, faignez promptement du flanc, quand vous voyez que le Cheval a la tête prife ; fi cela n'eft pas, faignez du col ; & comme le mal preffe, faites quatre ou cinq faignées dans les vingt-quatre heures ; mettez-le au regime, c'eft-à-dire, au fon moüillé en petite quantité, donnez-lui de l'eau blanche, ou bien une décoction d'arrête-bœuf mêlée avec du fon dans un fceau d'eau, force lavemens émolliens : quelques jours aprés que la fiévre aura cessé , les pilules puantes sont bonnes, on peut essayer aussi un gros de kermès en breuvage.

CHAPITRE XV.
Du Mal de Cerf.

LE mal de Cerf, est un rhumatisme universel, accompagné de fiévre & de mouvemens convulsifs : l'étimologie de ce nom n'est pas aisée à découvrir, peut-être les cerfs font-ils sujets à un rhumatisme pareil , ou bien la situation de la tête & du col d'un Cheval dans cet état, a peut-être été comparé à l'attitude d'un cerf qui courre, parceque cet animal avance le col en courant, & a le bout du nez en avant.

En définissant le mieux qu'il m'a été possible, l'étimologie du nom de mal de cerf, j'ai commencé à parler d'une partie des signes que ce mal occasionne au Cheval ; car le col & les machoires lui deviennent roides & immobiles, les yeux lui tournent par intervalle ; il a le corps & les deux trains tout entrepris, la peau séche & aride, des battemens de flanc & de cœur très-violens lui prennent de distance en distance, quelquefois coup sur coup & toujours sans regle ; le mal de cerf n'entreprend quelquefois que le train de devant, le col & les machoires, mais plus souvent le rhumatisme est universel.

Ce mal provient de la même cause que la fourbure ; mais il est à un bien plus haut degré de danger ; car la fiévre y est toujours jointe par intervalle ou continuë ; ainsi c'est pour ainsi dire une fourbure très-violente, dans laquelle le sang est arrêté & les humeurs figées ; aussi ce mal est-il souvent mortel, quand le Cheval est entrepris aussi fort du derriere comme du devant, & que la fiévre est continue ; que s'il y a considérablement d'intervalle entre les accès, le Cheval sera moins en danger, parcequ'ayant du relâche, il est plus en état de supporter son mal.

Un des grands inconvéniens de cette maladie, est que quelquefois la fluxion est si considérable sur les machoires, que ne pouvant les ouvrir, il meurt faute de rafraîchissement, ne pouvant avaler les boissons qui le secourroient dans cette occasion.

Comme ce mal eſt fort preſſant, il faut faire de grandes ſaignées de trois heures en trois heures, des lavemens émolliens en quantité, lui laiſſer un ſceau d'eau blanche toujours devant lui; s'il ne ſçauroit boire, il faut lui faire avaller cette eau blanche avec la corne, ou bien la boiſſon ſuivante, qui eſt de la farine d'orge & du ſucre en poudre dans de l'eau; ſi on ne peut ſe ſervir de la corne, parceque le Cheval aura les machoires trop ſerrées, il faut tâcher de lui faire prendre ces breuvages par les naſeaux; il les avallera de même, y ayant une communication intérieure du nez à la bouche.

Toute fomentation, onction ou liniment, ne ſervent de rien pour le ſoulagement de ce mal; mais ce qui lui ſera très-bon, ſera de bien frotter tout le corps à ſec avec des bouchons, vigoureuſement & long-tems; & cela pluſieurs fois par jour: c'eſt encore un bon remede que d'enterrer le Cheval dans du fumier; pour cet effet, on fait un trou en terre aſſez profond pour que le Cheval y entre juſqu'au poitrail, ou plus haut ſi l'on veut; alors, & quand le Cheval eſt entré dedans, on jette du fumier dans le trou juſqu'à ce qu'il ſoit plein, & on continue toujours à en jetter juſqu'à ce que le dos, la croupe, & une partie du Cheval en ſoient couverts; on laiſſe le Cheval en cet état, plus ou moins de tems, cela attire la tranſpiration.

CHAPITRE XVI.

De l'effort du Muſcle pectoral, vulgairement appellé Avant-cœur, & de l'effort des muſcles de l'aîne.

Pl. XXIII.
Fig. D.

LE mal que les Maréchaux appellent Avant-cœur, eſt une tumeur qui ſe forme au poitrail, vis-à-vis du cœur *d*: cette tumeur eſt preſque toujours accompagnée d'une fiévre fort violente.

Le mal ſe dénote par la tumeur qui paroît en dehors; le Cheval devient triſte, tient la tête baſſe, un grand battement de cœur; il ſe laiſſe tomber par terre de tems en tems, comme ſi le cœur lui manquoit, & qu'il fût prêt à s'évanouir: il perd totalement le manger, & la fiévre devient quelquefois ſi violente par la douleur aiguë qu'il ſent, qu'elle l'emportera en fort peu de tems.

Cette

Cette maladie peut avoir deux origines, ou d'une morfondure, qui aura fait arrêter & répandre du fang dans les graiffes & dans les attaches du mufcle pectoral d'un côté, ou de tous les deux enfemble ; ce fang épanché y forme de la matiére, qui étant répandue & fermentant dans un endroit auffi fenfible, doit allumer une fiévre très-vive par la douleur violente qu'elle caufe.

L'autre origine qui eft bien auffi vrayfemblable que la premiere, & à laquelle tous ceux qui ont écrit de ce mal, ne l'ont point attribué que je fçache, eft un écart, ou un effort du Cheval, lequel aura forcé les tendons des mufcles pectoraux ; ce qui caufant une grande douleur au Cheval, vû la fenfibilité de ces parties, y excitera une inflammation & la tumeur par l'irruption des vaiffeaux dans le tems de l'écart.

Il arrive quelquefois que cette tumeur difparoît, ce qui eft un très-mauvais pronoftique, fi ce n'eft pas la faignée qui la fait difparoître ; enfin fi ce mal arrive à un Cheval mal difpofé précedemment, il court grand rifque de n'en pas revenir.

Lorfque l'avant-cœur vient à fuppuration, & que la matiére s'y forme promptement, c'eft un figne que le Cheval a la force de pouffer au dehors cette humeur, & c'eft une bonne marque pour fa guérifon.

Il vient auffi au Cheval une groffeur très-douloureufe au haut de la cuiffe en dedans, à l'endroit où elle fe joint au bas ventre, c'eft-à-dire à l'aîne *m* : ce mal eft auffi dangereux que le précedent ; car il a les mêmes origines, la fiévre s'allume avec autant de violence, & le Cheval peut en mourir en fort peu de tems, c'eft-à-dire, en vingt-quatre heures s'il n'eft faigné promptement.

Fig. C.

Comme ces maux ont les mêmes fimptômes, ils doivent fe guérir par les mêmes remedes : le plus preffé, eft de diminuer promptement le volume du fang pour appaifer la fiévre & la douleur ; c'eft pourquoi il faudra faigner le Cheval quatre ou cinq fois brufquement du flanc ou du train de derriere pour l'avant-cœur, & du col pour la tumeur à l'aîne, beaucoup de lavemens émolliens, un regime très-exact : on graiffera en même tems la tumeur avec du fuppuratif ; fi on voit que cette tumeur vienne à fuppuration, on la percera avec un bouton de feu pour en faire écouler la matiere.

D d

Quelques jours après que la fiévre aura ceſſé, il ſera bon de faire prendre au Cheval un breuvage avec une once de thériaque, & une once d'aſſa-fœtida.

CHAPITRE XVII.

Des Avives & de l'Etranguillon.

Pl. I.
Fig. A.

LEs Chevaux comme les hommes ont des glandes à la machoire, au-deſſous des oreilles *h*, qu'on appelle parotides aux hommes & avives aux chevaux; outre ces glandes on en trouve d'autres à la racine de la langue, celles des hommes s'appellent amigdales, & celles des chevaux s'appellent tout ſimplement les glandes du goſier.

Lorſque les avives des Chevaux deviennent douloureuſes, ſuivant les Maréchaux, on dit que le Cheval a les avives; & quand les glandes du goſier, ſe gonflent & contraignent la reſpiration du Cheval, ce mal s'appelle étranguillon; c'eſt la même choſe que l'eſquinancie des hommes.

Il s'agit à preſent de ſçavoir, ſi les avives deviennent douloureuſes: on pourroit il me ſemble en douter aſſez raiſonnablement, attendu que les operations que l'on fait aux Chevaux qu'on dit avoir les avives, qui ſont de les preſſer, de les piquer, de les battre, &c. dans le tems qu'on les croit aſſez douloureuſes pour tourmenter un Cheval de la force dont il s'agit alors, ſeroient capables d'y exciter une inflammation beaucoup plus violente, d'allumer ſon mal & de le rendre comme fol; je les croirois donc plutôt inſenſibles, puiſqu'elles ne font pas cet effet, & qu'alors on n'eſt pas à la cauſe du mal. Je trouve une raiſon dans le proverbe même des Maréchaux pour appuyer cette opinion; car ils diſent, qu'il n'y a jamais d'avives ſans tranchées. Il pourroit donc bien ſe faire que ce qu'on appelle avives, n'eſt autre choſe que mal au ventre, d'autant plus que les ſignes des avives ſont les mêmes que les ſignes des tranchées, car le Cheval ſe tourmente exceſſivement par la douleur qu'il ſouffre; il ſe couche, ſe roule par terre, ſe releve ſouvent, s'agite & ſe débat fortement.

Les remedes deſtinés pour guérir les tranchées, guériſſent les avives ſans les battre; ainſi quand vous croirez qu'un Che-

val a les avives , donnez-lui des remedes pour les tranchées.
Voyez le Chapitre qui en traite.

Il y a des Maréchaux, ou autres gens , qui guériſſent les avives avec des paroles , vous en trouverez quelque recepte , en
liſant le Chapitre qui eſt à la fin du Traité des Médicamens ;
& qui a pour Titre , des Paroles , Secrets , Pactes , & Charmes.

L'étranguillon eſt une maladie réelle , les glandes du goſier s'enflent plus ou moins.

Les ſignes de cette maladie , ſont premierement l'enflure,
qui eſt ſenſible & palpable au commencement du goſier : le
Cheval tient la tête élevée , à cauſe de la tenſion de la partie :
les temples , la tête & les yeux s'enflent auſſi ; à peine peut-il
boire & manger ; il ne reſpire que difficilement ; & quand le
mal devient plus conſidérable , la langue lui ſort de la bouche ; il ne peut plus manger ni boire , & il rejette ſa boiſſon
par les naſeaux ; enfin l'enflure peut devenir ſi conſidérable,
qu'elle comprimera la trachée artére , ôtera la reſpiration totalement , & étoufera le Cheval.

Cette maladie eſt un embarras & un épaiſſiſſement de la limphe dans les glandes du goſier ; elle peut être produite pour
avoir paſſé d'un grand chaud à un grand froid , pour avoir bû
ayant trop chaud après avoir été ſurmené , pour avoir trop
mangé d'avoine , de froment , ou d'autres grains.

Comme l'étranguillon , eſt une inflammation des amigdales & des glandes de la racine de la langue , cauſée par l'arrêt
du ſang & de la limphe dans le corps deſdites glandes , & que
ce mal fait quelquefois beaucoup de progrès en peu de tems ;
il faut d'abord qu'on s'en apperçoit, ſaigner le Cheval coup ſur
coup , trois ou quatre fois ; s'il peut manger , lui faire manger du chénevis , lui faire un armand , lui donner des billots,
cordiaux & émolliens , le mettre au maſtigadour ; à l'égard
de l'enflure du goſier , il faudra la graiſſer extérieurement
avec du baſilicum ou ſuppuratif.

CHAPITRE XVIII.

Des Tranchées en général.

LEs Chevaux font fujets comme les hommes à des douleurs dans les inteftins ; ce mal s'appelle, tranchée aux Chevaux, & collique aux hommes : plufieurs caufes produifent les tranchées, & en font par conféquent plufieurs efpéces : ainfi étant néceffaire de les diftinguer, je les diviferai fuivant leurs caufes en fix efpéces ; fçavoir *tranchées d'indigeftion & de vents*, tranchées qu'on appelle *convolvulus* ou *miferere* ; tranchées que j'appellerai *tenefme*, *tranchées de retention d'urine & de tefticules retirés*, *tranchées rouges ou bilieufes*, *& tranchées caufées par les vers* ; à l'égard de cette derniere efpéce de tranchées, je n'en parlerai qu'après avoir expliqué les différentes fortes de vers qui s'engendrent dans le corps des Chevaux, & les maux qu'ils y peuvent caufer : je finirai cet article par les tranchées qu'ils excitent, & leurs remedes.

Les tranchées, de quelques efpéces qu'elles foient, caufant beaucoup de douleur aux Chevaux, donnent à peu près les même fignes, c'eft-à-dire, que tout Cheval qui eft attaqué des tranchées, fe débat, fe couche, & fe releve fouvent; il regarde fon flanc, & la fueur lui prend; voilà les fignes généraux : mais il s'en joint d'autres à chaque efpéce, qui peuvent donner quelque connoiffance de leur nature, nous les indiquerons en leur lieu.

CHAPITRE XIX.

Des Tranchées d'indigeftion & de vents.

OUtre les fignes généraux que je viens de décrire, cette efpéce de tranchée en a de particuliers, car fouvent le corps du Cheval devient enflé, comme s'il alloit créver.

Ces tranchées font caufées pour avoir trop mangé de grain, d'avoine, de féveroles, enfin de quelque efpéce de nourriture que ce foit; ce qui aura occafionné une indigeftion qui fe fera tournée en crudité & en vents : ces matieres crües &

indigeftes, venant à fermenter dans l'eftomach & dans les inteftins, y caufent des douleurs, & les rempliffent de vents
qui deviennent quelquefois fi abondans, qu'il eft dangereux que le Cheval n'en meure : cette maladie ne fe montre
pas toujours à un fi haut point, car fouvent l'indigeftion n'eft
pas dangereufe, à moins qu'un Cheval ayant trouvé trop de
grain à fa difcretion, il en eût mangé jufqu'à crever, comme
il eft arrivé quelquefois.

Il faut fecourir promptement dans cette maladie, quand
elle eft très-forte, c'eft-à-dire, lorfque le Cheval a de grandes douleurs, & qu'il eft exceffivement enflé.

Vous commencerez par faire une faignée, enfuite vous lui
ferez avaller du thériaque 1. once & autant de criftal mineral
dans du vin : vous lui donnerez pour boiffon de l'eau blanche
chaude ; fur-tout faites-lui obferver un jeûne abfolu, pendant
trois jours, ne lui donnant qu'à boire & des lavemens, car
il eft bon d'obferver que toute indigeftion demande regime ;
fi la fiévre furvenoit, il faudroit faigner plufieurs fois, beaucoup d'eau blanche & de lavemens. Le breuvage fuivant eft
fort bon pour les tranchées d'indigeftion.

Eau-de-vie.	1 demi-feptier.
Thériaque.	1 once.
Saffran.	2 gros.
Laudanum.	$\frac{1}{2}$ gros.

On peut auffi paffer une baffinoire pleine de braife par-deffous le ventre, pendant un quart d'heure, ou une demie-
heure.

Le lavement fuivant, eft fort bon pour les tranchées d'indigeftion, vin antimonial. . . . . . une pinte,
dans une décoction émolliente & carminative.

Quant aux tranchées de vents, fi le Cheval n'eft point enflé, un fimple lavement pourra le guérir ; s'il étoit enflé, il
lui faudroit force lavemens carminatifs.

BREUVAGE.

Huile.	$\frac{1}{2}$ livre.
Eau-de-vie.	$\frac{1}{2}$ feptier.
Criftal mineral..	1 once.

AUTRE.

Miel écumé. . . . . 1 livre.
Thériaque. . . . . 1 once.

AUTRE.

Sel. . . . . $\frac{1}{2}$ livre.
Vin. . . . . 1 pinte.

Il faut fricaſſer le ſel, & puis le jetter dans le vin.

CHAPITRE XX.

Des Tranchées, appellées convolvulus ou miſerere.

LEs vents peuvent donner une eſpece de tranchée très-perilleuſe, qu'on nomme *convolvulus* ou *miſerere*; il ſe fait dans cette eſpece, un engagement ou repliement de l'inteſtin ou boyau ſur lui-même, qui empêche les matieres de paſſer; il faut ſonger à empêcher l'inflammation de l'inteſtin engagé, car ce mal eſt mortel; c'eſt pourquoi il faut ſaigner juſqu'à défaillance, & des lavemens fréquens; je crois cet accident fort rare aux Chevaux, mais cependant il peut arriver.

CHAPITRE XXI.

Du Teneſme.

LE Cheval qui a cette eſpece de tranchée, outre les ſignes généraux mentionnés au commencement de ce Chapitre, fait des efforts pour fienter, mais ſes efforts ſont inutiles, ou il fiente très-peu, & ne rend le plus ſouvent que des glaires qui ſe détachent de ſes boyaux avec douleur, après quoi il a un moment de repos, & on le croiroit guéri; mais bien-tôt ſon mal recommence; cette eſpece de tranchée a beaucoup de rapport au teneſme des hommes: ce mal eſt ſouvent précedé d'un flux de ventre, pendant un jour, qui fait vuider tous les gros excrémens que le Cheval a dans le corps, après quoi la douleur ſurvient par des humeurs âcres & gluantes, qui ne s'arrachent que très-lentement ; ce qui fait voir que ce mal est une difpofition diffenterique, caufée par une grande âcreté du fang , qui dépofe des humeurs mordicantes dans les inteftins par les glandes, dont ils font remplis : ces tranchées font dangereufes ; & fi la fiévre furvient avec ce mal, le Cheval eft en grand péril, & il y faut apporter de prompts remedes, comme de grandes faignées ; mais qu'il y ait fiévre ou non, il faut toujours faigner beaucoup, c'eft-à-dire, deux ou trois fois, coup fur coup, une diéte auftére , c'eft-à-dire, ne donner que de l'eau blanche & des lavemens.

L A V E M E N T.

Son & graine de lin de chacun. . . . . . 1 poignée.
Huile commune. . . . . 6 onces.
Jaunes d'œufs. . . . . No. 2 ou 3.
Delayez les jaunes d'œufs avec l'huile, mêlez le tout & don-nez.

Si le mal continuë, on pourra donner le breuvage fui-vant: Huile commune & huile rofat, . 4 onces de chacun.
Eau rofe. . . . . ½ feptier.
Sucre-fin. . . . . 4 onces.

Il ne faut jamais purger à cette maladie.

C H A P I T R E XXII.

Des Tranchées de rétention d'urine & de tefticules retirés , où il eft parlé de la Retention d'urine.

AVant de parler des tranchées qui viennent à la fuite de la retention d'urine ; il eft bon de fçavoir premiere-ment ce que c'eft que la retention d'urine indépendamment des tranchées qu'elle occafionne.

La retention d'urine provient d'une difpofition inflamma- De la retoire du col de la veffie ou des reins, caufée par l'âcreté de tention d'u-
l'urine, après de grandes fatigues qui auront échauffé le Che- rine.
val, & auront rendu la matiere de la tranfpiration trop falée
& trop corrofive ; l'urine étant une tranfpiration intérieure,
dont le fang fe dégage dans les reins, comme la fueur eft une

tranfpiration forte extérieure, que le fang envoye par les pores de la peau.

Ce mal a plufieurs degrés ; car la retention eft quelquefois légere, & par conféquent affez aifée à guérir ; mais pour peu que le mal augmente, les tranchées s'y joignent quelquefois fi violentes, que le Cheval eft en grand danger. Nous allons parler de ces tranchées, quand nous aurons remedié à la fimple retention d'urine.

Le Cheval qui n'a que la retention fans douleur, ne montre pas d'autres fignes, finon que de fe prefenter fouvent pour uriner, & n'urine que peu & avec difficulté.

Remedes.   Donnez au Cheval qui a la retention, une pinte de vin blanc que vous lui ferez avaller.

Ou faites rougir des cailloux ; puis vous les éteindrez dans le vin blanc, & donnerez ce breuvage au Cheval.

Ou une pinte de verjus, mêlé avec une pinte d'eau, puis faites avaller ; on peut auffi mêler la pinte de verjus dans un demi-fceau d'eau, & le donner au Cheval, s'il le veut boire.

Quelquefois la maladie fe paffe en ménant un Cheval dans une bergerie où on le laiffe fentir fans le gêner la fiente des moutons ; il eft prefque fûr qu'au bout d'un quart-d'heure & quelquefois plutôt, il urine abondamment, & ne fe fent plus enfuite de fa retention.

Il y a d'autres remedes extérieurs, experimentés pour animer & piquoter le conduit de l'urine, afin qu'il fe détende & laiffe paffer l'urine à l'ordinaire ; tels font à l'égard des Chevaux, deux poux vivans ou deux punaifes que l'on met à la verge, ou bien on faupoudre le membre, après l'avoir lavé, avec du fel ; à l'égard des Jumens, on met gros comme une noix de fel dans la nature, ou bien un morceau de favon qu'on enfonce d'un demi-pied.

Tranchées.   Venons à prefent aux tranchées caufées par la retention d'urine, qui ne font autre chofe que l'inflammation de la veffie ou de fon col, bien declarée ; alors le Cheval fe couche & fe débat avec violence ; il fe prefente pour uriner, & n'en peut venir à bout, fes flancs font tout en fueur & fouvent le corps lui enfle.

Cette maladie eft fort dangereufe pour peu qu'on donne le tems à l'inflammation de faire du progrès ; la fiévre s'y joint, & le Cheval eft bien-tôt mort : cette maladie eft affez ordinaire aux Chevaux.

Il

Il faut donc commencer par faire deux ou trois grandes saignées, de deux heures en deux heures, donner des lavemens, faire observer une grande diéte, & pour boisson de l'eau blanche, avec une demie once de nitre purifié, ou de cristal mineral, par sceau d'eau.

Quant au remede, il faut remarquer que dans une obstruction rebelle, ou dans une inflammation au col de la vessie, qu'on doit juger par la fiévre quand elle s'y joint ; il n'est pas à propos de se servir intérieurement de beaucoup de diurétiques, qui chariroient encore des serosités, ou des flegmes dans la vessie ; ce qui augmenteroit la douleur & l'inflammation, mais il faut aider la nature par des remedes extérieurs, en même tems qu'on se servira de diurétiques froids & adoucissans.

Les remedes extérieurs dont on peut se servir en pareil cas, sont des fomentations sur les reins, comme la suivante.

Deux boisseaux de seigle ou d'avoine, qu'on fera bouillir avec de l'eau & du vinaigre, mêlez ensemble, comme un oxicrat, mettre le tout chaud dans un sac sur les reins du Cheval.

La décoction suivante, étant composée de diurétiques froids est bonne.

Racines de fraisier, d'arrête-bœuf, & de chiendent, de chacun. . . . . 4 onces.
Cristal mineral. . . . . 1 once.
Eau commune. . . . . 8 pintes.

Faites bouillir les racines dans l'eau, ôtez du feu, puis mettez le cristal mineral ; il faut que le Cheval boive toute cette dose dans les vingt-quatre heures.

LAVEMENS.

Huile. . . . . 4 onces.
Lait. . . . . 1 pinte.
Petit-lait. . . . . 1 pinte.

AUTRE.

Des cinq herbes émollientes.
Oeufs. . . . . 6 jaunes.

E e

OU

Des mêmes herbes.

Herbe aux perles, ou gremil.	1 poignée.
Huile.	4 onces.
Catolicum commun.	2 onces.

Nota. que l'on pourra ajouter de la therebentine à ces lave-mens, quand le Cheval commencera à uriner, parceque si on en mettoit pendant les tranchées, elle pourroit exciter l'in-flammation, au lieu de la soulager.

S'il arrive aussi une maladie de douleur aux Chevaux entiers, qui a quelque rapport à la retention d'urine, puisque souvent elle en est la suite. Un Cheval entier aura eu des tranchées, causées par une inflammation au col de la vessie, l'excès de la douleur, aura fait retirer les testicules qui seront remontés dans le ventre, de façon qu'à peine pourra-t'on les sentir, en y touchant, ce nouvel accident, lui cause des douleurs excessi-ves ; il se couche, se leve, se débat furieusement, & la sup-pression totale de l'urine, arrive en conséquence.

A ce mal, saignez outrément, grande diéte & boisson ra-fraîchissante, avec nitre, &c. comme il est dit ci-dessus, la-vemens émolliens. Il faut sur-tout bannir tous les diurétiques, comme préjudiciables, mais il faut se servir de remedes exté-rieurs, lui appliquant sur les reins la fomentation dont nous venons de parler à la retention d'urine : on se servira en même tems pour adoucir la douleur des testicules, de la fomenta-tion suivante :

Mauves, guimauves, feuilles de violette.	
Farine de lin.	1 litron.
Huile de lin & huile d'olive. . . .	4 onces de chacun.

Graissez bien la partie avec la liqueur, & la fomentez avec le marc.

CHAPITRE XXIII.

Des Tranchées bilieuses, nommées Tranchées rouges.

LEs Maréchaux sont partagés sur cette espece de tran-chée ; les uns disent qu'il y a des tranchées rouges, & les autres, qu'il n'y en a point ; ceux qui veulent qu'il y en ait, foutiennent qu'on les reconnoît en ouvrant un Cheval mort des tranchées, parceque les boyaux paroissent enflammés & tout rouges ; alors ils décident que le Cheval est mort des tranchées rouges. Mais comme en ouvrant des Chevaux morts de quelques-unes des especes de tranchée décrites ci-dessus, il arrive aussi qu'on trouve les boyaux rouges, les autres Maréchaux disent, que les tranchées rouges ne font pas une espece particuliere ; ceux-ci paroissent avoir plus de raison que les autres, parcequ'à toutes tranchées, dont le Cheval meurt, la douleur cause l'inflammation, & l'arrêt du fang dans les intestins ; il n'est pas étonnant, alors qu'on les trouve rouges & enflammés.

On peut cependant déterminer une espece de tranchée differente de celle ci-dessus, qui s'appellera rouge, si l'on veut ; mais je crois qu'il vaut mieux la nommer bilieuse, car c'est une inflammation d'entrailles, causée par la bile, arrêtée dans le foye, qui retenant le fang dans les intestins, y cause cette inflammation qui ménace gangréne.

Il est vrai qu'il est mal-aisé de distinguer ces tranchées d'avec les autres à moins que de connoître le temperament du Cheval, car elles n'ont pas des signes differens des autres, si ce n'est qu'elles n'attaquent guéres que les Chevaux les plus vigoureux, & en général cette maladie est assez rare.

Elle peut provenir, d'avoir fait boire un Cheval quand il a bien chaud.

Le mal est quelquefois si violent, que les meilleurs remedes, ne peuvent pas le sauver d'une mort prompte, c'est-à-dire, au plus au bout de trente heures.

Il faut saigner précipitamment trois ou quatre saignées tout de suite, faire beaucoup boire le Cheval, en lui donnant du cristal mineral, quatre onces pour un sceau d'eau ; ne lui point donner de nourriture ; mais force lavemens émolliens : lui faire avaller de l'huile d'olive, une livre, & insister sur les lavemens.

CHAPITRE XXIV.

Des Tranchées de vers, où il est parlé de toutes les especes de vers qui s'engendrent dans le corps des Chevaux.

PLusieurs especes de vers, s'engendrent dans le corps des Chevaux, & se font voir dans differens endroits, comme dans l'estomac & dans les intestins : de ces especes, il y en a quelques-unes, qui causent de la douleur au Cheval, & d'autres qui ne font nullement à craindre ; commençons par en détailler les especes, afin de connoître ceux qui causent les tranchées.

PL. V.
Des Vers.

Il y a quatre especes de vers, qui peuvent se former dans le corps des Chevaux. 1°. Des vers gros comme des haricots, rougeâtres, un peu velus sur le dos H ; on trouve cette espece dans l'estomach même ; ceux-là ne font point dangereux. 2°. Des vers très-semblables aux premiers, excepté qu'ils font un peu plus petits, paroissent au fondement des Chevaux, particulièrement de ceux qui sortent de l'herbe : ils viennent au fondement avec la fiente, & s'en vont avec elle : quelques-uns les appellent des *moraines*, ceux-ci ne font pas plus de mal aux chevaux que les premiers. 3°. Des vers blancs, quelquefois d'un demi-pied de long, & pointus par les deux bouts I : on en voit quelquefois dans la fiente ; ceux-là peuvent causer des tranchées. 4°. Des vers les plus dangereux de tous ; ils font petits, & faits comme de grosses éguilles K.

C'est la troisiéme & quatriéme espece des vers, que nous venons de décrire, qui donnent des tranchées.

Les vers en général, se produisent dans le corps, non par corruption, comme on croyoit autrefois, mais par des œufs d'insectes, qu'ils déposent sur les alimens, en général & en particulier, sur ceux que les Chevaux mangent : lorsque les mauvaises digestions ont occasionné une matiére aigre-douce, cette matiere fait éclorre, & nourrit par sa qualité les œufs des vers, que l'animal a avallé avec ses alimens, & ils ne font détruits & digerés, que lorsque les digestions étant loüables, ou d'une autre qualité que celle que je viens de dire, elles empêchent la formation des vers, en détruisant &

diſſolvant leurs œufs. Pour revenir à cette matiere aigre-douce , qui fait éclorre les vers qui donnent des tranchées aux
Chevaux ; il s'en forme dans l'eſtomach , ou dans les inteſtins
un paquet, qui contient leſdits vers , qui s'appelle la poche
des vers ; c'eſt cette poche qu'il faut diſſoudre, pour faire mourir les vers qu'elle contient.

Quand on ſoupçonne un Cheval d'avoir des vers ; ce qui
ſe démontre ,. lorſqu'on voit qu'il devient pareſſeux , que ſon
poil ſe heriſſe, qu'il regarde ſes flancs, ce qui pourroit faire
par la ſuite qu'il mourroit avec de grandes douleurs, quoique
ſans tranchées pour avoir eu l'eſtomach percé par les vers ; il
faut lui donner des remedes pour les faire mourir ; ces remedes ſont :

La Thériaque.	1 once.
L'Orviétan.	1 once.
L'Acier.	1 once.
Tous les extraits amers.	
L'Aloës.	1 once.
Sublimé doux, & Thériaque, de chacun.	1 once.
Fleurs de Souffre.	3 gros.

Formez-en des pilules que vous donnerez au Cheval.

Quand les tranchées, formées par les vers, paroiſſent ; outre les ſignes généraux, les Chevaux reſſentent de ſi grandes
douleurs, qu'ils font des actions de deſeſpoir, ſe laiſſent tomber à terre, y reſtant ſans mouvement ; ils ſe mordent les flancs,
& en emportent ſouvent la piece du cuir ; ils regardent leur
flanc, & ſuent par tout le corps ; ils ſe jettent par terre, ſe relevent en ſe débattant.

Des Tra-
chées.

Il eſt inutile de ſaigner à ces tranchées ; mais donnez des
extraits amers, de la thériaque, de l'acier avec des décoctions
ameres ,. &c.

Des lavemens, où il faut faire entrer des huiles ou des graiſſes, parcequ'il n'y a point de vers, qui vivent dans l'huile ; elle
les tuë.

Il ne faut point purger pendant la douleur ; quelques jours
après, on le peut, comme il s'enſuit.

Thériaque.	de chacun.	1 once.
Aloës.		

Remede pour plufieurs efpeces de Tranchées.

POUDRE.

Myrrhe.
Ariftoloche.
Bayes de Laurier, $\left.\right\}$ parties égales en poudre fine.
Gentiane.
Rapure d'Yvoire,

Vous pafferez ces poudres par le tamis, & vous les ferez prendre dans une chopine de vin blanc ou rouge, à la dofe, depuis 1 once jufqu'à 3.

On donnera une feconde prife, fi la premiere ne fait pas tout l'effet qu'on defire.

L'effet ordinaire de ce breuvage, eft de faire tranfpirer, fuer, rendre des vents ou uriner.

CHAPITRE XXV.

Du Piſſement de ſang,

LE piffement de fang, eft une ruption de quelques vaiffeaux dans les reins, ou dans la veffie : ce mal a plufieurs degrés ; car quelquefois l'urine, n'eft que légerement teinte & mêlée de fang ; quelquefois le Cheval rend le fang tout pur : enfin la maladie peut devenir fi ferieufe, que la fiévre & le dégoût s'y joindront. En décrivant les gradations de ce mal, nous en avons dit les fignes, il ne s'agit plus que d'en découvrir les caufes.

Ce mal peut provenir d'une trop grande chaleur dans les reins par l'âcreté de l'urine, occafionnée par une courfe trop violente. Dans ces courfes, les Chevaux font quelquefois des efforts, qui rompent des vaiffeaux dans les reins ou dans la veffie, fur-tout quand ce travail exceffif arrive dans les grandes chaleurs de l'Eté ; c'eft dans cette faifon, que la maladie eft plus dangereufe, parceque la fiévre s'y joint fouvent : lorfque l'urine n'eft que teinte, ce mal eft plus aifé à guérir, parce qu'il ne dénote que chaleur des reins, fans ruption de vaiffeaux,

Il ne faut pas s'étonner, quoique l'urine paroisse très-rou-
ge, car fort peu de sang épanché peut lui donner cette couleur; mais lorsqu'il y a de gros vaisseaux rompus, & qu'on
voit sortir le sang tout pur, alors la maladie est très-dangereuse, sur-tout si la fiévre, un grand battement de flanc, & le
dégoût s'y joignent.

À ce mal qu'il y ait fiévre ou non, il faut saigner promptement & plus ou moins selon le degré de la maladie; faire observer le regime. Quand l'inflammation n'est pas tout-à-fait
formée, c'est-à-dire, que l'urine n'est que rougie, comme il
s'agit d'empêcher que la vessie ne s'enflâme, ce qui se peut faire en arrêtant le cours du sang, qui sort par les petits vaisseaux
qui ont souffert ruption; il faut faire boire au Cheval des
décoctions astringentes, telle que la suivante & des lavemens
rafraîchissans.

Plantin & Pilofelle de chacun, . . 2 poignées.
Alun cru, ... 1 once.
Eau commune, ... 2 pintes.
Faites-en une décoction que vous donnerez au Cheval.

Si l'inflammation est formée, c'est-à-dire, que la fiévre y
soit jointe, il faut faire comme à la retention d'urine, c'est-
à-dire, beaucoup de saignées & des boissons rafraîchissantes.

CHAPITRE XXVI.

De l'Emorragie.

L'Émorragie n'a pas d'autres signes que l'émorragie même, c'est-à-dire, un écoulement de sang par la bouche,
& par les naseaux; cet écoulement peut devenir quelquefois
si considérable, que la fiévre s'y joint; mais cela est très-rare:
cependant si l'on n'apporte promptement du soulagement à ce
mal, les Chevaux en peuvent mourir, ou du moins devenir
si foibles, qu'ils seront très long-tems hors d'état de rendre
service.

Ce mal arrive par une fermentation trop violente d'un sang
très-échauffé & subtilisé par des fatigues extraordinaires pendant les grandes chaleurs, lequel forçant les vaisseaux, en
rompra quelques-uns dans des endroits où le sang pourra

avoir une iſſuë, & ſortir par les naſeaux, ou par la bouche: ce mal arrive auſſi par des obſtructions cauſées par une nourriture donnée en trop grande abondance, ou qui péche dans ſa qualité; ce qui rendra le ſang échauffé & fermentatif: ce ſang trouvant des obſtructions, forcera les vaiſſeaux, ne pouvant s'y contenir, & faiſant effort pour y paſſer.

Par les raiſons que vous venons de dire, l'émorragie arrive plutôt en Eté qu'en toute autre ſaiſon.

La ſaignée & une très grande abſtinence, arrêteront l'émorragie; le tout ménagé, ſuivant la grandeur du mal. Si l'émorragie eſt de conſéquence, il faudra faire juſqu'à deux ou trois ſaignées au moins dans un jour: on retranchera preſque la nourriture du Cheval pendant deux ou trois jours, & on ne lui donnera à boire que de la décoction de plantin, ou de renouée, vulgairement appellée trainaſſe, & des lavemens rafraîchiſſans: c'eſt principalement ſur les grandes ſaignées, & ſur une diéte plus auſtere qu'en toute autre maladie qu'il faut tabler; car quoiqu'on puiſſe ſe ſervir de topiques, c'eſt-à-dire, de remedes extérieurs, ils ne pourront agir qu'au haſard, parce qu'on ne ſçait pas en cette occaſion, où eſt l'orifice du vaiſſeau rompu: de plus les topiques n'allant point à la cauſe qui vient de la maſſe du ſang, & la ſaignée en diminuant le volume, elle doit être ſuffiſante, étant réïterée, pour arrêter l'émorragie; cependant ſi on veut ſe ſervir de topiques, on peut faire celui-ci. Si c'eſt en Eté, il faudra mettre le Cheval dans l'eau, (s'il n'a pas chaud), juſqu'aux flancs, & l'y laiſſer environ deux heures; ou ſi cela ne ſe peut, couvrez la tête & le dos du Cheval d'un drap en ſept ou huit doubles, mouillé dans l'oxicrat; tenez-lui la tête haute dans l'écurie: ne le laiſſez point coucher; & jettez ſouvent de l'eau fraîche ſous le ventre.

Autrement prenez de la traînaſſe, ou de l'ortie que vous corromprez dans les mains pour en mettre dans les naſeaux, en lier ſur les larmiers & ſur les reins.

On peut ſoufler des poudres dans les naſeaux, telles que alun pillé, avec feuilles de plantin en poudre, ou fiente d'âne ou de mulet en poudre, ou chair de liévre ſechée au four, & miſe en poudre.

CHAP. XXVII.

CHAPITRE XXVII.

Des Chevaux frappés de la fumée.

PEu d'Auteurs ont parlé de cette maladie, ou plutôt de cet accident, peut-être, parcequ'il arrive rarement, ou qu'ils ont regardé ce mal comme incurable.

Lorsque par des hazards malheureux, ou par la négligence de quelque domestique, le feu aura pris dans une Ecurie, on a bien de la peine à en faire sortir les Chevaux ; ils deviennent immobiles, la fumée leur entrant par les naseaux, les rend comme hebêtés, & ils se laisseront étouffer, sans remuer de leur place ; cette fumée fait à peu près l'effet du charbon, quand quelqu'un s'est endormi, ayant laissé des brasiers de vrai charbon, allumé dans le milieu de la chambre : on sçait assez les accidens malheureux qui en font quelquefois arrivés, apparemment que la fumée du foin & de la paille a des souffres grossiers, qui coagulent & caillent le sang des Chevaux, jusqu'à arrêter toute circulation, comme le charbon fait aux hommes ; c'est pourquoi lorsqu'on peut faire sortir les Chevaux de l'écurie embrasée avant qu'ils soient tout-à-fait étouffés, c'est à dire, après avoir respiré quelque tems la fumée, le dégoût leur prend avec un grand batement de flanc, ils jettent violemment par le nés & par la bouche ; & la mort s'ensuit, s'ils ne sont secourus très-promptement.

Il s'agit alors de les beaucoup saigner, c'est-à-dire, deux ou trois fois, pour desemplir les vaisseaux, & empêcher le figement total, leur donner des lavemens, mais préalablement leur faire avaller des medicamens qui puissent remettre leur sang en mouvement. Le remede suivant est experimenté ; sçavoir, trente-six grains de Kermès, autrement poudre des Chartreux.

On peut aussi leur faire entrer par les naseaux la fumée des plantes chaudes & aromatiques.

Malgré tous ces remedes, il est à craindre, que si les Chevaux ont trop long tems avallé la fumée, ils n'en puissent mourir ; mais s'il y a moyen de les rechaper, le procedé ci-dessus, est, je croi, le seul qui puisse réussir.

CHAPITRE XXVIII.

De la Palpitation de cœur & du vertigo de vapeurs.

NOus avons dit au Chapitre du Vertigo, qu'il y en avoit une espece, provenant de vapeurs, dont nous parlerions dans ce Chapitre, à cause que ce vertigo n'est autre chose qu'une forte palpitation de cœur ; pour cet effet, nous allons commencer par définir la palpitation de cœur, & tout de suite nous parlerons de cette espece de vertigo, comme ayant une même cause intérieure.

La palpitation, est un mouvement du cœur plus vif qu'à l'ordinaire, qui arrive comme par secousses d'intervalle en intervalle.

On connoit aisément cette maladie au toucher ; car lorsque le Cheval en est attaqué, si on met la main à l'endroit du cœur, c'est-à-dire, en bas, entre l'épaule & la sangle : on sent un mouvement précipité du cœur & si violent, qu'il semble qu'il veut rompre les côtes pour sortir ; & lorsque la palpitation est très-violente, le cœur bat d'une telle force contre les côtes, que l'on voit visiblement mouvoir la peau à chaque battement ; & en approchant l'oreille, on entend dans le corps comme des coups de marteau ; & cela de tous les deux côtés à la fois, les flancs ne battent pas extraordinairement.

Quoique ce mal paroisse avoir des signes d'une très-grande violence, cependant il n'est pas ordinairement mortel, à moins que la fiévre ne s'y joigne ; ce qui arrive rarement.

La cause de la palpitation, ne vient que d'un sang qui a pris un peu plus de consistence qu'à l'ordinaire, c'est-à-dire, qui s'est épaissi jusqu'à un certain degré, de façon qu'il a de la difficulté à traverser les vaisseaux du poulmon, qui doit alors être plein d'obstructions & de tubercules, lesquelles en même tems en gênent le cours ; ce qui contraint le cœur, par la peine qu'il a à chasser le sang de ses ventricules, à faire ce mouvement convulsif, déreglé, forcé, & vehement.

Ce mal peut être occasionné par mauvaises digestions, par un travail trop rude, par une course trop rapide, par un leger réfroidissement, ou par de mauvaises nourritures.

Quand la palpitation occasionne le vertigo, que nous ap-

La Palpitation.

pellons de vapeur ; alors le Cheval a des étourdiſſemens , car
il ſe laiſſe tomber tout à coup , & ſe releve enſuite, comme
étourdi & chancellant ; cela lui prend par accès , & le moment d'après , il revient à ſon ordinaire, & mange comme
de coutume.

Ce qui met le Cheval en cet état, n'eſt autre choſe que la
palpitation , qui empêche le ſang de monter à la tête, ou bien
ce ſont des vapeurs qui s'élevent au cerveau, provenant à raiſon des obſtructions qui cauſent la palpitation.

Cette eſpece de vertigo, n'eſt pas plus à craindre que la palpitation de cœur , & les mêmes remedes pourront guérir l'un
& l'autre ; tout le danger ſeroit la fiévre , ſi par hazard elle s'y
joignoit ; mais il ne ſeroit alors queſtion que de traiter le Cheval de la fiévre , comme le mal le plus eſſentiel , ſans ſonger à
la palpitation ni au vertigo, qui diſparoîtroient peut-être tout-
à-fait, ſi la fiévre étoit guérie. Voyez le Chapitre de la Fiévre.

Il ne faut pas croire que l'on guérira radicalement en peu
de jours, un Cheval ſujet à la palpitation de cœur & au vertigo, dont nous venons de parler ; il faudra peut-être un procedé long & continué , quelquefois auſſi une palpitation accidentelle ſe diſſipera par une ſeule ſaignée que l'on pourra réïterer en cas de beſoin.

Quand ces maux ſont habituels , & qu'on voudra ſe donner la peine de les guérir radicalement ; il faudra commencer
par deux grandes ſaignées , n'importe de quelle veine ; faire
obſerver la diéte, beaucoup de lavemens émolliens, commencer par des remedes fondans & ſpiritueux , tels que ſont, la
thériaque, l'orviétan, la confection d'hyacinte, ou de la poudre de gentiane ; le tout dans le tems de l'accident : ces remedes agiront comme ſtomachiques : on viendra enſuite au
long uſage des remedes apéritifs & des obſtruants, principalement du mars ou fer, du foye d'antimoine, & des extraits
amers.

BREUVAGE CORDIAL.

Thériaque ou orviétan, ... 1 once.
Eaux cordiales de ſcorzonaire , bugloſe,
   chardon beny , & Reine des prés, de chacun, ... 1 demi-ſeptier,
Délayez le tout enſemble , & le donnez.

Breuvage apéritif & fondant.

Extrait de gentiane & de fumeterre, &
   gomme ammoniaque en poudre, de chacun, ...   1 once.
   Limaille d'acier,   .   .   .   3 onces.

Formez-en des pilules, dont on donnera trois gros pesant au
Cheval, deux fois le jour.

CHAPITRE XXIX.

Des morsures de Bêtes venimeuses & de Musaraignes.

IL arrive quelquefois que des serpents, aspics, &c. peuvent
mordre ou piquer les Chevaux dans les pâturages, alors
le Cheval vient à enfler; le venin court dans ses veines, &
quand il a gagné le cœur, il suffoque le Cheval; & cela en
deux fois vingt-quatre heures.

PL. V.   La Musaraigne F, est une petite souris, dont la morsure
est fort venimeuse; elle se trouve plus communément dans les
écuries, qui sont situées sur des terreins bas & humides : il
peut arriver qu'elle morde les Chevaux; ce qui est, je crois,
assez rare; mais on dit, que quand elle l'a mordu, le Cheval
a les mêmes accidens, que s'il avoit été piqué d'un serpent,
c'est-à-dire, que la partie enfle; mais il faut prendre garde
de se tromper en cela; car on attribue quelquefois à la morsure d'une musaraigne, les enflures qui paroissent au poitrail
& à l'aîne, qui ne sont autres choses que des efforts, dont
nous avons parlé dans le Chapitre de l'avant-cœur, auquel il
faut avoir recours pour leur cure; quant aux morsures de bêtes venimeuses, musaraignes, &c. si vous vous en appercevez sur le champ, mettez vîte un bouton de feu sur la morsure, ou bien liez si vous pouvez au-dessus de la morsure, pour
empêcher le venin de monter, on battra ensuite la partie
avec une branche de groseiller épineux, jusqu'à ce que le
sang sorte, frottez ensuite l'endroit avec du thériaque, de
l'orviétan, &c.

Si on ne s'est pas apperçu de la piqueure dans le moment,
& qu'on voye que l'enflure commence à s'étendre, mettez

toujours le feu à l'endroit piqué, frottez-le d'une des drogues ci-dessus, & en faites avaller au Cheval.

CHAPITRE XXX.

Pour avoir avallé de l'Arfenic, ou des Sangfues, ou de la fiente de Poule.

LEs Chevaux peuvent quelquefois avaller de l'arfenic, qui aura été jetté dans les greniers, pour faire mourir les rats & les fouris, auffi-tôt qu'on s'en apperçoit, il faut leur faire avaller deux livres d'huile d'olive & réïterer ; ils peuvent auffi en beuvant dans des Mares, où des ruiffeaux, avaller des fangfues, qui s'attacheront à l'eftomac, & y cauferont une émorragie, qui fera mourir le Cheval : dans le moment qu'on s'en apperçoit, il faut lui faire avaller au plutôt de l'huile, ou de l'eau falée, pour faire mourir ces animaux.

Il faut éloigner avec grand foin les poules des écuries ; car fi par hazard, le Cheval avalle de leur fiente dans fa nourriture, c'eft une efpece de poifon pour lui ; il bat du flanc, & jette des vilaines matiéres par le fondement ; quand on s'apperçoit de cela, il faut extrémement le rafraîchir ; car cette fiente l'échauffe beaucoup, le miel & l'aloës pour le purger, & force lavemens.

CHAPITRE XXXI.

De la Rage.

OMELETTE.

VOus prendrez trois œufs, dont vous ôterez bien foigneufement les germes ; vous aurez de la racine d'églantier ou rofier des hayes que vous ferez arracher du côté où le foleil donne, faites-la raper le plus menu que faire fe pourra, après en avoir ôté la premiere peau : caffez un de vos œufs par le petit bout, pour en faire fortir le jaune, fans qu'il y ait une grande ouverture à l'œuf ; vous l'emplirez trois fois d'huile de noix de la meilleure, tirée fans feu : jettez cette huile, avec vos œufs ; ajoutez une bonne pincée de poudre d'églantier, c'eft-à-dire, autant que les cinq doigts à demi-écartés,

pourront en prendre ; mêlez-bien le tout ensemble, après
quoi vous le mettrez dans une poële que vous aurez eu soin de
faire rougir sur le feu : vous ferez bien cuire cette omelete,
ensorte qu'elle soit seche ; après qu'elle sera faite , vous la ferez manger au malade ; s'il est blessé , & qu'il y ait une galle
dessus la morsure , vous frotterez la playe avec un linge & du
vin chaud , jusqu'à ce que le sang y vienne : quand la playe
sera saignante , vous y mettrez un morceau d'omelete qui
doit être brûlante pour bien faire son effet : le malade mangera le reste ; il faut qu'il soit à jeun , pour prendre ledit remede ; & si par hazard après l'avoir avallé , l'envie de dormir, lui prenoit, il faudroit qu'il y cedât sur le champ par
tout où il se trouveroit, neuf jours après qu'on aura pris le remede , il faudra avaller de la thériaque délayée dans du vin.

Nota. Qu'il ne faut point mettre de sel dans ladité omelete,
ne point boire en la mangeant , & ne manger de deux heures
après l'avoir prise.

CHAPITRE XXXII.

DES MALADIES CRONIQUES,
OU DE CELLES QUI AGISSENT LENTEMENT SUR LE TEMPERAMENT DU CHEVAL,

De la Fiévre lente.

C'Est ici , où j'ai promis de parler de la fiévre lente : elle
reconnoît deux causes, ou des abscès & ulcéres internes ; tels sont la morve , la phtysie ou amaigrissement, les
abscès du foye, ou d'autres parties du bas-ventre ; ou bien
les obstructions rebelles des couloirs du bas-ventre, & spé-
cialement du foye.

La premiere cause, je veux dire les abscès & les ulcéres internes, produisent un mouvement de chaleur dans le corps
du Cheval, & une fiévre imperceptible d'abord , qui se fortifie en certains tems, & qui peut se terminer en moîteur :
cette fiévre n'est entretenuë que par la communication qui se
fait des parties du pus des abscès ou ulcéres, au sang qui roule autour.

La seconde cause provient souvent d'obstructions des vaisseaux de la bile, qui retiennent dans les canaux du sang, une partie de cette humeur, qui ne manque jamais d'entretenir une agitation sourde dans la masse du sang, lorsqu'elle n'est pas fort allumée, ni fort âcre, mais simplement épaisse & resineuse.

La fiévre lente, qui provient d'abscès, ou d'ulcéres internes, est tout-à-fait incurable; ainsi il ne faut pas perdre son tems à la traiter: celle qui dépend des obstructions du foye, doit être traitée par les remedes généraux; qui conviennent aux obstructions des couloirs intérieurs, dont l'on parlera en son lieu.

CHAPITRE XXXIII.

De la Gourme.

LA gourme, est une maladie assez connuë dans les païs froids & temperés; c'est un écoulement de matiére par les naseaux, qui arrive aux poulains une fois en differens tems, depuis leur naissance, jusqu'à l'âge de cinq ans: les signes de cette maladie qu'on pourroit cependant appeller un écoulement naturel, sont une humeur visqueuse & gluante, qui découle par les naseaux, ou qui se dénote par l'enflure des glandes que les Chevaux ont naturellement entre les deux os de la ganache, près du gosier, ou bien par des tumeurs & abscès qui viennent sur differentes parties du corps, comme à une épaule, au jarret, au-dessus des reins, ou à la jambe; enfin dans l'endroit où cette humeur a plus de disposition à se déposer.

Il paroît que la cause de la gourme, qui n'est connuë comme nous venons de dire, que dans les païs temperés ou froids, (car dans les païs chauds, il n'en est pas question,) provient de la qualité de la terre & de la temperature de l'air des païs susdits: la terre fournit des herbes trop humides & trop nourrissantes pour le poulain; ainsi l'herbe qu'il mange dans sa jeunesse dans un terrein humide & gras, sur laquelle il trouvera du verglas, de la rosée, ou des pluyes extrémement froides, joint aux injures du tems, auquel il sera exposé dans les tems froids, qui interrompent la transpiration qui lui est nécessaire, pour évacuer les humeurs grossiéres, formées par les digeſtion de ces alimens flegmatiques ; & par conſéquent trop nourriſſans, donneront origine à ces humeurs cruës, & à cette limphe viſqueuſe qui ſe ſepare dans les glandes du col & dans celles des naſeaux ; ainſi la gourme eſt proprement un catarre, ou un rhume, qui ſuppoſe toujours de l'indigeſtion occaſionnée par un réfroidiſſement ; c'eſt pourquoi plus les poulains ſeront délicats, plus ils ſeront incommodés de la gourme qu'ils auront davantage de peine à jetter que ceux qui ſont d'un temperament plus fort.

Lorſque ce rhume n'a pas été guéri radicalement, & que le Cheval n'a pas eu aſſez de force pour ſe débarraſſer entiére-ment de ſa gourme dans l'âge où il doit naturellement la jet-ter ; elle peut revenir enſuite avec bien plus de danger, c'eſt ce qu'on appelle fauſſe gourme, dont nous parlerons dans le Chapitre ſuivant ; & ſi cette fauſſe gourme, ou la gourme mê-me vient à ſe changer en une fluxion de poitrine, qui dége-nere enſuite en phtyſie ou amaigriſſement total, le Cheval mourra d'une maladie, qu'on appelle Morve, & qui ſe trouve incurable bien auparavant même que la phtyſie ſoit déclarée; nous en parlerons après la fauſſe gourme.

Nous avons dit, que les Chevaux pouvoient jetter de trois façons, ou par les naſeaux, ou par des abſcès ſous la gorge, ou par des tumeurs & abſcès en differentes parties du corps; la plus heureuſe façon de jetter, eſt par les naſeaux, ou ſous la gorge; quand les abſcès ſe déterminent ſur quelqu'autre par-tie du corps, c'eſt ſigne que le Cheval n'a pas eu aſſez de force pour pouſſer cette humeur par les endroits les plus convéna-bles, & quelquefois la partie qui a ſouffert, peut en reſter foible ou eſtropiée ; tous ces abſcès percent quelquefois d'eux-mêmes, ce qui eſt plus heureux que lorſqu'il les faut faire ſup-purer.

On voit bien des poulains, qui jettent étant à l'herbe, & s'y guériſſent d'eux-mêmes : d'autres qui jettent étant à l'écu-rie, & auſquels il n'y a rien à faire, que de les tenir chaude-ment, faire boire à l'eau blanche, & leur donner du ſon chaud ; mais quand on voit que le Cheval eſt triſte, & qu'il ne ſe débarraſſe pas facilement de la matiére de la gourme, ou que la tumeur ſous la gorge ſera rebelle, enfin que la ma-ladie deviendra plus conſidérable ; il faut alors aider plus puiſ-ſamment la nature ; on pourroit croire qu'en remettant à
l'herbe

l'herbe un Cheval qui a été quelque tems à l'écurie au fec, il fe débarraffera plus aifément de fa gourme, mais on fe tromperoit fort; car alors, il feroit beaucoup à appréhender que cette gourme ne fe changeât en morve; il faudra donc le laiffer à l'écurie, & le traiter par les remedes fuivans.

Commencez par feparer le Cheval de tous les autres, attendu que fi un Cheval qui fera proche de celui qui jette fa gourme, peut toucher à la matiére qui fortira des nafeaux; il ne manquera pas de la lécher, parce qu'elle eft falée, & que les Chevaux aiment ce goût; & quoique cette matiére vienne d'un poulain, qui ne fait que jetter, & qui n'eft pas morveux, le Cheval qui l'aura léchée, peut en gagner la morve: par cette même raifon, aucun des uftencilles qui lui fervent comme le fceau, l'étrille, &c. le palfrenier même qui en a foin, ne doivent point approcher des autres Chevaux; c'eft pourquoi auffi, il faut avoir grande attention, lorfqu'on veut mettre d'autres Chevaux dans une écurie, où un poulain a jetté fa gourme, à la bien nettoyer, ôter la vieille litiere, laver la mangeoire, & frotter les murailles & le ratellier, d'eau mêlée avec de la chaux.

Avant d'en venir aux remedes, difons un mot des glandes enflées fous la ganache. Premierement, il eft bon de defabufer certaines gens, qui voyant groffir pendant un tems ces glandes, & les voyant enfuite diminuer, puis regroffir affez périodiquement, c'eft-à-dire, tous les quinze jours, ou tous les mois, s'imaginent que la lune en eft la caufe, je les renvoye pour cet effet au Chapitre LXVIII. où il eft parlé de la Fluxion lunatique: d'autres croyent qu'ils guériront la gourme, fauffegourme & morve, en arrachant les glandes enflées, parcequ'ils s'imaginent que ce font ces glandes qui fourniffent cette matiére, & qui la forment; mais ils font dans l'erreur, car c'eft la matiére, provenant des caufes fufdites, qui gonfle les glandes, lefquelles font en fi grande quantité en cet endroit, qu'après avoir ôté une glande pendant le cours du mal, la matiére furvenant enfuite, en gonflera une autre pareillement, & les gonfleroit toutes fucceffivement, fi on les ôtoit l'une après l'autre; il eft donc tout-à-fait inutile d'églander un Cheval pendant qu'il jette, & la douleur qu'on lui caufe, peut même lui faire plus de mal que de bien: il n'y a qu'une raifon qui puiffe engager à cette operation, qui feroit la dif-

G g

formité, que cauſeroit à un Cheval une glande qui paroîtroit
en dehors, & qui ſeroit reſtée du tems qu'il jettoit ſa gourme.
Pour cette operation, voyez le Chapitre XXXIV. du Traité
des Operations.

Venons maintenant aux remedes du Poulain malade de la
gourme. Premierement, il faut toujours une ſaignée de précaution, tenir le Cheval chaudement, lui donner à manger du ſon chaud, le faire boire chaud, & de l'eau blanche, donner des lavemens ; il ſera bon de raſer le dedans des
naſeaux, afin que la matiére s'écoule plus aiſément, & ne s'attache point au poil : ayez ſoin auſſi par la même raiſon, de lui
laver de tems en tems les naſeaux, avec une éponge & de
l'eau ; quand il fait chaud, vous le promenerez en main, en
lui laiſſant baiſſer le nez, afin que la matiére ſorte, ou bien,
vous lui ferez reſpirer la fumée du geniévre brûlé : ſi le mal
s'obſtine, & que le Cheval ne veuille pas manger ſon ſon, faites un gargariſme, avec miel, verjus & ſel, & ajoutez dans le
ſon tous les matins cinq ou ſix poignées de pervanche, hachée menu, ou de l'antimoine, le tout pour provoquer la
tranſpiration & une bonne digeſtion.

Nota. Qu'il ne faut point donner à ce mal de cordiaux, parcequ'ils échauffent trop, & mettent le ſang en mouvement,
& qu'il ne s'agit ici, que d'en corriger la crudité.

Si malgré tout, la gourme s'obſtine & continue ; il faudra
faire un ſeton, ou ortie au poitrail, parcequ'il attirera & fera
diſſiper l'humeur en l'évacuant.

Quant aux tumeurs & abſcès ſous la ganache & ailleurs,
ſi elles viennent d'elles-mêmes à ſuppuration, il n'y a rien
à y faire ; mais lorſqu'on voit qu'elles ne prennent point ce
chemin ; il faut les graiſſer avec de l'altea & du baſilicum, ou
mêler avec du vieux vin, une gouſſe d'ail, ou un oignon
blanc, ou un poireau, ou un oignon de lis ; & à la ganache,
vous mettrez une peau de mouton, le poil en dedans par-deſſus le ſuppuratif.

Quand vous verrez que l'abſcès veut percer, c'eſt-à-dire,
qu'il eſt mol, aidez-lui avec un bouton de feu, ou un coup
de biſtouri ; ſi enſuite il vient des chairs baveuſes, agiſſez comme il eſt dit à cet article dans le Chapitre des Playes.

CHAPITRE XXXIV.

De la Fauſſe-Gourme.

Ette maladie, n'eſt autre choſe qu'un reſte d'humeur de gourme qui reparoît, lorſqu'un Cheval a jetté imparfaitement pendant ſa jeuneſſe ; & qui revient, lorſqu'il n'eſt plus en âge de jetter naturellement, auſſi eſt-elle plus dangereuſe & plus prête à ſe tourner en morve ; de même que la petite verole, eſt communément plus perilleuſe aux hommes faits qu'aux enfans. La fauſſe-gourme a les mêmes ſignes que la veritable ; mais communément avec plus de violence, car il prend ſouvent au Cheval un grand battement de flanc, c'eſt-à-dire, beaucoup de difficulté de reſpirer : le ſigne le plus certain de la fauſſe-gourme, eſt qu'elle prend, lorſque le Cheval a paſſé l'âge : il doit la jetter naturellement ; elle n'épargne pas même les vieux Chevaux ; mais rarement jettent-ils par le nez, ce ſera plutôt par une tumeur à côté de la ganache, c'eſt-à-dire, vers l'endroit des avives.

Les cauſes de la fauſſe-gourme, étant les mêmes que celles de la gourme, voyez ce qui en eſt dit au Chapitre précedent : la fauſſe-gourme ſe guérira auſſi par les remedes qui ſont dans ledit Chapitre.

CHAPITRE XXXV.

De la Morve.

Oici une maladie, qui, quoique de longue haleine, eſt une des plus terribles qui puiſſe arriver aux Chevaux : Je commence par avancer qu'elle eſt inguériſſable quand elle eſt bien déclarée & ſûre, & qu'on peut la guérir comme on guériroit un coup d'épée au travers du cœur ; pour appuyer cette affirmation, il eſt néceſſaire que je définiſſe la cauſe de la Morve, puis je laiſſerai juger au Public inſtruit, s'il eſt poſſible qu'un Cheval en réchape.

Nous avons expliqué dans le Chapitre de la Gourme que ce qui l'engendroit étoit une matiere crüe & indigeſte, ou une limphe épaiſſie que le ſang dégorgeoit dans les glandes du nez

& de la ganache ; moins cette matiere qui roule avec le fang eft épaiffe & âcre, plus le fond s'en débaraffe facilement, & moins elle corrode les endroits où elle féjourne ; fi ce même degré d'épaiffeur & d'âcreté n'augmente pas dans le temps de l'évacuation, elle eft chaffée à mefure qu'elle fe forme, & le fang peut alors fe nettoyer, ce qui forme une gourme fimple, à l'égard des jeunes Chevaux, & de même une fauffe gourme à ceux qui ne font plus en âge de jetter la vraye gourme. Mais fi elle vient tout à coup ou par degrés au plus haut point d'âcreté & d'épaiffiffement où elle puiffe parvenir, alors comme tout le fang du corps paffe dans les poulmons, ce fang n'ayant plus la force de la pouffer, cette matiere refte en arriere, s'arrête par grumeaux dans les poulmons mêmes, & y forme d'endroits en endroits de petites tumeurs ou abcès, defquelles une partie du pus étant repompé par le fang, fert à le gâter encore davantage, & par conféquent à augmenter la quantité de matiere qu'il dépofe dans les poulmons ; ainfi les tumeurs augmentent de plus en plus en nombre, & la matiere qui les forme étant corrofive, elle en fait autant d'ulceres, qui, venant à fe communiquer les uns aux autres, gâtent à la fin les poulmons en entier, & même les reins ; alors le fang n'étant plus qu'une liqueur remplie d'âcreté, & par conféquent fa qualité nourriffante & balfamique étant totalement détruite, il devient une efpece de poifon qui mine petit à petit les parties charnues, & conduit l'Animal à la Phtifie & au Marafme ou amaigriffement total. Il faut donc convenir qu'une partie auffi effentielle à la vie que les poulmons, étant une fois ulcerée, aucun remede ne peut guérir ces ulceres formés, puifqu'on ne fçauroit les nettoyer en appliquant des remedes deffus comme à une partie exterieure, & qu'il eft impoffible d'adoucir le fang, pendant qu'un ennemi qu'on ne fçauroit détruire travaille en dedans à le corrompre : Ainfi je croi avoir avancé avec affés de raifon que la Morve bien déclarée eft incurable.

Il eft vrai qu'il ne faut pas abandonner un Cheval qui jette fur le fimple foupçon qu'il peut avoir la Morve, car quelquefois on peut fe tromper, attendu qu'il n'y a point de fignes certains pour juger fi un Cheval eft morveux ou non, que le longtemps qu'il y a qu'il jette fans diminution ; car de jetter d'un nafeau ou des deux, blanc, jaune, vert, que la matiere furnage ou aille au fond de l'eau, épais ou liquide, &c. ne font pas des preuves certaines, puiſqu'elles ont manqué quelquefois, de même que la puanteur de la matiere & les chancres qui viennent dans les nazeaux occaſionnés par ſon âcreté ; mais quand un Cheval jette pendant plus d'un mois également, il eſt beaucoup à craindre qu'il ne ſoit morveux. Il faut excepter de cette regle les Chevaux Bretons & Flamands ; enfin tous les Chevaux qu'on nourit dans leur jeuneſſe avec de la pâte que les gens du Païs compoſent exprès ; ces Chevaux venant à paſſer de cette nourriture aux aliments ordinaires qui ſont, Foin, Avoine & Paille, ſe purgeront de leur ancienne nourriture, quelquefois pendant des ſix mois entiers en jettant continuellement, & ne deviendront point morveux ; à la verité pendant tout ce temps le poil ne leur devient point heriſſé, & ils ne maigriſſent point.

Nota. Que ſi dans le temps qu'un Cheval jette, il lui ſort quelques boutons de farcin, ces boutons ſe guériront facilement, mais ſoyez ſûr que votre Cheval eſt morveux & incurable.

Comme ce mal ſe communique très-aiſément, & qu'il peut infecter en peu de temps une quantité prodigieuſe de Chevaux pour avoir leché la matiere, il ne faut pas balancer à tuer le Cheval morveux déclaré ; mais ſi on n'eſt pas ſûr qu'un Cheval ait la morve, & qu'on ne le faſſe que ſoupçonner ; la premiere choſe qu'on doit faire eſt de le ſéparer des autres de la façon dont il eſt dit dans le Chapitre de la Gourme, & de le traiter comme il eſt indiqué dans ledit Chapitre : Si on ne voit guéres de Chevaux morveux mourir étiques, c'eſt que cette maladie n'arrive ordinairement à ſon dernier excès qu'en cinq ou ſix ans, pendant lequel temps & juſqu'à ſix mois peut-être auparavant leur mort naturelle, ils peuvent travailler à peu près comme à leur ordinaire, & qu'on les tuë communément bien avant ce tems-là.

CHAPITRE XXXVI.

Du Rhume appellé morfondure, & de la Courbature ſimple.

NOus avons dit dans le Chapitre qui traite de la Courbature qu'il y en avoit de deux ſortes, Courbature avec fiévre qui eſt un mal dangereux & preſſant ; c'eſt de celle-là dont il falloit parler dans le Traité des Maladies aiguës, Courbature fimple, c'eft-à-dire fans fiévre : celle-ci n'étant qu'une morfondure confiderable provenant des mêmes caufes de la morfondure, nous l'avons refervée pour ce Chapitre-cy : Nous allons donc parler d'abord de la morfondure, ce qui nous menera infenfiblement à la Courbature fimple.

La Morfondure.

La morfondure a à peu près les mêmes fignes de la gourme, car c'eft une décharge d'humeur qui fe fait par le nés ; on connoîtra donc un Cheval morfondu par les fignes fuivans. Il paroîtra trifte & dégoûté, il jettera par les nazeaux une matière blanche où verte, qui, felon qu'elle fera âcre, caufera la toux plus ou moins forte ; fi on manie le gozier du Cheval, on le trouvera plus dur qu'à l'ordinaire, quelquefois même il y viendra une inflammation fi confiderable qu'elle empêchera le Cheval d'avaler, ce que les Maréchaux appellent étranguillon : fi la morfondure eft violente ; quelquefois elle eft accompagnée d'une opreffion de poitrine fi grande, que le Cheval ne peut quafi pas refpirer ; quelquefois même la fiévre fe joint à tous ces maux.

Tous les fignes cy-deffus n'accompagnent pas toujours enfemble la morfondure, puifqu'il y en a de legeres & de peu de conféquence, fuivant que le Cheval fe trouve difpofé, & que les caufes en font plus ou moins graves ; la courbature fimple par exemple, eft un rhume ou morfondement plus fort qui donne les mêmes fignes que la pouffe, c'eft-à-dire un redoublement du flanc, une toux féche & fréquente accompagnée de flegmes par la bouche & par les nazeaux ; il y a prefque toujours à ce mal un mouvement de petite fiévre, & l'inflammation du poulmon peut être à craindre.

On voit bien par tout ce que nous venons de dire que la morfondure a bien des dégrés, puifqu'il peut y en avoir de peu de conféquence, de plus confidérables par degrés, & de très-dangereufes & même mortelles, ce qui fait que fouvent on a cru que des Chevaux étoient morveux en les voyant jetter par les nazeaux en abondance, & qui cependant n'étoient que morfondus ; c'eft pourquoi il eft bon d'avertir que l'on diftinguera la morfondure d'avec la gourme par la connoiffance qu'on aura des excès qui peuvent la caufer, dont nous allons inftruire le Lecteur, & fi le Cheval les a faits, on peut conclurre avec certitude.

Les Chevaux deviennent morfondus lorſqu'on les fait paſſer tout d'un coup d'une grande chaleur à un grand froid après un travail exceſſif, ou pour les avoir trop fatigués ; ſi on laiſſe boire un Cheval qui a chaud ſans lui faire faire aucun exercice après qu'il a bû, ou s'il boit en Eté des eaux trop vives & trop avidement ou de l'eau de neige fonduë, tout cela lui cauſera un rhume plus ou moins fort ou une courbature ſimple qui eſt la même choſe. — *Courbature ſimple.*

Ce mal, quant aux cauſes intérieures, provient de la lymphe qui a été arrêtée & épaiſſie par défaut de tranſpiration ; cette humeur devenuë gluante & viſqueuſe ſe jette quelquefois ſur le poulmon, y cauſe des obſtructions qui oppreſſent la poitrine, & empêchent la reſpiration, la toux ſurvient par l'âcreté de l'humeur. Voyez le Chapitre de la Toux.

Comme il s'agit tant à la morfondure qu'à la courbature ſimple, lorſqu'il n'y a point d'inflammation, de faire deviſquer & de diſſiper cette lymphe épaiſſie, on n'aura beſoin alors que d'une ſeule ſaignée ; du reſte on traitera ce mal comme la gourme par de doux ſudorifiques & apéritifs, point de cordiaux, promener au Soleil ou faire reſpirer la fumée du Geniévre, des lavemens ramolitifs, du foye d'Antimoine ; enfin, tout ce qui eſt dit dans le Chapitre de la gourme ; s'il touſſe, lui donner de l'eau mielée.

BREUVAGE.

Geniévre.	1 litron.
Miel.	½ livre.
Vin. . . . . , . .	1 pinte.

Concaſſez le Geniévre, faites-le boüillir dans le Vin, y ajoutant le miel.

AUTRE.

De l'urine du Cheval toute chaude. . .	1 demi-ſeptier.
Vin.	1 pinte.

Mêlez le tout, & en donnez pendant trois ou quatre jours, cela le fera ſuer.

Tous les remedes ci-deſſus ne pourront ſervir qu'en cas que le Cheval n'ait point de fiévre ; mais ſi la fiévre, l'oppreſſion de poitrine & l'étranguillon ſe joignent à la maladie, il faut ſaigner comme à la fiévre, force lavements ramolitifs & purgatifs ; enfin traiter le Cheval de la fiévre & de l'étranguillon. Voyez les Chapitres qui traitent de ces deux maladies.

Quant à la courbature simple, quoique nous ayons parlé des remedes qui peuvent y être appliqués en parlant de ceux de la morfondure, en voicy encore qui feront un bon effet ; le meilleur de tous quand la fiévre n'y est pas jointe, est de laisser le Cheval au vert nuit & jour dans le temps des premieres herbes, cela le purgera ; on peut si on veut le purger avec du miel.

Les remedes qu'on donnera pour cette espece de courbature doivent être temperés, & plûtôt tirans sur le froid que sur le chaud, afin de temperer les humeurs qui causent cette maladie ; c'est pourquoi il faut force boissons rafraîchissantes, l'orge en vert est parfaitement bon, le foye d'antimoine dans du son mouillé ; il ne faut pas oublier les lavemens émolliens, comme nous avons dit.

CHAPITRE XXXVII.

De la Pousse.

L A Pousse est une oppression de poitrine qui empêche le Cheval de respirer ; on peut distinguer ce mal en deux especes bien différentes l'une de l'autre, car l'une peut se guérir, & l'autre est incurable ; nous appellerons la premiere Pousse flegmatique, & la seconde Pousse phtisique ou phtisie même.

Commençons par la Pousse phtisique, & disons-en les signes afin qu'on puisse la distinguer de l'autre qui peut se guérir ; cette Pousse se désigne comme l'autre par un redoublement du flanc, mais toujours accompagnée d'une toux séche & souvent réïterée, jointe à un écoulement considerable de flegmes par les nazeaux, il faut joindre à ces signes les causes qui les ont occasionnées ; car quand on voit qu'un Cheval devient poussif après qu'il aura fait de violens efforts dans des courses outrées, on peut augurer qu'il se sera rompu quelques vaisseaux dans la poitrine, ce qui aura causé épanchement de sang dans les poulmons : ce sang qui croupit devient du pus, & gâte le poulmon en l'ulcérant ; alors le Cheval maigrit par les mêmes raisons que nous avons apportées au Chapitre de la Morve, & meurt

Pousse phtisique.

étique

étique fans reffource, la feule différence de la morve à ce mal eft que celui-ci meurt à caufe d'un accident, & l'autre par une caufe intérieure, lefquelles toutes deux font le même effet; comme on ne peut donc guérir cette Pouffe, nous n'en parlerons plus, nous allons paffer à la Pouffe phlegmatique.

La Pouffe flegmatique fe reconnoît par le redoublement du flanc. Avant d'expliquer ce figne nous parlerons d'un autre dont on s'apperçoit, lorfque le Cheval n'a que le flanc alteré, & qu'il n'eft pas encore pouffif, mais qu'il y a de la difpofition. On reconnoît donc ce flanc alteré lorfqu'on voit que le Cheval fait la corde en refpirant, c'eft-à-dire, qu'il fe forme un vuide dans lequel on pourroit loger une corde tout le long des côtes. Paffons maintenant aux fignes du pouffif déclaré, & tâchons d'expliquer du mieux que nous pourrons ce qu'on entend par le redoublement de flanc dont je viens de parler.

Ce figne n'eft pas fort aifé à connoître quand il eft foible, & alors il faut un peu d'habitude pour le diftinguer, voici ce que c'eft. Examinez attentivement le flanc du Cheval pouffif, & vous le verrez achever la refpiration en deux temps, c'eft-à-dire qu'il paroît à fon flanc comme deux fecouffes jufqu'à ce qu'il ait fini fon expiration : les autres fignes font la dilatation des narines, quand il court ou qu'il monte : quand la Pouffe eft plus forte, le flanc bat jufqu'auprès de l'épine du dos & du plat de la cuiffe ; & fi le Cheval eft pouffif outré, fa refpiration fe communique jufqu'à la croupe, & la toux s'y joint. Nous avons expliqué en parlant du vomiffement Chapitre deuxiéme, pourquoi cette refpiration s'accomplit fur la croupe au lieu de faire mouvoir le ventre.

Nota. Que quelquefois un Cheval qui veut jetter, donnera des marques de Pouffe plufieurs jours auparavant.

La Pouffe flegmatique qui eft celle dont nous parlons, vient d'indigeftion habituelle, ce qui produit un fang cru, lequel paffant dans le poulmon, y dépofe beaucoup de flegmes, qui obftruent les vaiffeaux du poulmon, au moyen de tubercules ou petites élévations dures, qui, preffant l'extrêmité defdits vaiffeaux, y gênent la circulation du fang, ce qui occafionne le gonflement defdits vaiffeaux : ces vaiffeaux ainfi gonflés preffent & mettent à l'étroit les véficules du poulmon deftinées à recevoir l'air dans l'infpiration ; c'eft pourquoi l'air n'ayant pas une entrée auffi libre qu'à l'ordinaire, la refpiration devient

Pouffe flegmatique.

Hh

entre-coupée, la toux survient par la dilation des vaisseaux qui laissent échaper la sérosité dans les bronches du poulmon.

Cette espece de Pousse est occasionnée par un travail outré, par morfondure, ou par des alimens trop abondans ou trop nourrissans ; les grands mangeurs & les Chevaux qui ont le ventre avalé, aussi-bien que les vieux Chevaux qui ont la toux de temps à autre, sont sujets à devenir poussifs ; on voit rarement les jeunes Chevaux attaqués de ce mal.

Bien des gens croyent que la Pousse est héréditaire, mais une longue expérience m'a rendu certain du contraire.

Quelquefois une legere obstruction dans le poulmon causera la courte haleine ; il y a des Chevaux qui toussent, & même qui râlent pour peu qu'ils travaillent ; mais ceux-là ne font nullement poussifs, on les appelle souffleurs ; cette incommodité ne vient que de la conformation des nazeaux, & ne fait aucun tort à l'animal.

Il faut s'y prendre de bonne heure pour guérir cette maladie, c'est-à-dire, traiter un Cheval aussi-tôt qu'on le voit altéré du flanc, ou du moins quand il commence à être poussif : car si vous laissez envieillir la Pousse, vous aurez bien de la peine à en venir à bout.

Quoique ce mal semble venir d'une trop grande chaleur par les signes qu'il donne, cependant on voit par les causes que j'ai expliquées, que ce n'est que des humeurs visqueuses & non allumées qui l'occasionnent ; c'est pourquoi les remedes purement rafraîchissans nuisent à la Pousse, mais les temperés & même plus chauds que froids font ceux qui réüssiront ; ainsi rien n'est plus préjudiciable à un Cheval poussif que de le mettre au verd, cette nourriture est trop froide & trop flegmatique, quoiqu'elle semble le soulager ; par la seule raison, je croi, qu'elle lui lâche le ventre ; cependant quand on le retire du verd & qu'on le croit guéri, il redevient plus poussif qu'il ne l'étoit auparavant ; on voit par cette expérience que la purgation ne vaut rien aux Chevaux poussifs, quoiqu'elle puisse faire quelque effet aux Chevaux simplement alterés du flanc, en ajoûtant la rhubarbe ½ once à la purgation ordinaire.

On voit par tout ce que nous venons de dire, que les apéritifs & les fondans font les vrais remedes à ce mal. Vous ferez donc d'abord une saignée ; vous ôterez le foin au Cheval, & vous ne lui donnerez que de la paille & de l'orge trempé, ou bien une once de fleur de foufre dans l'avoine pendant un mois ou deux ; on peut lui donner les extraits amers pendant un mois, puis le foye d'antimoine, & enfuite l'acier ; le miel eft un excellent remede en en donnant 1 livre par jour pendant long-temps.

L'Hiftoire qui eft rapportée dans le Parfait Maréchal d'un Cheval pouffif abandonné qui fut fix femaines dans une grange à foin dont on ferma la porte fans fçavoir s'il y étoit, & qui ne but point pendant tout ce temps, peut autorifer que la boiffon eft préjudiciable au Cheval pouffif, puifqu'au bout de ce temps cet Auteur dit qu'il fut parfaitement guéri ; on pourroit inferer de là qu'il faudroit diminuer l'ordinaire de boiffon d'un cheval pouffif, d'autant plus qu'on remarque qu'après avoir bû, fon flanc paroît plus alteré qu'auparavant.

Plus on connoîtra que le poulmon eft fort échauffé, plus on choifira des remedes temperés.

Quand on veut guérir un Cheval pouffif qui a la toux en même-temps, il ne faut pas fonger à travailler à la toux, parce qu'elle fe guérira en même-temps que la Pouffe.

CHAPITRE XXXVIII.
De la Toux.

LA toux n'a qu'un figne qui eft très-aifé à diftinguer, c'eft la toux même, autrement un bruit fubit plus ou moins fort, occafionné par le picotement des humeurs dans la trachée arte-re, ainfi que nous allons l'expliquer. Une humeur âcre fe fépa-rant du fang dans les glandes de la trachée artere, irrite les nerfs qui s'y diftribuënt ; les efprits qui coulent dans les nerfs com-muniquent cette irritation au cerveau, lequel par une méchani-que néceffaire à la confervation de la vie, qui eft ce qu'on ap-pelle l'aide de la nature, dans l'inftant qu'il en eft averti, fait dé-tourner ces efprits, & les détermine en abondance à marcher & à fe réfléchir dans les orifices des nerfs qui font employés aux mufcles qui aident l'expiration, c'eft-à-dire, qui font refferrer la poitrine ; alors il fe fait dans ces mufcles un mouvement pré-cipité qui fert à chaffer par un effort fubit de refferrement, l'action de cette liqueur fur les nerfs de la trachée artére, ce qui ne fe peut faire que par le mouvement convulfif appellé toux.

On diftingue deux fortes de toux, fçavoir la toux féche & la toux graffe.

Souvent la toux féche n'eft pas feule, car elle fe joint com_
munément à la pouffe, à la morve ou phtifie, &c. la toux habituelle & féche vient donc d'une acrimonie de l'humeur qui
fe fépare dans la trachée artere & dans le poulmon ; elle fuppofe
un fang âcre & bilieux avec des obftructions dans le foye, &
une grande acrimonie de la bile, fouvent même il y a des tubercules dans le poulmon, c'eft pourquoi elle précede fouvent
l'altération du flanc & la pouffe.

Pour guérir cette toux, fuppofé que la pouffe n'y foit pas
jointe (car il faudroit guérir la pouffe, & la toux s'en iroit en
même-temps,) il faut beaucoup humecter le Cheval, & lui donner des remedes adouciffans ; il faudra en même-temps le garantir de l'humidité & du grand froid, ôter le foin, le mettre
pour toute nourriture à la paille feule & à l'orge crevé, au lieu
d'avoine ; lui faire boire des décoctions apéritives de bourroche
& de fcolopendre avec fon eau blanche.

L'autre toux que j'appellerai toux graffe & toux humide, eft
cette toux qui peut s'appeller la toux ordinaire fans aucun accident, & n'eft proprement qu'un morfondement, puifqu'elle ne
provient que d'une tranfpiration interrompuë par quelque accident, comme d'avoir fouffert un grand froid, ou pour avoir
bû de l'eau trop vive ou des eaux trop bourbeufes : cette tranfpiration interrompuë refluant dans le fang, le refroidit &
épaiffit les humeurs ; ainfi, comme cette toux vient par les
mêmes caufes de la morfondure, c'eft-à-dire de caufes froides,
il s'agit de fondre la vifcofité des humeurs, c'eft pourquoi tous
les remedes incififs & qui font revenir la tranfpiration, & par
conféquent les cordiaux, les réfolutifs & les fondans, font bons
dans cette occafion.

Cette toux ne conduit guéres à la pouffe, qu'au cas qu'elle
s'invétere.

Nota. Qu'il faut éviter le plus qu'on peut, de donner au Cheval qui a la toux, des remedes en poudre, parce qu'ils le feroient
touffer davantage, ce qui ne feroit que le fatiguer.

Le miel eft un excellent remede pour la toux, le chenevis
1 litron dans du vin, le foufre 2 onces dans du vin, poudres
cordiales 4 onces en breuvage.

Il y a une troifiéme forte de toux, mais qui n'eft qu'accidentelle, c'eft la toux qui furvient à un Cheval qui a avalé une
plume, laquelle fera reftée dans fa gorge ; cet accident fe gué-

rira en fourant un nerf de bœuf enduit de miel dans le fond du gozier pour faire couler la plume.

Lorſque la toux prend à un Cheval pour avoir marché en Eté dans des endroits où il a reſpiré pendant quelque temps la pouſſiere, c'eſt un accident qui ſe pourra aiſément guérir par de legers rafraîchiſſans comme du ſon & de l'eau blanche pendant quelques jours.

Si la fiévre ſe joignoit à la toux, il ne faudroit pas ſonger à la toux, & guérir le Cheval de la fiévre.

CHAPITRE XXXIX.

De la Fatigue & Fortraiture.

LE Cheval fatigué & fortrait eſt à peu près la même choſe, car les ſignes en ſont preſque pareils, attendu qu'ils deviennent tous deux étroits de boyau & triſtes; le Cheval fatigué a ce qu'on appelle la corde, cette corde eſt un vuide qui ſe forme le long des côtes, ou plûtôt un canal qui ſe forme lorſqu'il reſpire, dans lequel on pourroit loger une corde; il a le poil hériſſé & mal teint, la fiente eſt ſéche & noire, & quelquefois on y trouve des vers, la nourriture quelqu'abondante qu'il la prenne, elle ne lui profite point, les grandes fatigues jointes aux mauvaiſes nourritures ſont les cauſes de ce mal.

On dit que le Cheval eſt fortrait lorſqu'outre les ſignes précédents, cet endroit qu'on appelle la corde au Cheval fatigué, & que les Maréchaux appellent improprement les nerfs de deſſous le ventre, eſt retiré, dur, ſec & douloureux. *Fortraiture.*

Cette fortraiture provient des mêmes cauſes déduites ci-deſſus, elle peut encore être la ſuite ou un reſte de courbature, comme auſſi de trop grandes chaleurs dans le corps.

Comme à ces deux maux, à cauſe des raiſons ſuſdites, le ſang & la bile ſont fort échauffés, âcres, ſecs & épais, la bile eſt obligée de ſéjourner dans les vaiſſeaux, & doit y entretenir une agitation ſourde qui differe peu de la fiévre lente. Il faut pour guérir ces eſpeces de laſſitudes & d'épuiſemens, commencer par ſaigner une fois; c'eſt un bien que le Cheval ſoit dégoûté, car il faut lui faire faire diette, dégoûté ou non, c'eſt-à-dire lui ôter le foin, ne lui donner que de la paille & de l'orge mondé ou du ſeigle échaudé ou de l'orge écraſé au moulin: il faudra lui donner de fréquents lavements émolliens & purgatifs, & pour boisson le policreste ou le miel délayé dans son eau.

Il faut lui faire faire un exercice moderé, & à mesure qu'on verra que le Cheval se remet de ses fatigues, il faudra lui redonner petit à petit de la nourriture, & le remettre de cette façon à manger comme à son ordinaire.

Vous connoîtrez que le Cheval est en terme d'amendement, lorsqu'il boit & mange avec appetit, & qu'il ne se vuide point trop, car de se trop vuider & mol signifie obstruction: alors vous pourrez, à cause qu'il n'y aura plus d'agitation dans le sang, lui donner le foye d'antimoine ou le soufre doré d'antimoine pour lever le reste des obstructions qui pourroient s'y trouver.

Plus le Cheval sera délicat, plus il aura de peine à se remettre.

Quand le Cheval est fortrait, il ne s'agit point pour le guérir de frotter les nerfs du ventre; c'est-à-dire, cet endroit dur & retiré qui coule le long des côtes, car ce n'est pas la cause de son mal, mais en guérissant l'intérieur, ils se relâcheront d'eux-mêmes.

CHAPITRE XL.

Du Dévoyement & du Flux dissenterique.

LE dévoyement est un écoulement fréquent & liquide des gros excrémens du Cheval. On peut distinguer le dévoyement en trois especes; sçavoir le dévoyement pituiteux, le dévoyement bilieux, & le flux dissenterique.

Les signes généraux de toute espece de dévoyement, sont que le Cheval se vuide beaucoup plus souvent qu'à l'ordinaire, & que les matiéres qu'il rend, n'ont plus la même consistence qu'elles doivent avoir naturellement; à l'égard de ceux qui accompagnent chacune des especes mentionnées ci-dessus, nous les expliquerons en détaillant les differens dévoyemens, dont nous allons parler.

Dévoyement de crudités.

Commençons par le dévoyement pituiteux, ou de crudités: dans cette espece, la matiére est blanche, ou comme de l'eau; & quand la foiblesse d'estomac est fort grande, les alimens sortent tous entiers, sans aucune marque de digestion.

Ce dévoyement, est la suite de mauvaises digestions, qui

ont engendré dans l'eſtomac, des humeurs cruës, leſquelles fermentant outre meſure avec les alimens, les délayent & les entraînent ſans leur laiſſer le tems de ſervir à leur deſtination ordinaire, qui eſt de contribuer à la nourriture du corps de l'animal ; les mauvaiſes nourritures ou de trop manger ſans faire d'exercice, peuvent occaſionner cette eſpece de dévoyement.

Le dévoyement pituiteux, eſt moins dangereux que les autres & plus aiſé à guérir.

Nota. Qu'un flux de ventre court, eſt ſouvent une criſe favorable, parceque dans cette occaſion l'eſtomac ſe débarraſſe par un effort de la matiére, qui peut lui être nuiſible en la chaſſant par en bas.

Il faut traiter ce dévoyement par une diéte ſevére, les lavemens ſont aſſez inutiles dans cette occaſion, il ne s'agit ici que de pouſſer par tranſpiration, & de fortifier l'eſtomac : pour cet effet, donnez au Cheval de l'eau blanche ferrée ; ôtez-lui le foin & la paille, mettez-le au ſon pendant vingt-quatre heures, & enſuite de l'orge moulu ; faites-lui avaller pendant trois jours, deux fois par jour le breuvage ſuivant.

Thériaque, ...	1 once ½.
Saffran de Mars apéritif, . . .	2 gros.
Vin, ...	1 pinte

Mêlez le tout enſemble, & le donnez au Cheval.

O U

Muſcades, . . .	10 petites ou 8 groſſes.
Vin rouge, ...	1 pinte.

Vous brûlerez les muſcades à la chandelle, vous les jetterez enſuite dans le vin rouge, & les donnerez au Cheval.

Le dévoyement bilieux donne des ſignes differens du premier ; car à celui-ci, outre que le Cheval perd l'apetit, quelquefois, quand la matiére eſt tombée à terre, on la voit bouillonner : ce mal peut provenir de ce que le Cheval ſera trop gras, d'avoir trop fatigué, ou d'avoir bû trop froid : tous ces excès auront épaiſſi la bile, qui ne pouvant paſſer dans le foye, regorgera dans les inteſtins, & y fermentant, y diſſoudra les alimens ; cette bile enflammée, eſt-ce qu'on voit boüillonner dans la matiére, quand elle eſt à terre ; ce dévoyement eſt plus

Dévoyement bilieux.

dangereux que le précédent, puifqu'il peut conduire en peu de tems au flux diffenterique, qui eft le plus à craindre des trois efpeces de dévoyemens. L'effet du dévoyement bilieux, eft quelquefois fi prompt, que fi le Cheval l'a très-violent pendant vingt-quatre heures, il eft en danger d'une inflammation d'entrailles, qui pourroit lui caufer la mort : il eft donc néceffaire d'y mettre un prompt remede, en ôtant d'abord le foin & l'avoine, & nourriffant le Cheval avec paille, fon & orge mondé, & lui donnant pour boiffon de l'eau blanche ferrée, avec deux gros de nitre purifié par fceau d'eau, les lavemens adouciffans ne doivent pas être négligés dans cette occafion.

Dévoyement diffenterique. Le flux diffenterique, qui eft la troifiéme efpece de dévoyement, n'eft qu'un degré plus fort du dévoyement bilieux, puifqu'il provient de ce que la bile ne coule pas dans le foye, regorge dans les inteftins, & eft d'une qualité plus inflammable, de façon que par fon âcreté, elle irrite le tiffu des boyaux & l'écorche, c'eft ce qui fait que la raclure de boyau paroît, c'eft-à-dire, qu'on voit la matiére rouge & enfanglantée; c'eft alors qu'il eft à craindre qu'il ne fe faffe des ulcéres dans les boyaux, que la fiévre ne s'allume & ne caufe une mort prompte à l'animal ; ce mal eft très-preffant, c'eft pourquoi il ne faut pas temporifer, mais fonger à raffraîchir au plutôt les entrailles.

Pour cet effet, il faut faigner une ou deux fois, mettre le Cheval au regime expliqué dans le dévoyement bilieux, & donner des lavemens adouciffans en quantité.

LAVEMENT.

Opium,	6 grains.
Sucre rofat,	4 onces.
Lait,	

O U

Opium,	6 grains.
Ypecacuanha,	2 gros.
Boüillon blanc,	1 poignée.
Extrait de Gentiane,	1 gros.

Faites une décoction avec le bouillon blanc, mêlez dedans le refte des drogues, & compofez-en un lavement.

Quand

Quand on laiſſe invéterer un dévoyement, quelquefois le Cheval en devient fourbu.

CHAPITRE XLI.

De la Superpurgation.

LA purgation étant un remede à éviter le plus qu'on peut par rapport aux Chevaux, comme nous l'avons expliqué dans le Chapitre II. de ce Traité, la Superpurgation eſt un accident fort à craindre.

On appelle Superpurgation, l'effet que fait dans le corps un médicamént purgatif, donné en trop grande quantité : cet effer eſt de purger l'animal plus que de raiſon, ce qui cauſe des irritations conſidérables dans les inteſtins, & peut y mettre l'inflammation très promptement ; c'eſt pour ainſi dire un flux diſſenterique accidentel, qui pourroit cauſer la fiévre & emporter le Cheval ; il s'agit donc d'arrêter inceſſamment le trop grand effet de la purgation, en adouciſſant les entrailles, c'eſt pourquoi il faut commencer par une ſaignée, pour empêcher l'inflammation, puis lui faire avaller d'abord quatre grains d'opium ; ſi ces quatre grains, ne font pas aſſez d'effet, il faudra en donner une ſeconde priſe, en augmentant la doſe, d'un ou de deux grains ; il ne faudra pas manquer en même tems, de donner force lavemens adouciſſans, en y ajoutant l'opium.

CHAPITRE XLII.

Du Flux d'urine immoderé.

LE Flux d'urine eſt une maladie qu'on connoîtra, en voyant rendre au Cheval une grande quantité d'urine claire comme de l'eau ; ce qui n'eſt pas ſurprenant, car ce mal ſuppoſant une ſoif extraordinaire, fait uriner bien plus que de coutume, & cette urine paroît cruë, parcequ'elle n'a pas eu le tems de ſéjourner, & qu'elle coule rapidement ; ſi le Cheval n'urinoit pas beaucoup dans cette ſituation, il feroit bien malade ; ce mal ne ſuppoſe aucun vice, ni aucune inflammation dans les reins, ce qui occasionneroit plutôt la suppression que le flux ; mais cette incommodité provient d'une saumure bilieuse dans la masse du sang, suivie d'un boüillonnement, qui excite la soif ; la masse du sang ne tombe dans cet état, que par une suppression de transpiration, & un refroidissement, qui retenant la matiére de la transpiration dans les vaisseaux, l'unit avec la salive. Les pluyes froides du commencement de l'Hyver, l'avoine marinée, avoir fait travailler un jeune Cheval trop tôt, ou trop outrément, peuvent donner le flux d'urine.

Pour guérir cette incommodité, il faut faire une saignée, mettre le Cheval au son & au miel, le faire boire chaud, le nourrir avec la paille seule, lui donnant très-peu de foin : les herbes rafraîchissantes en nourriture, comme la chicorée, les melons, &c. sont propres à ce mal ; il est encore bon de lui donner des extraits amers pendant quelques jours, puis le foye d'antimoine & la décoction de salsepareille.

CHAPITRE XLIII.
De la Constipation.

CEtte maladie n'en est souvent pas une par elle-même ; mais elle est l'avant-coureur, ou la suite de quelque autre, dans laquelle le Cheval aura le sang échauffé, & dont la bile par conséquent ne coulera pas assez dans les intestins, à cause de sa consistence, comme dans la fatigue & fortraiture, dans la pousse phtysique & dans quelques-uns des autres maux ci-devant déclarés.

Si le Cheval est constipé, sans avoir d'ailleurs aucun signe de quelques autres maladies jointes à cet accident, c'est-à-dire, qu'il paroisse se porter assez bien du reste, il faudra toujours le traiter pour prévenir un plus grand mal, sur le pied d'une bile engagée dans le foye ; c'est pourquoi on pourra le saigner, ne lui donner que de la paille, du son, & de l'eau blanche, ou autre boisson rafraîchissante, comme aussi des lavemens ; le miel dans le son est bon dans cette occasion.

CHAPITRE XLIV.

De la Faim canine.

CEtte maladie eſt rare, à l'égard des Chevaux ; mais comme elle ſe peut trouver, il eſt bon de l'expliquer, & d'en donner les remedes, en cas qu'elle arrive.

La faim canine ſe marque par une faim outrée, de laquelle il s'enſuit, que plus l'animal mange, moins il ſe raſſaſie, cependant il maigrit de jour en jour, & finit par mourir étique. Cette incommodité provient d'un ferment âcre dans l'eſtomac, cauſé par de mauvaiſes digeſtions : ce ferment étant très-actif, picote les membranes de l'eſtomac ; ce qui cauſe l'appetit deſordonné ; mais les nouveaux alimens étant digerés & briſés par cette humeur, compoſent un chile aigre, qui par conſéquent aigrit le ſang de plus en plus, en ôte le baume & les particules nourriſſantes ; ainſi l'animal ne ſçauroit manquer de maigrir extrêmement.

Il s'agit de ruiner cette liqueur aigre ; ce qui ne peut ſe faire que par des amers ; il faudra donc donner pour ce mal, les extraits amers, quantité d'acier, & faire uſage du vin.

CHAPITRE XLV.

De l'Epilepſie, ou mal Caduc, & de la Faim-vale.

LE mal caduc, eſt une convulſion & pamoiſon non continuée de tout le corps, qui fait que le Cheval ſe laiſſe tomber tout-à-coup, avec des mouvemens convulſifs, tremblant, friſſonnant & écumant par la bouche ; mais lorſqu'il ſemble mort, il ſe releve, & recommence à manger.

Ce mal vient, à l'occaſion d'une grande palpitation du cœur, & d'un grand épaiſſiſſement du ſang, qui l'empêche de traverſer les vaiſſeaux du poulmon, & le retient dans les veines jugulaires, qui ſont deſtinées à rapporter le ſang du cerveau ; ces veines demeurent engorgées : c'eſt toujours par les mauvaiſes digeſtions que ce mal arrive.

La guériſon du mal tout-à-fait déclaré, eſt très-difficile radicalement ; le gui de chaîne, de poirier, de pommier, d'épine, &c. paſſe pour un ſpecifique à cette maladie ; mais il faut indépendamment de ce remede, ſi on veut le faire, nourrir le Cheval avec de bonnes nourritures, comme bon foin, bonne avoine, mais avoir grande attention qu'il ne mange pas juſqu'à ſe raſſaſier, c'eſt-à-dire, lui retrancher une partie de ſon ordinaire.

Quand vous voyez qu'un Cheval a quelque diſpoſition à tomber du mal caduc, il lui faut faire prendre par précaution des extraits amers avec de l'âcier des années entiéres.

La Faim-vale.

La faim-vale a quelque rapport à l'épilepſie ; car c'en eſt une eſpece compliquée avec une faim deſordonnée : ce mal prend au Cheval ordinairement trois ou quatre heures après qu'il a mangé ; s'il eſt en chemin, il demeurera tout à coup immobile, de façon qu'il eſt inſenſible aux coups qu'on lui donnera dans ce tems, & ne repartira pas qu'il n'ait mangé ; il faut donc abſolument le laiſſer manger ce qu'il trouvera ſur le lieu même, après-quoi il remarchera comme à l'ordinaire : ces ſortes de Chevaux mangent trois fois plus que les autres ; & malgré cela, ils maigriſſent de plus en plus, & il eſt impoſſible de les engraiſſer ; il n'y a point d'autres ſignes à ce mal, que le moment de l'accès, la faim & la maigreur ; il a les mêmes cauſes que l'épilepſie, c'eſt-à-dire, une circulation interrompuë dans la tête, provenant d'une palpitation de cœur, à la ſuite de mauvaiſes digeſtions, qui ont excité en même tems cette avidité de manger, parceque l'eſtomac s'eſt rempli d'une liqueur âcre, qui ſe reperpetuë par les nouvelles digeſtions ; c'eſt pourquoi il faut à ce mal compliqué des remedes apéritifs, & délayans, quantité d'acier, le foye d'antimoine y eſt bon.

CHAPITRE XLVI.

De la Létargie.

ON appelle ce mal, létargie, parceque le Cheval qui en eſt attaqué, eſt dans un ſommeil preſque continuel ; il dort tout de bout, a les yeux chargés, perd abſolument la mémoire, & eſt dans une ſi grande indifference, qu'il ne ſonge pas à fermer ſa bouche, quand il l'a ouverte, ni même à boire & à manger, quelquefois la fiévre peut s'y joindre.

Ce mal vient de nourritures mauvaises, ou trop abondantes, qui auront rendu le sang très-flegmatique & fort lent.

S'il n'y a point de fiévre, il faudra faire suer beaucoup le Cheval, en le bien couvrant, ou par le moyen de fumigations, & lui faire prendre pendant long-tems la décoction de deux onces de salsepareille dans son eau, lui donner l'antimoine, & lui faire faire un long usage de l'acier; s'il y a fiévre, le saigner & le traiter comme à la fiévre.

CHAPITRE XLVII.

DES MALADIES DE LA PEAU.

Des Dartres en général.

Comme presque toutes les maladies qui paroissent sur la peau des Chevaux, & qui viennent de causes intérieures, peuvent être rangées sous le nom en général de dartres, il est à propos avant de les détailler, d'expliquer ce que c'est que les dartres, & combien on en reconnoît d'especes, après quoi, nous parlerons de toutes les maladies qui y ont rapport.

On reconnoît de trois sortes de dartres, dartres farineuses, dartres coulantes, & dartres à grosses croûtes, ou galles : toutes ces dartres dépendent du vice, plus ou moins fort, de la bile.

La dartre farineuse suppose une humeur bilieuse, ténuë, c'est-à-dire, de legere consistence, laquelle se répandant entre la cuticule, c'est-à-dire, la premiere peau, & la vraye peau, desseiche cette cuticule, la brûle & la fait tomber en farine. *Dartre farineuse.*

La dartre coulante ou vive, est une humeur bilieuse, un peu plus corrosive, qui use la premiere peau, & met la vraye peau à découvert. *Dartre vive.*

La dartre à grosses croûtes, suppose une matiére bilieuse, plus grossiere & épaisse, qui ronge le tissu de la peau, & y produit de petits ulcéres, dont la matiére est fort épaisse, & qui s'endurcissent aisément, & se reduisent en croûtes. *Dartre à grosses croûtes.*

Toutes les especes de dartres, dont nous venons de parler, ne sont occasionnées que par le séjour de la bile dans les vaisseaux; & suivant que cette bile est plus ou moins âcre & épaisfe, elle produit fur la peau les differens accidens, dont nous venons de parler.

Pour expliquer plus clairement les origines des maladies de la peau, & la façon dont elles fe forment ; il faut fçavoir, que la bile coule avec le fang, dans le tems qu'il paffe dans le foye ; c'eft là où elle doit s'en feparer par les regles de la nature, enfilant pour cet effet certains canaux ou filtres, dans lefquels il n'y a que cette humeur qui puiffe paffer. Imaginez-vous un tamis qu'on aura commencé par imbiber d'huile, fi on vouloit enfuite faire paffer de l'eau au travers, il feroit impoffible ; mais fi vous jettez de nouvelle huile deffus, elle y paffera fans difficulté ; le fang eft donc cette eau qui coule, fans pénétrer les pores du foye, que nous comparons au tamis, & la bile qui coule avec le fang, venant à rencontrer l'orifice de ces tuyaux, s'y précipite fans difficulté, lorfqu'elle a fa fluidité ordinaire ; delà elle eft deftinée à être conduite dans les boyaux, pour les graiffer & faciliter le paffage des excrémens : lors donc que cette bile devient trop épaiffe auffi-bien que le fang par quelques caufes qui leur aura diminué leur fluidité ; alors la bile fera entraînée par le fang dans fa circulation ; & comme cette humeur eft chaude & fermentative, elle fera boüillonner le fang, qui cherchant à s'en débarraffer, la pouffera contre la peau qu'elle affectera felon fa malignité premiere, & formera les dartres, boutons, gales, &c. qui font les diagnoftics des maladies, dont nous allons parler.

CHAPITRE XLVIII.

Des Démangeaifons.

LE Cheval eft fujet à avoir des démangeaifons à differentes parties du corps, comme à la tête, au col, aux cuiffes, aux jambes, & même à la queuë, quelquefois à tout le corps en entier ; on reconnoît ce mal, en ce que les Chevaux fe gratent perpétuellement ; l'endroit graté fe dénue de poil, & on voit à la place une farine blanche, qui couvre la partie : ils vont quelquefois jufqu'à s'écorcher : plus la démangeaifon eft vive, plus le Cheval fe tourmente & s'échauffe ; ce qui irrite fon mal à tel point, que quelquefois la toux s'y joint, & quelquefois la fiévre.

Les caufes extérieures de ce mal, font, ou un travail trop violent, ou une nourriture trop chaude, ou d'être trop gras, ou enfin d'un tempérament trop ardent & bilieux.

Quant aux caufes intérieures, toute efpece de démangeaifon, n'eft autre chofe qu'une humeur dartreufe, qui pour les raifons dites au Chapitre précedent, fe fait fentir à differentes parties du corps.

La dartre qui occupe le col, la tête, & les cuiffes, eft ordinairement plus enracinée & plus difficile à guérir que la fuivante.

Les vieux Chevaux, font plus fujets que les jeunes, à avoir une humeur dartreufe avec démangeaifon aux jambes, qui les fait grater jufqu'à emporter le poil.

Il paroît quelquefois une dartre vive avec écorchure & démangeaifon au plis de la feffe, à la naiffance de la cuiffe & à d'autres endroits.

La queuë eft auffi fujette à être attaquée de dartres, avec démangeaifon fi forte, que le poil de la queuë en tombe : il croît auffi au petit bout du troncon de la queuë, de faux crins, qui fe recoquillent, fe retrouffent, & caufent des démangeaifons au Cheval ; à l'égard de cette derniere démangeaifon, il n'y a autre chofe à faire que de chercher ces faux crins, & de les arracher pour faire ceffer la démangeaifon.

A tous ces maux, felon leurs plus ou moins grandes conféquences, leurs caufes n'étant pas fi graves que celles des groffes dartres encroûtées, dont nous parlerons ci-après, & la bile étant plus fubtile & n'étant pas fi épaiffie, il faut fonger à délayer le fang pour le rendre plus fluide ; pour cet effet, on commencera par la faignée, en la réïterant felon la conféquence du mal ; enfuite il faudra traiter l'intérieur par des apéritifs délayans, temperés, rafraichiffans, donnant de l'acier & du foye d'antimoine pendant du tems, de l'affa-fœtida, de l'afarum &c. à l'égard de l'extérieur, les bains y feront bons ; fi c'eft en Efté, on laiffera le Cheval pendant une heure à l'abreuvoir : on le frottera tous les jours avec de l'eau de vie, & l'onguent fuivant :

Fleurs de fouffre & huile de noix de chacun,   1. livre.

Pulpe de la racine de patience fauvage, . . . 3. livres.

Broyez le fouffre avec l'huile de noix, mêlez la patience fauvage ; & l'onguent fera fait.

Mettez le Cheval à l'eau blanche & au fon, ou à la paille moulüe, ou à la farine d'orge.

CHAPITRE XLIX.

De la Galle.

IL eft inutile de repéter ici, ce que nous avons dit au Chapitre des Dartres en général, par rapport à leurs caufes ; j'y renvoye le Lecteur, je dirai feulement ici qu'on diftingue de deux fortes de galles, galle farineufe, & galle ulcerée ; la galle farineufe, n'eft autre chofe que des dartres farineufes ; & la galle ulcerée, des dartres encroûtées : la première fe dénote par une farine ou craffe avec demangeaifon, qui fait perdre tout le poil des endroits, fur lefquels elle fe jette : la galle ulcerée fe manifefte au dehors par des éleveures & des croûtes, qui dégénerent en de petites playes ; celle-ci s'attache plus fort dans le crin & à la queüe, qu'aux autres endroits ; c'eft dans ces parties qu'on a plus de peine à la déraciner, à caufe que le cuir y eft plus épais qu'ailleurs.

A l'égard de la galle farineufe, elle vient quelquefois par tout le corps en même tems ; mais plus fouvent, elle s'accroît peu à peu, paroiffant tantôt dans un endroit, tantôt dans un autre ; elle vient au Cheval, qui aura fouffert pendant quelque tems la faim & la foif : les Chevaux entiers y font plus fujets que les autres.

Toute galle épaiffit le cuir ; c'eft pourquoi vous connoîtrez qu'un Cheval fera en état de guérifon, & que l'humeur de la galle commencera à diminuer, lorfque le cuir fe trouvera plus délié qu'auparavant aux endroits atteints de ce mal.

Cette maladie, fe communique par la fréquentation des Chevaux & par les étrilles & uftenciles, qui ont fervi au Cheval galleux ; c'eft pourquoi, il faut le feparer des autres Chevaux, & lui donner des uftenciles à part.

Ce mal, eft beaucoup plus difficile à déraciner en hyver, & dans les tems froids, qu'en toute autre faifon.

Les deux efpeces de galle ci-deffus, fe guériront par les mêmes remedes, en les continuant plus ou moins long-tems, felon que la maladie leur refiftera ou leur cedera.

Il faut commencer par deux faignées, & enfuite travailler

à détruire la cause intérieure par les mêmes remedes indiqués dans le Chapitre des Démangeaisons, c'est-à-dire, par des apéritifs délayans, temperés, rafraichissans, bains ou frictions : on pourra se servir encore du procedé indiqué du Chapitre du Farcin ; le tout suivant que le mal est grave ou envieilli.

A l'égard des remedes extérieurs, le suivant est excellent, non-seulement pour une galle ordinaire, mais encore pour celle qu'on appelle rouvieux, qui est une galle universelle & maligne, & pour toutes sortes de démangeaisons de cette espece.

Onguent pour la Galle & Demangeaison.

Soufre bien pilé.	½ livre.
Beurre frais & vieux, oingt de chacun .	2 livres.
Ardoise bien pilée.	2 poignées.

Faites fondre le vieux oingt & le beurre ensemble, & quand la liqueur montera, prête à sortir du chaudron, joignez-y le soufre, & remuez bien le tout ensemble en laissant boüillir la liqueur ; jettez ensuite l'ardoise pilée, puis retirez du feu pour frotter le Cheval de cet onguent tout chaud ; on aura une personne qui remuëra toûjours ladite composition, pendant qu'une autre frottera promptement le Cheval.

Si le Cheval est grand, il faut augmenter d'un tiers la dose de tous les ingrédiens, afin qu'il soit frotté par tout (si la galle est universelle) & même dans les crins, qui est le principal.

C'est encore un bon remede que de donner le vert au Cheval galleux.

On pourra le purger aussi avec aloës & miel.

CHAPITRE L.

Du Farcin.

LE Farcin n'est autre chose que des dartres encroutées, & la plus considérable des maladies de la peau : sa cause est la même que celle des dartres dont nous avons parlé ci-devant, mais comme il s'en trouve de différentes especes, c'est-à-dire dont les boutons ont un aspect différent, ce qui ne dépend que de la malignité plus ou moins grande, ou de la qualité de la bile qui cause ces ravages à la peau, c'est ce qui a fait que les Maréchaux ont distingué jusqu'à cinq sortes de farcins, sçavoir le

K k

farcin de la tête ; le farcin volant qui pousse des boutons de côté & d'autre par tout le corps : deux sortes de farcins intérieurs dont l'un se dénote par des boutons entre cuir & chair, l'autre s'attache au-dedans du cuir sans être fixé contre la chair : le farcin cordé qui paroît par de grosses duretés en forme de cordes le long des grosses veines des jambes & du ventre, dont les boutons jettent du pus, & forment des ulceres, ayant leurs bords rouges, jaunes, blancs ou noirs : farcin, cul de poule, qui forme de gros boutons, lesquels dégenerent en ulceres sans matiere, mais leurs bords sont teints d'un sang noirâtre, presque toûjours calleux & sordides ; celui-ci est le plus dangereux de tous. Les définitions du nom des farcins n'ont pas manqué à d'autres Maréchaux, car il y en a qui ont trouvé des farcins bifurques, taupins, &c. cependant je croi, qu'on peut ne distinguer cette maladie qu'en deux especes ; sçavoir, le farcin guérissable, & le farcin incurable.

Comme toutes les différences dont nous venons de parler marquent seulement les différentes dispositions de la bile, & que c'est la bile qui est la cause de toute espece de farcin ; il ne s'agit que de tâcher de connoître aux marques extérieures, le degré de malignité de cette humeur.

On a remarqué que le farcin de la tête & des épaules, est le plus aisé à guérir : le farcin volant, & le second farcin intérieur qui vient presque toûjours au-devant du poitrail, n'est pas encore d'une difficile guérison ; le premier farcin intérieur est très dangereux, si on n'y remédie promptement ; le farcin cordé est mauvais quand les cordes sont immobiles & attachées, sinon il est assez aisé à guérir, & même c'est une marque de mieux à ce mal quand les cordes précédemment attachées se détachent & deviennent mouvantes : si le Cheval farcineux vient à se glander, ou qu'il jette par le nés une matiere teinte de sang, de même s'il pousse du farcin au Cheval qui jette la gourme, ou qu'avec le farcin de la tête il se joigne un bouton sous la ganache qui devienne fort gros & rempli d'une matiere flegmatique, ou qu'on laisse invéterer le farcin, tout cela marque le poulmon ou le foye ulcéré comme à la morve ; aussi dit-on que le farcin est le cousin germain de la morve, pour-lors il est incurable.

Je ne vois point que cette maladie ait aucun rapport à la maladie Neapolitaine ; cependant j'ai entendu dire à plusieurs personnes que la morve & le farcin y avoient beaucoup de rapport, apparemment qu'ils regardent ces maux sous d'autres principes.

Les farcins les plus difficiles à guérir font ceux qui ont les marques suivantes ; sçavoir, celui qui commence au bas du train de derriere, & qui va en remontant vers le corps ; celui où il paroît quand les boutons font crevés, au lieu de matiere, une chair d'un brun rouge qui surmonte & forme des champignons ; celui où il se trouve des cordes dans le foureau, & qui fait enfler les cuisses.

Toutes ces déductions montrent qu'au farcin guérissable il y a plusieurs degrés de malignité, & que ce qui rend le farcin incurable, c'est lorsque la matiere étant trop abondante, la bile s'est engorgée dans le poulmon ou dans le foye, & y a formé des boutons, comme elle en forme à l'extérieur sur la peau. Ce qui rend donc le farcin en général plus mauvais que la galle, c'est que cette bile gluante qui est retenuë dans les vaisseaux du sang, comme nous avons dit en parlant des dartres, venant à s'allier avec la matiere de la transpiration & de la sueur, & la rendant trop épaisse, en engorge les couloirs, ce qui forme des tumeurs, dont la matiere arrêtée se mettant en mouvement, produit une mauvaise suppuration plus caustique que n'est celle de la galle ; tout ce dérangement a eû sa premiere cause d'une trop grande dissipation d'esprits, & de l'épaississement du sang par un travail trop violent, surtout dans les chaleurs de l'Eté, ou par trop de repos, ou bien par une nourriture trop abondante ou trop chaude ; les Chevaux des pays de bled qui ne mangent que du froment au lieu d'avoine, ont presque tous le farcin.

Le farcin se communique & se gagne comme la galle ; les Chevaux qui font plus difficiles à traiter font ceux qui font délicats au manger, parce que les remedes les dégoûtent, & leur font perdre quelquefois absolument l'appétit : hors ce cas, un Cheval qui a le farcin est communément assés gay, boit & mange à l'ordinaire.

Quand le premier bouton qui a paru est guéri, quoique le Cheval en ait ailleurs, il est ordinairement en voie de guérison ; ce n'est pas cependant une regle toûjours sûre ; une des meilleures marques de guérison est quand les cordes se détachent du corps, c'est-à-dire, qu'elles deviennent mouvantes ; c'est pourquoi celles qui d'elles-mêmes ne font pas attachées, ne font pas difficiles à guérir.

Quelquefois quoique le farcin foit guéri, s'il a paru aux cuiffes, les jambes resteront enflées après la guérifon. Nous dirons à la fin de ce Chapitre ce qu'il faudra faire pour les defenfler.

Il eft bon de faire faire un exercice modéré au Cheval farcineux, cet exercice lui fera du bien ; mais il faut fe donner de garde de le mettre à l'herbe, car cette nourriture augmentera fûrement fon mal au lieu de le diminuer.

Les remedes qu'on doit faire au farcin font de deux fortes ; remedes intérieurs qui aillent chercher la caufe du farcin, & remedes extérieurs pour guérir les boutons & ulceres qui en proviennent : ces derniers remedes ne doivent fervir qu'à cet ufage, & feroient même totalement inutils, fi on ne fongeoit en même-tems à rendre la bile coulante & fluide, ce qui ne fauroit arriver par des topiques & amulettes tels que des remedes dans les oreilles, des fachets pendus au crin & à la quenë, les racines mifes fur le front ou autres inventions dont plufieurs Maréchaux amufent le Public. Il s'agit donc de commencer par deux, trois ou quatre faignées ménagées fuivant l'importance du farcin ; mettre le Cheval au fon, lui ôter le foin, lui donner des lavemens émolliens ; on lui donnera de fix jours en fix jours un breuvage avec aloës 1 once, & miel ½ livre ; lui faire prendre les extraits amers avec l'acier pendant un mois, puis finir par l'antimoine.

Le farcin qui vient de travail & de fatigue, rendant le Cheval plus échauffé que toute autre efpece, doit être traité par une fimple faignée, à caufe de la diffipation précédente des efprits ; on peut le nourrir un peu plus, & même l'herbe fera bonne à ces fortes de Chevaux, ou bien on les humectera beaucoup avec force lavemens & boiffons rafraîchiffantes, avec orge mondé, &c.

Quand le farcin réfifte aux remedes, il faut faire prendre tous les matins pendant quelques jours, deux ou trois gros de cinabre dans du vin.

Breuvage pour le Farcin.

Racine d'Azarum ou Cabaret. . . . . . . 3 onces.
Vin blanc. . . . . 1 pinte.

POUDRE.

Noix vomique. . . . . . : N°. 36.

Faites-en trois parts égales de douze chacune ; rapez-en douze, ou les concaffez en pétits morcéaux, mêlez cette poudre grof-fiere avec de l'avoine que vous moüillerez, & que vous don-nerez à manger au Cheval, ce que vous ferez de deux jours l'un ; jufqu'à ce qu'il ait mangé les trente-fix noix vomiques.

A l'égard des boutons, on pourroit laver tout le corps avec la décoction d'énula-campana & de patience fauvage ; mais le plus expédient eft de mettre le feu aux boutons dès le commen-cement ; & s'il vient de mauvaifes chairs, prenez du fublimé corrofif, faites-en des trochifques fecs avec la diffolution de la gomme arabique ou de cerizier , &c. & appliquez deffus ; quand ces mauvaifes chairs feront ôtées, penfez avec égiptiac, ou eau de vitriol, ou eau de couperofe.

Quand les jambes reftent enflées ou groffes, quoique le far-cin foit guéri, il faudra intérieurement fe fervir du foye d'An-timoine avec les bois & racines fudorifiques de gayac, efquine, faffafras, falfepareille, buis, &c. en infufion dans le vin ou en poudre avec l'avoine, & continuez plus long tems l'ufage des extraits amers & de l'acier extérieurement ; vous laverez les jam-bes avec des réfolutifs, comme le vin chaud, la décoction de l'écorce de fureau ou d'hieble , &c.

Pour les jambes en-flées.

CHAPITRE LI.

Des Ebulitions de Sang.

IL y a de trois efpeces d'ébulitions de fang, l'une fe démon-tre par de petites tumeurs qui viennent de tous côtés, & cela très-promptement ; par exemple, en une nuit : ces tumeurs ne font point adhérentes au corps ayant leurs racines à la fuper-ficie de la peau ; cette efpece peut être appellée un éréfipelle bi-lieux plat ; l'autre efpece fe remarque par de petits boutons de la groffeur d'un demi-pois ; ces boutons viennent de tems en tems en plufieurs endroits du corps ; cette ébulition eft un éré-fipele bilieux boutonné. Nous parlerons de la troifiéme efpece à la fin de ce Chapitre.

De quelque façon que paroiffent ces deux efpeces d'ébuli-

K k iij

tions, il faut les rapporter toutes deux à la même cause du farcin ; ce mal y a même tant de ressemblance, qu'il peut arriver
qu'on s'y méprenne ; la seule différence qu'on y reconnoîtra est,
que les tumeurs du farcin ont leur origine à la racine de la peau,
& que l'ébulition les a à la superficie ; aussi cette maladie est-
elle de bien moindre conséquence que le farcin.

Erésipelle plat & Erésipelle boutonné. L'érésipelle plat & l'érésipelle boutonné provient donc comme le farcin, de l'arrêt de l'humeur de la transpiration, laquelle
se gonflant entre la premiere peau & la vraie peau, & se trouvant
arrêtée par l'air extérieur, forme cette humeur, dont une partie se créve, & se desséche ensuite, & l'autre se dissipe par transpiration ; il y a toûjours de la bile mêlée avec cette humeur.

Ces ébulitions dénotent un Cheval échauffé, & par conséquent un mouvement sourd de petite fiévre ; c'est pourquoi il
faut saigner une ou deux fois : & quand on voit à la suite de la
premiere saignée que les ébulitions rentrent, ce n'est pas la saignée qui en est cause, comme bien des gens le croyent ; mais
c'est signe que la fiévre est survenuë qui les a fait rentrer, &
c'est alors qu'il est bon de réïterer la saignée. Il faut à ce mal
un régime rafraîchissant ; comme boisson avec cristal minéral,
des lavemens, & bien couvrir le Cheval pour le faire tran-
spirer.

Ebulition à la tête. La troisiéme espece d'ébulition est de petite conséquence,
quoiqu'elle puisse effrayer par ses signes, car la tête enfle subitement très-fort & en fort peu de tems, de façon qu'on la voit
enfler à vûë d'œil : en même temps de petits boutons se répandent par tout le corps ; deux ou trois saignées de suite, des lavemens & de l'eau blanche dissipent ce mal en très-peu de tems.

CHAPITRE LII.

*De plusieurs autres humeurs dartreuses, sçavoir eaux rousses à
la queuë, malandres & soulandres, arrêtes ou grappes, ou
queuë de rat, peignes & mal d'âne, & teignes.*

LEs Chevaux sont sujets à avoir des dartres ou humeurs
dartreuses en différens endroits du corps, comme à la
queuë & à plusieurs jointures des jambes & des pieds. Nous ne
parlerons plus de la cause de ces dartres en ayant assés ample-

ment difcouru dans le Chapitre des Dartres en général ; nous ne ferons donc ici que détailler les fignes de chacun de ces maux, & en donner les remedes.

Des eaux rouffes à la queuë.

Les eaux rouffes de la queuë fe reconnoiffent en ce qu'il fort du tronçon de la queuë une humidité qui fuit le poil, & le rend roux à deux doigts de fa racine, quoiqu'il refte à fa racine de fa couleur ordinaire ; ce mal fe remarque mieux aux Chevaux gris qu'aux autres ; quand vous touchez à ce poil roux, il fe caffe très-aifément.

Ce mal eft une dartre coulante qu'il faut traiter par les remedes des demangeaifons.

Des malandres & foulandres.

Les malandres & foulandres ne font qu'un même mal ; les malandres viennent au ply du genou, & les foulandres ou folandres viennent au ply du jarret. On reconnoît les malandres & les folandres à une efpece de galle ou croute qui fuinte une humidité legere, & qui embarraffe le mouvement de la jambe ; quelquefois ces maux viennent à s'enfler & à fe durcir, & font boiter le Cheval ; les Solandres viennent plus rarement que les malandres ; & font plus dangereufes à caufe du voifinage du jarret.

Ces maux font des dartres coulantes & encroutées qui ont la même caufe de la galle & du farcin ; c'eft pourquoi il faut les traiter intérieurement, ou bien ne pas fonger à les guérir radicalement : car fi vous aviez envie de les deffécher uniquement par des remedes extérieurs, l'humeur que vous renfermeriez en dedans pourroit fe jetter fur quelques autres parties où elle feroit du ravage, ce qui n'eft pas à craindre de même, quand on la combat en dedans comme en dehors.

Pour remedes extérieurs, graiffez-les avec de la vieille friture, avec de l'huile & de l'eau, ou avec du beurre brûlé.

Des arrêtes.

Les arrêtes, grappes ou queuës de rat fe dénotent de deux façons, & proviennent de deux différentes caufes.

Les arrêtes féches font une efpece de mauvaifes eaux : c'eft une maladie de la limphe épaiffie, laquelle fe dénote par des croutes ou calus tout le long du nerf ou tendon de la jambe. Nous renvoyons le Lecteur au Chapitre des enflures du Boulet, où nous parlerons de cette efpece d'arrête.

La feconde efpece que nous appellerons arrêtes humides, n'a point de calus ni d'enflure : ces arrêtes coulent tout le long d'une partie du tendon de la jambe depuis la naiffance du boulet ; elles suintent une humeur âcre & mordicante qui fait tomber le poil ; cette espece est une dartre coulante qu'il faut traiter, comme il est dit au Chapitre des demangeaisons.

Des peignes & du mal d'âne.

Les peignes sont de deux sortes ; mais ces deux especes ont la même cause ; les peignes secs sont des dartres farineuses, & les peignes humides des dartres coulantes ; le mal d'âne est une espece de peigne humide ou un ulcere dartreux.

Les peignes secs se dénotent par une crasse farineuse qui paroît sur la couronne sur laquelle le poil devient herissé ; la couronne enfle, & par succession de tems ce mal monte au pâturon, au boulet, & quelquefois jusqu'auprès du genoüil & du jarret.

Les peignes humides ont les mêmes signes que les secs, excepté qu'au lieu de crasse farineuse, ils sont abreuvés d'eau puante qui fait quelquefois tomber le poil, & ensuite il arrive que la corne créve au dessous de la couronne sur la superficie seulement.

Ces maux ne sont jamais douloureux, mais ils sont très-difficiles à guérir radicalement, sur-tout quand ils sont envieillis.

Les peignes humides se séchent pendant l'Eté, & reviennent l'Hyver quand il sont séchés ; s'ils ne sont pas tout-à-fait extirpés, ils pousseront continuellement de la crasse qu'on est obligé d'ôter tous les jours avec un peigne dont les dents soient serrées.

Les vieux Chevaux de carosse sont sujets à ce mal qui n'arrive que rarement aux jeunes.

Ces deux maux n'étant autre chose qu'une humeur dartreuse, farineuse à l'un & coulante à l'autre ; il faut avoir recours au Chapitre de la Galle ou du Farcin pour les remedes intérieurs, & au Chapitre des Demangeaisons pour les remedes exterieurs. Je dirai la même chose du mal d'âne, qui est de petites crevalles étroites & courtes venant autour de la couronne sur le devant de haut en bas, lesquelles rendent du sang, causent de la douleur, & font boiter ; ce sont des ulceres dartreux qu'il faut traiter comme les dartres.

Des teignes.

Les teignes ne sont autre chose que la corruption de la fourchette, qui tombe par morceaux jusqu'au vif, ayant une odeur de fromage pourri très-forte; il s'y joint une demangeaison qui oblige le Cheval à frapper précipitamment & fréquemment du pied contre terre ; ce mal est quelquefois assés douloureux pour faire

faire boiter le Cheval ; il eſt quelquefois auſſi l'avant-coureur
d'un fic qui pourroit en provenir ſi on le néglige ou qu'il s'obſtine ; c'eſt pourquoi, comme la cauſe en eſt difficile à extirper,
& que c'eſt une humeur dartreuſe ou une limphe armée de bile,
qui par ſon ſéjour étant devenuë corroſive, a diſſous les chairs
& excité cette puanteur ; il faut traiter le Cheval intérieurement
comme le farcin & la galle, & extérieurement fondre du tarc
ou de la poix noire dans le pied, puis des deſſicatifs.

CHAPITRE LIII.

De la Brûlure.

IL arrive rarement qu'un Cheval ſoit brûlé, mais en tout cas
on le traitera comme les hommes peuvent ſe traiter en pareil
cas, qui eſt lorſqu'on y remedie ſur le champ, d'y appliquer
l'encre ou l'eſprit de vin : ſi on n'y a pas apporté remede dans
le moment, on ſe ſervira d'onguent de ſureau ou d'eau de
chaux, ou de décoction d'écorce d'orme.

CHAPITRE LIV.

DES MALADIES DE FLUXIONS ET ENFLURES.
Des fluxions, enflures & coups ou contuſions en général.

AVant d'entrer dans le détail de certaines enflures affectées
à quelques parties en particulier comme aux jarrêts, aux
boulets, &c. & dont chacune a un nom pour la diſtinguer ;
nous allons parler de toutes enflures, coups & contuſions qui
peuvent arriver indifféremment ſur tout le corps du Cheval,
& en général de toutes fluxions.

Toutes maladies de fluxions & d'enflures ne ſçauroient arriver que par deux raiſons, ou par un accident extérieur qui aura
meurtri, contus ou forcé la chair ou les muſcles, ou par une
cauſe intérieure qui vient de diſpoſitions défectueuſes des humeurs ou du ſang.

Si l'enflure eſt cauſée par un coup qui aura d'abord fait contuſion, elle ne ſera autre choſe qu'un dérangement des fibres &
tuyaux plus ou moins fort, ſuivant la violence du coup ; la
ſituation des pores deſdites fibres étant changée, la circulation

des liqueurs en devient plus difficile, ce qui donne occasion à l'engorgement des vaiſſeaux, c'eſt pourquoi la tumeur ou enflure ſuit très-ſouvent la contuſion : cette enflure ſera indolente, ou s'enflammera ſuivant que les parties où le coup aura été donné, ſeront plus ou moins arroſées de vaiſſeaux ſanguins, & comme la limphe n'eſt pas une humeur fermentative, ſi le coup qui a été donné n'a rompu que les vaiſſeaux limphatiques, ce qui ſe peut faire par un coup fort leger, il ſe formera une groſſeur ſans douleur, & aſſés ſouvent dure. Si le coup a été aſſés violent pour briſer les vaiſſeaux ſanguins, auſſi-bien que les vaiſſeaux limphatiques, la tumeur deviendra enflammée par la rupture des vaiſſeaux, deſquels le ſang s'étant extravaſé en ſéjournant, s'épaiſſira & viendra à fermenter.

Si l'enflure ou tumeur & fluxion ne provient point d'accidens extérieurs, mais par force de travail, morfondure, nourriture mauvaiſe ou trop abondante, trop de repos, &c. elle ſuppoſe toujours des obſtructions ou embarras, à cauſe de l'épaiſſiſſement du ſang dans quelques couloirs, & principalement dans le foye ; & cet épaiſſiſſement rendant le mouvement ou la pulſation du cœur plus foible, & par conſéquent le cœur ne pouvant pouſſer le ſang avec ſa vigueur accoutumée, ce ſang ſéjourne plus long-tems qu'il ne devroit dans les arteres, leſquelles pendant ce retardement laiſſent échaper par leurs pores la ſéroſité qui coule toujours avec le ſang ; alors cette ſéroſité épanchée n'ayant plus de mouvement, croupit, & ſelon ſa qualité plus ou moins épaiſſe, elle forme les tumeurs molles, calleuſes ou dures, & lorſque l'inflammation s'y joint, c'eſt toujours par une ſuite de l'embarras des glandes du foye qui retiennent la bile dans les vaiſſeaux qui la lient avec la limphe nourriſſiere de la partie où eſt la tumeur ; cette limphe devenuë par ce moyen plus âcre, fait étrangler les vaiſſeaux du ſang, enſorte qu'il ne peut revenir aiſément ; c'eſt pourquoi il ſéjourne, s'allume, & cauſe inflammation.

Maintenant que les cauſes génerales des enflures, coups & fluxions viennent d'être déduites & expliquées, nous allons parler du procedé qu'il faut tenir quand il arrive enflure de quelques cauſes qu'elles viennent ſur les différentes parties du corps du Cheval, comme à la ganache, au garrot, au ventre, aux jambes, & géneralement à tous les endroits où il en peut venir, après quoi nous entrerons dans le détail au Chapitre ſuivant des enflures affectées à de certaines parties en particulier.

Il faut rapporter toutes les enflures qui viennent fur le corps du Cheval, à ce que nous en avons dit au commencement du Chapitre ; c'eft-à-dire, qu'elles ne peuvent provenir que de caufes intérieures ou par accident extérieur. Nous mettrons au premier rang les tumeurs caufées par l'humeur de gourme, tant fous la ganache qu'aux jarrets & autres parties du corps. Nous avons parlé de celles-là dans le Chapitre de la gourme où je renvoye le Lecteur ; il en eft de même des jambes qui reftent enflées après le farcin dont nous avons pareillement donné les remedes à la fin du Chapitre qui en traite, comme auffi à l'ébulition du fang, où nous avons indiqué les remedes pour la tête qui enfle fubitement à caufe de ce mal ; & ainfi des autres enflures jointes aux maladies intérieures que nous avons traitées. Nous mettons au rang des enflures d'accident l'avant-cœur & enflure à l'aîne, puifque nous avons trouvé qu'elles étoient une fuite des efforts des mufcles de ces parties. Vous verrez dans leur Chapitre comment il faut les traiter : les enflures de venin & de morfures de mufaraignes ont leur Chapitre particulier à la fin des maladies aiguës. Les enflures, meurtriffures des tefticules, du fourreau, du ventre, &c. fuivent immédiatement ce Chapitre-cy.

Notre deffein n'étant donc point de répeter une feconde fois ce que nous difons ailleurs à l'égard de toutes ces tumeurs ; nous nous bornons dans ce Chapitre à parler géneralement de la cure de quelque efpece d'enflure que ce foit, en féparant les remedes que nous indiquerons fuivant les différentes qualités que peuvent avoir les enflures ; fçavoir, enflures provenantes de caufes intérieures, enflures accidentelles, & qui viennent à fuppuration, & enflures rebelles envieillies, & qui ne fuppurent point.

Premiérement, je dirai qu'à l'égard des remedes extérieurs de toute enflure que ce foit ; il faut pofer pour principe de ne jamais mettre de reftrinctifs, c'eft-à-dire, des remedes, qui, bouchant les pores, s'oppofent à la tranfpiration de l'humeur qui caufe l'enflure, & l'obligent à rentrer dans la circulation ; car il pourra arriver que cette humeur caufe de grands ravages par fa malignité ; il eft vray que la tumeur s'applanira, & ceux qui ne fongent qu'à la partie enflée, croiront avoir obtenu fa guérifon ; mais il eft prefque certain qu'ayant enfermé le loup dans la bergerie, ils ne peuvent plus répondre de la vie de l'animal ; il est donc égal pour la dissipation de la tumeur, & pour se mettre à l'abri de tout accident funeste, de se servir de résolutifs qu'on peut appeller de vrais astringents : car en ouvrant les pores, & travaillant à rendre l'humeur plus déliée, ils la disposent à sortir par les pores ouverts ; & l'humeur dissipée, la partie se retrouvera dans son état naturel.

Venons présentement à la façon de traiter, premiérement les enflures provenantes de causes intérieures.

Comme ces sortes d'enflures supposent toujours des obstructions, il faut guérir ces obstructions en même-tems qu'on travaille sur la partie enflée ; ainsi il faut commencer par une saignée, faire observer le régime au Cheval, & se servir intérieurement d'apéritifs fondans, comme de la limaille d'acier dans de l'extrait de gentiane, donner souvent des breuvages avec aloës & miel, & enfin l'usage du foye d'antimoine.

Nota. Que quelquefois des tumeurs qui ont paru, disparoissent tout d'un coup, ce qui est une assés mauvaise marque : car c'est communément un signe que la nature n'a pas assés de force pour pousser l'humeur au dehors. Si par hazard il arrive qu'on ait saigné un Cheval à qui on a vû une tumeur, & que cette tumeur disparoisse après la saignée, on ne manque pas moyennant l'aversion que plusieurs personnes ont contre une opération si salutaire, d'attribuer injustement à la saignée cet accident ; ceux qui ne seront point dans le cas de cette prévention n'auront qu'à réïterer la saignée pour sauver les accidents qui pourroient suivre d'un pareil indice, & peut-être même la tumeur reparoîtra, ou du moins le ravage qu'elle auroit causé sera moins à craindre.

Les remedes extérieurs tant pour les enflures susdites que pour toute espece d'enflure, coups & contusions, sont les mêmes, puisqu'il ne s'agit que de résolutifs à l'extérieur, l'eau-de-vie, le vin & l'huile, la thérébentine, les herbes aromatiques ; enfin tous les résolutifs dont le nombre est assés grand, pouvant être employés utilement.

Si les enflures resistent, servez-vous de l'emplâtre de sulfuré, & de l'emplâtre de ciguë, mêlez ensemble.

Si un coup avoit contus les tendons, mêlez des émolliens avec les résolutifs, pour ôter la douleur & le feu de la partie.

Si l'enflure est envieillie, servez-vous des plus forts résolu-

tifs; on peut se servir aussi d'une douche, en jettant souvent
de fort haut une décoction très-chaude d'herbes aromatiques.

On voit par tout ce qui est dit ci-dessus, qu'à toutes tumeurs
il faut d'abord tenter la resolution ; mais si elle ne veut pas se
faire, on est obligé d'essaïer la suppuration ; alors il se forme
un abscès qu'on traitera suivant ce qui est dit dans le Chapitre
des Abscès.

Les jambes & les boulets, sont les parties les plus sujettes
à s'enfler, parceque ce sont celles qui fatiguent le plus & plus
susceptibles de coups, heurts & autres accidens : quand on
ne sçauroit les défenfler par des remedes appliquez dessus, il
n'y a que le feu qui en puisse venir à bout.

Il y a des précautions à prendre, pour empêcher que ces parties n'enflent, ou par trop de repos, ou par une fatigue excessive : ces moyens sont premierement, d'avoir grand soin
des jambes des Chevaux, c'est-à-dire, de les tenir bien nettes, de ne pas trop nourrir votre Cheval, & qu'il ne mange
pas de mauvais alimens ; lui faire faire un exercice moderé,
& ne le pas trop fatiguer, ni laisser reposer. si vous lui avez
fait faire un travail un peu trop fort, il sera encore tems de
prévenir l'enflure des jambes, en appliquant dessus, aussi-tôt
que vous serez arrivé, de la fiente de vache, démêlée avec du
vin, de l'esprit de vin, ou de l'urine ; ce remede est bon aussi
pour défenfler.

CHAPITRE LV.

Anatomie du Genouil, des Jambes, Boulets & Pâturons.

LE genouil du Cheval, a beaucoup de rapport au poi-   Pl. XXIV.
gnet de l'homme ; il est composé de sept os, ou osse-   Fig. A.
lets, dont six forment deux rangées, 1. 2. & le septiéme 3,
est comme détaché des autres, formant une avance en dehors
du pli du genouil ; les six osselets, qui composent les deux   Le genouil.
rangées, sont placés assez regulierement, trois à trois, l'un
sur l'autre ; la rangée de dessus, qui a plus d'épaisseur que celle de dessous, soutient à plat l'os du bras ; la rangée de dessous, est appliquée sur l'os du canon de la jambe : le septieme   7. Os,

offelet enjambe moitié fur l'os du bras, & moitié fur un os
de la première rangée : les fix os ne font pas tenus fermes
en leurs places, comme les offelets du jarret, & les ligamens
courts, qui les attachent l'un à l'autre dans l'intérieur, font
plus du côté du pli, afin que le mouvement de plier le genouil,
foit libre par devant.

Le genouil eft une partie purement tendineufe, car il n'y
arrive, & n'y paffe que des tendons retenus, proche du genouil,
par une portion tendineufe ou ligamenteufe, qui fait tout le
tour du genouil par-deffus tous ces tendons, & qui formant une efpece d'anneau, fe nomme le ligament annu-
laire.

Il m'a paru, qu'il ne vient que deux tendons au genouil,
un pour tendre à fléchir, & l'autre pour l'aider à fe remettre
en fa place : le fléchiffeur m'a paru être le plus court tendon *b*
du mufcle, appellé le palmaire, qui va s'attacher au fommet
du feptiéme os ; l'extenfeur m'a femblé être un tendon grêle *d* du mufcle, nommé le long, qui paffant en écharpe du
haut du genouil, & dirigeant fa courfe vers le côté du dedans, va s'attacher à la plus baffe rangée des offelets.

Cinq ligamens extérieurs fervent à tenir tout ce baftis d'offelets en leurs places ; il n'en paroît qu'un *g* qui flanque le côté
de dedans, celui-ci part d'une boffe ou élevation que fait le
bas de l'os du bras, & va fe terminer à un offelet de la rangée d'en bas ; mais il y a quatre ligamens qui ne fervent qu'à
retenir le feptiéme os, ferme en fa place : le plus long *c*, partant de fon bout inférieur, va s'attacher à la tête de l'os du
poinçon de dehors de la jambe : le deuxiéme *d* prend à côté de
celui-ci, & une moitié va à l'offelet de dehors de la rangée
d'en bas, & l'autre moitié va à l'offelet de la rangée d'au-deffus : un ligament très-court *e*, part enfuite au-deffus de celui-
ci fur le plat dudit os, & va au même offelet : un autre très-
court *g*, part encore au-deffus, & s'attache fur le champ à
l'os du bras.

Le canon des jambes, tant de celles de devant, que de celles de derriere, eft compofé de trois os, c'eft-à-dire, d'un
gros os B & de deux offelets minces & longs, tel qu'eft D,
colez, l'un d'un côté & l'autre de l'autre côté du gros os ; voilà tous les os du canon : les quatre boulets font chacun compofés de trois os ; fçavoir un gros os E, & deux petits *ee*,

2. Ten-
dons.
Fig. E.

Fig. D.

Cinq Li-
gamens.
Fig. C.

Fig. E.

Fig. A.

qui enjambent moitié fur l'os du canon, & moitié fur l'os du boulet, mais qui ne font attachés, ni à l'un ni à l'autre.

Les quatre pâturons, font chacun compofés d'un feul os quarré, dont le bas pofe fur l'os du petit pied.

Les mufcles du bras XX, fourniffent neuf tendons, qui defcendent au genouil, à la jambe & au pied : nous avons déja parlé des deux tendons du genouil, refte à détailler les fept autres pour la jambe de devant.

Fig. B. & C.

Tendons de la jambe de devant.

Les tendons les plus confiderables, & qui font communs aux quatre jambes, font ceux du fublime & du profond EE, qui font deux fléchiffeurs du pied ; ils paffent tous deux l'un fur l'autre, c'eft-à-dire, le fublime fur le profond dans le pli du genouil, plus du côté de dedans, à l'abri de la partie concave du feptiéme offelet du genouil ; ils vont ainfi tout le long du canon par derriere, paffer fur les deux offelets du boulet, immédiatement après : le fublime fe fepare en deux fourchons *h h* qui vont s'attacher à l'os du pâturon : on voit alors le profond *i i*, qui fuivant toujours fon chemin, va s'attacher fous l'os du petit pied ; ce font ces deux tendons que les Maréchaux appellent le nerf de la jambe.

Le fublime & le profond, appellés le nerf de la jambe.

Fig. E.

Les autres tendons de la jambe de devant, font les fuivans : en dedans, à côté de la jambe, un tendon grêle, provenant d'un mufcle, nommé le radial, qui eft un fléchiffeur ; celui-ci va s'attacher à la tête de l'offelet du canon de la jambe en dedans *d* : le côté de dehors de la jambe, a les tendons fuivans. Premierement, un tendon grêle *c* du mufcle extenfeur du pied, appellé le long du pied, paffant fur le côté du genouil en biais, & biaifant de même le canon de la jambe, ya fe rendre devant, au-deffous du boulet, où deux petites expenfions tendineufes *e e*, attachées aux côtés du boulet, le rendant plus large, il va s'enfoncer fous la couronne en pince ; ce tendon eft joint vers le haut du canon de la jambe, par celui d'un mufcle extenfeur, appellé le court du pied A, lequel le cotoye toujours jufqu'au boulet, où il fe termine. Un tendon mince B, partant du mufcle fléchiffeur, nommé le palmaire, un peu au-deffus du feptiéme offelet du genouil, va fe rendre en D, au haut de l'offelet du poinçon. Sur le milieu du devant du genouil, arrive un tendon large *b*, du mufcle appellé le long, qui eft un extenfeur du canon de la jambe, qui coule par-deffus les deux rangées d'offelets, &

Fig. C.

Fig. D.

Fig. B.

Fig. D.

s'attache en s'élargiſſant ſur le haut de l'os du canon.

La veine la plus conſidérable de la jambe de devant, qu'on appelle les ars 22, coule du côté de dedans ; elle vient du pied, & paſſant à côté du genouil, elle pourſuit le long du bras, & va s'enfoncer dans le corps au poitrail : une autre veine 33, venant du devant du genouil, plus du côté de dedans, va joindre la premiere au poitrail : une artére *p* ſortant entre le profond, & le tendon du muſcle radial *d*, ſe fourche ſur le champ en deux branches, dont l'une va au pied, & l'autre s'enfonce ſur le côté du genouil, vers *h* ; on ne voit en dehors qu'une veine 44, qui venant du pied, diſparoît en s'enfonçant derriere le ſeptiéme oſſelet du genouil en D.

Veines &
artéres.
Fig. C.

Fig. B.

Il ne reſte plus qu'à parler des ligamens. Sous les tendons du profond coule un ligament *a a*, appliqué le long de l'os du canon : ce ligament ſe fourche environ à quatre doigts des deux oſſelets des boulets *b*, & vient s'y attacher en flanc de côté & d'autre, afin de les maintenir en leur place : ces deux oſſelets ſont eux - mêmes liés & maintenus à côté l'un de l'autre, par un ligament apponeurotique, attaché ſur eux en dehors ; car en dedans, ils ſont nuds, & gliſſent moitié ſur l'os du canon, & moitié ſur celui du boulet : un autre ligament *c c*, partant de l'os du pâturon, monte aux deux petits oſſelets du boulet ; il eſt doublé de trois autres *a a*, ou d'un ſeparé en trois, qui s'attachent dans tout leur chemin à l'os du boulet, & ſe rendent en montant & en s'écartant un peu l'un de l'autre, vers celui qui eſt ſur eux ; le tout pour affermir cette jointure du boulet, qui doit avoir bien de la force, puiſqu'elle ſupporte tout le corps.

Fig. F.

Ligamens
des oſſelets
du boulet.

Fig. G.

CHAPITRE LVI.

Des Jambes travaillées & uſées, & Boulets.

Quoique les jambes uſées, ne ſoient pas toujours enflées, elles ſont ſi ſuſceptibles de fluxions, que je crois qu'il eſt à propos de parler de ce mal à la ſuite des enflures.

Les jambes d'un Cheval ſont dites travaillées, foulées ou uſées, quand elles ont beaucoup ſouffert, ou ſouffrent par l'affoibliſſement que leur cauſe un travail trop long & trop continuel,

Les

Les fuites du travail trop outré, affectent les jambes de differentes façons, c'eſt-à-dire, qu'on reconnoît à pluſieurs accidens, qui changent la figure totale de la jambe, les effets du
travail immoderé qu'on lui a fait ſouffrir. Ces ſignes ont des
noms particuliers, comme, faire des armes, ou montrer le
chemin de S. Jacques, être arqué, être bouleté, avoir le boulet
gros ou couronné : d'ailleurs les molettes qui ſont de certaines
humeurs glaireuſes, qui viennent tout le long du nerf de la
jambe, des groſſeurs qui viennent à côté du boulet ; tout cela
montre que la partie étant affoiblie, les eſprits n'y coulent plus
en ſi grande abondance, d'où s'enſuit le retirement des tendons, & le rendez-vous des humeurs.

Pour expliquer ce qu'on entend par les termes ſuſdits, vous
ſçaurez qu'on dit, qu'un Cheval fait des armes, ou montre
le chemin de S. Jacques, lorſque n'étant ni inquiet ni ardent, il ne peut reſter long-tems également planté ſur ſes
deux jambes dedevant, lorſqu'il eſt arrêté ; mais qu'il en avance
tantôt l'une, tantôt l'autre, pour ſe les ſoulager : s'il reſte
quelque tems dans cette attitude, ayant une jambe avancée,
c'eſt ſigne que cette jambe eſt celle qui lui fait douleur, ou
qui eſt affoiblie & fatiguée : vous voyez cette attitude à la
jambe de devant du montoir, de la figure C, Planche I.
il peut cependant arriver, que cette façon de ſe placer,
eſt une ſituation que le Cheval s'eſt accoutumé de prendre ; c'eſt pourquoi on ne doit pas dans cette occaſion faire
attention à cette attitude, ſi on ne découvre pas d'ailleurs
d'autres ſignes, qui montrent alteration de la partie. On connoît encore, que les jambes d'un Cheval ſont travaillées,
quand étant né avec les jambes de devant, ſituées comme
elles doivent être, c'eſt-à-dire, tombant à plomb, elles ſe
trouvent pliées, & le canon de la jambe retiré en deſſous,
du côté du ventre, comme vous voyez à la jambe hors
du montoir de la figure C, de la Pl. I. cette ſituation faiſant
que la jambe reſſemble à un arc, a fait nommer le Cheval
qui a cette incommodité, Cheval arqué, ou Cheval qui a les
jambes arquées : ce mot ne s'employe que quand la jambe
prend cette attitude, à force de travail ; car il ſe trouve des
Chevaux, dont les jambes de devant font cette figure naturellement, & qui ſont nés avec ce défaut de conformation ;
alors on appelle, ces Chevaux *braſſicours.* Le Cheval bouleté,

Le chemin de S. Jac-ques.

Bouleté.

M m

est celui dont le boulet est plus avancé que la couronne : quand le boulet commence à s'avancer, & qu'il ne l'est pas outrément, on dit que le Cheval est droit sur ses membres. Le boulet plus gros qu'il ne faut, & enflé par conséquent, & le boulet couronné, c'est-à-dire, étant entourré d'une grosseur sous la peau comme un anneau ; de même les jambes rondes & gorgées, ou bien remplies de duretés ou de glaires mouvantes, qu'on sent en passant la main le long du tendon ; tout cela sont des marques certaines de jambes foulées, travaillées ou usées : les molettes dont nous avons fait un Chapitre particulier, indiquent que la jambe commence à souffrir.

Lorsque le Cheval est droit sur ses membres, il est sujet à broncher & à tomber, & par la suite il devient ordinairement bouleté ; alors il ne peut plus gueres servir qu'à tirer : les Chevaux court-jointés, c'est-à-dire, qui ont le pâturon fort court, sont sujets à se bouleter, particulierement si en les ferrant on ne leur abbat gueres de talon, & qu'on leur laisse trop haut : les Chevaux arqués peuvent encore travailler, mais ne sçauroient servir de Chevaux de maître : les jambes grosses ne sçauroient rendre aussi de bon service ; car tout ce qui empêche le mouvement du tendon, porte préjudice au Cheval, les molettes sont de ce nombre.

J'ai parlé au commencement de ce Chapitre de certaines grosseurs, qui viennent par fatigue, à côté des boulets : ces grosseurs ressemblent à un demi-œuf de pigeon ; elles ne sont pas bien dures, & ne font pas boiter le Cheval, mais elles peuvent augmenter & embarrasser cette jointure.

On voit par tout ce qui est dit ci-dessus, que les jambes fatiguées, ne se dénotent pas toujours par des enflures, mais que leurs tendons se retirent & leur font douleur ; parceque la vertu de ressort des fibres tendineuses étant affoiblie, & leurs pores moins ouverts, le jeu des esprits ne sçauroit s'y faire comme à l'ordinaire ; c'est pourquoi la partie devient roide, & n'a plus de liant ; joint que la limphe n'ayant plus un libre cours s'épaissit, & bouche lesdits canaux ou pores. Il s'agit donc avant que le mal soit à son plus haut point, ce qui alors seroit inutile, de lever ces obstructions, en dissipant la limphe qui commence à s'épaissir, & en rouvrant les pores qui commencent à se boucher : on ne peut employer à cet effet que des resolutifs très-forts, comme les eaux chaudes & les huiles pénétrantes, & même le feu; car en voulant ramollir ces parties avec des ramollitifs, on affoibliroit si fort, & on détendroit tellement les tendons, qu'ils perdroient toute leur force, au lieu de se rétablir.

À l'égard des enflures de fatigue, voyez le Chapitre précedent, tant pour les guérir, que pour prévenir en général, que les jambes & boulets ne s'usent.

CHAPITRE LVII.

Anatomie de la Tête.

IL est inutile de faire ici un détail anatomique exact de la tête du Cheval, ceux qui en seront curieux, auront recours à l'anatomie de *Snape*, que j'ai traduite; de plus j'ai expliqué dans le Chapitre des noms des parties du Cheval, plusieurs parties de la tête: il me reste à indiquer les endroits où on rencontre les veines & les artéres; à faire une description sommaire des yeux, à expliquer ce qu'on découvre, quand on a fendu la tête du Cheval, comme celle d'un lapin rôti; & à faire voir dans la même estampe les deux tendons que l'on coupe pour énerver un Cheval, & ce que c'est que les grains de suye qu'on voit dans l'œil, quand il est bon; on verra aussi ce que c'est qu'une surdent.

Premierement, la veine jugulaire *a*, qui est la veine du col, est formée par plusieurs rameaux; une partie de ces rameaux, vient du côté de l'oreille pardessous les avives : d'autres sortent de dessous la vertebre du col, appellée le pivot: une autre rameau, venant le long de l'os de la pomette *c*, au milieu de la jouë, coule tout le long de la temple, où il s'appelle la veine temporale *d*, & va s'enfoncer au haut du muscle masseter : la branche inférieure *c*, qui va se rendre à la jugulaire, faisant une fourche au col, à quatre doigts de la ganache, avec la réunion des rameaux qui viennent de l'oreille du pivot & du masseter, ou plûtôt qui forment la jugulaire : cette branche inférieure de la tête, dis-je, prenant son origine derriere l'œil, sort vers le milieu du masseter près l'œil; delà tournant tout l'os de la ganache, elle coule sous ledit os tout le long de son arrête inférieure en *e*, & va former la fourche de la jugulaire : elle reçoit au milieu de son tour, la

PLANCHE XXVIII.
Fig. C.

M m ij

réunion de quantité de petits rameaux, qui proviennent de la face, & qui font fuperficiels ; elle reçoit auffi au-deffous une réunion d'autres rameaux qui proviennent de la machoire in-férieure & du menton.

L'artére *f* qui cotoye la veine jugulaire, venant du poitrail, s'enfonce toujours de plus en plus, à mefure qu'il gagne la ga-nache ; c'eft pourquoi il n'y a rien à craindre, quand on faigne au col, l'artére eft trop profondément enfoncée en cet endroit, pour qu'il y ait à apprehender de la piquer.

Il fe répand plufieurs branches d'artérioles fur toute la face, qui accompagnent les veines ; il eft à remarquer, que l'ar-tére *g* qui cotoye la veine de la temple, marche à côté d'elle du côté de la ganache ; on peut la fentir battre, comme on fent le poulx aux hommes, en la cherchant avec le doigt, en-tre l'œil & l'oreille.

Il fort des branches d'artéres de l'orbite de l'œil en bas, qui fe répandent fur la face.

PL. XXVI. Vous voyez dans l'eftampe XXVI, une tête de face, où vous dé-couvrez les deux releveurs des lévres *aa*, dont on coupe les ten-dons pour énerver. J'ai parlé de cette operation dans le Trai-té des Operations ; vous y découvrez auffi le mufcle crota-phite *b*, qui s'enfonce dans l'endroit de la faliere, & les trois grains noirs *c*, qu'on voit quand l'œil eft bon.

Lorfqu'on veut voir la ftructure intérieure du globe de l'œil, il faut le laiffer géler fur une fenêtre, puis le coupant en deux par le milieu de la prunelle, on voit l'arrangement des humeurs ; l'humeur vitrée *d*, en tient les trois quarts, l'humeur criftalline *e*, fe trouve de la groffeur d'une petite féve entre l'humeur vitrée & l'humeur aqueufe *f*, qui fait le devant de l'œil.

Plufieurs mufcles donnent le mouvement à l'œil, ils font couchés fur le globe *g* & le tapiffent pour ainfi dire en de-hors dans l'orbite *h h* ; on a donné à plufieurs le nom des fentimens qui font enfantés dans le cerveau ; celui qui éleve l'œil en haut, fe nomme le fuperbe *i* : celui qui l'abaiffe, l'humble *l* : celui qui l'amene vers le petit angle du côté de la ganache, le dédaigneux *m* : celui qui dirige la vûë au bout du nez, le buveur *n* : le grand oblique *pp*, paffe dans une efpece de poulie *qq*, attachée à l'orbite, & tire l'œil en biai-fant en haut vers le grand angle, du côté du chanfrain : le pe-

tit oblique *o o*, attaché à l'orbite même *b b*, le tire en bas
& en biais, du côté du chanfrain ; enfin le muscle orbicu-
laire *r r*, qui entourre tout le globe de l'œil, manque à l'homme, & fert aux animaux à fupporter l'œil, quand ils ont la
tête baiffée pour paître ou autrement: les ligamens ciliaires *s s*,
font comme autant de petits tendons, qui fervent à élargir
ou à étrécir le trou de la prunelle.

Dans la tête qui eft fenduë comme celle d'un lapin rôti,
on voit d'un côté, le creux qui contient la moitié du cerveau
T, & un autre moins profond au-deffus, qui reçoit le cervelet A, origine de la moëlle allongée : ils font en place de
l'autre côté T A, ainfi que le commencement de la moëlle
allongée, ou des nerfs B ; cette cervelle, & ce cervelet, tiennent bien peu de place, & ont bien peu de volume à proportion de la grandeur du Cheval : on voit dans le milieu de la
cervelle, un des ventricules 2, & la glande pineale 3 ; les os
cribreux 44, abreuvés de l'humidité du nez, paroiffent au-
deffous de la cervelle, & enfuite les finus 5 5 5, & les cartilages internes 66 : on verra auffi ce que c'eft qu'une furdent
7, que j'ai dit à la fin de ce Traité, qu'il falloit limer ou détruire avec une gouge, à caufe de l'incommodité qu'elle
caufe au Cheval en mangeant.

Dans l'eftampe III, on voit une dent du coin, *Fig.* N. *q*,   Pl. III.
tirée de fon alveole, & deux dents machelieres, une d'en
haut *Fig.* L. *p*, & une d'en bas *Fig.* M. *p* ; celles d'en bas
font de la moitié moins larges que celles d'en haut.

CHAPITRE LVIII.

Des Maux des yeux, & de la Fluxion habituelle, appellée
Fluxion lunatique.

AVant de parler des accidens qui arrivent à l'œil du Cheval, il eft bon de donner une idée de fa conftruction,
qui ne fera que fuperficielle, dans ce Traité, afin de ne pas
multiplier les explications fans néceffité, attendu que le détail exact de toutes les tuniques, les humeurs, les nerfs de
l'œil, fe trouvera dans le livre de l'Anatomie générale du
Cheval, que j'ai traduite de l'Anglois, & à laquelle je renvoye
le Lecteur.

Defcrip-
tion de
l'œil.

L'œil eſt compoſé de trois tuniques ou peaux : celle qui eſt la plus en dehors, s'appelle la *conjonctive*, c'eſt ce que les Maréchaux appellent, la vître de l'œil ; ſous cette conjonctive, eſt une peau appellée ſclerotique, à cauſe de ſa dureté; elle devient tranſparente vis-à-vis la prunelle ; ce qui fait qu'en cet endroit, elle eſt appellée *cornée* ; la troiſiéme peau s'appelle choroïde, qui change de nom en devant, où elle s'appelle *uvée* ; il y a encore une quatriéme peau, appellée la *retine*, c'eſt ſur cette peau que les objets ſe peignent au fond de l'œil, pour donner communication de leur image au cerveau, par le moyen du nerf optique.

Ces peaux renferment trois humeurs, l'humeur aqueuſe, qui remplit entiérement la partie du devant de l'œil : l'humeur criſtalline vient enſuite ; elle eſt de la groſſeur d'une féve & de la conſiſtence d'une glaire dure & tranſparente ; elle eſt derriere l'humeur aqueuſe, vis-à-vis la prunelle : tout le reſte de l'œil eſt rempli par l'humeur vitrée ; reſſemblant à des glaires tranſparentes & molles ; l'humeur criſtalline a ſa partie de devant enfoncée dans l'humeur aqueuſe, & ſa partie de derriere dans l'humeur vitrée.

De plus au fond de l'œil, eſt le nerf optique, qui va rendre dans le cerveau ; & pour tous ſes mouvemens, l'œil a ſept muſcles, un pour l'élever en haut, appellé le ſuperbe, l'autre pour le baiſſer, appellé l'humble ; le troiſiéme le porte vers le nez, appellé le buveur ; le quatriéme le porte du côté de la jouë, appellé le dédaigneux ; le cinquiéme porte l'œil obliquement en-bas, appellé oblique inférieur ; le ſixiéme le porte obliquement en haut, appellé oblique ſupérieur ; & le ſeptiéme qui eſt particulier à tous les animaux à quatre pieds, entourre tout le globe de l'œil, & n'eſt deſtiné qu'à le ſoutenir; quand l'animal a la tête en bas pour pâturer. Voyez le Chapitre précedent.

Paſſons maintenant aux maladies qui affectent l'œil. Comme cet organe eſt très-délicat, il eſt ſujet à être offenſé en pluſieurs manieres ; mais ce qu'il a de particulier, eſt qu'il ſoutient des remedes très-violens & très-actifs : nous allons commencer par les maladies les moins conſidérables, & nous finirons par degré par cette fluxion habituelle, dont on a cru pendant long-tems, que les influences de la lune étoient cauſe; mais dont le plus grand nombre eſt déſabuſé maintenant,

Les maladies dont nous allons parler font, l'œil larmoyant, l'épanchement de fang dans l'œil, les cancers, les véruës, l'onglée, le cul de verre, le dragon, les coups dans l'œil, les tayes ou blancheurs, les fluxions, & la fluxion lunatique.

L'œil larmoyant eſt une inflammation occaſionnée par l'âcreté des larmes qui feront émuës par une fluxion legere, ou bien quelque coup aura excité les larmes.

L'œil larmoyant.

On guérira ce mal s'il n'y a que de l'acrimonie dans les larmes fans fluxion ni autre accident, en mettant dans l'œil avec le pouce, de la tutie préparée.

Nota. Avant que d'aller plus loin, il eſt bon d'avertir qu'il ne faut jamais fouffler aucune poudre par le moyen d'un tuyau de plume ou autrement dans l'œil d'un Cheval pour deux raiſons; la premiere eſt, que l'air que vous faites entrer avec la poudre, en la foufflant, offenſe l'œil; & la feconde eſt, que quand on a foufflé une ou deux fois de la poudre dans l'œil d'un Cheval, il apprehende ſi fort cette opération, que l'on a toutes les peines du monde à en venir à bout enfuite: Je dirai encore que rien ne retarde plus la guériſon des yeux des Chevaux que le changement de remede; il s'en faut tenir le plus qu'on peut à un, pour peu qu'on voye que le Cheval en reçoit du foulagement; il ne faut auſſi jamais fe fervir pour les yeux de remedes où il entre des huiles ou des graiſſes; ces ingrédiens ne font qu'enflammer l'œil au lieu de le guérir, & y font très-préjudiciables.

Remarque génerale fur l'œil.

Revenons à l'œil larmoyant. S'il eſt accompagné d'inflammation, il faut pour le guérir, faigner le Cheval, le tenir au régime quelques jours; c'eſt-à-dire, le mettre au fon & l'eau blanche; il ne faut pas le faire fortir de l'écurie pendant quelques jours, de peur que l'air n'irrite fon mal: quand l'inflammation eſt grande, il faut mettre fur l'œil un cataplafme de lait & de faffran avec de la mie de pain, & par-deſſus une compreſſe d'eau-de-vie; on mettra avec le pouce de la tutie féche dans l'œil.

Si le larmoyement eſt venu en conféquence d'une morfondure, il faudra traiter le Cheval de la morfondure.

L'épanchement de fang dans l'œil fe reconnoît à des taches rouges femées de côté & d'autre fur la conjonctive ou vitre de l'œil: cela peut provenir d'un effort que le Cheval aura fait, qui aura rompu les petits vaiſſeaux de l'œil, ou de quelque

Epanchement de fang.

coup qui aura fait le même effet ; on guérira ce mal en faisant entrer de l'eau-de-vie dans l'œil.

Cancer. Le cancer dans l'œil se reconnoît à des bourgeons rouges, les uns petits, & les autres plus grands, vers le grand coin de l'œil, près du nez ; on en voit tant en dedans qu'en dehors de l'œil, même sur les paupieres, l'œil paroît rouge ; ces excroissances viennent à l'occasion de l'âcreté des larmes qui écorchent la caroncule lacrymale & les paupieres, & y produisent de petits champignons. Pour guérir ce mal, il faut mettre le Cheval au régime, qui est son & eau blanche ; lui donner de l'acier quelque tems, & ensuite du foye d'antimoine ; on lavera ces cancers avec la décoction de la graine de fenoüil, & on les saupoudrera avec de la tutie, ou de la poudre de cloportes passée sur le porphire, ou de la couperose blanche, sucre candi & tutie, partie égale.

Véruës. Les véruës dans l'œil sont des excroissances de chair, ou nœuds charnus qui paroissent sur le bord des paupieres en dedans ; il n'y a pas d'autre remede que de les couper avec les ciseaux, & panser la playe avec l'eau vulnéraire & la tutie.

Onglée. L'onglée est une peau membraneuse qu'on voit paroître au petit coin de l'œil, presque tous les Chevaux ont cette peau ; mais elle n'est incommode que lorsqu'elle se met à croître, & à avancer si fort sur l'œil, qu'elle en cache quelquefois presque la moitié ; quand on la voit si avancée, on la coupe avec de certaines précautions, dont vous verrez le détail dans le Traité des Opérations.

Cul de verre. Le cul de verre est une défectuosité du fond de la prunelle, qui paroît d'un blanc verdâtre, à peu près de la couleur d'un verre de fougere : cette couleur pronostique un mauvais œil qui peut devenir susceptible de plusieurs maux ; mais comme ce n'est pas un mal actuel, il ne s'agit que de se défier d'un Cheval qui a l'œil conformé de cette façon, d'autant plus que quand même on voudroit lui ôter le cul de verre par des remedes intérieurs desobstruans, il pourroit arriver que l'on n'en viendroit point à bout.

Dragon. Le dragon est une petite tache blanche ou excroissance charnuë qui croît dans l'humeur acqueuse, ou bien elle vient sur la cornée au devant de l'œil ; elle n'est pas au commencement plus grosse que la tête d'une épingle, mais elle croît petit à petit si fort qu'à la fin elle couvre toute la prunelle ; le dragon

· vient

vient d'obstruction, & de l'engorgement d'une limphe trop épaissie. Ce mal est incurable.

Les tayes ou blancheurs se rencontrent de deux sortes, l'une est une espece de nuage qui couvre tout l'œil ; l'autre est une tache ronde épaisse & blanche, qui est sur la prunelle ; on appelle cette taye, *la perle*, parce qu'elle ressemble en quelque façon à une perle ; ces maux peuvent venir d'un coup ou d'une fluxion, & ne sont autre chose que des concrétions d'une limphe épaissie sur la cornée : on dissipera ces maux en mettant sur la taye, de la poudre de fiente de Lézard jusqu'à guérison, ou de la couperose blanche, sucre candi, & tutie partie égale, ou du sucre.

Tayes.

Les coups & les fluxions sur les yeux étant des maux qui ont beaucoup de rapport entr'eux, à l'égard de leurs effets sur l'organe de la vûë, le pansement, quant aux remedes extérieurs en doit être le même ; mais les coups n'ayant presque besoin que de remedes extérieurs, & les fluxions qui proviennent d'une cause intérieure, exigeant des remedes qui aillent à la cause, & en même-tems d'autres remedes appliqués sur la partie malade, je commencerai par déduire les signes, à quoi on reconnoît le coup sur l'œil, puis je passerai à la fluxion simple, de là à la fluxion habituelle appellée lunatique : je donnerai des remedes tant intérieurs qu'extérieurs, pour obtenir la guérison de ces fluxions ; les remedes extérieurs pourront servir à celle des coups : ainsi on pourra choisir dans les remedes extérieurs des fluxions, celui qu'on voudra pour guérir un coup sur l'œil.

Coups & fluxions.

Voicy les signes qui serviront à distinguer si un Cheval a reçû un coup, ou s'il a une fluxion à l'œil.

Les coups se feront connoître lorsque l'on verra les yeux rouges, enflés, pleurans, & qu'on les trouvera chauds ; c'est cette chaleur principalement qui distinguera le coup, de la fluxion, outre qu'il pourra y avoir écorchure ou contusion. Le mal qui prôvient d'un coup est presque au plus haut point où il puisse aller bientôt après l'accident arrivé ; il n'en est pas de même de la fluxion qui augmente petit à petit & par degrés, mais le coup n'est pas ordinairement si dangereux que la fluxion, à cause que la mauvaise disposition intérieure ne s'y rencontre pas ; il y a cependant des coups si forts, que l'œil peut en être perdu : Par exemple, lorsqu'après le coup reçû, l'œil devient extrêmement enflé, & jette du pus sans discontinuer pendant quinze

N n

jours, l'œil court grand rifque, le mal fera long; fi le coup a occafionné un épanchement dans l'œil, l'œil eft en danger. Si la vitre a été offenfée, du moins la marque y paroîtra. Si lorfque le Cheval commence à ouvrir l'œil, la vitre qui aura été obfcurcie du coup, fe trouve toute couverte d'une nuée de couleur tirant fur le vert; c'eft un très-mauvais pronoftic: comme auffi, fi le globe de l'œil devient plus petit & perd fa nourriture, l'œil eft perdu; quand le deffus de l'œil eft defenflé, le deffous defenflera bientôt, & l'on peut efperer une guérifon prochaine.

Les fluxions différent extrêmement des coups quant à la caufe, quoique les effets foient à peu près femblables: car les coups viennent d'un accident extérieur, & les fluxions de caufe interne qui eft fouvent bien plus grave & plus difficile à enlever; ces caufes internes feront l'épaiffiffement du fang, caufé par le défaut de la tranfpiration, ou par une fuite de l'obftruction des glandes du foye, telle que nous l'avons expliquée en parlant des maladies de fluxion en général; cet épaiffiffement du fang & de la bile aura porté fon coup dans cette occafion plûtôt fur l'œil que fur une autre partie, ce qui aura irrité le deffus de la conjonctive, & fait étrangler les vaiffeaux du fang, qui dans fon féjour aura laiffé échaper la férofité qui forme la fluxion.

A l'égard de la plus dangereufe & de la moins guériffable des fluxions fur les yeux, qui eft celle que l'on a nommée fluxion lunatique, elle vient de la même caufe des autres fluxions; c'eft à-dire, de l'obftruction des vifceres & du bas ventre, joint dans cette occafion à la délicateffe ou foibleffe de l'organe de la vûë, défaut que le Cheval aura apporté en naiffant, ou qui lui aura été communiqué par fes peres & meres dans le tems de la géneration: car ce mal eft héréditaire, c'eft-là la feule caufe qui peut avoir influé fur la vûë du Cheval lunatique; & la lune a fi peu de puiffance fur fes yeux, que ce mal qu'on croyoit dirigé par cette planette, des influences de laquelle on eft revenu à prefent, n'a aucune régle qui puiffe avoir rapport à fon cours: car il prend quelquefois au croiffant, quelquefois en decours; il y a des Chevaux qui font deux mois, d'autres trois, d'autres fix fans en être attaqués. Définiffons donc cette fluxion par le terme de fluxion habituelle, & difons qu'elle arrive feulement lorfque la tête du Cheval, étant plus délicate qu'elle ne devroit l'être naturellement par le défaut de fa conformation ou de fa naiſſance, toutes les fois que l'embarras ſe forme dans les viſceres, la limphe s'épaiſſit dans la tête, & forme la fluxion ; c'eſt alors qu'outre la chaleur à l'œil, on y voit une enflure conſiderable, & beaucoup d'eau claire & chaude qui en tombe ; il paroît obſcur & couvert : on voit la vitre rougeâtre ou couleur de feüille morte par en bas, & trouble par en haut ; lorſque la fluxion eſt paſſée, tous ces ſignes ſont évanoüis, cependant, il en reſte quelque veſtige : car la vitre paroît toujours un peu trouble, & le fond de l'œil noir & brun ; & s'il n'y a qu'un œil d'atteint, il demeurera plus petit que l'autre : ces vertiges dureront juſqu'à ce que la fluxion paroiſſe, dans lequel tems le Cheval ne voit abſolument goute, ſi elle eſt ſur les deux yeux, & ſouvent à la fin il devient totalement aveugle pour toujours.

La chaleur, les grands froids & la grande fatigue, ſont très-contraires à ce mal, qui en géneral, eſt très-difficile à guérir radicalement.

Nous allons paſſer aux remedes intérieurs pour les fluxions, de quelques eſpeces qu'elles ſoient, dont le principal eſt ainſi que pour les coups, de ſaigner d'abord, & de réïterer ladite ſaignée ſuivant la conſéquence du mal ; enſuite il faut ſonger à rafraîchir le ſang, ce qui ne ſe peut faire qu'en diminuant la nourriture de foin & d'avoine, & donnant au Cheval du ſon avec le foye d'antimoine, & pour boiſſon l'eau blanche avec le criſtal mineral. Pour ce qui regarde les fluxions habituelles appellées lunatiques : comme les obſtructions qui les cauſent ſont très-difficiles à déraciner, il faudra outre les ſaignées, faire prendre intérieurement des fondans & apéritifs : tels ſont les extraits amers avec l'acier, y ajoutant l'aloës ; il faut faire un long uſage de ces apéritifs, comme auſſi un uſage réïteré du foye d'antimoine purgeant de tems en tems avec aloës, 1 once, miel ½ livre, & agaric ½ once.

Les remedes intérieurs étant expliqués, il s'agit à preſent de donner ceux qu'on doit appliquer extérieurement ſur la partie affligée.

Il y a des fluxions ſi legeres, qu'elles ſe diſſiperont aiſément en baſſinant les yeux cinq ou ſix fois par jour avec de l'eau fraîche.

Nota. Qu'à toutes fluxions & contuſions à l'œil, on eſt obligé de mettre des remedes autour de l'œil, pour adoucir les inflammations, ou faire diffiper les enflures; il ne faut jamais fe fervir de reftrinctifs ou refferrans, parce que ces médicamens empêchant le fang allumé de circuler dans l'endroit où ils feront appliqués, le fang fe rejettera fur la partie malade, qui eft l'œil même; & l'enflammant davantage, y fera plus de mal qu'il n'y en avoit auparavant. Ainfi donc, au lieu d'aftringens, fervezvous pour les coups de réfolutifs, pour les inflammations de remedes réfolutifs & adouciffans, & de réfolutifs encore pour les blancheurs qui reftent quelquefois quand le mal a été violent.

Il faut que le Cheval qui a mal à l'œil foit dans un lieu temperé; c'eft-à-dire, ni trop chaud ni trop froid.

Remedes pour les coups & fluxions.

De l'eau-de-vie en quantité.

Si cette eau-de-vie pure tourmente trop le Cheval, vous appliquerez un cataplafme avec mie de pain & vin chaud, & vous vous fervirez autour de l'œil d'une compreffe, moitié eau & moitié eau-de-vie.

Quand l'inflammation & ardeur eft très-grande, fervezvous d'un cataplafme de lait, mie de pain & faffran autour de l'œil, ou d'une pomme cuite ou pourrie.

On renouvellera lefdits cataplafmes, fans les ôter en les humectant de tems en tems avec la même liqueur qui les a compofés.

On fera tomber dans les yeux quelques goutes de la diffolution d'un fcrupule de couperofe fur un demi-feptier d'eau-devie, après quoi l'on finira par introduire dans l'œil de la poudre de tutie.

Pour la fluxion habituelle, dite fluxion lunatique.

Extérieurement fervez-vous de la poudre de cloportes ou vers de terre, ou faites tomber quelques goutes de vin émétique chaud dans les yeux.

Si l'inflammation eft grande, appliquez des cataplafmes adouciffans, comme il eft indiqué ci-deffus.

On peut mettre des orties ou petits fetons de cuir au col, derriere les oreilles & fous les yeux. Voyez le Chap. du Traité des Opérations, qui traite des orties.

Quand il refte des blancheurs de quelque coup & de quelle

fluxion que ce soit, servez-vous pour les diffiper, de sucre, de
sel commun, de sel armoniac, ou de tutie dans l'œil jusqu'à
guérison.

CHAPITRE LIX.

Des Enflures au palais ou à la langue.

QUand il vient au palais ou à la langue des puftules, soit
pour avoir mangé des herbes dures & piquantes, ou soit
que les souris ayent gâté la nourriture du Cheval ; il faut laver
la bouche avec une décoction d'ariftoloche, & de petite absinthe avec le vin, & y ajouter le miel ; si cela continuë, vous saignerez le Cheval du train de derriere ; vous le mettrez au régime, & lui ferez prendre du foye d'antimoine.

On appelle *aphtes* de petites élévations ou puftules à pointe
noire, qui croiffent au dedans des lévres près les dents machelieres, elles sont groffes quelquefois comme des noix, & caufent une si grande douleur au Cheval, qu'elles font tomber la
nourriture de la bouche sans la mâcher ; il faut traiter ces éle-
vures comme les précédentes, excepté que si elles sont très-
groffes, il faudra les ouvrir avec le biftoury.

CHAPITRE LX.

Des Poireaux ou Fics du corps.

ON reconnoît de deux sortes de fics en géncral ; les uns
croiffent à la folle du pied des Chevaux vers les talons ;
ceux-là sont très-dangereux, & fort difficiles à guérir ; il s'en
faut bien qu'ils proviennent de la même cause des fics dont
nous allons parler dans ce Chapitre, réfervant à parler des fics
du pied qu'on appelle aussi crapauds dans l'article où nous parlerons des fluxions & enflures des pieds.

Cette feconde espece de fics est proprement des poireaux ou
verruës, qui viennent indifféremment sur toutes les parties du
corps : on en diftingue de trois sortes ; la premiére se reconnoît
à des groffeurs qui viennent en grand nombre, & qui ont la
racine plus étroite que le corps ; la feconde à de gros fics ou
poireaux qui sont larges par la racine comme des écus blancs,

& plus, si on les néglige, ils grossissent comme des demi-oranges; ils paroissent d'abord à fleur de peau : la place est vive, & jette des eaux puantes; ils viennent au col; il en vient aussi au plat des cuisses dans le milieu : la troisiéme espece paroît comme de grandes verrues ou chairs spongieuses remplies de sang, qui peuvent croître sur toutes les parties du corps mais qui viennent plus particuliérement à l'entour des sourcils, des nazeaux, & des parties honteuses.

Toutes ces especes de fics viennent d'obstructions, & d'épaississement de la limphe, qui, en s'amassant, comprime les vaisseaux du sang, qui, par son séjour boursoufle lesdits vaisseaux, au moyen de quoi ils forment ces tumeurs sanguinolentes, qui, après avoir abcedé, finiroient en de vilains ulceres qui s'élargiroient, & corromproient de proche en proche toutes les parties sur lesquelles ils s'étendroient.

Pour remedier aux premiers, on n'a qu'à les lier à la racine, en faisant la moitié du nœud de Chirurgien, avec de la soye cramoisi, qu'on serrera tous les jours un peu; cette soye coupera petit-à-petit la racine du fic, qui tombera enfin.

Les autres especes, pourront se dessécher avec de l'eau jaune, ou de l'eau vulneraire, en y en mettant tous les jours & par-dessus de l'os de seche en poudre; mais comme ce procedé peut tirer en longueur, je crois qu'il n'y a pas de meilleur & de plus prompt remede pour les extirper, que le feu qu'il faut mettre à leur partie basse.

CHAPITRE LXI.

Des Enflures des testicules, du Fourreau & du Ventre.

CE seroit ici le lieu de décrire la structure des testicules & leurs usages; mais comme cette matiére est bien détaillée dans mon Anatomie, traduite de *Snape*; j'y renvoye le Lecteur.

Les testicules du Cheval, peuvent s'enfler par plusieurs raisons, ou par un hydrocelle, c'est-à-dire, par une espece d'hydropisie, ou chute d'eaux dans les testicules, ou par la descente du boyau, les testicules enfleront aussi-bien que le fourreau & le ventre, par un épaississement d'humeur causée par la chaleur des Ecuries, ou par trop de repos : l'enflure des testicules qui vient par accident, c'eſt-à-dire, d'un coup reçû, ou bien de s'être embarré, nous la mettrons ſous le titre de meur-triſſure des teſticules dans le Chapitre ſuivant.

Commençons par l'hydrocelle ; elle provient d'obſtructions intérieures, qui embarraſſant les vaiſſeaux des teſticules, font répandre la lymphe épaiſſie dans la tunique vaginale ; voilà la ſeule hydropiſie, à laquelle les Chevaux ſoient ſujets. Pour con-noître, ſi les teſticules ſont remplies d'eau, mettez une de vos mains ſur un côté des teſticules, & frappez un petit coup de l'autre côté avec votre main ; s'il y a de l'eau, vous ſenti-rez le contre-coup dans le creux de la main, que vous aurez approché : il ſe mêle des vents avec cette eau ; ces vents ne ſont produits que par ſa fermentation dans les bourſes. **Hydrocelle.**

Le danger de l'hydrocelle, eſt que ſi l'eau ſéjourne trop long-tems, elle peut ulcerer & corrompre le teſticule, y amener la gangréne, & faire mourir le Cheval.

Comme les parties attaquées de ce mal, ſont froides, c'eſt-à-dire, qu'elles reçoivent peu de ſang, les remedes intérieurs ne ſçauroient faire aucun effet pour diſſiper cette lymphe ; c'eſt pourquoi on eſt obligé d'en venir à la ponction, c'eſt-à-dire, à percer la peau des teſticules pour en faire ſortir l'eau qui y eſt contenuë ; puis mettre une charge reſolutive deſſus, malgré cela l'on eſt ſouvent obligé d'en venir à châtrer le Cheval.

La ſeconde enflure, qui eſt une hernie, ou la deſcente du boyau dans les teſticules, provient d'un effort qu'aura fait le Cheval ; voyez les Maladies d'efforts.

L'enflure cauſée par obſtruction & épaiſſiſſement d'humeur, peut être ſi legere & l'inflammation ſi petite, qu'on la guérira tout auſſi-tôt qu'on s'en apperçoit, en jettant beaucoup d'eau froide deſſus les teſticules, ou en menant le Cheval à l'eau, de façon qu'ils y trempent ; s'il n'y a que le fourreau d'enflé, cette enflure pourra ſe diſſiper de la même maniere : comme c'eſt le repos, qui ordinairement occaſionne les enflures au fourreau & ſous le ventre, la plûpart ſe diſſiperont en faiſant faire de l'exercice au Cheval, & en lui retranchant de ſon or-dinaire ; cependant ſi vous ſentiez que l'enflure voulût venir en matiére, ce qui ſe reconnoît quand elle devient œdéma-teuſe, c'eſt-à-dire, que l'impreſſion du doigt y reſte, il faudra la ſcarifier ou piquer de côté & d'autre avec la lancette, il en ſortira des eaux rouſſes.

Quand vous voyez que l'inflammation des testicules, est plus considérable, c'est signe qu'elle vient à raison d'abondance d'humeurs, qui auront fait extravaser la lymphe; alors, bien loin de la repercuter, il faudra saigner même plusieurs fois; & se servir exterieurement de charges ou cataplasmes adoucissans & resolutifs.

Nota. Que si ces enflures arrivent à un Cheval qui couvre actuellement, il ne faudra pas le saigner, de peur d'occasionner une trop grande dissipation d'esprits, mais on peut toujours lui diminuer son ordinaire, & même le mettre au son; car un Cheval dans ce tems-là, est assez échauffé par lui-même, & il est plus à propos alors de temperer sa chaleur pour la rendre prolifique que de l'augmenter.

CHAPITRE LXII.

De la Meurtrissure des Testicules.

CE mal est purement d'accident, & un Cheval se le donnera lui-même, c'est-à-dire, se pourra fouler & meurtrir les testicules, en s'embarrassant dans les barres, & se débatant extraordinairement pour s'en dégager; ou bien, il peut recevoir un coup de pied d'un autre Cheval dans ces parties qui les meurtriront, y feront venir la fluxion qui sera presque toujours accompagnée d'inflammation, la matiére s'y formera, & le mal deviendra plus dangereux, si les ligamens sont attaqués; car la fluxion s'arrêtera sur eux, & y causera beaucoup plus de desordre; quelquefois le testicule se desseche à la fin, & devient dur comme du bois, aussi-bien que les ligamens, si le siege du mal y est.

Ce mal se guérira par rapport aux remedes intérieurs, comme toutes les inflammations, c'est-à-dire, en saignant plusieurs fois, faisant observer une diéte severe pendant huit jours, avec des boissons rafraichissantes & des lavemens.

On pourra aussi guérir le Cheval par la castration, en cas que le ligament ne soit point offensé; car s'il l'est, on n'ôtera point la cause en châtrant.

Les remedes extérieurs, sont les resolutifs, appliqués en charge sur la partie: si l'enflure vient à suppuration, il faudra en tirer la bouë avec un coup de lancette; puis mettre du sup-

puratif,

puratif, lavant à tous les panſemens la playe avec du vin chaud, puis on la deſſeichera : ſi la matiére paroît trop haut pour pouvoir avoir une pente libre & s'évacuer aiſément, percez la bourſe tout en bas avec un bouton de feu, mettez dans le trou une tente frottée d'huile commune, puis graiſſez les bourſes avec le baſilicum.

CHAPITRE LXIII.

Anatomie des Jarrets.

AVant de parler des maladies du jarret, il eſt néceſſaire d'en connoître la ſtructure ; c'eſt par où il faut commencer.

Le jarret eſt une partie oſſeuſe & tendineuſe, qui répond au talon de l'homme.

Il eſt compoſé de ſix os, deux grands & quatre petits ; les deux grands ſont les ſupérieurs : celui ſur lequel roule l'os du bas de la cuiſſe *f*, reſſemble du côté du pli du jarret, c'eſt-à-dire, en dedans, à une poulie *aaa* ; c'eſt pourquoi, je l'appellerai *la poulie* ; le deuxiéme grand, eſt celui qui forme la pointe du jarret ; il eſt placé à côté de la poulie en dehors *g*, c'eſt un pareil os, qui forme le talon de l'homme.

Sous ces deux os, ſe trouvent quatre oſſelets, placez ſur leur plat en *l* deux à deux, formant deux rangées ; ils ſont de figure fort irréguliere à leurs parties intérieures, les rangées ſont auſſi très-irrégulieres ; car les deux os qui forment le milieu, ſont préciſement l'un ſur l'autre, & les deux des côtés enjambent ſur l'épaiſſeur de ceux du milieu : ces quatre petits os ſont placés ſur l'os du canon de la jambe *m*, & immédiatement ſous la poulie *n* ; ils ſont fortement attachés l'un à l'autre, auſſi bien qu'au bas de la poulie & à l'os du canon de la jambe par des ligamens courts, qui ſe trouvent dans leur centre, de façon que ces ſix os ne ſçauroient avoir preſque aucun mouvement ; mais le mouvement du jarret pour le plier & le tendre, s'accomplit par le moyen de l'os du bas de la cuiſſe *f*, qui roule ſur le haut de la poulie.

Pour maintenir l'os du bas de la cuiſſe *f* en ſa place, & faire qu'il ne ſorte point de deſſus la poulie, il eſt attaché en de-

P. LXXVII.

Fig A.

Fig. E.

Fig. F.

Fig. A.

Fig. F.

hors par deux ligamens ; le plus éxterieur *b*, part du côté bas de l'os, du bas de la cuiſſe, le plus proche de l'os de la pointe du jarret, & va s'attacher à côté du bas dudit os ; l'autre *c* croiſant celui-ci par-deſſous, part du bas antérieur de l'os ; du bas de la cuiſſe, partie de ce ligament s'attache ſur le champ ſur le côté de l'os de la poulie ; l'autre partie va ſe rendre au bord de l'os de la pointe du jarret le plus proche de l'os de la poulie, vers le milieu de ſa longueur : l'os du bas de la cuiſſe, eſt attaché du côté de dedans du jarret par deux ligamens, qui partent tous deux du devant inférieur de l'os du bas de la cuiſſe ; le plus extérieur eſt aponeuvrotique, & va s'attacher au bas de l'os de la pointe du jarret *a* ; l'autre s'attache au bas de l'os de la poulie *b* ; celui-ci eſt un fort ligament : l'os de la pointe du jarret eſt attaché à la tête de l'os d'en dehors du canon de la jambe, que j'appellerai *l'os du poinçon*, par un fort ligament *d*, qui deſcend tout droit du milieu du derriere dudit os de la pointe du jarret.

Voici les tendons qui viennent au jarret, tant pour s'y attacher, que pour aller à la jambe & au pied ; premierement, les deux plus conſidérables, ſe nomment le ſublime & le profond, du nom de leurs muſcles ; le ſublime *aa*, eſt ce gros tendon du jarret du Cheval, qui ſe nomme dans l'homme le tendon d'achille ; il paſſe ſur le dos de l'os de la pointe du jarret pour aller le long du canon de la jambe, ſe terminer au pâturon : le profond *bb*, paſſe en dedans du jarret dans un creux, ou une goutiere entaillée dans le côté de l'os de la pointe du jarret ; après quoi il va joindre le ſublime, ſous lequel il coule le long de la jambe, pour ſe rendre ſous le petit pied.

Il part du muſcle, nommé le long du pied, qui eſt un fléchiſſeur, un tendon *bb*, qui deſcend du dehors du jarret, & coulant tout le long du canon de la jambe en devant, va ſe rendre ſous la couronne du pied en pince ; plus une expenſion tendineuſe *ccc*, provenant d'un fléchiſſeur, nommé le jambier antérieur, laquelle ſe ſepare en quatre au pli du jarret, ſur la region des oſſelets.

Un tendon grêle du muſcle extenſeur, appellé le plantaire *a*, paſſant en écharpe en dedans du jarret, va s'unir au profond au-deſſous des oſſelets, & un autre tendon grêle du muſcle fléchiſſeur, nommé le court du pied *b*, vient s'unir en-dehors au tendon, qui va à la couronne, & cela vers le tiers du haut du canon de la jambe.

Fig. G.

Fig. F.

Fig. D.

Fig. E.

Fig. C.

Fig. B.

Au dedans du jarret, paſſe la veine du plat de la cuiſſe *bb*, Fig. C.
coulant à côté de l'éparvin, une fourche de ladite veine ſe
ſeparant vers le milieu du canon en *c*, va couler ſous le tendon du profond ; puis paſſant dans le creux du jarret, elle reparoît pour retourner ſe réünir, en *d*, vers le milieu de la cuiſſe, à la veine dont elle s'étoit ſeparée ; il y a en dehors, deux
veines, l'une *c* paroît avec pluſieurs petits rameaux ſur le
côté du jarret, vers la hauteur de la pointe ; elle paſſe en
écharpe ſur le vuide du jarret, & va droit en haut gagner la
cuiſſe : une autre *d*, ſort vers le jardon, & rentre ſous le
muſcle court du pied, extenſeur lateral, vers la fin de ſa partie charnuë ; elle eſt accompagnée d'une artére qui eſt deſſous
juſqu'à l'endroit du jardon, mais enſuite cette artére *e* devient
extérieure, & deſcend toute ſeule dans une goutiere, qui eſt
le long du canon, juſqu'au boulet : il y a communication,
en *f*, vers le haut du jarret, par-deſſous le muſcle extenſeur du pli du jarret, de la veine du plat de la cuiſſe à celle
du jardon.

CHAPITRE LXIV.

Des enflures du Jarret ; ſçavoir, Capelets, Veſſigons, Jardons, Eſparvins, Courbes, Varices, & Jarrets cerclés.

DE toutes ces enflures, il y en a quelques-unes de ſi peu
de conſéquence, que le plus ſouvent, elles ne font que
diminuer le prix du Cheval à la vente, parceque il y a eu des
exemples extrêmement rares, qu'elles ayent cauſé incommodité au jarret, & fait boiter ; mais cela arrivera à un ſur mille,
tels ſont les capelets, que les Marchands appellent des paſ-
ſe-campagne, & les varices ; les autres enflures cauſent avec
raiſon de l'effroi à l'acquereur ; car quelquefois elles reſiſtent
même à l'application du feu ; tels ſont la courbe, les eſparvins, & quelquefois les gros veſſigons : les jarets cerclés, ſont
incurables ; mais un Cheval porte ſouvent toute ſa vie des
eſparvins ſecs, ſans boiter, & n'a que le défaut de trouſſer,
c'eſt-à-dire, de lever ſes jarets très-haut, en marchant, trottant & courant, encore en tire-t'on parti au manége, parcequ'un Cheval en cet état, rabat avec grace aux courbettes,

Entrons prefentement en détail de chacune de ces incommodités ; & difons qu'en général, toutes les groffeurs dures aux jarets, proviennent d'une lymphe tendineufe, qui par fon épaiffeur, s'étant arrêtée dans fes vaiffeaux, les a crévés, & s'eft enfuite durcie. Les ramolitifs font inutiles en ces occafions ; car ces maux ne peuvent guéres fe diffiper, que par le feu. Pour voir précifement le lieu où font fitués tous les maux fuivans, Voyez le Chapitre IX. du Traité de la conftruction du Cheval, & la Pl. I.

Capelet.

Le Capelet, eft une tumeur en forme de loupe & fouvent indolente, c'eft-à-dire, fans douleur, qui croît à la pointe du jaret ; cette tumeur eft ordinairement de la groffeur de la moitié d'une pomme de reinette, & on la fent mobile & détachée de l'os : cette groffeur eft occafionnée par des coups, ou parceque le Cheval fe fera couché fur la pointe des jarets ; le capelet n'eft proprement qu'une loupe, à laquelle on a raifon le plus fouvent de ne pas faire d'attention ; cependant il eft arrivé, mais très-rarement, qu'il eft devenu douloureux, gros & endurci, caufant alors une fi grande douleur au Cheval, qu'elle le faifoit maigrir, & à la fin devenir boiteux : fi cela arrive, il faudra le traiter avec favon noir & fel, ou efprit de vin camphré ; on pourra auffi le garnir de pointes de feu, puis un cirouene après avoir mis un morceau de poix de Bourgogne, en forme de cloud de gerofle dans chaque trou.

Veffigon.

Les veffigons, font fimples ou doubles, le fimple eft une enflure molle fans douleur, & groffe comme la moitié d'une petite pomme ou environ, croiffant entre cuir & chair, au-deffus des os du jaret, entre le gros tendon, qu'on appelle aux hommes le tendon d'achille, & l'os du bas de la cuiffe du Cheval, qui fe rapporte à l'os de la jambe d'un homme près le cou de pied ; il vient ou en dedans, ou en dehors du jaret, le double n'eft autre chofe que deux veffigons, dont l'un eft en dedans, & l'autre en dehors ; cette tumeur eft roulante ; ce mal eft héreditaire : les veffigons groffiffent en vieilliffant, & la cure en eft fort difficile.

Les veffigons ne font pas toujours boiter un Cheval, mais ils groffiffent par le tems, & empêchent le jaret de fe mouvoir fi facilement.

Ce mal eft à peu près de la nature du capelet, c'eft-à-dire, de la nature de la loupe ; mais comme cette loupe eft fituée dans un endroit, où elle contraint le mouvement du jaret, elle est par conséquent plus digne d'attention.

Quand le vessigon n'est pas vieux, ni endurci, il faut se servir de resolutifs forts, comme l'onguent de Saints-Martins ou de Scarabeus. La meilleure maniere est celle qui suit : ayez une aiguille d'argent courbe, enfilez-la de fil gros, faites-la rougir par le bout, frottez le fil gros avec l'onguent de Scarabeus ; & passez l'aiguille toute rouge au travers du vessigon de bas en haut ; & pour la passer plus facilement, il faut auparavant couper le cuir avec une lancette dans l'endroit où on veut faire entrer l'aiguille, & dans celui où on la veut faire ressortir ; quand l'aiguille sera passée, ôtez-la, liez les deux bouts du fil en dehors, refrotez le seton toutes les vingt-quatre heures du même onguent, jusqu'à ce que le fil sorte de lui-même ; il coupera le cuir, qui est entre les deux ouvertures ; & sans y faire autre chose, le vessigon & la playe seront guéris : il est bon même d'y mettre le feu, quand il ne seroit pas vieux, mais s'il est bien vieux & endurci ; il n'y a que le feu de bon, encore n'y réussit-il pas toujours.

Le jardon est une grosseur calleuse, aussi dure que l'os ; elle croît au-dehors du jaret, au-dessous de la place du vessigon sur l'os du jaret même ; ce mal n'est pas ordinaire aux Chevaux ; il fait rarement boiter ; il peut être héréditaire, mais très-souvent, il provient de coups. Si on s'apperçoit que c'est un coup qui a occasionné le jardon, il faudra le frotter plusieurs fois avec de l'esprit de vin camphré ; il pourra rester une grosseur, mais le Cheval n'en sera pas moins droit. Si, ce qui est fort rare, le jardon est vieilli & fait boiter, il n'y a d'autres remedes que le feu, qui n'est cependant pas infaillible.

Les esparvins sont de deux sortes, esparvin sec, & esparvin de bœuf ; on dit qu'il n'y a point de Cheval sans esparvin, on entend par ce dictum, que l'esparvin est le nom de l'os même, sur lequel croît le mal ; ainsi on a pris le nom de l'os pour signifier aussi le mal, qui vient dessus : cet os est situé en dedans du jaret, & c'est sa partie la plus basse, qu'on appelle esparvin. La Figure C de la Pl. I. au chiffre 1 9. vous fera mieux concevoir sa situation, que tout ce qu'on en pourroit dire.

Il se forme sur l'os de l'esparvin une grosseur dure, ou plus petite ou plus grosse. Vous la verrez aussi au chiffre 1 9. ce n'est

Jardon.

Esparvins.

O o iij

pas feulement la différence de la groffeur qui fait diftinguer de
deux efpeces d'efparvins : mais c'eft encore les différens effets
qu'elle produit fur le jarret : car fi cette groffeur n'embaraffe &
ne preffe que délicatement les tendons qui paffent auprès
quand le Cheval remuë la jambe, elle caufe une efpece de fenfibilité, qui oblige le Cheval à faire comme s'il vouloit éviter ce
frottement, ce qui l'oblige à élever fon jarret en arriere plus
que de coutume, jufqu'à ce que la partie s'étant échauffée,
foit devenuë plus moëlleufe ; c'eft ce qui fait que les Chevaux
ne font ce mouvement extraordinaire, qui s'appelle harper,
que lorfqu'ils commencent à fe mettre en mouvement, ou en
commençant à courir ; mais à mefure qu'ils s'échauffent, le
jarret devient plus libre : ce mal, auffi-bien que le fuivant, eft
héréditaire.

Quelquefois cet efparvin fait boiter le Cheval ; mais il y en a
beaucoup qui n'en boitent jamais, & alors le fervice en eft auffi
bon que celui des autres Chevaux ; cet efparvin s'oppofe feulement à la vente, parce qu'il s'en eft trouvé qui étoient devenus
fi douloureux, qu'ils avoient fait boiter, maigrir confidérablement le Cheval, & à la fin l'avoient eftropié.

Quoique nous ayons dit qu'il étoit rare que l'efparvin fec fît
boiter le Cheval, nous avons entendu que c'étoit depuis qu'il
étoit totalement déclaré & forti : car prefque tous les Chevaux
à qui il pouffe des efparvins boitent, jufqu'à ce que cette groffeur foit tout-à-fait formée, & paroiffe au-dehors ; quand elle
paroît une fois, alors la douleur fe paffe, & le Cheval redevient droit, & commence à harper ; c'eft pourquoi, fouvent
quand on voit un jeune Cheval boiter du derriere pendant
long-tems fans pouvoir en trouver la caufe, il y a beaucoup
d'apparence que c'eft un efparvin qui pouffe, & qui veut fortir ; c'eft dans ce tems qu'il faut commencer à y travailler, non
pour le guérir radicalement, mais pour le faire fortir plus promptement qu'il n'auroit fait naturellement. Pour cet effet, on fe
fervira de réfolutifs forts, en frottant la partie avec l'huile de
vers & huile de milpertuis. Quand vous verrez qu'il commencera à fortir, vous vous fervirez toujours de l'huile de vers ; s'il
groffit trop, vous tâcherez de le réfoudre avec huile d'afpic,
autrement de lavande, effence de thérébentine, & huile
de pétrole, partie égale. Si le Cheval boite après que l'efparvin
eft forti, frottez-le d'effence de thérébentine toute pure :

enfin, le dernier remede eſt le feu, encore ne reüſſit-il pas toujours.

L'eſparvin de bœuf eſt bien plus dangereux que le premier, car il fait preſque toujours boiter, & reſte douloureux ; il devient ſouvent gros, à peu près comme la moitié d'un œuf ; il eſt auſſi dur que l'os, & ne fait point harper ; je n'y connois de remede que le feu : car les plus forts réſolutifs ſeroient trop foibles pour diſſiper cette groſſeur.

C'eſt dans cette occaſion, c'eſt-à-dire aux deux eſpeces d'eſparvins ci-deſſus qu'il ne ſera pas mal-à-propos de barer la veine haut & bas, parce qu'il y a une veine aſſés conſidérable qui tourne autour de l'eſparvin, que cette veine étant enflée par le ſang ; & l'eſparvin venant à la rencontrer dans les différens mouvemens du jarret, peut la preſſer, & cauſer de la douleur aux fibres nerveuſes qui ſe rencontrent entre ces deux parties : or, quand le ſang ne paſſera plus dans cette veine, elle ſe flétrira, & cet inconvénient n'arrivera plus.

La Courbe ſe reconnoît à une tumeur groſſe & dure, ſituée au-dedans du jarret, plus haut que l'eſparvin, ſur la ſubſtance du tendon qui y paſſe en écharpe ; cette tumeur eſt longue comme une poire coupée en deux, ayant le gros bout en haut ; elle embarraſſe le jarret, & quelquefois eſt douloureuſe, & fait boiter ; ce mal vient communément d'efforts : c'eſt pourquoi les Chevaux de tirage y ſont plus ſujets que les autres ; il n'y a que le feu qui réüſſiſſe à la courbe ; du moins s'il ne la réſoud pas entiérement, il empêchera qu'elle ne devienne plus groſſe : on pourra barer la veine haut & bas par la raiſon que nous avons dite en parlant des eſparvins.

La variſſe eſt une enflure toujours molle & ſans douleur ; ce n'eſt autre choſe qu'une dilatation ou un relâchement de la veine qui paſſe au pli du jarret en dedans ; ce mal n'en eſt quaſi pas un, car il ne fait jamais boiter le Cheval, & n'eſt pas douloureux ; les Chevaux de caroſſe y ſont plus ſujets que les autres : Je croi que le meilleur eſt de n'y rien faire, le feu ne la reſſerrera pas ; c'eſt cette maladie qui a le plus beſoin du barrement de veine, puiſque la variſſe n'eſt que l'enflure de la veine qu'on barre.

Le jarret cerclé eſt un mal fort rare : J'appelle ce mal ainſi, parce qu'on voit au Cheval qui en eſt attaqué, une tumeur qui paſſe depuis l'endroit du jardon juſqu'à l'eſparvin, for-

Courbe.

Variſſe.

Jarret cerclé.

mant un demi-cercle au-deſſous du pli du jarret : ce mal eſt incurable.

CHAPITRE LXV.

Des enflures du canan de la jambe ; ſçavoir , les ſuros & les oſſelets ou fuſées.

Pour l'anatomie de ces parties, Voyez le ch. LV. & pour leur lieu la Fig. C. de la Pl. I.

Suros.

LEs enflures que nous allons traiter ne méritent attention que par rapport aux endroits où elles ſont ſituées au canon de la jambe. Suivant cette ſituation différente ; elles font boiter le Cheval, ou ne lui cauſent aucune eſpece d'incommodité. Commençons par les ſuros.

Le ſuros eſt une tumeur calleuſe dure & ſans douleur, qui vient ſur l'os du canon de la jambe ; il eſt toujours adhérant à l'os, & auſſi dur que lui ; on fait deux eſpeces de ſuros ; ſçavoir, le ſuros ſimple & le ſuros chevillé ; le ſuros ſimple eſt cette groſ-ſeur que nous venons d'expliquer, & le ſuros chevillé n'eſt autre choſe que deux ſuros ſimples , l'un d'un côté, & l'autre de l'autre du canon de la jambe : quand il n'y a qu'un ſuros, il eſt preſque toujours en dedans.

La cauſe la plus ordinaire du ſuros eſt l'effet de coups & de heurts que les Chevaux ſe donnent eux-mêmes dans les pâtu-rages contre les troncs d'arbres, contre des ſouches, ou qu'ils reçoivent par des coups de pied des autres Chevaux ; c'eſt pour-quoi beaucoup de jeunes Chevaux ont des ſuros, & preſque toujours cette groſſeur ſe diſſipe à meſure que le Cheval vieillit, de façon qu'il eſt très-rare de voir un vieux Cheval avec un ſuros. Nous ne dirons plus rien du ſuros chevillé, parce que ce que nous venons de dire du ſimple, doit également ſe rap-porter à celui-ci. Quand donc les Chevaux ſe ſont attra-pés le canon de la jambe de la façon dont nous venons de dire, leurs os n'ayant pas encore la parfaite dureté qu'ils acquièrent en vieilliſſant, le coup aura offenſé le périoſte, qui eſt cette pellicule qui couvre tout l'os, le ſuc oſſeux ſe ſera épanché, ne pouvant alors paſſer librement, & il s'amaſſera, & formera en ſe durciſſant le calus qu'on appelle ſuros.

Voyons maintenant ce qui rend les ſuros dangereux ou in-différens ; ce n'eſt autre choſe que leurs ſituations, car ils croiſ-ſent ſur le canon de la jambe, plus près ou plus loin du gros
tendon

tendon qu'on appelle nerf de la jambe, ou vers le haut dudit
canon proche du genou; quand ils font éloignés du nerf, ils
ne font que defagréables à voir, & nullement à craindre; s'ils
font à la partie de derriere de l'os, auprès de laquelle paſſe le
tendon de la jambe, ils preſſeront ce tendon quand le Cheval
marchera, lui cauſeront de la douleur, & le feront boiter, &
même tomber; lorſqu'ils font proches du genou, ils s'oppoſent à ſon mouvement par leur dureté, & font boiter par conſéquent; c'eſt à ceux-là qu'il eſt néceſſaire d'apporter remede :
car les autres, c'eſt à-dire ceux qui ne touchent ni au nerf ni au
genou, ne faiſant jamais boiter ; ſi on y travailloit, ce ne
feroit que pour empêcher l'effet defagréable d'une groſſeur à la
jambe, ſi on ne vouloit pas attendre que le tems la fît évanoüir,
comme il arrive preſque toujours, auſſi-bien à ceux-cy qu'aux
autres, avec leſquels on ne ſçauroit patienter, parce qu'ils font
boiter le Cheval.

Avant de vous donner le procedé qu'il faut ſuivre pour extirper un ſuros dangereux, il eſt bon de vous inſtruire de la recette
dont preſque tous les Marchands de Chevaux ſe ſervent, &
qui leur reüſſit aſſés communément pour faire paſſer les ſuros
des Chevaux qu'ils ont dans leurs écuries ; comme la plûpart
ſont de jeunes Chevaux, les ſuros leur ſont fort familiers.
Voici leur façon de s'y prendre ; toutes les fois qu'eux ou leurs
palefreniers approchent du Cheval qui a des ſuros, ils ne font
pas autre choſe que moüiller leur pouce avec la ſalive, & le
paſſer de haut-en-bas, en frottant & remoüillant le pouce ſucceſſivement pendant un demi-quart d'heure à chaque fois,
quand la vente n'eſt pas prompte, pour peu que le Cheval ait
reſté quelque temps à leurs écuries, avec ce ſecret le ſuros a
diſparu. Voici pluſieurs autres façons de faire paſſer un ſuros.
Battez le ſuros juſqu'à ce qu'il ſoit ramolli : enſuite appliquez
le maigre d'une coëne de lard deſſus, puis appuyez ſur cette
coëne un bouton de feu plat & large comme une piéce de
douze ſols : continuez cette opération juſqu'à ce que le ſuros
ſoit fondu, ou bien battez le ſuros, comme il eſt dit, puis enfoncez dans un bâton un cloud dont la pointe déborde d'une
ligne ; vous piquerez le ſuros avec cette pointe en dix ou
douze endroits, puis vous appliquerez ſur le ſuros du pain
tout chaud & imbibé d'eſprit-de-vin, d'eau de la reine d'Hongrie, ou de quelques autres liqueurs extrêmement ſpiritueuſes.

La fusée.

L'offelet ou fufée n'eft autre chofe qu'un furos long qui prend du boulet, & monte jufqu'à la moitié de la jambe; quelques-uns diftinguent l'offelet de la fufée, en difant que c'eft un gros furos qui vient auprès du genou en dedans, & que la fufée eft deux furos au-deffus l'un de l'autre: comme tout cela n'eft que des diftinctions de noms qui ne fignifient toujours que la même humeur, il eft très-libre à chacun de les faire comme il voudra, pourvû qu'il fçache que tous ces maux étant fur l'os, doivent fe ranger dans le genre des furos, & fe traiter de même.

Il vient un petit furos à côté du boulet qu'on appelle auffi offelet, & dont nous parlerons en traitant des enflures de cette jointure.

CHAPITRE. LXVI.

Des enflures du Boulet: fçavoir, l'Offelet du Boulet, les différentes efpeces de Molettes, & les arrêtes féches du Boulet.

Pour l'anatomie de cette partie, Voyez le ch. LIV. & pour le lieu la Pl. I.

LE Boulet eft fujet (outre les groffeurs que nous allons détailler) à s'enfler encore pour avoir été trop fatigué, & à force de travail, ou par un trop grand repos, ou quand on commence à retirer les Chevaux des pâturages, il enfle pendant quelques jours à l'écurie; les boulets n'enflent guéres dans toutes ces occafions, que le bas de la jambe ne s'en reffente. Je renvoye le Lecteur au Chapitre des enflures en général, où il verra la façon de traiter les boulets, jambes, jarrets enflés, &c. de quelques caufes que ces enflures proviennent; il n'eft queftion à prefent que de parler de certaines groffeurs qu'on défigne par des noms particuliers, & qui affectent plus ou moins cette partie.

L'offelet au boulet.

L'offelet au Boulet eft un petit furos qui croît à côté du boulet, prefque toujours en dedans, plus bas, & à côté de l'endroit où vient la molette; ce mal eft plus choquant qu'il n'eft de conféquence: car il arrive très-rarement qu'il faffe boiter le Cheval, auquel cas le feu feroit le feul remede.

Molettes.

Les molettes fe divifent en deux efpeces; fçavoir, molettes fimples & molettes nerveufes, aufquelles j'en ajouterai une troifiéme que j'appellerai molettes glaireufes, parce que la matiere qui la remplit a plus de confiftence que celle des autres.

La molette fimple eft une tumeur entre cuir & chair, formée par une veffie dans laquelle eft enfermée une eau glaireufe; ce qui fait que cette tumeur eft tendre & molle au toucher, elle eft fans douleur, & fituée entre le tendon & l'os à côté du boulet, vers le haut, ou au dedans ou au dehors.

La molette nerveufe n'a d'autre diftinction particuliere, que d'être placée fur le tendon même, elle vient prefque toujours aux jambes de derriere.

La molette glaireufe eft une tumeur groffe comme une demie noix qui peut venir en dedans, en dehors, & même au devant du boulet; elle eft molle, mais la matiere qui la remplit eft d'un glaireux plus confiftant & plus ferme que celle de la molette.

Toutes ces molettes font caufées par une limphe épaiffe & extravafée; ces maux font des certificats de fervice, & fignifient que le Cheval commence à avoir la jambe fatiguée pour avoir été trop travaillé ou trop couru. Quant aux molettes fimples, elles ne laiffent pas quelquefois de faire boiter le Cheval de tems en tems, principalement le Cheval de felle, attendu que les Chevaux de tirage n'ont que le poids de leur corps à foutenir, & par conféquent leurs jambes ne font pas fi aifément foulées : mais la molette nerveufe groffit, & s'endurcit en vieilliffant, fait boiter le Cheval, & fe rend à la fin incurable. La molette glaireufe marque une jambe fatiguée, mais il eft rare qu'elle augmente.

Toutes ces petites groffeurs paroîtroient de peu de conféquence : cependant, on a l'expérience qu'elles font prefqu'impoffibles à guérir radicalement; la foibleffe de la partie où elles font fituées eft ce qui contribue le plus à les entretenir : car quand elles font récentes; c'eft-à-dire que la jambe n'a pas encore fouffert beaucoup de fatigue, le repos feul peut en venir à bout. Si on les néglige dans ce tems, on pourra les refferrer par des réfolutifs forts, comme l'efprit-de-vin camphré, ou l'onguent de Scarabeus appliqués plufieurs fois, mais le dernier remede eft le feu.

Les arrêtes féches font des croutes ou calus affés durs & élevés, prenant depuis la naiffance du boulet en remontant, & gagnant tout le long du tendon de la jambe; elles ont affés de reffemblance à une arrête de poiffon ou à la queuë d'un rat, parce que le poil tombe & laiffe ces croutes à découvert : elles

Arrêtes féches.

font quelquefois élevées de l'épaiſſeur d'un demi-doigt ; ce mal
arrive rarement aux jambes de devant ; il eſt plus choquant que
dangereux, & n'arrive guéres qu'aux Chevaux épais & chargés
de chair. Le remede à ce mal eſt de couper avec le feu ces duretés qui ne rendent point de matiere, & enſuite de deſſécher la
playe.

CHAPITRE LXVII.

*Des enflures du pâturon ; ſçavoir, formes, javarts, eaux,
poireaux, crevaſſes, & mules traverſieres & crapaudines.*

Pour l'a-
natomie de
cette partie,
Voyez le ch.
LIV. & pour
le lieu, la
Pl. I.

L E pâturon étant une partie tendineuſe, & ſoutenant
pour ainſi dire tout le corps & les jambes, eſt ſujet à beaucoup plus de maux que les parties précédentes. Ceux que nous
allons détailler ſont des enflures de différente nature : car les
unes ſont dures, les autres en forme de petits abcès, d'autres
ſont abreuvées d'une humeur cauſtique, & paroiſſent ſous différents aſpects. Nous allons commencer par la groſſeur qui
vient ſur les côtés du pâturon en tirant ſur le devant : cette humeur s'appelle des formes.

Forme. La forme eſt une groſſeur qui croît ſur le côté du boulet ou
en dedans ou en dehors, & quelquefois ſur tous les deux côtés :
cette tumeur eſt dure, & ne plie point ſous le doigt ; les formes occupent les côtés de la réunion du tendon qui paſſe en-
devant ſous le cartilage de la couronne, elles ne ſont point
mobiles ni douloureuſes : elles commencent quelquefois à
n'être pas plus groſſes qu'une féve, mais en vieilliſſant elles
s'approchent de la couronne, ôtent la nourriture du pied, &
deſſéchent le ſabot ; ce mal eſt héréditaire, mais le plus ſouvent
il vient des efforts que font les Chevaux en travaillant, comme
auſſi d'avoir eû trop de fatigue étant jeunes, ou d'avoir fait des
courſes outrées ; la cauſe intérieure de ce mal eſt un épaiſſiſſement, & un amas du ſuc ou lymphe des tendons.

Comme ce mal preſſe les tendons & les ligamens qui ſont
ſur le pâturon, il fait boiter le Cheval, ôte la nourriture du
pied, & deſſéche le ſabot. Le véritable remede à ce mal eſt d'y
donner le feu très-fort ; c'eſt-à-dire, en perçant la peau avec des
rayes de feu ou avec des boutons. Beaucoup de Maréchaux
deſſolent pour ce mal avant de mettre le feu. Si cette opération

eſt inutile, du moins elle ne ſçauroit faire d'autre mal que celui
d'alonger la cure.

Les Javarts ſe diviſent premiérement en trois eſpeces ; ſça- **Javarts.**
voir, javart ſimple, javart nerveux, & javart encorné ; les
javarts nerveux ſe ſubdiviſent en trois différences, nerveux
extérieur, nerveux intérieur, & nerveux du boulet. Le javart
ſimple eſt une tumeur derriere le pâturon ; les nerveux ſe nomment ainſi, parce qu'ils croiſſent deſſus ou deſſous les tendons
du pâturon, & ſur le gros tendon de la jambe ; les encornés
viennent ſur la couronne au-deſſus du quartier du ſabot. Commençons par le javart ſimple.

Le javart ſimple eſt une tumeur qui croît au pâturon plus
particuliérement par derriere ; cette tumeur eſt l'avant-coureur
d'un petit abcès qui ſe forme en peu de tems ; cette groſſeur eſt
douloureuſe, & fait ſouvent boiter le Cheval avant que le
bourbillon ſoit ſorti : mais dans l'inſtant qu'il eſt dehors, on
peut compter le Cheval guéri ſans aucune ſuite fâcheuſe ; ce
mal eſt aſſés commun aux jeunes Chevaux, & eſt comme l'on
voit de très-petite conſéquence, de façon qu'un Cheval qui
aura eu un javart ſimple, n'en vaudra pas un ſol de moins.

Cet abcès peut venir ou d'un reſte de gourme ou de meur-
triſſure & de heurts, ou bien par la négligence d'un Palefrenier
qui aura laiſſé croupir de la bouë dans le pâturon de ſon Cheval, laquelle s'échauffant, cauteriſera le cuir ; & faiſant fermenter la lymphe de cette partie ; occaſionnera l'abcès.

Comme il ne s'agit donc que de faire ſortir le bourbillon,
ſervez-vous de cataplaſmes ramolitifs, comme la remolade, le
baſilicum, &c. Le bourbillon ſorti, deſſéchez la playe avec
alun calciné ou autres deſſicatifs.

Le javart nerveux extérieur eſt une tumeur qui vient ſur un
des tendons du pâturon qu'il fait enfler, auſſi-bien que la jambe ; ces javarts ſont douloureux, & ils font boiter ; cependant
ils ſont les moins dangereux des trois ſortes de javarts nerveux ;
il s'agit pour guérir ce javart d'aider la ſortie du bourbillon par
des ramolitifs comme au javart ſimple ; mais comme ce mal eſt
accompagné de douleur, la ſaignée plus ou moins réïterée
avec une diette plus ou moins grande, doit accompagner les
remedes extérieurs ; quelquefois après que le bourbillon eſt
ſorti, il reſtera une filandre qu'il eſt néceſſaire d'emporter avec
le feu : c'eſt alors qu'il faudra ſe ſervir du procedé dont je vais

faire mention quand j'aurai parlé des deux efpeces fuivantes, puifque cette opération peut fervir à toutes les différences des javarts nerveux.

Le javart nerveux intérieur eft une tumeur qui fe forme fous un des tendons du pâturon, & qui en eft couverte; celui-ci eft de conféquence: car il devient extrêmement douloureux, très-difficile à faire venir à fuppuration, & donne communément la fiévre de douleur au Cheval: on fe fervira de remedes extérieurs qui puiffent faire venir en matiére, mais en même-tems il faudra traiter le Cheval de la fiévre, ce qui ne contribuëra pas peu à hâter la fuppuration. Le bourbillon forti, s'il refte une filandre, on l'ôtera avec le feu, obfervant bien exactement ce qui fera dit à la fin du javart nerveux du boulet dont nous allons parler.

Le javart nerveux du boulet eft une tumeur fur le gros tendon de la jambe, ou à côté au-deffus du boulet, & fouvent vis-à-vis fon mouvement. Ce mal arrive aux jambes de derriere, il eft fouvent occafionné par des coups fur le tendon, ou bien par les meurtriffures que fe fait un Cheval qui fe coupe; à cette efpece de javart, la douleur eft fi violente qu'elle fait maigrir le Cheval, & la fiévre y furvient prefque toujours: enfin, c'eft un des grands maux qui puiffe arriver à cette partie; plus ce javart occupe le tendon, plus il eft difficile à guérir: ceux qui font vis-à-vis le mouvement du boulet font les plus dangereux, la cure doit en être la même que du javart précédent, tant extérieurement qu'intérieurement, en augmentant les faignées & les rafraîchiffemens, fuivant la violence & la continuité de la douleur & de la fiévre.

J'ai averti que je donnerois, après avoir parlé des trois fortes de javarts nerveux, la façon dont il faut proceder pour emporter la filandre qui refte au fond de la playe quand le bourbillon eft forti: J'ai dit que c'étoit par le moyen du feu; mais cette opération, quand on eft obligé de la faire, doit être exécutée avec beaucoup de circonfpection de peur d'offenfer le tendon ou l'os: l'opération fe fait de deux façons. La première eft de faire l'opération crucialle; c'eft-à-dire, de fendre en croix avec un couteau de feu pour brûler la filandre; cependant le mieux eft d'aller chercher la filandre avec le bouton de feu pour la brûler. La feconde façon & la plus fûre pour ne pas échauffer le tendon, eft de fourer d'abord un tampon d'étoupe à force dans

le fond, puis brûler jusqu'à l'étoupe en changeant de boutons
de feu du plus petit au plus grand.

Si la filandre ne veut point se détacher, mettez dessus un peu
de vitriol avec du sucre.

Bien souvent on réussit sans feu avec la seule pierre de vitriol
mise dans le trou.

Quand vous aurez fait votre opération avec les boutons de
feu, vous penserez avec huile de gabian & sucre; mais ne vous
impatientez pas: car la filandre est quelquefois long-tems à
sortir.

Le Javart encorné est une tumeur qui paroît sur la couronne
au-dessus d'un quartier du sabot, presque toujours en dedans,
& très rarement en dehors; cette tumeur devient plus ou moins
grosse, elle se remplit de matiere & forme abcès; cette matiére
corrompt ordinairement le cartilage qui forme la moitié de la
couronne F F, de-là elle va s'insinuer entre le quartier du sabot   Pl. XVII.
& le petit-pied, & pénetre quelquefois jusques sous la solle,   Fig. C & D.
ce qui fait que ce quartier se dessêche souvent, quoique ce
javart aboutisse quelquefois de lui-même, le mal n'est pas guéri
pour cela, puisqu'il reste un fond sous la couronne qui corrompt, comme nous avons dit, les parties qui sont au-dessous,
c'est ce qui le rend si difficile à guérir: car agissant sur la corne
& sur la couronne, souvent le Cheval est obligé de faire quartier neuf, & ce nouveau quartier ne vaudra pas grand'chose:
on voit bien par ce que nous venons de dire que ce javart doit
être très-douloureux, & faire boiter le Cheval; mais il est plus
dangereux au quartier de dedans qu'à celui de dehors: c'est
communément des coups que le Cheval aura reçû dans cet endroit, qui auront donné lieu à ce mal.

En travaillant à la partie affligée, il est necessaire pour rendre la cure moins difficile, de diminuer le volume du sang, &
d'empêcher que des digestions trop abondantes ne nourrissent
la matiére qui est déja formée: c'est pourquoi il faudra saigner
plusieurs fois, & faire observer un régime rafraîchissant; c'est-
à-dire, son & eau blanche. Venons maintenant à la façon
dont il faut traiter le javart même.

Mettez dessus de la thérébentine froide avec un quart d'huile de Laurier pour faire sortir le bourbillon; quelquefois (ce
qui est heureux) un petit morceau du cartilage se détache à la
sortie du bourbillon.

Si quand le bourbillon est forti il refte un fond qui repro-
duife de la matiére, on peut mettre dans le trou une pierre de
vitriol, ou enduire un plumaceau ou de la filaffe avec un peu
de fublimé, & un peu de graiffe mêlés enfemble : vous mettrez
par-deffus un plumaceau fec, deux jours après appliquez encore de la thérébentine & huile de laurier comme ci-devant,
la guérifon pourra fuivre ce procedé en laiffant tomber l'efcarre, plus cet efcarre fera long à tomber, & mieux le mal s'en
trouvera.

Si ce que nous venons de dire, ne réuffiffoit pas ; il faudra
fe refoudre à couper de la couronne & de la corne en triangle, la pointe en bas, pour donner écoulement à la matiére,
ou en difpofant le triangle, la pointe en haut, afin de faire
l'ouverture plus grande au fabot ; fi l'on veut découvrir le fond
du mal, on accompagnera cette operation d'une ou deux
rayes de feu de haut en bas fur la couronne, principalement
du côté de la pince ; fi la matiére avoit coulé entre le fabot &
le petit pied ; il faut ouvrir la corne jufqu'où la fonde vous
conduira, en formant un triangle, la pointe en bas, afin que
la matiére puiffe avoir écoulement ; alors vous mettrez un
plumaceau enduit de fuppuratif, autant de jours qu'il en faudra pour finir la fuppuration, c'eft-à-dire, quelquefois pendant un jour, quelquefois pendant deux ou trois ; enfuite, il
ne s'agira plus que de traiter le mal comme une playe, tant
pour les chairs baveufes, que pour la deffécher & finir. Voyez
le Chapitre des Playes.

Eaux.   Les eaux qu'on appelle auffi les mauvaifes eaux, auffi-bien
que les maladies fuivantes, font des maux qui proviennent du
vice de la lymphe ; ils font caufez prefque toujours par les embarras des glandes, qui ramenent cette lymphe du pied de derriere ; car les eaux ne viennent prefque jamais aux pieds de
devant, quand la lymphe a par elle même une qualité âcre,
occafionnée prefque toujours par les obftructions du foye, &
qu'étant arrêtée au pâturon par derriere, il fe joint extérieurement de la craffe & de la bouë qu'on aura négligé d'ôter,
& qui fera devenuë corrofive par fon féjour dans les pâturons ;
outre qu'elle empêchera cette lymphe de tranfpirer, elle la
fera fermenter encore en rongeant la peau ; voilà la caufe,
non-feulement des eaux, mais encore des poireaux, crévaffes,
& mules traverfieres : leur feule difference, eft dans les
signes

ſignes exterieurs, qui diſtinguent ces maux à proportion de la malignité de l'humeur.

Les eaux ſe dénotent par une humeur puante & une eſpece de pus, qui ſans faire ouverture, ſort au travers des pores du cuir d'abord, à côté du pâturon qu'elles gonflent; puis ſi elles s'envieilliſſent, elles monteront au boulet, & juſqu'au milieu de la jambe, la faiſant même quelquefois enfler toute entiére; la peau eſt amortie & blanchâtre, & ſi la matiére qui ſort eſt fort corroſive, elle finira par détacher le ſabot d'avec la couronne au talon, ſans danger néanmoins; car le petit pied n'en eſt jamais endommagé: il eſt arrivé cependant que quelques Chevaux ont fini par avoir des fics ou crapeaux, ou des javarts encornés; ajoutons, que lorſque la jambe toute entiére eſt fort enflée & roide; elle fait maigrir le Cheval, l'endroit du mal, c'eſt-à-dire, où ſont les eaux, ſe dégarnit entiérement de poil, les Chevaux épais comme les Chevaux de charette, les Chevaux d'Hollande & de Flandre, qui ſervent au caroſſe, & qui ont beaucoup de poil aux jambes, y ſont les plus ſujets, ſur-tout ceux d'entr'eux qui ont les jarets gras & pleins.

Quand les eaux ſont nouvelles, on en arrête aiſément le cours; mais quand elles ſont vieillies & les jambes fort enflées, la cure en eſt très-difficile.

Les Poireaux ayant une même cauſe que les eaux, arrivent *Poireaux.* aux pâturons & aux boulets, lorſque la lymphe par ſon ſéjour, étant devenuë cauſtique, & s'étant par conſéquent empuantie, les eaux qui ſont l'origine des poireaux, uſent & relâchent la peau en l'abreuvant; alors cette peau ſe gonflant, forme ces verruës ou eſpeces de champignons, qui viennent au pâturon, aux boulets, gagnent même inſenſiblement la jambe, & deſcendent juſqu'auprès des fourchettes aux jambes de derriere; ces tumeurs ont été nommées poireaux, parcequ'elles reſſemblent à la tête d'un poireau; ils ont differens degrés de groſſeur & de malignité; les plus gros ne ſont pas les plus dangereux: à meſure qu'ils avancent, ils multiplient; quelquefois le poil tombe tout autour, & les laiſſe à découvert, gros comme des noix, & ſouvent quoique coupés, ils reviennent, & ſont pour lors très-difficiles à guérir.

Les crévaſſes ſe reconnoiſſent en ce qu'elles viennent aux *Crévaſſes.* plis des pâturons, en forme de fentes, dont il découle des

Q q

eaux puantes ; il y a quelquefois enflure à la crévaffe.

Mules tra-
verfieres.

Les mules traverfieres viennent au-deffus de l'endroit des crévaffes, c'eft-à-dire, qu'elles entourent le boulet à l'endroit du pli ; & fouvent au-deffus de ce pli, dans lequel a paru la premiere mule traverfiere, il s'en forme quelques autres ; elles font toutes douloureufes, & font boiter le Cheval par la douleur qu'elles lui caufent, attendu qu'en marchant, il eft obligé d'étendre & de plier fucceffivement cette jointure, quelquefois même le boulet enfle ; c'eft alors que le mal eft plus difficile à guérir.

La feule difference des crévaffes aux mules traverfieres, étant toutes' deux des fentes abreuvées d'une lymphe puante, eft que la crévaffe vient au pâturon, dans le milieu par derriere, & que la mule traverfiere vient au pli de la jointure du pâturon avec le boulet.

Tous les maux fufdits, provenant d'une même caufe, laquelle a été expliquée au commencement de l'article des eaux, ils doivent être traités de la même façon ; il s'agit de fçavoir, fi on voudra les guérir radicalement, ou ne faire que les pallier pendant un tems : les remedes extérieurs pourront faire ce dernïer effet ; mais la caufe ne fera pas ôtée , puifque communément ils reviendront quelque tems après, & prendront plutôt l'Hiver & les tems humides pour reverdir, que l'Eté & les terreins fecs qui aident même à maintenir ces fortes de jambes en meilleur état ; au lieu que fi on traite en même tems le Cheval intérieurement, & qu'on continuë quelquefois pendant long-tems à rendre la lymphe plus fluide & moins difpofée à s'arrêter, les eaux, poireaux &c. ne reparoîtront plus, joignant à tous ces procedés beaucoup de propreté, fur-tout dans les Villes, où la bouë croupit, & eft par conféquent corrofive ; cette propreté , c'eft-à-dire, d'avoir grand foin de nettoyer les jambes, toutes les fois que les Chevaux rentrent, eft feule capable de faire que tous ces maux ne paroiffent point ; on peut appeller cette façon d'agir un remede préfervatif, mais pour qu'il ait de l'efficace, ce n'eft pas de la

Abus des
cochers.

façon dont les cochers lavent la jambe de leurs Chevaux, que le mal fera détourné , puifque fe contentant de tremper un balet de jonc dans un fceau d'eau, & de le paffer ainfi mouillé fur les jambes de devant & de derriere de leurs Chevaux, de haut en bas, c'eft-à-dire, du fens du poil , la bouë la plus

Intérieure, c'est-à-dire, celle qui se trouvera dans le pli du boulet & au pâturon, ne fera que s'enfoncer plus avant dans le poil, où elle cauterisera petit à petit le cuir, comme nous avons dit ci devant. Il faut donc user d'une autre méthode, qui ne sera agréée que des gens attentifs à la conservation de leurs Chevaux, & dont les cochers ne seront pas les maîtres ; cette méthode est d'imbiber une éponge d'eau, & la tenant d'une main au pli du genouil pour les jambes de devant, & à la pointe du jaret pour celle de derriere, on la presse, & à mesure que l'eau tombe le long de la jambe, on brossera bien, & principalement à rebrousse-poil avec une brosse de la grandeur à peu-près d'une brosse à soulier, le pâturon, le pli du boulet, le boulet & la jambe, afin d'ôter la crasse & la bouë la plus enfoncée.

Quand les eaux ou quelques-uns des autres maux qui en dépendent, ont une fois paru, il s'agit de les guérir dans ce tems-là, & de plus d'empêcher qu'ils ne reviennent ; ce dernier objet ne pourra s'executer, qu'en faisant prendre au Cheval des remedes fondans, comme l'acier pris pendant quelque tems ; puis quand cette poudre aura mis les humeurs assez en fonte pour pouvoir être dissipées par la transpiration, alors les sudorifiques forts tels que des décoctions d'esquine, de salsepareille, gayac, sassafras, buis, termineront la cure.

Breuvage pour les Eaux.

Eau de la forge du Maréchal, de la plus vieille, . 1 pinte.
Poix-résine, mise en poudre & passée au tamis, . 3 onces.
Antimoine crud en poudre, ... 1 once.

Passez dans un linge l'eau de forge, laissez infuser toute la nuit la poix-résine dedans ; le lendemain, mettez l'antimoine, & donnez tout de suite le breuvage ; on le donne trois jours de suite, ou un jour d'intervalle : si le flux d'urine ne vient pas assez, on peut ajouter encore deux onces de poix-résine ; on recommencera même les breuvages, si on voit que l'enflure des jambes n'est pas considérablement diminuée, on chargera en même tems les jambes d'emplâtres blanches.

Les remedes extérieurs pour les eaux, sont de nettoyer toujours bien le mal avec du vin chaud, puis appliquez dessus un cataplasme avec des feuilles d'hieble, ou de frotter avec du savon dissous dans de l'eau-de-vie ; si on veut les dessécher comme tous les maux suivans, servez-vous d'alun brûlé, & quand les chairs seront bonnes, c'est-à-dire, qu'elles seront bien grénées, à ceux de ces maux où il y a eu crévasse, finis-sez par les bassiner avec de l'eau seconde; si les jambes sont enflées, ayez recours au Chapitre des Enflures en général.

Les poireaux se coupent jusqu'à la racine avec le feu, puis on finit par les dessécher.

Aux crévasses, il faut d'abord couper le poil sur le mal, puis songer à les dessécher : pour cet effet, comme c'est une espece d'ulcere, appliquez-y du verd de gris mêlez ensemble, & ensuite de la tutie, ou onguent pompholix.

Les mules traversieres doivent se dessécher comme les crévasses; mais la cure en sera plus longue, à cause qu'elle est située dans le mouvement de la jointure, qui la fait ouvrir & fermer.

A tous ces maux, pour boulets & jambes gorgées, voyez le Chapitre des Enflures.

Quelques Maréchaux croyent que de désergoter un Cheval, peut lui faire du bien dans cette occasion; mais ils peuvent être assurez qu'ils ne lui feront ni bien ni mal, parceque ce qu'on appelle l'ergot d'un Cheval, est une espece de corne molle, qu'on trouve sous le poil du fanon, c'est-à-dire, à l'ex-trêmité du boulet derriere; ils fendent cet ergot en quatre, je laisse à juger l'effet que cela doit faire.

Crapau-
dines.

Les crapaudines se divisent en deux especes assez differen-tes l'une de l'autre; la premiere qui est celle dont nous allons parler, est une tumeur qui vient un peu au-dessus de la cou-ronne; & la seconde espece ne vient jamais seule; mais elle accompagne quelquefois une espece de playe ou fente, qui se fait dans le sabot, qu'on appelle seime, & dont nous par-lerons dans le Traité des Playes au Chapitre des Seimes; y joi-gnant cette espece de crapaudine, pour laquelle je renvoye le Lecteur audit Traité.

La crapaudine, dont il est question, se reconnoît par un poireau ou petit ulcere, qui vient au-devant des pieds, de la largeur d'un petit pouce plus haut que la couronne au milieu du pied; cette tumeur vient également aux pieds de devant & à ceux de derriere; il sort de cet ulcere une humeur, qui par son âcreté dessèche la corne, de façon qu'au-dessous de la crapaudine, il se fait un canal le long de la corne, jusqu'au fer : ce mal eſt plus difforme que dangereux, ſa cauſe eſt la même que celle des eaux & autres maux dont nous venons de parler ; ainſi il faudra ſonger à la deſſécher comme les maux ſuſdits.

CHAPITRE LXVIII.

Des Enflures & Meurtriſſures du pied ; Sçavoir, le Heurt ou étonnement de Sabot, le Fic ou le Crapaud, les Ceriſes, la Solle baveuſe & la Solbature, l'Apoſtume ou Suppuration de la fourchette & les Bleymes.

L E pied du Cheval eſt formé par une corne dure, qu'on appelle ſabot, qui l'entourre dans ſa hauteur ; cette corne devenant plus tendre aux talons, ſe continuë des talons juſqu'au milieu du deſſous du pied, où elle ſe termine en pointe ; cette eſpece de corne s'appelle la fourchette, tout le reſte du deſſous du pied eſt rempli par une corne également tendre, mais qui n'eſt pas ſi compacte, & qui eſt plus ſpongieuſe ; cette eſpece de corne va s'unir avec la corne du ſabot, tout autour du pied ; c'eſt ce qu'on appelle la ſolle. Toutes ces differentes eſpeces de corne, ſont inſenſibles par elles-mêmes ; mais comme enſuite & plus intérieurement, il ſe trouve des parties vives & capables d'être bleſſées, les heurts, foulures, contuſions, meurtriſſures, ſe font ſentir par contre-coups des parties inſenſibles aux ſenſibles ; c'eſt des maux qui en proviennent, que nous allons parler. * Nous commencerons par l'étonnement de ſabot ; par ce terme nous n'entendons point la maladie décrite dans le Parfait Maréchal ſous ce titre, attendu que nous trouvons un veritable étonnement de ſabot, & que le Parfait Maréchal appelle improprement étonnement de ſabot, le relâchement de l'os du petit pied & des croiſſans qui en proviennent, le ſabot n'y ayant nulle part. Commençons :

L'étonnement de ſabot, n'eſt autre choſe qu'une meurtriſſure, que la corne du ſabot aura faite ſur la chair, qui eſt entre lui & le petit pied, par le moyen deſquels heurts violens, le Cheval ayant frappé ſon ſabot avec force contre une pierre, ou quelqu'autre matiere dure, les vaiſſeaux du ſang qui cou-

* Si le Lecteur veut connoître pour ſe mettre plus au fait, la ſtructure du pied, je le renvoye à ſon Anatomie, qui eſt au Chapitre de la Ferrure dans le Traité des Operations.

Etonnement de fabot.

lent dans cette chair, auront été rompus & les liqueurs épanchées, auront caufé inflammation ; ce qui fe connoît par la chaleur & la douleur que le Cheval fent au pied, qui le font boiter ; enfuite le pied fe rapetiffe, parceque la chaleur le fait deffécher, & fouvent il paroît une groffeur comme fi c'étoit une forme au-deffus de la couronne ; cette groffeur eft même très-difficile à guérir, & on n'en viendra à bout qu'avec des rayes de feu, car les refolutifs font trop foibles dans cette occafion.

A l'égard du pied, d'abord que vous vous appercevrez de l'étonnement de fabot, parez bien le pied, enfuite décernez la pince, comme fi vous vouliez défoler le Cheval, afin qu'il refte affez peu de corne dans cet endroit, pour que la vertu des médicamens puiffe y pénétrer ; alors mettez deffus un plumaceau enduit d'effence de thérébentine, une emmiellure, ou d'autres émolliens & refolutifs fur toute la folle & autour du fabot ; fi le mal ne cede point à ce remede, il faudra deffoler & continuer le même procedé.

Fic ou Crapaud.

Le fic ou crapaud, eft un mal du bas des talons, ou de la fourchette ; on le reconnoît par une excroiffance de chair fpongieufe & fibreufe, ayant quelquefois la forme d'un poireau, d'une très-mauvaife odeur ; cette groffeur vient prefque toujours aux pieds de derriere, au haut de la fourchette vers les talons ou à côté ; cette tumeur dénote prefque toujours une mauvaife difpofition de l'intérieur, c'eft-à-dire, embarras, obftruction, provenant de quelque refte de maladie, ou du temperament vicié, ou flegmatique du Cheval ; c'eft ce qui fait que les fics viennent prefque toujours dans les pieds qui font fort élevés & creux, & qui ont le talon large, & prefque jamais aux pieds foibles, minces & plats ; auffi les gros Chevaux chargés d'humeurs, y font-ils plus fujets que les autres.

Ce mal d'abord n'eft pas douloureux, & ne fait pas boiter le Cheval ; mais fi on le laiffe vieillir, ou qu'on le panfe mal, il coulera jufqu'aux talons, à la folle, aux quartiers, ou à la pince, & gagnant le tendon ou le petit-pied, il deviendra très-dangereux & douloureux ; alors il pourra paffer jufques fous le quartier, foufler au poil, & paroître à la couronne ; enfin il pourrira tout le pied, & rendra le Cheval inutile. Vous fçaurez de plus que (fuivant la difpofition intérieure) de deux fics que vous penferez à deux differens Chevaux, vous en guérirez un aifément, & la cure de l'autre fera extrême-ment longue & difficile ; vous n'en viendrez peut-être jamais à bout, à moins que vous ne travailliez à l'intérieur, en mê-me tems que vous appliquerez des remedes fur la partie of-fenfée.

Lorfqu'un Cheval a fupporté long-tems un fic, le pied lui élargit fenfiblement plus que les autres.

Quand vous voulez traiter un fic, commencez donc par rafraichir le Cheval avec la faignée, des lavemens, l'acier, le foye d'antimoine, lui donner des breuvages avec aloës & miel &c. le tout pour empêcher que la fluxion ne fe conti-nuë fur le mal ; en même tems vous couperez tout le fic, pre-nant bien garde de n'y laiffer aucunes racines, qu'on diftin-gue au fond du mal en forme de petits filamens blancs, & pour premier appareil, vous mettrez fur l'endroit coupé de la thérebentine mêlée avec un quart d'huile de laurier, le tout chaud, pour arrêter le fang : quatre jours après, mettez du baume verd, ou de l'égiptiac, & de l'eau-de-vie, ou eau d'a-libour ; enfin le plus grand remede des fics, eft de couper toujours jufqu'au delà de la racine, & de compreffer enfuite très-uniment, de peur que dans l'endroit qui ne prefferoit pas la chair abreuvée de l'humeur du fic, ne vînt à bourfouf-fler, & à en reproduire un autre, qu'il faudroit toujours couper.

On peut au lieu de couper avec le biftoury, fe fervir du couteau de feu ; mais il a un inconvenient, qui eft que fi le fic repouffoit plufieurs fois, on ne pourroit recommencer à cou-per avec le feu qu'en deffêchant trop la corne voifine.

Les cerifes font un mal de la fourchette, elles fe dénotent **Cerifes.** par des tumeurs, ou bouillons de chair vive, reffemblant à de petits fics ; ces cerifes viennent à côté de la fourchette, rare-ment aux pieds de devant, prefque toujours aux pieds de der-riere, où on en voit auffi quelquefois au bout de la fourchet-te, leur groffeur eft celle d'une noix & quelquefois plus : de ces cerifes, il y en a de très-douloureufes, fur-tout aux pieds de derriere, celles-là font boiter le Cheval tout bas ; ce mal provient de la lymphe nourriffiere de la fourchette, qui s'ar-rêtant par obftructions & s'épaiffiffant, bourfouffle la chair après l'avoir ufée. La difference qu'il y a entre les cerifes & les fics, eſt la malignité de l'humeur plus grande aux fics qu'à ce mal ; il eſt même aſſez aiſé communément de guérir cette tumeur ; cependant ſi on négligeoit d'y donner ordre, elle pourroit dégénérer en fics ; c'eſt pourquoi, il faut couper la ceriſe avec le feu ; enſuite l'eſcarre tombé, vous deſſécherez la playe : quelquefois on les extirpe avec un peu de vitriol en poudre, ou de ſublimé, qu'on continuë à mettre juſqu'à ce que la place ſoit unie ; puis on finit par mettre deſſus de l'é-giptiac ; il ne ſeroit pas mal à propos auſſi de travailler à l'in-térieur, puiſque la lymphe épaiſſie, marque une mauvaiſe diſ-poſition, ainſi pour rendre cette lymphe fluide, il ſeroit bon de ſaigner & de faire obſerver la diéte pendant quelque tems.

Bouton ſous la ſolle. Il vient ſous la ſolle du Cheval quelquefois une eſpece de ceriſe ou boüillon de chair accidentelle ; lorſqu'ayant deſ-ſolé un Cheval pour quelque mal de pied, le Maréchal n'a pas également compreſſé par-tout : l'endroit qui ne l'aura pas été bourſoufflera, la ſolle ne laiſſera pas de revenir par-deſſus ; mais quand on croira le Cheval en état de marcher, cette groſ-ſeur qui ſe trouvera ſous la ſolle, le fera boiter ; il n'y a d'autre remede à cela, que de deſſoler une ſeconde fois, couper la ceriſe, mieux compreſſer & laiſſer revenir la ſolle.

Suppura-tion de la fourchette. Il arrive quelquefois que la fente de la fourchette, ou bien les deux côtés, ſuintent une eſpece de pus, mêlé d'eau rouſſe ; ce qui rend la partie aſſez douloureuſe, pour que le Cheval en boite tout bas ; cette humeur eſt la même qui produit les eaux & les fics : ce mal n'eſt pas dangereux, quand on en a ſoin ; mais s'il étoit négligé, il pourroit produire un fic, & même il en eſt ſouvent l'avantcoureur : on diſſipera cette mau-vaiſe humeur, en faiſant entrer dans ces fentes des pluma-ceaux enduits de tarc chaud ; ſi cela ne ſuffit point, il fau-droit ſe ſervir de deſſicatifs. A l'égard de la cure intérieure, voyez le Chapitre des Eaux.

Solle ba-veuſe. La ſolle devient quelquefois abreuvée d'humidité ; alors elle s'enfle, devient molle comme une éponge, & baveuſe ; il s'agit de raffermir cette ſolle ; pour cet effet, il faut la baſſi-ner ſouvent avec de l'eau-de-vie camphrée, ou de l'eau d'ali-bour, appellée auſſi eau de merveille.

Solbature. La ſolbature eſt une foulure & meurtriſſure à la ſolle ; vous connoîtrez la ſolbature en ce que vous trouverez la ſolle chaude

chaude & noire, féche & douloureufe; fi vous la tâtez, quand
vous verrez votre Cheval boiteux, & que vous chercherez la
caufe de cet accident; il y a des folbatures, qui caufent tant
de mal au Cheval, qu'il néglige fouvent fa nourriture & refte couché, de peur d'appuyer fur fa folle. Ce mal peut avoir
plufieurs caufes, comme d'avoir marché pendant le grand
chaud dans des païs fablonneux; ce qui deffèche tellement
la folle, qu'elle meurtrit enfuite la chair du petit pied : pareille chofe arrivera, pour avoir long-tems cheminé déferré
fur un terrein dur, fi le fer a porté quelque tems fur la folle,
il la meurtrira : on connoît cette caufe, fi après avoir déferré
un Cheval, en examinant le fer du côté de dedans; on voit
quelque endroit plus liffé & plus clair fur le fer, cet endroit
eft celui qui portoit fur la folle.

Quand la folbature provient du fer qui a porté, parez le
pied jufqu'au vif; puis mettez fur la folle de l'effence de
thérébentine avec du tarc; fi la folbature eft légere, & qu'elle
ne vienne que d'une folle qui fe féche, pour la ramollir toutes les graiffes & huiles font bonnes; fi la folbature fait de
grandes douleurs au Cheval, & que la folle foit extrêmement
féchée & meurtrie, le meilleur remede, eft de faigner une
fois pour diminuer la douleur, puis deffoler.

On connoît de trois efpeces de bleymes; fçavoir, bleymes *Bleymes.*
féches, bleymes encornées, qui ne font fouvent qu'une fuite
des bleymes féches, & bleymes foulées.

Les bleymes en général fe reconnoiffent par une petite
rougeur, comme du fang extravafé, qui fe trouve entre la
folle & le petit pied; on ne les diftingue, que lorfque l'on
blanchit le pied en le parant : cette rougeur n'eft autre chofe
qu'un fang, qui n'ayant pas eu fon libre cours, s'eft arrêté & extravafé.

Les bleymes féches font nommées ainfi, à raifon de leur
caufe, laquelle eft intérieure, provenant de grande féchereffe de pied : les pieds cerclés & les talons encaftelés, font
très-fujets à cette efpece de bleyme, dont les Chevaux de manége font très-communément incommodés, parcequ'ils ne
travaillent jamais que fur la pouffiere du crotin fec, & qu'ils
n'ont par conféquent jamais la folle humeétée : cette forte de
bleyme vient plutôt au quartier de dedans qu'à l'autre, parceque ce quartier étant naturellement plus foible, eft plus

R r

sujet à se serrer : ce mal, fait extrêmement boiter le Cheval, & s'il est négligé, il dégénerera communément en bleyme encornée.

On préviendra ce mal, en tenant les pieds bien nets, en les graissant d'onguent de pied, & on leur mettant sous les pieds de devant de la fiente mouillée.

La ferrure en remediant aux talons & aux quartiers de dedans serrés, s'opposera par ce moyen à la naissance de ces bleymes.

A l'égard des Chevaux de manége, il faut avoir la précaution de leur faire nettoyer le dessous des pieds, avec le cure-pied, toutes les fois qu'ils seront de retour du manége.

Pour guérir ce mal, il faut percer la bleyme jusqu'à la matiere, qui est presque toujours noire ; ensuite pansez avec l'esprit de thérebentine, & la poudre d'euphorbe & de la thérebentine à la couronne ; s'il survient des filandres, voyez le Chapitre des Playes, où il en est parlé.

Comme ce mal est douloureux ; & demande du repos, il sera bon de saigner & diminuer l'ordinaire du Cheval.

La bleyme encornée, est communément comme j'ai dit ci-dessus, une suite de la bleyme séche, négligée & vieillie ; car alors la matiere n'ayant point d'issuë, cheminera sous le quartier, & enfin paroîtra à la couronne ; alors ce mal est infiniment dangereux, & plus même que le javart encorné ; souvent même, il oblige le Cheval à faire quartier neuf.

Il est absolument nécessaire dans cette occasion, de traiter le Cheval intérieurement avec saignées, diétes & lavemens : du reste suivez le procedé du javart encorné, Chapitre LXVII.

Les bleymes foulées ont une cause extérieure, car elles proviennent de ce qu'il se sera enfermé de petites pierres ou du gravier entre le fer & la folle, ou bien que le fer aura porté sur la folle qu'il aura foulée & meurtrie en quelque endroit : les pieds plats sont sujets à ces sortes de bleymes, car le gravier ou le sable s'enferment facilement à ces pieds entre le fer & la folle.

Cette espece de bleyme est aisée à guérir au commencement, & n'est pas dangereuse, à moins qu'on ne la laisse vieillir : car alors elle ne laisseroit pas d'avoir des suites fâcheuses.

On découvrira la bleyme jusqu'au vif : on tiendra la folle &

le fabot gras avec du cambouis du côté de la bleyme ; & en remettant le fer, on aura attention qu'il ne porte point depuis le
premier trou.

CHAPITRE LXIX.

Des Tumeurs froides ; sçavoir , Loupes , Véruës & Poireaux.

LES tumeurs froides ou écroüelleuses font de plusieurs
espeçes : si elles font môlles , ce font des loupes : si elles
font dures , ce font des glandes écroüelleuses ; les poireaux &
les véruës font de petites tumeurs de ce genre ; les loupes font
un amas de matiéres enfermées dans un kiste ou enveloppe
particuliere ; cette enveloppe eſt comme une peau déliée ; la
matiére qu'elle enferme peut avoir trois consistances différentes , ou elle reſſemble à du miel , ou à du blanc d'œuf , ou à du
suif ; cet accident & tumeur eſt une suite de la crevaſſe des vaiſ-
seaux lymphatiques , laquelle eſt occasionnée par des engorge-
mens & obſtructions de la lymphe dans ſes propres vaiſſeaux ,
laquelle venant à ſe dégorger , forme la loupe & les autres eſpeces de tumeurs ci-deſſus : ainſi toutes ces groſſeurs proviennent du vice de la lymphe , qui étant extravaſée , ſe durcit , ou
prend quelqu'autre consiſtance suivant ſa qualité , & comme la
lymphe n'eſt point une humeur fermentative , elle ne s'enflam-
me point : ainſi toutes ces tumeurs font indolentes ; c'eſt-à-dire,
qu'elles ne font point douloureuſes à l'animal. Les veſſigons, les
capelets & les molettes font des eſpeces de loupes ; c'eſt-à-dire,
des humeurs renfermées dans une peau particuliere ; il y a même des perſonnes qui enlevent les veſſigons & les molettes en
fendant la peau , & en coupant enſuite la bouteille pour l'ôter
de ſa place ; mais ces maux reviennent communément quelque
tems après : ainſi , je croy qu'il vaut mieux ſe ſervir du procedé
détaillé dans les Chapitres qui traitent de ces maux.

Quand les loupes font petites , il faut ouvrir la peau , & les
emporter avec le biſtouri ; quand elles font trop groſſes pour
faire cette opération , il faut les percer avec la lancette à inciſion , ou avec le trocar , pour dégorger la matiére , & lorſque la peau eſt flétrie , il faut emporter le kiste qui reſte avec
les trochiſques de ſublimé corroſif , & faire bien long-tems
ſuppurer avec le baſilicum : ou bien percez la loupe avec un

bouton de feu , de façon que vous y faſſiez une grande ouverture ; la matiére écoulée, vous feringuerez dans l'ouverture, du
baſilicum fondu : enſuite vous mettrez une tente dans le trou,
enſuite une enveloppe que vous imbiberez de vin aromatique
ou d'althea.

Comme les poireaux & les verües qui viennent ſur le corps
ſont tout-à-fait extérieurs , & ont ſouvent leur racine plus
étroite que le corps de la tumeur , tels que ſont les fics dont
nous avons parlé Chap. LX. il eſt aiſé de les extirper avec de la
ſoie cramoiſy, qu'on ſerre tous les jours un peu , juſqu'à ce
qu'elle ait coupé cette racine ; ſi on ne peut lier la vérüe ou le
poireau , on n'a qu'à les couper avec le fer ou le feu.

CHAPITRE LXX.

DES MALADIES D'EFFORTS.

De l'écart ou effort à l'épaule , & de l'entre-ouverture.

POur comprendre ce mal , il faut d'abord ſçavoir que
l'épaule du Cheval, comme celles des autres animaux à
quatre pieds, n'eſt attachée au corps par aucun os, mais ſeulement appliquée ſur les côtes, & retenuë en ſa juſte ſituation par
pluſieurs muſcles dont les principaux ſont pour le haut de l'é-
paule ; le rhomboïde *a*, Figure C. & pour le bas le pectoral *c*,
Figure D.

Le muſcle pectoral la joint au poitrail : lors donc qu'un Cheval en cheminant gliſſera de côté, ou que par quelqu'autre
accident ſa jambe de devant ſe ſera écartée du corps plus qu'à
l'ordinaire ; il arrivera que principalement le muſcle pectoral
qui eſt le plus près du bras en dedans, ſouffrira une extenſion
plus ou moins violente, & cauſera par conſéquent un mal plus
ou moins conſidérable à l'épaule du Cheval ; quand l'effort n'a
été que médiocre, il s'appelle ſimplement écart ou effort d'é-
paule ; & lorſque l'effort eſt aſſés violent pour avoir disjoint
l'épaule plus conſidérablement, on appelle cet accident entre-
ouverture.

L'effort d'épaule eſt aſſés difficile à connoître quand on n'a
pas été témoin de l'accident, ſurtout quand il n'a pas été conſidérable, attendu que ſouvent l'on voit boiter un Cheval également d'un mal de pied comme d'un mal d'épaule : mais ſi après

Planche
XXVIII.

Entre-ou-
verture.

avoir examiné le pied, on n'y découvre rien : voicy les fignes par lefquels on pourra connoître fi le mal eft à l'épaule. Premiérement, on commencera par vifiter l'épaule en la maniant fort, ou en faifant aller le bras en avant & en arriere, pour voir s'il n'en feint pas. Si cette épreuve ne vous indique rien, on fe fert de plufieurs autres façons d'agir : on fait marcher le Cheval pour voir s'il ne fauche pas en cheminant ; c'eft-à-dire, que l'épaule qui aura fouffert l'écart obligera la jambe à s'écarter du corps en faifant un demi-cercle à chaque pas que le Cheval fera : on le fait aufli troter en rond ou tourner court ; le tout, pour connoître fi l'épaule qu'on foupçonne a le mouvement de l'autre ; c'eft-à-dire, s'il portera fa jambe aufli en avant d'un côté que de l'autre : car la jambe de l'épaule malade reftera en arriere, & n'avancera pas également comme la jambe de l'épaule faine ; fi on ne découvre rien par toutes ces épreuves, la façon la plus fûre pour s'éclaircir eft de faire marcher le Cheval pendant une efpace de tems ; s'il boite d'abord, & qu'après quelques momens, quand il fera un peu échauffé à marcher il vient à moins boiter, il eft fûr que fon mal eft dans l'épaule, au contraire, des maux de pied : car un Cheval qui a mal au pied, boite davantage à mefure qu'il s'échauffe.

Ce mal étant caufé, premiérement, comme nous avons dit, par l'extenfion d'un ou de plufieurs mufcles ; l'accident qui a caufé cette extenfion a relâché ou rompu les vaiffeaux lymphatiques defdites parties, la lymphe fortie de fes vaiffeaux fe change en glaires qui embarraffent le mouvement de l'épaule, attendu qu'elles féjournent entre l'épaule & les côtes : d'ailleurs, les fibres nerveufes ayant fouffert dans l'effort, occafionnent la douleur.

Il ne s'agit donc à ces maux que de réfoudre & diffiper ces glaires lymphatiques, & qui empêchent les mufcles de reprendre leur reffort naturel : c'eft pourquoi aufli-tôt qu'on s'apperçoit qu'un Cheval a pris un écart, il faut tant pour diminuer la douleur que pour empêcher l'amas des glaires : il faut, dis-je, commencer par la faignée plus ou moins réiterée, & précipitamment, fuivant la conféquence du mal : alors vous vous fervirez (pour appliquer fur la partie, mais principalement fous l'aiffelle où le mufcle pectoral fe joint au bas de l'épaule,) des réfolutifs ; mais il faut éviter les graiffes & tous émolliens à ces parties, puifque ces médicaments ne font que relâcher & bou-

R r iij

cher les pores : au lieu qu'il faut raffermir & faire tranfpirer les fucs épanchés.

Il y a des Maréchaux, qui, dans ces occafions font nager les Chevaux à fec ; ils ne pourroient pas mieux faire s'ils avoient envie d'eftropier tout-à-fait le Cheval : ce qu'ils appellent nager à fec, eft d'attacher la jambe faine, en faifant joindre le pied au coude, au moyen d'une longe qu'ils paffent par-deffus le garot, & dans cet état ils contraignent le Cheval à marcher à trois jambes, & par conféquent à faire de nouveaux efforts fur la jambe malade ; ils difent que par ce moyen il s'échauffe l'épaule, & qu'ainfi les remedes pénetreront plus aifément, les pores étant plus ouverts ; mais il eft aifé de voir que cet expédient ne fait qu'irriter la partie, augmenter la douleur, & rendre par conféquent le mal plus confidérable qu'il n'étoit : on voit bien que cet abus n'eft pas d'une petite conféquence : à la place d'une opération fi douloureufe, on peut fi l'on veut promener un peu le Cheval avant la premiére application des drogues : on a auffi coutume de mettre un fer à patin, Pl. xix. S. & des entraves à un Cheval qui a un effort d'épaule. Les entraves, afin qu'il ne puiffe s'écarter dans l'écurie, ce qui eft très-bien ; & le patin à la jambe qui n'eft point malade, afin qu'il s'appuïe fur la jambe malade : ce que je trouve hors de raifon, puifque cet expédient fatigue encore la partie affligée, & doit y faire plus de mal que de bien.

Il faut du repos à un Cheval qui a un effort d'épaule, & du féjour pour le rétablir.

On peut quand l'effort n'eft pas grand, & qu'il ne fait pas froid, mener le Cheval nager dans l'eau un quart-d'heure le matin & autant le foir ; & au retour, frotter l'épaule avec de l'efprit-de-vin & du favon d'Efpagne.

Les réfolutifs qu'on employera font, l'effence de thérébentine, la thérébentine avec la poix-réfine, les effences qu'on appelle huiles d'afpic, de pétrole, avec l'efprit de thérébentine, &c.

Pour un violent effort d'épaule qu'on appelle entre-ouverture, ou pour un effort envieilli, on fait plufieurs opérations ; fçavoir, une qui s'appelle mettre des plumes, d'autres qu'on appelle feton & ortie : enfin, le feu. Voyez ces opérations au Traité des Opérations.

Si un Cheval en valoit la peine, rien ne feroit meilleur que la douge avec les eaux minérales chaudes.

CHAPITRE LXXI.

Des épaules desséchées, & de celles qui restent foibles.

Quelquefois quand un effort ou quelque mal confidérable à un pied a été fort long à guérir, l'épaule qui n'aura point eu de mouvement pendant la cure se sera tellement affoiblie, qu'elle aura perdu sa nourriture, quelquefois elle ne reste que foible : de ces deux cas, il y en a un qui peut se guérir, & l'autre est incurable. Si l'épaule n'a que de la foiblesse, & qu'elle ne soit pas totalement desséchée, on peut la ranimer en faisant faire au Cheval un exercice qu'on augmentera tous les jours, y ajoûtant des résolutifs & des adoucissans, comme des graisses; sçavoir, de l'eau-de-vie, du sain-doux, de la graisse de Mulet ou de Cheval, & du beurre. Les quatre onguens; sçavoir althea, populeum, onguent rosat, & miel commun partie égale, &c. Si l'épaule est tout-à-fait desséchée, le mal est incurable.

CHAPITRE LXXII.

Des efforts de reins.

Les Chevaux vigoureux ou ceux qui sont chargés trop pesamment sont sujets à se donner des efforts de reins, soit qu'ils veuillent se retirer de quelque mauvais pas, soit en se relevant après une chute; il peut arriver aussi qu'un Cheval se peut donner un tour de reins dans l'écurie. Si dans le moment qu'il se léve il vient à glisser dans sa place : alors, voulant s'empêcher de retomber, il employera la force de ses reins, ce qui occasionnera une extension confidérable des tendons qui attachent chaque vertebre l'une à l'autre.

Dans toutes les occasions cy-dessus, plus le Cheval aura employé de force, & plus l'extension sera violente : ainsi, cet accident a plusieurs degrés de danger, & un effort de reins peut être plus ou moins confidérable.

Quand l'effort n'est pas grand, on le connoît en ce que le Cheval a de la peine à reculer, & qu'en trottant sa croupe chancelle; & si l'effort est plus confidérable, ces signes augmentent au point qu'un Cheval ne sçauroit plus avancer ni reculer qu'il ne soit prêt à tomber, ne pouvant empêcher sa croupe de balancer si considérablement, que pour peu qu'on veuille forcer le Cheval à avancer, sa croupe tomberoit la première, & l'entraîneroit à terre. Un accident très-considérable qui peut accompagner l'effort de reins violent, & qui est incurable, c'est la rupture de quelques veines qui se feront rompuës dans le corps au moment de l'effort : alors le sang s'épanchera dans quelques parties du bas ventre, & s'y corrompant, formera un abcès intérieur, ce qu'on reconnoîtra par la suite, si on voit que malgré les remedes, la fiévre devienne fort considérable : Si cet accident n'est pas arrivé, le Cheval peut guérir d'un effort de reins.

Quand le tour de reins est peu considérable, il est bon (dans le moment que l'accident vient de lui arriver) de se servir de restrinctifs, qui, en resserrant sur le champ la partie, empêcheront les liqueurs de s'extravaser : ainsi, on fera nager sur le champ le Cheval dans l'eau froide, &c. Ces remedes ne sont bons que sur le champ ; mais un quart d'heure après, ils seront inutils, parce qu'alors l'épanchement sera fait : c'est pourquoi il sera nécessaire d'user de résolutifs, & employer la saignée plus ou moins réïterée selon que l'effort sera considérable : on donnera aussi au Cheval des lavemens anodins avec lait ou boüillon de tripes, y joignant meauve, violette, semence de lin, camomille, melilot, huile rosat, jaunes d'œufs, thérébentine ; & quand l'effort est grand, un breuvage avec sel policreste, 1 once, grains de genièvre, 1 litron dans une pinte de vin rouge tous les jours pendant huit jours.

Il faut qu'un Cheval qui a eu un effort de reins un peu considérable, soit quarante jours sans se coucher : c'est pourquoi il faudra le suspendre du devant, le frotter pendant trois jours avec de l'essence de thérébentine, ensuite on lui chargera les reins avec une charge, ou le ciroïne suivant.

Ciroïne.

Poix blanche, poix noire, cire neuve, & thérébentine, partie égale.

Au bout de quinze jours on se servira de bains, d'herbes aromatiques.

CHAP.

CHAPITRE LXXIII.

Effort appellé Avant-cœur, & effort dans l'aîne.

Comme nous croyons que la maladie nommée par les Maréchaux avant-cœur, est un effort du muscle pectoral, &
que l'effort dans l'aîne est une extension des muscles de cette
partie ; nous mettons ces deux maux au rang des efforts : mais
comme ces sortes d'efforts sont extrêmement dangereux, causent une fiévre considérable au Cheval, & le mettent en fort peu
de tems au risque de sa vie ; nous les avons détaillés dans l'article des maladies aiguës Ch. xvi , & nous n'en parlons ici que
pour y renvoyer le Lecteur.

CHAPITRE LXXIV.

Des efforts à la hanche, & du Cheval épointé.

CE que les Maréchaux appellent la hanche du Cheval, est Planche
composé de trois os , ou du moins de trois bouts d'os ap- XXVII.
parens, le plus haut est à la naissance de la croupe de chaque
côté en haut *a* ; quand cet os est trop élevé, on dit que le Cheval est cornu. Le second bout d'os, en y touchant, se trouve
proche le haut de la queuë, à côté de l'anus de chaque côté *bb*.
Le troisiéme est un os qu'on sent un peu plus bas que le précédent, & plus en côté, formant le haut de la cuisse *cc* , les Maréchaux appellent cet os la noix.

Ces trois bouts d'os sont sujets à des accidens que nous
allons détailler : Premiérement, l'os du haut de la hanche, qui Epointé.
est le premier dont nous avons parlé, paroît quelquefois visiblement plus bas que celui de l'autre côté, soit par heurts ou
coups, soit par contusion, qui en auront émoussé l'extrêmité
apparente aux jeunes Chevaux, parce que dans la jeunesse l'extrêmité de cet os n'a pas encore acquis une dureté capable de
résister à ces accidens. Cette hanche basse est plus desagréable
à la vûë que dangereuse, parce qu'elle fait rarement boiter le
Cheval : mais elle est choquante, parce qu'elle fait paroître la
croupe du Cheval plus basse d'un côté que de l'autre, quand on Planche
le regarde par derriere : on appelle un Cheval en cet état éhan- XXIII.
ché ou épointé. E Fig. B.

Il n'y a point de remede pour faire remonter l'os dans la place où il étoit précédemment : mais si le Cheval en boitoit par hazard, ce qui arrive quelquefois, il faudroit réchauffer la partie avec les huiles chaudes, des charges ou des ciroines.

Effort à la noix. La noix qui est cet os du haut de la cuisse, dont nous avons parlé au commencement de ce Chapitre, peut aussi avoir souffert effort ; c'est-à-dire, peut-être un relâchement du ligament Planche XXVII. Fig. A. qui le joint à l'os de la hanche *d*, car cet os du haut de la cuisse a une tête ronde *e* qui s'emboëte dans un creux fait exprès, ayant la figure d'une calotte, au fond de laquelle un ligament fort & court provenant du milieu de la tête ronde l'attache. Je dis qu'il faut que dans cette espece d'effort ce ligament soit trop étendu & relâché : car s'il étoit tout-à-fait rompu dans le tems de l'effort, & que l'os du haut de la cuisse fût sorti de sa boëte, au lieu que cet effort est ordinairement très-peu dangereux, il deviendroit incurable à cause de l'impossibilité qu'il y auroit de le faire rentrer dans sa place.

On découvre cette espece d'effort lorsque l'on voit que le Cheval tourne la croupe en trottant, baisse la hanche, & est boiteux : ce qui montre que les muscles qui vont à cette partie sont relâchés, aussi-bien que le ligament : ce qui fait qu'à la fin la hanche descendroit visiblement plus bas que l'autre ; c'est pourquoi il faut, aussi-tôt qu'on s'apperçoit de l'effort, commencer par saigner le Cheval une ou deux fois du col, pour faire diversion aux humeurs qui pourroient tomber sur la partie ; s'il est fort boiteux, il faudra qu'il soit neuf jours sans se coucher, pendant lequel tems vous employerez des résolutifs sur la partie, comme mêler son sang avec moitié essence de thérébentine, eau-de-vie & moitié essence de thérébentine plusieurs jours, ou bien y mettre des charges. Si tout cela ne réüssit pas, il faudra finir par le feu en faisant une roüe de pointe de feu autour de cette jointure : on peut aussi y faire une ortie.

L'effort le plus considérable & le plus dangereux, est celui qui se fait à cet os de la croupe qui est auprès du tronçon de la queüe de chaque côté, cet os étant contigu à celui du haut de la hanche, ou plûtôt ces deux os n'en faisant qu'un de chaque côté, dont un bout paroît au haut de la hanche, & l'autre près du tronçon de la queüe ; d'ailleurs ce grand os étant adhérant aux vertebres des reins, le bout du côté de la queüe ne sçauroit se démettre, puisque dans cet endroit il n'y a point de jointure d'un os à un autre : il faut donc que l'effort à cette partie ne soit autre chose qu'un relâchement des tendons des muscles qui y aboutissent, causé comme aux autres efforts par quelque coup ou par quelque chute, qui même aura pû faire contusion, & enfoncer ce bout d'os : car on voit ordinairement après l'effort, que la place où est l'os paroît plus creuse qu'à l'ordinaire ; & si l'effort est violent la partie enflera, le Cheval boitera extrêmement, & paroîtra ne pouvoir se soutenir sur la partie ; quelquefois même l'enflure descend sur le jaret & sur la jambe.

Il faudra plus saigner à cet effort qu'aux autres, & plus ou moins à proportion de la force du mal, vous vous servirez comme à l'effort précédent de résolutifs & charges sur la partie ; comme aussi sur le jaret & sur la jambe s'il sont enflés.

Quelques Maréchaux font à ce mal une opération qui fait voir qu'ils croyent que cet os peut se démettre ; ils appellent cette opération faire tirer l'épine. Mais puisque nous avons dit que cet accident ne pouvoit arriver : nous regardons cette opération comme inutile, & même plus nuisible que profitable, puisqu'elle cause une extension qui ne peut faire que de la douleur ; cette opération ne pourroit être bonne qu'au cas que la rotule qui forme la cuisse du Cheval près du ventre, fût sortie de sa place : mais on n'a point d'exemple de ce mal.

Si les résolutifs qu'on a employé pour cet effort n'ont pas réussi, le dernier remede est une rouë de pointe de feu autour de la partie en perçant le cuir comme à l'effort précédent.

CHAPITRE LXXV.

De la sortie du fondement, & des Fistules.

QUoique les fistules ne proviennent pas d'effort, nous ne laissons pas d'en parler dans ce Chapitre, parce que c'est un mal qui vient plus communément au fondement dont nous allons parler qu'ailleurs.

Quelquefois le fondement ayant souffert à cause de quelques maladies qui auront fait faire de violents efforts aux Chevaux, comme les tenesmes, les flux de ventre, les toux considérables, &c. se sera relâché de façon qu'il paroît visiblement hors de sa place, & sorti au dehors ; il arrive encore que quand on a coupé la queuë aux Chevaux, on voit sortir le fondement quelques jours après; mais cet accident n'a pas la même caufe de la fortie du fondement qui arrive après quelques efforts confidérables; il dénote feulement, furtout s'il eft accompagné de grande enflure à la partie, que la gangrene eft dans la queuë, qu'elle gagne le filet des reins, & que le Cheval eft en très-grand danger de mort : alors il faudra fonger au mal le plus preffant qui eft la gangrene, dont vous trouverez les remedes au Traité des Playes.

Pour revenir à la fortie du fondement occafionnée par des efforts ou par des douleurs violentes, il faut fonger à remettre cette partie dans fon état naturel en la faifant rentrer, puis la refferrant : ce qui fe fait au moyen d'aftringens joints avec des réfolutifs, comme les décoctions de balaufte ou fleurs de grenadiers fauvages, noix de cyprès, boüillons blancs, rofes de Provins, &c. dans du vin, ou bien cataplafme avec althea, efprit de vin, huiles de petrole, d'afpic & de thérébentine; il faut auffi employer les demi-lavemens aftringens, comme les fuivans.

LAVEMENS ASTRINGENS.

Vin.	1 pinte.
Rofe de Provins.	4 onces.

AUTRE.

Grande Confoude.	1 poignée.
Eau commune.	3 chopines.
Vinaigre.	1 verre.

Il faudra baffiner le fondement avec le marc de la décoction de ce lavement.

S'il venoit au fondement une enflure confiderable; alors comme le mal menaceroit de corruption ou de gangréne, il faudroit faire de fréquentes faignées, coup fur coup, & faire obferver la diéte au Cheval.

En cas que le fondement ne rentre pas avec les remedes précedens; alors l'inflammation & la grande chaleur étant ôtées, il le faudra couper avec un couteau de feu, pour empêcher l'hémorragie.

La fiftule eft un canal qui fe forme dans les chairs & même dans les os, lorfque la matiere ayant corrodé par fon âcreté quelques parties dans laquelle elle étoit contenuë, a fait un trou à cette partie, au moyen duquel sortant de son lieu propre & mangeant petit à petit les chairs par son âcreté, elle se fait chemin, & étant parvenuë à la superficie de la peau, elle sort en y faisant une ouverture non naturelle ; ainsi il se peut faire des fistules en plusieurs endroits comme aux yeux, à la ganache, au fondement &c. en un mot, en tous les endroits où la serosité qui coule devenant âcre, peut corroder les parties solides. Il seroit difficile de guérir la fistule d'un Cheval au fondement par l'operation, dont on se sert pour les hommes, attendu qu'il faut que cette cure soit accompagnée d'un si grand ménagement, de la part du sujet même ; qu'il seroit inutile de tenter rien de pareil à l'égard du Cheval ; c'est pourquoi, si on connoît qu'il y a fistule au fondement, ce qui se distinguera de la chute du fondement ordinaire, en ce que le fondement sortira, lorsque le Cheval marchera, & rentrera quand il sera arrêté ; alors il n'y aura d'autres remedes que de lier le fondement, quand il sera dehors, puis le couper avec le feu. J'ai vû des abscès à côté du fondement, provenant d'une fluxion qui se sera jetté sur cette partie, ou de coups qu'on aura donné sur la croupe : ces abscès peuvent fuser dans les graisses, & paroître à côté du fondement ; cela a l'air de fistule, & n'est qu'un abscès, qu'il faudra traiter comme les autres ; quelquefois il faudra faire playe pour guérir le fond.

A l'égard des fistules, comme il s'en est vû quelquefois qui paroissent à la tête, ou à la ganache, lesquelles se dénotent par un écoulement d'eau ; il faudra enfoncer la sonde dans le trou de la fistule, & couper sur la sonde pour ouvrir le canal jusqu'à ce qu'on soit arrivé à l'origine de la fistule, évitant en chemin de couper quelques vaisseaux considérables ; alors vous panserez cette origine de fistule, c'est-à-dire, l'endroit où elle a commencé à pénétrer dans les chairs comme une playe, laquelle étant guérie, c'est-à-dire, le trou bouché, la fistule ne paroîtra plus ; quelquefois même les chairs, revenant après l'incision, bouchent le trou d'elles-mêmes.

Si la fistule est dans l'os, il faudra y mettre le feu, ou des caustiques, comme vous le verrez aux Maladies des os.

CHAPITRE LXXVI.

De la Defcente ou Hernie.

LA defcente ou hernie, eft une maladie, provenant de quelque effort qu'aura fait le Cheval, au moyen du-quel, les tendons des mufcles du bas ventre fe feront trop étendus, & par conféquent trop relâchés; ce qui aura laiffé affez d'efpace aux boyaux pour tomber dans les bourfes; à cela il n'y a de remede, que de repouffer le boyau, fi faire fe peut; enfuite l'empêcher de retomber, au moyen d'un ban-dage qui le contiendroit en fa place, & donneroit le tems aux mufcles de fe rafermir & de reprendre leur place: mais le plus ufité & le plus fûr, eft de faire rentrer le boyau, puis châtrer le Cheval.

CHAPITRE LXXVII.

Des efforts des Jarets & d'un Mufcle du dedans de la cuiffe.

PLANCHE XXVII. Fig. B.

LEs jarets fouffrent plufieurs efpeces d'efforts; celui que nous mettrons le premier, occupe toute l'étenduë du jaret; quelquefois il n'y a que le gros tendon, qui va à la poin-te du jaret, qu'on appelle aux hommes, le tendon d'Achille, qui eft le tendon du fublime *a*, qui aura fouffert extenfion: nous joindrons à ces deux efforts, celui qui paroît au-dedans de la cuiffe, en fuivant la veine, à caufe de l'extenfion du mufcle *triceps* extérieur.

L'effort général du jaret, provient de l'extenfion de tous, ou une grande partie des tendons qui paffent au jaret, tant en dedans qu'en dehors; ce qui fe connoît à l'enflure du jaret, & à la douleur qui accompagne cette enflure, parcequ'en maniant la partie enflée, le Cheval feint: cette maladie eft la plus dangereufe des maladies d'efforts, à caufe que le jaret eft une partie très-garnie de tendons, & par conféquent très-fenfible; auffi le Cheval qui a ce mal, y fent tant de douleur, quand l'effort eft un peu confidérable, qu'il en devient maigre;

& fi le mal eft violent, il fe congele une lymphe tendineufe, qui par la fuite caufe des éparvins, des caplets, ou des courbes, & quelquefois le Cheval refte totalement eftropié, le jaret roide & hors d'état de fervir.

Il faut commencer pour guérir ce mal, par faigner plus ou moins, felon la violence de l'effort ; après quoi, fi l'effort eft léger, il fuffira de frotter le jaret avec eau-de-vie, ou efprit de vin ; s'il étoit plus confiderable, & qu'il y eut une grande douleur au jaret ; il faudra le frotter avec les huiles chaudes, enfuite un cataplafme de lait, thérébentine & poix de Bourgogne, obfervant de n'en point mettre à l'endroit de la foulandre : lorfque la douleur fera diminuée, on mettra du vin dans ledit cataplafme, à la place du lait ; & enfin lorfqu'il n'y aura plus de douleur, & qu'il ne reftera qu'une enflure, il faudra charger l'endroit avec de la lie de vin rouge, & finir par des bains.

S'il venoit quelque petit abfcès, il faudroit l'ouvrir avec un bouton de feu, puis le panfer comme une playe.

L'effort du gros tendon du jaret, eft plus effrayant que dangereux ; car il femble que la jambe foit caffée, parceque ce tendon qui eft ordinairement très-tendu, devient mouvant dans le moment de l'effort, comme une corde lâche ; de façon que, quand le Cheval a la jambe en l'air, fa jambe paroît pendre au jaret, abandonnée, comme fi elle étoit fufpenduë : on fent même ce tendon en le maniant, plus mouvant qu'à l'ordinaire : ce mal peut provenir d'un effort qu'aura fait le Cheval dans un travail, ou en le ferrant, ou enfin par toutes les caufes, qui peuvent donner des efforts aux Chevaux.

On guérira ce mal en faignant d'abord une fois ; il faudra le laiffer quarante jours en repos, pour donner le tems au tendon de fe rafermir, pendant lequel tems vous vous fervirez fur la partie, de charge avec l'huile de lin, vous pouvez employer les bains & autres refolutifs.

Par l'effort aux mufcles *triceps*, j'entends une extenfion d'un mufcle, qui fe trouve au dedans de la cuiffe, dont l'origine eft à l'os pubis, & qui va s'attacher au haut de l'os du bas de la cuiffe, répondant à l'os de la jambe de l'homme, la veine du plat de la cuiffe coule deffus ce mufcle ; on reconnoît qu'il a fouffert effort, lorfque l'on voit une enflure longue, qui fuit la veine ; cette enflure n'eft autre chofe que la fuite de l'extenfion dudit mufcle; cet effort eft très-douloureux, c'eft pourquoi il faut commencer par faigner le Cheval, & le traiter du refte avec charge & bains réfolutifs comme aux précédens efforts.

CHAPITRE LXXVIII.

Des Mémarchures ou Entorfes.

L'Entorfe ou mémarchure, fe connoît; premierement à l'avoir vû prendre au Cheval; elle le fait boiter plus ou moins, felon qu'elle eft plus ou moins confidérable : on la connoît encore à la chaleur & au traînement du boulet; la caufe en eft un effort, que les tendons auront reçu dans cette partie, lorfque le Cheval aura mis le pied à faux.

Il faut traiter ce mal diligemment, la cure en peut être longue; ce qui caufe des inconvéniens confidérables; car, ou le pied de l'autre côté fe ruïne pour fupporter trop long-tems le fardeau du corps; ou bien le Cheval deviendra fourbu par la même raifon, & la fourbure tombera fur les pieds : les plus dangereufes de toutes les entorfes, font celles des pieds de derriere; car elles font les plus difficiles à guérir; & fi la cure en eft longue, le Cheval maigrira confidérablement par la douleur.

On peut à ce mal dans le moment de l'entorfe, fe fervir de reftrinctifs, c'eft-à-dire, refferrer la partie en jettant de l'eau froide deffus, pendant une heure, ou bien faire entrer le Cheval fur le champ dans de l'eau froide, & lui laiffer une heure; lorfqu'on ne s'eft pas apperçu de l'entorfe, & qu'on ne la reconnoît que quelque tems après qu'elle a été prife, alors les remedes ci-deffus ne feroient plus d'effet; c'eft-pourquoi on commencera par faigner plus ou moins, felon la force de l'entorfe, afin d'éviter l'inflammation : faire obferver la diéte par la même raifon, & mettre fur la partie des cataplafmes refolutifs, les huiles chaudes & envelopper le boulet; tous les refolutifs font bons dans cette occafion, fi l'entorfe eft vieille, vous appliquerez deffus de la thérébentine ou de la poix noire; fi tous ces remedes ne réüffiffent point, deffolez; mettez le feu fur la partie enflée, un ciroine, & jettez votre Cheval à l'herbe, ou faites-le labourer jufqu'à ce que

la

Fig.A

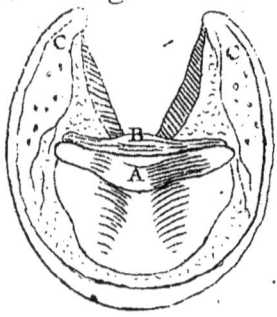

Fig.B

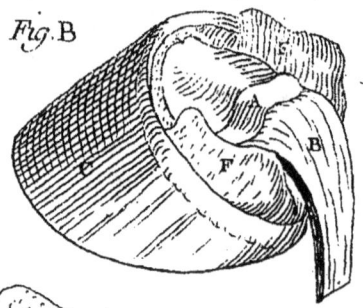

Fig.C

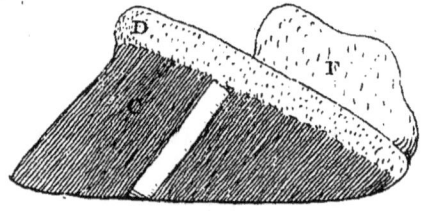

Fig.D

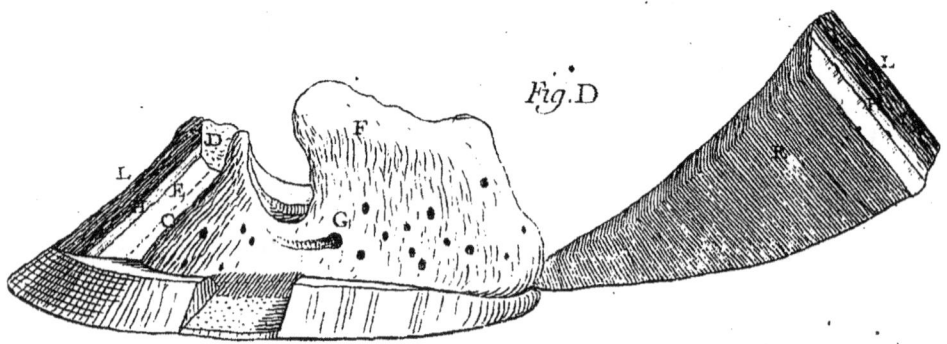

Fig.E

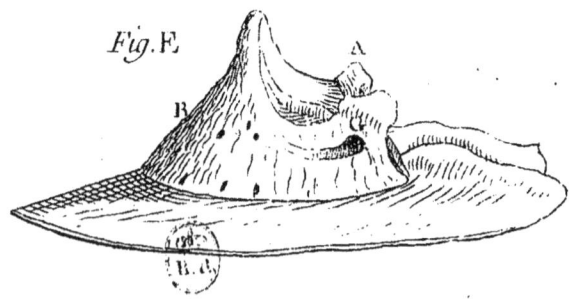

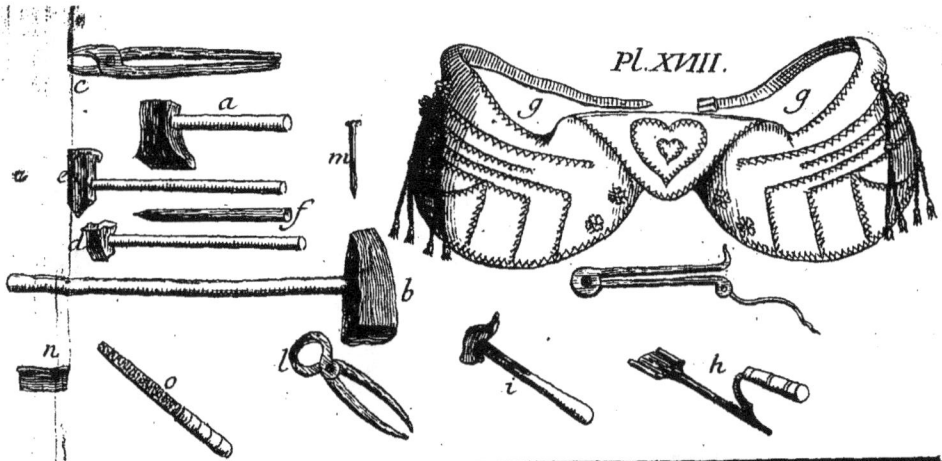

Pl. XVIII.

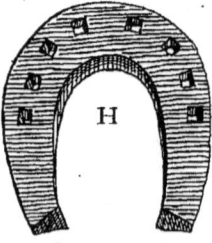 H

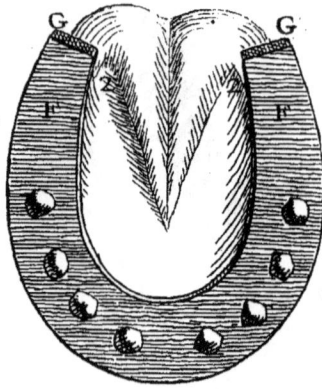 G G F F

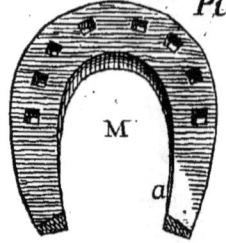 M a

Pl. XIX

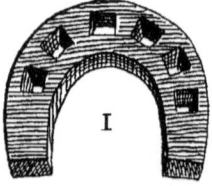 I

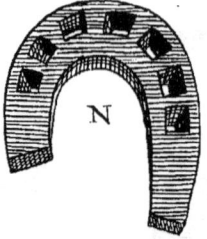 N

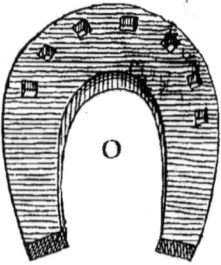 O

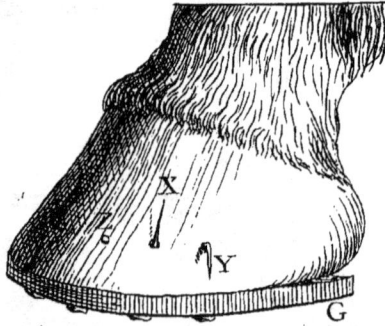 X Z Y G

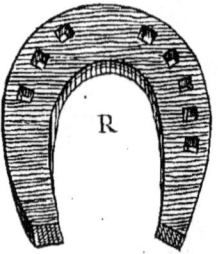 R

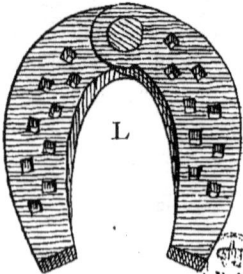 L

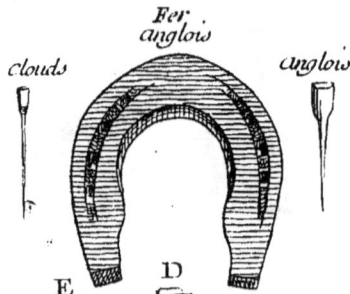 clouds *Fer anglois* anglois E D a

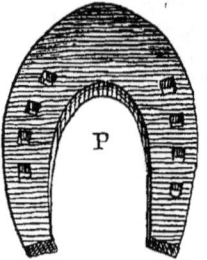 P

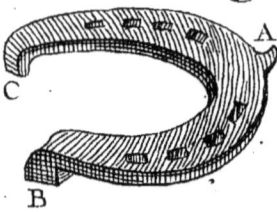 A C B

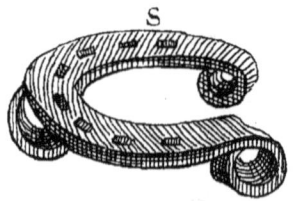 S

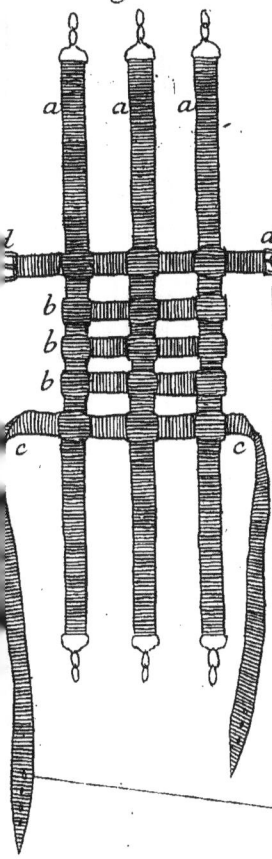

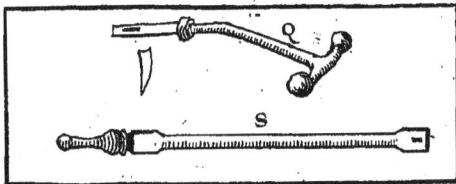

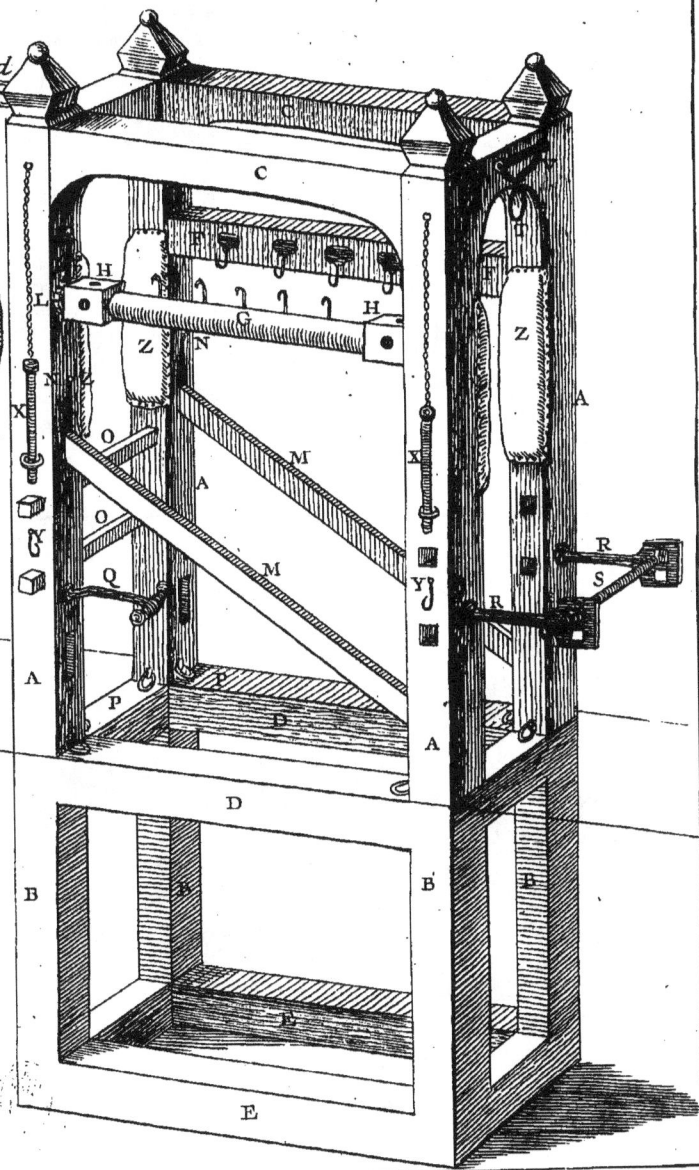

*Fig.*B

Pl.XX.

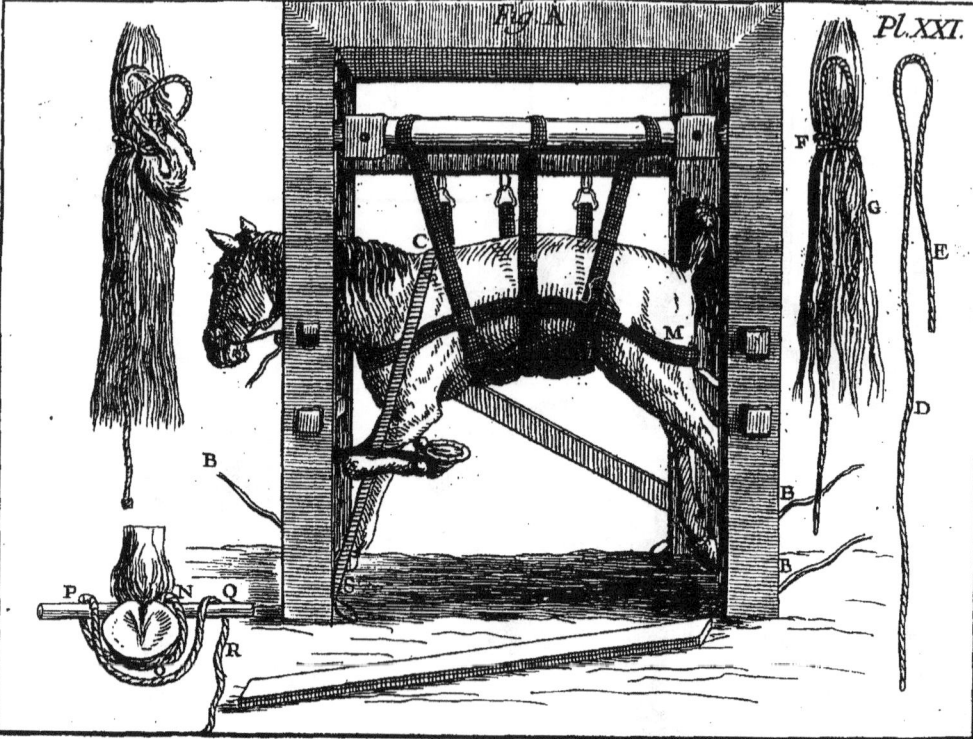

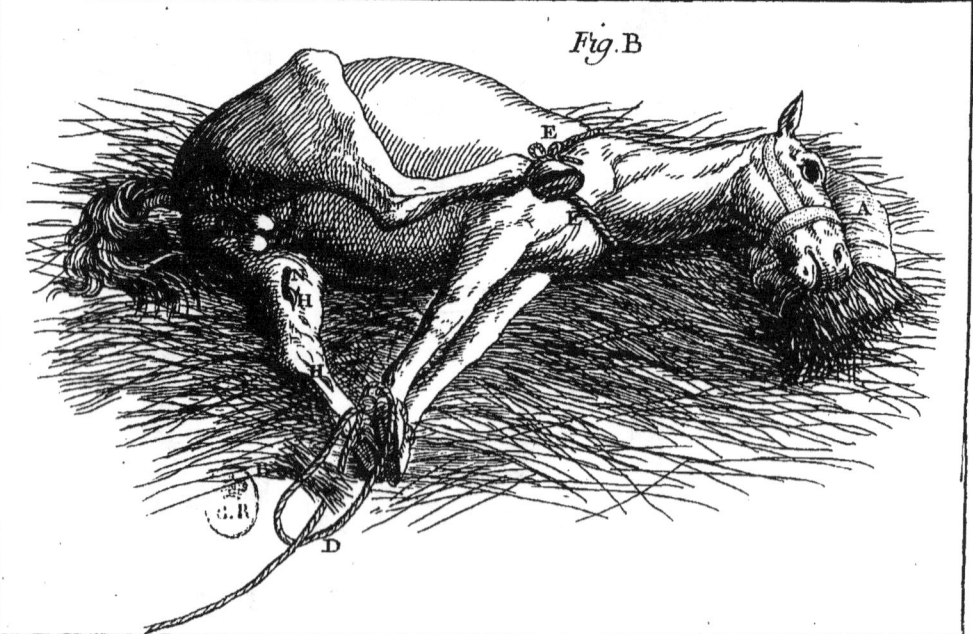

Fig. B

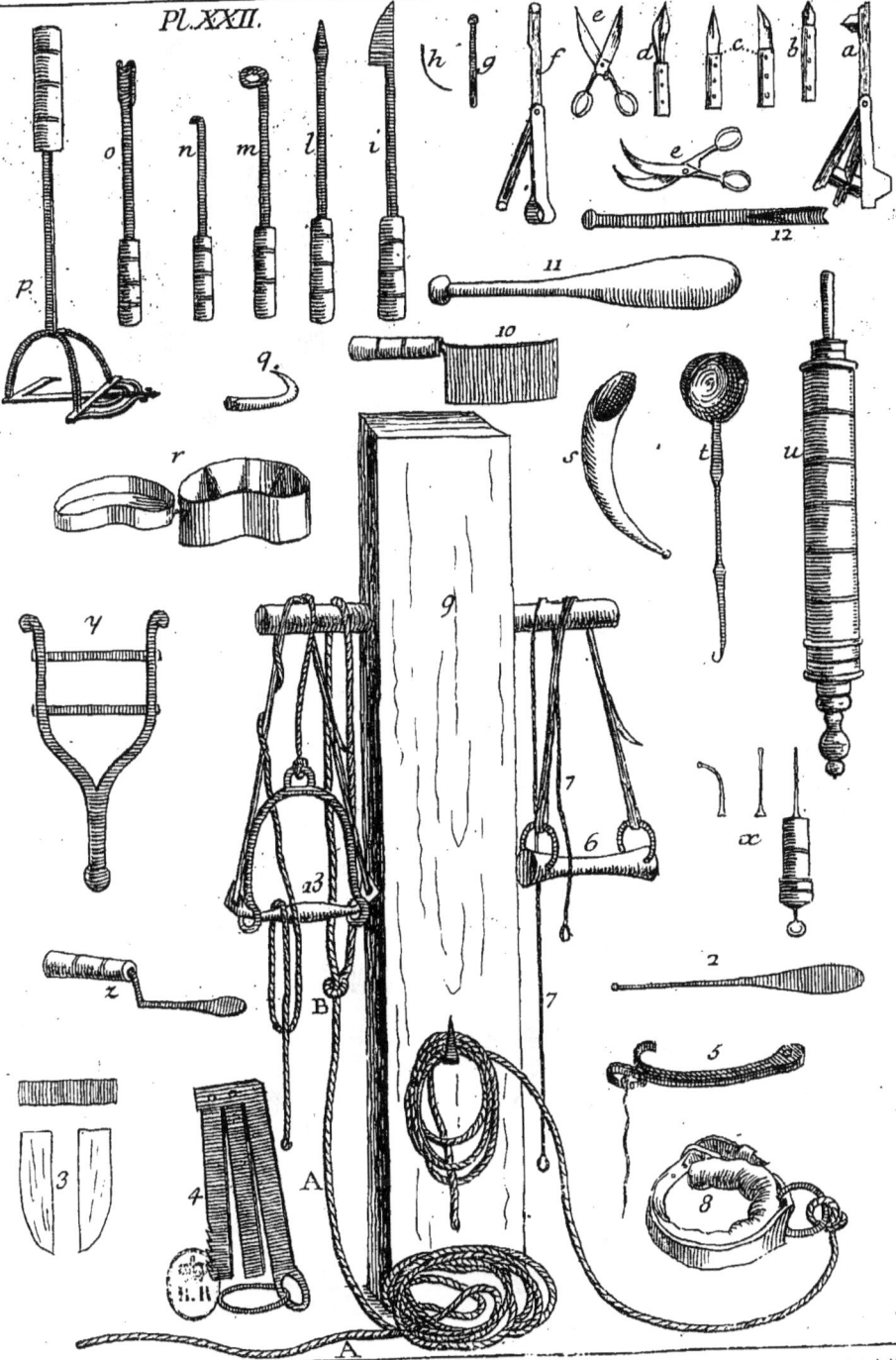

Pl.XXII.

Fig. B

Fig. D

dessus

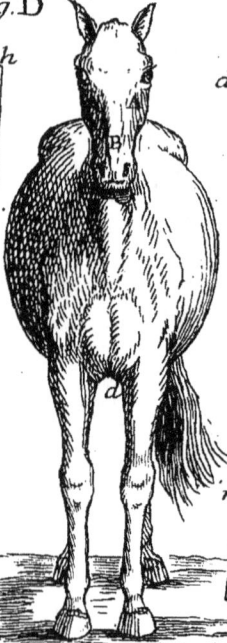

Fig. A

des sous

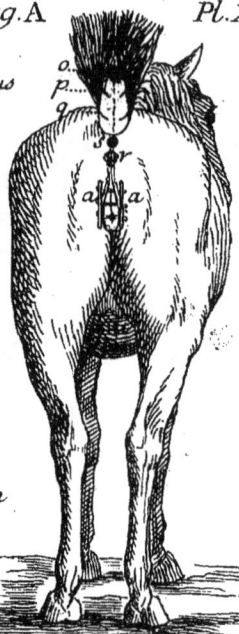

Pl. XXIII.

Fig. C

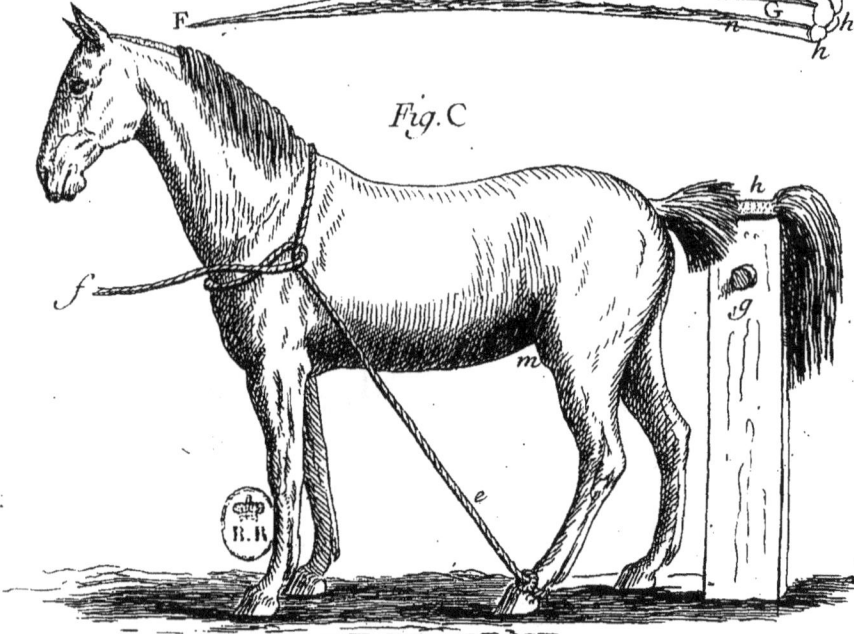

Pl. XXIV.

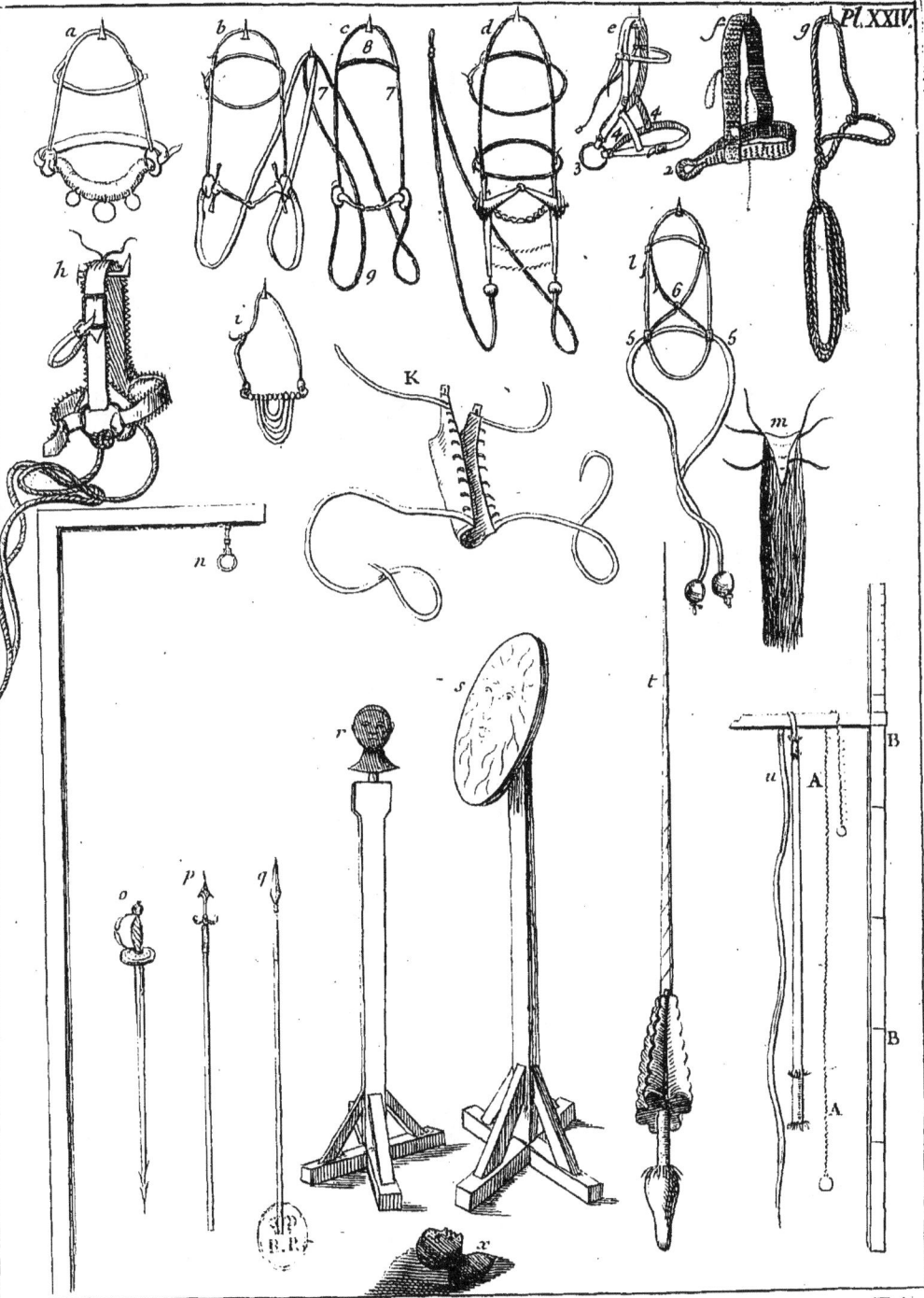

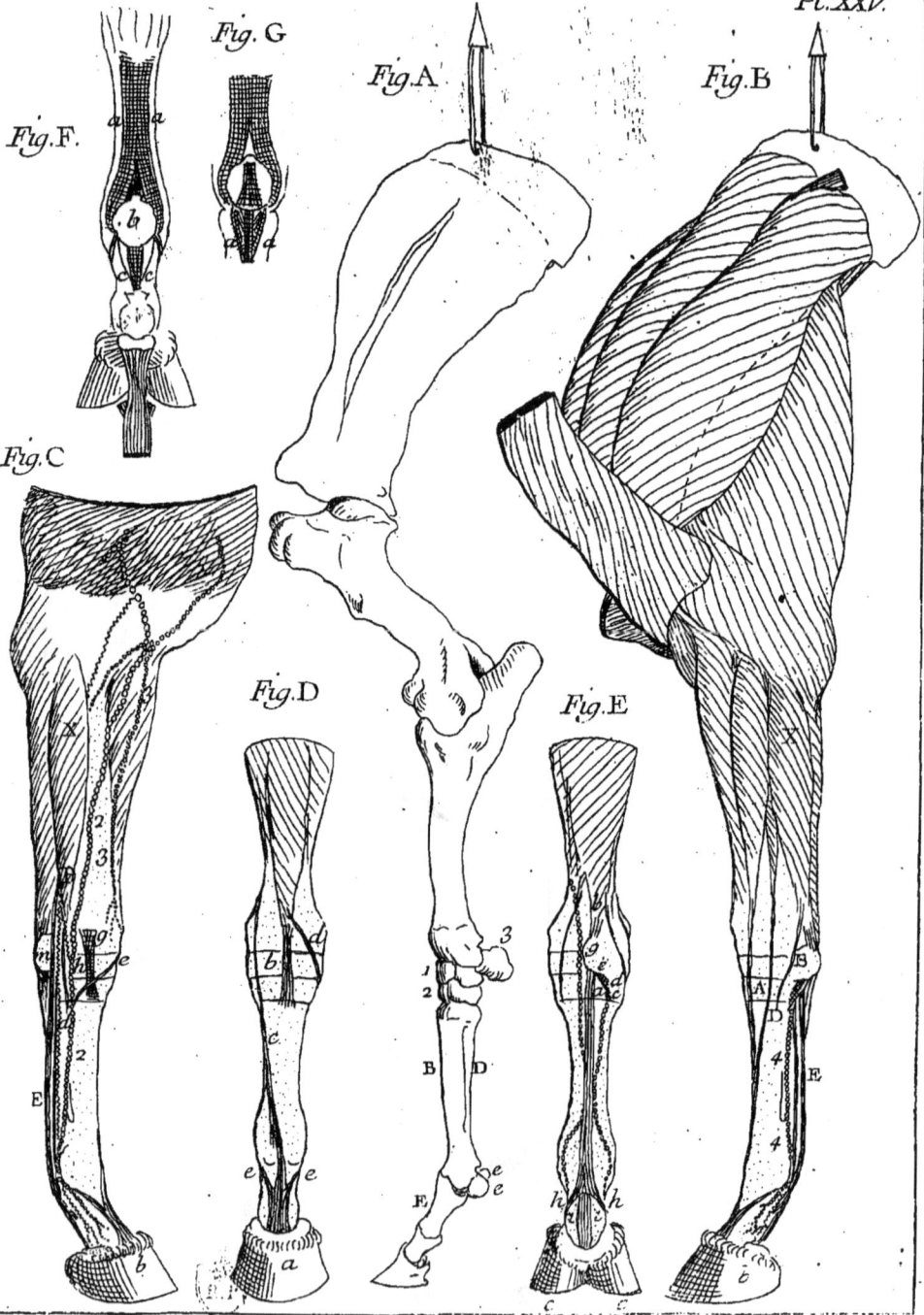

Fig. F.   *Fig*. G.   *Fig*. A.   *Pl*. XXV.   *Fig*. B.

Fig. C.   *Fig*. D.   *Fig*. E.

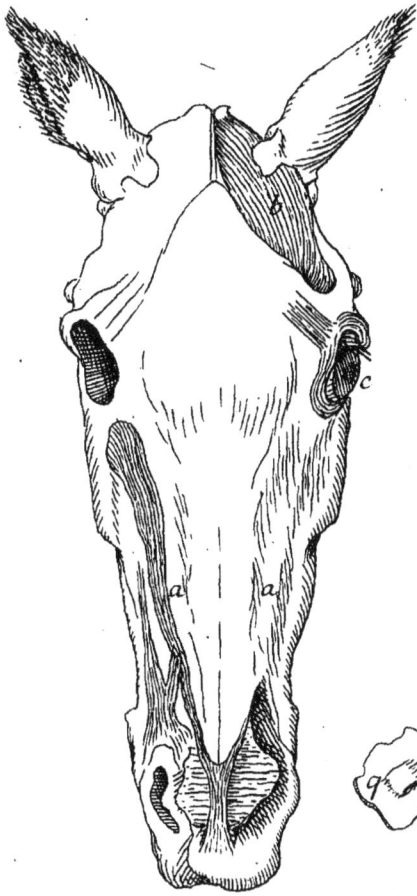

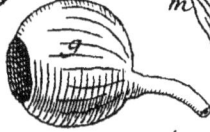
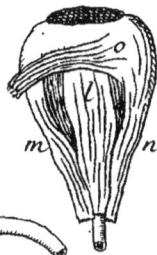
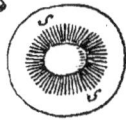

Pl. XXVI.

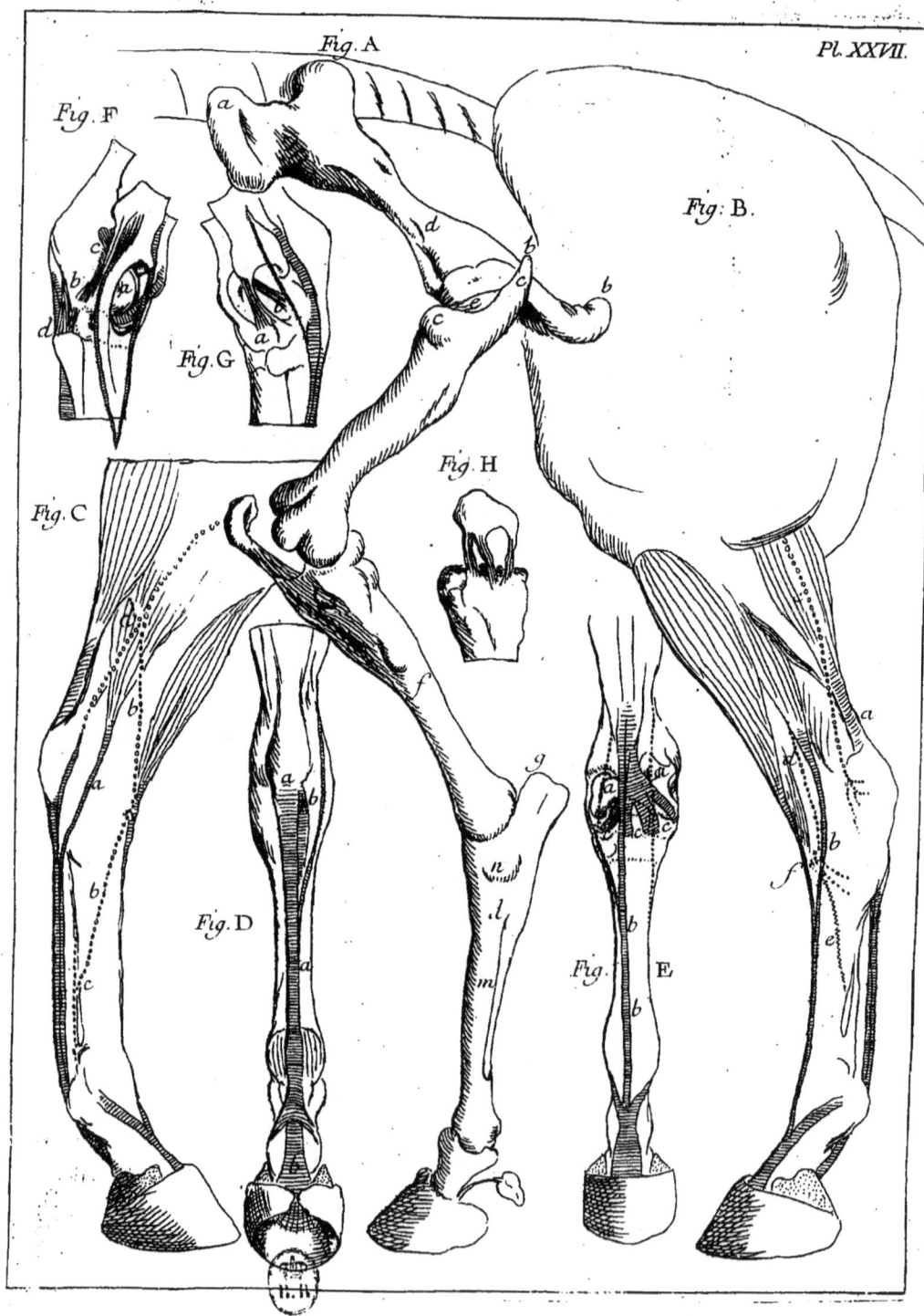

Fig. A

Fig. F

Pl. XXVII.

Fig: B.

Fig. G

Fig. H

Fig. C

Fig. D

Fig. E

Pl. XXVIII.

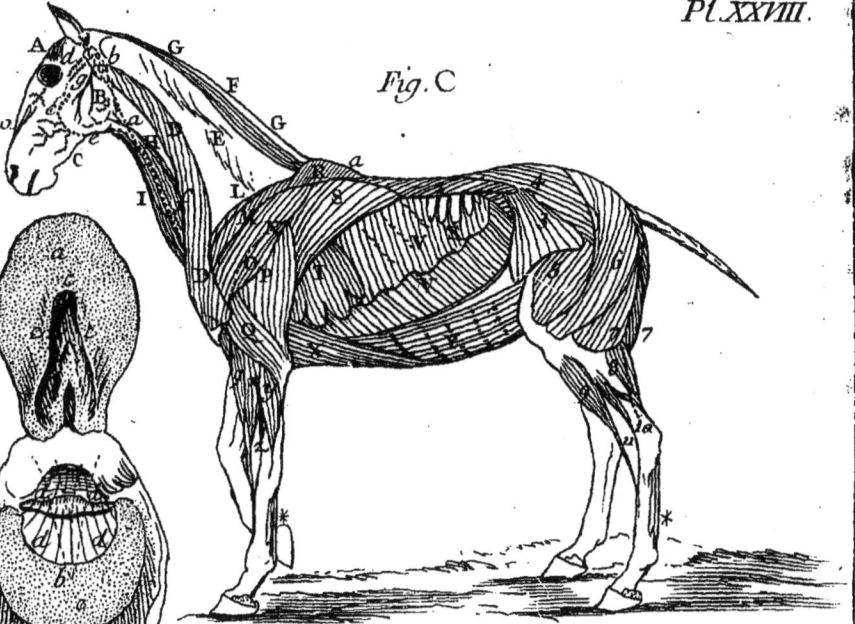

Fig. C

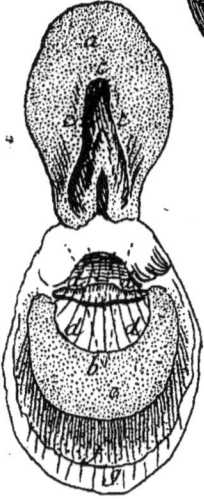

Fig. B

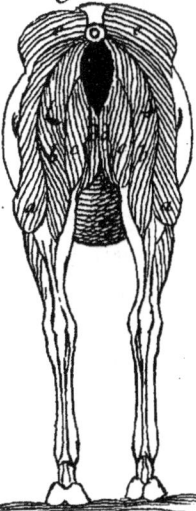

Fig. E

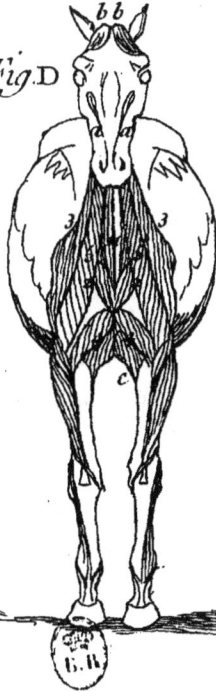

Fig. D

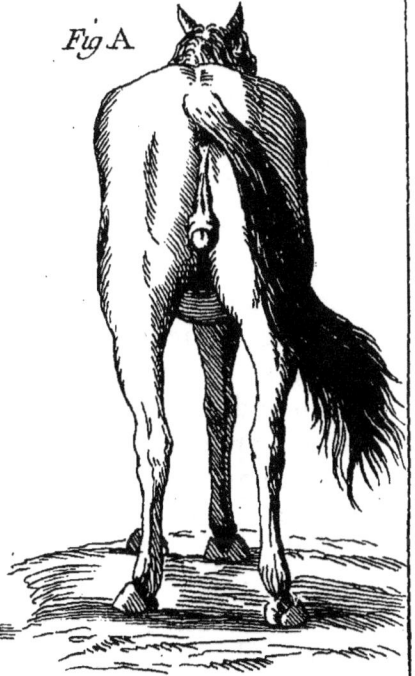

Fig. A

la partie soit rafermie ; ce remede est quelquefois long , mais c'est le plus sûr.

CHAPITRE LXXIX.
DIVERSES INCOMMODITE'S.
De la Crampe.

L A crampe des Chevaux ne se dénotte qu'au jaret : il y a des Chevaux qui y sont sujets , le jaret leur devient roide pendant une minute ; & cela leur recommence souvent : cette incommodité vient d'un sang épais , qui fait que les esprits animaux s'embarrassent & s'arrêtent dans le corps des muscles ; cela n'est qu'incommode au Cavalier , & nullement dangereux pour le Cheval ; il faut saigner ces Chevaux de tems en tems , pour diminuer cet accident : je n'y sçache point d'autre remede.

CHAPITRE LXXX.
Du Tiq.

L E Tiq est une mauvaise habitude , que contractent quelques Chevaux ; il se dénote par un mouvement convulsif du gosier , accompagné d'une espece de rot ; ils appliquent cette habitude en differentes actions & occasions, plusieurs tiquent en appuyant les dents , ou sur la longe du licol , ou contre la mangeoire , ou au fond , ou sur le timon ; d'autres tiquent en l'air ou sur la bride : on reconnoît les tiqueurs , qui appuyent les dents en les voyant usées : cette incommodité peut nuire à la vente d'un Cheval ; car elle entraîne après elle de lui faire tomber l'avoine de la bouche en mangeant , quand il tique sur la mangeoire , & par conséquent de diminuer sa nourriture , & de le dessecher en général ; le tiq est fort incommode , & se communique dans une écurie.

Il y a à cette incommodité plusieurs palliatifs, qui ne durent que quelques jours , comme d'entourrer le col près de la tête d'une courroye de cuir un peu serrée , de couvrir les bords de la mangeoire de lames de fer ou de cuivre , de frotter la mangeoire avec quelque herbe fort amere , ou avec de la

T t

fiente de vache ou de chien, ou d'en couvrir le bord avec
des peaux de mouton ; mais le meilleur & le plus effectif de
tous, est de donner l'avoine dans un havrefac pendu à la tête
du Cheval, & qu'il n'ait point de mangeoire.

CHAPITRE LXXXI.

Des furdents ou dents de Loup.

Pɪ. XXVI. **L**A furdent n'est autre chose qu'une dent macheliere,
qui a crû plus longüe que les autres, 7 ; elle n'est incommode que lorsqu'elle a crû au point de causer de la douleur au Cheval, & de former une poche ou un creux dans les
joües, de façon que le manger s'y amasse. Il se pratique deux
manieres de foulager le Cheval dans cette occasion, l'une est
Pɪ. XXII. de rompre la furdent avec une gouge 12, en frappant sur la
gouge pour enlever l'excedent de la dent ; mais il y a en même tems un inconvénient à l'ôter ainsi, attendu qu'on peut
ébranler la machoire & la rendre douloureuse ; de façon que
le Cheval soit plusieurs jours sans pouvoir mâcher : l'autre
façon qui est la meilleure ; en cas que le Cheval veuille y répondre, est d'introduire une grosse lime, qui s'appelle un
carreau sur la furdent, & la faire mâcher au Cheval : ce
carreau mangera la furdent, & la mettra à l'uni des autres.

CHAPITRE LXXXII.

Du Lampas ou féve, & des Barbes ou Barbillons.

Pɪ. III.
Fig. C.
ON appelle lampas ou féve, une grosseur qui paroît
derriere les pinces de la mâchoire superieure, & qui
rend en cet endroit le palais aussi élevé que les dents *p*, lorsqu'on voit un jeune Cheval qui ne mange pas bien, on imagine que c'est cette élevation du palais qui l'empêche de manger, mais c'est apparemment quelque autre cause ; car tous
les jeunes Chevaux ont les dents de lait à rase du palais ; ils
auroient donc tous la féve : je conseille de les laisser ainsi sans
y rien faire, quand les dents croîtront, la féve supposée dis-
paroîtra.

A l'égard des barbes ou barbillons, ce sont de petites ex-

croiſſances ou queuës de chair, qui viennent à la mâchoire
inférieure ſous la langue *qq*; ils ont beaucoup de reſſemblance à cette chair longue, qu'on voit aux coins du bec d'un poiſ-
ſon appellé barbeau; cette incommodité empêche le Cheval
de boire. Pour remede, on ouvre la bouche avec le pas d'âne;   Pl. XXII.
on coupe les barbes avec des cizeaux, tout au plus près, puis
on frotte de ſel, & le Cheval eſt guéri.

CHAPITRE LXXXIII.

Des Poux.

LEs Chevaux qui ont beaucoup ſouffert des intemperies
de l'air, & qui ſont tombés en maigreur, faute de bonnes nourritures dans les herbages, ſont quelquefois ſi miſéra-
bles, qu'ils deviennent pleins de poux, leſquels les ſuccent
& continuent leur maigreur; ce qui enfin les feroit périr d'Eti-
ſie; ces poux ſont bien differens de ceux des hommes, quoique de la même groſſeur, on peut les appeller des poux ſauvages; on en trouve de la même eſpece aux oiſeaux, j'en ai
deſſiné une groſſe au microſcope *Fig.* G; il eſt fort aiſé de les   Pl. V.
détruire avec l'onguent gris ou avec l'infuſion du tabac.
Voyez les divers remedes, qui ſont à la fin du Traité de
l'Apoticaire.

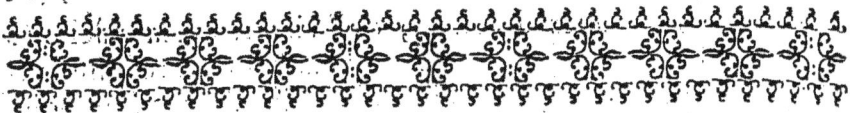

LE CHIRURGIEN,

OU

TRAITÉ

DES LUXATIONS,

FRACTURES, ABCE'S,

PLAYES ET OPERATIONS.

CHAPITRE PREMIER.

Des Os démis ou Luxations, où il sera parlé du Boulet démis.

LE Cheval par un effort, peut se démettre quelques os ; ce qui est cependant fort rare, à l'égard de l'os du haut de la cuisse, dont nous avons parlé dans le Chapitre des efforts à la hanche, comme aussi l'os de l'épaule, qui paroît au poitrail ; mais il est plus commun qu'il se démette l'os du pâturon, c'est-à-dire, la jointure du boulet : on reconnoît que les os sont démis, en voyant premierement le Cheval boiter, & lorsque l'on tâte l'endroit où l'os est démis, on le sent aisément hors de sa place : cet accident est toujours joint avec de la douleur , & souvent avec un battement de flanc, causé par cette même douleur , laquelle provient de l'extension qu'ont souffert les muscles de la partie démise dans le tems de l'effort ; car l'os ne se déplace, que lorsque les muscles ou leurs tendons ayant cedé dans l'effort , ont laissé la liberté à l'os de changer de place , après quoi il ne peut y retourner de lui-même, parceque ces mêmes tendons reprennent sur le champ leur tension ordinaire.

A l'égard de l'os du boulet, qui est celui qui est le plus sujet à souffrir effort, & par conséquent à sortir de sa place ; il
donne les signes suivans ; le Cheval reste la jambe en l'air,
ne pouvant se soutenir dessus ; & si on manie, & qu'on fasse
mouvoir le boulet, on en sent le mouvement à côté & peu
souvent en avant, quelquefois la douleur cause au Cheval
un grand battement de flanc : l'os du mouvement de l'é-
paule au poitrail, peut aussi en même tems avoir souffert extension ; mais cet accident sera de peu de conséquence, parceque le boulet aura souffert l'effort plus violent, ainsi cet
os du mouvement de l'épaule sera peut-être un peu des-
cendu & relâché, mais il se retablira avec le tems : les disloca-
tions sont beaucoup plus dangereuses aux boulets de derriere, qu'à ceux de devant, & il en arrive les mêmes accidens
qu'aux entorses, si la cure en est longue.

En général, il faut commencer pour guérir toutes disloca-
tions, à remettre l'os dans sa place ordinaire ; ce qui ne se
peut faire qu'en renouvellant l'extension des muscles, au
moyen d'une operation, appellée extension & contre-exten-
sion ; on peut la pratiquer à l'os du boulet, je doute qu'on
puisse la pratiquer ailleurs ; elle se fait, ayant abattu le Cheval avec deux ou plusieurs hommes, dont les uns par le moyen
de cordage ou autrement, tireront la jambe au-dessous du
genou, ou au-dessous du jaret si le boulet de la jambe de
derriere est démis ; & tenant le bout de la corde ferme, ils
resisteront à ceux qui ayant lié le pied près le sabot, tireront
extrêmement à eux, jusqu'à ce qu'un homme qui tiendra le
boulet dans l'endroit où il est démis, le repousse à sa place
avec la main, quand il sentira que cela lui sera possible : alors
le boulet remis en sa place, on mettra dessus de l'huile de thérébentine & de l'eau-de-vie, & pardessus l'emplâtre *oxicro-
ceum*, ou l'emplâtre *pro fracturis*, puis des éclisses, ensuite
un bandage à deux chefs, pardessus une enveloppe de toile,
qu'il faudra coudre, & le laisser ainsi pendant neuf jours sus-
pendu ; au bout duquel tems, vous remettrez un nouvel appareil : comme la partie enflera, il faudra la laver avec du vin
aromatique pour dissiper l'enflure.

A l'égard des remedes intérieurs, vous saignerez une fois,
si le Cheval n'a pas grande douleur ; mais s'il lui prend un battement de flanc, vous augmenterez les saignées, & vous don-

nerez du moins deux lavemens avec le policrefte par jour, pendant fept ou huit jours, lui faifant en même tems obfer-ver la diéte.

CHAPITRE II.

De la fracture des Os.

IL eft fingulier, que fans aucune raifon apparente il foit pref-que géneralement reçû que les Chevaux n'ont point de moëlle dans les os : ainfi on croit qu'auffi-tôt que la jambe d'un Cheval eft caffée, il n'y a point de reffource ; & que les os ne fçauroient jamais fe rejoindre : cependant, il n'y a rien de fi faux, les Chevaux ont de la moëlle comme les autres animaux, laquelle moëlle eft indifpenfable à tous les os en général pour leur confervation & leur nourriture, fans quoi ils devien-droient fi fecs qu'ils fe cafferoient comme du verre. M. Soleizel cite deux exemples qu'il a vûs d'un Cheval & d'un Mulet qui avoient la jambe caffée, que l'on traita en conféquence, qui enfuite fervirent plufieurs années. Nous allons donc donner le moyen de remettre les os, & de guérir un Cheval qui auroit la jambe caffée : Il eft vrai qu'il feroit difficile qu'il ne boitât pas enfuite : mais il pourroit du moins fervir à tirer, ou même d'é-talon s'il eft entier.

Il eft rare que les Chevaux fe caffent d'autres os que ceux des jambes & les côtes ; il arrive cependant quelquefois qu'ils fe cafferont l'os de la cuiffe ; mais il paroît fi difficile de faire alors ce qui eft néceffaire pour les guérir, qu'il vaut autant aban-donner un Cheval en cet état, furtout fi la fracture eft en bizeau ou en bec de flute : on verra la difficulté de les penfer quand l'os de la cuiffe eft caffé, par la defcription de l'opération qu'il eft néceffaire de faire pour remettre & contenir l'os de la jambe.

Un Cheval en tombant peut fe caffer quelques côtes ; on pourroit les remettre par les moyens que nous indiquerons cy-après.

Venons à la fracture des os des jambes, qui eft la plus com-mune, puifque cet accident peut arriver par quelque effort qu'aura fait un Cheval, ou même en mettant un pied à faux au galop, ou enfin par quelque chute. Lors donc que l'os de

la jambe fera caffé, & que la fracture fera diametrale, elle fera
beaucoup plus aifée à maintenir, que fi elle eft longitudinale
ou en biais, parce que dans ce cas il eft plus difficile d'empêcher
l'os de gliffer de côté : au lieu que dans la fracture diametrale
ou plate, les deux parties de l'os caffé appuyent de tous côtés
l'une deffus l'autre, ce qui eft beaucoup plus heureux.

Pour la cure de cet accident il y a deux intentions à remplir,
dont la premiere eft de remettre l'os en fa place, & la feconde
de l'y maintenir jufqu'à ce que le calus provenant du fuc de l'os
fe foit endurci & offifié, de façon que par fon moyen les deux
parties de l'os caffé foient rejointes folidement enfemble. On
commencera donc à remettre l'os comme il fuit.

On fera d'abord l'extenfion & la contre-extenfion, comme
il eft indiqué dans le Chap. précédent ; quand celui qui conduit l'os pour le remettre en fa place en fera venu à bout, il
appliquera fur le champ à l'endroit de la fracture une compreffe fimple fenduë qu'on aura trempée dans de l'eau-de-vie :
enfuite une bande faifant trois tours fur la fracture, & une
autre pareille faifant auffi trois tours en la tournant du fens
oppofé à la premiere : comme ces bandes feront une épaiffeur
& au-deffus & au-deffous, il pourroit fe trouver des efpaces
vuides, on les remplira avec des compreffes granduées, le plus
mince du côté de la fracture ; par-deffus tout cela on appliquera trois ou quatre compreffes longitudinales pliées en fix ou
huit doubles, elles feront maintenuës par une bande qui les
entourera : on pofera deux écliffes de bois de haut-en-bas fur
la fracture, on les fera tenir par une bande ; toutes les compreffes auront été trempées dans l'eau-de-vie. Quand tout cela fera
fait, on faignera le Cheval plufieurs fois, afin d'empêcher la
fluxion fur la partie : vous laifferez le Cheval en cet état & fufpendu pendant quarante jours, au bout duquel tems le calus
doit être formé : alors vous ôterez l'appareil, & le Cheval fera
guéri.

Si vous avez facilité pour jetter dans un pré le Cheval à qui
vous avez remis la jambe, il n'eft point à craindre qu'il s'appuïe deffus, alors il n'y a rien autre chofe à y faire que de le laiffer jour & nuit dans l'herbage, & il guérira tout feul.

Si les côtes étoient caffées, la façon de les remettre eft d'appuyer l'un fur l'origine de la côte, & l'autre fur le bout, afin de
la faire élever en dehors, les deux portions d'os fe rencontrant

peuvent fe remettre : alors on fe fervira d'un furfaix large dont on entourera le corps du Cheval à l'endroit où la côte aura été remife, & on le laiffera jufqu'à ce que le calus foit formé & confolidé.

CHAPITRE III.

Des Apoftêmes ou Abcès.

Toutes les tumeurs doivent être regardées comme des dépôts qui fe font dans les parties, foit par conjection, c'eft-à-dire peu à peu, foit par fluxion, c'eft-à-dire en fort peu de tems, ou quelquefois même tout d'un coup ; mais de quelque façon que la chofe arrive, c'eft toujours par un défaut de circulation, & par un embarras du fang & de la lymphe dans la partie, ce qui occafionne le gonflement qu'on y voit ; d'où s'enfuit immédiatement après un dépôt plus ou moins confidérable. Nous ne parlerons point icy des enflures qui furviennent par l'arrêt & l'épaiffiffement de la lymphe feule : car alors il fe formera des douleurs indolentes, comme des loupes ou autres groffeurs fans fentiment, dont nous avons fait mention dans le Chap. LXIX. du précédent Traité. Notre objet ici eft de parler feulement des abcès ou apoftêmes qui fignifient une tumeur formée par le mêlange de la lymphe & du fang.

Comme le fang eft une liqueur fujette à fermenter, fi au moyen de quelque coup, heurt ou autre accident qui aura rompu les vaiffeaux dans lefquels le fang eft contenu, ce fang fe trouve arrêté dans la partie contufe, & qu'il fe mêle avec la lymphe dont les vaiffeaux auront été rompus par le même accident, ces deux humeurs venant à fermenter enfemble, changeront de forme, & fe transformeront en une matiere vicieufe, ou bien les vaiffeaux lymphatiques ayant premiérement été rompus & la lymphe s'étant extravafée, arrêtera le fang, & l'empêchant de circuler, l'obligera à fermenter ; dans ces deux cas il fe formera un abcès ou apoftême ; c'eft-à-dire, que ces deux liqueurs fe corrompant, pour ainfi dire, fe changeront en pus plus ou moins dangereux & corrofif, fuivant la difpofition bonne ou mauvaife du fang ou de la lymphe ou des deux enfemble. On voit par ce que nous venons de dire qu'un apoftême n'eft autre chofe que le mêlange de la lymphe & du
fang

fang accompagné d'une fermentation d'humeurs peccantes ; &
que le pus ou la matiére de la fuppuration n'eft autre chofe que
le fang corrompu & tourné par la fermentation : lorfque cette
matiére eft blanche, elle eft loüable ; c'eft-à-dire, que le fang
qui la forme n'a aucun vice de corruption : fi elle paroît jaune,
rouffe ou puante, elle marque un fang vicié, ou qu'elle a acquis de la malignité par fon féjour.

Pour travailler donc à la guérifon de ces tumeurs, il faut
avoir deux objets. Le premier eft d'empêcher que la matiére de
l'abcès ne devienne trop abondante. Le fecond objet doit être
de l'évacuer lorfqu'elle eft au point de fa maturité, de peur que
par fon féjour trop long, devenant de plus en plus âcre & cauftique, elle ne ronge les parties intérieures qui l'environnent,
& ne caufe enfuite un defordre qui feroit trop difficile à réparer.

Pour venir à bout du premier objet, il eft néceffaire de diminuer le volume du fang : ainfi, il faudra commencer par faigner plus ou moins fuivant la conféquence ou la fituation du
mal : car fi l'abcès eft dans des parties fenfibles & fibreufes,
l'excès de la douleur ne manquera pas d'occafionner la fiévre,
& le mal fera plus dangereux ; c'eft alors qu'il faudra traiter le
Cheval comme à la fiévre par de fréquentes faignées, lui faifant
obferver un régime accompagné de bonne nourriture donnée
en petite quantité ; donner des lavemens rafraîchiffans : le tout
pour diminuer la fiévre & la douleur, & empêcher que la matiére n'abonde dans la partie, & ne s'y accumule trop. Si l'abcès
eft dans les chairs, c'eft-à-dire dans les parties moins fenfibles,
on faignera moins, & ainfi du refte : le tout à proportion de la
douleur que fentira le Cheval.

La faignée prévient les grands dépôts, & n'empêche pas
l'abcès de venir en matiére quand il a une fois commencé,
quoique bien des gens croyent le contraire en difant que la
faignée fait rentrer la tumeur ; fi cela arrive, c'eft-à-dire que la
tumeur rentre, il faut redoubler la faignée.

Il ne faut point ouvrir un abcès avant fa maturité, parce
que la matiére n'étant pas encore préparée, on feroit une playe
dont il ne fortiroit que du fang ou quelque eau rouffe, & ainfi
l'humeur viciée refteroit encore à évacuer : il ne faut point non-
plus l'ouvrir trop tard par les raifons que j'ai dit ci-deffus : mais
on peut l'ouvrir quand on fent de la molleffe & de la fluctuation
dans la tumeur.

V u

Lorſqu'on voit une tumeur, ſurtout aux parties ſenſibles & fibreuſes, il faut tenter la réſolution avant que d'en venir à la ſuppuration : c'eſt pourquoi vous vous ſervirez d'abord de réſolutifs, comme eau-de-vie camphrée avec ſel armoniac & ſavon : le tout appliqué chaudement, &c. S'il y a de la douleur, mêlez des adouciſſans avec les réſolutifs. Si vous voyez que la tumeur ne veut pas ſe réſoudre, c'eſt-à-dire, qu'elle ne diminuë point : alors, quittez les réſolutifs, & ſervez-vous des ſuppuratifs & maturatifs, tant pour attendrir la peau, que pour avancer la ſuppuration en cuiſant la matiére. Le cataplaſme ſuivant eſt un très-puiſſant maturatif.

Cataplaſme ſuppuratif.

Oſeille.	1 poignée.
Graiſſe vieille.	2 onces.
Oignons de Lys.	2
Vieux-Levain le plus aigre.	4 onces.
Baſilicum... gros comme un œuf de poule.	2 onces.

Faites cuire l'oſeille dans la graiſſe : mettez-la enſuite dans un mortier avec les oignons de Lys qui auront été cuits ſous la cendre ou dans de l'eau : vous broyerez bien le tout, puis vous y mettrez le levain & le baſilicum : broyez bien le tout enſemble, & l'appliquez bien chaudement.

Quand l'abcès ſera bien mûr, ce qu'on connoîtra par ſa molleſſe, ou parce qu'on ſentira la matiére flotter un peu : on l'ouvrira d'abord avec le biſtouri ou la lancette dans le milieu de la tumeur ; l'ouverture faite la matiére ſortira : mais de peur qu'il n'en reſte, ou que celle qui ſe reproduiroit ne ſéjourne dans la partie, il ſera néceſſaire d'agrandir l'ouverture juſqu'au bas de la tumeur, afin de donner pente & écoulement à la matiére qui ſurviendroit : c'eſt pourquoi on mettra le premier doigt dans la playe qu'on vient de faire, & on coupera en ſuivant ſon doigt avec des ciſeaux courbes ou droits, juſqu'à ce qu'on ait ouvert tout le ſac : on empliera enſuite la playe de filaſſe de façon que les bords en ſoient un peu écartés, afin que le fond reſte à découvert, & qu'on puiſſe en levant ce premier appareil panſer tout-à-plat avec des plumaceaux : c'eſt alors qu'il faudra pour la ſuite du panſement, traiter cette playe, comme il ſera dit dans le Chapitre des Playes.

CHAPITRE IV.

Des Playes en général.

COmme nous avons dans le Chapitre précédent parlé des apofthêmes ou tumeurs, qui étant ouverts, font une playe : il paroît qu'il eft à propos maintenant de définir ce que c'eft qu'une playe en général : ainfi nous dirons qu'on entend par le nom de playe une ouverture à la peau & dans les chairs plus ou moins profonde, toujours occafionnée par des caufes extérieures : car lorfqu'il arrive une ouverture à quelque partie fans caufes extérieures, cette ouverture change non-feulement de nom, mais d'efpece, & s'appelle chancre ou ulcere. Nous parlerons de ces efpeces de playes à la fuite de ce Chapitre-cy ; il n'eft queftion maintenant que des ouvertures occafionnées par des caufes extérieures & qu'on appelle proprement playes : nous en allons parler en général, nous réfervant à détailler en-fuite les playes qui arrivent à certaines parties du corps aufquel-les il faut donner une attention particuliere.

Toutes les playes font faites ou par des inftrumens tran-chans, comme par des couteaux, des épées, des lancettes, &c. Celles-là fe font ou pour détruire l'animal ou pour le foulager : Par exemple, un coup de fabre à la guerre ou dans quelqu'autre occafion coupe ordinairement une partie faine, & felon l'en-droit où il a pénétré, la playe eft mortelle ou guériffable ; il n'en eft pas de même du coup de biftouri ou de lancette : ces inftru-mens font deftinés à faire des ouvertures falutaires pour foula-ger les parties malades.

Les Playes contufes fe font avec des inftrumens conton-dans ; c'eft-à-dire, qui en faifant la playe, meurtriffent les en-virons ; tels font les coups de bâtons forts, les coups d'armes à feu, parce que ces inftrumens ne coupant pas net, ce n'eft que par la violence du coup qu'ils divifent les chairs : car une balle n'y pourroit entrer fi elle n'étoit pouffée avec grande violence, attendu qu'elle eft ronde : c'eft pourquoi fa circonférence ap-puyant & enfonçant les chairs dans le moment qu'elle fait ou-verture, elle meurtrit tous les environs de fa circonférenee.

De toutes ces playes, tant celles qui font faites par des in-ftrumens tranchans, que par des inftrumens contondans ; il y en a de plus dangereuses les unes que les autres, & plus ou moins profondes, ce qui a donné lieu à diviser les playes en général : en playes simples, c'est-à-dire celles qui ne pénétrant point trop avant, n'attaquent que les chairs ; & en playes composées, c'est-à-dire, celles qui attaquent les parties nerveuses, les vaisseaux considérables & les os.

Avant d'entrer dans des détails particuliers sur toutes ces especes de playes, il est nécessaire de commencer par des maximes générales que le Maréchal doit avoir eû en vûë quand il traite une playe de quelque espece qu'elle soit.

La premiére maxime est de s'opposer à l'hémorragie quand il y a quelques vaisseaux considérables ouverts, afin que le Cheval ne soit point affoibli en perdant trop de sang, & que le sang n'empêche point le pansement de la playe. La seconde maxime est qu'il est nécessaire de préserver les playes de l'injure de l'air, qui y entrant, corrompt tout par sa qualité nitreuse & âcre. 3°. Qu'il ne faut jamais se servir de tentes dures ni dilatantes qu'on avoit inventées autrefois pour mondifier ; c'est-à-dire, tenir net le dedans d'une playe, & pour empêcher en même-tems la trop prompte réünion ; mais on a reconnu par la suite l'abus de ce procédé : car on a vû qu'en remplissant & tamponant ainsi une playe, bien loin de la soulager, on s'opposoit à l'action de la nature, puisque ces tentes empêchoient le pus qui doit avoir issuë, de s'écouler, & l'obligeoient à séjourner, à croupir, & même à refluer dans le sang ; ainsi, il ne faudra jamais panser avec des tentes de cette espece : mais quand l'ouverture de la playe est trop petite, on l'agrandira par l'incision, pour faciliter l'écoulement de la matiére si elle s'y forme ; ensuite on pourra se servir de petits dilatans dont on remplira la playe pendant un jour, de peur que l'incision ne se referme, après quoi on ne pensera plus la playe qu'avec du charpi ou des plumaceaux qu'on appelle aussi tentes molles. 4°. Il est nécessaire de faire diversion de bonne-heure ; c'est-à-dire, d'empêcher le sang & les humeurs d'abonder dans la playe, ce qui se fait au moyen de la saignée plus ou moins réïterée selon la conséquence de la playe ; la saignée en cette occasion se fait tant pour détourner l'hémorragie, que pour ôter le danger de la fiévre qui est toujours amenée par l'inflammation & le dépôt qui pourroit se faire, ce que la saignée prévient. Si la playe attaque les tendons & articulations, la saignée doit être plus fréquente & plus confidérable qu'aux playes des chairs feules. 5°. Il faut panfer les playes *doucement, promptement & rarement* : doucement, c'eft-à-dire qu'il faut éviter tout ce qui peut augmenter la douleur & l'irritation à une playe, comme de foüiller dedans par des curiofités inutiles, d'en écarter les bords, de la tâtonner, & toutes chofes qui peuvent l'irriter ; les diverfions font aufli partie de la douceur : telles font, la faignée, la diette, les lavemens, toutes chofes qui empêchent la douleur à la playe par les ravages qu'elle évite, comme fiévre de douleur & abondance de fuppuration ; *promptement*, c'eft-à-dire qu'il eft néceffaire de fonger à éviter les injures de l'air qui eft toujours à redouter pour les playes, & principalement dans les grandes chaleurs & dans le grand froid ; *rarement*, parce que la meilleure ouvriere pour la réünion eft la nature ; & fi on l'interrompt quand elle a commencé fon ouvrage, on le détruit : il faudra de nouveaux efforts de fa part pour reparer ce qu'on aura défait par de fréquents panfemens ; le pus loüiable qu'elle produit au fond d'une playe ne doit point être nettoyé : car la nature s'en fert comme d'un baume pour la rejoindre, lorfque le pus qui doit fortir a de l'écoulement.

Le pus qui fort d'une playe n'eft autre chofe que le fang corrompu & tourné par la fermentation, comme le lait eft tourné par la chaleur : ainfi, les différences qui fe rencontrent dans le pus, telles que font les couleurs dont on le voit ; fçavoir, clair, verd, livide, épais & blanc, marquent la bonne ou mauvaife qualité du fang : on appelle pus loüiable celui qui eft blanc, reffemblant à du chile : c'eft le meilleur dans les playes, & qui promet la plus prompte guérifon. **Du pus.**

Comme il eft quelquefois néceffaire de fonder, pour fçavoir fi la playe pénetre bien avant, s'il y a des finus ou des corps étrangers, &c. ce qu'il faut faire le moins qu'on peut, & le plus legerement qu'il fera poffible, de peur de meurtrir & d'offenfer davantage la playe : il faudra fe fervir de fondes d'argent ou de plomb, parce que ces fortes de fondes font douces & amies des chairs, ce que n'ont pas les fondes d'autres métaux. **Des fondes.**

Les tentes font à prefent bannies dans les playes, par les raifons que nous venons de déduire ci-deffus : mais on fe fert en premier appareil de petits bourdonnets, pour empêcher dans de certains cas la trop prompte réünion ; & fi on ne pouvoit pas agrandir la playe par l'incifion quand elle eft trop petite, à caufe **Des tentes.**

des parties voisines qu'on seroit en danger de blesser : il faut alors pour tenir la playe ouverte, se servir de charpie ou filasse attachée à un fil, laquelle on pousse dans la playe avec la sonde, ce qui s'appelle une tente molle.

De l'éponge préparée. C'est une mauvaise pratique dans les playes que l'éponge préparée, puisqu'elle force la playe comme feroit une tente : il faut faire une grande ouverture, & panser à plat ; c'est-à-dire en fourant dedans, de peur d'une trop soudaine réünion, des plumaceaux enduits propres à la playe, & si on ne peut faire l'ouverture assés grande, ce qui arrive rarement : alors on y met de la filasse attachée à un fil, comme je viens de dire.

En reprenant, ce que nous venons de dire, dans les maximes générales, que nous avons détaillées ci-dessus ; nous avons mis d'abord pour premiere intention générale, qu'il étoit nécessaire de s'opposer à l'hémorragie : on saigne pour arrêter les hémorragies, quand il y a quelques vaisseaux considérables coupez ; & on redouble, si l'hémorragie continuë. A l'égard de l'impression de l'air, dont nous avons parlé en second lieu, comme il est l'ennemi juré des playes, & seul capable de les rendre très-dangereuses ; il faut à toutes les playes en empêcher l'injure ; ce qui se fera premierement en pensant promptement, & ensuite appliquant pardessus les remedes qu'on mettra dans la playe, l'emplâtre de thérébentine ou de mucilage de *manus dei*, ou simplement une bande, s'il fait grand chaud, & en hyver une peau d'agneau, pour empêcher le froid ; car le grand chaud & le grand froid, sont également capables de retarder la guérison des playes, qui s'opere toujours plus vîte dans un tems temperé.

Nous ne sçaurions trop insister sur la troisiéme maxime dont nous avons parlé, qui est de faire diversion au commencement des playes, par le moyen de la saignée ; car dans toutes les playes de quelques especes qu'elles soient, elle est absolument nécessaire ; mais sur-tout aux playes composées & à celles qui ont été faites par des chutes ou par des coups, qui sont toujours suivis de contusions & de déchiremens, & par conséquent de liqueurs extravasées, qui par leur arrêt s'opposent toujours au libre cours du sang, & des autres humeurs autour de la playe : ce sera donc la saignée qui préviendra en diminuant le volume du sang, son accumulation, & par conséquent le gonflement, l'inflammation & la douleur : c'est suivant ces intentions, qu’il faudra commencer par des saignées plus ou moins réiterées, suivant que la playe & les accidens seront plus ou moins grands : la diéte sur-tout dans le commencement des blessures, proportionnée comme la saignée à l’importance du mal, & les lavemens rafraîchissans, mettre à l’eau blanche & ôter l’avoine : toutes ces précautions ont le même objet que la saignée, & préviennent tous les accidens dont nous venons de parler : on saigne aussi pour diminuer l’inflammation qui attire la fiévre ; quand la suppuration se prépare, comme aussi pour éviter l’abondance de cette suppuration & diminuer la fiévre ; & comme l’abondante suppuration est plus à craindre aux playes des tendons & des articulations qu’à celles des chairs, c’est à ces sortes de playes qu’il faut saigner davantage.

Nous avons dit aussi qu’il falloit tenir les playes nettes : plusieurs choses contribuent à envenimer les playes ; premierement, si on laisse croupir autour d’une playe la matiere qui en sort, cette matiere étant corrosive rongera & envenimera la playe ; secondement, les mouches dans le tems de l’Esté, feront le même effet ; troisiémement, si le Cheval vient à se frotter, à lécher sa playe, ou à y mettre la dent par la démangeaison qu’il y endure, il la rendra plus considérable & en si mauvais état, qu’on la prendroit pour un ulcere : on peut remedier à ces trois inconvéniens ; au premier en rasant le poil deux doigts autour de la playe, & en nettoyant la matiere qui s’y amasse ; ce qui se fera en lavant le tour de la playe, toutes les fois qu’on la nettoyera, avec du vin chaud ou de l’eau-de-vie camphrée &c. mais ne vous servez jamais d’eau commune ; car son humidité est contraire aux playes : le troisiéme inconvenient, est le plus difficile à parer ; car lorsqu’un Cheval sent de la démangeaison, il n’y a moyens, dont il ne se serve pour se frotter, soit en s’approchant d’une muraille ou de la mangeoire, ou d’un autre Cheval, ou enfin se couchant par terre : il est plus aisé de l’empêcher de porter sa langue ou sa dent à la playe, du moins pendant le jour : il n’y a qu’à attacher les longes de son licol aux barreaux du ratelier ; au moyen dequoi, ne pouvant tourner la tête, il ne lui sera pas possible d’aller chercher la playe ; mais comme il faut qu’il se couche pour se reposer, on a imaginé une machine, nommée chapelet, voyez la Planche IX. H, composée de six ou huit bâtons longs, qui allant tout le long du col, depuis ſes épaules juſqu'à ſa ganache, lui tiennent la tête roide, & lui empêchent de plier le col. On ne peut faire autre choſe pour l'empêcher de ſe frotter que de l'éloigner de tout ce qui pourroit toucher à ſa playe, & avoir une continuelle attention : on pourroit auſſi le ſuſpendre en cas de néceſſité, mais il ne faut ſe ſervir de cet expédient qu'à l'extrêmité.

Mauvaiſes chairs.

Souvent dans les playes des Chevaux, il ſe forme de mauvaiſes chairs, principalement parceque la chair des Chevaux ſe régénere toujours trop vîte : ces mauvaiſes chairs entretenuës par l'humidité de la playe, s'oppoſent à la réunion, & forment ce qu'on appelle des filandres & des os de graiſſe ; ces filandres ſont des morceaux de ces chairs, leſquels avancent dans la playe ; & quand ces bouts de chair s'endurciſſent par la diſſipation de l'humidité qui les abreuvoit, ils ſe racorniſſent, & deviennent un peu durs ; c'eſt ce qu'on appelle les os de graiſſe : nous parlerons de la façon de les extirper, en parlant ci-deſſous de la guériſon des playes.

Quand une playe eſt négligée ou mal panſée, il ſe forme ſouvent des caloſités ou calus ſur les bords des lévres de la playe, qui ne ſont autre choſe qu'un endurciſſement & une congellation du ſuc nourricier ; alors une playe ne peut plus ſe refermer, puiſque le ſuc nourricier ne ſçauroit traverſer cet obſtacle de part & d'autre, & que n'ayant point de communication, il ne peut former de cicatrice : nous donnerons en traitant cy-deſſous de la guériſon des playes, le moyen de remedier à cet inconvénient.

Pour donner en peu de paroles, l'idée du procedé qu'on doit ſuivre dans une playe ; il eſt bon de faire une eſpece de recapitulation de tout ce que nous venons de dire, y ajoutant tout ce qu'il faut obſerver juſqu'à la guériſon parfaite. D'abord on empêchera l'hémorragie s'il y en a, ſoit de veine, ſoit d'artére ; enſuite pour remedes intérieurs, on ſaignera, on fera faire diéte, on donnera des lavemens, le tout proportionné ſuivant l'importance de la playe. Pour remedes extérieurs qui ont tous pour objet la réunion. on évitera premierement ceux qui y ſont nuiſibles, c'eſt-à-dire, on ne ſondera que dans une extrême néceſſité : on ne ſe ſervira ni de tentes dures ni d'éponges préparées : on fouillera tout le moins qu'on pourra, dans la playe : on la garentira de l'injure de l'air : on empêchera

chera le Cheval de se frotter & de porter la dent ou la langue
à la playe : on tentera les résolutifs avant les suppuratifs dont
on ne doit se servir, que quand on ne peut faire autrement,
c'est-à-dire, quand on verra que la playe ne peut se guérir sans
suppurer : on détruira les mauvaises chairs, filandres, & os
de graisses, quand il s'en trouvera dans la playe : on détruira
de même les calus formés aux bords des playes : on les coudra
quand elles seront fort grandes, ensuite on les desséchera &
cicatricera ; & si la chair ne vouloit pas venir à de certaines
playes, il y a des remedes pour incarner & faire revenir la
chair. Nous venons de détailler une partie de ces circonstan-
ces, les remedes pour le surplus, vont suivre immédiatement,
en parlant des playes en particulier.

Quelquefois la cangrène se met dans les playes : ce mal est
un objet assez considérable, pour exiger un Chapitre particulier qu'on trouvera cy-après.

CHAPITRE V.

Des Playes en particulier, & 1°. de la Playe simple.

ON appelle playe simple, une playe peu profonde, &
qui n'a offensé que les chairs.

La playe simple peut être faite par un instrument tranchant
ou par un instrument contondant, c'est-à-dire, qui fait playe
& contusion en même tems ; la playe simple, faite par un
instrument tranchant, ne demande que la réunion ; celle qui
est faite par un instrument contondant ou par des chutes &c.
demande la resolution de l'épanchement des liqueurs que la
contusion a causé, & la réunion.

Parlons premierement de la playe simple, faite par quelque
instrument tranchant : de ces playes, il y en a de si peu considérables, que pour en procurer la réunion, il ne faut qu'empêcher l'air, & les saupoudrer avec de la vieille corde en poudre, ou bien les laver avec du vin chaud ; & un emplâtre de
thérébentine par dessus : quand elles sont plus considérables,
c'est-à-dire, un peu enfoncées, qu'elles soient causées par des
instrumens tranchans ou contondans, elles ne different l'une
de l'autre, qu'en ce qu'il se fait ordinairement une enflure,
causée par la contusion autour de la playe contuse ; ce qui

X x

n'arrive pas à l'autre, & on obtient communément la guérifon de ces deux indications, c'eft-à-dire, playe & contufion
fimple par la même voye, en employant toujours des refolutifs, qui faifant tranfpirer l'humeur, à mefure qu'elle arrive,
débarraffent les conduits, & facilitent la réunion ; c'eft pourquoi, que cette playe foit avec ou fans contufion , on commencera d'abord à la baffiner avec eau-de-vie ou vin chaud;
puis fans rien fourrer dedans, appliquez dedans un plumaceau trempé dans l'eau vulneraire, l'eau de boule, l'eau-de-
vie, l'onguent d'éguille &c. & un emplâtre pardeffus, pour
garantir la playe de l'air : on faignera s'il en eft befoin : on
empêchera le Cheval de fe frotter & de mettre la dent à fa
playe ; que fi quand on voudra panfer de nouveau, la filaffe
tenoit fur la playe , il ne faut pas l'arracher, mais la retrem-
per avec la même liqueur, dont on fe fera fervi d'abord, &
remettre l'emplâtre pardeffus ; ce qu'il faudra faire tous les
jours une fois : que fi malgré cela , il venoit un petit gonflement ou inflammation autour de la playe , caufez par l'abondance d'humeur du temperament d'un Cheval trop gras, ou
d'une mauvaife conftitution , on feroit une bonne faignée,
& on améneroit le gonflement à fuppuration avec le bafilicum ou le diachilum ; car il eft affez rare que la playe contufe , c'eft-à-dire , le lieu de la contufion , n'ait pas befoin de
fuppuration.

CHAPITRE VI.

De la Playe compofée , tant de celle qui eft faite par des
inftrumens tranchans , que la Playe contufe & d'armes à
feu qu'on appelle Playe d'arquebufade.

LA Playe compofée peut être faite , de même que la fimple par des inftrumens tranchans ou contondans, ou
par des armes à feu, ce qui eft la même chofe à peu près que
les inftrumens contondans ; car les balles & le plomb, dé-
chirant & ne coupant pas net, ils font contufion en même
tems qu'ouverture.

Les playes s'appellent compofées, lorfqu'elles attaquent,
mufcles, tendons, veines, artéres, ou os, & felon que ces

parties font plus ou moins endommagées ; les playes compofées deviennent de plus grande conféquence.

Les playes compofées, faites par des inftrumens tranchans,
ne demandent la réunion qu’après avoir arrêté les hémorragies , & laiffé écouler toutes les liqueurs épanchées.

Les playes compofées contufes, faites par des inftrumens
contondans , comme par des chutes, coup d’armes à feu ou
autres , doivent toujours être aménées à fuppuration , tant
pour faire fortir les corps étrangers , que pour détacher les
parties contufes & déchirées.

Quand il s’agit dans une playe compofée , de tâcher d’en
obtenir la réunion , & qu’il y a quelque caufe qui s’y oppofe , il faut commencer par la combattre ; & comme l’hémorragie eft la premiere qu’il faut attaquer & arrêter , on a
trouvé trois moyens pour cet effet ; mais avant que de les expliquer , il eft néceffaire d’inftruire , comment on peut connoître , fi le vaiffeau qui eft coupé, eft veine ou artére : on
fçaura donc que le fang qui coule d’une veine coupée, eft
groffier & noirâtre , & qu’il n’eft point agité en fortant ; mais
celui qui fort de l’artére , eft plus vermeil & s’éleve avec
grande vivacité, réjailliffant très-roide & très-loin , quand il
ne trouve aucun obftacle en fortant de l’artére : ces differences
font très-aifées à connoître , quand on coupe la queuë à un
Cheval ; car dans le moment que le coup eft donné , on voit
fortir de l’endroit coupé, comme un arrofoir de fang , qui fe
darde à près de quatre pieds au loin ; ce fang vermeil , eft celui
de filets d’artéres coupées ; on voit en même tems tomber
droit à terre des goutes de fang plus noirâtre qui ne font
que dégouter ; ce fang eft celui des veines , qui ont été coupées.

Revenons aux moyens d’arrêter le fang qui coule , principalement d’une artére confidérable : il faut arrêter ce fang
très-promptement ; car en très peu de tems, tout le fang fortiroit par ce vaiffeau , & cauferoit la mort au Cheval : la veine
donne plus de tems , & n’eft pas fi difficile à arrêter, parceque
le fang ne s’y pouffe point avec violence.

Les moyens dont on fe fert , font la compreffion , le feu potentiel , c’eft-à-dire, les cauftiques , ou cautéres , le feu actuel,
qui eft le fer rouge & la ligature du vaiffeau. La compreffion
fe fait au moyen de compreffes & de bourdonnets , qu’on en-

taſſe les uns ſur les autres à l'orifice du vaiſſeau ouvert, &
qu'on fait tenir par des bandages : quand on ne peut pas voir
l'extrêmité de l'artére coupé, parce qu'elle eſt trop avant dans
la playe ; il faut prendre une éponge féche, la couper en pluſieurs morceaux, ſaucer ces morceaux dans de la poudre de
vitriol, en enfoncer d'abord un, le ſang le gonflera ; puis
vous lui ferez ſucceder tous les autres, l'un après l'autre, &
tenant ferme le dernier, le gonflement de tous ces morceaux
d'éponge, preſſera l'orifice de l'artére & arrêtera le ſang : le
feu potentiel s'applique, en mettant un peu de vitriol bleu
en poudre dans du coton, pour en faire un bouton qu'on
poſe ſur l'embouchure du vaiſſeau ouvert : le feu actuel eſt un
fer rouge, qu'on applique au même endroit : le feu potentiel
& le feu actuel, ont un inconvénient ; ils arrêtent bien le ſang
par l'eſcarre qu'ils font ; mais quelquefois, quand l'eſcarre tombe, le vaiſſeau n'étant pas repris ſous cette eſcarre, l'hémorragie recommence comme auparavant ; c'eſt pourquoi, la ligature du vaiſſeau, eſt la plus ſûre de toutes ces façons, quand
on peut parvenir à la faire : elle ſe fait ainſi ; on prend une
éguille courbe, enfilée d'un fil ciré ; on paſſe l'éguille dans
les chairs par derriere le vaiſſeau, & on la fait revenir
pardevant : ce fil fait une ance dans laquelle on embraſſe le
vaiſſeau ouvert pour le lier enſemble avec les chairs, en faiſant le nœud de Chirurgien, expliqué au Chapitre XXIX.
cy-après ; pardeſſus ce nœud, on met une petite compreſſe
qu'on arrête par deux autres nœuds : on laiſſe cette ligature,
juſqu'à ce que la nature la ſépare ; puis après on conduit la
playe à la réunion.

Examinons à preſent, ce qu'il faut faire à une playe compoſée, ſuivant les parties qui ont été offenſées. Les parties qui
peuvent être offenſées dans une playe compoſée, ſont la perte
de ſubſtance, la ruption de quelques veines ou de quelques
artéres ; les tendons ou ligamens coupés, les os découverts
ou caſſés : de plus aux playes contuſes & d'armes à feu, il y a
la contuſion, les corps étrangers qui s'y trouvent, & les ſinuo-
ſités ou recoins : nous parlerons de cette derniere circonſtance ci-deſſous, en parlant des playes d'armes à feu ; examinons à preſent ce que c'eſt premierement que la perdition de ſubſtance : elle arrive lorſque les chairs d'une playe
s'en vont en matiére, & ne ſe regenerent pas enſuite comme

il arrive aux playes négligées, ou à celles où l'os a été découvert; lorsqu'une playe se transforme en ulcére, la perdition de substance l'accompagne toujours : le soin en général
qu'on aura d'une playe, pourra prévenir la perdition de substance; & lorsqu'elle est arrivée, les remedes qu'on employera pour faire revenir ces chairs éteintes, c'est-à-dire, rappel-
ler les sucs dans la partie pour régénerer les chairs, s'appellent
des incarnatifs; Nous venons d'expliquer ce qu'il faut faire,
lorsque quelques veines ou quelques artéres sont ouvertes;
ainsi nous n'en parlerons pas davantage : venons aux tendons
ou nerfs coupés ou piqués.

Lorsque dans les playes composées, & dans celles des articulations, (parce que ces endroits sont remplis de tendons,)
les tendons ou les nerfs se trouvent piqués ou blessés, la premiere chose à laquelle on doit songer, est d'empêcher la douleur par les saignées & les remedes topiques, adoucissans,
c'est-à-dire, ceux qui s'opposent au concours trop violent des
esprits dans la partie, tels sont les plantes émollientes, mauve, guimauve, seneçon, pariétaire, violette, boüillon blanc,
camomille, melilot &c.

Il est aussi plus à propos alors d'éviter la suppuration que
de la procurer, attendu que la matiére de la suppuration, cause une humidité dans ces parties qui amollit, relâche & peut
pourrir les tendons & les nerfs, ainsi il faudra se servir toujours de remedes spiritueux, comme esprit de vin, eau-de-
vie, esprit de thérébentine, & pardessus de la thérébentine
& des cataplasmes avec mie de pain & lait, ou lie de vin; que
si la douleur, gonflement & inflammation, venoit ou aug-
mentoit; on seroit obligé d'employer les suppuratifs pour dégorger les vaisseaux, mettant toujours la charpie empreinte de
quelque esprit sur les parties nerveuses.

Mais lorsque les playes composées sont accompagnées d'os
découverts, & que d'ailleurs, il n'y a pas d'autres accidents,   Des Os dé-
il en faut tenter la réünion, sans attendre que l'os s'exfolie;   couverts.
ce qu'on évitera, en se servant de remedes spiritueux, & en
préservant l'os de l'injure de l'air, évitant sur-tout de se servir
de quelque espece d'onguent que ce soit, ou autre chose grasse; ce qui feroit pourrir l'os.

Pour ce qui regarde les os cassés, nous en avons fait un Chapitre à part.

Les playes compofées contufes & d'armes à feu, ont la contufion de plus que les précedentes ; la contufion confifte en un dérangement des fibres & tuyaux, qui changent la fituation des pores, & qui rendant la circulation des liqueurs plus difficile, donne occafion à l'engorgement des vaiffeaux, ce qui excite pefanteur & diminution d'efprits dans la partie : ce font ces fortes de playes qu'il eft néceffaire d'amener à fuppuration, mais il faut toujours fonder & examiner, s'il n'y a point de corps étrangers, comme éclat de bois, étoffe, balle &c. dans la playe, il fera abfolument néceffaire de les ôter, car la playe ne fe refermeroit pas tant qu'ils y feroient ; fi en fondant on trouvoit des recoins, qu'on appelle des finuofités, il faudroit les ouvrir jufques dans leur fond, fur-tout quand le fond eft placé plus bas que l'entrée, prenant toujours bien garde de couper aucun tendon, nerfs & artéres ; l'incifion faite, en cas qu'il en foit befoin, le corps étranger ôté, s'il a été poffible, enfin l'ouverture étant affez grande pour pouvoir voir le fond de la playe, il la faut remplir de filaffe ou de charpie en premier appareil pour bien dilater la playe ; le lendemain vous ôterez les dilatans, pour ne panfer qu'avec des plumaceaux plats, enduits de digeftifs, comme celui qui fuit :

Thérebentine, ...	1 quarteron.
Jaunes d'œufs, ...	3
Huile d'olive, ...	2 cueillerées.
Teinture d'Efprit-de-vin, ...	2 cueillerées.

Le tout mêlé enfemble, ou au défaut du bafilicum, obfervant de baffiner la playe à chaque panfement avec de l'eau-de-vie chaude, ou avec des décoctions vulneraires ; telles font celles de racines d'ariftoloche, d'abfinthe, de fleurs de mille-pertuis &c. y ajoutant du miel ou du vin, car ces playes d'inftrumens contondans & d'armes à feu, doivent toujours, comme j'ai dit ci-devant, être amenées à fuppuration, tant pour faire fortir les corps étrangers, qu'on n'a pas pu retirer, que pour détacher les parties contufes & déchirées.

Comme il fe trouve fouvent des endroits, où il n'eft pas libre de faire des incifions convenables, il faut pour lors fe fervir des injections en feringuant des compofitions, telle que celle qui fuit :

Eau-de-vie, ... 1 demi-septier.
Eau de forge de Maréchal, ... 1 demi-septier.
Eau commune, ... 1 pinte.
Miel, ... 1 quarteron.

CHAPITRE VII.

Des Filandres, & Os de graisse.

NOus avons dit au commencement de ce Chapitre, que nous donnerions les moyens d'ôter d'une playe, les filandres & os de graisse, comme aussi toutes les mauvaises chairs qui surmontent. Quand ces accidens arrivent, il faut mettre le Cheval à un regime exact, parceque c'est signe qu'il se nourrit trop, & lui donner si on le juge nécessaire, le foye d'antimoine & les décoctions sudorifiques ; voilà la cure intérieure : à l'égard des chairs, on les mangera avec le basilicum mêlé, avec précipité rouge, ou bien deux gros de vitriol par once de basilicum, ou bien le sublimé corrosif, ou on les consommera avec l'alun calciné, ou le précipité rouge ; ou bien on passe légerement la pierre infernale dessus ces chairs, ou on y met du baume verd : quand les filandres sont considérables, le meilleur est de les couper, puis manger le reste avec le baume verd ou l'égyptiac.

Quand on verra qu'il y a apparence qu'il s'engendre de mauvaises chairs dans une playe, il est bon pour en empêcher la génération de mêler de l'égyptiac avec le basilicum, ou bien d'ajouter au basilicum la mirrhe & l'aloës.

Les eaux rousses qui suintent dans les playes, où les ten- *Eaux rousses.* dons sont attaqués, sont une très-mauvaise marque pour la playe ; car elles dénotent, que la lymphe qui nourrit les tendons est extravasée : cette lymphe étant hors de sa place, & séjournant, s'échauffe & se corrompt, ce qui occasionne une suppuration vicieuse ; c'est pourquoi, il faut redoubler de soin avec ces sortes de playes.

A l'égard des callosités (dont nous avons parlé au commen- *Calus.* cement du Chapitre.), qui s'opposent à la réünion des bords de la playe ; il n'y a pas d'autres remedes que de les emporter jufqu'au vif avec le couteau ; puis on aménera les endroits coupés à fuppuration.

Il y a des playes envieillies & négligées, aufquelles la chair ne fçauroit revenir ; ce font particulierement celles où les os **Os décou-** ont été découverts & les playes des pieds : ces parties demeu- **verts.** rent à nud, fans que la chair veuille revenir deffus ; alors fi l'os eft découvert, on le gratte avec un inftrument, qu'on appelle une *rugine*, jufqu'à ce que le fang en forte ; enfuite on fe fert de poudres incarnatives, comme aloës, farcocole, ariftoloche &c. ces poudres defféchetont la fuperficie de l'os, & y feront revenir les chairs ; car fi on y mettoit des onguents ou emplâtres, on le ramolliroit & on le gâteroit.

Si les chairs qu'on veut faire revenir, ne font point fur l'os, on mêle les poudres fufdites, ou de pareilles avec la thérebentine, le miel rofat &c.

Quand la chair eft bien revenuë fur une playe, & qu'il n'y a plus qu'à la confolider, c'eft-à-dire, à la cicatrifer, on le fait en defféchant l'humidité fuperfluë avec de la vieille corde de bateau pilée, ou avec de la filaffe en poudre, ou de la poudre de tutie, ou du plomb, ou de la litarge d'or ou d'argent.

CHAPITRE VIII.

De la Gangrene.

L A gangrene eft une perte de mouvement, fentiment & chaleur par l'interruption des efprits & du fang, occafionnée toujours dans les Chevaux par le dérangement des folides, c'eft-à-dire, des vaiffeaux & conduits : on diftingue la gangrene ou dans fon accroiffement ou dans fa confommation ; dans fon accroiffement on la reconnoît par la ceffation de fentiment, & par une couleur livide qui vient à la partie, laquelle couleur fe termine en noir : que fi cette mortification n'eft qu'à la peau, aux chairs & dans la graiffe, & qu'il y ait encore de la fenfibilité au refte de la partie : cela s'appelle proprement gangrene, & eft curable ; mais lorfqu'il n'y a plus ni fentiment ni chaleur, que la partie eft fort noire, molle, que l'épiderme s'en fépare, & qu'on apperçoit une efpece de bave avec mauvaife odeur, comme fi c'étoit celle d'un cadavre, alors la gangrene eft dans fa confommation ; c'eft-à-dire que la

mortification

mortification eſt entiére & incurable : cette mortification entiére s'appelle le ſphacele.

Pluſieurs cauſes peuvent occaſionner la gangrene à une playe.
Premiérement, la négligence. 2°. L'impreſſion de l'air & des
mouches, accompagnées de la chaleur de l'Eté. 3°. La mauvaiſe qualité de la playe par elle-même. 4°. Une ligature trop ſerrée
qui aura interrompu le cours des liqueurs. 5°. Enfin, la gangrene qui arrive toujours d'une inflammation précédente occaſionnée par la contrainte & étranglement des vaiſſeaux ou des
muſcles.

Lorſque la gangrene eſt dans une playe, ſi on n'y remédie
promptement, elle gagnera en peu d'heures de proche en proche, & corrompant le ſang, cauſera la mortification totale.

Pour remédier à la gangrene, auſſi-tôt qu'on s'en apperçoit,
il faut commencer par ſaigner ; enſuite, il faudra ſcarifier ou
couper tout l'endroit gangrené, afin de dégorger la partie, &
de faire ſortir tous les ſucs pernicieux coagulés qui cauſent le
mal, & qui étant dehors, laiſſent la liberté aux eſprits de circuler. Si on ſcarifie ; c'eſt-à-dire, ſi on donne des coups de lancette de diſtance en diſtance qui enfoncent juſqu'au vif, ce
qui s'appelle faire des ſcarifications, il faudra faire ces ſcarifications de haut-en-bas juſqu'à deux ou trois rangées au plus,
l'une au-deſſus de l'autre, commençant le haut de la ſeconde
rangée dans les intervalles du bas de la premiére : ainſi de la
troiſiéme. On en fait auſſi de travers à angle droit : mais ſoit
qu'on coupe ou qu'on faſſe des ſcarifications, il faudra fomen-
ter l'endroit coupé ſcarifié avec des liqueurs ſpiritueuſes,
comme eſprit-de-vin, eau-de-vie camphrée ou eſprit-de-vin
camphré, éguiſées de ſel armoniac ; puis on appliquera deſſus
le digeſtif avec la thérébentine, & un jaune d'œuf animé avec
la teinture d'eſprit de-vin : on mettra auſſi ſur le gonflement
des cataplaſmes réſolutifs qu'on ne levera que tous les vingt-
quatre heures, panſant dans l'intervalle avec des fomentations
qui humecteront le cataplaſme.

CHAPITRE IX.
De la Carie & des Eſquilles.

COmme la carie eſt, pour ainſi dire, la gangrene des os,
ayant la même cauſe par rapport à l'os, & y faiſant le
Y y

même effet que la gangrene à l'égard des chairs & autres orga-
nes folides; puifque fi on n'y remédie, elle avance toujours, &
gagne de proche en proche : je croi qu'elle doit être placée à la
fuite du Chapitre de la gangrene.

Un os peut être carié par une fuite de maladies, comme
gourme, &c. dans laquelle il fe fera fait un abcès dans le corps
de l'os par l'obftruction des vaiffeaux qui communiquent du
périofte dans l'os; la matiére de cet abcès rongeant ce qui l'en-
vironne, percera l'os par petits trous avec âpreté & inégalité;
c'eft ce qui fait que la carie eft rude au toucher & d'une couleur
noire.

Les os peuvent être auffi cariés par des accidens, comme des
coups ou des chutes, qui, ayant foulé l'os, & par conféquent
obftrué les vaiffeaux dont nous venons de parler, la matiére
qui fe formera par ce moyen rongera l'os, & caufera la carie.

Toute carie, comme j'ai dit précédemment, gagne de proche en proche, & corrompt les parties voifines dans l'os; mais
elle donne plus de tems que la gangrene pour y apporter les
remedes, parce que l'os fur lequel elle travaille eft plus dur à
ronger que les chairs, &c. Il y a des os qui font fi durs, comme
ceux des dents, qu'elle eft des années entieres à les ronger. Je
dirai en paffant qu'il eft fort rare que les dents d'un Cheval fe
carient; cependant, cela eft quelquefois arrivé, & que la carie
d'une dent mâcheliere a caufé une fiftule dans l'os de la mâchoire, laquelle n'a été guérie qu'en faifant fortir la dent cariée.

Quelquefois quand l'os eft enfoncé, les liqueurs prennent
d'elles-mêmes la voie de réfolution, & la playe fe guérit : mais
cela n'arrive pas toujours, & l'os devient carié par l'amas qui fe
fera de ces liqueurs qui produiront enfuite de la matiére; cette
matiére, fuivant l'endroit où elle féjournera, pourra faire un
gonflement qui caufera une fiftule, comme celle dont je viens
de parler.

Pour proceder à la guérifon de la carie, il fe trouve plufieurs
moyens, mais avant que de les déduire, il faut fçavoir ce que
c'eft qu'efquille dans cette occafion-icy. C'eft une partie de l'os
à laquelle tient la carie qui fe détache au moyen des remedes
qu'on applique pour guérir ce mal; fi on ne faifoit pas tomber
cette efquille cariée, la carie qui y eft attachée fubfifteroit, &
la playe ne pourroit pas fe guérir : enfin, c'eft la carie même
qu'on emporte, & quelquefois un peu de l'os fain. Venons

aux moyens de faire tomber cette esquille, & d'enlever la carie de quelque façon que ce soit.

On a trouvé plusieurs maniéres de guérir un os carié : on employe l'un ou l'autre de ces moyens, selon que la situation du mal le permet : Par exemple, si la dent est cariée on l'arrache ; si on peut voir quelqu'autre os carié assés à découvert, pour se servir de la rugine, on emporte la carie jusqu'au vif avec cet instrument, raclant l'os jusqu'à ce qu'il saigne : ensuite on pansera avec des choses séches, comme l'eau vulnéraire, esprit-de-vin, teinture d'aloës, poudre d'uforbe, &c. car il est à remarquer qu'il ne faut jamais d'onguent ni de cataplasme sur les os, attendu que par leur humidité ils les pourriroient.

La rugine ne peut servir que lorsque la carie n'est pas profonde, & n'occupe que la superficie de l'os : car pour peu qu'elle soit enfoncée dans le corps de l'os, & qu'elle penetre jusqu'à la moëlle, il n'y a pas d'autre remede que le feu actuel ; c'est-à-dire, le fer rouge qui est préférable au feu potentiel qui est les caustiques ou rétoires : on pansera ensuite avec les mêmes drogues ci-devant, ce qui fera détacher & tomber la partie de l'os offensé qu'on appelle esquille.

L'esquille est ordinairement quarante jours à tomber : il faudra pendant ce tems tenir les chairs basses par le moyen du basilicum, & du précipité rouge.

Des Esquilles.

Quand l'esquille sera tombée, il se fera une régénération de chair belle & saine qui se colle à l'os, & refermera la playe.

Si l'os carié se trouve au fond d'une fistule que la carie aura causée, & qu'il y ait pente naturelle, on se servira du feu, comme nous venons de dire : ou bien on employera le feu potentiel, tel que les suivans.

On imbibera du coton, qu'on formera en petite boule, dans l'esprit de vitriol, & on appliquera ce bouton sur l'endroit carié, ou bien ayant mis une demie-once d'esprit de vitriol, & deux gros de mercure sur les cendres chaudes, le mercure se dissoudra : vous tremperez votre coton dans cette composition, & vous le porterez dans l'endroit que vous voulez consommer.

Bouton de Vitriol.

CHAPITRE X.

Des Ulceres.

L'Ulcere n'eſt autre choſe qu'une playe qui jette de la matiére, laquelle s'aigriſſant, ronge la playe par ſon âcreté ;
cette âcreté peut provenir auſſi non-ſeulement du ſéjour, mais
encore de la qualité âcre des liqueurs qui forment l'ulcere.

L'ulcere eſt ſimple ou compoſé comme la playe, ſuivant la
quantité & la qualité des parties qu'il attaque : car il peut être
peu conſidérable & accompagné d'un pus blanc : alors il s'appelle ſimple, & la guériſon en eſt aiſée, parce que ce pus n'a
point de mauvaiſes qualités ; mais ſi le pus tourne ſur la couleur
du ſang épais, & ſentant mauvais, alors c'eſt un ulcere qu'on
appelle ſordide ; celui-ci eſt plus conſidérable : enfin, les ulceres
qui ſont accompagnés de gangrene & de carie, je les appelle
compoſés, parce qu'ils attaquent les chairs, les vaiſſeaux & les
os : il y a auſſi des ulceres ſecs qui ne rendent point de pus, leſquels ſont très-difficiles à guérir.

Un ulcere peut venir auſſi par accident ; c'eſt-à-dire, une
playe négligée peut dégénerer en ulcere.

Comme les ulceres, excepté ceux qui viennent à la ſuite
d'une playe dont on n'aura pas eu ſoin, ſont cauſés par des obſtructions, & par le ſéjour des liqueurs âcres par elles-mêmes :
il faut commencer, pour les guérir, à ſonger au débouche-
ment intérieur de ces obſtructions : Premiérement par la diette,
& en faiſant uſage de décoctions ſudorifiques & ameres à peu
près comme à la galle ; en même-tems on ſongera à la guériſon
externe ; c'eſt-à-dire, à la réunion des ulceres, ce qui ſe fera
par le moyen de réſolutifs forts & d'eſprits, principalement
quand l'os eſt attaqué & carié, injectant au fond de l'ulcere,
s'il eſt profond, le garantiſſant de l'injure de l'air ; & enfin,
procedant comme aux playes pour la cure extérieure.

C H A P I T R E XI.

Des Cancers ou Chancres.

LEs chancres font caufés par une liqueur lymphatique qui s'extravafe, & qui eft fi cauftique, qu'elle ronge petit à petit les parties dans lefquelles elle s'eft arrêtée.

Tout cancer commence par un ou plufieurs boutons, qui, fe dechirant enfuite, deviennent chancreux & d'une couleur livide ou cendrée.

Pour guérir les chancres ou cancers : il faut, premiérement, la faignée & la diette : en même-tems donner intérieurement les diaphorétiques, principalement ceux qui émouffent l'âcreté de la lymphe : telles font les racines fudorifiques d'efquine, &c. l'acier & le foye d'antimoine ; & pour la cure extérieure, on appliquera deffus, ou on les baffinera avec les cauftiques, comme le vitriol, &c.

Nota. Que les cauftiques ne font aucun ravage appliqués fur les chairs, & même fur les glandes : mais qu'ils cauferoient du defordre fur les tendons, les nerfs & les gros vaiffeaux.

C H A P I T R E XII.

De la Bouche & Langue bleffées.

QUand on dit que la bouche d'un Cheval eft bleffée, cela fignifie que l'endroit de la barre fur lequel porte le mors, fe trouve contus ou entamé : ce mal provient prefque toujours de l'homme ignorant, colere ou imprudent ; quelquefois cet accident arrive auffi par une chute, dans laquelle un Cheval peut tomber fur fon mors, ou par une faccade qu'un Cheval attaché peut fe donner à lui-même : de quelque façon que l'accident foit venu, il peut être plus ou moins confidérable : car fi le coup ou faccade qui a offenfé la barre n'a pas été bien violent, il n'y aura qu'une fimple contufion : mais lorfque les faccades ont été affés fortes pour couper la chair & froiffer l'os, fi on paffe la main fur l'endroit bleffé, on fentira cet endroit (qui, naturellement doit être uni) raboteux ; & fi on trouvoit quelque pointe qui piquât la main, cela fignifieroit que l'os eft entamé.

Lorſque l’os eſt fort enfoncé & rompu, il ſe fait communé-ment une fiſtule; & la matiére perçant l’os, ſe dénote avec tumeur à la barbe en dehors; en géneral quand la chair eſt coupée, & l’os froiſſé, il s’enfuit un ulcere; & ſi l’os eſt enfon-cé, une fiſtule.

Quand cet accident arrive par la faute de l’homme, c’eſt preſque toujours par des ſaccades que le Cavalier aura don-nées à ſon Cheval, en tirant ſubitement & bruſquement la bri-de, ou pour l’arrêter, ou même pour l’exciter à avancer ſouvent, pour lui relever la tête quand il peſe à la main, ou qu’il la porte baſſe; tout cela accompagné très-ſouvent d’un mors trop rude: c’eſt par ce même moyen que les Cochers mal-adroits ou bru-taux, gâtent tellement la bouche de leurs Chevaux, que s’ils ne leur caſſent pas les barres, du moins ils les leur rendent in-ſenſibles: Premiérement, par la force des mors avec leſquels ils les embouchent, & enſuite par la rudeſſe de leur main: Nous avons parlé plus amplement de cette matiére dans le Chapitre qui traite de la façon de mener les Chevaux de caroſſe: Reve-nons maintenant à la cure de la bouche bleſſée.

Si la bleſſure eſt petite; c’eſt-à-dire, qu’il n’y ait que les chairs contuſes & déchirées, & que l’os ne ſoit point endommagé: vous la guérirez avec du miel, en frottant la barre huit ou dix fois par jour, ou bien en mettant au Cheval des billots avec le miel. Si l’os eſt enfoncé, il arrive quelquefois que les liqueurs prennent la voie de la réſolution, & que la playe ſe guérit d’elle-même ſans qu’on y touche, ſinon il ſe formera de la carie dans l’os par l’amas qui ſe fera des liqueurs: ce qui cauſera un gon-flement qui dégénerera en fiſtule; ſi cette fiſtule eſt encore inté-rieure, & qu’elle n’ait pas percé l’os: il s’agit de la brûler en-de-dans, ou par le feu ou par le cauſtique: mais quelquefois un morceau de ſucre appliqué ſur la barre intérieurement, & tenu avec le doigt juſqu’à ce qu’il ſoit fondu, eſt capable de faire tomber l’eſquille de la carie, & de guérir la playe. Si la carie ne faiſoit que commencer, le premier gargariſme indiqué dans le Traité des Médicamens y eſt très-bon. Que ſi la fiſtule pénetre, & ſe fait voir en dehors par un trou à la barbe, il n’y a point d’autre remede qu’un bouton de feu juſqu’au fond du trou pour faire tomber l’eſquille, & panſer avec la teinture d’eſprit-de-vin; l’eſquille tombée, le trou ſe rebouchera.

La langue s’écorche quelquefois par un mors qui n’aura pas

été bien poli, ou qu'on aura négligé de faire rétamer : il pourra s'y trouver quelque endroit raboteux qui fera écorchure ; si l'écorchure n'eft que legere, il n'y aura autre chofe à faire qu'à lui ôter le mors qui l'aura bleffée, & elle fe guérira toute feule ; fi la playe eft plus confidérable, il faudra la laver avec du vin chaud, & l'enduire de miel. Que fi une faccade ou quelque autre accident avoit coupé la langue ; le remede feroit de la recoudre, & l'enduire pareillement de miel.

CHAPITRE XIII.

Du Chancre rongeant à la langue.

QUoique j'aye parlé ci-devant des chancres en géneral & de leur cure, je ne laiffe pas de faire un Chapitre particulier d'une efpece de chancre rongeant, qui prend quelquefois à tous les Chevaux d'un canton, foit par la mauvaife qualité de l'herbe qu'ils auront pâturée, foit par le vice des autres nourritures en géneral qui auront aigri le fang & la lymphe : ce chancre ronge quelquefois avec tant de précipitation, qu'en fort peu de tems il vient à couper la langue ; & on eft tout étonné que la langue d'un Cheval tombe fans qu'on s'en foit apperçû : c'eft pourquoi pour peu que l'on ait de foupçon, foit par le dégoût qu'on verra à un Cheval, foit par l'exemple de quelques autres qui auront eû cette maladie ; il fera bon de vifiter de tems en tems la bouche de fon Cheval, pour voir fi ce chancre ne lui vient pas fous la langue vers le filet, où il prend ordinairement fon origine ; fi on lui trouve, il faudra commencer par faigner le Cheval, enfuite le frotter fur le chancre avec l'efprit de nitre.

CHAPITRE XIV.

D'un Ulcere fur le garrot appellé Cors, & des moyens de le prévenir.

LE cors eft une efpece d'ulcere, ou plûtôt de callofité provenant de foulure ou de meurtriffure caufées toujours par la felle dont les arçons n'auront pas été affez rembourrés,

Il y a des moïens pour prévenir ce

mal dont vous trouve-rez une par-tie dans la dînée & la couchée en voyage , Traité de l'Ecuyer , Ch. 39.

ou de ce que la felle étant trop en-devant , un Cavalier pe-fant aura fait un long féjour fur une felle ainfi difpofée ; ce du-rillon fe trouve ordinairement au haut de l'épaule ; quelquefois le mal n'eft pas fi confidérable quand il n'y a qu'une enflure qui n'eft pas dure , alors les réfolutifs l'ôteront , comme l'eau-de-vie & le favon noir ou autre favon , ou efprit-de-vin , y mettant le feu ; fi le durillon eft formé , vous le frotterez de vieux oingt , ou vous y ferez tomber deffus le fuif d'une chandelle allumée en la panchant au-deffus : cela fera tomber le durillon , après quoi le cors étant détaché , vous penferez la playe avec l'eau-de-vie & du favon noir , ou même de l'eau commune avec du favon , ou du vin chaud , &c.

CHAPITRE XV.

De l'Ecorchure de la Selle , des Harnois , Traits , & du poitrail des Chevaux de Chaife ou autres.

IL arrive quelquefois , en faifant voyage à Cheval , que la felle aura écorché le Cheval en quelque endroit , ou bien caufé quelque petite enflure ; fi on ne peut pas s'arrêter , & qu'on foit obligé de continuer fon chemin , il faut , de peur que ces écorchures n'augmentent , commencer par ôter de la boure du paneau , & y coudre du cuir blanc & doux ; & pour guérir les écorchures , vous baffinerez l'endroit avec du vin chaud ; & vous le faupoudrerez enfuite avec de la cerufe.

Il arrive auffi , quand on voyage en caroffe , que les harnois des Chevaux , en frottant continuellement ou contre le poitrail ou ailleurs , y font des écorchures ou enlevures , ce qui arrive principalement dans les tems de pluïes : à cela il faut fe fervir d'eau-de-vie , fuif de chandelle & urine.

Si la croupiere écorche fous la queuë , on graiffera le culeron , ou vous ferez coudre dedans une groffe chandelle , laquelle fe fondant petit à petit , tiendra le culeron gras , & empêchera d'écorcher ; & dans le féjour , laver fouvent le mal avec eau-de-vie & fel. Si le Cheval ne vouloit pas fouffrir l'eau-de-vie , nettoyez le mal avec du vin chaud , mêlé d'un quart d'huile d'olive , & faupoudrez par-deffus du charbon pilé : ou enfin , fi le Cheval ne peut plus fouffrir de croupiere , fervez-vous de la la croupiere baffe dont quelques-uns fe fervent pour monter les Mules.

Les Chevaux de brancard s'écorchent quelquefois au poitrail; le meilleur eft de mettre le poitrail au-deffus du mouvement de l'épaule qu'il paffe fur le bas du col: cela ne doit point faire apprehender d'ôter la refpiration.

Quelques-uns ne s'écorchent plus avec un collier, comme en ont les Chevaux de charette.

Si tous ces moyens ne réüffiffent point, & même pour le plus fûr, auffi-bien que pour prévenir les écorchures du poitrail à des Chevaux qu'on deftine au brancard, fur tout à ceux qui ont le cuir fin; fervez-vous du faux poitrail dont vous voyez la figure Pl. XV. Fig. A. il eft de cuir noir mince; *a* eft un petit couffinet, auquel font attachées & bouclées deux barres *b*; fçavoir, une de chaque côté; il eft coufu lui-même à une efpece de barre de bricole ou furfaix *c*; les barres foutiennent le faux poitrail *dd* en fa place; le furfaix eft féparé en deux en *e*, & fe boucle à deux boucles; l'effet du faux poitrail eft d'être immobile en fa place, pendant que le vrai poitrail du harnois qu'on mettra par-deffus frotte fur le faux poitrail & non fur la peau de l'animal.

CHAPITRE XVI.

Des Playes du Garrot , & du Roignon.

LEs playes du garrot font quelquefois peu de chofe, & quelquefois très-dangereufes; elles viennent ordinairement d'une felle, dont les arçons étant trop larges, laiffent defcendre l'arcade de la felle fur le garrot: alors le poids du Cavalier pefant fur cette partie, la foule & la meurtrit; ces playes font donc ordinairement précédées d'enflure.

Ce qui fait le danger de ces fortes de playes, c'eft que quand elles font confidérables, & qu'il s'y forme de la matiére, cette matiére n'ayant point d'écoulement, cave & approfondit dans le garrot, de façon qu'elle corrompt non-feulement partie des mufcles qui joignent les épaules au garrot: mais encore que féjournant fur les premiéres vertebres du dos, elle les carrie, & à la fin pénetre jufques dans la poitrine, & caufe la mort au Cheval.

Quelquefois l'enflure du garrot peut provenir de la morfure d'un autre Cheval, ou de quelques coups qui auront été donnés fur cette partie, ou bien de ce qu'un Cheval fe fera frotté trop fort contre un arbre ou quelques autres corps durs, à caufe des demangeaifons qu'il aura fenties fur le garrot.

Les Chevaux qui ont le garrot large & charnu font plus difficiles à guérir des playes qu'ils y ont que ceux qui l'ont fec, tranchant & décharné, puifque cette chair entretient l'humidité de la playe.

Il faut confidérer quatre cas dans les maux de garrot: Le premier eft une foulure fimple, legere & de peu de conféquence, cela eft aifé à guérir avec de l'eau-de-vie & du favon, ou bien avec de l'eau-de-vie mêlée avec de la lie de vin, le cataplafme avec les feüilles de jufquiame y eft bon, ou bien la pariétaire arrofée d'eau-de-vie: Le fecond cas eft une foulure avec enflure & inflammation, qui, quoique confidérable, n'eft point accompagnée de filandres, de chair qui furmonte, &c. enfin, celle dont le fond eft bon: comme cette playe eft plus confidérable, il faut commencer par faigner deux fois pour prévenir l'abondance des humeurs fur la partie, & panfer la playe avec du vin aromatique mêlé avec de la mie de pain, ou bien mettre deffus de la thérébentine. Si dans ce cas, après avoir tâché de réfoudre, ou faute d'y avoir remedié de bonne heure, on s'apperçoit qu'il y a toujours chaleur & battement, c'eft un figne que la fuppuration fe prépare, & que la playe viendra en matiére: alors il faudra aider cette matiére en panfant avec du fuppuratif dans la playe même; & appliquant fur l'enflure un emplâtre de thérébentine; & au-delà du cataplafme autour de l'enflure, pour empêcher l'inflammation, il faudra mettre un cataplafme de mie de pain & de vin. Quand l'abcès fera formé, ce qui s'appercevra par la molleffe & la fluctuation, il faudra (fans tarder davantage, de peur que la matiére ne travaille en dedans) faire une grande ouverture avec le biftouri au bas de la tumeur, afin que la matiére ait un grand écoulement: cela fait, vous injecterez par cette ouverture du vin chaud avec le miel, & la poudre d'aloës, & panferez avec des plumaceaux.

Le troifiéme cas eft une foulure & playe accompagnées de filandres, os de graiffe, chair pourrie & os carriés: alors ce mal peut s'appeller une playe contufe compofée & très-dangereufe à laquelle il faudra redoubler la faignée, puis panfer l'os avec le feu en brûlant la carie, & fe fervir fur l'os, d'efprits. Voyez le Chapitre de la Carie des os : on coupera toutes les chairs pourries, & on traitera les filandres & os de graiffe, comme il eft dit dans le Chapitre des Playes ; & lorfque l'enflure & la chaleur feront diminuées, on fe fervira pour les chairs de vin aromatique.

Le quatriéme cas arrive lorfque la matiére ayant croupi trop long-tems, a creufé, & s'eft gliffée entre le paleron de l'épaule & les côtes, ce qu'on reconnoît en fondant avec le doigt ou avec une fonde : c'eft alors que ce mal eft au plus haut point de danger, & qu'il faut toujours couper jufqu'à ce qu'on ne laiffe point de fond s'il eft poffible, afin de donner pente à la matiére, & qu'elle puiffe s'écouler : il fera bon auffi d'entraver le Cheval dans cette occafion, afin que l'épaule foit tranquille & fans mouvement ; mais fi on n'a pas pû couper jufqu'au fond, parce que le creux eft trop profond, il faudra feringuer dedans de l'eau d'arquebufade ou de l'eau de boule vulnéraire plufieurs fois le jour.

Comme le Cheval dans cet état fouffre extrêmement, il eft néceffaire pendant cette cure de le rafraîchir beaucoup, de peur que la fiévre de douleur ne s'y joigne : c'eft pourquoi on lui donnera force lavemens & de l'eau blanche, ne le laiffant guéres manger, ou bien du criftal minéral mêlé dans fon eau.

Les playes foulées fur le roignon arrivent par les mêmes caufes que celles du garrot, font prefque auffi dangereufes, & fe traitent de même.

Un bon remede, auffi-tôt qu'on apperçoit l'enflure, eft de mettre fur le champ du crotin chaud dans un fac, & l'appliquer fur la partie.

CHAPITRE XVII.

Des Playes du boulet.

COmme le boulet, eft une partie pleine des tendons des mufcles de la jambe, qui paffent fur cette partie pour aller aboutir au pied (voyez la defcription Anatomique, qui en a été faite au Chapitre LV.) les bleffures qui s'y font, ne peuvent qu'être que très-confidérables, fur-tout quand elles approfondiffent, de plus elles ne peuvent manquer d'être très-douloureufes & très-dangereufes, principalement aux boulets de derriere.

Cet accident peut provenir, de ce qu'un Cheval venant à tomber, fera entrer quelque morceau de fer ou de bois, qui pénétrant un peu, ne manquera pas d'offenfer, fouler ou couper les tendons du boulet : je n'appelle pas playe du boulet, celles où il n'y auroit que la peau de déchirée, car ce ne feroit qu'une écorchure qui fe guériroit facilement ; mais lorfque les tendons font attaqués, il peut arriver de deux fortes d'accidens, qui dénotent le danger plus ou moins grand du mal : le premier qui eft le plus favorable, eft que la matiére qui coulera de la playe, foit blanche, & d'une bonne confiftance : le fecond, eft de très-mauvais pronoftique ; ce font des eaux rouffes, accompagnées d'une matiére jaune & gluante, comme de la colle, mais beaucoup plus dure, & quelquefois glaireufe, fentant mauvais ; ce qui eft en quelque façon la fubftance du tendon qui s'écoule, de façon qu'enfuite le tendon fe deffèche ; & fi le Cheval ne meurt point, il deviendra inutile, attendu qu'il reftera le boulet avancé, de façon qu'il ne pourra plus s'aider de fon pied, & reftera boiteux pour fa vie : dans le cas, dont je viens de parler, il eft rare que le Cheval puiffe mettre le pied à terre : il fent une douleur exceffive, qui finit affez ordinairement par un amaigriffement total : venons maintenant à la cure de ce mal.

Il faut d'abord faigner beaucoup, coup fur coup, tant pour diminuer la douleur que l'inflammation qui la caufe ; il faut mettre le Cheval au regime, ne lui point donner d'avoine, mais du fon, de l'eau blanche, & force lavemens. A l'égard des remedes extérieurs, mettez fur la playe un cataplafme de lie de vin avec miel & farine, puis vous entourrez tout le boulet avec un cataplafme anodin, compofé de farine de lin, beurre frais, thérébentine, bol d'armenie, & vin rouge pour ôter la douleur.

Que fi le corps qui a bleffé le boulet, a entré bien avant, & a offenfé confidérablement les tendons, il faudra couper la playe, fonder & porter le feu jufqu'au fond, puis panfer avec l'huile de thérébentine & un plumaceau, & pardeffus, l'emplâtre de thérébentine ; ne manquez pas de laver journel-

lement la playe avec de l'eau vulneraire ; que si elle va de haut
en bas, il faudra couper tout le cuir, pour donner égout à
la matiére ; tout cela pourra rendre la suppuration meilleure :
mais si malgré cette façon de panser, on voit sortir les eaux
roulles, dont nous avons parlé, qui ne sont autre chose que
la lymphe nourriciere des tendons, laquelle a séjourné ; non-
seulement le mal est dangereux, mais il sera très-long ; c'est-
pourquoi, il faudra se resoudre à suspendre le Cheval, ou à
l'empêcher de se lever, si on peut par quelque invention, attendu qu'il pourroit devenir aisément fourbu, de se tenir toujours sur trois jambes.

Nota. Qu'il ne faut jamais donner le feu qu'à l'endroit malade seulement & tout d'abord.

CHAPITRE XVIII.

De la Nerferrure.

L A nerferrure est une contusion sur le tendon de la jambe, accompagnée quelquefois d'une playe : le terme de
Nerferrure, signifie blellure faite au nerf de la jambe suivant
les Maréchaux : cette blellure provient de ce qu'un Cheval
se sera donné un coup avec le fer du pied de derriere au tendon de la jambe de devant, ou même avec un des pieds de devant ; cet accident arrive d'ordinaire aux Chevaux dans des
courses violentes & dans les mouvemens précipités qu'on leur
fait faire, comme aussi dans les chemins pleins de cailloux,
ou dans les orniéres, lorsqu'on les presse trop ; car alors ils
peuvent s'attraper les tendons des jambes de devant avec les
pieds de derriere, ou même avec les pieds de devant, comme
nous venons de dire.

On connoît une nerferrure, premierement lorsqu'on voit
qu'un Cheval boite tout à coup ; en portant la main tout le
long du tendon, on trouvera de l'enflure, de la dureté & de la
douleur peu de tems après le coup dans l'endroit où il a été
donné : on y trouve même souvent le poil emporté & quelquefois le tendon découvert ; alors, ce mal est proprement une
playe contuse sur le tendon de la jambe, qui peut devenir affez dangereuse, pour qu'un Cheval en reste estropié.

Il faut remedier promptement à la nerferrure ; car si on la

laiſſe vieillir, & qu'elle ſoit conſidérable, elle ſera beaucoup plus difficile à guérir, & même il pourroit reſter une dureté ſur le tendon, qui feroit toujours boiter le Cheval.

Quand la nerferrure eſt recente, & qu'elle n'eſt pas conſidérable, il la faut frotter d'abord avec de l'eau-de-vie, & la traiter comme une entorſe; quand elle eſt plus forte, frottez-la avec l'huile d'olive fort chaude, puis preſentez une pelle rouge vis-à-vis, pour faire pénétrer l'huile; continuez à remettre de l'huile, & à repreſenter la pelle pendant une demie-heure, au bout duquel tems la nerferrure eſt preſque toujours guérie: ſi elle n'eſt pas recente, c'eſt-à-dire, qu'il y ait déja quelque tems que le coup ait été donné, mettez un linge en cinq ou ſix doubles; moüillez ce linge, & en enveloppez le mal; cela fait, vous preſenterez un fer rouge vis-à-vis, & fort prés du linge moüillé; quand le linge ſera ſec, vous le remoüillerez & approcherez le fer rouge, continuant ce procedé pendant une demie-heure; après quoi vous ſcarifierez la peau ſur l'enflure, c'eſt-à-dire, vous la découperez légerement en travers & non en long pour faire ſortir le ſang extravaſé; puis vous frotterez avec de l'eau-de-vie, de l'eſprit-de-vin, de la thérébentine, ou de l'huile de thérébentine.

Si la nerferrure eſt conſidérable, & qu'il y ait de grandes douleurs, il ſera néceſſaire de ſaigner, de peur qu'il ne ſe faſſe une fluxion ſur les tendons, mettre le Cheval à la diéte & le laiſſer en repos.

Si le tendon eſt découvert, vous appliquerez deſſus de la teinture d'aloës ou l'onguent de ſcarabeus.

Si après tous ces remedes, il reſtoit de l'enflure, quoique la chaleur & l'inflammation fuſſent éteintes, le plus ſûr feroit pour reſſerrer cette enflure, de donner ſur la nerferrure cinq ou ſix rayes de feu de haut en bas, obſervant comme je viens de dire qu'il n'y ait plus de chaleur à la partie.

CHAPITRE XIX.

De l'Encheveſtrure.

LE terme d'Encheveſtrure, tire ſon origine du mot de cheveſtre, qui ſignifie en vieux langage, un licol; c'eſt un accident qui arrive au Cheval, lorſqu'en voulant ſe gratter l'oreille, ou le côté de la tête avec le pied de derriere, il se prend la jambe à l'endroit du ply du pâturon dans la longe de son licol ; alors ne pouvant se débarrasser & retirer son pied, il se débat extrêmement : cette longe lui écorche le ply du pâturon, & y fait une playe plus ou moins considérable : si on ne dégage promptement les Chevaux, ils peuvent se faire des playes très-dangereuses ; & plus ils sont vigoureux, plus aisément ils s'estropient : quelquefois même l'os paroît tout à découvert, & l'inflammation s'y mettant, peut causer enflure à la jambe & à la couronne, de façon qu'un Cheval en reste quelquefois estropié.

On prévient presque toujours cet accident dans toutes les écuries bien ordonnées, en mettant des boules de bois, attachées au bas des longes du licol, afin qu'elles coulent dans les anneaux, & qu'elles restent toujours tenduës ; mais quand l'accident est arrivé, & qu'il n'est pas considérable, on joindra des résolutifs avec des détergens ; si la playe est grande & de plus grande conséquence, il ne sera pas mal de saigner pour éviter l'inflammation, & d'appliquer dessus le cataplasme de miel, farine, & œufs blancs & jaunes, qu'on renouvellera tous les jours jusqu'à guérison : si l'encheveſtrure est si considérable, que l'os soit découvert, & qu'il y vienne enflure à la jambe & à la couronne, traitez l'os comme il est dit dans le Chapitre VI. du present Traité, une charge sur la jambe, & un restrinctif sur la couronne.

R E M E D E.

Du miel commun, de la farine & des œufs, bien battre le tout ensemble, & appliquer aprés avoir lavé la playe avec du vin chaud.

CHAPITRE XX.

Obſervations ſur les Maux de pied en général.

Comme le pied est la partie du corps du Cheval la plus remplie de tendons & de ligamens ; & par conséquent une des plus délicates à panſer, quand il y survient du mal, il est néceſſaire de faire quelques obſervations ſur les précautions qu'on doit prendre, quand cette partie eſt affectée. Premierement, comme les pieds foutiennent tout le corps, qu'ils font par conféquent la partie la plus baffe; cette partie lorf-qu'elle eft affligée, eft plus fujette à la chute des humeurs qui féjournent ordinairement fur les endroits les plus travaillés, puifqu'ils font moins en état de les diffiper & de les éloigner; ainfi il faut travailler d'abord à empêcher lefdites humeurs de prendre leur cours dans ces endroits, ce qui fe fait par les remedes intérieurs, qui rendant les liqueurs plus coulantes, s'oppofent à leur féjour; en même tems on travaille à la partie même par des remedes extérieurs.

A l'égard des opérations néceffaires aufdits maux, quand on eft obligé de faire une incifion qui fait venir le fang en abon-dance, le premier foin qu'on doit avoir avant d'appliquer les remedes eft d'arrêter le fang; c'eft pourquoi, quand vous aurez deffolé, ou que vous aurez fait une grande ouverture qui aménera beaucoup de fang, il n'y a pas autre chofe à fai-re, que d'appliquer pour premier appareil de la thérében-tine chaude & de la filaffe pardeffus, bien bander le tout, & ôter ce premier appareil au bout de deux fois vingt-quatre heures; fi au bout de deux jours, il venoit encore du fang en trop grande quantité, ce qui prognoftiqueroit, que le petit pied eft attaqué; vous mettrez de l'eau-de-vie avec du fucre en poudre & de l'aloës pour arrêter ce fang, ou bien de la poudre de vitriol avec un peu de filaffe, & foyez trois jours fans le panfer, au bout duquel tems, (ce qui eft rare), fi le fang continuë de venir en abondance, retardez toujours le panfement d'un jour de plus, jufqu'à ce que vous foyez devenu maître du fang, qui empêcheroit les remedes d'avoir leur effet.

Il eft auffi à remarquer, que dans les operations néceffaires aufdits maux, lorfqu'il faudra emporter des chairs, carti-lages, &c. pour chercher le fond du mal : il eft bien plus affuré de couper avec le fer, ou avec le feu, que de confom-mer avec des cauteres ou cauftiques; car outre la douleur que cette forte de drogue caufe, fouvent elle renvoye la ma-tiére fouffler, au poil, à la couronne, ou dans le pâturon même.

3°. Il n'eft aucunement dangereux de donner des raies de feu fur la corne, pourvû qu'on ne brûle pas la couronne, mais feulement le fabot; & bien loin de cela, il feroit uti-le en beaucoup d'occafion de le faire.　　　　　　Tout

Tout habile Maréchal ne deſſollera jamais un Cheval, qu'il ne lui ait auparavant ramolli le pied avec de bonne remolade ou vieux oint.

Le petit pied étant piqué, il eſt néceſſaire qu'il en ſorte une ou pluſieurs eſquilles, ſans quoi, tant qu'il y en aura à ſortir, la playe ne ſe refermera point : ces eſquilles ſont plus long-tems, les unes que les autres, à ſe détacher ſelon l'endroit où elles ſont; cela va ordinairement depuis quinze jours juſqu'à trente, quelquefois même on eſt obligé de les tirer, quand elles ne ſortent point d'elles-mêmes.

Il y a un os, que les Maréchaux appellent la noix ou le pivot, que l'on trouve au-deſſus du petit pied du côté du talon, c'eſt celui qui eſt marqué A dans la Planche xvii. quoique cet os ſoit piqué, il n'eſquille jamais.

Aux grands maux de pied, qui durent long-tems, il eſt né-ceſſaire de charger l'épaule ou la hanche, de peur que ces parties ne prenant point l'exercice accoûtumé, & la nourriture ne s'y diſtribue pas également, elles ne ſe deſſéchent & ne de-viennent inutiles : la hanche ſans cette précaution deviendra plus baſſe; ce qui ne ſe peut guéres réparer. De peur que la matiére ne ſouffle au poil dans des playes profondes du deſ-ſous du pied, il faut premierement donner écoulement par en bas, en agrandiſſant les ouvertures, ou deſſolant ſelon l'occaſion, & ne pas enfermer le loup dans la bergerie; en même tems on met des reſtrinctifs ſur la couronne pour la fortifier & la reſſerrer.

Si la matiére a ſoufflé au poil, c'eſt-à-dire, que n'ayant pas eu aſſez d'écoulement par en bas, elle ait paru à la couron-ne, au quartier, ou au talon, vous injecterez dedans la playe des vulneraires, après quoi vous ſongerez toujours à reſſerrer la couronne; car la matiére y ſéjournant pourroit corrompre tout le reſte du pied, ou s'endurcir à la couronne, & en che-min faiſant corrompre quelque tendon.

Si on néglige les enflures ſur la couronne, & qu'elles ſoient endurcies, l'huile de laurier, ou le feu en boutons, en per-çant le cuir ſur l'enflure, pourront en venir à bout. A l'égard des tendons attaqués & des filandres, voyez le Chapitre des Playes en général.

Dans tous les maux de pied, où il y a deux trous, qui ſe communiquent de haut en bas, il faut y mettre du baume verd, ou paſſer au travers un fer ardent. A a a

CHAPITRE XXI.

Des Atteintes.

UN Cheval se donne une atteinte, lorsqu'avec la pince du fer de derriere, il se donne un coup sur le talon du pied de devant; mais plus communément, les atteintes proviennent de ce qu'un Cheval qui en suit un autre, lui donnera un coup, soit au pied de devant, soit au pied de derriere en marchant trop près de lui; l'atteinte ou le coup qui sera donné sur le talon, ou près du quartier de l'une ou de l'autre de ces deux façons, fera meurtrissure, ce qui s'appelle une atteinte sourde, ou bien fera une playe, en emportant la piece, ou un trou; & si ce trou pénétre jusqu'au cartilage du pied, dont nous avons fait l'explication au Chapitre des Javarts encornés, & que ce cartilage se corrompe, alors le mal est considérable, & s'appelle une atteinte encornée, qui devient aussi dangereuse, qu'un javart encorné. Une atteinte encornée peut provenir aussi de ce qu'un Cheval se sera blessé sur la couronne, avec le crampon de l'autre pied : elle devient de même encornée, si on la néglige dans les commencemens, quoiqu'elle ne soit pas considérable d'abord, & que le Cheval n'en boite guére; car si on continuë à travailler un Cheval, sans songer à son atteinte, la partie fatiguée sera plus susceptible de se corrompre, & de venir en matiére : les Chevaux dans le tems des gelées, quand on leur met des crampons fort longs & des clouds à glace, se donnent des atteintes plus dangereuses.

On connoît l'atteinte par la playe; on voit dans l'endroit où le Cheval a été attrapé, soit au-dessus de la couronne, ou même dans le pâturon, le sang qui sort, & un trou, ou bien la piece emportée. A l'égard de l'atteinte sourde, c'est-à-dire, celle où il ne paroît rien, on la reconnoît en ce que le Cheval boite, & qu'on sent la partie frappée plus chaude que le reste du pied.

Quand la partie qui est au-dessus de l'atteinte, enfle, que la corne se resserre, & que le pied s'étrécit au-dessous, il est bien à craindre, que le cartilage du pied ne soit corrompu, & que l'atteinte ne devienne encornée.

Souvent un Cheval aura eu une atteinte qui aura pénétré jufqu'au cartilage ; on pourra la guérir en apparence, le trou fe bouche, & la playe, s'il y en a, fe confolidera facilement ; le Cheval n'en boitera plus, & on le croira guéri : mais comme le cartilage eft touché, & qu'il eft infenfible quoiqu'il ne faffe plus boiter, la matiére s'affemble en cette partie, & peu à peu en fait une forte atteinte encornée, qui fera quelquefois fix mois à paroître, fur-tout fi la matiére qui corrompt le carti-lage, n'a point de malignité par elle-même.

Quand on néglige une atteinte fimple, elle peut devenir encornée, & par conféquent très-dangereufe.

Dans le moment qu'on s'apperçoit de l'atteinte, c'eft-à-dire, auffi-tôt qu'elle a été donnée, on met du poivre deffus, ce qui la guérit ordinairement ; mais fi on ne la traite pas dans le moment qu'elle vient d'être donnée ; ayant coupé la chair détachée, on commencera par laver la playe avec du vin chaud & du fel, puis piler un jaune d'œuf dur, & le mettre deffus en guife d'onguent ; s'il y a un trou, vous appliquerez la thérébentine & le poivre ; on fe fert auffi de poudre à ca-non, démêlée avec de la falive ou humeétée : on en emplit le trou de l'atteinte, puis on y met le feu ; fi le trou eft fur la cou-ronne & eft profond, il faut paffer deffus le fer ardent ; & pour empêcher l'air d'entrer, on fera fondre l'emplâtre divin avec l'huile rofat ; mettez le tout fur du coton, & vous l'ap-pliquerez fur la playe.

Si l'atteinte eft confidérable, il faut avant tout faire une faignée au Cheval.

Lorfque l'atteinte devient encornée, c'eft que, ou elle aura été négligée, ou que la bleffure fe trouvant auprès du cartila-ge, la chair meurtrie viendra en matiére, laquelle matiére touchant le cartilage l'aura corrompu, ou bien l'atteinte mê-me fera venuë jufqu'au cartilage, & l'aura noirci : cette cir-conftance eft le prognoftique le plus dangereux.

Il faut fuivre pour guérir une atteinte encornée, la même méthode qu'on doit fuivre pour le javart encorné, Chapitre LXVII. du Traité précédent, car le même accident y arrive, & c'eft précifément pour la cure, la même chofe de point en point.

Nota. Qu'il faut empêcher que l'atteinte ne fe moüille, & que le Cheval ne fe léche ; car il ne fçauroit guérir, tant qu'il fe léchera.

CHAPITRE XXII.

Des Seimes ou Quartes , & des pieds de bœuf.

CE qu'on appelle une feime ou quarte , eft une fente de la corne, depuis la couronne jufqu'au fer, qui coupe le quartier en deux , en ligne droite de haut en bas *bb* : cette fente s'ouvrant , quand le Cheval met le pied à terre, donne lieu à la chair du deffous de la corne , de s'avancer en cet endroit, puis le Cheval relevant le pied , & la fente fe refferrant alors , elle pince la chair avancée , quelquefois en tire du fang , mais toujours fait douleur au Cheval & le fait boiter.

PL. IV.
Fig. D.

Ce mal n'arrive guéres qu'aux quartiers de dedans, parcequ'ils font toujours plus foibles que ceux de dehors , & provient ou de trop de foibleffe dudit quartier, ou de la féchereffe du pied; ce qui fait que les Chevaux encaftelés , les pieds cerclés , & les Chevaux de manége y font les plus fujets ; les uns, parcequ'ils ont les pieds naturellement fecs, & les autres à caufe du crotin des manéges , qui échauffe & defféche les pieds.

On peut prendre des précautions pour prévenir les feimes: ces précautions font d'autant plus néceffaires à l'égard des Chevaux, dont la qualité des pieds marque plus de difpofition à ce mal ; il ne faut pour cet effet qu'avoir grande attention & leur tenir les pieds gras & humides , au moyen de l'onguent de pied & du crotin moüillé.

Quand la feime arrive, on ne doit avoir d'autre objet que de rejoindre les deux parties féparées, & de refferrer la chair bourfoufflée dans cette fente, laquelle fait douleur au Cheval , & empêche la réunion : on réuffit affez bien à ces deux indications , par le moyen des cauftiques : prenez par exemple affez de fublimé, d'orpiment &c. pour en faire un noüet gros comme une noix; trempez ce noüet que vous mettrez au bout d'un bâton dans de l'huile d'olive boüillante, portez-le au-deffus de la fente fans y toucher, & laiffez tomber dans ladite fente des goutes de cette huile empreinte defdits cauftiques : recommencez cette operation plufieurs fois de fuite.

Nota. Il faut précedemment avoir ferré le Cheval , fuivant le procedé indiqué dans le Traité de la Ferrure.

Le remede le plus reconnu & le plus fûr pour ce mal , eft le feu mis de la façon fuivante. Ayez un fer, dont la furface du bout foit terminé en S. d'un doigt de longueur ; faites rougir cette S. au feu, & pofez-la toute rouge de côté, de façon que le milieu de l'S. traverfe la fente, par ce moyen un des bouts de l'S. s'imprimera fur l'un des côtés du quartier fendu, & l'autre bout fur l'autre côté ; vous mettrez trois S. de feu, auffi pofées à un pouce de diftance les unes des autres, en commençant la premiere au haut de la feime à un pouce de la couronne ; & pour que ladite feime fe foude dès le haut, vous aurez un autre fer, fait en croiffant, emmanché comme un fer à marquer, vous ferez rougir ce croiffant, & l'appliquerez moitié fur la couronne & moitié fur la corne, c'eft-à-dire, en croiffant renverfé ; de façon que le ventre dudit croiffant enjambe fur la couronne, & que ces deux pointes fe terminent fur la corne, au-deffus des S. de feu : cette opération eft faite pour relâcher la corne, & lui donner moyen de s'étendre pour fe réunir ; vous en voyez la difpofition dans la Figure D. Pl. IV.

Le pied de bœuf n'eft autre chofe qu'une feime, qui vient en pince, féparant le devant du pied en deux, & le rendant femblable à un pied de bœuf : ce mal arrive plus communément aux pieds de derriere qu'à ceux de devant, & plus fouvent aux mulets qu'aux Chevaux : les Chevaux qui marchent fur la pince, ayant le pied fait comme celui des mulets, y font plus fujets que les autres ; mais ce mal n'eft pas fi à craindre que la feime.

On guérira ce mal de la façon dont on traite les feimes, ou bien on peut faire les operations fuivantes.

Faites rougir un poinçon, ou bien un aleine courbée, pouffez-la dans la corne de part & d'autre de la fente, pour y faire des trous, dans laquelle vous pafferez un fil d'archal de cuivre, que vous redoublerez en-deffus, en tortillant les deux bouts avec des pinces ; ces fils d'archal ferviront à rapprocher les deux côtés l'un de l'autre.

On peut au lieu de ce que deffus, fe fervir du moyen fuivant. Faites forger un morceau de fer étroit, plat & mince, terminé aux deux bouts par deux pointes, faites comme celles des clous à ferrer : vous releverez ces deux pointes en haut ; & levant le pied comme pour le ferrer, vous ferez entrer ces deux pointes dans la corne de chaque côté de la fente, de façon que le morceau de fer traverse cette fente par-deſſous le pied ; vous riverez ces deux pointes de clou, puis vous mettrez le fer.

Le moyen ſuivant eſt encore fort bon, qui eſt de couper en biſeau les deux côtés du bas de la fente, ce qui s'appelle faire un ſifflet ; puis après avoir ferré, vous releverez un pinçon de chaque côté de la pince à un pouce de la fente.

Fig. N.

La crapau-
dine.

Quelquefois à l'un & à l'autre de ces deux maux il ſe joint un ulcere que nous appellons crapaudine ; quelquefois cette crapaudine les précede & les cauſe, ſur tout à l'égard des pieds de bœuf, parce que la matiére qui en ſort corrode la corne, la deſſéche & la fait fendre : on reconnoît cette eſpece de crapaudine, par la matiére qui ſort près le poil au haut deſdits maux, ce qui les rend plus longs & plus dangereux : il faut traiter ces crapaudines comme les javarts encornés.

Il ne faut jamais ſe ſervir de crampon aux Chevaux qui ont eû des ſeimes, ni même à ceux qui ont diſpoſition à en avoir.

CHAPITRE XXIII.

Des Encloueures & des Retraites.

ON appelle encloueure une bleſſure faite au pied d'un Cheval, lorſque celui qui le ferre a broché un clou, de façon qu'au lieu de traverſer la corne ſeulement, il la fait entrer dans la chair vive, c'eſt ce qui s'appelle enclouer ou piquer un Cheval. La retraite n'eſt autre choſe qu'une portion de clou reſtée dans le pied d'un Cheval ; le clou s'étant caſſé dans le tems que le Maréchal le tiroit en déferrant le Cheval ou autrement ; & quand on vient à poſer un clou au même endroit où ſe trouve la retraite ; ce nouveau clou en paſſant la preſſe & la pouſſe contre le vif ou contre la veine, ce qui fait boiter le Cheval.

Tout Cheval qui a été ferré de neuf & qui boite, n'eſt pas pour cela toujours encloué : car ſouvent les Chevaux qui ont le pied charnu, c'eſt-à-dire, la corne du ſabot déliée, ou le talon foible ou ſerré, boitent ſi fort le jour qu'ils ont été ferrés, qu'ils ont peine à ſe ſoutenir, mais ils ſe raffermiſſent d'eux-mêmes avec un ou deux jours de repos. Les Chevaux Anglois ſont fort ſujets à cet inconvénient ; ſouvent auſſi un clou qui ſe

fera coudé, c'eſt-à-dire, un peu plié dans un pied gras, fera
boiter un Cheval, quoiqu'on ne puiſſe pas dire qu'il ſoit encloué ; & ſi l'on tarde quelque tems à ôter ce clou qui ne fait
que preſſer le vif ſans entrer dedans, la matiére pourroit bien s'y
former, ce qui obligeroit à le panſer comme d'une encloueure;
les Chevaux qui ont les talons ſerrés, pour peu qu'ils ayent des
clous brochés haut, boitent, ce n'eſt pas qu'ils ſoient encloués,
mais les clous étant trop près du vif, & le preſſant, cauſent de
la douleur; le repos peut les rétablir.

Une encloueure qui eſt très peu de choſe par elle-même,
étant négligée, peut devenir un mal très-conſidérable & très-
difficile à guérir.

On reconnoît qu'un Cheval eſt encloué quand on le voit
feindre auſſi-tôt qu'il eſt ferré, & qu'en frappant ſur le clou
qu'on vient de brocher, il fait un mouvement du pied comme
s'il le vouloit retirer ; ſouvent même le Cheval fait ce mouvement dans le moment même qu'on broche le clou ; alors il n'y a
qu'à ôter le clou ſur le champ, n'en point remettre au même
endroit, & continuer à ferrer : il n'y a rien à craindre, quand
même le ſang viendroit, & rarement un Cheval en boite. Si on
ne s'eſt pas apperçu de ce mouvement, & qu'on voye le Cheval
boiter auſſi-tôt qu'il a été ferré, il s'agit de ſçavoir quel eſt le
clou qui preſſe la veine ou qui a touché le vif ; pour cet effet,
on leve le pied qui boite, & on touche avec le brochoir ſur
celui qui ne boite point, pour connoître ſi le Cheval eſt turbulent, & s'il remuë le pied qui eſt à terre quand on touche deſſus, afin qu'enſuite on puiſſe mieux juger quand on touchera
ſur le pied boiteux, ce qu'on fait en levant enſuite le pied qui
ne boite point, & en frapant doucement ſur la rivure des clous
du pied boiteux ; & lorſqu'on touche ſur le clou qui le fait feindre, on juge que c'eſt celui-là qui l'incommode ; s'il eſt encloué au pied de devant, il feindra plus communément du côté
du talon ; s'il l'eſt à ceux de derriere, ce ſera à la pince.

Lorſqu'on a fait cette premiére tentative, on commencera
par déferrer le pied, puis prenant les triquoiſes, on preſſera
tout autour en apuyant un des côtés deſdites triquoiſes vers les
rivures des clous, & l'autre vers les entrées deſdits clous ſous
le pied, il arrivera quand on preſſera l'endroit piqué, qu'il voudra retirer le pied, & feindra extraordinairement.

Nota. Lorſqu'on déferrera le pied encloué, il faudra exa-

miner les clous qu'on tirera pour voir celui qui fera coudé, ou
s'il n'y a point de retraite; c'eſt-à-dire, quelque paille détournée à
côté, ou enfin s'il n'y a point de marque que quelque paille ſe
ſoit détachée du clou en le retirant, & ſoit reſtée dans le pied, ce
qui eſt très-mauvais; car on a de la peine à la retirer, & tant
qu'elle eſt dans le pied, le Cheval ne peut guérir: il s'agit donc
de la tirer en faiſant une aſſés grande ouverture de la façon que
je vais l'expliquer. Si l'encloueure n'a pas été reconnuë ſur le
champ, mais qu'on l'ait découvert par les moyens que j'ai indiqués ci-deſſus, il pourra arriver lorſqu'on aura déferré & ôté
le clou, qu'il ſortira de la bleſſure du ſang & de la matiére; alors,
ou de quelque façon que ce ſoit, il faut commencer par ouvrir
le trou en rond avec le biſtoury ou la petite gouge, & s'il y a
une retraite, ouvrir toujours juſqu'à ce qu'on la puiſſe ôter,
puis verſer dans le trou de l'huile boüillante ou de l'eſſence de
thérébentine; l'huile de pétrole chaude eſt un excellent remede; les herbes vulnéraires guériſſent les encloueures.

Si une encloueure eſt négligée, la matiére peut ſouffler au
poil, enfler la couronne, & même à la fin offenſer le tendon.
Voyez pour la cure de ces accidens le Chapitre qui traite des
maux de pied en géneral.

CHAPITRE XXIV.

Des Clous de ruë & des Chicots.

UN Cheval peut trouver ſous ſon pied en marchant un
clou la pointe en haut qui lui entrera dans le pied, alors
on dit qu'il a un clou de ruë, parce que cet accident arrive plus
ſouvent dans les ruës des Villes que partout ailleurs; de même
ſi un Cheval marche, ou court dans des tailles nouvelles, il
peut rencontrer ſous ſon pied un éclat de bois coupé qui ſe termine en pointe, & qui lui entrera dans le pied; on appelle ces
brins de bois des chicots.

Les clous de ruë & les chicots étant de forme mal unie &
non tranchante, cauſent des playes contuſes qui deviennent
plus ou moins dangereuſes ſelon l'endroit du pied qu'elles ont
ouvert, & ſuivant qu'elles ont pénétré plus ou moins avant:
par exemple, ſi les clous & chicots ſont entrés de biais ou en
gliſſant, ils n'auront bleſſé que la ſolle ou la fourchette; s'ils entrent

trent debout, il s'agit de leur longueur : car s'ils font affés longs pour pénétrer au-delà de la folle, ils offenferont la pince où le corps de l'os du petit pied, ou le quartier, le talon ou le tendon du profond qui tapiffe une partie du deffous du petit pied ; leur fituation la plus dangereufe eft celle qui a attaqué l'os du petit pied ou le tendon ; le talon eft moins à craindre que les quartiers.

Comme il s'agit de guérir ce mal, à quelque degré qu'il foit, venons aux remedes que l'on peut employer.

Lorfqu'on voit un Cheval boiter fubitement en chemin, il faut lui lever d'abord le pied boiteux ; & fi on lui trouve un clou ou un chicot, on commencera par l'arracher, puis on fondra d'abord de la cire d'Efpagne dans le trou, ou on y verfera de l'huile bouillante, & on bouchera le trou avec de la cire d'Efpagne ; fi l'endroit n'eft pas dangereux, le Cheval fe trouvera par ce moyen tout-à-fait guéri, ou du moins s'il y a du danger, on pourra le mener à l'écurie fans craindre qu'il y entre aucun corps étranger, comme boüe ou gravois : fi au bout de dix jours la douleur continuë, & même qu'elle aug-mente, commencez par mettre le Cheval au fon & à l'eau blanche : vous fonderez pour connoître jufqu'où le clou ou le chicot pénetre. S'il a été dans les attaches qui font entre la corne & le petit pied, alors vous ouvrirez le trou en rond avec la petite gouge, & vous y verferez l'huile de pétrole ou l'effence de thérébentine, enfin, les réfolutifs les plus forts ; & en cas que la douleur continuë, il faut faigner pour éviter la fluxion & deffoler. Si la matiére eft abondante, mettez autour du pied un cataplafme émollient ; feringuez dans le trou de l'huile de thérébentine, puis mettez par deffus de la thérébentine.

Quand on a négligé ce mal, ou qu'il a été mal panfé, la ma-tiére fe forme, & fait un ravage proportionné à fon abondan-ce, à fa malignité & à l'endroit où elle féjourne ; & fi elle ne trouve pas affés d'écoulement, elle refluëra, & fe fera jour par en haut vers le poil à la couronne ou aux talons. Le remede eft de deffoler fur le champ, de faire une bonne ouverture, & de feringuer dans les deux trous des réfolutifs forts.

Si on voit fortir des eaux rouffes qui proviennent toujours des tendons attaqués, fervez-vous des mêmes réfolutifs, & ajoutez des cataplafmes réfolutifs fur le pied & fur la jambe : car il eft à craindre pour-lors que le tendon ne fe relâche, & que le petit pied ne defcende par la fuite. B b b

La matiére fe promene quelquefois.vers la fourchette, de façon qu'il fe forme deux ou trois trous au talon, qui auront communication entr'eux & jufqu'au pâturon, il faut couper tout jufqu'au fond.

Si l'os du petit pied eft piqué, il faut qu'il en tombe une ou plufieurs efquilles; panfez comme il eft dit au Chapitre des playes: s'il eft éclaté, le Cheval eft en grand danger.

CHAPITRE XXV.
OPERATIONS.
Du Travail du Maréchal.

LE Travail du Maréchal eft une des piéces les plus nécef-faires pour quantité d'opérations qui fe font fur les Che-vaux, & dont un Maréchal peut difficilement fe paffer : c'eft pourquoi avant de parler des différentes opérations, j'ai cru qu'il étoit néceffaire de détailler le travail & fes proportions les plus juftes, afin que celui qui opere y ait toutes fes commodi-tés, que l'animal qui y eft enfermé en ait le moins qu'il eft poffi-ble pour troubler l'opération, & qu'il ne puiffe pas fe bleffer lui-même.

PL. XX. Le travail eft un bâtis ou affemblage de charpente compofé de quatre pilliers quarrés A A A A de fept à huit pieds de haut hors de terre, & de quatre pieds ou environ de fondation, & de neuf pouces d'équariffage BBBB; les deux bouts font for-més par la diftance de ces quatre piliers, où ils font deux à chaque bout, qui ne doivent être éloignés l'un de l'autre que de deux pieds, ayant une traverfe en haut, une autre à rafe-terre, & la troifiéme au bout de leurs extrêmités qui eft en terre; chaque couple de piliers ainfi affemblés eft éloigné l'un de l'autre de quatre pieds quatre pouces, & affemblé de cha-que côté par trois traverfes CC. DD. EE. qui prennent aux mêmes hauteurs que les fix premiéres, ce qui fait un bâtiment de bois à jour, formant un quarré long; à chacun de ces piliers quarrés on fait plufieurs mortoifes pour y ajouter les piéces néceffaires.

Premiérement, à cinq pieds & demi de terre, on ajoûte par le côté une traverfe quarrée FF, ayant ½ pied d'équarriffage, à laquelle on cloüe & attache en-dedans cinq crochets de fer à égale diftance, & ayant la tête en bas : vis-à-vis & de l'autre côté on met à égale hauteur un rouleau ou une traverfe ronde G garnie de cinq autres crochets ou crampons dont les deux bouts plus épais H H font équarris & ferrés au-delà près des piliers de deux crics à dents L, dans lefquels s'engrenne à chacun un morceau de fer qui les arrête : on perce chaque bout de deux trous de tarriere, un à chaque face du quarré, qui perce tout au travers.

A quatre pieds de terre on fait une mortoife dans le pilier à moitié d'épaiffeur & à un pied de terre, une autre pareille pour y faire entrer deux traverfes ou barres mobiles M M (qui ferment le travail des deux côtés) dont un bout entre dans la mortoife d'en-bas d'un pilier, & l'autre dans la mortoife d'en-haut de l'autre pilier où elle eft retenuë par un morceau de fer attaché au-deffus N N qu'on range pour la faire entrer, & qu'on laiffe retomber pour l'empêcher d'en fortir.

Quatre autres barres mobiles O O, deux à chaque bout, ferment les deux bouts du travail : celles-là fe coulent dans des mortoifes qui percent les piliers d'outre en outre ; la plus haute fe fait à trois pieds ou trois pieds deux pouces de terre, & celle d'au-deffous eft à deux pieds deux pouces de terre.

A chaque pilier ou cloüe deux gros anneaux de fer P P à rafe-terre, dont l'un regarde le côté du travail, & l'autre le bout en-dedans.

A deux pieds de terre on fait une petite mortoife deftinée à y fourrer le bout d'une double potence de fer Q Q qui a envi-ron quinze pouces de long hors du pilier, elle fait un petit cou-de à deux pouces près du pilier qui la rejette en dehors, & fa tête qui finit par deux boulons à fix pouces de long.

A deux pieds & demi de terre font percées deux autres mor-toifes tranchantes faites pour y faire entrer deux barres de fer rondes d'un pied de long R R, elles fe terminent par un quarré de fer dans lequel font deux trous quarrés deftinés à recevoir une barre ronde de fer S S qu'on fait entrer de l'une à l'autre, chaque traverfe du haut des bouts du travail eft garnie d'un an-neau T qui pend ou d'un rouleau V foutenu par deux bran-ches, qui tourne fur lui-même : du côté de la traverfe ronde G, à chaque pilier eft une barre de fer ronde X X qui pend à une chaîne, & qu'on arrête en la paffant dans un anneau qui l'empêche de vaciller : on met auſſi de petits anneaux de fer pour paſſer les longes du licol du Cheval ou de la caveſſine de main, ou bien on les arrête avec des crochets Y Y qui pendent entre les deux barres des bouts : on garnit de cuir rembourré, & cloué Z Z Z Z les quatre piliers d'en-dedans du côté des bouts du travail : on couvre tout le travail d'un toit qui y tient, ou d'un appentis attaché à la muraille voiſine, s'il eſt auprès d'une muraille, & qu'il ne ſoit pas iſolé.

Comme tous les quatre piliers ſont percés des mêmes mortoiſes, il n'y a moyennant cela ni devant ni derriere ; c'eſt-à-dire, que la tête du Cheval peut être à un bout ou à l'autre indifféremment, parce que toutes les traverſes mobiles, les barres, &c. s'ajuſtent d'un côté comme de l'autre.

On fait les fondations de quatre pieds de profondeur, pour rendre le travail capable de réſiſter aux efforts du Cheval ; on doit murer tout le dedans avec chaux & ciment, le paver à raze-terre, & à un pied & demi tout autour.

Les traverſes d'enhaut ſervent à l'aſſemblage.

Les anneaux ou rouleaux qui ſont aux bouts ſont mis pour lever la tête du Cheval quand on donne des breuvages ou des pilules.

Les crochets de fer qui ſont aux traverſes immobiles des côtés ſervent tant à ſoutenir qu'à élever la ſous-pente, & les barres rondes attachées à des chaînes de fer ſont faites pour tourner la traverſe ronde, en les mettant ſucceſſivement dans les trous de tarriere qui ſont au bout.

Les traverſes ou barres de bois qui vont en biais des deux côtés ſont faites pour empêcher le Cheval de ſe jetter de côté.

Les traverſes ou barres de bois mobiles qui ſont, deux devant & deux derriere, empêchent le Cheval de ſortir du travail, ſoit en avançant ou en reculant.

La double potence de fer eſt deſtinée à tenir, lever & attacher le pied de devant pour y travailler.

Les barres & la traverſe de fer ſont faites pour tenir & arrêter le pied de derriere.

Les anneaux du bas des piliers doivent ſervir à tenir en reſpect (par le moyen de cordes qui entourrent le pâturon, & qui paſſent au travers deſdits anneaux) les pieds auſquels on ne travaille pas.

Les rembourures des piliers empêchent que le Cheval (dans les efforts qu'il fait) ne ſe bleſſe la tête contre les piliers.

CHAPITRE XXVI.

Comment on met un Cheval au Travail.

QUand on veut faire quelque opération douloureuse à un Cheval, il faut l'abattre ou le mettre au travail, sans quoi on ne pourroit en venir à bout.

Nous parlerons au Chapitre suivant de la façon de l'abattre : maintenant nous allons expliquer comment on l'arrête dans le travail, de maniére qu'il ne puisse pas troubler l'opération par ses mouvemens & ses efforts.

Avant tout il faut être muni d'une bonne sous-pente de cuir PL. XX. fort : voicy ce qui compose cette espece de sous-pente qui n'est Fig. B. qu'un assemblage de courroyes disposées, comme on le voit dans l'estampe. Les trois principales *a a a* qui servent à suspendre ou à élever le Cheval, sont garnies de deux ou trois chaînons à chaque bout : il y a (comme on voit) cinq courroyes traversantes qui coulent comme on veut. Les trois plus courtes *b b b* servent à garnir sous le ventre ; & des deux autres, l'une *cc* est fort longue, un de ses côtés va entourer la croupe, & l'autre le poitrail : ces côtés se bouclent à deux boucles *d d* qui sont à la courroye qui est de l'autre côté.

Après avoir mis des lunettes au Cheval, on le fait entrer PL. XXI. dans le travail par un des bouts : on remet ensuite les deux tra- Fig. A. verses qu'on avoit ôtées pour qu'il entrât : on accroche la sous-pente à trois des cinq crochets qui sont à la traverse quarrée d'un côté ; puis la passant par-dessous le ventre sans toucher au Cheval, on accroche les trois autres bouts à trois crochets de la traverse tournante ; puis en faisant tourner cette traverse avec les barres de fer rondes qui pendent par des chaînes, on éleve la sous-pente sous le ventre du Cheval au point que l'on veut : Pendant ce tems on met des plattes-longes ou des cordes BBB à tous les pieds ausquels on ne veut pas travailler, & les passant ensuite dans les anneaux du bas des piliers ; on les en approche, & un homme tient chaque platte-longe tournée autour de chaque pilier, afin que le Cheval ne puisse pas avoir la liberté de ses jambes.

On passe aussi quelquefois une platte-longue C, sur le garot qu'on attache des deux côtés en bas, à deux anneaux mis exprès, le Cheval ne fçauroit fe lever, retenu par cette plat-te-longe.

Pour foutènir la croupe, & afin que le Cheval ne s'accule pas, on noue une corde à la queuë; puis on la fait paffer dans l'anneau d'en haut, qui fert à donner des breuvages, & un homme tenant cette corde, foutient toût le derriere du Che-val : ce nœud de la queuë, ne doit pas couler; & pour cet effet, il y a une façon de le faire, que je vais expliquer. Ap-pliquez fur la queuë une corde ployée, dont un bout foit long D, & l'autre court E; empoignez la queuë & la corde vers l'endroit où on coupe ordinairement la queuë; prenez le bout court, & par-deffus la main gauche, faites deux ou trois tours F, comme pour lier la queuë : mêlez enfüite le bout qui vous en refte avec le crin de la queuë G; faites paffer à moitié ce crin, entortillé avec ce bout de corde dans l'an-neau de corde, qui eft refté en haut H; tirez le bout long en bas, il ferrera le crin mêlé avec la corde & le nœud fait; quand vous voudrez le défaire, tirez à vous la corde entortil-lée de crin, & le tout partira.

J'obmettois de dire que pour empêcher le Cheval de ba-lancer en avant & en arriére, vous n'avez qu'à paffer une corde au poitrail de la foufpente L, & l'attacher à la barre de devant, & une autre par derriere M, pour l'attacher à la bar-re de derriere; de plus vous mettrez des morailles ou un tor-chenés au Cheval.

Quand on veut travailler aux pieds, foit pour ferrer, def-foler &c. dans le travail, fi c'eft au pied de devant qu'on a à faire; il faut mettre la double potence de fer du côté du pied qu'on doit lever; puis mettre une plate-longe au pâturon dudit pied, l'améner fous cette potence, qui fera mieux d'être rem-bourrée, afin que le pâturon & les talons foient plus molle-ment : vous ferez venir le nœud coulant du pâturon N en dehors; puis vous pafferez la plate-longe ou la corde par-def-fous le pied O & par-deffous la potence de l'autre côté; en-fuite par-deffus la potence P, une deuxiéme fois par-deffous le pied; puis par-deffus la potence Q; enfin par-deffous R, un homme tiendra le bout de la longe, & le pied fera arrêté. Au pied de derriere la même chofe fe fera fur la barre ronde de fer, qui fert à lever les pieds de derriere.

Quand on travaille à un pied de devant, il faut attacher

Comment on arrête les pieds au travail.

l'autre pied à l'anneau d'en bas du même côté S, & pour le pied de derriere, il faut attacher l'autre pied à celui d'en bas de l'autre côté.

CHAPITRE XXVII.

Comment on abat un Cheval avec le lacs & avec les Entraves.

IL y a deux manieres d'abattre les Chevaux, l'un avec le lacs, l'autre avec les entraves, qui est la plus sûre & la meilleure façon.

Après avoir étendu par terre un bon lit de paille, & avoir mis des lunettes au Cheval, s'il est difficile, on le fait avancer sur cette paille, ensuite on travaille à le faire tomber sur cette paille.

On a un lacs, qui est une corde d'environ trente pieds de longueur AA, à un bout de laquelle est un anneau de la même corde B; on fait passer l'autre bout dans cet anneau, jusqu'à ce qu'il fasse lui-même un grand anneau, qu'on passe dans le col du Cheval; puis on l'élargit peu à peu sur son dos, jusqu'à ce qu'il tombe derriere sa croupe; ensuite dix ou douze hommes plus ou moins, tirent fort & subitement la corde, qui en se serrant, rassemble les quatre jambes du Cheval, & l'oblige à tomber; cette façon a ses inconveniens: Premierement, il faut avoir beaucoup d'hommes au bout de la corde, sans quoi si le Cheval est vigoureux, il entraîne souvent le lacs & les hommes, & quelquefois il s'en débarrasse totalement avant qu'il soit tout-à-fait serré, de façon qu'il faut recommencer, & le Cheval est alors effarouché & plus difficile à approcher.

Quand on l'abat avec les entraves, on en a quatre, dont trois ont un anneau BBB, & au quatriéme D, la corde est attachée; on boucle les quatre entraves à chaque pâturon, mettant les boucles en dehors, l'anneau où tient la corde, se met à un pâturon de devant; on fait ensuite entrer doucement le bout de la corde, 1°. dans l'anneau de l'autre pied de devant; ensuite dans les deux anneaux de derriere; puis la ramenant dans le premier anneau D, cinq ou six hommes prennent le bout de la corde E, & tirant subitement à eux, les quatre

Pl. XXII.
Le Lacs.

Pl. XV.
Fig. A.
Les Entraves.

pieds fe rapprochent, & il faut que le Cheval tombe : alors, & fur le champ un homme va fe mettre à genoux derriere la tête, & prend le crin qu'il pouffe ferme contre terre, afin que le Cheval ne la releve pas : un autre enferme de la paille

PL. XXI.
Fig. B.

dans une épouffete A, qu'il met fous la tête pour lui fervir d'o-reiller : le troifiéme, prend la queuë & la tient ferme : le qua-triéme, fait un bouchon de paille, ou prend une poignée de paille B d'une main, & prenant de l'autre, le bout de la corde qu'on lui donne, en tendant toujours le refte, il la paffe par-deffous, entre les quatre pieds, & en la tirant toujours par-deffus, il fe forme un anneau coulant D, dans lequel il met fon bouchon de paille ; & pour lors il faut moins de monde pour tenir enfuite cette corde tenduë, afin que le Cheval ne déjoigne pas fes pieds, & moyennant la paille, cet anneau ou nœud ne fçauroit bleffer les pâturons.

On voit une entrave en grand, Pl. XXII. n°. 8.

CHAPITRE XXVIII.

Des inftrumens du Maréchal pour les Opérations.

PL. XXII.

LEs flammes *a* qui font ordinairement trois, qui fe re-ploient dans le même manche, font de trois differentes groffeurs, & ne fervent que pour la faignée.

La lancette *b* qui eft au bout d'un manche, fert à ouvrir des tumeurs, abcès, &c.

Le biftoury *c* eft un petit couteau à un ou à deux tranchans, fervant à couper dans le pied, dans les chairs, &c.

La feuille de fauge *d* qui eft un biftoury à deux tranchans, un peu courbé d'un côté fur fon plat, fert à couper dans les endroits un peu enfoncés, comme au-dedans du pied, &c.

Les cizeaux *ee*, tant droits que courbes, fervent aux playes, aux abcès, à couper le poil, &c.

Les renettes *f* qui font faites comme un crochet coupant, fervent à racler & enlever de la corne en creufant, &c.

La petite gouge *g*, fert à ouvrir & élargir en rond dans la corne, dans la folle, &c.

L'aiguille *h* courbe, fert à coudre des playes à l'onglée, &c.

Les couteaux de feu *i* & les boutons de feu *l*, fervent à met-tre le feu en differens endroits.

Lc

Le brûle-queuë *m*, sert à brûler le bout de la queuë qu'on vient de couper.

Le fer à lampas *n*, sert à brûler la féve.

L'esse de feu *o*, sert à brûler la corne aux seymes.

La marque *p*, sert à appliquer rouge sur la cuisse d'un Cheval, afin qu'elle s'y imprime pour toujours : les differentes marques font voir le differens Haras & les pays d'où les Chevaux sont sortis.

La corne de chamois *q*, sert à détacher les tendons ou veines, qu'on veut couper au Cheval, afin de les mettre à portée d'être coupés.

Le boëtier du Maréchal *r*, est une boëte de fer blanc, séparée ordinairement en trois compartimens, pour y mettre des onguens, servant à panser les Chevaux.

La corne de vache *s*, sert à donner les breuvages dans la bouche du Cheval.

La cuilliere de fer *t*, est pour faire fondre ou chauffer les drogues qu'on veut appliquer chaudes.

La seringue *u*, sert aux lavemens.

La seringue *x* à injections, est pour injecter dans les playes, elle a ordinairement trois bouts, un droit percé d'un trou, un droit percé de plusieurs petits trous, & un courbé.

Le pas d'âne *y*, sert au moyen de ses deux traverses, à tenir la bouche d'un Cheval, ouverte pour regarder dedans.

Le leve-sole *z* est fait pour élever la sole en pince, & commencer à la détacher, afin de donner prise aux tricoises, qui l'enlevent ensuite toute entiére.

La spatule *1*, sert à remuer, ou à appliquer les drogues ; & la sonde, qui est à l'autre bout, à sonder la profondeur des playes.

Les éclisses de bois & de fers, servent à tenir les appareils sous les pieds.

Le morailles de châtreur *4*, servent à serrer au-dessus des testicules pour les couper ensuite : les morailles courbes *5*, servent à couper les oreilles. Nous avons parlé précedemment de l'usage du laqs & des entraves.

Le billot *6*, qui se met dans la bouche, sert à y mettre des nouets d'Assa-fœtida &c.

La corde à saigner *77*, sert à serrer le col d'un Cheval, pour lui faire enfler la jugulaire, afin de la piquer.

Le pas d'âne pour les breuvages 13, étant rembourré & mis dans la bouche du Cheval, sert à lui lever la tête pour lui faire avaller un breuvage.

Le gros billot de bois a deux mains 9, avec lesquelles on le porte pour le placer sous le tronçon de la queuë, qu'on met dessus pour la couper.

Le tranchoir ou couperet 10, se met à l'endroit de la queuë qu'on va couper, & la masse 11, donne sur le tranchoir le coup qui lui fait trancher la queuë.

La grosse gouge 12, sert à casser les surdents & à faire un rossignol sous la queuë.

CHAPITRE XXIX.

Du Poulx des Chevaux & de la Saignée.

ON ne connoît pas le poulx des Chevaux dans le même endroit, qu'on distingue celui de l'homme. Le poulx n'étant que le battement de tous les artéres du corps, au même instant, & par le moyen du battement du cœur, on a cherché celui qu'on peut sentir avec la main, afin que par son moyen, on pût connoître le mouvement du sang; & comme il est très-difficile de trouver aux Chevaux des artéres superficielles, on a eu recours au cœur, qu'on ne sent battre que lorsque le Cheval a la fiévre; ainsi en appuyant le dos de la main, au défaut de l'épaule près du coude du Cheval Pl. I. Fig. A z; si on sent battre le cœur, c'est une marque de fiévre : on sent aussi battre à plusieurs Chevaux, une artére aux larmiers b, soit qu'ils ayent la fiévre ou non.

La saignée est une des opérations les plus communes. Quand le mal vous donne le tems, ou que vous voulez saigner par précaution, faites manger du son la veille; que le Cheval ne mange ni ne boive trois ou quatre heures avant la saignée, ni deux heures après; laissez-le en repos la veille, le jour de la saignée & le lendemain; cependant vous pouvez enfreindre toutes ces regles sans danger dans tous les cas où il faudra saigner précipitemment.

Il faut regler les saignées, c'est-à-dire, sçavoir la quantité de sang qu'on tire; & comme une pinte d'eau occupe l'espace de deux livres de sang, sur ce pied-là le Maréchal aura

des mesures & plus & moins grandes pour recevoir le sang :
on fait ces mesures de fer blanc, avec un manche ; elles lui
serviront encore à voir si le sang est noir & échauffé, ou jaune
& bilieux, ou boueux & épais ; ce qui peut donner quelque
léger éclaircissement pour le mal.

Le sang qu'on tire en une saignée à un Cheval ordinaire,
est trois ou quatre livres de sang ; & quand on les réïtere souvent, on les fait moindres, le tout suivant les cas, quand on
sçait son métier.

On est quelquefois malheureusement obligé de faire trotter
un peu un Cheval, qu'on veut saigner à de certaines veines,
où on ne sçauroit faire de ligature, pour lui agiter le sang qui
ne sortiroit pas sans cela : mais qu'on ne s'imagine pas, comme
quelques-uns, qu'il est nécessaire d'échauffer le Cheval, avant
de le saigner, parceque cette agitation fait sortir le mauvais
sang, & que sans cela, il n'y auroit que le bon qui partiroit ;
car il est certain, que cela y fait plutôt mal que bien, & que
la masse du sang, est la même, soit qu'il ne remuë pas ou qu'il
s'agite.

On saigne au col avec la flamme ; c'est le seul endroit où Saignée du Col.
l'on puisse faire la ligature. Pour la faire, on passe une ficelle,
qui a deux anneaux de la même ficelle à ses deux bouts, qu'on PL. XV. Fig. A.
appelle la corde à saigner ; on la passe, dis-je, pardessus le
col, près du garot ; on la reprend pardessous le col, & faisant
entrer un des bouts dans l'anneau de l'autre bout, on serre au
côté du col E, & on arrête par un demi-nœud ; alors la veine jugulaire qui coule tout le long du gosier, paroît ordinairement grosse comme le pouce : on pose alors la pointe de la
flamme F en biais sur cette veine à quatre ou cinq doigts de
l'os de la ganache ; si le col est flasque, ou la peau trop dure,
un homme met sa main de l'autre côté, vis-à-vis de l'endroit
où est la flamme, soutenant la partie ferme, afin que la flamme puisse entrer dans la veine ; il faut boucher l'œil au Cheval, du côté qu'on saigne, afin qu'il ne voye pas le mouvement qu'on va faire ; car il y en a, qui d'un petit mouvement
de tête, ou de mâchoire, dérangent la veine dans le moment que le coup part ; ce qui fait, qu'on perce à côté, &
qu'il faut recommencer ; voilà tout l'inconvénient, car il n'y
a point de danger de piquer l'artére ; elle est trop profonde
en cet endroit : voici donc comme la flamme entre : Vous

avez une petite maſſe *g*, ou vous vous ſervez du manche du brochoir, avec lequel vous donnez un coup raiſonnable ſur le dos de la flamme ; elle entre, vous la retirez ſur le champ, & le ſang ſort : une maxime générale, c'eſt de faire une grande ouverture pour l'évacuation du ſang ; car la ſaignée en eſt plutôt faite, & il vient plus rarement du mal à l'endroit piqué : ſi le ſang ne coule pas en arcade, on fait mâcher quelque choſe de dur au Cheval, où on lui prend doucement la langue ; cela fait remuer la mâchoire & jaillir le ſang.

Le nœud de Chirurgien. Quand la ſaignée eſt faite, vous ôtez la corde à ſaigner, le ſang s'arrête ; puis vous percez les deux lévres de la playe avec une épingle, que vous faites ſortir des deux côtés également : vous tirez dix ou douze crins du col, vous les paſſez des deux côtés, par en haut derriere l'épingle ; puis vous nouez ces crins par-deſſous d'un nœud paſſé deux fois, qui s'appelle le nœud de Chirurgien ; puis d'un ſecond nœud paſſé auſſi deux fois de l'autre ſens du premier, & l'opération eſt terminée.

Saignée des Larmiers. On ſaigne ſans ligature aux veines des temples & aux larmiers avec la lancette ; mais il faut prendre garde de ſaigner l'artére, au lieu de la veine en cet endroit.

Connoiſſance des artéres. On diſtingue les artéres des veines, en ce qu'avec le doigt, on les ſent battre comme le poulx de l'homme : les veines ne battent point ; il faut les voir pour les piquer.

Saignée ſous la langue. Aux Nazeaux. On ſaigne ſous la langue avec la lancette. Au travers de la cloiſon des deux nazeaux avec une alêne, un poinçon, ou un clou.

Au Palais, le coup de corne. Au milieu du palais, entre les deux crochets d'en-haut, avec la pointe d'une petite corne, ou avec la lancette ; ce qui s'appelle donner un coup de corne, mais le ſang eſt quelquefois très-difficile à étancher, à cauſe qu'on aura ouvert un artére : on l'arrête en levant la tête du Cheval en-haut, ou en preſſant l'endroit avec la moitié d'une coquille de noix, qu'on tient ſur l'endroit, pendant un quart d'heure, ſi l'artére eſt ouverte.

Aux Ars. Aux ars, qui ſont les veines du bras, avec la flamme ou la lancette ſans ligature ; on ne met point d'épingle à la ſaignée : on y tient le doigt un moment, & elle ſe referme d'elle-même.

Au plat des Cuiſſes. Aux plats des cuiſſes de la même façon.

Au Ventre ou Flanc. Aux veines du flanc ou ventre de la même façon.

A la queuë avec la lancette.

Aux pâturons avec la lancette.

A la pince du pied. Ceci n'eft pas véritablement une fai- gnée; car on ne piqne point, mais on ôte fous le pied à la pince, autant de fole qu'il faut pour faire venir le fang ; & cela fe fait avec le biftoury, le boutoir, ou la renette, c'eft plutôt une entameure qu'une piqueure.

On pourroit, & même on devroit retrancher les trois quarts de ces faignées ; il y a trop de crédulité à les adopter : quel- ques perfonnes s'imaginent qu'il y a des endroits confacrés pour ainfi dire, à de certaines maladies, qu'ils croiroient ne pouvoir pas guérir fans faigner : que fignifie par exemple la néceffité de percer les nazeaux avec un clou pour les tranchées, les nazeaux ont-ils quelque correfpondance prochaine avec les boyaux ; on faigne auffi au flanc pour le même mal : pour- quoi ces deux faignées auront-elles le même effet, & com- bien eft-on de tems à tirer de tous ces endroits détournés la valeur d'une faignée ordinaire : un Cheval ne feroit-il pas plû- tôt foulagé d'une bonne faignée du col, que d'une meurtrif- feure au palais &c.

Je voudrois donc, à l'égard de la faignée, fi on la croit revulfive, qu'on n'eût que deux pratiques : fçavoir, quand le mal eft au train de devant, de faigner indifferemment où on pourra avoir au train de derriere plus facilement du fang, ou au plat de la cuiffe 2 2, ou à la veine du flanc 1 8 ; & quand le mal eft au ventre & au train de derriere, de faigner au train de devant, foit au col 1, ou aux ars 3 : fi on ne la croit pas revulfive, faigner toujours au col : pourvû, fuivant cette opinion, qu'on ôte du fang, on fait l'effet qu'on a attendu qui eft de l'évacuer.

A la Queuë.

Aux Pâtu- rons.

A la Pince.

Réflexions fur les Sai- gnées en differens endroits.

PL. I.

Fig. A.

CHAPITRE XXX.

Des Lavemens.

Quand on veut donner un lavement à un Cheval, il ne doit point avoir mangé deux heures avant, ni'man- ger que deux heures après ; la dofe ordinaire eft de deux à trois pintes de décoction.

Immédiatement avant de le donner, on graiffe fa main

d'huile, ou bien on la moüille avec la décoction, & après avoir mis son bras à nud jusques au-dessus du coude, on rassemble ses cinq doigts en pointe, & on fourre ainsi la main & le bras dans le fondement : on tire dehors toute la fiente qu'on trouve dans le boyau, ce qui s'appelle vuider ou curer le Cheval ; ou bien, si on ne veut pas se servir de son bras, on mettra dans le fondement un morceau de sa.von, gros comme un œuf, qu'on frottera d'huile pour l'aider à entrer ; une demie-heure après, le Cheval se vuidera de lui-même. On se sert pour donner le lavement, où bien d'une corne de bœuf, dont on introduit le petit bout dans le fondement, ou d'une grande seringue, faite comme celles des hommes, excepté qu'il faut que la canule ait un trou gros comme le pouce.

Si vous vous servez de la corne, introduisez-en le petit bout dans le fondement, après avoir situé le Cheval dans un endroit où la croupe soit haute & le devant bas : alors versez petit à petit la décoction chaude par l'autre bout de la corne. Si le lavement n'entre pas bien, on remuë la langue du Cheval, & on frappe de petits coups sur les roignons avec la main platte, & il entrera.

Si on se sert de la seringue, il n'y a pas d'autres cérémonies que de pousser doucement & en tournant le piston jusqu'à ce qu'il soit au bout : cette façon est la meilleure, car le Cheval l'a plûtôt pris, & le reçoit mieux.

Ensuite, il n'y a pas autre chose à faire que de laisser le Cheval tranquile sans le promener, ni lui boucher le derriere avec du foin : car si vous le promenez, vous l'engagez à rendre son remede trop tôt, il vaut mieux qu'il le conserve un peu de tems ; & de lui boucher le derriere, ne l'empêchera point de le rendre s'il en a envie.

CHAPITRE XXXI.

Les Breuvages & Pilules.

Breuvages.　Quand on veut donner au Cheval un breuvage, on le mene au travail, puis on lui leve la tête : ce qui se fait de deux façons, ou au moyen d'une petite corde, au bout de laquelle on fait un anneau ; de la même corde on passe cet anneau derriere les dents des coins d'en haut, afin qu'il ne forte pas de la bouche , & paſſant la ficelle dans l'anneau de fer ou le rouleau de fer qui eſt au haut du bout du travail ; celui qui tient cette petite corde, tirant enſuite en bas ; leve la tête du Cheval, ou bien on met dans la bouche le pas d'âne eſtamé & rembouré dont la figure eſt dans l'eſtampe XXII, & on leve la tête de même. Alors on monte ſur une chaiſe ou ſur un eſcabeau, & on ſe ſert de la corne de vache de deux manieres ; ſçavoir on la met dans la bouche par le petit bout , & avec le pot qu'on tient de l'autre main , on verſe du pot dans la corne à pluſieurs repriſes, ou bien après avoir bouché le petit bout de la corne, on la remplit de ce qu'elle peut tenir de breuvage, & on la renverſe dans la bouche : on remplit ainſi la corne à pluſieurs repriſes juſqu'à ce que tout le breuvage ſoit avalé : il faut bien ſe garder de paſſer ſa main ſur le goſier pendant tout le tems qu'il a la tête en l'air , comme quelques-uns font , cela eſt mortel ; car un Cheval peut étouffer ſur le champ de ce procedé , & même s'il venoit à touſſer , il faudroit laiſſer aller promptement ſa tête, ſans quoi le même inconvenient arriveroit.

Si vous donnez des pilules , il faut avoir un bâton gros comme le doigt & pointu par un bout : vous mettrez cette pointe dans la pilule pour l'enfoncer dans la bouche , tenant de l'autre main la langue ; à chaque pilule un coup de vin blanc ou d'eau par la corne pour la faire paſſer. *Pilules.*

Si le breuvage que vous donnerez eſt une purgation, la veille ne lui donnez que du ſon , & point de foin, le ſoir un lavement, qu'il ſoit au moins ſix heures ſans manger avant , & autant après ſa médecine , & toute la journée du ſon, & rien autre choſe le lendemain ou ſur-lendemain : enfin, quand il commence à purger , il le faut promener de deux heures en deux heures , une demie heure chaque fois pendant une demie journée pour l'aider à ſe vuider ; quand il a purgé , finiſſez par un lavement , puis vous le nourrirez à l'ordinaire. *Purgations.*

CHAPITRE XXXII.

Châtrer & boucler.

COmme la châtrure du Cheval eſt une opération qui devroit être faite par le Maréchal, puiſqu'il eſt , pour ainſi dire, le Chirurgien des Chevaux : Je m'étonne pourquoi la

plûpart la cedent aux châtreurs de profeſſion, & qu'ils les laiſſent approcher de l'animal ſur lequel doit s'exercer tout leur
art : c'eſt pour piquer ceux-cy d'honneur, que je vais leur apprendre icy comment on-châtre un Cheval, afin qu'ils en prennent eux-mêmes le ſoin.

On peut châtrer de deux façons, ou avec le feu, ou avec le
cauſtic.

Voicy comment on s'y prend avec le feu.

Châtrure avec le feu. L'Opérateur fait mettre à ſa portée deux ſceaux pleins d'eau,
un pot à l'eau, deux couteaux de feu quarrés par le bout, ſur
le feu d'un réchaux, du ſucre en poudre, & pluſieurs morceaux de réſine, ſon biſtoury & ſes morailles.

PL. XXI.
Fig. B. Quand le Cheval eſt abattu, on lui leve le pied de derriere
juſqu'à l'épaule, & on l'arrête par le moyen d'une corde E E
qui entourre le col, & revient ſe nouer au pied.

Le Châtreur ſe mettant à genoux derriere la croupe, prend le
membre, le tire tant qu'il peut, le lave & le décraſſe, auſſi-bien
que le fourreau & les teſticules : quand cela eſt fait, il empoigne & ſerre au-deſſus d'un teſticule, & tendant par ce moyen
la peau de la bourſe, il la fend en long ſous le teſticule, puis il
fait ſortir le teſticule par l'ouverture, & comme le teſticule
tient par un de ſes bouts du côté du fondement à des membranes qui viennent avec lui, il coupe ces membranes avec ſon biſtoury, puis il prend ſa moraille F, & ſerre au-deſſus du teſticule ſans prendre la peau, en arrêtant l'anneau de la moraille
dans la cremaillere : on voit alors le teſticule en-dehors, & le
paraſtate qui eſt une petite groſſeur du côté du ventre au-deſſus
du teſticule.

C'eſt au-deſſous de cette groſſeur, ou plûtôt entr'elle & le
teſticule qu'il coupe avec le couteau de feu ; le teſticule tombe,
il continuë à brûler toutes les extrêmités des vaiſſeaux du ſang
en mettant ſur ces vaiſſeaux des morceaux de réſine qu'il fait
fondre ſur la partie avec le couteau de feu à plat : il finit par ſau-
poudrer & brûler du ſucre par-deſſus la réſine ; enſuite, abaiſ-
ſant la peau il recommence la même opération à l'autre teſticule.

Il y a des Châtreurs qui ont des morailles doubles avec leſquelles ils ſerrent & brûlent tout de ſuite les deux teſticules.

Il fait enſuite jetter de l'eau dans la peau des bourſes, puis
quand le Cheval eſt relevé, il lui jette à pluſieurs repriſes l'autre ſceau d'eau ſur le dos & ſur le ventre.

La

La châtrure avec le cauſtic ſe fait de la maniére ſuivante. L'opérateur eſt muni de quatre morceaux de bois longs de ſix pouces, larges d'un pouce, creux dans leur longueur d'un canal qui laiſſe un rebord d'une ligne tout autour ; les deux bouts de chaque bâton ſont terminés par deux ronds ou boules faites du même morceau de bois : c'eſt dans ce canal qu'eſt le cauſtic qui le remplit tout entier, il eſt compoſé de ſublimé corroſif fondu dans de l'eau & réduit en conſiſtance de pâte avec de la farine, quand il a préparé le teſticule comme nous venons de dire, il ſerre le deſſus au lieu de morailles avec deux de ces bâtons dont il met les deux canaux vis-à-vis l'un de l'autre, & qu'il joint enſemble par les deux bouts qu'il lie chacun avec une ficelle : il coupe avec le biſtoury le teſticule au-deſſous, & laiſſe les bâtons ainſi liés, que le Cheval emporte avec lui, & qui tombent d'eux-mêmes au bout de neuf jours.

La Châtrure avec le Cauſtic.

Le lendemain, ſoit que l'opération ait été faite par le feu ou par le cauſtic, on mene les Chevaux à l'eau, & on les fait entrer juſqu'à la moitié du ventre.

La ſeule différence qu'il y ait à ces deux opérations, c'eſt qu'il eſt plus rare que la partie enfle avec le cauſtic qu'avec le feu : mais du reſte, il n'y a pas plus de danger à l'un qu'à l'autre.

Le grand froid & le grand chaud ſont contraires à cette opération ; il faut la faire dans un tems temperé.

On boucle les Jumens qu'on ne veut pas qui ſoient couvertes par quelque Cheval qui ſe détacheroit dans une écurie de cabaret, dans un herbage, &c. Voicy comment on s'y prend : on ſe ſert pour cet effet de deux eſpeces de machines ; l'une eſt ſimplement des anneaux de cuivre ; l'autre eſt une machine plus compoſée : ce ſont deux cilindres ou tuyaux de cuivre creux percés horizontalement *a a* en quatre endroits également diſtants, on boucle avec les anneaux en perçant les deux lévres de la portiere, autrement de la nature, avec un fil de cuivre qu'on recourbe enſuite en anneau : on en met un autre au-deſſous qu'on entre-laſſe dans le premier : on en met auſſi quatre ou cinq. Quand on boucle avec la grille, on ne fait autre choſe que de paſſer des fils de leton dans les trous d'un des deux canaux de cuivre ; ils ſont recourbés déja au bout ; de peur qu'ils ne paſſent au travers des trous, l'on perce une lévre de la portiere avec ces fils, puis l'autre enſuite : on les fait paſſer dans les trous de l'autre canal, & on les recourbe de l'autre côté : cela

Planche XXIII. Fig. A. Boucler.

D d d

fait comme une grille devant la nature, ou au lieu de canaux, on tortille deux fils de leton enfemble : on fait paffer au travers de diftance en diftance les aiguilles qui font reçûës après avoir percé la nature par deux autres fils de léton tortillés.

Pour faire l'opération, il n'y a pas d'autre préparation qu'une platte-longe au pied de derriere, comme pour couper la queuë & le torche-nez.

Les grilles font meilleures que les anneaux pour une bête à l'herbe, parce qu'une branche d'arbre peut paffer dans les anneaux, & déchirer la nature, ce qui ne fçauroit guéres arriver aux grilles.

CHAPITRE XXXIII.

Couper la queuë & les oreilles, & les rapprocher, & la queuë à l'Angloife.

Fig. B. POur couper la queuë, on prend les crins de deffus qu'on fépare en deux en les nattant *bb* : enfuite avec des cizeaux on coupe le crin de deffous *C*, à la hauteur qu'on veut jufqu'au tronçon *d* qu'on découvre enfuite tout autour de la longueur de deux pouces, en coupant à raze le crin qui eft deffus, puis on dénatte le crin de deffus, & on l'égalife avec celui de def-
Fig. C. fous : cela fait, on met au Cheval une platte-longe *e* au pâturon droit de derriere ; puis la faifant paffer de l'autre côté par-deffus le garrot, on la rentre à l'épaule, & un homme en tient le bout *f*, afin que le Cheval ne puiffe ruer pendant l'opération : il vaut mieux, pour plus grande fûreté, mettre le Cheval dans le travail : on approche un billot qui a deux mains *g*, fur le def-fus duquel on place le tronçon fans poil *h* bien appuyé ; puis tenant d'une main le couperet, & en mettant le tranchant fur l'endroit qu'on veut couper qui eft au raze du crin, on donne un coup de maffe fur le dos du couperet qui fépare net la partie du tronçon qui eft fur le billot : on laiffe faigner la queuë un demi-quart ou un petit quart-d'heure ; puis levant de la main gauche la queuë, on brûle le tour de l'os du tronçon qui refte avec le brûle-queuë, afin de boucher les vaiffeaux du fang ; on finit par mettre du crin fur l'endroit brûlé que l'on y grille avec le même brûle-queuë, & l'opération eft finie.

Il faut faire cette opération dans un tems tempéré.

Il n'y a point de régles qui puiſſent déterminer à quelle hauteur on doit couper la queuë, le coup d'œil en juge: Je dirai ſeulement que quand on la coupe à une Jument, il faut que ce qui en reſte cache la nature.

Ce qui s'appelle couper la queuë à l'Angloiſe n'eſt proprement qu'un moyen qu'on a trouvé pour donner à un Cheval par art la grace de ceux qui portent naturellement leur queuë en trompe; c'eſt-à-dire, retrouſſée à peu près comme la queuë d'un chien: ce ſont les Anglois, qui, je crois, ont inventé l'opération qu'il faut pour parvenir à ce but: pour en expliquer l'effet, il eſt néceſſaire d'avoir connoiſſance de l'anatomie de la queuë; la voici.

Couper la queuë à l'Angloiſe.

La queuë d'un Cheval eſt compoſée de vertebres qui vont toujours juſqu'au dernier F F F, en diminuant de groſſeur; dans chaque vertebre en deſſous eſt un creux; tous ces creux forment un canal G G, dans l'enfoncement duquel les vaiſſeaux du ſang, veines & artéres coulent juſqu'au petit bout du tronçon, quatre muſcles *h h h h* recouvrent cet os; ſçavoir, deux qui couvrent tout le deſſus des vertebres, & deux autres qui garniſſent les deux côtés, enjambant un peu vers le deſſus: on pourroit dire que ces quatre principaux muſcles ſont un compoſé de quatre fois autant de petits muſcles qu'il y a de vertebres, puiſque les deux de deſſus fourniſſent un tendon *m m* chacun de leur côté à chaque vertebre, & que les deux d'à côté fourniſſent chacun deux tendons *n n* de même à chaque vertebre, mais bien plus forts que ceux de deſſus; les tendons de deſſus contrebalancent l'effort de ceux de deſſous: il s'agit d'ôter la force de ces tendons de deſſous, & alors ceux de deſſus ne trouvant point de réſiſtance, tireront la queuë en haut; pour cet effet, on coupe ceux qui ſont le plus près du fondement: c'eſt en quoi conſiſte toute l'opération. Pour cet effet, on enfonce le biſtoury en ſix endroits; c'eſt-à-dire, en trois de chaque côté *o p q* à un pouce l'un de l'autre, commençant les premiéres entailles le plus près du fondement que faire ſe peut, & cela, juſqu'à ce qu'on entende un petit bruit que font les tendons quand on les coupe: ces petites playes ne donnent pas beaucoup de ſang, & il s'étanche tout ſeul; il y a des gens, qui, pour être plus ſûrs de la réüſſite de l'opération, mettent une corde au bout de la queuë, font attacher une poulie au plancher au-deſſus de la croupe du Cheval, paſſent la corde dans

Anatomie de la queuë.

Fig. A.

D d d ij

la poulie, & mettent au bout de cette corde un poids, comme une pierre, un morceau de plomb; & cette pesanteur tient toujours la queuë en haut, soit que le Cheval soit couché ou levé : on laisse ce poids jour & nuit jusqu'à ce que les cicatrices soient entiérement guéries ; le Cheval a alors la queuë relevée en trompe pour toute sa vie.

Couper les oreilles. Pour bien couper les oreilles à un Cheval, il faut avoir des morailles courbes, comme elles sont gravées, Pl. XXII. 5. on serre chaque oreille avec les morailles : on tire tant qu'on peut la peau de l'oreille en bas, afin que quand l'oreille sera coupée, le cartilage ne se trouve pas à nud : on coupe l'oreille au-dessus des morailles avec un razoir coulant sur la moraille même : on ôte la moraille, & l'opération est faite.

Raprocher les oreilles. Lorsqu'un Cheval a les oreilles pendantes, il y a des gens qui, soit pour le vendre, ou afin d'ôter cette défectuosité simplement pour leur plaisir, les rapprochent l'une de l'autre par une opération toute simple ; ils fendent la peau entre les deux oreilles, au milieu du toupet ; ils coupent une portion de cette peau de chaque côté, puis ils recousent les deux bords de la peau qui reste après l'amputation : cette couture tire les oreilles en haut ; cela dure quelque tems, mais la peau prêtant toujours à cause du mouvement des oreilles, elles reprennent petit à petit leur première forme.

CHAPITRE XXXIV.
Marquer les Chevaux.

Pl. II. Fig. A. CE qui s'appelle marquer les Chevaux, c'est leur appliquer sur la cuisse droite ou gauche, & même quelquefois sur une joüe, un fer rouge qui imprime dans la peau ou les Armes du Maître à qui il appartient, ou une lettre, ou une figure qui fasse connoître de quel haras ils sont sortis ; chaque haras a sa marque. La marque du haras du Roy est une ou plusieurs LL couronnées de la Couronne Royale. x

Voicy comme on s'y prend : on commence par frotter la marque qui est de fer forgé en L couronnée ou autrement : on la frotte, dis-je, avec une terre grasse ; si le Cheval est noir ou d'un poil foncé, on la frotte de craye ; s'il est gris ou d'un poil lavé, on la frotte d'une couleur rouge, comme de brun rouge : ensuite on l'applique à froid sur la cuisse. La couleur qui étoit

fur la marque s'imprime fur la cuiſſe, & on voit alors ſi elle eſt
bien placée, ſinon on l'efface & on la remet ou plus haut ou
plus bas : enfin, quand on eſt content de l'endroit où on l'a imprimée, on fait rougir la marque : on abat le Cheval, ou on le
met dans le travail : on applique la marque ſur ſon empreinte ;
& comme le Cheval remuë ordinairement en ſentant la chaleur, & qu'il ſeroit impoſſible de la remettre une ſeconde fois
préciſément dans les mêmes traits qu'elle a imprimé d'abord,
& que d'ailleurs la peau n'eſt pas aſſés brûlée, on finit le deſſein en paſſant dans les traits des couteaux de feu avec leſquels
on ſuit les contours de la marque juſqu'à ce que la peau ſoit
aſſés brûlée. L'eſcarre du feu tombe & la marque reſte imprimée pour toujours.

C H A P I T R E XXXV.

Deſſoler.

L Es maux pour leſquels on deſſole étant expliqués dans
le Traité des Maladies : Je ne parlerai icy que de l'opération.

Quand on doit deſſoler un Cheval, il faut préparer le pied
pour cette opération, pour peu qu'il ait la ſole ſéche : cette préparation conſiſte à la ramollir quelques jours auparavant ; pour
cet effet, parez le pied que vous voulez deſſoler en abattant du
talon, & rendant la ſole mince ; puis ajuſtant un fer long d'un
demi-doigt d'éponge plus qu'à l'ordinaire, on l'attache à quatre clous, & on remplit le pied d'une rémolade chaude, puis
de la filaſſe & des écliſſes, ce qu'on renouvelle ſi le pied eſt
extrêmement ſec.

Lorſque la ſolle eſt ſuffiſamment ramollie, on procéde à
deſſoler ; pour cet effet, on abat le Cheval, ou on le met dans
le travail, ce qui eſt infiniment mieux : on lui tire le pied
avec la platte-longe, ſur la traverſe de fer du travail : on l'arrête bien : on ôte le fer : on lui entourre le pâturon d'une
petite corde, qu'on ſerre ferme ; cette ficelle ſert de ligature,
afin d'empêcher le ſang de ruiſſeler, quand la ſolle eſt ôtée,
pour qu'on puiſſe découvrir le mal, qui ſera ſous la ſolle : après
quoi on décerne petit-à-petit la ſolle avec le coin du boutoir,
ou la rénette ; (mais les bons ouvriers ne ſe ſervent point de

Pl. II,
Fig. C.

la rénette) pour féparer la folle de la corne, qui y eft attachée
à un pouce tout autour ; enfuite prenant le biftoury, on le
fait entrer fous la folle, la valeur d'un demi-pouce, & on la
détache tout autour pardeffous, en frappant doucement & à
petits coups avec le brochoir fur le dos du biftoury, jufqu'au
talon, d'un côté & de l'autre : quand elle eft ainfi décernée,
un garçon prend le leve-folle, & le fourre en pince, fous ce
qui eft déja détaché, pour le foulever, afin qu'on puiffe le
prendre avec les tricoifes, avec lefquelles on acheve d'enlever
toute la folle ; cela fait, on laiffe aller le pied doucement à
terre ; on ôte la ligature de corde, & on laiffe faigner environ un bon demi-quart d'heure : enfuite on reprend le pied,
on remet la ligature, parceque le fang offufqueroit : on prend
de la filaffe, qu'on imbibe dans de l'eau-de-vie : on baffine
bien l'endroit : on rattache le fer à quatre clous, & pour premier appareil, vous imbibez des plumaceaux longs, de thérébentine chaude, & vous les arrangez tout le long du pied :
l'effentiel eft premierement de n'en point mettre trop ; car
vous tamponneriez fi fort le pied, que vous y cauferiez douleur & mal. 2°. Arrangez-vous de façon, que l'appareil preffe
par tout également ; car la nouvelle folle reviendroit inégale,
& pousseroit davantage où l'appareil auroit été plus lâche ;
ainfi il faudroit recommencer ; fur-tout, fi avec cela, il venoit
des boüillons de chair, cela eft donc très-effentiel : quand vos
plumaceaux font bien ajuftés, vous avez trois écliffes de bois,
dont deux font taillées, comme la moitié du deffous du pied du
Cheval, c'eft-à-dire, s'arrondiffent du côté du fer, & font droites par l'autre côté ; vous les faites entrer par les talons jufqu'à la pince, les pouffant un peu fous le fer, qui les retient ;
les côtés droits fe baifent tout du long : la troifiéme eft toute droite, vous la paffez fous les deux éponges, & pardeffus
les bouts des deux premieres écliffes, elle les barre & les retient : vous mettez enfuite un reftrinctif autour de la couronne, pour empêcher que le fabot ne s'élargiffe ; ce qui arrive
prefque toujours par cette opération ; de la filaffe par deffus le
reftrinctif, une enveloppe & une ligature pour la tenir cinq
ou fix jours : après vous leverez tout l'appareil pour en mettre
un nouveau, & toujours ainfi jufqu'à ce que la folle foit revenuë ; ce qui arrive en 18 ou 20 jours.

Quand un Cheval a été deffolé, qu'il eft guéri du mal qu'il

avoit, que la folle eft bien revenuë ; fi vous voyez qu'il recommence à boiter, il eft quafi fûr qu'il y a fous cette nouvelle folle un bouton de chair, qui a crû pendant que la folle revenoit; il faut abfolument defloler une feconde fois, couper ce bouton ; la folle reviendra, & votre Cheval ne boitera plus.

Il ne faut point moüiller le pied du Cheval deffolé, ni le méner à l'eau, vous le laifferez à l'écurie jufqu'à guérifon.

Si quand la folle revient, il vient avec elle des boüillons de chair qui furmontent ; mettez deffus des orties pilées, ou de l'eau-de-vie & de la couperofe pilée : fi la chair du petit pied fe trouve baveufe, fanglante, ou trop molle, ce qui empêche la folle de revenir, de l'eau vulneraire & de la couperofe blanche : fi la folle ne revient pas bien, broyez fur la chair vive des feuilles de bardane : fi elle ne devient pas ferme, & qu'elle foit trop humide, de la filaffe trempée dans de l'eau-de-vie : fi elle continuë à danfer fous le pouce, mettez deux ou trois jours de fuite de l'éclair broyée ; fi elle devient trop féche, de la remolade toute chaude : fi cela continuë, du tarc tout boüillant.

CHAPITRE XXXVI.

Le Feu.

LEs inftrumens, dont on fe fert pour donner le feu, fe nomment couteaux de feu & boutons de feu ; on les fait ordinairement de fer ; le feu de cuivre feroit plus doux, & l'efcarre n'en feroit pas fi confidérable : le couteau de feu eft une tringle de fer emmanchée, & formée par le bout, comme vous voyez dans la Pl. XXII. *i* ; elle eft longue de plus d'un pied ; le bouton de feu eft une pareille tringle, qui finit en pointe émouffée, voyez la même Planche *l* ; on en forge de differentes groffeurs, fuivant le befoin.

Quand on veut donner le feu au Cheval, on l'arrête bien dans le travail, ou bien on l'abat, ce qui vaut beaucoup mieux, car il a moins la liberté de remuer, & on travaille plus fûrement : plufieurs couteaux ou boutons chauffent ; & on en donne un nouveau à l'opérant, à mefure qu'il rend celui avec lequel il vient de travailler, qu'on rechauffe & toujours ainfi, jufqu'à la fin de l'opération ; à chaque couteau qu'il prend, il en paffe d'abord le tranchant fur une brique, ou fur une pierre, pour en ôter la cendre ou le charbon; puis il s'en fert.

On donne le feu de toutes fortes de figures, par l'arrangement des rayes & des boutons; fçavoir, en palme, en barbes de plumes C B, en côtes de mélon G, en écuffon en rofe D D, &c.

L'effet du feu dure ordinairement vingt-fept jours.

Voici les obfervations qu'on doit faire, quand on donne le feu : il vaut mieux chauffer les couteaux & boutons avec du charbon de bois, qu'avec du charbon de terre, parcequ'il eft moins âcre; que les couteaux ne foient point flambants, ils feroient une trop grande efcarre; on les applique feulement rouges; il vaut mieux y revenir à plufieurs fois; que le feu foit donné legerement, c'eft-à-dire, qu'il ne faut pas trop appuyer la main, & s'arrêter quand on voit la couleur de cerife, qui eft la vraye marque; qu'on a affez brûlé fans percer la peau; car fi on la perce, fur-tout aux parties nerveufes, on les endommage, & on peut eftropier le Cheval : il le faut donner le plus qu'on peut, en biaifant le fens du poil, parce qu'enfuite le poil recouvrira la raye.

Les boutons de feu fervent quelquefois à percer le cuir; mais comme je viens de dire, que ce ne foit point aux parties nerveufes; on fe fert auffi des boutons de feu pour percer les abcès, quand ils font mûrs.

Les parties où on met le feu, font les jambes, les boulets, les jarets, les hanches, & les épaules.

Quand on a percé avec le feu, il faut mettre deffus un ciroïne, parceque concentrant mieux la chaleur du feu, il le rend plus réfolutif; mais dans les endroits où le cuir ne doit point être percé, il ne faut rien mettre; on peut feulement les frotter de miel mêlé avec de l'eau-de-vie pendant neuf jours, & les neuf jours d'enfuite, de l'eau-de-vie pure; car les ciroïnes & autres drogues cauferoient une efcarre plus large & fans faire aucun bien, rendroient l'endroit plus défiguré.

Il ne faut pas méner à l'eau, ni moüiller les jambes, que les efcarres ne foient tombées; il eft même plus à propos de ne point faire travailler le Cheval pendant les vingt-fept jours, ou du moins pendant dix-huit; mais après les neuf jours paffés, on peut le promener tous les jours une demie-heure au pas.

Une

Une obfervation effentielle à faire, eft qu'après que l'efcarre eft tombée, & que la chair eft vive, comme la démangeaifon engage le Cheval à fe lécher, à fe frotter, & par conféquent à écorcher l'endroit, il faut avoir grande attention à l'en empêcher; car il envénimera toute la partie, & la rendra non-feulement difforme, mais plus difficile à guérir; c'eft-pourquoi, il faudra alors ôter les barres & les poteaux, & lui mettre un chapelet; & pour mieux faire encore, afin d'empêcher la démangeaifon; on mettra fur les playes, de l'alun cru, du calcanthum, ou de l'eau vulneraire, compofée d'efprit de vitriol & d'opium, ou de l'eau feconde; & on le proménera : quand la tumeur eft dure, & qu'on veut que le feu la refolve, il faut paffer deffus deux ou trois fois de l'efprit de vitriol avec un pinceau.

Le bien qu'on attend du feu, ne vient pas promptement, quelquefois fix mois après; mais il fait toujours fon effet quand le mal peut être guéri, c'eft-à-dire, quand il n'eft pas trop envieilli : les caufes pour lefquelles on donne le feu, font indiquées à leur place dans le Traité des Maladies.

Ce qui fait que le feu qu'on donne aux jambes, fans percer le cuir, leur eft falutaire; c'eft qu'il fert comme de jaretieres, qui ferrent la peau des jambes, & qui empêchent que les humeurs n'y féjournent, ni les faffent enfler : la peau des jambes n'a pas de mouvement, ainfi les coutures du feu reftent toujours dans le même état; mais où la peau a du mouvement comme au bas des cuiffes, quand on met un croiffant de feu pour empêcher les Chevaux de forger, ce croiffant à la verité refferre la peau d'abord, mais par la fuite la peau prête & fe rétend; de façon que le Cheval vient à forger comme auparavant.

La feule raifon qui empêche fouvent dans ce païs-cy, de mettre le feu aux jambes par précaution, comme on fait dans plufieurs païs, eft que les marques du feu déprifent un Cheval, quand on le veut vendre enfuite; mais quand on veut garder fon Cheval, le feu aux jambes ne lui fera que du bien.

CHAPITRE XXXVII.

Barrer la Veine.

QUoique je n'aye pas opinion que de barrer les veines, fasse beaucoup d'effet ; cependant, je vais décrire cette opération ; parce qu'il est sûr, que si elle ne fait pas de bien, du moins elle ne sçauroit faire aucun mal : ainsi on peut l'appeller une opération fort innocente.

On barre les veines des cuisses, pour les maux de jambes & de jarrets, aux pâturons ; pour les maux de solle, aux larmiers ; & aux deux côtés du col, pour les maux des yeux : on en peut encore barrer en plusieurs endroits. Dans tous ces endroits, excepté aux larmiers, on barre les veines de la même manière, & comme je vais l'enseigner ; après quoi je dirai la façon des larmiers.

PL. XXI. Fig. B.

Barrer la veine du plat de la cuisse.

Quand on veut barrer la veine de la cuisse, on abat le Cheval, ensuite on frotte bien avec la main les endroits où on veut barrer, pour faire pousser la veine, c'est-à-dire, un peu au-dessus du jaret & vers le milieu de la jambe ; ce qui s'appelle barrer haut & bas : ensuite on fend la peau en long à ces deux endroits HH avec le bistoury, & ayant découvert la veine, on passe par-dessous la corne de chamois N, avec quoi on la détache doucement, en allant & venant, de toutes les petites fibres qui y tiennent : ensuite on la lie aux deux endroits de deux nœuds, avec une soye double ; l'ayant fenduë pour la faire saigner après la première ligature, qui est celle du jaret ; puis on la coupe en haut & en bas entre les deux ligatures ; la portion de veine qui est entre les deux ligatures, ne reçoit plus de sang par la suite, elle s'applatit & devient inutile : cette opération seroit bonne, si l'humeur qui incommode la partie, ne se communiquoit à la partie que par cette branche de veine, ce qui ne se peut pas admettre, quand on sçait l'anatomie & le cours du sang, puisque quantité de rameaux dans le même endroit, lui donnent un passage égal.

On ne barre point, quand la partie est enflée ; car l'enflure resteroit indépendemment de cette opération ; & de plus, on auroit bien de la peine quelquefois à trouver la veine.

Quand on barre les veines du col on le fait deux doigts au-deſſus de l'endroit où on ſaigne : il n'y a qu'une circonſtance à obmettre, qui eſt de ne pas couper la veine entre les deux ligatures ; car s'il arrivoit que la ligature d'en-haut coulât, ce qui peut aiſément ſe faire par le mouvement de la mâchoire du Cheval, il perdroit tout ſon ſang ; empliſſez la playe de ſel.

A l'égard des larmiers ; on peut les barrer ſans inciſion : mettez au col la corde à ſaigner, les veines s'enfleront ; alors paſſez au travers de la peau ſous la veine, une aiguille courbe, où la ſoye double ſera enfilée ; faites-la ſortir de l'autre côté : ôtez l'aiguille, & nouez la ſoye ferme ; puis graiſſez la partie : elle enfle beaucoup, mais elle eſt déſenflée au bout de neuf jours, & il n'y paroît pas : la ſuite de tout cecy, eſt que l'endroit ſe pourrit, la veine ſe conſolide, l'endroit lié & la ſoye tombent, & la veine ſe trouve bouchée.

Le Parfait Maréchal enſeigne à arracher la veine du jaret ; mais comme il avertit en même-tems, qu'il y a du riſque à courre, de la douleur à eſſuyer & beaucoup d'enflure, il engage plutôt à n'y pas ſonger qu'à le repéter.

Le barrement de veine eſt très-bon aux variſſes, pour en ôter la difformité ; car comme la variſſe, n'eſt qu'un renflement de la veine, qui paſſe au jarret, en la barrant on empêche le ſang d'y couler, la variſſe s'applatit, & ne paroît plus.

CHAPITRE XXXVIII.

Des Orties & Setons.

ON appelle orties, en termes de Maréchal, des morceaux de cuir blanc, qu'on met entre cuir & chair, pendant douze jours en differens endroits du corps, pour évacuer les mauvaiſes humeurs ; les ſetons ſe font pour les mêmes raiſons. Le ſeton eſt une corde E qu'on met également entre cuir & chair, après avoir fait deux inciſions en travers à une certaine diſtance l'une de l'autre, après quoi on détache la peau de la chair ; puis on fait entrer cette corde, moitié chanvre & moitié crin, par une des inciſions ; & l'ayant fait reſſortir par l'autre, on en noue les deux bouts enſemble ; on frotte la corde de ſuppuratif, & on la tourne tous les jours pour faire

Pl. I. Fig. A.

fortir la matiére; puis regraiffant de fuppuratif, on le fait entrer en tournant en dedans de la peau; on fait cette opération au lieu d'orties, mais les orties font meilleures : quand vous voudrez mettre une ortie au col, fendez le cuir à l'éloignement de l'oreille couchée, puis avec une fpatule détachez entre cuir & chair les deux côtés également ; puis fourrez-y un cuir de deux ou trois pouces, moitié d'un côté, moitié de l'autre; laiffez douze jours cette ortie : on en fait une de chaque côté du col, & une fur le front, pour vertigo, maux de tête, &c.

Orties à la tête & au col.

Pour effort d'épaule &c. fendez le cuir au-deffus du bras de haut en bas; puis décernez le cuir avec la fpatule en trois endroits; fçavoir, vers l'humerus fur la palette & vers les côtes : décernez encore un demi-pouce au bas de l'ouverture, pour appuyer le bas de trois cuirs, que vous fourrerez par le même trou, les faifant couler aux endroits décernés.

Orties à l'épaule.

Les Anglois mettent des orties au poitrail pour l'effort d'épaules : cette ortie eft un cuir coupé en rond F de la largeur d'une dame de trictrac; ils font un trou rond au milieu: ils décernent la peau au poitrail en-deffous auprès du bras; puis ayant garni leur cuir légerement de filaffe imbibée d'althea ou de bafilicum, & ayant décerné dans la peau dequoi loger ce cuir, ils le font entrer plié en deux G, ils le retendent quand il eft entré, & en mettant le doigt tous les jours dans le trou du cuir, ils le tournent, ils en font auffi de même fous le ventre, à l'endroit du nombril, pour dégager un Cheval plein d'humeurs.

Orties à l'Angloife.

A la hanche, on fait comme à l'épaule, en mettant trois cuirs, un qui va vers l'os de la hanche, l'autre à la noix, & l'autre à l'os de la feffe; on en met auffi au bas du poitrail pour l'avant cœur : au lieu de cuir, on y met encore un morceau de racine d'helleboraftre, qu'on appelle hellebore noir improprement, car fon vrai nom eft du *pied de griffon*; cela enflera en vingt-quatre heures, plus gros que la forme d'un chapeau : on ouvre enfuite cette tumeur, & il en fort quantité d'eaux rouffes : mais ce qui rend cette opération incertaine, c'eft que pareil effet arrivera à un Cheval fain, fi on lui en mettoit, comme à un Cheval malade.

Orties à la hanche.

Au bas du poitrail.

Il y a dans le Parfait Maréchal, une efpece d'ortie pour Cheval entr'ouvert, qu'il appelle donner des plumes à un

Cheval : il ne s'agit pas moins que de détacher toute la chair de l'épaule, & d'y fourrer de grandes plumes d'oyes, ou des tranches de lard, frottées de basilicum, ou autre suppuratif : l'opération est très-violente, & peut donner la fiévre au Che-val ; ceux qui la voudront faire consulteront ledit Auteur, qui dit aussi qu'on peut faire un seton à l'épaule en bas dans pareil cas ; ce qui est plus doux.

Le même Auteur enseigne aussi une ortie pour un Cheval lunatique auprès des yeux : dans cette ortie, on y mettra ou une lame de plomb, ou de la paille, ou un morceau de vieux cuir, ou de racine de gentiane ; il ordonne aussi pour le mê-me mal, un seton entre les deux oreilles, après quoi il dit, que tout cela ne donne pas grand soulagement au Cheval.

Il est bon d'avertir, que si l'ortie quelle qu'elle soit, est dans un endroit où le Cheval puisse porter la dent, il l'arrachera immanquablement ; c'est pourquoi, il faut lui garnir le col d'un chapelet, ou bien d'un bâton, qui tienne au licol, & à un surfaix. *Mettre le Chapelet.*

Les orties sont bonnes pour évacuer l'humeur qui se porte-roit en trop grande abondance sur une partie affligée, mais la saignée la détourne bien plus efficacement.

CHAPITRE XXXIX.

L'Onglée.

Quelquefois il vient une espece de peau, qui, croissant au coin d'en-dehors de l'œil du Cheval, avance tant à la fin, qu'elle lui en couvre la moitié & plus ; on doit la couper : ainsi abattez le Cheval ou l'arrêtez au travail. Prenez un sol mar-qué *a*, approchez-le au bord de cette peau ; le Cheval en détour-nant l'œil, amenera de lui-même cette peau *b* dessus le sol. *Pl. L. Fig. B.* Ayez une aiguille courbe *c* avec du fil *d* à votre autre main : pi-quez cette peau sur le sol marqué, faites ressortir l'aiguille au-dessus ou au-dessous au travers de cette peau ; défilez l'aiguille, & prenant les deux bouts du fil, tirez l'onglée à vous, & vous la couperez toute entiere avec des cizeaux ou un bistoury : ôtez le sol : bassinez l'endroit avec de la crême, & tout est fait.

CHAPITRE XL.

Eglander.

AVant de décrire cette opération, il eſt bon d'avertir que
comme elle a été imaginée pour ôter les glandes qui paroiſſent ſous la ganache, on n'a pas dû prétendre qu'elle ôte-
roit la cauſe qui les produit, ou plûtôt qui les rend viſibles : c'eſt
pourquoi ſi on croit, en églandant, guérir un Cheval de la
morve, ou l'empêcher de jetter, on entreprend une choſe qui
ne ſçauroit réüſſir, car enſuite il en reviendra une autre auſſi
groſſe ; & vous en ôteriez trente l'une après l'autre, qu'il s'en
reformera toujours de nouvelles à meſure que la matiére ſe
fournira, puiſqu'il y en a dans cet endroit un nombre infini de
petites qui s'enfleront toutes l'une après l'autre. De plus, comme ce n'eſt pas la glande qui fournit la matiere qui la gorge ;
quand le Cheval n'auroit point de glande, il n'auroit pas moins
cette matiere : ainſi, je conſeillerois de n'ôter une glande que
lorſqu'un Cheval en ſanté aura une vieille glande reſtée d'une
ancienne gourme qui le défigure, & en empêche la vente.
Venons à l'opération.

Il faut premiérement abattre le Cheval ou le mettre dans le
travail ; puis lui ayant levé la tête comme on la leve pour donner un breuvage, on ouvre avec un biſtoury la peau qui couvre
la glande M : on paſſe dans cette peau de chaque côté un fil qui
ſervira à l'ouvrir & à la tenir éloignée pendant l'opération : cela
fait, on décerne avec les doigts la glande tout autour, & on la
détache peu à peu de la ganache : cela ſe fait ainſi, de peur de
couper quantité de petits rameaux de veines qui viennent en
cet endroit, ce qui cauſeroit une hémorragie difficile à arrêter.
Si on voit même qu'il s'en trouve quelqu'un qui embarraſſe ;
pour ſéparer la glande, il faudra lier ferme avec un fil, puis on
coupera la glande ; quand elle eſt tout-à-fait ſéparée de la ganache, elle tient encore à toutes ces veines, alors vous y paſſerez un ſeul fil qui les liera toutes enſemble, puis vous couperez
en cet endroit & la glande ſera ôtée ; enſuite eſſuyez bien l'endroit, & nettoyez bien toute l'humidité, puis paſſez un pinceau trempé dans l'huile de vitriol ſur toutes les extrêmités de
ces veines liées afin d'en brûler les orifices, cela cauſera eſcarre

PL. XXI.
Fig. B.

qui tombera par la suite : immédiatement après l'opération, on mettra à la place de la glande de la filasse imbuë d'égyptiac pour manger les chairs & les empêcher de croître ; on en remettra toujours jufqu'à guérifon : quand la filasse est pofée on referme le tout par le moyen des fils qu'on a mis aux bords de la peau en commençant l'opération : on panfe tous les jours ; & avant d'y remettre de nouvel égyptiac, on lave avec du vin tiede ; & fi on voit que les chairs furmontent, on y repasse de l'huile de vitriol.

CHAPITRE XLI.

Enerver.

CEtte opération est faite pour corriger le défaut d'un Cheval qui a le bout du nez trop gros, elle le lui rend plus fin & plus agréable à voir.

Pour entendre cette opération, il faut fçavoir que fous les yeux deux petits mufcles ont leur origine ; leurs tendons commencent bien-tôt après ; c'est-à-dire, vers le niveau du milieu du nez, ces tendons vont toujours en fe rapprochant l'un de l'autre jufqu'à ce qu'étant arrivés contre les deux nazeaux vers le niveau du milieu des nazeaux, ils fe réuniffent en un tendon affez large, qui va fe terminer vers le bord de la lévre fupérieure ; ce font ces deux petits mufcles qui font relever & retrouffer la lévre du Cheval quand il veut, dans de certaines occafions, telle qu'on la voit relevée à la Pl. VII. Fig. A. du Traité du Haras.

On coupe ces deux tendons chacun en deux endroits : voicy comment cela s'exécute. On fend la peau en-haut vers le com- Pl. XXIII. mencement de chaque tendon A A ; quand on le voit on passe Fig. D. par-dessous la corne de chamois, & on le détache, puis on le fait entrer dans la fente d'un petit bâton qu'on a fendu en long jufqu'à la moitié, enfuite on va fendre la peau & les deux tendons en travers entre les deux nazeaux avant leur jonction B ; puis en tournant avec force les deux bâtons fendus qui tiennent les tendons en-haut, on les fait fortir par les deux fentes d'en-haut A A, on les coupe, & on laisse guérir les playes.

CHAPITRE XLII.

Remettre la Jambe cassée.

JE ne sçai pourquoi on a cherché querelle aux os des Chevaux en les accusant de n'avoir point de moëlle ; il n'y a rien de si faux & de si impossible, car la moëlle est nécessaire aux os, comme le sang à tout le reste du corps ; un os qui n'auroit point de moëlle se casseroit comme du verre, & on ne voit pas que les os du Cheval soient plus cassants que ceux des autres animaux. Quand donc la jambe d'un Cheval est cassée, on peut la remettre comme celle d'un homme ; pour cet effet, il faut tirer en-haut & en-bas avec grande force pour replacer les deux parties de l'os l'un sur l'autre ; & pendant qu'on les tient ainsi, on applique une compresse simple trempée dans de l'eau-de-vie, ensuite une bande faisant trois tours, après cela une autre faisant aussi trois tours de l'autre sens, ensuite des compresses de six à huit doubles de haut-en-bas tant qu'il en faut remplissant tous les vuides, ensuite deux éclisses de bois, & par-dessus une bande. Laissez aller ainsi le Cheval dans un herbage, il se gardera bien de s'appuyer sur sa jambe, & le calus sera formé en quarante ou cinquante jours. Si vous ne pouvez le mettre dans un herbage, il faut le suspendre pendant tout ce tems-là.

CHAPITRE XLIII.

Pour remédier aux arteres coupées.

SI par malheur en ouvrant un abcès ou autrement, on ouvroit une artere considérable, il y a trois moyens de l'arrêter : ce qu'il faut absolument faire pour empêcher le Cheval de mourir.

Le premier moyen est la compression : le second, le feu ou le bouton de vitriol, & le troisiéme la ligature ; la compression doit être continuelle jusqu'à ce que le bout de l'artere, si elle est coupée toute entiere, ou la playe qu'on y aura faite, soit fermée, le bouton de vitriol brûle comme le feu : on l'applique aussi-bien que le feu à l'extrêmité du vaisseau coupé ; l'inconvénient est qu'il faut qu'il tombe une escarre, & que quand l'es-

carre

carre tombe, l'artere se peut trouver ouverte encore une fois, & l'hémorragie recommence : c'est à quoi la ligature est utile ; elle est même nécessaire, quand l'artere piquée ou coupée est un peu considérable : alors il faut laisser saigner l'artere jusqu'à défaillance, puis on la lie avec une soye double : cette ligature tombe d'elle-même quand l'artere est refermée.

Si on ne peut pas saisir l'artere pour la lier, il y a un moyen pour en arrêter le sang indiqué dans le Ch. VI. de ce Traité, page 348.

CHAPITRE XLIV.
Sur le Poil.

PLusieurs personnes croyent qu'ils peuvent faire revenir le poil, & le faire revenir plus promptement. Quand la racine du poil est emportée, rien ne peut le faire reparoître ; & il n'y a point de drogues qui le puissent faire croître plus promptement qu'il ne reviendroit naturellement s'il a à repousser.

CHAPITRE XLV.
Plusieurs Opérations.

LEs opérations qui suivent ne servent pas à grand'chose. Le parfait Maréchal, en les enseignant, n'en a pas lui-même grande opinion : il parle de barrer le nerf du larmier qu'il dit avoir communication au nerf optique : cette opération, suivant lui, le tend davantage ; il faut avoir précédemment barré la veine du larmier : on barre ce nerf en le détachant avec la corne de chamois, & on le coupe. *Barrer le nerf du larmier.*

Il parle de deux autres opérations dont il appelle l'une, dégraisser les yeux par en-bas, & l'autre, dégraisser les yeux par en-haut. A la première, on coupe peu à peu avec le bistoury un morceau de chair glanduleuse qu'on attire avec l'onglée : on en coupe gros comme le pouce, & long comme un demi doigt. *Dégraisser les yeux par en-haut & par en-bas.*

La seconde se fait aux salières : on fend la peau avec le bistoury, & on tire avec un crochet la graisse des salieres : il n'estime pas cette opération. Tous ces procédés sont destinés pour décharger la vûë, mais je crois qu'on fait avec eux plus de mal que de bien.

Le Rossignol sous la queuë. Quelques-uns font à un Cheval poussif outré, un rossignol sous la queuë, prétendant qu'il en est soulagé, mais cela ne lui fait rien du tout : mais comme il y a bien des gens qu'on ne peut desabuser de leurs préjugés, je vais enseigner cette opération de peur qu'on ne se méprenne si on vouloit la faire. Le rossignol est un trou qu'on fait entre la queuë & le fondement, & qui doit communiquer avec le boyau ; ce trou se fait avec la grosse gouge qu'on fait rougir.

Pl. XXIII. Fig. A. Premiérement, on fourre la corne de vache dans le fondement *r*, puis avec la gouge rouge on perce au-dessus *s* à plusieurs fois jusqu'à ce qu'ayant percé le boyau, elle rencontre la corne, alors on passe une lame de plomb par ce trou : on la fait ressortir par le fondement, & on entortille les deux bouts par-dehors, ce qui empêche le boyau de se reprendre à l'endroit du trou. C'est proprement faire une fistule à un Cheval.

CHAPITRE XLVI.

De l'Ecorché du Cheval, ou situation & noms des Muscles de son corps immédiatement sous la peau.

CE Chapitre servira en cas que par quelque opération on veuille ouvrir sur le corps d'un Cheval, afin que connoissant la situation & le sens des fibres charnuës, on dirige son instrument, de façon qu'il ne coupe pas lesdites fibres en travers, mais suivant leur sens.

FIG. C.

o L'Incisif.
A le Frontal.
B le Masseter.
C le Buccinateur.
D le Mastoïdien.
E le Splenius.
F le Trapeze.
G le Complexus.
H le Sternoangulaire.
I le Sternohyoïdien.
L le Chaperon.
M le Sus-épineux.
N le Sous-épineux.
P le Long.
Q le Court.
R le Rhomboïde.
S le Grand Dorsal.
T le Grand Dentelé.
VV l'Oblique extérieur.
X Pectoral.
Y Droit.
Z Dentelé supérieur.

2 Sacrolumbaire.

3 Fafcia lata.

4 le Grand-Feffier.

5 le Vafte externe.

6 le demi-nerveux.

77 le Biceps.

8 le Jumeau externe.

99 le long du Sabot.

10 le court du pâturon.

11 le Jambier.

x le long du Sabot.

y le radial du genoüil.

z le court du pâturon.

** les tendons nommés le fublime & le profond.

F i g. D.

aa les Incififs.

bb le Frontal.

11 le Sternohyoïdien.

22 le Chaperon.

33 le Splenius.

44 le Pectoral.

55 le Maftoïdien.

F i g. E.

ee le Grand-Feffier.

aa le biceps.

bb le demi-nerveux.

cc le demi-membraneux.

dd le grêle.

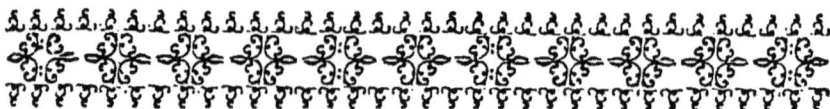

T R A I T É

D U

MARÉCHAL FERRANT.

L A Profeffion de Maréchal, à l'égard de la ferrure, eft une Profeffion plus fçavante qu'on ne croit ; il y faut de l'adreffe, de la force & de la prudence ; il y a bien des précautions à obferver, attendu que les Chevaux ne fervent à l'homme qu'autant que leurs pieds font en bon état.

CHAPITRE PREMIER.

Anatomie du Pied du Cheval.

A Vant que de commencer à ferrer, il eft néceffaire de fçavoir la conftruction du pied des Chevaux, tant extérieure qu'intérieure, afin de connoître la partie à laquelle on a affaire.   F f f ij

Pl. XVII.
Deux os, le pivot & le petit pied.

Le pied extérieur eſt compoſé de deux os, dont l'un qui s'appelle le petit-pied b, Fig. E a la forme du pied extérieur ; il loge dans ſa concavité ſupérieure l'os du pâturon qui poſe ſur lui.

Le ſecond os s'appelle l'os du pivot a a a, Fig. a. b. e ; c'eſt proprement un oſſelet, il eſt très-petit, reſſemblant à une navette poſée horiſontalement au haut de la partie poſtérieure de l'os du petit pied ; il y eſt attaché à ſa partie inférieure par un ligament de toute ſa largeur qui coule ſous ledit os ; ce ligament eſt recouvert par l'expenſion du tendon appellé le profond b b, Fig. A. b, qui s'attache enſuite audit os du petit-pied.

Chair du pied.

La jonction du petit-pied avec le ſabot ſe fait comme il ſuit : L'os du petit-pied eſt recouvert en pince, & par les côtés d'une chair ligamenteuſe grenuë d d, Fig. C.D, & feuilletée c c ; elle eſt grenuë de la largeur d'un demi-pouce, faiſant une eſpece de bourrelet : c'eſt de ce bourrelet d que part la naiſſance de la corne, immédiatement au-deſſus de la couronne ; ce bourrelet paſſe par-deſſus le cartilage des talons f f dont nous parlerons par la ſuite, & va juſqu'au bas dudit cartilage, le traverſant en écharpe ; deſſous ce bourrelet partent ces feuillets ou petites lames de chair c qui ſont profondes en-haut de près de deux lignes, & pas tout-à-fait ſi profondes vers la pince ; elles ſont ſituées debout ſur l'os, & fort près l'une de l'autre ; elles vont depuis leurs origines juſqu'où finit la corne intérieurement. C'eſt cette chair par feuillets de champignon qui attache le ſabot au petit-pied & au cartilage dont nous parlerons. Pour cet effet, la ſurface intérieure du ſabot eſt remplie pareillement de feüillets e e, Fig. D, ceux-ci ſont durs ; chaque lame dure du ſabot eſt logée entre deux feüillets de la chair ſuſdite ; & reciproquement, chaque lame de chair entre deux de celles du ſabot, excepté au haut du ſabot où le bourrelet grenu s'attache à la corne, grenuë de la même maniére.

La corne.
Les Talons.

Le ſabot c, Fig. B eſt ce qui forme le pied extérieur ; c'eſt une matiére dure appellée corne ; cette matiére eſt plus molle aux talons extérieurement. Les talons ſont donc formés par une corne molle extérieurement, qui devient intérieurement principalement vers le haut & juſqu'à l'os du pivot, une chair cartilagineuſe c c, Fig. A ; cette chair qui vient ſe coler contre les côtés de l'os du petit-pied s'éleve toujours en s'aminciſſant, &

Les Cartilages.

forme deux cartilages f f f f, Fig. D. C. B, qui ſurpaſſent la corne d'un demi-pouce, s'élevant comme deux petites murail-

des, ou deux oreilles au-deſſus de tout le quartier de chaque
côté. Les quartiers ſont donc intérieurement fortifiés par le
plus épais de ces cartilages, dont la ſommité défend l'os du
pivot, & fortifie le haut des talons ; ces cartilages occupent par
conſéquent les deux tiers du pied intérieur ; l'autre tiers qui eſt
le devant du petit-pied n'a point de cartilage : ce qui fait qu'il
eſt plus près de la corne dans cet endroit que des deux côtés ;
ſur ce devant de l'os du petit-pied, vient ſe terminer le tendon
de l'extenſeur, le plus antérieur de la jambe.

Dans le cartilage dont on vient de parler, on découvre pluſieurs trous, ainſi que dans l'os du petit-pied par où paſſent les
vaiſſeaux du ſang : on en voit entr'autres un plus grand G G,
Fig. D. E. de chaque côté qui ſert de paſſage à une veine qui
vient de la pince, & perce les cornes de l'os du petit-pied, c'eſt
cette veine qu'on preſſe quelquefois en ferrant.

La corne eſt compoſée de trois parties, ſçavoir, ſes feüillets E, Fig. D qui ſortent d'une corne jaune H H recouverte
d'un lit de corne noire L L. La corne jaune eſt plus tendre que
la corne noire : ainſi, il eſt vrai-ſemblable qu'un Cheval qui a
la corne blanche (comme on l'appelle) a la corne plus tendre,
& qu'elle étoit diſpoſée à l'être dès en naiſſant.

L'os du petit-pied finit des deux côtés à la moitié du quartier,
en meſurant du milieu de la pince.

Ce qu'on appelle la couronne n'eſt autre choſe que la peau
de la jambe, qui devient beaucoup plus épaiſſe un peu avant
que de s'attacher autour du ſabot.

La cou-
ronne.

Quand on leve le pied d'un Cheval, on voit d'abord la
ſolle *a* qui eſt faite comme une ſemelle de corne paſſablement
dure ; ſi on l'ôte de ſa place, on la trouve grenuë dans ſa partie
intérieure : c'eſt par ce grenu qu'elle s'enclave dans une chair
pareillement grenuë qui tapiſſe le deſſous de l'os du petit-pied ;
cette chair eſt plus épaiſſe vers la pince & aux cornes du petit-
pied que dans le milieu : cela va d'une demie-ligne à une ligne
d'épaiſſeur ; elle couvre tout le plat du petit-pied : cependant,
les deux talons fourniſſent chacun ſur cette chair une progreſ-
ſion ou avance de leur chair cartilagineuſe, qui formant deux
eſpeces d'élévations, va ſe réunir en une pointe *b* qui ſe termine vis-à-vis le milieu du deſſous de l'os du petit-pied : cette
chair des talons a au commencement un demi pouce d'épaiſſeur : cette épaiſſeur va toujours en diminuant juſqu'à la pointe,

Planche
XXVIII.
Fig. B.
La Solle.

La Four-
chette.

& elle eſt dans toute ſa ſurface recouverte de la chair grenuë, pareille à celle de l'os : ces élévations ſe nomment la fourchette, & la ſole recouvre le tout ; c'eſt-à-dire, la fourchette *b*, le petit-pied *e*, l'extrêmité des filets de champignon *f*, & ſe termine à la corne *g* tout autour du pied ; elle prend la figure de la fourchette dans l'endroit *c c c* où elle la couvre ; elle a bien un demi-pouce d'épaiſſeur dans ſes côtés où elle flanque la fourchette, & vient joindre la corne tout autour à un quart de pouce d'épaiſſeur.

Les Ten-
dons.

Le tendon du profond, qui eſt un des fléchiſſeurs de la jam-be, gliſſant ſur l'os du pivot, s'élargit enſuite pour venir s'atta-cher en rond juſqu'au milieu du deſſous du petit pied, ſous la fourchette juſqu'à ſa pointe : ſes fibres extérieures, font l'éven-tail *dddd*, & ceux de deſſous les croiſent un peu de l'autre ſens.

Après avoir fait connoître la ſtructure, tant extérieure, qu'intérieure du pied, procedons aux opérations qu'on y fait, dont la plus eſſentielle pour le ſervice, eſt la ferrure, ou pour ainſi dire, la chauſſure du Cheval : moyennant cette chauſſure, l'homme peut employer le Cheval à tous les beſoins qu'il en a, ſans craindre qu'il ſe gâte le pied ; & que par conſéquent, il devienne hors d'état de lui ſervir.

CHAPITRE II.

De la Forge.

COmme il s'agit, d'empêcher la corne du Cheval de s'u-ſer, en portant contre terre ; on a imaginé de lui ajuſter ſous cette corne un rebord de fer, & de l'y clouer, afin qu'il y reſte : on ploye ce rebord qu'on appelle un fer, par le moyen du feu & dans une forge.

PL.XVIII.

La forge A, eſt une eſpece de cheminée, dont l'âtre eſt élevé de terre de deux pieds & demi ou environ, avec un ou deux ſoufflets BB ; dans cet âtre, on met une auge C au milieu s'il y a deux ſoufflets, ou à un côté s'il n'y en a qu'un ; on met de l'eau dans cette auge, le bout des ſoufflets entre dans un trou fait dans les côtés de la forge, au raze de l'âtre ; vis-à-vis de ce trou, on met à une certaine diſtance un rebord D D en équerre, pour contenir le charbon ſur le trou : quand on ſe ſert de charbon de terre, il y a une auge E, à côté de la

forge, où on le met tremper; les Maréchaux appellent le fouf-
flet, la vache : au gros bout de la vache, eſt un poids F qui
la raméne en-bas; quand elle a été élevée par la branloire
GG, qui eſt une gaule fuſpenduë au plancher en équilibre,
au bout de laquelle eſt une chaîne HH, qu'on tire pour faire
mouvoir le deſſous de la vache, qui allume en foufflant le charbon, ſoit de bois, ſoit de terre, deſtiné à chauffer le fer : on
attiſe, & on remue le charbon avec un crochet de fer L, appellé la chambriere, on l'aſperge d'eau, avec l'eſcouvette M
pour concentrer la chaleur, & de peur qu'il ne brûle trop vîte : on prend le charbon de terre avec une pelle à charbon N,
percée dans le milieu pour laiſſer écouler l'eau.

Quand le fer O eſt chaud, c'eſt-à-dire, rouge, le Maré- **Forger le**
chal le porte avec des tenailles ſur l'enclume P, montée ſur **Fer.**
ſon billot Q, & qui ſe termine en pointes rondes par les deux
bouts, ou par un ſeul ; ces pointes s'appellent bigornes R,
le Maréchal tient de la main droite un marteau, qui s'appelle
le ferretier *a*, & un garçon, ſe met vis-à-vis, avec un marteau long, qu'on appelle le marteau à frapper devant *b*; ils
frappent tous deux ſur le fer ſucceſſivement, & enfin ils le
forgent, c'eſt-à-dire, lui donnent la forme d'un fer à Cheval :
le Maréchal ſeul lui donne la derniere main avec ſes tenailles *c*, & ſon ferretier ſur la bigorne & ſur l'enclume, prenant bien garde de manquer à abattre le rebord qui ſe fait en
dedans du fer quand il l'arrondit ſur la bigorne ; lorſquil
poſeroit ce fer enſuite il ne porteroit que ſur ce rebord, ce
qu'il faut éviter : quand il s'agit de couper de ce fer, il met
la tranche *d* ſur l'endroit qu'il veut couper, & frappe deſſus:
cette tranche coupe le fer rouge : quand il n'y a plus qu'à eſtamper le fer, c'eſt-à-dire, percer huit trous, quatre de chaque côté, par où doivent paſſer les clous, il poſe l'eſtampe *e*
ſur l'endroit qu'il veut percer, & il frappe deſſus; le bout de
l'eſtampe entre dans le fer & forme une boſſe de l'autre côté:
il retourne enſuite le fer, & mettant l'eſtampe ſur toutes les
boſſes ; il les renfonce, le trou eſt fait & net quand il a fait
ſortir ce morceau avec le poinçon, s'il ne ſort pas de lui-même : quand on fait les trous près du rebord extérieur du fer,
cela s'appelle eſtamper maigre, & ſi on les perce plus près du
rebord intérieur, on dit eſtamper gras.

Le tournant du fer, s'appelle la pince O, les côtés ſe nom-

ment branches 22 , & les deux bouts s'appellent les éponges 33 : le devant du pied s'appelle la pince, les côtés s'appellent les quartiers , le bas des quartiers près du fer s'appellent les mamelles, & les deux éminences de derriere s'appellent les talons.

Quand le fer est forgé & prêt à mettre sur le pied , le Maréchal qui a pris avant de forger la mesure de la longueur
& de la largeur du pied avec une paille , prend alors son
tablier , qui est composé de deux grosses poches de cuir gg
partagées chacune en plusieurs séparations , il le met autour
de sa ceinture , & le boucle derriere sur ses reins : il met
dans les poches qui sont à droit , le boutoir h , qui sert à parer le pied ; le brochoir i qui est le marteau , avec lequel on
enfonce les clous , ce qui s'appelle brocher : à gauche il met
les tricoises l qui sont des tenailles , dont il se sert à rompre
les pointes des clous qui passent la corne , le repoussoir m
pour vuider quelques paillettes de fer , qui seront dans les
trous du fer, ou pour faire ressortir un clou qui n'a pas été bien
broché ; les clous, le rogne-pied n & la rape o , n'ont point
de côté fixe : le rogne-pied est fait comme un couteau de
chaleur , & sert à couper en frappant dessus, la corne qui excede le fer; & la rape sert à raper la corne autour du fer , &
à unir les rivets : les pointes des clous appartiennent aux garçons , & les caboches qui sont les têtes des vieux clous , sont
les profits de la femme du Maréchal.

Poser le fer.
Quand le Maréchal arrive pour parer le pied , le Palfrenier
leve le pied ; si c'est celui de devant , il le tient simplement
avec ses deux mains ; si c'est celui de derriere , il appuye le
boulet & la jambe sur sa cuisse, & passe un bras par-dessus
le jaret ; alors le Maréchal après avoir nettoyé la boue, ou
fiente qui seroit dans le pied, coupe en poussant avec son boutoir , ce qu'il faut de la corne & de la fourchette , pour ensuite asseoir le fer ; c'est ce qui s'appelle parer le pied.

Quand le pied est bien paré , & qu'ayant presenté le fer
dessus, il voit qu'il porte où il faut ; il brochera deux clous
un de chaque côté ; puis il fera poser le pied à terre pour voir
si le fer est bien en sa place : ensuite le Palfrenier reprenant le
pied , le Maréchal continue à brocher tous les autres clous,
il les fait entrer d'abord à petits coups , les soutenant droits
de l'autre main , ayant précedemment graissé la pointe avec
du

du ſuif ; puis quand il ſent que la corne eſt percée , il acheve de les faire entrer hardiment : l'affilure ou là pointe X paroît alors en dehors à chaque clou qu'il poſe ; quand il eſt tout-à-fait broché , il donne un coup de brochoir à l'affilure , afin de faire baiſſer cette portion de clou le long de la corne , la pointe en bas Y ; quand tous les clous ſont poſés , il rompt avec les tricoiſes chaque pointe de clou , qui excede la corne : il coupe avec le taillant du rogne-pied à petits coups du bro-choir toute la corne , qui excede le fer tout autour , ainſi que la corne éclatée par les clous à l'endroit où ils ſortent ; il rive les clous , en oppoſant à leur tête , les tricoiſes pendant qu'il frappe ſur ce qui paroît quand la pointe du clou a été rom-puë , ce qui l'applatit en l'élargiſſant & maintient le clou en ſa place : il eſt utile d'ôter avec le rogne-pied un peu de la cor-ne tout autour de chaque clou ; c'eſt une précaution qui fait qu'on enfonce davantage les rivets , au moyen dequoi il ne ſçauroient bleſſer le Cheval ; ce qui peut arriver , quand ils débordent ſur-tout au dedans du pied : de plus , à meſure que le fer s'uſe , les clous s'élevent davantage , & par conſéquent les rivets ; ainſi même il faut prendre garde que les Chevaux vieux ferrés , ne ſe coupent avec les rivets : quand tout cecy eſt fait , le Palfrenier met le pied à terre ; alors le Maréchal prend la rappe , avec laquelle il unit tout le tour du pied près du fer , & en donne un coup ſur les rivets Z.

Le meilleur fer dont on puiſſe ſe ſervir , eſt celui de Berry ; & pour les clous , ceux de Limoges , excelloient autrefois ; mais à preſent , c'eſt ceux de Berry.

Les clous *a* doivent être longs & déliés de lame , avec une tête épaiſſe.

CHAPITRE III.

Maximes générales.

1°. Faites les fers les plus légers que vous pourrez , ceux qui ſont trop peſants , fatiguent le Cheval , & les clous lâchent ſouvent , entraînez par la peſanteur.

2°. Employez les clous les plus déliés de lame , parcequ'ils font un moindre trou dans la corne , & qu'ils ne ſont point ſujets à s'éclater , comme font les clous épais de lame : de plus

ils font très-fujets par leur épaiſſeur à ſerrer la veine, principalement, ſi la corne n'eſt pas épaiſſe ; il faut ſe ſervir de clous
plus forts de lame aux pieds des Chevaux de caroſſe & aux
gros pieds qu'aux pieds fins, mais proportion obſervée, les
plus déliés de lame en chaque genre, ſont les meilleurs.

3°. N'appliquez jamais le fer rouge ni trop chaud ſur le
pied, comme font pluſieurs garçons maréchaux ; pareſſeux ;
ils trouvent un avantage à cette façon d'agir, parceque le fer
chaud brûlant l'excedent de la corne qui empêche de porter
le fer également partout, il épargne au Maréchal le tems &
le ſoin de reprendre à pluſieurs fois ſon boutoir, pour couper
en divers endroits cet excedent, qui empêche le fer d'appuyer
également partout ; il fait lui-même ſa place, ſans tant de
peine, mais en même-tems conſommant l'humidité naturelle
de la corne, il la deſſéche, l'altére, la rend caſſante, & enfin la ruine totalement ; fort ſouvent ce fer chaud échauffe
la ſole, & peut rendre le Cheval boiteux dangereuſement ;
il y en a même quelquefois qui en meurent : on peut cependant approcher un inſtant le fer chaud de l'endroit, où on doit
le poſer & le retirer ſur le champ, parceque les inégalités ſeront marquées par une petite couleur de grillé qu'on emportera enſuite avec le boutoir : on appliquera auſſi les pinçons
chauds, s'il y en a au fer, afin de les faire porter en leur
place.

Pour prévenir que les garçons maréchaux ne brûlent le
pied, & empêcher même qu'en pouſſant le boutoir trop fort,
ils ne coupent l'épaule du Cheval ou le ventre du Palfrenier,
ayez ſoin des pieds dans l'écurie, en les fiantant ; alors la
corne ſera aiſée à couper, & d'eux-mêmes ils ne brûleront
point.

4°. Que le fer ne poſe en aucune façon ſur la ſolle : il ne
doit porter que ſur la corne juſtement & également de la largeur d'un demi doigt ; l'épaiſſeur de la corne étant tout au plus
d'un doigt : ſi le fer appuyoit ſur la ſolle, le Cheval boiteroit
à moins qu'elle ne fût très-forte ; on reconnoît, ſi le fer a porté ſur la ſolle au fer même ; car ſi vous déferrez votre Cheval,
vous verrez que la portion du fer qui aura porté ſur la ſolle,
ſera plus liſſe & luiſante que le reſte, comme il eſt marqué
Fig. M. en *a* : il eſt cependant des occaſions, dont nous parlerons, où on fait porter les fers ſur la ſolle ; mais on la laiſſe
forte, & le Cheval en boite rarement.

A tous les pieds de devant, il eſt à propos que le fer porte en l'air, depuis le premier clou du talon en dedans juſqu'au bout de l'éponge GGG, de façon qu'on puiſſe y paſſer la lame d'un couteau.

5°. N'ouvrez jamais les talons à votre Cheval, en parant le pied, c'eſt-à-dire, ne faites point un creux ou une eſpece de goutiere avec le boutoir, en emportant de la ſolle entre la fourchette & le quartier juſqu'au deſſous du talon, & dans le talon même 22, en évidant cet endroit, vous l'affoibliſſez : il arrive delà, que la corne n'y ayant plus de ſoutien, elle ſe rapproche de la fourchette, & fait ſerrer les talons, les contraignant de ſe rapprocher l'un de l'autre, il faut parer à plat, pouſſant le boutoir ſans le pancher que très-peu.

6°. Pince devant talon derriere, ou bien mettez le derriere devant, & le devant derriere. Pour bien entendre ces dictums, il faut ſçavoir, que la pince des pieds de devant d'un Cheval, eſt garnie de plus d'épaiſſeur de corne que le talon, vers lequel la corne va diminuant d'épaiſſeur, de façon qu'il ne s'en trouve pas ſuffiſamment pour qu'on puiſſe brocher un clou, ſans craindre de preſſer la veine du pied, ou de toucher le vif, qui eſt la chair d'entre le ſabot & le petit pied; ainſi on n'y doit point brocher, au contraire la corne eſt plus épaiſſe aux talons des pieds de derriere, qu'à la pince : on peut donc y brocher, & non à la pince.

7°. Madame ne doit pas commander à Monſieur. Dictum des Maréchaux, pour ſignifier que comme le quartier d'en dedans, eſt plus foible de corne, que celui de dehors, les clous n'y doivent pas être brochez ſi haut.

8°. Il ne faut pas brocher en muſique, c'eſt-à-dire, qu'il ne faut pas brocher un clou haut, l'autre bas, le troiſiéme haut &c.

Les Pinçons A, ſe font ordinairement à la pince, ce n'eſt autre choſe qu'un coup que le Maréchal donne au rebord de deſſus du fer en pince, qui ſe leve dans cet endroit en forme de petite plaque, qui monte ſur la corne, quand le Cheval eſt ferré, & qui ſert à rendre le fer plus ſolidement attaché.   Pinçons.

Les Crampons ſont proprement les talons des fers, il s'en   Crampons.
fait de deux façons; ſçavoir, de quarrez B, qui forment une

épaiſſeur d'environ un pouce en quarré, à l'extrêmité, & deſſous l'éponge ; les autres s'appellent en oreille de liévre C ; ils
ſe font en tournant, & renverſant l'éponge ſur le coin de
l'enclume de toute ſa largeur : cette eſpece eſt moins mauvaiſe que la premiere, par les raiſons que nous allons dire.

Les inconvéniens des crampons en général, ſont, qu'élevant le talon d'un Cheval, plus qu'il ne doit l'être naturellement, ils l'obligent à marcher ſur la pince ; le nerf ſe trouve
raccourci, le Cheval ſe fatigue, & eſt ſujet à broncher : cependant dans les païs gliſſans & ſur la glace, le Cheval ferré à plat
fatigue extrêmement ſans crampons, par la force qu'il employe, pour s'empêcher de gliſſer : dans ces cas où la néceſſité
contraint la loy, ſervez-vous des crampons en oreille de liévre, en abatant un peu la corne aux talons, afin de lever peu
le pied du Cheval : cette eſpece ne fera pas dommage à beaucoup près, comme les gros crampons quarrés, qui ſoutiennent
extrêmement le pied, & font venir des bleimes qui ſont quelquefois difficiles à guérir.

Aux Chevaux qui travaillent dans les païs ſablonneux dans
les pelouzes & aux Chevaux de manége, jamais de crampons.

Crampons poſtiches. Il a été imaginé une eſpece de crampons poſtiches, qui ſe
met dans le moment qu'on en a beſoin, & qu'on ôte quand on
veut ; on fait un trou à l'éponge, on le tarode, & on a un
crampon, dont la vis eſt du pas de l'écrou ; on le viſſe, & le
crampon eſt en place ; on peut, quand le crampon n'y eſt pas,
mettre une vis dans l'écrou, qui ne déborde pas le fer, & qui
conſervera l'écrou ; cela eſt bon, dans un cas preſſé, & dans
des endroits, où il y auroit riſque de marcher ſans crampons.

Clous à gla-ce. Dans les tems de gelée, quand on a peur que les Chevaux
ne tombent ſur la glace ; on met à leurs fers des clous à glace
D, ou des clous à groſſe tête E ; cela vaut mieux que des
crampons.

Les crampons en dedans aux pieds de derriere, ſont plus
utiles, de meilleur ſervice & de meilleure grace qu'en dehors,
excepté pour ceux qui uſent trop leurs fers en dehors, auquel
cas les crampons en dedans ne vaudroient rien.

CHAPITRE IV.

Des défauts des Pieds.

LEs pieds des Chevaux participent de leur conſtitution comme les autres parties du corps ; ainſi ils ſont ſujets à pluſieurs défectuoſités.

Par le pied, j'entends le ſabot, la ſolle, la fourchette & les talons.

Les uns ayant la forme du ſabot aſſez belle, ont la corne ſi éclatante, qu'elle s'emporte à l'endroit du clou au moindre heurt.

Les autres ont le ſabot dur, ſans être éclatant ; d'autres, ont le ſabot étendu, large & plat, en forme d'écaille d'huî-tre, & en même tems la ſolle comble ; ce qui ne peut être autrement : car le ſabot n'ayant pas aſſez de hauteur, la ſolle & la fourchette, le ſurpaſſent en-deſſous, & débordent la corne au milieu du pied : il y en a de plus ou de moins combles.

Il y en a, qui ont le ſabot cerclé, c'eſt-à-dire, qui ont comme des rénures qui entourrent le pied d'un talon à l'autre ; ce qui marque un pied aride & deſſeché, ou d'une mauvaiſe nature de corne.

D'autres ont les pieds gras, c'eſt-à-dire, peu d'épaiſſeur à la corne, auſſi bien qu'à la ſolle : le ſurplus étant rempli de chair, la connoiſſance en eſt difficile, parceque le Cheval a la forme du pied très-belle, auſſi-bien que la corne ; ce qui peut cependant les faire appercevoir gras, eſt que communé-ment tout le pied eſt plus gros que ne comporte la taille & la figure du Cheval : l'inconvénient de ces pieds, eſt qu'ils ſont délicats, & que le Cheval boite étant nouveau ferré.

D'autres ont les talons bas & la fourchette trop groſſe & plus haute que les talons ; ce qui arrive ordinairement aux ta-lons bas.

D'autres ont la fourchette trop petite, maigre & alterée ; ce qui dénote grande ſéchereſſe dans le pied.

D'autres ont ce qu'on appelle des pieds foibles pour avoir médiocrement de talon, & avoir le pied plat vers la pince, ſans l'avoir comble, c'eſt-à-dire, que quoique depuis la poin-

Marginal notes:
Voyez la Pl. iv. & le Chap. IX. du Traité de la Con-ſtruction du Cheval, à l'article des Défauts des Pieds.

Corne écla-tante.

Pied plat.

Cerclé.

Pied gras.

Talons bas & fourchet-te groſſe.

Fourchette maigre.

Pieds foi-bles.

te de la fourchette, il y ait une concavité en-deſſous, il n'y
a cependant que peu d'épaiſſeur entre la ſolle & la corne en
pince; & par conſéquent, que peu de reſiſtance, ce qui fait
que ces pieds s'échauffent aiſément ſur le dur & deviennent
douloureux.

Pieds en-
caſtelés.
Les pieds encaſtelés, ſont ceux dont les talons ſont ſerrés
& ſe baiſent en s'approchant ſi fort l'un de l'autre, que les
deux talons ne tiennent pas plus d'eſpace qu'un ſeul en devroit tenir : ces talons ſont plus ſerrez en bas qu'en haut; ce
qui gêne le dedans du pied. L'encaſtelure marque grande ſéchereſſe de pied, & eſt ſujette aux ſeimes; les Chevaux fins,
ſur-tout ceux qui ont le talon haut, ſont les plus ſujets à ce
défaut.

Talons foi-
bles.
D'autres ont le talon flexible, & par conſéquent foible:
on fait obéir ces talons & remuer comme on veut en y touchant.

Pied trop
long.
D'autres ont le pied trop long en arriére, ce qui dénote
l'endroit trop charnu; ceux-cy ſont preſque tous encaſtelés.

Talons iné-
gaux.
Il y a des Chevaux fins, ſujets à avoir un des talons plus
haut que l'autre; ce qui ſignifie ſéchereſſe & aridité.

Pieds trop
gros & trop
petits.
Enfin les pieds trop gros & trop grands, ſont ſujets à ſe déferer, & le Cheval eſt ordinairement lourd & peſant & les
pieds trop petits, ſont ſujets à être douloureux & ſouvent
malades.

CHAPITRE V.

De l'Onguent de Pied.

COmme preſque tous les défauts dont nous venons de
parler, ſont cauſés par aridité & ſéchereſſe de pied, occa-
ſionée par une chaleur, qui diminuë la fraîcheur naturelle, qui
doit s'entretenir dans le pied : pour maintenir la corne en bon
état, il faut avoir ſoin de ſuppléer au défaut de la nature, ou
de réparer ce que la négligence & le peu de ſoin ont occaſionné; car quelques-uns de ces défauts s'augmentent, & même
ſe produiſent par la faute des hommes. Comme il eſt donc
queſtion pour que le pied ſoit bon, que la corne ſoit douce &
liante, qu'elle ſoit aſſez épaiſſe pour ſoutenir le corps du Cheval, & pour le pouvoir ferrer à demeure, & enfin pour l'empê-

cher de boiter ; il faut avoir attention de tenir les pieds gras ; & quoique toutes graisses & huiles soient bonnes, on a imaginé plusieurs recettes d'onguent de pied : en voici quelques-unes.

Miel commun & graisse blanche, parties égales, mêlez à froid : on y ajoute aussi quand on veut partie égale d'huile d'olive.

Le meilleur onguent de pied est le cambouis.

Lorsqu'un Cheval a marché pied nud, & qu'il s'est usé le pied, il faut faire revenir promptement la corne : rien n'est meilleur pour y parvenir, que d'appliquer chaudement tous les jours sur la couronne une bonne emmielure blanche.

Voicy comme il se faut servir de l'onguent de pied. Après avoir vû s'il n'y a ni humidité ni crotte ni poussiere sur le pied, on graissera la corne près la couronne un demi-doigt de large seulement, & sous le fer depuis le premier cloud du talon en-dedans & en-dehors, parce que trop de graisse amollit la corne en coulant dans les rivets, & feroit déferrer le Cheval : on ne menera point à l'eau le Cheval graissé ; les trois quarts & demi des Chevaux n'ont besoin d'être graissés que vers les talons tous les trois ou quatre jours une fois, parce que la pince pousse assés.

CHAPITRE VI.

Ferrure.

Avant de parler de la ferrure des différents pieds, il est bon d'avertir de ne point faire travailler le Cheval le jour de la ferrure s'il est possible : car il y a bien des Chevaux qui feignent le jour qu'ils ont été ferrés, & vous le ferez trotter le lendemain pour voir s'il ne boite point. *Ferrure.*

La première ferrure des Chevaux est essentielle pour la suite, car le pied prend une bonne ou une mauvaise forme suivant cette première ferrure.

De la Ferrure des Pieds sans défaut.

Le pied sans défaut Fig. A, est celui dont le sabot est d'une forme à peu près ronde & non trop longue, particuliérement vers le talon qui doit être fort large ; c'est-à-dire, que les oignons des talons ne s'approchent point trop l'un de l'autre, la corne doit être douce, unie, liante, haute, épaisse & brune s'il se peut, sans aucun cercle, & assés ferme, sans être cassan- te, que le pied soit droit, creux en-dedans, sans pourtant l'être par trop, la fourchette étroite & point grasse. Le pied ainsi for- mé est sans défaut; & pour le bien ferrer, il faut parer bien uniment l'assiéte du fer, & l'applanir bien partout, prenant garde en parant de ne pas ouvrir les talons, par la raison dite ci-dessus; on diminuëra moins de la corne aux pieds de de- vant, à mesure qu'on approchera des talons, & on laissera la pince plus forte aux pieds de derriere.

PL. XIX.

Il faut avoir forgé un fer, ni trop couvert, ni trop peu, qui accompagne justement la rondeur de tout le pied F F : cepen- dant, les éponges doivent s'élargir un peu en-dehors G G G vers le talon, ensorte que le bout de l'éponge ait une moitié qui déborde le talon en côté. Si les éponges sont trop longues, elles fatiguent, & font forger, ou elles se prennent & font dé- ferrer le Cheval; celles qui sont trop courtes alongent le nerf & fatiguent la jambe. Le fer posé, vous brocherez bas pour ne rien risquer.

Premiére Ferrure des Chevaux de Carosse.

La premiére ferrure des Chevaux de carosse, principale- ment de ceux qui ont les pieds grands & amples, quoique hauts, est d'une grande conséquence, ceux-cy sont plus sujets à se gâter que les autres, si on ne les resserre jusqu'à ce qu'ils ayent mué; il ne faut donc point, comme il se pratique quel- quefois, vouter un peu les fers, & les faire outrepasser la forme du pied.

Mais abattez la corne toute plate.

Blanchissez seulement la sole.

N'ouvrez point les talons du tout.

Ne coupez point du tout les mammelles, & ferrez juste, suivant exactement la rondeur du pied tel qu'il est.

Percez gras, mais brochez bas de peur d'éclater la corne qui a été trop affoiblie par le Marchand, qui n'a d'autre dessein que de faire paroître le pied de son Cheval creux.

Faites un pinçon au bout du fer, afin qu'il reste bien en place & long-tems sans s'ébranler.

Ferrure des Chevaux de Manége.

Abattez le talon jufqu'au vif fans creufer les quartiers.

Servez-vous de fers très-legers & découverts qu'on appelle demi-Anglois, parce qu'ils ne font point fujets à porter fur la fole, & que le crotin du manége ne s'amaffe pas dans le pied.

Jamais de crampons.

Si le pied eft alteré & fort dur, il faut l'humecter avec du crotin mouillé.

Ferrure des Chevaux encaftelés, ou talons ferrés.

Abattez bien les talons fans creufer les quartiers.

Parez à plat les talons & la fourchette.

Laiffez la fole forte.

Un Cheval peut être encaftelé d'un quartier feulement ; & c'eft prefque toujours en-dedans, comme le plus foible, la corne y ayant moins d'épaiffeur.

L'encaftelure eft plus ordinaire aux Chevaux fins des Païs chauds, qu'aux rouffins & Chevaux de Païs froids, quoiqu'elle leur arrive quelquefois.

La façon de parer que je viens d'indiquer fert de préfervatif à l'encaftelure ; auffi-tôt qu'on y voit difpofition, c'eft-à-dire, que les talons fe ferrent. Si le mal eft venu, laiffez la fole extrê-mement forte, & mettez un fer à pantouffle, H ; s'il fe peut que le quartier pofant fur le talus du fer dans le milieu, ce qui en excede en-dedans ne touche point à la fole, il n'en fera que mieux ; mais comme cela eft difficile, il vaut mieux laiffer la fole forte, alors quand le fer y toucheroit, il n'y auroit pas grand inconvénient, ces fers pofés doivent fuivre juftement la rondeur du pied aux talons comme à la fole, ils poufferont en-dehors le talon à mefure qu'il croîtra, & c'eft ce qu'on deman-de : ces fers font très-ftables.

Graiffez les pieds avec onguent de pied, & les empliffez de crotin mouillé.

Il faut laiffer repofer le Cheval quelques jours après cette ferrure, & la continuer jufqu'à ce qu'il ait les pieds élargis ; quand l'habitude en fera prife, un Cheval vous fervira fans boiter comme à l'ordinaire.

Lorfqu'on a un Cheval encaftelé, qui ne fert qu'au manége, on pourroit lui ôter tout-à-fait les fers : mais comme les Che-

H h h

vaux qui n'en ont point n'ont aucun mouvement, outre que le pied venant à croître, prend une méchante forme qu'on peut rétablir en le parant, il vaut mieux le ferrer à lunette I ; & si l'encastelure est considérable, donnez-lui cinq ou six rayes de feu sur la corne, à chaque côté du talon de la maniére que je vais dire ; ce feu rend la corne moins tenduë, & donne de l'aisance au petit-pied : ensuite humectez bien le pied avec onguents de pied & rémolades.

Lorsque l'encastelure est si forte qu'elle résiste à tout ce que dessus, décernez la sole jusqu'à la rosée, mettez une emmiellure ; quatre jours après vous dessolerez, ce qui est presque toujours le plus prompt & le meilleur. Aussi-tôt que le Cheval sera dessolé, vous fendrez la fourchette avec un coup de bistoury jusques dans les pâturons, en enfonçant d'abord le bistoury de son épaisseur, & le soulageant en entrant dans la fourchette, de peur de toucher au petit-pied ; puis vous mettrez deux, trois ou quatre rayes de feu à un doigt de distance l'une de l'autre depuis le talon jusqu'au tiers du quartier de haut-en-bas ; forgez un fer large, qui passe les quartiers en élargissant d'un doigt, & long d'éponge, qui convienne au pied élargi : mettez votre fer ; fourrez des plumaceaux durs dans la fente du talon, que vous aurez imbibés de thérébentine, & de très-peu d'huile de laurier : mettez l'appareil de même sur la sole, & compressez fort les plumaceaux au talon : mettez une rémolade autour du pied pour le faire croître ; la sole reviendra, remplira le vuide de l'élargissure ; elle appuyera les quartiers, soutiendra les talons, & le pied en croissant reprendra la forme qu'il doit avoir.

C'est un grand abus que d'ouvrir par force les talons avec les tricoises : cela force l'endroit, & n'ouvre que le bas, pendant que le haut se serre davantage.

Ferrure des Pieds plats & des Pieds combles.

Les pieds plats qui commencent à s'élargir, qui ne sont point combles, mais qui sont en danger de devenir difformes, doivent se raccommoder & se resserrer comme il suit.

Parez peu le pied.

Forgez un fer qui ait les branches droites depuis le premier ou le second trou de la pince jusqu'au bout de l'éponge, & estampez fort maigre les quatre derniers clous des quartiers du côté des talons ; le fer forgé ainsi ne suivra pas la forme des quartiers : mais quand le fer sera posé, on ôtera avec le rogne-pied l'excédent de la corne aux quartiers & à la pince : brochez haut l'affilure droite & des clous fort déliés de lame.

Vous mettrez sous le pied un restrinctif, en voicy de deux sortes.

Du suif de chandelle fondu.

Autre.

De la thérébentine & de la suïe de cheminée que vous ferez cuire à petit feu, remuant sans cesse jusqu'à bonne liaison.

Vous graisserez d'onguent de pied les talons & les quartiers sous les fers, surtout en-dedans. Le camboüis est meilleur sous le fer & aux talons sur leurs oignons.

Que si le Cheval pousoit trop de sole, comme il arrive toujours, & que les talons se serrent, comme il est ordinaire à presque tous les pieds plats & évasés ; en ce cas, il faudra ajuster ledit fer, en laissant plus d'épaisseur dans la branche en-dedans du côté des trous, comme une espece de fer à pantouffle ; on l'ajustera sur le pied, ensorte qu'ayant laissé la sole forte sans presque en rien ôter (car le Cheval boiteroit) il ne porte pas sur le talon.

Quand le Cheval est ferré, il le faut laisser deux ou trois jours, ou cinq ou six, suivant le cas sans le monter : car ces fers ausquels il n'est pas accoutumé, pressent le pied dans le commencement ; que s'il boitoit toujours, ce seroit signe qu'il seroit encloüé, ou que le fer porteroit.

Referrez toujours votre Cheval ainsi, rognant toujours de la corne à la pince & aux quartiers, jusqu'à ce que le pied ait par ce moyen acquis une belle forme.

Du Pied comble.

Le pied comble est un pied dont toute la nourriture se porte à la sole, ce qui contraint non seulement la corne à prêter & à s'élargir : mais encore fait outrepasser la sole au-delà du niveau de la corne ; quand cet accident est vieilli à un certain point, il est impossible d'y remédier : il faut donc le prévenir aussi-tôt qu'on y voit de la disposition par de bonnes ferrures ; il est nécessaire d'y avoir une extrême attention, surtout aux Chevaux nourris dans les endroits marécageux, comme Flandres, Frise,

Oldembourg, dans les six premiers mois qu'ils font en France où ils muënt de pied.

Que si le mal est commencé, & qu'on voye que le pied est comble, il faut y remédier ainsi.

Après avoir très-peu paré seulement de la pince, n'avoir fait que blanchir les quartiers & les talons seulement pour l'assiéte du fer, & ferré comme il est dit pour le pied plat, vous y mettrez du tarc ou du restrinctif ci-dessus, & une emmiélure ou onguent de pied autour du pied : vous renouvellerez pendant trois jours l'astringent & l'emmiélure, graissant toujours la couronne, laissant le Cheval cinq ou six jours en repos, & resserrant toujours ainsi jusqu'au rétablissement du pied.

Si le Cheval a les pieds fort combles, laissez toute la sole sans en rien ôter : faites des fers point ou peu voutés O suivant le besoin ; percez-les fort maigres, & laissez-les porter près de la sole, ce qui ne sera pas dangereux, & ne fera point boiter, pourvû qu'ils ne portent point sur la sole ; puis ferrez comme dessus avec l'astringent & l'emmiélure tous les deux ou trois jours pendant un mois, & continuez ainsi jusqu'au rétablissement du pied.

Que si les pieds étoient extraordinairement plats & combles, ressemblant à des écailles d'huitres ; il n'y a pas d'autre party à prendre, les ferrant comme je viens de dire, & laissant le Cheval un mois sur la litiere, que de le mettre ensuite à la charuë, lui tenant toujours la corne grasse ; au bout d'un an les pieds se feront raccommodés pour pouvoir recommencer à servir comme devant sur le pavé.

C'est un grand abus de ferrer les pieds plats ou combles avec des fers voutés ; c'est-à-dire, des fers tournés en pente en-dedans ; le bord extérieur de ces fers empêche la corne de descendre, & la sole pousse toujours : ainsi il faut à chaque ferrure un fer plus vouté ; & enfin le pied devient si comble que le Cheval ne marche plus que sur la sole : de plus, comme les talons se serreront de plus en plus, le fer vouté les pressant de se rapprocher, le Cheval sera à la fin hors de servir davantage : comme le Cheval ferré d'un fer vouté ne peut marcher que sur le milieu de ce fer, il marche peu sûrement, & glisse continuellement.

Ferrure des Chevaux fourbus.

Comme la fourbure rend le pied comble, cette ferrure doit, fuivant l'ordre, fuivre la précédente.

Comme à ces maux c'eſt le petit-pied qui eſt deſcendu, & que la corne n'étant plus foutenuë en pince, s'eſt reſſerrée, les Chevaux n'appuyent plus que fur les talons, & l'on voit la pince poſer long-tems après; quand donc on peut encore fe fervir d'un Cheval qui a eû ces maux, c'eſt-à-dire, qu'ils n'ont pas été extrêmes, ne parez jamais la fole à la pince.

Abattez les talons, on peut même les ouvrir fi l'on veut.

Ferrez long aux talons, & rognez la pince court.

Auffi-tôt fondez de l'huile de laurier bouillante, ou mettez de la fiente de porc avec de la thérébentine, cela, tous les jours pendant fept ou huit jours après que le Cheval a été ferré de nouveau. Lorſque les croiſſans font formés tout-à-fait, il faut laiſſer la fole forte, ne point ouvrir les talons, percer le fer maigre en pince, & brocher le talon comme à un pied de derriere.

Ferrure des Chevaux droits fur leurs membres bouletés & arqués.

On dit que les Chevaux font droits fur leurs membres, lorſque depuis le bas du boulet juſqu'à la couronne la jointure tombe à plomb, ce qui eſt occafionné par le retirement du nerf de la jambe qui fe racourcit ordinairement par fatigue.

Les Chevaux bouletés font ceux dont par la même raiſon l'os du boulet fort de fa fituation, & fe pouſſe trop en avant.

Les arqués font ceux dont les genoux fe plient en avant, ils font par conféquent droits fur leurs membres.

On peut remédier à tous ces défauts quand ils ne font pas vieux par le moyen de la ferrure. Abattez les talons petit à petit, c'eſt-à-dire en pluſieurs ferrures, & enfin fort bas juſqu'au vif, fans creufer dans les quartiers, afin de contraindre le boulet à fe retirer en arriere, & enfuite vous ferrerez d'un fer ordinaire.

Si cela ne fait pas aſſez d'effet, il faut faire déborder le fer d'un demi-doigt en pince : les éponges fort minces, plattes, & plus longues qu'à l'ordinaire : fi le Cheval eſt extrêmement bouleté, vous ferez déborder le fer de deux doigts, ce fer s'ap-

pelle bec de corbin P ; il faudra avec ces ferrures , graiſſer le
nerf de quelque onguent ramollitif & anodin , comme l'onguent de Montpellier , ou bien d'eau-de-vie ou vin , avec du
beurre : vous laiſſerez le Cheval quelques jours en repos pour
donner le loiſir au nerf de s'étendre peu à peu , puis vous le
promenerez en main en plat païs , & par degrés juſqu'à ce
que cette extenſion ne lui faſſe plus de douleur ; ſans ce ménagement , on rendroit le Cheval boiteux , pour avoir fait
étendre le nerf trop ſubitement.

On pratique même cette ferrure aux Chevaux de bats en
païs de montagnes , parce qu'étant chargez , ils ſeroient fort
ſujets à ſe bouleter , en deſcendant les montagnes , ſi ces fers
ne leur faiſoient étendre le nerf.

Il ſe fait une opération à la jambe pour couper un nerf , à
ce que dit le Parfait Maréchal , afin de redreſſer la jambe
d'un Cheval bouleté ; mais comme je n'y ajoute pas beaucoup
de foi , je n'en parlerai pas. Voyez le Parfait Maréchal.

Ferrure des Chevaux qui ſe coupent.

Le Cheval qui ſe coupe , eſt celui qui avec un pied ſe froiſſe
l'autre au boulet en marchant ; les Chevaux ſe coupent plus
ſouvent des pieds de derriere , que des pieds de devant : d'a-
bord le poil ſe coupe au dedans du boulet , puis l'endroit s'é-
corche à la fin juſqu'à l'os , & quelquefois le boulet enfle
beaucoup.

Cet inconvénient arrive , 1°. aux Chevaux , qui ne ſont pas
encore habitués à cheminer : 2°. à ceux qui portent mal leurs
jambes en marchant : 3°. par laſſitude : 4°. par une vieille ou
une mauvaiſe ferrure , ou par les rivets qui débordent la
corne.

Il y a peu de Chevaux , qui après un long voyage , ne ſe coupent peu ou beaucoup ; & c'eſt une grande marque de bonté ,
quand un Cheval a eſſuyé cette épreuve ſans ſe couper.

Il y a de la différence entre ſe couper & s'attrapper ; s'attrapper , ſe dit d'un Cheval à qui le même inconvénient arrive , mais en differens endroits de la jambe ; & ſe couper , c'eſt
ſe bleſſer toujours au même endroit : ceux qui s'attrappent ,
ſuivant qu'ils donnent le coup à un endroit plus ou moins douloureux , boitent ; le pas d'après , il n'y paroît ſouvent rien ,
puiſqu'ils ne portent pas toujours au même endroit ; mais

l'inconvénient eſt que quand ils ſont las, ils bronchent en s'attrappant, ou tombent même, ſi c'eſt en courant : ces ſortes de Chevaux ſont incurables, parceque leur défaut vient de ce qu'ils marchent en croiſant trop les jambes : le ſeul remede, eſt de n'en point acheter de pareils ; quant aux Chevaux qui ſe coupent, il y a remede.

Le Chevaux fins comme les Barbes, ſe coupent par pareſſe, étant ménez en main, à cauſe qu'ils marchent très-froidement ; au contraire, d'autres Chevaux ſe coupent, parceque levant trop les jambes en cheminant, ils ſe laſſent bien-tôt.

La ferrure eſt l'unique moyen d'empêcher les Chevaux de ſe couper.

Si le Cheval ſe coupe, parcequ'il n'eſt pas encore acheminé, il n'y a qu'à le ménager & l'accoûtumer à marcher petit à petit, laiſſant plus d'épaiſſeur au côté & à l'éponge du fer du quartier d'en dedans, qu'à celui de dehors, que ſi la façon ordinaire de laiſſer comme nous venons de dire, la branche forte & le quartier haut, ne réuſſit pas ; il faut eſſayer le contraire qui réuſſit quelquefois, c'eſt-à-dire, la branche forte en dehors, avec un crampon large, & en dedans, la branche mince, courte & droite ; cela approche les jarets l'un de l'autre.

Si la ferrure eſt trop vieille ou mauvaiſe, il faut réferrer ; & s'il y a quelque rivet qui déborde, il faut le couper.

Si le Cheval porte mal ſes jambes par foibleſſe de reins ou autrement, & qu'il ſe coupe aux jambes de derriere, il le faut déferrer des deux pieds.

Abbattre fort le quartier de dehors à chaque pied, ſans toucher à ceux de dedans.

Serrer l'éponge en dedans, afin qu'elle ſuive le rond du pied, ſans aller audelà du talon, la couper auſſi courte que le talon, & mettre des crampons en dedans.

Que s'il ſe coupe aux jambes de devant, il faut faire la même choſe, excepté les crampons qu'on ne met point.

Quand après cette ferrure, le Cheval ſe coupe toujours, après avoir abbattu le quartier de dehors juſqu'au vif, ſans toucher à celui de dedans, groſſiſſez les éponges du dedans du double, le fer ainſi forgé, ſe nomme fer à la turque R : on fera très-bien auſſi à ces ferrures, de river les clous dans la corne, ſi près qu'ils ne paroiſſent point au dehors, & l'on peut pour les mieux river encore, brûler un peu avec un fer chaud, au-deſſous des trous pour y loger le rivet, ou bien ne point mettre de clous en dedans, & ajouter un pinçon pour tenir le fer ferme : ſi le Cheval ſe coupe de laſſitude, il n'y a point de meilleur remede que de le laiſſer repoſer & de le bien nourrir.

Si vous avez des Chevaux qui ſe coupent en main, il faut entourrer les boulets avec une peau d'agneau ou de mouton, le poil en dedans.

Comme on ne met jamais de crampons aux Chevaux de manége, de peurqu'ils ne s'attrappent dans leurs airs : ſi vous en avez qui ſe coupent, abbattez le quartier d'en dehors, & vous épaiſſirez l'éponge d'en dedans.

Que ſi vous êtes en voyage, & que les ferrures ſuſdites ne faſſent rien, ſervez-vous de la botte de cuir, ou de feutre cou-pée, plus étroite en haut qu'en bas, que vous attachez à mi-jambe, & qui garantira le boulet en l'entourrant ; il eſt vrai que ce dernier expédient, eſt de mauvaiſe grace, que les Che-vaux ont de la peine à s'y accoutumer, & qu'il fait quelque-fois enfler le boulet.

Ferrure des Chevaux qui forgent.

Les Chevaux qui forgent, ſont ceux qui avec le fer des pieds de derriere, attrappent ceux des pieds de devant : les Chevaux forgent de deux manieres, les uns donnent le coup dans la voûte du fer, c'eſt-à-dire, ſous le pied de devant : les autres forgent ſur le bout des éponges, & ſe déferrent ainſi : ce défaut vient ordinairement de foibleſſe de reins, ou que le Cheval eſt ruiné ; ſouvent auſſi c'eſt la faute du Cavalier, qui ne ſçait pas tenir ſon Cheval enſemble & ſous lui, en l'aver-tiſſant de tems en tems.

Si la faute vient du Cheval, & qu'il forge aux talons, c'eſt-à-dire, aux éponges ; il le faut ferrer fort court d'éponge, qu'elles paſſent à peine au delà du talon, ou bien genêter les fers, qui eſt relever les éponges au talon : s'il forge dans la voûte du fer, étréciſſez le fer de devant à la pince en dedans, & mettez deux pinçons aux deux côtés de la pince de derrie-re, qu'il faut rendre demi quarrée ou fort camuſe.

Des Chevaux qui se déferrent.

Quand un Cheval se déferre en chemin, & qu'on est éloigné d'un endroit, où on puisse trouver un Maréchal ; si on laisse marcher quelque tems son Cheval pied nud, il s'usera & se gâtera la corne, à proportion qu'il sera délicat, ou qu'il marchera dans un païs dur, de façon qu'ensuite on ne pourroit plus le referrer.

Si celui qui mene le Cheval, sçait brocher un clou, qu'il en ait, & qu'il retrouve le fer à terre, il le ratachera ; ou s'il ne le retrouve pas, & qu'il ait un fer-brisé L, qu'on nomme aussi fer à tous pieds, il s'en servira ; mais si cela n'est pas, il faut envelopper le dessous du pied avec une piéce de chapeau, un linge, son mouchoir, enfin ce qu'on trouvera pour arriver jusqu'à un endroit où on puisse faire referrer.

Le soulier de cuir nouvellement imaginé, qui ressemble à une bourse, dont le fond est une semelle forte, & dans laquelle on fait entrer tout le pied, est une très-bonne imagination, & on devroit s'en munir, quand on entreprend un voyage.

Ferrure des Chevaux rampins.

Les Chevaux rampins ou juchés, sont ceux dont le boulet des jambes de derriere avance, de façon à les contraindre à marcher sur la pince, & à ne point appuyer les talons : les vieux Chevaux sont plus sujets à ce mal que les jeunes, qui cependant peuvent devenir rampins dans des écuries mal saines, où il auront placé leurs pieds dans des creux, qui auront accoutumé les boulets à rester en avant : il y en a aussi qui sont rampins de naissance.

Cette incommodité en vieillissant devient incurable.

A ce défaut, la ferrure est la même qu'aux pieds de devant bouletés : laisser la pince fort longue, abbattre les talons, faire déborder le fer en pince, plus ou moins, & graisser le nerf de la jambe.

Ferrure du pied foible ou gras.

A un Cheval qui a le pied gras, il faut abbattre toute la mauvaise corne, brocher le plus haut qu'il est possible, tenant l'affilure droite ; on broche bas à un bon pied, pour ne rien risquer, mais il faut risquer à celui-ci, afin que le fer tienne assez long-tems pour lui laisser revenir le pied.

Ferrure des Talons bas & de la Fourchette graſſe.

Aux talons bas, en parant le pied, il faut ſeulement abbattre la pince, ſans toucher en aucune façon aux talons, & même ne point toucher à la fourchette, à moins qu'elle ne ſe
pourriſſe ; alors on la pare toute platte.

Après les avoir parés, comme il eſt dit ; il faut faire l'éponge
un peu plus longue qu'à l'ordinaire, ſi le Cheval ne forge
point : s'il forge, on genêtera les fers, c'eſt-à-dire, qu'on rab-
battra les bouts de l'éponge en haut contre la corne.

Si avec les talons bas, il a la fourchette graſſe, il faut la laiſſer forte, & voilà tout.

Les Maquignons dans ce cas, font épaiſſir les éponges, &
laiſſent la fourchette haute, en la tournant en façon de talons ;
mais cette façon acheve de ruiner les talons.

Ferrure des Chevaux qui ont des Seymes.

Les Seymes étant des fentes à la corne, au quartier, comme
il a été dit Ch. XXII. du Chirurgien. Voici le moyen d'y remedier par la ferrure.

Parez le pied, laiſſant la ſole forte aux talons ; faites forger
un fer, dont les éponges ſoient plus fortes qu'à l'ordinaire,
puis tournez-les de façon qu'elles imitent le talus des fers à
pantoufles : ajuſtez-les ſur le pied, de façon que le milieu du
talon ſoit appliqué ſur l'éponge, prenant garde que le dedans
des éponges, ne porte que peu ou point ſur la ſole : cette eſpece de fer eſt bonne auſſi pour les talons, qui commencent à ſe
ferrer : on peut encore ferrer les Chevaux qui ont des ſeymes
avec des fers à pantoufle.

Ces ferrures jettent en dehors le quartier où eſt la ſeyme,
& l'ouvrent.

Vous remplirez enſuite le pied de tarc tout chaud, ou d'huile
de laurier ; puis vous laiſſerez repoſer le cheval quelques jours.

Pl. XIX. La ſeyme étant ſoudée environ un pouce au-deſſous du poil,
vous referrerez le Cheval à demie-pantoufle M.

Les Chevaux de manége, ſont ſujets aux ſeymes : à ceux-
cy, on coupe ſeulement le fer à l'endroit de la ſeyme juſqu'au
premier trou, ce qui s'appelle demie-lunette N ; & quand il
en eſt beſoin, on coupe toutes les deux éponges ; ce qui s'appelle fer à lunettes I : on laiſſe raffermir le pied quelques

jours , & puis on s'en fert; mais il n'y a que les Chevaux qui travaillent fur le terrein mol , à qui cette ferrure convienne.

Ferrure des Talons inégaux.

Les Chevaux, particulierement ceux qui font de légere taille, font fujets à avoir un côté des talons plus haut que l'autre ; ce qui s'appercoit en regardant le haut des talons , où ils fe joignent au pâturon : il n'y a point d'autre remede que la ferrure & le procedé cy-deffus , ou de deffoler & couper toute la fourchette jufqu'au fond, afin de la tenir égale quand elle reviendra.

Ferrure des Pieds de bœuf.

La fente appellée pied de bœuf, & dont il eft parlé, Chap. XXII. du Chirurgien, arrive au train de derriere comme à celui de devant.

Parez le pied, de façon que le fer ne porte point fur la corne à un pouce autour de la fente, en faifant une entaille ou bizeau dans la corne : faites deux pinçons au fer des deux côtés de la fente, & graiffez par fois ce pied là.

Quand le pied eft fort fendu , paffez une alêne courbe toute rouge , au travers de la corne pour faire un trou à chaque côté de la fente, faites la même chofe en deux ou trois endroits le long de cette fente ; puis paffez des fils d'archal dans les deux trous, vis-à-vis, l'un de l'autre ; puis tortillez les deux bouts dudit fil, & ainfi vous ferez rapprocher les deux côtés de la fente. *Notez* , qu'il ne faut percer que dans l'épaiffeur de la corne, & n'en prendre point trop peu, mais il eft facile ; car elle a en ces endroits un demi-doigt d'épaiffeur.

On mettra trois ou quatre rayes de feu fur la couronne, fans percer le cuir ; & l'efcarre tombée , on tient le pied gras.

On fe fert encore d'une autre méthode. Recourbez un petit morceau de fer, qui n'ait pas plus de largeur que la corne a d'épaiffeur, recourbez-le quarrement par les deux bouts : amenuifez ces deux bouts en pointes de clou , faites entrer ces deux pointes dans la corne, par-deffous le pied des deux côtez de la fente, puis les rivez ; cela affujetit, & refferre la fente : ferrez par-deffus ; laiffez repofer le Cheval quelques jours, après quoi vous vous en fervirez.

PL. IV.

Fig. N.

Fig. M.

Fig. O.

Quoique le pied de bœuf puiſſe arriver aux Chevaux, ce mal eſt beaucoup plus commun aux mulets.

Ferrure contre les clous de ruë & Chicots.

Cette ferrure, qui eſt deſtinée à garantir les Chevaux, des clous de ruë & des chicots, ou du moins les rendre moins dangereux, n'eſt pas ſans inconvenient ; car elle peut cauſer des bleymes, ou faire broncher le Cheval, néanmoins elle peut convenir à de certains Chevaux.

On ne pare jamais ni la ſole ni la fourchette ; & lorſqu'on voit qu'elle s'écaille par vieilleſſe, & à cauſe qu'il s'en forme une nouvelle ſous la vieille, on pare le pied pour ôter ſimplement ce qui ſe ſépare ; & on ne pare jamais que la corne pour y ajuſter le fer ; cela fait que cette ſole épaiſſe défend le deſſous.

Ferrure des Bleymes.

Pour les prévenir, abbattez le talon, ſi le Cheval en a trop : s'il a le quartier de dedans trop ſerré, pour empêcher les bleymes, après avoir paré le pied ferrez à pantoufle de ce côté-là, laiſſant la ſole forte.

Ferrure des Chevaux qui bronchent.

Pour ferrer un Cheval qui bronche, il faut abbattre la pince & la relever : ſi le Cheval qui bronche a le nerf foulé, les jambes travaillées, ou les épaules foibles, la ſeule ferrure, n'eſt pas ſuffiſante. Voyez le Chapitre LVI. du Traité des Maladies.

Des Fers à patins.

PL. XIX.

Le fer à patin S, s'employe pour les efforts d'épaules : voyez ce que j'en dis au Ch. LXX. du Traité des Maladies ; cependant il peut ſervir dans des cas d'accidens, où il faudroit contraindre le Cheval à ſe ſervir de ſon autre jambe pour ſoulager celle qui auroit été affectée.

Des Fers couverts.

PL. XV.
Fig. D.

Cet article-ci eſt pour les mulets ; car il n'y a qu'aux mulets, auſquels on faſſe des fers couverts, ſeulement aux pieds

de devant : on appelle ces fers des planches *a* , ils n'ont qu'u-
ne ouverture comme un écu blanc au milieu ; & on laiſſe un
eſpace ouvert, entre le fer & la pince, qu'on appelle un fifflet *b* : la florentine *d* , eſt un fer ſemblable à l'autre, excepté qu'il eſt ouvert aux talons : ces fers débordent en pince
de beaucoup, parceque les Mulets ont le talon fort haut &
le pied aſſez foible ; deſorte qu'on n'oſeroit leur abbatre,
parceque toute la force du pied y conſiſte.

Aux Mulets qui ont bon pied, on met des fers à la florentine, & à ceux qui l'ont plus foible , on met des planches :
quand ils ſont encaſtelés, on leur ajuſte leurs planches à pantoufles comme aux Chevaux.

Les grands Mulets qui ſe coupent du derriere, à moins que
ce ne fut par grande jeuneſſe, ſont tout-à-fait à rejetter.

Ce qui fait qu'on ne ſe ſert pas de fers couverts aux Chevaux, ce qui leur épargneroit bien des clous de ruë ; c'eſt
qu'ils ont le pied plus humide que les Mulets ; & qu'on ne
pourroit leur faire un fifflet, attendu que cela leur affoibliroit toute la force des pieds de devant, qui eſt à la pince : au
contraire de celle des Mulets, qui eſt aux talons ; que par conſéquent, l'eau qui entreroit dans le fer, ne pourroit pas s'é-
couler, & faute d'air auſſi leur pied pourriroit en hyver, &
ſe deſſecheroit trop en eſté.

Des Chevaux difficiles à ferrer.

Quand on n'a pas accoutumé les Chevaux de bonne heure
à leur lever les pieds, & à frapper deſſus, étant poulains :
il s'en trouve de très-difficiles à ferrer, c'eſt-à-dire, qui ne
veulent pas ſouffrir qu'on leur leve les pieds, ou qu'on co-
gne le fer.

Aux uns un torchenez ſeul ſuffit pour les faire tenir tranquilles : d'autres ne veulent point être attachez, & ſe laiſſeront ferrer, en les tenant ſans gêne, par le bout du licol.

D'autres ſe laiſſeront ferrer, pourvû qu'ils ſoient dans leur
place à l'écurie.

D'autres, s'il y a quelqu'un monté deſſus.

On met une bale dans l'oreille, à quelques-uns , ou le tor-
chenez à l'oreille.

Il y en a qu'on ne peut ferrer qu'au travail.

A d'autres, on met une platte-longe , qui tient de la queuë

au pied de derriere, & pour le pied de devant ; on met une platte-longe, qu'on passe par-dessus le dos, & un homme tient le pied levé, en le tirant à lui, & n'est point en danger.

Ou bien on fait trotter le Cheval en rond avec des lunettes, dans un endroit raboteux ; cela l'étourdit, il tombe & retombe plusieurs fois ; & quand on le voit bien étourdi, on l'arrête, & on le ferre comme on veut.

L'APOTICAIRE,
OU
TRAITÉ DES MEDICAMENS.

OBSERVATIONS SUR LES MEDICAMENS
en general.

AUTREFOIS lorsqu'il y avoit complication de maux, comme fiévre & fluxion de poitrine, on compofoit les medicamens de façon qu'en donnant, par exemple, une potion, on y mettoit des drogues pour la fiévre & d'autres pour la poitrine : cet ufage eft aboli en bonne Medecine, , & on va à prefent au mal le plus preffant : on traite fimplement la fiévre ; quand elle eft paffée, la guerifon eft proche, en adouciffant la poitrine ; & ainfi des autres maladies compliquées : travaillez toujours à la plus urgente, vous venez enfuite aifément à bout de la moindre.

La dofe des medicamens à l'égard des chevaux doit eftre 8 ou 10 fois plus forte que pour les hommes ; mais il y a cette remarque à faire aux chevaux, ainfi qu'aux hommes, qu'un poulain comme un enfant, doit eftre dofé à la moitié ou au quart ; il en eft de même pour la vieilleffe. Un cheval doit porter la dofe 8 ou 10 fois plus forte qu'un homme ordinaire, la force & la foibleffe augmentent de même ou diminuent les dofes.

Les maladies aigues demandent les grandes dofes, à caufe du peu de tems qu'elles donnent, & qu'il faut fe hâter de les guérir dans le commencement. A l'égard des maladies chroniques, c'eft-à-dire, qui tirent en longueur, il ne faut que de mediocres dofes, parceque le progrès de ces maladies eft lent, & qu'il n'y a point de danger dans le retardement.

Quant aux purgatifs, il faut s'attacher très-exactement à

la dofe jufte, à caufe des ravages que de trop fortes pourroient caufer. Il y a moins de rifque à diminuer qu'à augmenter.

Des signes, du poids & des mefures des medicamens.

Les Medecins & gens de l'Art ont de certaines marques &
obfervations pour defigner dans les receptes qu'ils écrivent
les poids & les mefures des medicamens; c'eft une efpece
de chiffre dont les Apoticaires ont la clef, & que communement le public ignore; mais comme une bonne recepte peut
être fort utile à celui à qui elles tomberoit entre les mains,
je vais defigner ici la plûpart de ces marques & fignes avec
leur explication. Je vais commencer par l'explication des
poids.

La livre ordinaire qu'on appelle livre de marc, eft de 16
onces.

La livre de medecine n'eft que de 12 onces.

L'once contient 8 gros.

Le gros ou la dragme eft de 72 grains.

Le fcrupule eft le tiers du gros ou de la dragme, il contient 24 grains.

Le grain eft le plus petit de tous les poids, il pefe ordinairement un grain de feigle ou d'orge.

Il n'y a point de noms particuliers pour les autres fubdivi-
fions, on fe fert des termes de demi, de quart de quarteron, &c.

Il y a une figure à la tête de toutes les receptes de medecine
qui ne fignifie autre chofe que prenez, qui s'exprime en latin
par le mot *recipe*. Cette figure eft celle ℞.

Signes des poids.

Une livre	℔.
Une demie-livre	℔ß.
Un quarteron	4ar.
Un demi quarteron	4ar. ß
Une once	℥.
Une demie-once ou un loton	℥ß.
Un gros, ou une dragme, ou le poids d'un écu d'or .	ʒ.
Un demi-gros, ou demie-dragme, ou 36 grains, . .	ʒß.

Un

Un fcrupule ou 24 grains . . . . Ðj
Un demy-fcrupule ou une obole, 12 grains . Ðß, ou ob.
Un grain . , . . . , ... gr.
Un demy-grain . . . . gr. ßj
On voit que le demy s'exprime toujours par ß, & que le nombre un s'exprime par j, quand on veut augmenter le nombre des poids, après le figne des poids on met des 1 fans queuë & le dernier finit par une queuë ; par exemple, quatre s'écrit ainfi iiij, ainfi quatre livres s'écrit ℔iiij, deux onces ʒij, &c.

Signes des Mefures.

Une cuillerée . . . . cochlear. j
Une goutte . . . . gut. j
Le fafcicule, qui eft ce que le bras ployé en rond peut renfermer . . . . fafc. j
La poignée, ou le manipule, qui eft ce que la main peut empoigner . . . . : . man. j, ou M. j
La pincée, ou le pugille, qui eft ce qui peut être pris avec les trois doigts . . . . pug. j ou p. j
Le nombre des chofes . . . . N°.
La paire . . . . par
De l'un autant que de l'autre . . . . Ana, ou aa
Une quantité fuffifante . . . . Q . S.

Quelques autres Signes.

Suivant les regles de l'art . . . . . S. A, ou Ex arté.
Bain marie . . . . B. M.
Bain vaporeux, ou bain de vapeur . . . . . B. V.

DES QUALITEZ DE MEDICAMENTS.

Les degrés de chaud & de froid plus ou moins forts qui avoient été attribués aux médicaments pour en definir les qualités, auffi-bien que les analifes chimiques, ne s'étant pas toujours trouvés d'accord avec les effets qu'on en attendoit, je crois qu'il vaut mieux en juger à peu près par les apparences qui tombent le plus fous nos fens, telles que font les odeurs & les faveurs ; c'eft ce qui fe pratique à prefent, comme la connoiſſance la moins fautive. Commençons donc par les odeurs.

Les *odeurs* ſont en général fortes ou douces : les fortes qui abondent ordinairement en ſouffres groſſiers & volatils, peuvent adoucir les humeurs acres, & par conſéquent fortifier les nerfs & le cerveau. Les odeurs douces ou foibles pouſſent plûtôt par inſenſible tranſpiration & diſſipent les parties qu'elles ne peuvent pas embaraſſer.

Les *ſaveurs* ſe font ſentir au palais & à la langue par les ſenſations ſuivantes.

Les inſipides temperent l'acrimonie des humeurs & leur grand mouvement,

Les onctueuſes adouciſſent les douleurs, relâchent les fibres & émouſſent les parties acides des humeurs.

Les nitreuſes tiennent un milieu entre l'inſipide & une legere amertume, & laiſſent une ſenſation de froid & de pénétration ſur la langue : celles-là pouſſent par les urines, aident les digeſtions, éteignent la ſoif & calment les fermentations du ſang.

Les améres ſont capables de rarefier les humeurs, d'amortir les aigres des premieres voyes & d'émouſſer ceux du ſang; mais elles ſont moins rarefiantes que les âcres.

Les âcres ſont de deux ſortes ; ſçavoir, lexivieuſes & brulantes : les ſaveurs âcres lexivieuſes émouſſent les acides, & priſes intérieurement donnent de la fluidité aux liqueurs, pourveu qu'elles ſoient diſſoutes dans beaucoup de phlegme, & extérieurement diſſoutes dans une ſuffiſante quantité de phlegme, elles ne font que deterger & nettoyer ; mais ſi elles ſont appliquées ſeules, elles brulent & emportent les calloſités des ulcéres. Les ſaveurs âcres brûlantes ſont dangereuſes ; car quoique diſſoutes dans beaucoup de phlegme, ſouvent elles picotent, déchirent & enflamment les parties membraneuſes : elles produiſent extérieurement des veſſies & des ampoules, comme celles du feu.

Les acides fixent le ſang & les humeurs, c'eſt-à-dite, en arrêtent les fermentations violentes : elles ſont repercuſſives & tuent les vers : elles émouſſent l'action des alkalis des amers & des acres : ſont antivomitives & antipurgatives & quelquefois augmentent l'action des diaphoretiques.

Les auſteres acerbes ou ſtyptiques ſont communément aftringentes, elles moderent quelquefois l'action des âcres & des amers.

Les aromatiques font stomachales & font fermenter le sang considerablement.

Les salées entretiennent l'union des parties du sang, dessechent les serosités & font aperitives.

Les douces mondifient, détergent & font contraires aux humeurs âcres.

Les Alkalis puissants dissolvent le sang.
Les acides puissants fixent le sang.

DESCRIPTIONS ET QUALITE'S PARTICULIERES
DES ME'DICAMENTS.

Les médicaments sont pris des fossiles, dont il y a de quatre sortes : des vegetaux & des animaux

Les fossiles sont les terres, les sucs huileux & sulphureux, coagulés ou liquides, tous les sels qu'on trouve dans la mer ou dans les rochers, les mineraux subdivisés en pierres, métaux & marcassites ou métalliques.

Les vegetaux contiennent plusieurs parties dont on se sert ; sçavoir, les tiges, les feuilles, les fleurs, les fruits, les semences, les écorces, les bois, les gommes, les résines, les sucs, les larmes, les fungus, les guy, les filaments, capillaires & les mousses.

Quand on veut garder quelques parties des vegetaux, il faut les recueillir à propos, c'est à-dire, dans leur degré de perfection. On recueille les racines en automne, les tiges parfaites, c'est-à-dire, avant que le vegetal ait produit ses graines, les feuilles un peu avant qu'elles tombent, les semences séches, les fleurs dans leur vigueur, les fruits meurs, les sucs dans le tems que la tige & les feuilles poussent, les résines, gommes & larmes à mesure qu'elles découlent, le reste dans son point de maturité.

Les animaux ont plusieurs parties dont on se sert ; sçavoir, des os, de la chair, de la graisse, de la moëlle, des principaux visceres, des excrements, des poils, des cheveux, des cornes, ongles, urine, bile, sang, lait, &c.

DES EVACUANTS.

Purgatifs forts. (a)

Euphorbe, gomme résineuse jaune sortant d'une plante d'Afrique : elle purge avec violence & âcreté, de façon qu'elle est dangereuse pour les entrailles ; son correctif est le vinaigre. Dose depuis 4 grains jusqu'à 12.

Gomme gutte, gomme résineuse sortant d'une plante du Royaume de Siam & des environs : elle est très-jaune, elle purge avec violence. Dose depuis 2 grains jusqu'à 12.

Pl. I.

Ricin, *Ricinus vulgaris*, plante qu'on met dans les jardins à cause de sa beauté : elle s'élève quelquefois très-haut, c'est-à-dire, de 6 à 7 pieds. C'est une plante qui porte sur une même tige qui est creuse & pourpre, ses fleurs *aa* à part de son fruit : il y a dans chacun de ses fruits trois semences grosses comme une fève, tachées en dehors : les semences ou grains de Ricin purgent violemment. La dose est depuis un jusqu'à 6.

Pl. III.

Laureole & Bois gentil ou Laureole mâle & femelle *Thimelea laurifolio semper virens, sive laureola mas* : & *Thimelea laurifolio deciduo, sive laureola fœmina.* Celui qui est toujours vert, hyver & été, se nomme le mâle, & celui dont les feuilles tombent, s'appelle femelle. Ces deux plantes ne se ressemblent guéres par leur port, comme on voit dans le dessein, les feuilles du mâle sont lisses & luisantes, d'un vert foncé, les fleurs *aa* d'un vert pâle par bouquets, sous les feuilles près des sommités, les graines sont grosses comme le geniévre, mais ovales, de couleur verte d'abord, mais noires quand elles sont meures.

La femelle est faite comme un petit arbrisseau, qui ne croît

(a) AVIS.

Ceci est dosé pour les hommes, & servira aux chevaux, en augmentant chaque dose huit ou dix fois plus forte ; mais comme je ne suis pas d'avis qu'on purge les chevaux, ceci servira seulement ici, si on suit mon sistéme, à connoître les drogues & les simples purgatifs ; de peur qu'on ne les mêle dans les compositions qu'on fera pour d'autres indications. A l'égard des laxatifs, on peut fort bien les employer aux chevaux, pour leur tenir le ventre libre.

Si on veut purger les chevaux, on ne doit, à mon avis, employer que les purgatifs doux & les foibles cy après & les purgatifs chimiques. Les vomitifs chimiques leur serviront de diaphorétiques ; à l'égard des purgatifs forts, l'hypecacuanha sera bon dans la dissenterie, en étant le spécifique.

Comme cette liste de drogues peut être utile aux hommes & à plusieurs animaux qui vomissent, comme aux chevaux, j'y ai ajouté les antivomitifs.

guéres plus haut que 3 ou 4 pieds : ſes feuilles plus pâles & non luiſantes, ſes fleurs *aa* ſont plus grandes que celles du mâle & couleur de fleur de pêcher. Le fruit reſſemble d'abord à une petite ceriſe rouge clair, & en meuriſſant il devient noir ; l'un & l'autre croiſſent dans des endroits ombrageux.

Les vertus du mâle & de la femelle ſont les mêmes, car leurs fruits, leurs feuilles & leurs écorces purgent violemment ; leur correctif eſt le lait.

Epurge *Tithymalus latifolius Cataputia dictus*, plante qu'on met ſouvent dans les jardins, parceque les Païſans ſe purgent avec ſes fruits. C'eſt une eſpéce de reveille-matin : elle s'éléve quelquefois juſqu'à 3 pieds : ſes feuilles ſont liſſes, ſes fleurs *a* ſont d'un vert jaune, ſes fruits *b* ſont gros comme une balle de piſtolet : quelque part où on caſſe la tige, il en ſort du lait. Les fruits purgent violemment, principalement les ſeroſités. Doſe cpuis 6 juſqu'à 1 2.

Pl. III.

Nerprun ou Bourg-épine *Rhamnus catharticus*, grand arbriſſeau épineux : ſes feuilles ſont liſſes, ſes fleurs *a* ſont vertes, ſes fruits qui ſont gros comme des grains de Geniévre, ſont verds d'abord, & noirs quand ils ſont meurs. Ils purgent violemment & avec âcreté ; de façon qu'il faut manger après les avoir avalés, de peur des tranchées. Doſe depuis 6 juſqu'à 20.

Pl. XI.

Coloquinte, plante rampante des Indes, ſes fruits ſont gros comme des pommes : la chair ou pulpe de ces pommes purge violemment. On ne s'en ſert guéres ſeule ; ſon correctif eſt l'eſprit volatil de ſel armoniac.

Tabac eſt une plante très-connuë, originaire de l'Amérique ; il s'en trouve de 3 eſpéces, dont les tiges & les feuilles purgent violemment par haut & par bas. Il ne faut jamais donner le tabac en ſubſtance, mais on le met en digeſtion avec des aromats dans l'eſprit de vin, & on en donne une cuillerée.

Vomitif.

Concombre ſauvage, *Cucumis ſilveſtris*, *Aſininus dictus*; plante ſauvage dans les pays chauds, & qu'on met auſſi dans les jardins pour ſe divertir avec le fruit, comme on verra cy-après, ou pour s'en ſervir en medecine : toute la plante reſſemble aſſez au véritable concombre en plus petit : ſes fleurs *a* ſont vertes, & les fruits *b* deviennent jaunâtres en meuriſ-ſant. Il n'y a qu'à les preſſer alors dans ſa main, ils élancent avec violence au loin & ſouvent au viſage du curieux leur ſuc

Vomitif.

Pl. III.

& leur femence, fa racine & fon fruit purgent violemment les férofités : le fuc épaiffi du fruit appellé *Elaterium* purge très-fort ; il ne faut l'employer que quand il eft vieux fait, & y ajoûter des correctifs. Dofe depuis 6 grains jufqu'à 10.

P. V.

Aulne noir, *Frangula*, arbriffeau des bois : fes feuilles font liffes, fes fleurs *aa* font blanc-fal : fes fruits *b* font gros comme du geniévre, premiérement verts, enfuite rouges & enfin noirs. On fe fert de fa racine & quelquefois de fa feconde écorce, elle purge par haut & par bas. Dofe depuis un demi-gros jufqu'à 2 gros.

Vomitif.

Pignons d'Inde, ou grains de Tilly, font des fruits reffemblants en figure & en groffeur au fruit du Ricin : ils purgent violemment par haut & par bas. Dofe depuis un demi-fruit jufqu'à 2.

Vomitif.
Pl. II.

Hellebore noir, *Helleborus niger angustioribus foliis*. Cette plante n'eft pas le pied de griffon, qu'on appelle improprement hellebore noir ; celle-cy n'a point de tige, fes feuilles font liffes, & elle porte des fleurs *a* grandes à peu près comme une rofe fimple, elles font blanches & incarnates. Cette plante vient dans les pays chauds : on fe fert de fa racine, elle purge violemment par haut & par bas. Dofe depuis 8 grains jufqu'à 24, il faut y ajouter des correctifs.

Vomitif.

Ipecacuanha racine qui vient de l'Amerique, elle purge par haut & par bas en refferrant : elle eft connuë pour la differenterie. Dofe depuis un fcrupule jufqu'à un gros & demi.

Vomitif.

Gratiola, ou herbe à pauvre homme, eft une petite digitale : fa fleur ayant la figure d'un dez à coudre. Elle vient dans les endroits humides : on fe fert de toute la plante, elle purge violemment par haut & par bas. Dofe depuis un fcrupule jufqu'à un gros. Son correctif eft le lait.

L'urine chaude depuis 3 onces jufqu'à 4 eft un vomitif.

Purgatifs doux.

Pl. II.

Jalap, ou Belle-de-nuit, *Jalappa officinarum fructu rugofo* : fes feuilles font liffes, fes fleurs *a* font rouges, les femences ou fruits font gros comme de gros pois noirs & ridés : la racine eft grife, elle vient de l'Amerique ; on ne fe fert que de la racine. Dofe depuis 10 grains jufqu'à 30.

Agaric, efpéce de champignon qu'on trouve colé à la tige & aux groffes branches du meléze & des vieux chênes : on fe fert de celui qui a la couleur grife. Dofe depuis une dragme jufqu'à une dragme & demie.

Aloes, *Aloe* eft le fuc épaiffi d'une plante qui vient dans les pays chauds, celui de Soccotra eft le plus eftimé. Il faut manger en le prenant, fans quoi il excite des tranchées : il eft ftomachal. Dofe depuis un demi-fcrupule jufqu'à 2.

Pl. II.

Turbith eft la racine d'une efpéce de lizeron, ou d'une plante qui rampe & s'entortille. Elle nous vient des Indes, elle purge avec tranchées ; fon veritable correctif eft le fel ou l'huile de tartre. Dofe depuis un fcrupule jufqu'à 2.

Hermdactes, racine tubereufe qui vient d'Egypte : il agit lentement. Dofe depuis un demi-gros jufqu'à un gros.

Mecoachan eft la racine d'une efpéce de bryone ou couleuvrée d'Amerique : elle purge comme l'hermodacte. Dofe depuis un fcrupule jufqu'à un gros.

'

Rhubarbe eft la racine d'une plante des Indes qu'on ne connoît pas encore ; on ne connoît que la fauffe rhubarbe, que quelques-uns cultivent dans leurs jardins. Les rhubarbes purgent en refferrant. Dofe depuis un demi gros jufqu'à un ; la dofe de la fauffe rhubarbe eft du double de la vraie.

Sené eft la feuille d'un arbriffeau du même nom qui croît aux Indes Orientales. Les follicules du fené font des efpeces de gouffes qui envelopent les fruits du fené : les feuilles de fené donnent des petites tranchées ; les follicules font plus douces. Dofe depuis un gros jufqu'à une demie-once en infufion.

Couleuvrée *Bryonia afpera, five alba baccis rubris.* Plante farmenteufe des hayes qui s'entortille aux plantes voifines : fes fleurs *a* font blanchâtres, fes fruits font gros comme des grains de geniévre verts au commencement, & rouges étant meures ; fes racines font très-groffes & jaunâtres. On ne fe fert que de la racine ; cependant fes femences & fes tendons font le même effet. Dofe depuis un demi-fcrupule jufqu'à un gros.

Pl. II.

Scammonée, fuc épaiffi d'une efpéce de grand lizeron de Sirie. Dofe depuis 5 grains jufqu'à 18, avec pareille quantité de fel de tartre pour la fondre.

Soldanelle ou Chou marin, *Convolvulus maritimus noftras,* eft une plante farmenteufe & rampante au bord de la mer : fes feuilles font luifantes & laiteufes : fes fleurs *aa* font pourpres. On fe fert de toute la plante. Dofe depuis un fcrupule jufqu'à un gros.

Pl. II.

Vomitif.

Violettes de Mars, plante fauvage, deux onces de fa racine purgent haut & bas.

La pierre d'azur preparée, depuis un fcrupule jufqu'à un gros.

La pierre Armeniene, ou cendre bleue preparée a la même dofe.

Purgatifs foibles.

Caffe eft le fruit d'un arbre des Indes : c'eft une gouffe dure, noirâtre, longue comme le bras : elle renferme une moëlle dont on fe fert. Dofe depuis fix dragmes jufqu'à 3 onces: elle eft vaporeufe & venteufe.

Manne eft un fuc épaiffi des frefnes des pays chauds. Dofe depuis une once jufqu'à 3.

Sagapenum, gomme qui provient d'une grande efpéce de plante appellée Ferule qui croît en Perfe. Dofe depuis un fcrupule jufqu'à une dragme.

Myrobolans, fruits des Indes, gros comme des prunes. Il y en a de plufieurs efpéces qui viennent fur differents arbres; les plus eftimés font les citrins : ils purgent en refferrant. Dofe depuis un demi-gros jufqu'à un gros.

Fleurs de pêcher. Dofe une demie-poignée.

Rofes pâles. Dofe une demie-poignée, purgent en refferrant.

Rofes de Provins, elles refferrent davantage.

Rofes mufcates caufent des tranchées ; leur correctif eft le lait. Dofe 2 ou 3 dragmes.

Pl. II. Pied de veau, *Arum vulgare non maculatum*, plante baffe qui croît dans les lieux ombrageux & humides : fon piftile ou fa fleur 1 eft rouge-brun, fes fruits 2. 3 font d'un affez beau rouge. On fe fert de fa racine qui purge paffé un gros.

Pl. II. Serpentaire *Dracunculus polyphillus*, plante des pays chauds, elle s'éléve jufqu'à 2 pieds : la feuille qui accompagne fon piftile *a* ou fa fleur, eft pourpre en dedans, & la fleur noirâtre : fes fruits refferment à ceux du pied de veau : fa racine purge paffé un gros.

Sureau, arbriffeau : fa feconde écorce eft purgative. Dofe depuis 2 gros jufqu'à une demie-once.

Pl. IV. Yeble, *Sambucus humilis five ebulus* : cette plante eft affez commune

commune dans bien des fortes de terreins : elle s'éleve de
deux à trois pieds ; elle reffemble fi fort au Sureau qu'il eft
inutile de la décrire : fes fleurs *a* font blanches. Le fuc de fes
fruits *b* & la deuxiéme écorce eft purgative.

Violettes de Mars, fa femence. Dofe depuis une dragme
jufqu'à 3.

Laxatifs.

Carthame ou Saffran-baftard, *Carthamus officinarum.* Plante   Pl. IV.
cultivée ; elle s'éleve environ 2 pieds : fes fleurs *aa* font d'un
rouge faffrané, fes graines font groffes comme un grain d'orge,
blanches & luifantes : c'eft de ces femences dont on fe fert en
medecine.

Mercuriales mafle & femelle. *Mercurialis tefticulata five*   Pl. IV.
mas , Mercurialis fpicata five fœmina. Plante qui vient affez
par-tout ; elle s'éleve environ un pied : la difference qu'il y a
entre le mafle & la femelle, eft, que le mafle porte les fruits *a*
b, & la femelle porte les fleurs 2 par petites grapes ; les fruits
& les fleurs font verds. On fe fert de toute la plante.

Violette de Mars, feuilles & fleurs.

Flambe ou Iris, *Iris vulgaris germanica five filveftris.* Elle   Pl. IV.
vient de culture dans les Jardins ; on en trouve auffi fur les
murailles : elle croît à la hauteur d'environ 2 pieds, fes fleurs
a font bleües ou plûtôt violettes, fes femences fe trouvent dans
fon fruit *b* ; fa racine eft groffe, on s'en fert comme laxative
quand elle eft feche, car quand elle eft fraîche elle purge par
haut & par bas. La dofe en eft depuis 2 dragmes jufqu'à une
once & demie.

Tamarins , fruit noir , dont l'écorce reffemble à une gouffe
de feve de marais. Il naît fur un grand arbre des Indes.

Prunes de Damas , fruit.

Polypode , *Polypodum vulgare.* Plante fauvage, qui ne s'é-   Pl. VIII.
leve gueres plus d'un demi-pied : elle vient au pied ou fur le
tronc de vieux arbres & fur les vieilles murailles ; elle n'a point
de fleurs , mais fes graines font au dos des feuilles *a* qui fe tiennent les plus droites. On fe fert de fa racine.

Epithim , plante filamenteufe qui vient au pied du thim :
On fe fert de toute la plante.

Epinards , plante potagere : on fe fert de toute fa plante.

Poirée , plante potagere : on fe fert de toute la plante.

Arroches ou Bonnes-dames , plante potagere : on fe fert de
toute la plante.   L ll

Laictuë, plante potagere : on fe fert des feuilles & fleurs. Miel.

Vomitifs chymiques.

Fleurs d'Antimoine : c'eft la partie la plus volatile de l'anti-moine, grand vomitif. Dofe depuis 2 grains jufqu'à 6.

Souffre doré d'antimoine : préparation du regule d'anti-moine avec le vinaigre. Dofe depuis 2 grains jufqu'à 8.

Poudre d'Algaroth : c'eft une préparation ou lotion de beur-re d'antimoine. Dofe depuis 2 grains jufqu'à 8.

Crocus metallorum : c'eft le foye d'antimoine lavé & feché plufieurs fois. Dofe depuis 2 grains jufqu'à 8.

Regule d'Antimoine : c'eft une préparation d'antimoine avec le tartre & le falpeftre. Dofe depuis 2 grains jufqu'à 8.

Tartre Emetique : préparation d'antimoine avec le tartre. Dofe depuis 3 grains jufqu'à 12.

Magiftere ou Précipité d'Antimoine : c'eft une calcina-tion de l'antimoine par l'eau regale. Dofe depuis 4 grains juf-qu'à 12.

Gilla vitrioli : c'eft un vitriol blanc purifié. Dofe depuis 12 grains jufqu'à une dragme.

Sel de Vitriol, eft le fel qui refte après la diftilation du vitriol. Dofe depuis 10 grains jufqu'à 30.

Antimoine. (margin)
Vitriol. (margin)

Purgatifs chymiques.

Criftaux de Lune : c'eft de l'argent réduit en fel par l'efprit de nitre. Dofe depuis 2 grains jufqu'à 6.

Précipité couleur de rofe : c'eft un mercure préparé en pou-dre couleur de Rofe avec l'efprit de nitre & l'urine chaude. Dofe depuis 4 grains jufqu'à 10.

Réfine ou magiftere de Jalap : diffolution de la partie réfi-neufe du jalap dans l'efprit de vin. Dofe depuis 4 grains juf-qu'à 12.

Réfine de Scammonée ; fe prépare & fe dofe comme celle de jalap.

Extrait de Rhubarbe ; féparation des parties les plus pures de la rhubarbe d'avec les terreftres. Dofe depuis 10 grains juf-qu'à 2 fcrupules.

Extrait d'Aloes ; eft un aloes épuré. Dofe depuis 15 grains jufqu'à une dragme.

Sublime doux, ou *Aquila alba*; est un mercure réduit en masse blanche. Dose depuis 6 grains jusqu'à 30.

Poudre cornachine; est un composé de parties égales d'antimoine diaphoretique de diagrede & de crême de tartre. Dose depuis 20 grains jusqu'à 40.

Sel vegetal, ou Tartre soluble; est une crême de tartre réduite en forme de sel. Dose depuis un demi-gros jusqu'à une once.

Sel polycreste; est un salpestre fixé par le soufre & le feu. Dose une dragme jusqu'à 6.

Antivomitifs.

Lorsque le vomissement est préjudiciable, on l'arrête par ce qui suit : Premierement on peut diminuer la vertu Emetique en mêlant avec les Emetiques quelques acides qui font pousser par les scelles.

Jus
{
d'Epine vinette, arbrisseau cultivé. On se sert des fruits
de Citron, arbrisseau cultivé. On se sert du fruit
de Verjus : raisin qui n'est pas dans sa maturité.
}
depuis une demie-cuillerée jusqu'à une.

Vinaigre; depuis une demie-cuillerée jusqu'à une.

Nitre vitriolé.
Tartre vitriolé.
} Depuis un grain jusqu'à 30.

Crême de tartre : pellicule qui vient sur le tartre purifié. Depuis un gros jusqu'à 3.

Esprit acide de vitriol; distilation d'une partie de l'humidité du vitriol. Jusqu'à 12 gouttes.

Sels ou Alkalis.

Sel volatil de tartre; c'est le sel de la lie de vin qui a été volatilisé par la fermentation. Dose depuis 8 grains jusqu'à 15.

Antimoine diaphoretique; c'est du salpestre mis en fusion avec l'antimoine, dont il provient une poudre qui est ledit antimoine diaphoretique. Dose depuis un scrupule jusqu'à 2.

Sel Alkali de tartre; c'est le sel tiré de la masse qui est restée de la distilation du tartre. Dose depuis 10 grains jusqu'à 30.

Sel d'absinthe. Dose depuis un scrupule jusqu'à un gros.

Elixir de proprieté; teinture de myrrhe, aloes & saffran. Dose depuis 10 goutes jusqu'à 20.   L l l ij

Laudanum, est un extrait d'opium. Dose depuis un demi-grain jusqu'à 3.

Theriaque. Dose depuis un scrupule jusqu'à un gros.

Confection d'alkermes. Dose depuis un scrupule jusqu'à un gros.

Confection d'hyacinthe. Dose depuis un scrupule jusqu'à un gros.

Sucin karabé, ou Ambre jaune préparé : l'ambre jaune est une matiere jaune & dure, recueillie sur la mer en Prusse. Dose depuis un scrupule jusqu'à 2.

Extraits { de Genievre. / de Chardon beny. / d'Absynthe. } Depuis 10 grains jusqu'à ½ gros.

Eaux { de Canelle. / Theriacale. } Depuis une demie-once jusqu'à une once. { de Menthe. / de Melisse. / de Chardon beny. } Depuis 2 onces jusqu'à 6.

Poudres { de Saffran. Jusqu'à 15 grains. / de Corail. Depuis 15 grains jusqu'à un gros. / de Canelle. Jusqu'à 2 scrupules.

Yeux d'Ecrevisse ; petits ronds, plats & blancs, qu'on trouve dans la tête de plusieurs écrevisses. Dose depuis 15 grains jusqu'à un gros.

Rapure d'Yvoire. Dose depuis 10 grains jusqu'à un gros.

Remedes contre les superpurgations.

Pour appaiser l'inflammation d'entrailles que cause le purgatif trop violent, on se sert de ce qui suit, le réïterant de temps-en-tems jusqu'à ce que l'accident soit passé.

Adoucissants.

Eau de poulet.
Boüillons de tripes.
Ptisannes adoucissantes & rafraîchissantes.
Laict par la bouche & en lavemens.
Huile d'amande douce.

Alkalis ou Absorbants.

Tous les remedes de cette espece qui sont indiqués ci-dessus contre le vomissement.

Aſtringents.

Gelée de coings. Doſe une cuillerée.

Eau de plantin. Doſe depuis 2 onces juſqu'à 4.

Sel ou Sucre de Saturne ; eſt du pomb penetré par le vinai-gre & réduit en ſel. Doſe depuis un grain juſqu'à 6.

PLANTES DIURETIQUES.

On appelle Diuretiques les médicamens qui font uriner ; cependant on comprend parmi les Diuretiques de deux eſpe-ces de médicamens : la premiere eſpece eſt de ceux qui pouſſent par les urines, lorſque les reins & la veſſie ſont en état de ſan-té. Les autres Diuretiques, improprement dits, ſont ceux qui ſoulagent les reins & la veſſie de leurs maladies, à quoi plu-ſieurs aperitifs réüſſiſſent auſſi.

Pour l'Urine.

Genievre, arbriſſeau ſauvage épineux. On ſe ſert de ſes fruits par poignées dans le vin.

Aurone, plante cultivée. On ſe ſert de ſes ſommités.

Aſperge, plante cultivée. On ſe ſert de ſes jeunes tiges.

Houx freſlon, *Ruſcus mirthifolius aculeatus.* Plante qui s'éleve juſqu'à deux pieds ou environ : elle croît dans les hayes ou dans les bois ; les feuilles ſont roides & piquantes par le bout, ſes fleurs *aa* ſont vertes, elles ſortent au milieu des feuil-les, du côton du milieu ; ſes fruits *b* qui ſuccedent aux fleurs, ſont gros comme de gros pois & rougiſſent en meuriſſant. On ſe ſert de ſa racine.
    Pl. VIII.

Chardon eſtoilé ou Chauſſe-trape, *Carduus ſtellatus foliis papaveris erratici.* Plante ſauvage qui croît dans les champs ; elle s'éleve juſqu'à 2 pieds, elle eſt garnie d'épines en étoile ; ſes fleurs *a* ſont rouges, pourpre-clair ; ſes graines ſont à ai-grettes. On ſe ſert de l'écorce de ſa racine.
    Pl. VIII.

Grateculs, fruits du roſier ſauvage.

Coqueret, *Alkekengi officinarum.* Plante aſſez commune dans les vignes ; elle croît juſqu'à un pied & demi ou environ, ſes fleurs *aa* ſont blanches, il leur ſuccede une veſſie qui rou-git en meuriſſant, dans laquelle eſt une eſpece de fruit *b* gros comme une petite ceriſe, d'un rouge pâle. On ſe ſert de cette ceriſe.
    Pl. V.

Filipendule, plante fauvage. On fe fert de fa racine & de de fes feuilles.

Pl. VIII.
Herniole ou Turquette, *Herniara*. Petite plante qui s'étend à rafe-terre ; elle eft remplie de fleurs *aa* exceffivement petites, vertes, en grappes dont il vient de petites graines *b* : elle fe tient aux lieux fecs & fabloneux. On fe fert de toute la plante.

Pl. VIII.
Bardane ou Glouteron, ou Herbe aux teigneux, *Lappa major arcium*. Plante qui s'éleve jufqu'à 4 pieds, quelquefois plus : elle fe plaît autour des endroits habités ; fa fleur eft pourpre, le calice eft fait comme une tête ronde & groffe comme une balle de moufquet, elle eft garnie de crochets qui s'attachent aux habits quand on en approche. On fe fert de fa racine.

Lin, plante cultivée. On fe fert de fa femence.

Chiendent, herbe. On fe fert de fa racine.

Rave ou Raiffort. On fe fert du jus de fa racine.

Pour la Veffie.

Pl. VI.
Saxifrage blanche, *Saxifraga rotundifolia alba*. Plante qui s'éleve environ un pied de haut ; fes feuilles *bb* font veluës, fes fleurs *aa* font blanches, fa graine eft prefque ronde. On fe fert de fes feuilles.

Pl. VI.
Herbe aux perles où gremil, *Lithofpermum majus erectum*. Cette plante qui eft fauvage s'éleve à plus de 2 pieds ; fes fleurs font d'un blanc-fale, fa femence eft gris de perle & très-dure. C'eft de fa femence dont on fe fert.

Pl. IX.
Parietaire, *Parietaria officinarum*. Plante qui vient affez communément attachée aux murailles ; fes fleurs font d'un verd jaunâtre, il leur fuccede des femences longuettes. On fe fert de fes feuilles.

Ortie, plante fauvage. On fe fert de toute la plante.

Pl. V.
Verge d'or, *Virga aurea augustifolia ferrata*. Plante des bois, s'élevant jufqu'à 3 pieds ; fes fleurs font d'un jaune doré, les grains font à aigrette. On fe fert de toute la plante.

Pl. VI.
Meliffe de tragus, *Meliffa tragi*. Plante fauvage qui aime l'ombre : elle s'éleve jufqu'à un pied & demi, fes fleurs font blanches & tachées de pourpre dans le fond, il fe trouve enfuite 4 grains dans chaque calice. On fe fert de toute la plante.

Parcira brava, racine d'une plante du Mexique.

Bois nephretique, bois d'un arbre de l'Amerique.

Feves de marais plante cultivée. On se sert de ses tiges, feuilles & gousses.

Pois chiches, plante cultivée. On se sert de ses fruits.

Diuretiques aperitives & pectorales.

Chardon roland ou Chardon à cent têtes, *Eryngium vulgare*. Cette plante vient communément dans les champs ; elle s'éleve jusqu'à un pied & demi, de ses têtes sortent des fleurs *aa b* blanchâtres. On se sert de sa racine.   Pl. VI.

Bardane ou Glouteron, plante sauvage. On se sert de ses racines, de ses tiges dénuées de leurs écorces & de sa semence.

Arefte-beuf, *Anonis spinosa flore purpureo*. Plante de 2 pieds de haut, qui vient communément dans les champs : elle est souvent épineuse ; ses fleurs *a* font pourpres, il leur succede des gousses camuses qui renferment les graines, la racine est si difficile à rompre qu'elle arrête la charuë des laboureurs. C'est de sa racine dont on se sert.   Pl. IX.

Oignon, plante cultivée. On se sert de sa racine.

Persil, plante cultivée. On se sert de sa racine.   Pl. VI.

Cerfeuil, plante cultivée. On se sert de toute la plante.

Guimauve, *Althæa*, plante qui s'éleve de 4 pieds de haut : on la trouve dans des endroits bas & humides, ses feuilles font cotoneuses au toucher, ses fleurs *a* font blanches-incarnat ; ses fruits *b* ressemblent à une petite pastille à côte de melon. On se sert de sa racine.

Figues, fruit d'un arbrisseau cultivé.

Animaux Diuretiques.

Crapaud desseché & réduit en poudre. Dose depuis un scrupule jusqu'à 2.

Ecrevisses seches & réduites en poudre. Dose depuis un demi gros jusqu'à un gros.

Cloportes écrasés dans le vin blanc. Dose 20.

Hanetons sechés au soleil dans une bouteille de verre. Dose 15 ou 20.

Diuretiques chymiques.

Sel armoniac : on croit que c'est le sel d'urine d'animaux volatilisé. Dose jusqu'à un gros.

Criftal mineral, ou Sel prunelle : c'eft un falpêtre rafiné, dont on a ôté une partie des efprits volatils. Dofe jufqu'à un gros.

Efprit de nitre dulcifié, c'eft-à-dire, dont les pointes ont été émouffées par l'efprit de vin. Dofe 8 ou 10 goutes.

Sel d'écorces de feves, tiré par lexiviation. Dofe depuis un fcrupule jufqu'à 2.

Extrait de genievre. *Voyez les Antivomitifs.*

Efprit de Therebentine : c'eft la premiere diftilation de la therebentine. Dofe depuis 4 goutes jufqu'à 12.

DES DIFFERENS APERITIFS.

Aperitif vient d'*Aperire*, ouvrir, déboucher ; ainfi on appelle Aperitifs les médicamens qui rendent les liqueurs coulantes quand elles font épaiffies, ou plus douces quand elles font âcres, afin de les remettre dans leur état de perfection : tels font les fuivans.

Des Aperitifs pour la poitrine, appellés Bechiques ou Thorachiques.

Pl. VII.

Aulnée, *After omnium maximus, feu Enula campana officinarum*, plante fauvage, qui croît principalement dans les prez ; elle s'éleve jufqu'à 4 ou 5 pieds, fa fleur *a* eft jaune. On fe fert de fa racine.

Fenouil, plante cultivée. On fe fert de fes feuilles.

Hyffope, ? plantes cultivées. On fe fert de toute la
Thim, 5 plante.

Pl. VII.

Origan, *Origanum vulgare fpontaneum*, plante fauvage aromatique qui croît aux lieux fecs, qui s'éleve environ deux pieds ; la tige eft quarrée & veluë ainfi que les feuilles, les fleurs *a* font pourpre-clair, les femences font petites enfermées dans le calice *b*. On fe fert de toute la plante.

Pl. VII.

Marrube blanc, *Marrubium album vulgare*, plante fauvage qui croît environ à 1 pied & demi dans les lieux incultes : elle eft aromatique ; fes feuilles *d* font ridées, blanchâtres & cotonneufes, fes tiges quarrées, fes fleurs *aa* font blanches en paquets *c*, les femences au nombre de 4 fe trouvent au fond du calice *b*. On fe fert de toute la plante.

Bardane. *Voyez les Diuretiques.*

Scabieufe,

Scabieufe, *Scabiofa pratenfis hirfuta, quæ off.* plante fauvage   Pl. VII.
qui croît dans les prés : fes tiges & feuilles font veluës ; elle
s'éleve jufqu'à 2 pieds, fes fleurs *a* font d'un bleu pourpre,
tendre & lavé. Il leur fuccéde une tefte ronde, remplie de
couronnes ou étoiles *b*, dans la capfule defquelles eft une femence. On fe fert de toute la plante.

Velart, ou Tortelle, *Eryfimum vulgare*, plante fauvage qui   Pl. VII.
croît aux lieux incultes : elle s'éleve jufqu'à 2 pieds & plus :
la plante eft veluë, fes fleurs *a* font jaunes, fes filiques ou gouffes *b* renferment les femences. On fe fert de toute la plante,
ou des femences feules.

Oignon, plante cultivée. *Voyez les Diuretiques.*

Orties. *Voyez les Diuretiques.*

Ache, plante fauvage. On fe fert de toute la plante.

Iris de Florence, *Iris alba Florentina*, plante qui vient fans   Pl. VII.
culture à Florence, & qu'on cultive dans les jardins : fa fleur
2 eft blanche. On fe fert de fa racine.

Lierre terreftre, *Calamintha humilior folio rotundiore*, plan-   Pl. VII.
te fauvage rampante qui croît dans les lieux ombrageux : les
tiges font quarrées & veluës, ainfi que les feuilles, les fleurs 1
font bleues. On fe fert de toute la plante.

Navet, plante cultivée : on fe fert de fa racine & de fa femence.

Rave ronde, ou naveau, plante cultivée : on fe fert de fa
racine.

Chardon-marie, ou argenté, *Carduus albis maculis notatus*   Pl. V.
vulgaris, efpéce de chardon qu'on cultive : il croît jufqu'à 4
pieds : fa tige eft cotoneufe ; fes feuilles font tachées de marques blanches comme de lait repandu ; fes têtes ou fleurs *a* font
pourpres. On fe fert de fa racine & de fa femence.

Pas-d'afne, *Tuffilago vulgaris*, petite plante fauvage qui   Pl. VII.
vient communement dans les fonds maigres & aux endroits
aquatiques : les fleurs *a* qui font jaunes, & les tiges *aa* qui font
hautes d'un demi-pied ou environ, paroiffent dès le mois de
Fevrier, fe fannent *bb* & fe relevent quand la graine *cc* meu-
rit ; le tout avant que les feuilles *d* paroiffent. On fe fert de fes
fleurs & de fa racine.

Pied de chat, *Hifpidula, five pes cati*, petite plante fauva-   Pl. IX.
ge dont les tiges *a* ont à peine un demi-pied. Elle aime les
lieux incultes, fes fleurs *bb* font communement rougeâ-

tres, la plante eſt cotoneuſe. On ſe ſert de ſes fleurs.

Pl. IX. Capillaires.
{
Capillaire de Canàda, *Adiantum fruticoſum braſilianum, a,* vient du Canada.

Adiante blanc, *Filicula, ſeu Adian-* } dans
tum album. b } les

Adiante noir, *Adiantum nigrum. c* } rochers.

Rue des murs, *Ruta muraria, d,* dans les puits.

Politric, *Trycomanes, ſive Polytricum off. e,* aux murs,

Scolopendre, *Lingua cervina off. f,* dans les puits.
}

{ Ceterac.
{ Capillaire de Montpellier.

Tous ces Capillaires n'ont point de fleurs, & portent leurs graines ſous leurs feuilles, comme la fougere. On ſe ſert des feuilles & tiges.

4 petites Semences chaudes,
{
Ache.
Perſil.
Ammi.
Carotte.
}

5 Racines aperitives,
{
Petit Houx, *ou* Houx frellon. *Voyez les Diuretiques.*
Aſperge. *Voyez les Diuretiques.*
Fenoüil.
Perſil. *Voyez les Diuretiques.*
Ache.
}

Oliban, ou Encens mâle; réſine provenant d'un arbriſſeau de l'Arabie heureuſe.

Benjoin, gomme réſineuſe provenant d'un arbre des Indes Occidentales.

Nota. Les incraſſants pour la poitrine, ou ceux qui adouciſſent ſes âcretés en épaiſſiſſant, ſe trouveront cy-après à l'article des incraſſants.

Animaux.

Le lait incraſſant.
Le miel inciſant. *Voyez les laxatifs.*

Chimiques.

Fleur de ſouffre, c'eſt un ſouffre purifié. Doſe depuis un grain juſqu'à 30.

Fleur de benjoin, c'est du benjoin subtilisé. Dose depuis 2 grains jusqu'à 10.

Lait de souffre est un souffre preparé avec le sel de tartre & le vinaigre. Dose depuis 6 grains jusqu'à 16.

Souffre de cinabre mineral, c'est une séparation du souffre dans le mercure par le moyen du vinaigre. Dose depuis 4 grains jusqu'à un demi-scrupule.

Eau rose. Dose depuis une once jusqu'à 6.

DES APERITIFS ATTENUANTS.

Les aperitifs attenuants sont ceux qui rectifient les humeurs en laissant reprendre au sang ses parties saines, parce qu'ils le debarrassent des levains étrangers. Il s'en trouve de plusieurs especes suivant les indications. 1°. S'il s'agit d'émousser les acides ou aigres. 2°. Lorsqu'il est question de faire couler le sang sans causer de fermentation considerable. 3°. Quand il faut causer une grande agitation ou fermentation aux parties du sang ; c'est-pourquoi vous trouverez ces aperitifs dans les aperitifs diuretiques, dans les aperitifs pectoraux cy-devant, & dans les diaphoretiques ou sudorifiques, & dans les hysteriques cy-après.

Des Aperitifs diaphoretiques ou sudorifiques.

Sassafras, arbre de l'Amerique. On se sert de son écorce & de son bois. *Grand fondant.*

Gayac, arbre de l'Amerique. On se sert de son écorce, de son bois & de sa gomme. *Grand fondant.*

Buis, ou Bouis, arbrisseau cultivé. On se sert de son bois. *Grand fondant*

Esquine, plante des Indes Orientales. On se sert de sa racine. *Grand fondant.*

Sarcepareille, plante sarmanteuse de la nouvelle Espagne. On se sert de sa racine. *Grand fondant.*

Angelique, plante cultivée. On se sert de sa racine.

Imperatoire, *Imperatoria major*, plante cultivée : elle s'éleve environ de 2 pieds, ses fleurs *a* sont disposées en parasol *b*, elles sont blanches. On se sert de sa racine. *Pl. X.*

Percemousse, *Adiantum aureum minus*, espece de mousse dont les feuilles sont disposées comme on voit en *a*. Il s'éleve *Pl. XI.*

de petites tiges *b*, au haut desquelles est une espece de co-
cluchon *c*. On se sert de toute la plante.

Pl. X. Aristoloches.longue & ronde, *Aristolochia longa*, *vera*, &
Aristolochia rotunda flore ex purpura nigro, plantes sauvages
qui viennent aussi dans des endroits cultivés : elles sont sar-
manteuses, elles croissent jusqu'à un pied & demi : la fleur de
la ronde *aa* est pourpre noir, la fleur de la longue *bb* est plus
claire. On se sert de leurs racines.

Bardane. *Voyez les Diuretiques*.

Fenouil. *Voyez les Bechiques* On se sert ici de sa racine.

Pl. V. Chardon beny *Cnicus silvestris hirsutior*, *sive Carduus benedictus*; plante sauvage qu'on cultive aussi : elle est épineuse
& velue, elle s'éleve jusqu'à 3 pieds : ses têtes épineuses *aa* soutiennent des fleurs jaunes. On se sert de toute la plante.

Pl. X. Petasite, *Petasites major & vulgaris*, plante sauvage des
lieux humides, ses tiges *a* & ses fleurs *bbbb* suivent le procedé
du pas-d'ane cy-dessus ; c'est-à-dire, qu'elles viennent au commencement du printemps, & se flétrissent avant que les feuilles *c* paroissent : les fleurs sont pourpre clair. On se sert de sa
racine. ❧

Pl. X. Dompte-venin, *Asclepias albo flore*, Plante sauvage venant dans les lieux arides & incultes : elle s'éleve jusqu'à 2
pieds, ses fleurs 2 sont blanchâtres, ses semences qui sont à
aigrette, sont contenues dans des gaines 33. On se sert de
sa racine.

Pl. X. Valeriane sauvage, *Valeriana silvestris major*, plante sauvage qui vient aux endroits humides ou ombrageux : elle
pousse communement une tige seule, qui s'éleve quelquefois
à 4 pieds de haut, ses fleurs *a* sont blanches avec une legere
teinte de pourpre clair : toute la plante est un peu velue. On
se sert de sa racine.

Aulnée. *Voyez les Bechiques*.

Pl. X. Reine des prés, *Ulmaria*, plante sauvage des prés & lieux
humides, elle croît jusqu'à 2 pieds & plus, ses fleurs 4 sont
blanches, ses graines 5 sont torses. On se sert de toute la
plante.

Soucy, plante cultivée. On se sert de toute la plante.

Scabieuse, *Voyez les Bechiques*.

Pl. X. Origan. *Voyez les Bechiques*.

Germandrée, ou petit chêne, *Chamædrys major repens*,

petite plante fauvage des lieux incultes & pierreux dont les ·tiges *a* croiffent à peine d'un demi-pied : fes fleurs font *b* pourpres, les femences font renfermées dans le calice *c*. On fe fert de toute la plante.

Scordium, ou Germandrée d'eau , *Chamædris paluſtris ca-*　Pl. XV. *neſcens , ſeu ſcordium off.* petite plante fauvage qui vient à peu près de la hauteur du chamedris : elle aime les endroits marécageux , elle eſt cotoneufe, fes tiges font quarrées, fes fleurs *aa* font pourpre-clair , fes graines fe trouvent au fond d'un calice comme au chamedris. On fe fert de toute la plante.

Oeillet , plante cultivée. On fe fert de la fleur.

Scorzonaire , plante cultivée. On fe fert de la racine.

Oliban , ou encens mâle. *V. les Bechiques.* Dofe un gros.

Animaux.

Sang de bouc deffeché au foleil, ou bouquin. Dofe depuis un gros jufqu'à 2.

Poudre de vipere , c'eſt la chair de la vipere deffechée & reduite en poudre. Dofe depuis un demi-gros jufqu'à un gros.

Bezoar , pierre qu'on trouve dans le ventre d'une efpece de chevre des Indes Orientales. Dofe jufqu'à un gros.

Caſtoreum , efpece de fauffes tefticules qui fe trouvent au bas ventre des caftors : on les fait fecher , & on les pulverife. Dofe depuis un fcrupule jufqu'à 2.

Fiente de mulet. Dofe jufqu'à un·gros.

Dents de fanglier des Indes. Depuis un demi-gros jufqu'à un.

Chimiques.

Sel armoniac. *Voyez les Diuretiques.*

Efprit volatil de fel armoniac , c'eſt un fel volatil tiré du fel armoniac avec de la chaux & de l'eau. Dofe depuis 6 gouttes jufqu'à 20.

Saffran d'or , ou or fulminant ; c'eſt un or diffous & joint avec quelques efprits. Dofe depuis 2 grains jufqu'à 8.

Antihectique de Poterius , ou diaphoretique jovial , eſt un mêlange de regule d'antimoine martial & d'étain fixé par le falpêtre. Dofe depuis 10 grains jufqu'à 2 fcrupules.

Mars diaphoretique , eſt du fer empreint des efprits du

fel armoniac. Dofe depuis 10 grains jufqu'à 20.

Cinabre d'antimoine, eft un mêlange de mercure & des fouffres de l'antimoine. Dofe depuis 10 grains jufqu'à un fcrupule.

Diaphoretique mineral, ou antimoine diaphoretique, ou chaux d'antimoine. *Voyez les Antivomitifs.*

Bezoart mineral, eft l'antimoine fixé par l'efprit de nitre. Dofe depuis 10 grains jufqu'à demi-gros.

Des Aperitifs Hifteriques , ou qui redonnent de la liquidité au fang.

Les hifteriques ou médicaments de la matrice feroient inutils aux chevaux, puifque les juments ne font point fujettes aux évacuations des femmes, s'ils ne fervoient qu'à cet ufage ; mais ces médicaments n'operent ainfi qu'en redonnant de la liquidité au fang épais. C'eft par ce moyen même qu'ils peuvent aider à l'accouchement, circonftance quelquefois auffi utile aux juments qu'aux femmes. Il fe trouve encore bien d'autres occafions de rendre le fang plus prompt à couler, & c'eft à quoi les hifteriques peuvent fervir.

Sabine, ou favinier, arbriffeau cultivé. On fe fert de fes feuilles & tiges.

Matricaire, plante cultivée. On fe fert des feuilles & tiges.

Pl. XI. Armoife, *Abfinthium, feu Artemifia officinarum*, plante fauvage, & qui fe trouve auffi dans les jardins : elle croît quelquefois au-deffus de cinq pieds, elle eft velue, fes fleurs *aa* font d'un blanc rougeâtre. On fe fert de fes feuilles & tiges.

Abfcinthe, plante cultivée. On fe fert de fes feuilles & tiges.

Rhue, plante cultivée. On fe fert de fes feuilles & tiges.

Geniévre. *Voyez les Diuretiques.*

Aurone. *Voyez les Diuretiques.*

Menthes tant cultivées que fauvages. On fe fert de leurs feuilles.

Pl. X. Tanaifie, *Tanacetum vulgare luteum*, plante fauvage qui croît dans les champs, elle s'éleve jufqu'à 2 pieds & demi ou environ : fes fleurs *aa*, ou plûtôt fes têtes font jaunes. On fe fert des feuilles & tiges.

Thim. *Voyez les Bechiques.*

Lavande, ou afpic, plante cultivée. On fe fert de fes fleurs.

Romarin, plante cultivée. On fe fert de fes fleurs.

Sauge, plante cultivée. On fe fert de fes feuilles.

Herbe au chat, *Cataria major vulgaris*, plante fauvage qui fe trouve dans les lieux bas, elle croît jufqu'à 2 pieds & demi & plus, elle eft velue & cotoneufe : fes tiges font quarrées, fes fleurs *aa* font blanches femées de pourpre. On fe fert des feuilles & tiges. Pl. XI.

Calament, *Calamintha vulgaris, vel off.* plante fauvage des endroits arides, elle s'éleve d'un pied ou environ : fes fleurs *aa* font pourpres, fes femences fe trouvent au fond des calices *b*. On fe fert de toute la plante. Pl. XI.

Pouliot, *Pulegium latifolium*, plante fauvage aromatique croît aux lieux marécageux à la hauteur de près d'un pied : elle eft velue ; fes tiges quarrées, fes fleurs *aa* qui font difpofées en anneaux *b* tirent fur le pourpre-bleu. On fe fert de toute la plante. Pl. XII.

Meliffe, plante cultivée. On fe fert de toute la plante.

Origan. *Voyez les Bechiques.*

Dictame de Crête, *Origanum Creticum, feu Dictamus Creticus*, plante cultivée : de fes bouquets *a* fortent des fleurs *bb* pourpre-clair, toute la plante eft cotoneufe, & en vieilliffant elle reffemble à un petit arbriffeau. On fe fert des feuilles & fleurs. Pl. XIII.

Valeriane. *Voyez les Diaphoretiques.*

Saffran, *Crocus fativus*, plante cultivée dans les champs, elle vient d'oignon, elle s'éleve à demi-pied ou environ : fa fleur eft bleu-pourpre ; on fe fert des cordons rouges *a* qui pendent jufques hors de la fleur. C'eft ce qu'on appelle le faffran. Pl. V.

Herbe aux perles. *Voyez les Diuretiques.*

Gentiane, plante fauvage. On fe fert de fa racine.

Chardon roland. *Voyez les Diuretiques.*

Garance, *Rubia tinctorum fativa*, plante farmenteufe, dont les tiges font velues, quarrées & nouées ; on la cultive, fes feuilles font auffi garnies de poils rudes, fes fleurs *aaa* font d'un verd jaunâtre. On fe fert de fa racine. Pl. XV.

Violier jaune, ou giroflée jaune, plante fauvage. On fe fert de fes fleurs.

Nigelle, *Nigella flore minore fimplici candido*, plante fauvage qui croît environ un pied dans les bleds, fes fleurs *aa* Pl. XII.

font d'un bleu pâle, les gousses *b* qui renferment les semences font comme autant de cornes. On se sert de ses semences.

Ache. *Voyez les Bechiques.*

Souchets, plantes sauvages. On se sert de leurs racines.

Soucy. *Voyez les Diaphoretiques.*

Pl. XII.   Yvette, *Chamæpitis lutea vulg. sive folio trifido*, petite plante sauvage des champs, qui croît à la hauteur de 4 ou 5 pouces, ses feuilles & tiges sont velues, ses feuilles *a* sont fendues en trois, ses fleurs *bb* sont jaunes, ses semences sont renfermées dans le calice *c*. On se sert de toute la plante.

Pl. XI.   Petite centaurée, *Centaurium minus*, plante sauvage des bois & prés hauts, elle croît jusqu'à un pied & plus : ses fleurs *a* sont couleur de rose, ses semences sont enfermées dans des tuyaux longs d'un demi-pouce *b*. On se sert de ses fleurs & sommités.

Chamædris. *Voyez les Diaphoretiques.*

Canelle, seconde écorce d'un arbre de l'Isle de Ceylan.

Muscade, fruit d'un arbre d'Asie.

Macis, écorce du fruit appellé muscade.

Gommes & Résines.

Assa fœtida, gomme qui découle d'une plante des grandes Indes.

Galbanum, gomme qui decoule d'une plante des grandes Indes.

Gomme ammoniac, elle sort d'une plante de Lybie.

Mirrhe, gomme qui sort d'un arbre de l'Arabie heureuse & des environs.

Mineraux.

Limaille de fer ou d'acier. Dose depuis 15 grains jusqu'à 25.

Borax, sel mineral, qu'on trouve dans des mines en Perse. Dose depuis 4 grains jusqu'à 20.

Animaux.

Castoreum. *Voyez les Diaphoretiques.*

Ergots des jambes de cheval appellés *lichenes*. Dose depuis un scrupule jusqu'à une dragme.

Chimiques.

Chimiques.

Elixir de proprieté. *Voyez les Antivomitifs.*

Teinture, ou firop de Mars, c'eft une diffolution du fer avec le tartre. Dofe depuis une dragme jufqu'à demie-once.

Tartre martial foluble, c'eft un tartre empreint des fels du fer. Dofe depuis 10 grains jufqu'à un gros.

Saffran de Mars aperitif, n'eft autre chofe que de la rouille de fer. Dofe depuis 15 grains jufqu'à 2 fcrupules.

Extrait de Mars aperitif, c'eft une preparation de rouille de fer avec le miel, le mouft & les limons. Dofe depuis 10 grains jufqu'à un gros.

Sel, ou vitriol de Mars eft un fer dont on a tiré le fel. Dofe depuis 10 grains jufqu'à 20.

Carminatifs, ou contre les vents.

Ces médicaments fervent à détruire la vifcofité des matieres qui caufent & retiennent les vents dans les inteftins, & à en abforber les acides.

Anis, *Apium anifum dictum*, plante cultivée à parafol, fes fleurs *a* font blanches. On fe fert de fa femence. Pl. XVII.

Fenouil. *Voyez les Bechiques.*

Aneth, *Anethum*, plante cultivée à parafol, fes fleurs *a* font jaunes. On fe fert de fa femence. Pl. XIII.

Ammi, *Ammi vulgare*, plante cultivée à parafol, fes fleurs *a* font blanches. On fe fert de fa femence. *Voyez les Bechiques.* Pl. XI.

Carvis, *Carvi cefalpini*, plante cultivée à parafol, fes tiges font quarrées, fes fleurs *a* font blanches. On fe fert de fa femence. Pl. XI.

Cumin, plante cultivée. On fe fert de fa femence.

Canelle. *Voyez les Hifteriques.*

Macis, ou fleur de mufcade. *Voyez les Hifteriques.*

Ail, plante cultivée. On fe fert de fa racine & de fes fruits.

Rhue. *Voyez les Hifteriques.*

Menthes. *Voyez les Hifteriques.*

Zedoaire, racine d'une plante des Grandes Indes.

N n n

Imperatoire. *Voyez les Diaphoretiques.*

Thim. *Voyez les Bechiques.*

Pl. XII. Camomille, *Chamæmelum vulg. Leucanthemum Dioscoridis,* plante sauvage des lieux incultes, elle sent bon : ses fleurs *a* sont radiées, elles ont leurs feuilles blanches & le disque jaune, ses semences *b* sont ramassées en une espéce de tête. On se sert de sa fleur.

Pl. XII. Melilot, *Melilotus off. Germaniæ,* plante sauvage qui vient assez par tout ; on en trouve souvent dans les avoines : elle croît depuis 2 pieds jusqu'à 5 ou environ : les feuilles *a* sont en trefle, les fleurs *bb* forment des épics *c.* On se sert de toute la plante, & principalement des fleurs.

Bayes de laurier, fruits d'un arbrisseau cultivé.

Chimiques.

Esprit de vin tartarisé, est une preparation de l'esprit de vin avec le sel de tartre. Dose une cuillerée.

Esprit de nitre, ou salpêtre dulcifié. *Voyez les Diuretiques.*

Extrait de geniévre. *Voyez les Antivomitifs.*

Vin émetique, c'est du foye d'antimoine infusé 24 heures dans le vin. Dose en lavements depuis une once jusqu'à 2.

Vermifuges, ou contre les vers.

Les vers ne sont vivants dans le corps, qu'au moyen d'un ferment aigre-doux de l'estomach & des premieres voyes, qui non-seulement sert à les faire éclore ; mais encore aide à les nourrir ; en détruisant cette matiere & sa cause, on fait mourir les vers, & on guérit les tranchées qu'ils causent.

Aloes. *Voyez les Purgatifs doux.*

Poudre à vers, est la semence d'une plante de Perse. Dose depuis un demi-scrupule jusqu'à une dragme.

Coralline, espéce de mousse marine.

Abscinthe. *Voyez les Histeriques.*

Aurone, *Voyez les Diuretiques.*

Petite centaurée. *Voyez les Histeriques.*

Menthes, *Voyez les Histeriques.*

Pl. XII. Carline, ou chardonerette, *Carlina acaulos,* plante sauvage qui fe plaît dans les lieux chauds fur les montagnes, elle n'a point de tiges, fa fleur eft blanc-jaunâtre. On fe fert de fa racine.

Fraxinelle, ou dictame blanc, *Fraxinella*, plante fauva- Pl. XII.
ge des pays chauds, on la met auſſi dans les jardins, où elle croît environ un pied & demi : fes tiges font velues, fes fleurs *a* font d'un blanc-pourpre, ayant des veines pour-pres. On fe fert de fa racine.

Milpertuis, *Hypericum vulgare*, plante fauvage des bois: Pl. XIII.
elle vient de la hauteur d'un pied & demi ou plus, fes feuilles *a* font comme percées de petits trous, fes fleurs *b* font jaunes. On fe fert de fes fommités fleuries *c*.

Pourpier. plante cultivée. On fe fert des tiges, feuilles & graines.

Limons, fruits d'un arbriſſeau cultivé. On fe fert des pe-pins du fruit.

Chimiques.

Toutes les huiles tuent les vers.

Le mercure crud. Doſe depuis demi-gros jufqu'à demie- Grand fon-
once. dant.

Sublimé doux, ou *Aquila alba. Voyez les Purgatifs.*

Précipité blanc, c'eft une préparation du mercure avec l'ef-prit de nitre & le fel. Doſe depuis 4 grains jufqu'à 15.

Précipité couleur de rofe. *Voyez les Purgatifs.*

Stomachiques, ou pour fortifier l'eftomach relâché.

Canelle. *Voyez les Hifteriques.*

Geroffles, ou clouds de geroffle, embrions deſſechés des fleurs d'un arbre des Indes.

Mufcade. *Voyez les Hifteriques.*

Macis, ou fleur de mufcade. *Voyez les Hifteriques.*

Abfinthe. *Voyez les Hifteriques.*

Angelique. *Voyez les Diaphoretiques.*

Imperatoire. *Voyez les Diaphoretiques.*

Saffran. *Voyez les Diuretiques.*

Aulnée. *Voyez les Bechiques.*

Fenouil. *Voyez les Bechiques.* On fe fert ici de fa femence.

Sariette, plante cultivée. On fe fert de toute la plante.

Meliffe. *Voyez les Hifteriques.*

Moutarde, plante cultivée. On fe fert de fa femence.

3 Santaus, bois d'arbre des Indes.

Ail. *Voyez les Carminatifs.*

Corail, plante maritime.

Ecorces {d'orange.
{de citron. *Voyez les Antivomitifs.*

Chimiques.

Teinture de canelle, on la tire avec l'efprit de vin. Dofe depuis un demi-gros jufqu'à 2.

Huile de mufcade. Dofe depuis 4 grains jufqu'à 10.

Febrifuges.

Quoique la faignée & la diette foient les plus grands remédes pour la fiévre, de quelque efpéce qu'elle foit, il eft fouvent neceffaire enfuite de diffiper les levains des fiévres par les remedes fuivants.

Quinquina, écorce d'un arbre du Perou. Dofe jufqu'à 3 gros.

Petite centaurée. *Voyez les Hifteriques.*

Chamœdris, ou Germandrée. *Voyez les Diaphoretiques.*

Gentiane. *Voyez les Hifteriques.*

Pl. XIII. Frefne, *Fraxinus excelfior*, grand arbre dont font deffinées ici deux branches; celle à fleur eft marquée *a*, fes fleurs *bb* ne font que des eftamines, elles viennent avant les feuilles: les fruits *cc* fuccédent aux fleurs. Voyez la branche *d*. On fe fert de la feconde écorce de l'arbre.

Chardon beny. *Voyez les Diaphoretiques.*

Chimiques.

Efprit volatil de fel armoniac. *Voyez les Diaphoretiques.*

Fleurs de fel armoniac, efpéce de farine qui provient de la diftilation du fel armoniac avec le fel de tartre & l'eau. Dofe jufqu'à 30 grains.

Sel fixe armoniac, fel blanc qui fe forme de la même diftilation. Dofe jufqu'à 30 grains.

Eau de noix, diftilation des fleurs ou chatons du noyer. Dofe depuis une once jufqu'à 7.

Extrait de noix, c'eft l'extrait, tant des chatons du noyer, que de fes fruits verts. Dofe depuis un fcrupule jufqu'à un gros.

Contre les Hemorragies.

Les hemorragies font fouvent caufées par une trop grande fermentation du fang, & quelquefois par la rupture de quelque vaiffeau ; c'eft pourquoi la faignée ayant precedé, plufieurs aftringents fervant à rendre le fang moins coulant, font reprendre aux parties le reffort accoutumé, & par ce moyen arrêtent les hemorragies ; plufieurs autres auffi abforbent la ferofité du fang, & le deffechant, pour ainfi dire, le remettent dans la confiftence naturelle.

Aftringents.

Bourfe à berger, ou tabouret, *Burfa paftoris major folio* Pl. XIII. *finuato* plante fauvage qu'on trouve affez par tout : elle atteint à peine la hauteur d'un pied, fes fleurs font blanches, & il leur fuccéde des fruits *d* où font les femences. On fe fert de toute la plante.

Tormentille, *Tormentilla fylveftris*, petite plante fauvage Pl. XIII. qui croît dans les bois & dans l'herbe : fes tiges fe repandent à terre, fi elles ne font foûtenues : elles ne vont guéres plus loin qu'un pied : la plante eft velue ; fes feuilles font celles marquées 2, fes fleurs *a* font jaunes à 4 feuilles, le calice de la fleur *b* renferme les femences. On fe fert de toute la plante.

Quinte-feuille, *Quinquefolium majus repens*, plante fau- Pl. XIII. vage qui croît affez ans toutes fortes de terreins : elle eft velue, fes tiges ou bras prennent racine de temps en temps comme le fraifier ; la feuille eft marquée 3, la fleur *a* eft jaune, & c'eft dans le calice *b* que viennent les femences. On fe fert de fa racine.

Rofes de Provins féches en poudre.

Balauftes qui font les fleurs du grenadier fauvage, arbufte.

Renouée centinode, ou trainaffe, plante fauvage. On fe fert de toute la plante.

Sanicle, *Sanicula, off.* plante fauvage des bois, fes tiges Pl. XIV. s'élevent jufqu'à un pied & demi ; c'eft au haut de la tige que fe trouvent les petits bouquets de fleurs *aaa*, enfuite viennent des femences groffes *b* hériffées de crochets qui s'attachent aux habits. On fe fert de toute la plante.

Pl. XIII. Grande Confoude, *Symphytum, Confolida major*, plante fauvage des prez : elle s'éleve de 2 à 3 pieds, elle eft velue, fes fleurs *aa* font ou blanches, ou pourpres ; c'eft au fond du calice *bb* que fe trouvent les femences. On fe fert de fa racine.

Pl. XIV. Brunelle, *Brunella major folio non diffecto*, plante fauvage qui croît dans fes bois & prez, elle s'éleve approchant d'un pied ; les tiges font quarrées, les fleurs *aaa* font bleues-pourpres, les femences font au fond du calice *bb*. On fe fert de toure la plante.

Pl. XIV. Nummulaire, ou herbe aux écus, *Lifimachia humi fufa folio rotundiore*, plante fauvage qui fe trouve aux lieux humides, elle eft rampante, fes fleurs 2 2 fout jaunes. On fe fert de toute la plante.

Pl. XIV. Mille-feuille, herbe au Charpentier, *Millefolium vulg. album*, plante fauvage qui vient aux lieux incultes : elle s'éleve à 2 pieds, fes tiges font velues, fes fleurs *aa* font blanches, quelquefois pourpres ; fes femences font dans le calice *b*.

Pl. XIV. Argentine, *Pentaphilloides argenteum alatum, feu potentilla*, plante fauvage des endroits aquatiques : les tiges de fes feuilles partent de terre, le deffous des feuilles eft garni de petits poils blancs, les bras qui fe repandent à terre, font velus & prennent racine de diftance en diftance ; les fleurs *a* font jaunes. On fe fert de toute la plante.

Pl. XV. Herbe-robert, *Geranium Robertianum*, plante fauvage qui aime les lieux pierreux & les bois, elle monte jufqu'à un pied & demi, fes tiges font noueufes & velues ainfi que fes feuilles, fes fleurs *aa* font pourpres, fes fruits *b* contiennent les femences. On fe fert de toute la plante.

Pl. XV. Pied-de-lion, *Alchimilla vulgaris*, plante fauvage des lieux humides, dont les tiges croiffent à un pied de haut, toute la plante eft velue, les fleurs *c* font petites, vertes & blanchâtres. On fe fert de toute la plante.

Pl. XIV. Biftorte, *Biftorta major radice magis intorta*, plante fauvage des pays chauds qui aime les lieux ombrageux : elle s'éleve à un pied & demi, fes fleurs *aa* forment des épis *bb*, la femence eft dans le calice *c*. On fe fert de fa racine.

Plantin, *Plantago latifolia finuata* ; cette efpéce eft la meilleure : c'eft une plante fauvage, dont les feuilles font ordinairement couchées à terre ; il s'en éleve de petites tiges *a* de

près d'un pied de haut ; les fleurs *b* blanchâtres font difpofées en épi au haut de la tige. On fe fert de toute la plante.

Veffe de loup, *Lycoperdon vulgare*, efpéce de champi-
gnon *a* qui contient au-dedans une pouffiere *b* dont on fe fert. Pl. I.

Verge d'or. *Voyez les Diuretiques.*

Sang-dragon , efpéce de gomme qu'on tire d'un arbre des
Indes.

Opium , extrait des feuilles & têtes du pavot d'Egypte. Dofe
depuis un demi-grain jufqu'à 2.

Pavot, plante fauvage. On fe fert des têtes ou envelopes
des femences.

Coings, fruit d'un arbriffeau cultivé. On fe fert de fes pe-
pins.

Ambre jaune fuccin, ou Karabe. *Voyez les Antivomitifs.*

Corail. *Voyez les Stomachiques.*

Epine-vinette. *Voyez les Antivomitifs.*

Chimiques.

Laudanum. *V. les Antivomitifs.*

Hypocifte, extrait du fuc d'une plante du même nom des
pays chauds.

Extérieurement.

Orties, leur fuc dans les nazeaux. *V. les Diuretiques.*

Ufnée de crafne humain, efpéce de mouffe qui croît fur
le crafne des hommes morts.

Alun de Rome , fel mineral rougeâtre.

Pierre hematite en poudre, pierre qu'on tire des mines de
fer.

Le vitriol rouge , ou Colcothar naturel, ou Chalicis.

La poudre de fympathie, qui eft une preparation de vitriol
blanc ou vert , appliquée fur l'endroit, fans quoi elle ne fait
effet que très-rarement.

La fiente d'afne ou de porc en poudre.

La poudre de la veffe de loup , efpéce de champignon.

Autres Aftringents.

Toutes les mouffes font aftringentes.

Noix de cyprès , fruit d'un arbre cultivé.

Noix de galle, excroiſſance ronde qui vient ſur une eſpéce de chêne du Levant.

Neffles, fruit d'un arbre ſauvage : les ſemences du fruit ſont encore plus aſtringentes.

Glands de chêne, c'eſt le fruit du chêne.

Grateculs. *Voyez les Diuretiques.*

Rapontic, eſpéce de rhubarbe : on la cultive dans les jardins. On ſe ſert de la racine.

Maſtic, réſine qui coule d'un arbre appellé Lentiſque.

Joubarbe, plante ſauvage. On ſe ſert de ſes feuilles.

Pl. XV. Nenuphar blanc & jaune, *Nymphæa alba major*, & *Nymphæa lutea major*, plantes aquatiques, dont les differences ſont que l'une a la fleur blanche *aa*, la feuille plus ronde que l'autre eſpéce, & le fruit fait comme une pomme ; au lieu que la fleur de l'autre eſt jaune & fermée *bb*, & le fruit en poire *c* : les feuilles des deux ſont étenduës ſur la ſuperficie de l'eau, les tiges des feuilles & fleurs ſont cachées dans l'eau, du fond de laquelle elles partent. On ſe ſert de leurs racines ; la blanche eſt preferée.

Pl. XV. Pervenche petite, *Pervinca vulgaris anguſtifolia*, plante ſauvage qui aime les lieux ombrageux, elle étend ſes branches ſur terre, ſes fleurs *aa* 2 ſont bleuës. On ſe ſert de toute la plante.

Pl. XV. Aigremoine, *Agrimonia officinarum*, plante ſauvage qui croît dans les prés & lelong des hayes juſqu'à 2 pieds de haut, ſes fleurs *a* ſont jaunes, ſes fruits *b* ſont garnis de crochets qui s'attachent aux habits. On ſe ſert de toute la plante.

Verjus. *Voyez les Antivomitifs.*

Grenade aigre. On ſe ſert de ſon ſuc.

Terre ſigillée, eſpéce de bol graiſſeux & argileux ; on en trouve en France.

Bol armenic, terre argileuſe ; on en trouve en France.

Yeux d'écreviſſe. *V. les Antivomitifs.*

Chimiques.

Eau ſtiptique, c'eſt une diſſolution de vitriol rouge avec l'alun, le ſucre candi, l'urine, l'eau-roſe & l'eau de plantin. Doſe depuis un demi-gros juſqu'à 2.

Huile de gland ſe fait avec l'huile de noiſettes mêlée avec du gland pilé. Doſe depuis deux gros juſqu'à une once.

Gelée

Gelée de corne de cerf. On la prend en aliment.

Saffran de Mars aftringent , c'eft de la limaille de fer la-vée avec du vinaigre , puis calcinée. Dofe depuis 15 grains jufqu'à une dragme.

Des Incraſſans , ou Rafraîchiſſans.

Les Incraffans font des médicamens qui fervent à donner plus de confiftance au fang quand il eft trop diffous., & à en diminuer la tranfpiration & les âcretés.

Quoique les médicaments cy-deffous foient indiqués pour la poitrine , ils peuvent auffi fervir aux autres humeurs.

Pour la Poitrine.

Pavot blanc, plante cultivée. On fe fert de fes têtes.

Coquelicoq , plante fauvage. On fe fert de fes fleurs.

Raifins de Damas.

Jujubier , *Ziziphus* , arbre des contrées chaudes, à peu Pl. XI. près grand comme un prunier ; on en voit ici une branche, & fes fleurs *aaaa* qui font d'un verd-pâle, le fruit en eft gros comme une prune, & rouge. C'eft du fruit dont on fe fert.

Sebeftes , fruit d'un arbre d'Egypte.

Regliffe , fous - arbriffeau fauvage des Pays chauds. On fe fert de fa racine.

Raifins paffes , font des raifins fechés.

Amandes douces , fruit d'un arbre cultivé.

Grande confoude. *V. contre les Hemorragies.*

Guimauve. *V. les Diuretiques.*

Violette , on fe fert de fes fleurs. *V. les Purgatifs doux.*

Figues. *V. les Diuretiques.*

Dactes , fruit d'un arbre d'Afrique.

Chou rouge , plante cultivée. On fe fert de fes tiges & feuilles.

Buglofe , *Bugloffum anguftifolium majus* , plante fauvage Pl. XVII. qu'on cultive auffi dans les jardins : fes fleurs *aa* font bleuës. On fe fert de toute la plante.

Coings. *V. contre les Hemorragies.*

Orge mondé, c'eft de l'orge feparé de fon écorce.

Barbe-renard, ou épine de bouc , *Tragacantha* , plante épi- Pl. I. neufe & cotoneufe des pays chauds qui fe répand à terre, fes feuilles font rangées comme on voit en *a*, fes fleurs *b* font blanches, les femences font enfermées dans les gouffes *c*. C'eſt cette plante qui produit la gomme adraganth.

Les 4 Semences froides.
{
Citrouille.
Melon.
Concombre.
Courge, *Cucurbita longa folio molli*

Pl. XII. *flore albo*, on l'appelle auſſi calebaſſe ; grande plante farmenteuſe qu'on cultive dans les jardins, elle s'attache aux treilles avec ſes mains ou tenons, la fleur *aa* eſt blanche, le fruit *b* devient exceſſivement gros & jaunâtre. On ſe ſert des ſemences qu'il renferme.

Le Lait.

Chimiques.

Laudanum. *V. les Antivomitifs.*
Huile d'aveline. Doſe depuis un gros juſqu'à une once.

Autres Incraſſans.

Nenuphar. *V. contre les Hemorragies. Aſtringens.*
Ozeille, plante cultivée. On ſe ſert de toute la plante.
Alleluya, plante ſauvage. On ſe ſert de toute la plante.
Laituë. *V. les Laxatifs.*
Chicorée blanche, plante cultivée. On ſe ſert des feuilles.
Langue de chien. *Cynogloſſum majus vulgare*, plante ſau-
Pl. XVI. vage qui croît aux lieux incultes, elle eſt velue & s'élève juſqu'à 2 pieds & plus : elle a des fleurs *aaa* tirant ſur le pourpre ſale, le fruit *b* qui ſuccéde eſt hériſſé de poils qui s'attachent aux habits. On ſe ſert de toute la plante.
Herbe aux puces, *Pſyllium majus erectum*, plante ſauvage
Pl. XIV. qui ſe trouve plus communement aux endroits ſecs : elle eſt velue, ſes tiges s'élèvent juſqu'à un pied ; les épis courts *a* qui ſe trouvent à l'extremité de ſes branches ſont garnies de petites fleurs *bb* pâles. On ſe ſert de ſes ſemences qui reſſemblent à des puces.
Seneçon, plante ſauvage. On ſe ſert de toute la plante.
Laitron, plante ſauvage. On ſe ſert de toute la plante.
Limons, fruit d'une eſpéce d'oranger.
Verjus. *V. les Antivomitifs.*
Bluet, plante ſauvage. On ſe ſert de la fleur.

Gomme.Arabique, gomme qui coule d'un arbriſſeau d'E-
gypte.

Chimiques.

Sucre, ou Sel de Saturne. *V. les Superpurgations.*
Criſtal mineral, ou Sel prunelle. *V. les Diuretiques.*
Eau de frais de grenouille. Doſe juſqu'à 6 onces.

Des Narcotics, ou Somniferes.

Les narcotics ſont des médicamens qui agiſſent ſur les eſprits en empêchant leur action & leur filtration; c'eſt pour
cet effet qu'ils ſont bons dans les douleurs vives & aiguës en
les appaiſant, & c'eſt auſſi par cette raiſon qu'ils procurent le
ſommeil.

Opium. *V. contre les Hemorragies.*
Pavot blanc. *V. les Incraſſans.*
Nenuphar. *V. contre les Hemorragies. Aſtringens.*
Laituë. *V. les Laxatifs.*
Saffran. *V. les Hiſteriques.*

Chimiques.

Laudanum. *V. les Antivomitifs.*

Des Antiſcorbutiques, ou qui purifient le ſang.

Ces remedes ne ſont bons pour le ſcorbut qu'à cauſe qu'ils
diviſent le ſang en ſeparant & diſſipant les humeurs qui lui
donnent une mauvaiſe qualité âcre, cauſtique & purulente.

Herbe aux cuilliers, *Cochlearia folio ſubrotundo*, plante Pl. XVI.
ſauvage qu'on cultïve auſſi dans les jardins; elle s'éleve tout au
plus à un pied, on voit ici ſes feuilles *m*, ſes fleurs *bbb* ſont
blanches. On ſe ſert de toute la plante.

Creſſon d'eau, plante ſauvage. On ſe ſert de toute la plante.
Creſſon alenois, plante cultivée. On ſe ſert de toute la plante.

Grand raifort, ou cran, *Cochlearia folio cubitali*, plante cul- Pl. XVI.
tivée, elle pouſſe des feuilles *a* hautes d'une coudée, & des tiges dont les feuilles ſont decoupées comme en *b*. J'ai deſſiné
une tige que j'ai trouvé ſeule, les feuilles n'ayant pas encore
paru, les fleurs *cc* qui ſe trouvent au haut deſdites tiges, ſont
blanches. On ſe ſert de toute la plante.

Pl. XVI.   Berle, *Sium, five apium paluftre foliis oblongis*, plante fauvage qui vient dans les ruiſſeaux : elle s'éleve plus ou moins haut ; il s'en trouve qui ont juſqu'à 3 ou 4 pieds, ſes paraſols *a* ſont garnis de petites fleurs blanches. On ſe ſert de toute la plante.

Pl. XVII.   Beccabunga, *Veronica aquatica major folio ſubrotundo*, plante ſauvage qui vient dans l'eau des ruiſſeaux, elle croît plus ou moins ſuivant le terrein : ſes fleurs *aa* ſont bleues, les ſemences ſont dans ſon fruit *bbb* qui eſt fait en cœur. On ſe ſert de toute la plante.

Moutarde. *V. les St⬤achiques.*

Pl. XVII.   Paſſerage ſauvage, *Lepidium gramineo folio, ſive Iberis*, plante ſauvage des endroits incultes & ſecs ; ſes tiges s'élevent environ 2 pieds de haut, ſes fleurs *2 2* ſont blanches. On ſe ſert de toute la plante.

Polipode. *V. les Laxatifs.*

Pourpier. *V. les Vermifuges.*

Nummulaire, ou herbe aux écus. *V. contre les Hemorragies.*

Aigremoine. *V. contre les Hemorragies. Aſtringens.*

Cerfeuil. *Voyez les Diuretiques.*

Cortex vinteranus, fauſſe canelle blanche, écorce d'un arbre de Madagaſcar.

Lacque, gomme réſineuſe formée par des inſectes ailés dans les Indes Orientales.

Chimiques.

Teinture de cailloux, c'eſt un eſprit de vin chargé de quelque partie de cailloux calcinés, mêlés avec le ſel de tartre. Doſe depuis 10 goutes juſqu'à 30.

Sel volatil de ſuccin, ou Karabé eſt le ſel qui ſort de l'ambre jaune par la diſtillation. Doſe depuis 8 grains juſqu'à 16.

Teinture d'antimoine, c'eſt un eſprit de vin chargé du ſouffre de l'antimoine avec le ſel de tartre. Doſe depuis 4 goutes juſqu'à 20.

Saffran de Mars aperitif. *V. les Hiſteriques.*

Mars Diaphoretique. *Voyez les Diuretiques.*

Des Contrepoiſons.

Les contrepoiſons ſont differens, à cauſe que les poiſons

aufquels ils s'oppofent n'ont pas tous les mêmes qualités ; car les uns font corrofifs & rongeans, & les autres font coagulans ; c'eft-à-dire, qu'ils arrêtent & fixent le fang & les humeurs. Aux poifons corrofifs, il faut des medicamens qui empêchent leur action en les engluant, pour ainfi dire ; & aux coagulans, il en faut qui mettent le fang en mouvement, & par ce moyen en combattent l'arrêt jufqu'à la ceffation totale des efforts de ces poifons.

La rage eft une efpéce de poifon, des remedes duquel nous faifons un article qui fuit celui-ci.

Poifons corrofifs & leurs remedes.

Aconit, *Aconitum foliis platani flore luteo pallefcente*, plan- Pl. XVII. te qui croît aux lieux montagneux à la hauteur d'environ 2 pieds : fes fleurs *aa* qui viennent au haut des tiges font d'un jaune pâle.

Laurier-rofe, arbriffeau des jardins.

Thora, plante fauvage.

Herbe de S. Criftophle, *Chriftophoriana vulg. noftras racemofa & ramofa*, plante fauvage des bois montueux qui s'élève jufqu'à 2 pieds de haut : fes fleurs *aa* rangées en épi *b* font blanches.

Œnanthe à feuilles de cerfeuil, plante fauvage.

Champignons, les vrais champignons lorfqu'ils commencent à fe paffer, & prefque toutes les autres efpéces.

Les Cantharides *N* prifes intérieurement. Pl. V.

Kobold, efpéce de pierre qui fe trouve dans quelques mines d'argent, & de laquelle on fait l'arfenic.

Sublimé corrofif, compofition chimique.

Arfenic, matiere minerale.

Orpiment, efpéce d'arfenic jaune.

Realgal, ou orpin rouge, efpéce d'arfenic.

Poudre de diamant.

Contrepoifons.

A tous ces poifons il faut donner pour contrepoifons des chofes graffes, comme les huiles, les graiffes en quantité, pour exciter le vomiffement du poifon & pour embaraffer fes parties, puis le lait. Il ne peut guéres y avoir de remedes à la poudre de diamant avalée ; on auroit beau vomir, il y a du danger qu'il n'en reſte toujours : elle n'eſt pas poiſon par ſa qualité, elle ne fait que couper & cauſer des playes internes.

Poiſons purgatifs.

Apocin tue-chien, ou herbe de la houette, plante étrangere cultivée.

Pl. XVII. Ellebore blanc, *Veratrum* ; il y en a deux eſpéces qui ſe reſſemblent aſſez quant au port de la plante ; mais les fleurs de l'une ſont rouges preſque noir, & celles de l'autre ſont verd-blanchâtre *aa* : elles croiſſent aux pays chauds dans les montagnes juſqu'à 3 pieds. On ſe ſert de leurs racines extérieurement pour la galle.

Remedes.

Comme ces purgatifs mettent l'inflammation dans les entrailles, & cauſent une mort douloureuſe, il faut s'y oppoſer par les remedes les plus onctueux des ſuperpurgations indiquées ci-devant.

Si on avoit avalé par malheur une ſangſuë vivante dans de l'eau, il y auroit à craindre qu'elle ne s'attachât au parois de l'eſtomach, dans lequel enſuite elle pourroit cauſer une hemorragie mortelle. Le remede à cela, pour lui faire quitter priſe, ſeroit d'avaler de la ſaumûre, ou de l'eau ſalée, puis de tâcher à la revomir.

Le colchique, ou mort-au-chien, eſt une plante ſauvage dont la fleur reſſemble au ſaffran ; ſi on en mange la racine, elle ſe gonfle comme une éponge, & ſuffoque. L'émetique en eſt le remede.

Poiſons coagulans, & leurs remedes.

Pl. XVII. Napel, ou Aconit bleu, *Aconitum cæruleum, ſeu napellus*, plante ſauvage des montagnes, qu'on cultive auſſi dans les jardins où elle s'éleve de 2 à 3 pieds : ſes fleurs *aa* qui ſont au haut des tiges ſont bleuës.

Pl. XVIII. Pomme épineuſe, *Stramonium fructu ſpinoſo rotundo ſemine nigrante*, plante qu'on cultive dans les jardins où elle s'éleve juſqu'à 3 & 4 pieds de haut : ſes fleurs 2 ſont blanches, les ſemences ſont dans le fruit. 3

Pl. XIX. Belladona, *Solanum furioſum*, plante ſauvage qui croît dans les endroits incultes, ombrageux & caverneux juſqu'à

4 pieds de haut : elle eſt velue, ſes fleurs *a* ſont d'un pourpre-
ſale & foncé, le fruit *b* qui devient gros comme un grain de
raiſin, eſt noir.

Petite ciguë, *Cicuta minor petroſelino ſimilis*, plante ſau- Pl. XVIII.
vage qui croît juſqu'à 3 pieds ou environ dans les lieux herbus,
elle porte à ſes paraſols de petites fleurs blanches. *a*

If, arbre cultivé, feuïlles & fleurs.

Par morſure.

Tarantule, eſpéce d'araignée.
Scorpion, inſecte.
Vipere, eſpéce de ſerpent.
Pluſieurs eſpéces de ſerpents.

Contrepoiſons.

A ces eſpéces de poiſons il faut des contrepoiſons actifs qui
mettent le ſang & les humeurs en mouvement, tels que les
ſuivans.

Contrahierva, racine d'une plante du Perou.
Petaſites. *Voyez les Diaphoretiques.*
Angelique. *Voyez les Diaphoretiques.*
Imperatoire. *Voyez les Diaphoretiques.*
Scordium. *Voyez les Diaphoretiques.*
Reine des prés. *Voyez les Diaphoretiques.*
Chardon beny. *Voyez les Diaphoretiques.*
Gayac. *Voyez les Diaphoretiques.*
Saſſafras. *Voyez les Diaphoretiques.*
Sarceparcelle. *Voyez les Diaphoretiques.*
Eſquine. *Voyez les Diaphoretiques.*

Chimiques.

Theriaque. *Voyez les Antivomitifs.*
Mitridat.
Orvietan.

Nota. Que la morſure de la Tarentule ſe guérit par le
moyen de la muſique ; ce reméde eſt ſi connu pour ce poiſon,
qu'il eſt inutile de l'expliquer plus au long.

Des Remedes contre la Rage.

La rage eſt un poiſon qui ne penétre dans le ſang, que par

la feule morfure entamée ; alors elle fe denotte par l'averfion qu'on a pour l'eau, & par un defir indomptable qu'on a de mordre tout ce qu'on rencontre, & la mort fuit peu après.

La rage eft une maladie qui vient naturellement aux chiens & aux loups, & qui fe communique par leurs morfures à l'homme, & à beaucoup d'autres animaux.

La rage fe déclare fouvent au bout de 9 jours, quelque-fois plus tard ; mais toujours par accez qui laiffent plus ou moins d'intervalle entre eux, c'eft pourquoi il faut commencer les remedes avant les 9 jours du jour qu'on a été mordu.

Les playes à la tête, furtout celles qui ont été faites depuis le deffus des levres fuperieures jufqu'au haut de la tête, font les plus dangereufes.

Remedes.

Le bain de la mer.

Le bain d'eau falée.

La faumûre avalée.

Les remedes ci-après fe compofent avec les œufs, l'huile d'olive, ou de noix, ou bien fe prennent dans le vin blanc ou rouge en poudre, ou en decoction.

Marguerite, *Leucanthemum vulg.* Plante fauvage affez connuë dans les prés où elle eft abondante : fes fleurs *aa* font blanches radiées, & la difque jaune. On fe fert des feuilles & des fleurs.

Rofier fauvage, ou églantier, arbriffeau fauvage. On fe fert de fa racine.

Ail. *Voyez les Carminatifs.*

Scorfonnaire. *Voyez les Diaphoretiques.*

Petite centaurée. *Voyez les Hifteriques.*

Sauge. *Voyez les Hifteriques.*

Menthe. *Voyez les Hifteriques.*

Rhue. *Voyez les Hifteriques.*

Armoife. *Voyez les Hifteriques.*

Meliffe. *Voyez les Hifteriques.*

Milpertuis. *Voyez les Vermifuges.*

Gentiane. *Voyez les Hifteriques.*

Angelique. *Voyez les Diaphoretiques.*

Abfcinthe. *Voyez les Hifteriques.*

Pl. XVIII. Verveine, *Verbena communis cæruleo flore*, plante fauvage des lieux incultes qui s'éleve jufqu'à 2 pieds de haut, fes fleurs font d'un bleu-clair. On fe fert de toute la plante.

Polipode.

Polipode. *Voyez les Laxatifs.*

Mouron, *Anagallis phaniceo flore*, plante sauvage qu'on trouve assez par tout dans les endroits cultivés : ses tiges ne s'alongent guéres que d'un demi-pied, ses fleurs *a* sont d'un beau vermillon. On se sert de toute la plante. Pl. XVIII.

Betoine, *Betonica purpurea*, plante sauvage des bois & lieux humides : elle s'éleve jusqu'à un pied & demi de terre, ses tiges sont quarrées, ses fleurs *aa* sont pourpres en épi au haut des branches, les graines sont enfermées dans le calice *b*. On se sert de toute la plante. Pl. XVIII.

Plantin. *Voyez contre les Hemorragies.*

Veronique masle, *Veronica mas, supina & vulgatissima*, petite plante sauvage des bois, & des terreins secs : elle pousse ses tiges environ un demi-pied étendues à terre : toute la plante est velue, les fleurs *a* sont d'un bleu pâle, le fruit *b* qui contient les semences est en cœur. On se sert de toute la plante. Pl. XVIII.

Toutesaine, *Androsæmum maximum frutescens*, plante sauvage qu'on trouve dans les bois : elle s'éleve jusqu'à 2 pieds & demi, ses fleurs *a* sont jaunes, & ses fruits *b* noircissent en meurissant. On se sert de toute la plante. Pl. XVIII.

Anthora, *Aconitum salutiferum, seu anthora*, espéce d'Aconit qui croît aux lieux montagneux chauds à un pied & demi : elle est un peu velue, sa fleur 1. est jaune-pâle. On se sert de sa racine. Pl. XVIII.

Grosellier noir, est un arbrisseau cultivé. On se sert de ses feuilles.

Passerage, *Lepidium latifolium*, plante sauvage des lieux ombrageux : elle croît jusqu'à 2 pieds ou 2 pieds & demi, ses fleurs *a* qui sont en grand nombre & très-petites lelong du haut des tiges sont blanches, les graines sont enfermées dans le fruit *b*. On se sert de sa racine. Pl. XVIII.

Passerage sauvage. *Voyez les Antiscorbutiques.*

Animaux.

Ecailles d'huitres calcinées.

Fiente de coucou.

Fiente d'hirondelle.

Thon, gros poisson de mer. On se sert de sa chair.

Chimiques.

Poudre de vipere, c'est le sel volatil des viperes par distiation. *V. les Diaphoretiques.*

Sel de vipere volatil, on le tire par diftilation. Dofe depuis 6 jufqu'à 16 grains.

Sel volatil de corne de cerf, on le tire par diftilation. Dofe depuis 6 jufqu'à 16 grains.

Theriaque vieille. Dofe depuis un fcrupule jufqu'à un gros.

MEDICAMENS
DES PARTIES EXTERIEURES.
OPHTALMIQUES, OU POUR LES YEUX.

LES maladies les plus communes aux yeux font les fluxions & inflammations, & les tayes ou blancheurs; c'eft à quoi les medicamens cy-après font propres.

Plantin. *Voyez contre les Hemorragies.*

Fenouil. *Voyez les Bechiques.* On fe fert de fes feuilles.

Bluet, ou barbeau. *Voyez les Incraffans.*

Pl. XIX. Grande éclaire, *Chelidonium majus vulgare*, plante fauvage qui croît jufqu'à la hauteur d'un pied & demi à l'ombre des hayes, des bois & contre les murailles: elle eft un peu velue, fes feuilles *a* font dentelées & decoupées, les fleurs *b* font jaunes, & fes fruits *c* font des coffes qui renferment les femences. On fe fert de toute la plante.

Pl. XIX. Euphraife, *Euphrafia off.* plante fauvage des prés & lieux incultes, d'un demi-pied, ou environ: fa fleur *aa* eft blanche, tachée de pourpre & de jaune, le fruit *b* fuccéde à la fleur & renferme les femences. On fe fert de toute la plante.

Pafquerette, ou petite marguerite, plante fauvage. On fe fert de toute la plante.

Myrrhe. *Voyez les Hifteriques.*

Aloes. *Voyez les Purgatifs doux.*

Sarcocolle, gomme provenant d'un arbriffeau de Perfe.

Animaux.

Blanc d'œuf.

Urine.

Mineraux.

Alun, efpéce de fel mineral.

Couperofe, ou vitriol blanc, eft un fel de vitriol verd.

Vitriol bleu, pierre minerale qui vient d'Hongrie & de Cypre.

Tutie, vapeur de bronze fondue.

Chimiques.

Sel armoniac. *Voyez les Diuretiques.*

Sel, ou sucre de Saturne. *Voyez les Remedes contre les super-purgations.*

Eau de rose de chien, ou de fleur d'églantier.

Des Emolliens, ou Maturatifs, & des Anodins.

Les émolliens sont des medicamens qui detendent & relâchent les parties, & par consequent diminuent les douleurs : ils different des resolutifs en ce qu'ils empêchent les parties les plus subtiles des tumeurs de s'échaper ; au moyen dequoi ils les font fermenter avec les parties grossieres, ce qui les divise, & les rend capables de transpiration ; ainsi les tumeurs ou abscès composés d'humeurs grossieres, ont besoin en premier lieu d'émolliens qui les meurissent, pour ainsi dire, en les rendant plus subtiles.

J'ai joint les Anodins à cet article, parceque ceux-ci adoucissent aussi en ôtant la douleur.

Maturatifs & Emolliens.

Mauve, *Malva vulg. flore majore folio sinuato*, plante sau- Pl. XX. vage des lieux incultes qui croît jusqu'à 2 pieds & plus, ses feuilles *a* sont un peu velues, ses fleurs *b* sont pourpre-clair rayées de pourpre-foncé, les fruits *c* sont formés par les semences arrangées en rond. On peut se servir au défaut de celle-ci d'une autre plus petite en toutes ses parties, dont la feuille 2 est plus ronde, & la fleur 3 est plus pâle. On se sert de toute la plante.

Guimauve. *Voyez les Diuretiques.*

Mercuriale. *Voyez les Laxatifs.*

Parietaire. *Voyez les Diuretiques.*

Acanthe, ou branche ursine, plante cultivée. On se sert de toute la plante.

Violette, on se sert de ses feuilles. *Voyez les Purgatifs doux.*

Camomille. *Voyez les Carminatifs.*

Seneçon. *Voyez les Incrassans.*

Pl. XIX. Fenugrec, *Fænum græcum sativum*, plante cultivée qui vient jusqu'à un pied de haut, ses fleurs *aa* sont blanches, & ses gousses *b* qui succedent sont très-longues, & contiennent les semences desquelles on se sert.

Pois chiches. *Voyez les Diuretiques.*

Lis blanc, plante cultivée. On se sert de sa racine.

Oignon blanc, plante potagere. On se sert de sa racine.

Pl. XIX. Ortie morte, *Galeopsis fætida spicata*, plante sauvage velue qui vient dans les endroits incultes, & s'éleve environ 2 pieds de haut : ses fleurs *aaa* sont en épis au haut des tiges, elles sont pourpre-foncé, tâchées de points blancs ; il leur succede quatre semences au fond de leur calice *b*. On se sert de toute la plante.

	Orge.		Froment.
Les 4 farines.	Féve.	ou	Lentilles.
	Orobe.		Lin.
	Lupin.		Fanugrec.

Pl. XIX. Lupin, *Lupinus sativus*, plante cultivée qui s'éleve jusqu'à 2 pieds de haut, elle est velue, ses fleurs 2 sont blanches, & ses gousses renferment les semences 4 ; c'est de ces semences dont on se sert.

Gomme ammoniac. *Voyez les Histeriques.*

Animaux.

Le vieux oingt, qui est de vieille graisse de cochon.
Fiente d'homme.
La panne de cochon, qui est sa graisse.

Chimiques.

Huile de lis, se tire par infusion, ébulition & expression.
Huile de laurier, se tire par ébulition.
Huile de vers, c'est des vers bouillis dans l'huile & le vin.
Onguent, ou emplâtre diachilon avec les gommes ammoniac, galbanum, bdellium & sagapenum.

Anodins.

Pl. XIX. Jusquiame blanche, *Hyosciamus albus major*, plante sauvage des pays chauds qui s'éleve un pied & plus, toute la plante est couverte de laine : la fleur *aa* est blanchâtre, & son fond tire sur le pourpre, le fruit *b* renferme les semences qui sont petites. On se sert de toute la plante. Il se trouve une espéce de jusquiame dans notre pays, qu'on appelle jusquiame noire, qui est plus grande en toutes ses parties, & qui a la fleur citron & pourpre au fond, dont on peut se servir également.

Mandragore masse, *Mandragora fructu rotundo*, plante sauvage des pays chauds, on la cultive aussi dans les jardins: ses feuilles qui ont plus d'un demi-pied de long s'étendent à terre, les fleurs *a* sont dans le centre & bleu-clair, il leur succéde quelques fruits *b* ronds, verdâtres & gros comme une nefle. On se sert de la racine. Pl. XVIII.

Stramonium, ou pomme épineuse. *Voyez les Contrepoisons.*

Morelle, *Solanum nigrum vulgare*, plante sauvage qui croît assez dans les terreins incultes & cultivés, selon qu'elle s'y plaît: elle s'éleve jusqu'à un pied & demi, ou 2 pieds, ses fleurs *aaa* sont blanches, leurs étamines sont jaunes, ses grains ou bayes sont noires. On se sert des feuilles, & aussi de toute la plante. Pl. XX.

Belladona, plante sauvage. *Voyez les Contrepoisons.*

Des Suppuratifs & Digestifs.

Les suppuratifs ou digestifs sont des medicamens qui s'appliquent aux pores des playes & des ulceres, y retiennent les humeurs, jusqu'à ce que par leur sejour & la fermentation elles se soient changées en pus & meuries.

Ozeille. *Voyez les Incrassans.*

Alleluya. *Voyez les Incraßans.*

Arroches, ou bonnes-dames. *Voyez les Laxatifs.*

Le levain.

Les graisses.

Les huiles.

La therebentine, résine liquide tirée du sapin, du pin, & du meleze, arbres.

Chimiques.

L'onguent basilicum, ou suppuratif. ⎫
L'onguent diachilon avec les gom- ⎬ *Voyez les Emolliens.*
mes, dissous dans l'huile de lis. ⎭

Le digestif magistral composé d'huile rosat, de therebentine & de cire, on peut y ajouter le jaune d'œuf.

L'huile de milpertuis, & la teinture d'aloes joints avec la therebentine, ou le basilicum.

Des Resolutifs.

Par resolutifs on entend des médicamens qui subtilisant les matieres, les dissipent par transpiration, c'est-à-dire, en passant au travers des pores dilatés.

Grande ciguë, plante sauvage. On se sert de toute la plante.

Pl. XX. Grande scrophulaire aquatique, *Scrophularia aquatica major*, plante sauvage qui vient aux lieux aquatiques : elle vient communement à 3 pieds de haut, ses tiges sont quarrées, ses fleurs *a* sont d'un pourpre très-brun, ausquelles il succéde le fruit *b* qui renferme les semences. On se sert de toute la plante.

Tabac. *Voyez les Purgatifs forts.*

Menthes. *Voyez les Histeriques.*

Bayes de laurier. *Voyez les Carminatifs.*

Moutarde. *Voyez les Stomachiques.*

Sauge. *Voyez les Histeriques.*

Pl. XX. Marjolaine, *Majorana vulgaris*, plante aromatique qui se cultive dans les jardins, elle s'éleve de près d'un pied, elle est un peu velue, ses feuilles sont marquées *bb*, elle a de petites têtes d'où partent ses fleurs *dd* qui sont blanches. On se sert de toute la plante.

Romarin. *Voyez les Histeriques.*

Thim. *Voyez les Bechiques.*

Sariette. *Voyez les Stomachiques.*

Aurone masle. *Voyez les Diuretiques.*

Matricaire. *Voyez les Histeriques.*

Pl. XX. Heliotrope, *Heliotropium majus Dioscoridis*, plante sauvage qui croît dans les champs sablonneux, elle s'éleve d'un pied ou environ, elle est velue, ou plûtôt cotoneuse, la fleur *a* est blanche : les épis de ces fleurs sont tournés en queue de scorpion, il leur succede à chacun quatre grains *b*. On se sert de toute la plante.

Grande éclaire. *Voyez les Ophtalmiques.*

Verveine, plante sauvage. *Voyez contre la rage.*

Pain de pourceau, *Cyclamen orbiculato folio inferne purpurascente*, plante qui croît aux lieux ombrageux, elle est sans tiges, ses feuilles *a* sont pourpres par-dessous, & marbrées

de blanc en deſſus, & ſes fleurs *b* ſont pourpre-clair. On ſe ſert
de toute la plante avec la racine.

Langue de ſerpent, ou herbe ſans couture, *Ophiogloſſum* Pl. XX.
vulgatum, plante ſauvage des prés : chaque plante n'a qu'une
feuille, de la racine de laquelle s'éleve une petite tige *aa* qui
ſe termine en une languette à côtes *bb*, où ſont enfermées les
ſemences, le tout ne s'éleve tout au plus que d'un pied. On
ſe ſert de toute la plante.

Graiſſe de vipere.

Souffre, matiere minerale vitriolique.

Mercure. *Voyez les Vermifuges.*

Gomme ammoniac. *Voyez les Hiſteriques.*

Chimiques.

Eau de la Reine d'Hongrie, diſtillation d'eſprit de vin avec
le romarin.

Eſprit de vin camphré, c'eſt du camphre diſſous dans l'eſprit de vin.

Eau d'arquebuſade, diſtilation de pluſieurs plantes vulneraires avec le vin blanc.

Huile de therebentine, huile tirée de la diſtilation de la
terebenthine.

Baume de ſouffre, eſt une preparation de fleur de ſouffre
avec l'huile de terebenthine.

Des Repercuſſifs & Aſtringens.

Les repercuſſifs ſont ceux qui empêchent les humeurs de ſe-
journer en quelque partie, & les font recouler dans les vaiſſeaux : ils ſont bons dans les playes recentes ; mais dans celles
où la matiere peut avoir ſejourné, ils ne valent rien, parceque
retournant dans le ſang, elle y fermente & la corrompt. Tous
ces remedes ſont aſtringens, & on peut s'en ſervir dans les hemorragies.

Vinaigre.

Verjus. *Voyez les Antivomitifs.*

Citron, ſuc. *Voyez les Antivomitifs.*

Preſle, ou queue de cheval, *Equiſetum*, il y en a de pluſieurs Pl. XIX.
eſpéces toutes ſauvages, & qui ne different entre elles que de
groſſeur & de hauteur ; les tiges *aa* ſont canelées, & les feuilles qui ſortent des tiges reſſemblent à autant de petites tiges,

étant rondes canelées & à nœuds comme elles, la fleur est au haut de la tige, c'est une espéce de bout de pilon garni de petites estamines. On se sert preferablement de celle qui vient dans les champs, qui s'éleve environ un pied. Voyez cette plante plus en grand dans la pl. IV. qui a rapport au Traité du Haras, page 66.

Grenade, suc. *Voyez contre les Hemorragies. Astringens.*

Quinte-feuille. *Voyez contre les Hemorragies.*

Roses rouges. On se sert des fleurs.

Grande cigue, plante sauvage. *Voyez les Resolutifs.*

Ortie, suc. *Voyez les Diuretiques.*

Joubarbe. *Voyez contre les Hemorragies. Astringens.*

Pl. XVIII. Orpin, *Anacampseros vulgò faba crassa*, plante sauvage qui croît à l'ombre dans les lieux arides jusqu'à un pied & demi : les feuilles sont épaisses, les fleurs sont pourpres à 5 feuilles.

Plantin. *Voyez contre les Hemorragies.*

Bistorte. *Voyez contre les Hemorragies.*

Mineraux.

Vitriol rouge. *Voyez contre les Hemorragies.*

Alun. *Voyez les Ophtalmiques.*

Chimiques.

Colcothar, matiere rouge provenant de la distilation du vitriol.

Vulneraires.

Les vulneraires sont les médicamens qui tiennent les playes nettes, au moyen dequoi elles les preparent à la réunion ; tous antiscorbutiques sont vulneraires, non seulement pour l'exterieur, mais encore pour prendre interieurement, afin de corriger la masse du sang qui nourrit l'ulcere. A l'égard des vulneraires detersifs qui sont ceux dont je parle, il y en a une si furieuse quantité sur-tout dans les plantes, que la liste en seroit trop longue. Je mettrai ici ceux qui sont le plus en usage, & qu'on trouve le plus aisément.

Pl. XX. Bugle, ou consoude moyenne, *Bugula*, plante sauvage des bois & prés, qui s'éleve à un demi-pied ; elle pousse de deux sortes de tiges ; sçavoir, des tiges rampantes rondes *aaa* & des tiges quarrées *bb* qui s'élevent ; toute la plante est velue, les fleurs sont blanches ; après que la fleur est tombée, on voit au
fond

fond de fon calice *d*, 4 femences. On fe fert de toute la plante.

Sanicle. *Voyez contre les Hemorragies.*

Veronique. *Voyez les remedes contre la rage.*

Milpertuis. *Voyez les Vermifuges.*

Petite centaurée. *Voyez les Hifteriques.*

Grande fcrophulaire aquatique. *Voyez les Refolutifs.*

Baume du Perou, eft une réfine qui fort d'un arbriffeau du Perou.

Baume de Copahu, efpéce de réfine venant d'un arbre de l'Amerique.

Chimiques.

Eau d'arquebufade. *Voyez les Refolutifs.*

Eau de chaux, c'eft de la chaux infufée dans l'eau chaude.

Des Incarnatifs.

Les incarnatifs font ceux qui entretiennent la circulation, & abforbant les acides, laiffent agir le fang pour reformer de nouvelles chairs : tous les vulneraires & toutes les réfines font incarnatives.

Grande confoude. *Voyez contre les Hemorragies.*

Aloes. *Voyez les Purgatifs doux.*

Myrrhe. *Voyez les Hifteriques.*

Sarcocolle. *Voyez les Ophtalmiques.*

Oliban, ou encens mafle. *Voyez les Bechiques.*

Terebenthine. *Voyez les Suppuratifs.*

Les baumes.

L'huile avec le vin.

Des Cicatrifans.

Les cicatrifans font ceux qui, quand la chair eft revenue & pas plûtôt, abforbent les humidités aigres qui s'oppofent à la réunion totale de la playe. On ne doit pas alors fe fervir des Incarnatifs, parce qu'ils empêchent la reunion.

La cicatrice fe forme plûtôt après l'ufage des corrofifs & des cauftics.

Cendre de papier.

Cendre de tabac.

Bol d'armenie. *Voyez contre les Hemorragies. Aftringens.*

Le plomb brûlé. ⎫
Le cuivre brûlé. ⎭ On les brûle avec le fouffre.

La litharge eſt du plomb empreint des impuretés du cuivre.

La ceruſe eſt du plomb empreint des pointes acides du vinaigre.

La myrrhe. *Voyez les Hiſteriques.*

Les balauſtes. *Voyez contre les Hemorragies.*

Contre la Gangrene.

La gangrene vient d'une coagulation du ſang dans les vaiſſeaux de quelque partie ; ce ſang ſe pourriſſant fait pourrir
les chairs. Quand la gangrene vient d'une cauſe interieure, il
faut donner des remedes interieurs, comme les ſudorifiques,
en même temps qu'on en applique d'exterieurs.

Il faut ſcarifier la partie avant d'appliquer les medicamens.

Aloes. *Voyez les Purgatifs doux.*

Myrrhe. *Voyez les Hiſteriques.*

Teinture d'aloes. } Diſſolution de leurs parties huileuſes
Teinture de myrrhe. } dans l'eſprit de vin.

Elixir de proprieté. *Voyez les Antivomitifs.*

Eau de chaux. *Voyez les Vulneraires.*

Eau de la Reine d'Hongrie. *Voyez les Reſolutifs.*

Urine.

Eſprit volatil de ſel armoniac. *Voyez les Diaphoretiques.*

Eau d'arquebuſade. *Voyez les Reſolutifs.*

Eſprit de miel, c'eſt l'eſprit du miel tiré par la diſtilation.

Eſprit de vin camphré. *Voyez les Reſolutifs.*

Contre la Carie des os.

Ces remedes ſont deſtinés à faire ſeparer & exfolier l'os carié ; quant aux calus, c'eſt la nature elle-même avec le repos de
la partie qui les forment.

Les remedes pour la carie approchent fort de la nature
des cauſtics.

Le cautere actuel, qui eſt le feu.

La pierre à cautere, elle eſt compoſée de cendre gravelée
& de chaux.

Eſprit de ſel, c'eſt un fort acide qu'on tire du ſel par la diſtilation.

Huile de camphre, diſſolution du camphre dans l'eſprit de
nitre.

Huile de papier, c'eſt une huile tirée du papier par la diſtilation.

Des Corrofifs ou Rongeans.

Les corrofifs font ceux qui nettoyent les ulceres où il y a des chairs baveufes fans duretés, en les rongeant.

Egyptiac, compofition faite avec miel, vinaigre & vert-de-gris.

Chaux vive.

Orpiment. *Voyez les Contrepoifons.*

Arfenic. *Voyez les Contrepoifons.*

Cuivre brûlé. *Voyez les Cicatrifans.*

Des Cauftics.

Les cauftics font des efcarres, on s'en fert très-bien aux ulceres qui ont des bords calleux, & aux abfcez qui ne font pas tout-à-fait meurs, & qu'on veut ouvrir.

Arfenic cauftique, eft un arfenic mêlé avec arfenic & fouffre.

Huile glaciale d'antimoine, c'eft un mélange de regule, d'antimoine & de fublimé corrofif.

Eau forte, diftilation d'efprit de nitre & de vitriol.

Efprit de nitre, liqueur tirée du falpêtre par la diftilation.

Pierre à cautere. *Voyez contre la Carie des os.*

RECETTES
DE PLUSIEURS REMEDES
TANT INTERIEURS, QU'EXTERIEURS.

J'AI choisi les remedes que j'ai pu trouver les plus généraux, & par conséquent ceux que l'experience a établis comme bons; ce qui me fait croire qu'avec la connoissance des causes des maux, on peut faire, au moyen de cette petite quantité de recettes, la medecine générale des chevaux. Ceux qui voudront en composer d'autres pourront avoir satisfaction en consultant le Traité ci-devant.

Les preparations des medicamens des chevaux se reduisent à peu de formules, elles ne consistent pour l'interieur qu'en infusions, qu'on nomme breuvages, décoctions & pillules : pour l'exterieur, en eaux, onguents, cataplasmes, &c. Ceux-ci servent également aux hommes. A l'égard des premiers qui regardent l'interieur des chevaux, on en augmente considerablement les doses; cet animal ayant beaucoup plus de volume & de force que les hommes.

MEDICAMENS INTERIEURS.
PURGATIONS ET BREUVAGES.
Purgations.

La purgation des chevaux est l'aloes.

Aloes .2 onces.
Miel. . . . , ...1 quarteron.

Mêlez le tout dans une pinte d'eau chaude, & donnez; si l'aloes n'a pû se reduire en poudre dans le mortier, faites-le fondre avec le pilon, en le pressant & l'agitant, ayant ajouté un peu d'eau chaude.

Autre.

Aloes. . . . . : . . . . 1 demie once.
Sené. . . . , ... , . . 1 demie-once.

Jalap. . . . . 1 demie-once.
Le tout en poudre infufé 12 heures dans une chopine de
vin.

Breuvages.

Ce qui s'appelle breuvages aux chevaux, n'eft autre chofe
que des infufions, décoctions, ou mélanges de drogues qui
conviennent fuivant les indications. On fait les breuvages
au moyen de quelques liqueurs, comme vin, eau-de-vie,
cidre, bierre, eau, &c.

Breuvage cordial.

De theriaque, *ou* d'orvietan, *ou* d'extrait de geniévre, mêlés
dans une pinte de vin.

Vous verrez cy-après comment fe fait l'extrait de geniévre.

Autres breuvages.

Pour compofer les autres breuvages, comme pectoraux,
carminatifs, &c. voyez les liftes ci-devant. Vous doferez les
plantes par poignées, les racines par onces & demie-onces,
les fleurs par onces; les bayes & fruits par onces, & les liqueurs par pintes ou chopines.

Dofes pour les chevaux.

Breuvages amers.

Comme je parle en bien des endroits des extraits amers,
comme étant d'excellens defobftruans, je vais donner les
moyens de les faire, après avoir dit qu'on peut fe fervir des
amers de deux façons pour les donner en breuvage aux chevaux; la premiere eft de prendre les herbes ameres par poignées vertes ou féches, & les ayant fait infufer dans de l'eau,
faire chauffer cette eau, & faire avaler ce breuvage; la feconde façon eft de tirer l'extrait de ces mêmes plantes, ainfi qu'il
fuit. Cet extrait fe garde tant qu'on veut, & on compofe le
breuvage fur le champ, en diffolvant gros comme un œuf de
cet extrait dans une liqueur chande.

Herbes & extraits amers.

Abfinthe.
Petite centaurée.
Chamædéris.
Gentiane.
Ariftoloche.

Fumeterre.

Enula campana.

Pour faire les extraits amers, il faut prendre une bonne quantité de ces plantes, les faire bouillir & bien cuire dans l'eau. On laisse reposer cette decoction pendant 24 heures, puis la mettant, après l'avoir passée, sur un petit feu, on laisse évaporer l'eau jusqu'à ce qu'il reste une lie ou une pâte qui est l'extrait qu'on demande, & qui ne se gâte point. La dose est une once.

Extrait de geniévre.

Bayes de geniévre, 2 boisseaux.

Autant de sceaux d'eau que de boisseaux de geniévre ; faites bouillir à grand feu ; quand le grain de geniévre ne poissera plus aux doigts, passez & exprimez, jettez les grains comme inutils, mettez l'eau empreinte du suc de geniévre sur un petit feu pour évaporer l'eau ; il restera une opiate ou extrait, que vous verserez tout chaud dans des pots.

PILLULES.

Les pillules ont été inventées, pour premierement ôter le mauvais goût des drogues aux hommes, & secondement pour que ces drogues étant féches, restent plus long-tems à dige-rer : elles sont presque toutes purgatives, & la base en est com-munement l'aloes. Je ne conseillerois pas de donner les pur-gatifs en pillules aux chevaux ; ces drogues ne leur restent que trop dans le corps ; mais on peut, si on veut, en composer pour d'autres indications. Il ne s'agit que de mettre les dro-gues en poudre, & d'en former des pillules par le moyen du miel, ou de quelque liqueur, opiate, ou pâte pour leur don-ner de la consistance ; mais surtout point de graisses, de quel-que espéce que ce soit, ni de beurre.

Pillules fœtides, ou puantes.

Assa fœtida.

Bayes de laurier. } Parties égales.

Foye d'antimoine.

Pulverisez-les separement, & les mêlez : incorporez ce mê-lange en le battant long-tems dans un mortier avec ce qu'il faudra de vinaigre pour faire une masse : vous prendrez en-

viron cinq onces de cette maffe, dont vous ferez 2 ou 3 pillules. Ces pillules font ftomachales.

GARGARISMES.

On feringue les gargarifmes dans la bouche du cheval avec
une petite feringue, ou quand il a la bouche échauffée, ou
mauvaife, ou bien pour adoucir l'inflammation du gofier.

Pour bouche échauffée, ou mauvaife.

Verjus, ... 1 pinte.
Miel. . . . . 1 quarteron.
Jus d'un citron.
Mêlez, & feringuez.

Pour l'inflammation du gofier.

Orge entier. . . . . 1 once.
Sommités de ronces & d'aigremoine, de chacun une poi-
gnée.
Miel rofat. . . . . 1 once ½.
Criftal mineral. . . . . 2 gros.
Eau. . . . . 1 pinte.
Faites bouillir l'orge, ajoutez les herbes, faites cuire juf-
qu'à confomption du tiers : coulez, & dans une chopine de
la liqueur ajoûtez le miel & le criftal mineral.

POUDRES.
Oetiops mineral.

Mêlez enfemble deux partiès de fleurs de fouffre avec une
partie de vif argent : on y met le feu, & il refte une poudre
noire.

C'eft un très-bon fondant pour les chevaux : on en donne
jufqu'à une once en breuvage.

Sel polycrefte.

Ce fel étant fait par le moyen de la chimie, on ne peut
guéres le compofer fans être artifte ; mais on en trouve chez
les Apoticaires. Il fuffit de dire que c'eft un falpêtre fixé par
le fouffre au moyen du feu.

Foye d'antimoine.

Antimoine en poudre. . . . . 16 onces.
Salpêtre en poudre. . . . . 16 onces.

Mêlez enfemble, mettez ce mélange dans un mortier de fer que vous couvrirez d'une tuile qui ne couvre pas cependant pas tout-à-fait le mortier ; par l'ouverture vous porterez jufqu'aux poudres un charbon allumé, que vous retirerez tout de fuite, il fe fera un bruit foudain & une fermentation ; quand cette fermentation fera ceffée & le mortier refroidi, vous le renverferez, & ce qui eft dedans qui reffemble à une pierre de la couleur d'un foye, fortira : c'eft le foye d'antimoine. Les parties écailleufes qui fe forment autour du mortier, s'appellent les fcories.

Cette compofition fait tranfpirer les chevaux, rafraîchit, redonnant au fang fa liquidité.

Poudre d'acier.

Prenez des lingots d'acier ce que vous en voudrez, faites-les extrêmement rougir au feu, & l'acier tout rouge, vous en approcherez un bâton de fouffre, le fouffre & l'acier fe fondront enfemble, que cette fonte tombe dans un fceau d'eau froide, dans lequel ayant feparé l'acier du fouffre fondu, vous le pilerez dans un mortier en poudre fubtile ; dont vous mêlerez dans l'avoine mouillée, ou dans le fon une once à chaque fois ; cette poudre eft excellente pour les obftruétions de la poitrine, pour la pouffe, enfin cette poudre eft un bon défobftruant.

LAVEMENS.

Les lavemens fervent premierement à vuider les entrailles, & enfuite à adoucir les âcretés des inteftins, à diffiper les vents, tuer les vers, ôter les douleurs ; c'eft pourquoi on les fait ordinairement émolliens, adouciffans, quelquefois purgatifs, quelquefois aftringens pour raffermir l'anus relâché.

Pour les faire émolliens qui eft le cas le plus ordinaire, on fe fert par poignées des 5 herbes émollientes ; fçavoir, mauve, guimauve, parietaire, poirée, & feneçon ; on en fait une decoétion, à laquelle on ajoute du lait, des œufs, de la graine de lin, de l'huile, de l'opium, quand il s'agit d'appaifer les
douleurs ,

douleurs, enfin des drogues pour chaque indication, lesquelles on choisira à volonté en leur lieu dans la liste cy-devant; si on veut les rendre purgatifs, une pomme de coloquinte, ou une once de feuilles de séné.

Demi-Lavement astringent.

Vin. . . . . 1 pinte.
Roses de provins. . . . . 1 poignée.
On fait bouillir les roses de provins dans le vin.

MEDICAMENS EXTERIEURS.
ONGUENS.

Les 4 onguens des Maréchaux sont l'althea, le populeum, le basilicum & l'huile de laurier : ils sont tous quatre pris ensemble, adoucissans, fortifians, suppuratifs & resolutifs. L'huile de laurier n'est pas un onguent: nous allons les detailler.

Onguent d'Althea, ou de Guimauve.

Racines de guimauves nouvelles, & coupées menu. ½ livre.
Graine de lin, de fænugrec, & de l'oignon de scille coupés bien menu, de chacun. . . . . . 8 livres.
Eau de fontaine. . . . . , . 8 livres.
Cire jaune. ⎫
Réfine. ⎬ de chacun . . . . 1 livre.
Terebenthine de Venise.
Galbanum. ⎫ de chacun 2 onces.
De la gomme ammoniac pulverisée. ⎭

Mettez la guimauve bien nettoyée dans un pot de terre vernissé, les graines & l'oignon de scille, versez l'eau bouillante, couvrez le pot, mettez-le sur les cendres chaudes 24 heures, ensuite faites bouillir, agitant de tems en tems avec une spatule jusqu'à consistence d'huile grossiere ; coulez ensuite avec expression; faites cuire cette huile coulée jusqu'à consomption de l'humidité de l'eau, puis vous y ferez fondre la cire, la réfine, la terebenthine & le galbanum purifié par le vinaigre *; & quand la matiere sera presque refroidie, on y mêlera la gomme, & l'onguent sera fait.

* On purifie le galbanum en l'écrafant par petits morceaux, les mettant ensuite tremper dans le vinaigre quelques heures, on le féra fondre sur un petit feu, on paf-

Cet onguent eſt émollient, humectant, fortifiant & réſolutif.

Onguent Baſilicum, *ou Suppuratif.*

Cire jaune.
Suif de mouton.
Réſine. } de chacun. . . . demie livre.
Poix noire.
Terebenthine de Veniſe.
Huile d'olive. . . . . 2 livres & demie

Concaſſez la réſine & la poix noire, coupez par morceaux la cire & le ſuif, mettez le tout fondre dans l'huile ſur un feu mediocre, coulez la matiere fondue, mêlez la terebenthine, l'onguent ſera fait.

Il eſt digeſtif & ſuppuratif.

Onguent Populeum.

Boutons de peuplier cueillis quand ils commencent à s'ouvrir, & à faire voir la pointe des feuilles. . . . . 1 livre.
Graiſſe nouvelle de cochon. . . . . 4 livres.

Feuilles concaſſées {
de pavot noir.
de mandragore.
de juſquiame.
de morelle.
de tripe-madame.
de joubarbe.
de laituë.
de glouteron.
de nombril de Venus.
de violettes.
de ſommités de Venus.
} de chacun 4 onces.

On écraſera bien les boutons dans un mortier, & les ayant mis dans un pot de terre, on verſera deſſus la graiſſe fondue, on couvrira le pot, & on gardera juſqu'au mois de May ou Juin pour recueillir les plantes ſuſdites. On pilera leurs feuilles dans un mortier de marbre, & on les fera cuire avec la

ſera & exprimera fortement par une eſtamine : on remettra le marc dans de nouveau vinaigre ſur le feu, on paſſera une ſeconde fois, on mêlera les deux enſemble, on remettra le tout ſur le feu pour faire évaporer toute l'humidité juſqu'à conſiſtence d'emplâtre.

graiſſe de porc & les boutons de peuplier, juſqu'à conſomption de l'humidité : on coulera, on laiſſera repoſer, & on ſeparera l'onguent de ſes ordures.

Il eſt très-adouciſſant, & il appaiſe les douleurs.

Huile de laurier.

Bayes de laurier nouvelles & mûres à volonté, concaſſez-les bien, mettez-les dans une chaudiere, verſez deſſus aſſez d'eau pour qu'il y en ait un pied par-deſſus, faites boüillir une heure au-moins, coulez tout de ſuite, preſſez & exprimez très-fort, laiſſez refroidir, & ramaſſez l'huile groſſiere qui nagera ſur l'eau ; on a une ſeconde huile, mais qui n'eſt pas ſi bonne que la premiere, en battant le marc, le remettant dans l'eau boüillir, & faiſant au reſte comme deſſus.

Elle eſt très-fortifiante, émolliente & reſolutive.

Onguent roſat.

Graiſſe de porc nouvelle. . . . . 6 livres.
Roſes pâles nouvelles. . . . . 6 livres.

Lavez bien la graiſſe, après en avoir ôté les peaux, pilez legerement les feuilles des roſes : mettez le tout dans un pot de terre couvert au ſoleil pendant 7 jours, remuant de tems en tems avec une ſpatule de bois, enſuite faites cuire à petit feu 1 heure ou 2, coulez & exprimez fortement, remettez autant de nouvelles roſes qu'auparavant, ſuivez enſuite le même procedé, & l'onguent ſera fait.

Il eſt reſolutif & adouciſſant.

Ægyptiac.

Vinaigre excellent. . . . . 28 onces.
Miel, du meilleur. . . . . 14 onces.
Verd-de-gris. . . . . 10 onces.

Mettez le verd-de-gris en poudre, faites cuire avec le miel & vinaigre juſqu'à conſiſtence d'onguent.

Il deterge & nettoye bien les playes, mange les mauvaiſes chairs, & reſiſte à la gangrene.

Nota. Quand on le veut rendre plus cauſtic, on y mêle ſur le champ qu'on l'employe l'alun brulé, & on le rend plus vulneraire en y mettant de même de l'encens.

Onguent Pompholix.

Huile rofat. . . . . 20 onces.
Suc de graine de morelle. . . . . 8 onces.
Cire blanche , ou jaune. . . . . 5 onces.
Cerufe lavée. . . . . 4 onces.
Plomb brûlé pulverifé. . . . . 2 onces.
Encens en poudre fubtile. . . . . . . 1 once.

Faites boüillir à petit feu le fuc & l'huile jufqu'à ce que le fuc foit confommé, puis paffez l'huile pour la feparer de fon marc, mettez-y fondre la cire, puis ayant retiré du feu, vous y mêlerez les poudres, & l'onguent fera fait.

Il deffeche, & appaife les inflammations.

Onguent gris, ou de Naples.

Vif argent. . . . . 6 onces & demie.
Graiffe de cochon. . . . . 4 livres.
Terebenthine de Venife. . . . . 14 onces.

On éteindra le vif argent dans la terebenthine en l'agitant fortement 5 ou 6 heures dans un mortier de bronze, on y mêlera enfuite la graiffe petit à petit, & l'onguent fera fait.

Il eft bon pour toutes les demangeaifons du cuir, & pour tuer la vermine.

Infufion de tabac.

On fera le même effet ci-deffus en prenant des feuilles de tabac une poignée dont on fera une forte infufion dans une pinte de vinaigre avec du fel ; le tout à froid, & on en frotera.

Baume verd de M^de. Feuillet.

Huile de lin tirée fans feu. . . . . 1 livre.
Huile d'olive. . . . . 1 livre.
Huile de laurier. . . . . 1 once.
Terebenthine de Venife. . . . . 2 onces.
Huile de bayes de geniévre. . . . 1 once & demie.
Huile de geroffle. . . . . 1 dragme.
Verd-de-gris. . . . . 3 dragmes.
Aloes fuccotrin. . . . . 2 dragmes.
Vitriol blanc. . . . . 1 dragme & demie.

Mettez en poudre fine l'aloes, le vitriol & le verd-de-gris, vous mêlerez la terebenthine fur le feu avec les huiles de lin, d'olive, & de laurier, laiffez à-demi refroidir, puis mêlez-y les poudres, agitant quelque tems le tout, enfuite mettez les huiles de geroffle, de geniévre, & le baume fera fait.

Il nettoye les playes & les ulcéres, aide à faire revenir les chairs & à cicatrifer : il eft bon encore pour les morfures des bêtes venimeufes.

Beurre d'aiguille.

Eau forte.	2 onces.
32 aiguilles de cette longueur.	———
Huile d'olive.	4 onces.
Un gobelet à bierre de verre de fougeré.	

Il faut caffer les aiguilles en deux, & rejetter toutes celles qui ne cafferont pas net, les mettre dans le gobelet, y verfer l'eau forte, & enfuite l'huile, mettre le tout fur la cendre chaude l'efpace de 8 ou 9 heures : on laiffe enfuite refroidir, & le lendemain on trouve une efpéce de beurre dans le gobelet qui nage fur l'eau-forte ; on laiffe tomber petit à petit ce beurre dans de l'eau de fontaine : on le lave bien dans ladite eau un moment, puis on le garde dans un pot bien bouché, il dure un an & plus.

Il eft bon pour nettoyer & cicatrifer les playes, ulcéres & gangrene & pour la chûte des efquilles.

CHARGES, OU CATAPLASMES, EMMIELURES,
EMPLASTRES BLANCHES, ET REMOLADES.

Ces quatre noms font à peu-près le même remede, c'eft-à-dire, un remede qui fert à adoucir les douleurs des parties où on l'applique, à en ôter la chaleur, & à détendre ou amolir. Les petites differences qu'il y a entre tous ces noms, confiftent en ce qu'on met du miel dans l'emmielure, du lait dans les emplâtres blanches, & qu'une charge ou cataplafme quand il eft employé au pied, prend le nom de remolade.

Charge, ou Cataplafme.

Lie de vin.	6 pintes.
Poix de Bourgogne.	
Poix noire.	de chacun une livre.
Terebenthine commune.	
Saindoux.	

Emmielure.

Ajoûtez à ce que deſſus une livre de miel.

Emplâtre blanche.

Au lieu de lie de vin, mettez une pinte de lait.

On fait fondre les poix ſur un petit feu, enſuite on y mêle les autres drogues, & on ajoûte de la farine pour donner corps. On applique chaud.

Quand on veut fortifier les nerfs, comme en cas d'efforts, ſur une pinte de la charge on ajoûte un verre d'eſſence de terebenthine, qu'on ne doit mêler que quand la charge eſt hors du feu, il faut la remuer beaucoup ; car elle ſe mêle difficilement.

Quand on veut aider la ſuppuration, au lieu d'eſſence on ajoûte un peu de ſuppuratif.

Cataplaſme adouciſſant.

Mie de pain blanc.	1 quarteron.
Lait frais tiré.	demi-ſeptier.
De ſaffran en poudre.	1 gros.
Jaunes d'œufs.	2

Faites cuire le pain avec le lait, remuant inceſſamment en conſiſtence de bouillie épaiſſe, retirez du feu & y ajoûtez le ſaffran & les œufs.

Remolade.

Fricaſſez de la fiente de cochon avec de l'huile de noix, & mettez chaudement dans le pied.

EMPLASTRES.

Les emplaſtres ſont plus durs que les onguents.

Emplaſtre divin, ou Manus Dei.

Litharge d'or preparée.	1 livre & demie.
Huile commune.	3 livres.
Eau de fontaine.	2 livres.
Pierre d'aimant en poudre fine.	1 quarteron.
Pierre calaminaire.	3 onces.

Gomme ammoniac.
Galbanum.
Oppoponax. } de chacun . . . . . . 3 onces.
Bdellium.

Myrrhe.
Oliban.
Maftic. } de chacun . . . 1 once & demie.
Verd-de-gris·
Ariftoloche ronde.

Cire jaune· . . . . .8 onces.
Terebenthine. . . . . 4 onces.

Mettez dans une baffine fur un bon feu la litharge, l'huile, & l'eau, faites boüillir, agitant toujours avec une fpatule de bois jufqu'à confiftence d'emplâtre, jettez-y enfuite petit-à-petit les gommes en poudre, la cire en petits morceaux, & la terebenthine; puis à demi refroidi mêlez-y le verd-de-gris & l'ariftoloche pulverifés, & l'emplâtre eft fait.

Il refout, amolit, cicatrife, il eft par confequent bon pour les playes, ulceres, tumeurs & contufions.

Emplâtre oxicroceum.

Cire jaune.
Poix de Bourgogne. } de chacun. . . . . . 1 livre.
Colophone.

Terebenthine. . . . . .4 onces.
Gomme ammoniac.
Galbanum.
Myrrhe.
Encens. } de chacun. . . . . 3 onces.
Maftic.
Saffran en poudre.

Faites cuire ou liquifier la cire, la poix, & la colophone, puis ajoûtez toutes les gommes qui auront été pulverifées, & la terebenthine, faites cuire à confiftence d'emplâtre, puis quand le tout fera prefque refroidi ajoûtez le faffran, & l'emplâtre fera fait.

Il ramolit, refout, fortifie & adoucit.

Emplâtre de fouffre, ou de fulphure.

Pour faire cet emplâtre, il faut avoir du baume de fouffre,

qui fe fait ainfi : prenez des fleurs de fouffre 1 once & demie, & de l'huile de noix ou de lin, ou commune demie - livre, mettez-les en digeftion dans une fiolle ou bouteille à long col, jufqu'à ce que l'huile paroiffe rouge : vous la verferez alors par inclination.

Du baume de fouffre. . . . . 3 onces.
Cire. . . . . $\frac{1}{2}$ once.
Colophone. . . . . 3 dragmes.
De la myrrhe autant que de tout le refte.

Faites fondre le tout fur un petit feu, excepté la myrrhe, qui fera en poudre fubtile que vous ajoûterez enfuite, remuez toûjours jufqu'à confiftence d'emplâtre mol.

Emplaftre diachilum avec les gommes.

Je ne décris point la maniere de faire cet emplâtre, il eft trop compofé & trop difficile à faire ; on en trouvera de tout fait chez les Apoticaires ; mais on peut y mêler foi-même les gommes qui font, de la gomme ammoniac, galbanum, bdellium & fagapenum, qu'on mettra en poudre, en les mettant un peu fecher au foleil, ou devant le feu, avant de les piler, & après avoir chauffé l'emplâtre, on ne les mettra dedans, que quand il fera plus d'à moitié refroidi.

Cet emplâtre eft excellent avec les gommes pour digerer les matieres, les meurir, les cuire & refoudre.

Emplâtre de vigo avec le mercure.

L'emplâtre de vigo avec le mercure eft une trop grande compofition, pour en donner ici la defcription. On en trouve chez les Apoticaires : il fuffit de dire qu'il eft très-refolutif, & très - bon pour amolir & diffiper les humeurs froides, les loupes, &c.

Emplâtre de ciguë.

Gomme ammoniac diffoute dans le fuc de la grande ciguë. . . . . 2 livres.
Cire jaune. . . . . 8 onces.

Tirez le fuc de la ciguë par expreffion, concaffez 3 livres de gomme ammoniac, mettez-la dans une terrine, & par-deffus, de votre fuc environ 4 livres ; laiffez ainfi le tout pendant 5 ou 6 heures fur les cendres chaudes, faites boüillir doucement
enfuite

enfuite environ un quart-d'heure : quand la gomme eft diſſou-
te, paſſez & exprimez fortement, ajoûtez enſuite la cire coupée par petits morceaux; faites cuire, remuant avec une ſpatule juſqu'à conſiſtence d'emplâtre : cet emplâtre eſt très-reſo-
lutif, & bon pour les groſſeurs qui reſiſtent.

Emplâtre d'André de la Croix.

Poix réſine.		1 livre.
Terebenthine.		
Huile de laurier. ⎬ de chacun		2 onces.
Gomme elemy.		4 onces.

Faites fondre le tout enſemble; puis, après avoir paſſé par
un tamis pour ôter les ordures, l'emplâtre ſera fait.

Outre ſa vertu qui eſt de nétoyer & de conſolider les playes,
il en a une autre à l'égard des chevaux ; car comme il tient & ſe
colle très-fort à l'endroit où on l'applique , il eſt excellent lorſqu'on veut faire tenir un remede dans les endroits où on ne
peut faire de ligature qui tienne, ni de bandage ; alors on en
enduit le tour d'un cuir doux ſous lequel on enferme le medi-
cament appliqué, & toutes les fois qu'on veut lever l'appareil, la
partie de l'onguent à laquelle on aura approché une pêle rouge, ſe detachera : on panſe le mal, puis on applique derechef
la partie detachée qui reprend ſa place quand elle eſt chaude ;
cependant ſi on faiſoit chauffer le même endroit trop ſouvent, il faudroit y mettre de nouvel onguent ; car petit à petit il perd ſa vertu tenace.

B A I N S.

Prenez des herbes aromatiques & des émolliens par poignées, faites-les boüillir une demie-heure dans de l'eau, &
en baſſinez la partie enflée chaudement, vous ſervant du marc
des herbes pour froter. On fait rechauffer la même compoſition pour refroter. Ces bains ſont reſolutifs pour diſſiper les
enflures & la douleur.

Bain d'eau, ou Douche.

Mettez de l'eau chaude dans la grande ſeringue, qu'elle
ſoit de la chaleur d'un lavement, & en ſeringuer ſur le mal
d'un peu loin & avec force pluſieurs fois par jour ; il faut con-

tinuer très-long-tems ce remede qui eſt excellent pour fondre les groſſeurs dures des parties nerveuſes.

DIVERS AUTRES REMEDES.

Eau de merveille, ou d'Alibour.

Couperoſe blanche en poudre.	2 onces
Vitriol bleu, ou de Chipre en poudre. . . .	½ once.
Saffran.	1 gros.
Camphre.	1 gros.

Ayez une bouteille de grès d'environ 2 pintes & demie,
& d'autre part ayez 2 pintes d'eau (celle de riviere eſt prefe-
rable) vous broyerez le camphre dans un mortier avec 2 cuil-
lerées d'eſprit de vin : quand il ſera fondu, verſez-le dans la
bouteille, mettez enſuite le ſaffran dans le mortier, broyez-le
avec un peu d'eau de vos 2 pintes, verſez dans la bouteille,
mettez enſuite le vitriol & la couperoſe dans le mortier :
broyez encore avec de l'eau de vos 2 pintes, mettez dans la
bouteille avec le reſte des 2 pintes d'eau : remuez ladite bouteille pluſieurs fois pendant 24 heures, & ne vous en ſervez
que le ſur-lendemain. Quand on veut employer cette eau, il
faut remuer la bouteille, & l'employer un peu plus que tiéde :
on trempe des plumâceaux dedans.

Cette eau nétoye & digere les matieres des playes, elle eſt
très-vulneraire ; mais elle ne vaut rien ſur les parties nerveuſes.

Teinture d'aloes.

Myrrhe.	
Aloes.	} partie égale.

Eſprit de vin.

On met l'aloes & la myrrhe en poudre dans une bouteille,
& aſſez d'eſprit de vin pour qu'il y en ait environ 4 doigts
par-deſſus les drogues. Enfoncez ladite bouteille bien avant
dans du fumier nouveau de cheval, & l'y laiſſez trois ſemai-
nes, & la teinture ſera faite.

C'eſt un excellent remede pour reſoudre, nétoyer les playes,
& les préſerver de la gangréne.

Pierre vulneraire à froid.

Tartre de vin blanc en poudre impalpable. . . . 1 livre.

Limaille d'acier. . . . . ½ livre.
Eau-de-vie.

Mettez le tartre & la limaille dans une terrine de grès, arrofez-les avec de l'eau-de-vie, remuant avec la fpatule, & laiffez par-deffus les poudres l'épaiffeur d'environ un petit demi-doigt d'eau-de-vie : couvrez la terrine d'une planche, remuez 2 fois par jour, & remettant de l'eau-de-vie à mefure qu'elle s'imbibe, confervez-en toûjours la même épaiffeur fur les poudres : continuez toûjours ainfi, jufqu'à ce que vous voyez la compofition devenir en pâte comme de la poix noire ; ce qui arrive au bout d'environ 40 jours dans les tems chauds, & plus tard dans le froid. Alors vous en formerez des boules que vous ferez fecher.

On employe cette pierre en en laiffant fondre affez dans de l'eau demi-tiéde pour qu'elle teigne cette eau-de-vie d'une forte teinture tirant fur le noir. On en imbibe des plumaceaux qu'on met fur les playes ; on en fcringue quand les playes font profondes, & même on en fait avaler dans du vin un tiers d'once en trois prifes de 3 en 3 heures dans du vin fi la playe pénétre dans l'intérieur.

Cette pierre eft très-vulneraire, & deterge fort bien.

Digeſtif.

Terebenthine bien claire. . . . . 1 livre.
Maftich. ⎫
Myrrhe. ⎬ de chacun. . . . . . . , . . ½ once.
Oliban. ⎭
Jaunes d'œufs. . . . . N°. 3.

On pulverifera fubtilement les 3 gommes : on les mêlera avec la terebenthine, puis on y ajoûtera les blancs d'œufs, on agitera bien le mêlange, & le digeftif fera fait.

Il digere & difpofe les matieres à fuppuration : on en applique avec des plumaceaux.

Défenſif.

Le défenfif ne fert guéres qu'aux pieds pour empêcher la matiere de fouffler au poil, ou pour empêcher les humeurs de tomber fur les pieds. C'eft proprement un reftrinctif.

Du vinaigre. ⎫
De la fuye de cheminée. ⎬ A volonté.
Des blancs d'œufs. ⎭

On foüette les blancs d'œufs, & on mêle le tout en confiftence de bouillie, & on l'employe fur des plumaceaux.

Emplâtres retoires, ou veſſicatoires.

La baſe des retoires eſt ordinairement les cantharides : on les
mêle avec la terebenthine & le levain ; mais ceux-ci ne conviennent guéres aux chevaux, parcequ'elles détruiſent le poil ;
celui qui leur convient le mieux, eſt celui qu'on appelle onguent de *Scarabeus*, ou à ſon défaut celui des ſaints Martins,
parceque faiſant le même effet des cantharides, ils ne détrui-
ſent nullement le poil ; attendu que, quoiqu'il tombe, il revient après l'effet de ces veſſicatoires : ils ſont nommés ainſi à
cauſe qu'ils cauſent des veſſies ſur la peau.

Pl. V.   Le ſcarabeus M. eſt un animal peſant, noir, marchant lentement : le corps de cet inſecte eſt rempli d'une huile cauſtique
qui fait la baze du retoire : il ſe trouve dans May & Juin aux
heures les plus chaudes du jour dans les hayes, dans les ſain-
foins, &c. c'eſt proprement un eſcarbot ſans aîles, qui eſt
ſuivant les apparences, la femelle d'un mâle plus alerte qu'elle.
On appelle ces inſectes *ſcarabei onctuoſi* : on en ramaſſera juſqu'à 300 qu'on mettra dans une livre d'huile de laurier ; on
les y peut jetter les uns après les autres à meſure qu'on les ra-
maſſe ; mais je crois qu'il vaudroit mieux les y jetter tous enſemble, ils y ſejourneroient le même tems, & l'onguent en ſeroit
plus parfait. C'eſt pourquoi à meſure qu'on les amaſſeroit, il n'y
Voyez cette   auroit qu'à les mettre dans une boëte avec des feuilles *d'arum*,
plante pl. II.   ou pied-de-veau dont ils ſe nourriront très-bien, & quand on
cy-après.   en aura ramaſſé 300, on les remettra dans l'huile de laurier ; on
les y laiſſera trois mois, puis on paſſera dans un linge afin d'ôter
de l'huile les pieds, chapes d'aîles & têtes, & le retoire ſera fait.

Dans les jours chauds, & dans Juin & Juillet on voit de
toutes parts dans les prés & dans les bois une eſpéce d'inſecte
très-beau à voir, c'eſt encore un eſcarbot ; il s'en trouve de
plus gros & de plus petits : les gros ſont à peu près de la groſſeur
d'un haneton : les chapes qui couvrent leurs aîles ſont vertes
& dorées, ainſi que leur tête & leur corſelet : ils courent très-vîte. Ce ſont ces animaux qu'il faut ſuppoſer au ſcarabeus, quand
on n'en trouve point : on les met de même dans l'huile de laurier, & ils font un veſſicatoire approchant de la vertu du ſcarabeus. A l'égard de la deſcription que le Parfait Maréchal fait

d'un infecte noir gros comme une feverole, qu'il nomme des vers, je m'imagine que quelqu'un lui en a impofé, cet animal étant introuvable ; mais celui-ci qu'il vouloit apparemment defigner & que fans doute il n'avoit jamais remarqué, eft très-commun, on le nomme un S. Martin, une couturiere, un orfévre L. On l'appelle S. Martin, parce qu'on en voit beau- Pl. V, coup vers la S. Martin d'été qui eft au commencement de Juillet.

Les retoires font faits pour amener à refolution les grof-feurs qui fe trouvent fur les parties nerveufes, & qui refiftent aux autres remedes.

Ceroine.

Quand on veut que le feu qu'on aura mis quelque part faffe une grande efcarre, on remettra deffus de la poix noire qu'on chauffera enfuite avec la pelle rouge pour qu'elle s'applique fur la partie, & de la bourre filaffe hachée, ou vieille corde, pour que le tout faffe un corps pour l'enlever quand on voudra.

Cette compofition qui eft fort fimple, fe nomme impro-prement ceroine, car il n'y entre point de cire.

DES SECRETS, PAROLES,
PACTES, CHARMES ET FOLETS.

IL n'y a guéres de matieres où l'ignorance ait eu si beau jeu pour faire valoir ses effets, qu'à l'égard des chevaux : j'appelle effets de l'ignorance tout ce qu'elle conçoit d'idées vagues, & sans fondement, qu'elle exécute en l'air, s'imaginant que ses chimeres lui suffisent pour être dedommagée des sciences qui lui manquent. On peut donc dire que l'ignorance posant ses principes sur elle-même, dont l'un des plus considerables est la superstition, a enfanté à l'égard des chevaux les paroles misterieuses, les pactes, les charmes, les folets qui abusent le vulgaire trop credule, & dont on a tant de peine à le faire revenir à cause de son penchant à adopter preferablement ce qui s'éloigne de l'ordre commun de la nature, & à se laisser aller avec plaisir au chatouillement d'horreur que lui causent ces idées fantastiques. Mais quand on veut penser solidement & utilement, & acquerir de veritables connoissances, la premiere chose qu'on doit faire est d'éloigner de son esprit ce qui ne pose sur aucun principe, d'imposer silence à une imagination dereglée, & enfin de chercher des voyes sûres qui puissent conduire à la verité ; c'est en suivant cette methode que le voile se tire peu à peu, & on est étonné à la fin d'avoir pensé que l'on voyoit clair dans des tems où on étoit enfoncé dans une obscurité profonde. C'est ainsi que les pratiques superstitieuses des Maréchaux s'évanouiront, & feront place à la science des Medecins. Voit-on que quelqu'un de ceux cy dise des paroles pour la guerison de quelque maladie que ce soit ? Les Intelligences auroient-elles refusé leurs communications aux Medecins pour la santé des hommes, & l'auroient-elles accordée par preference à ceux qui les invoquent en faveur des chevaux. Les Charlatans sont encore un genre de trompeurs qui abusent à leur profit de l'estime qu'ils acquierent dans le public : pour un ou deux secrets (c'est-à-dire, remedes) qu'ils ont trouvés par hazard, ou qui leur ont été communiqués, ces gens avancent hardiment que leurs drogues guérissent de tous les maux ; enfin qu'ils ont le re-

mede univerfel. Ils prononcent par ce feul mot leur condam-
nation dans l'efprit des perfonnes inftruites & judicieufes,
tant à l'égard du remède, que par rapport au profit illegitime
qu'ils veulent en tirer, & qu'ils tirent en effet fouvent aux dépens de la fanté de ceux qui y mettent leur confiance. La compofition de leur remede eft leur veritable fecret qu'ils gardent
inviolablement. Le Charlatan fçait que tout homme qui annon-
cera des chofes nouvelles & non connues, ne manquera jamais
de trouver gens qui les lui faffent valoir: ils ne s'apperçoivent
que trop que la fimplicité de la verité demontrée nous fait tomber dans une efpéce d'indolence, & que nous n'y prenons plus
qu'une part affez froide. Rien en effet n'eft fi commun que d'entendre dire: Quoi n'eft-ce que cela! Nous nous étions faits
avant d'être inftruits un plan compofé, & des idées imaginai-
res, ayant toûjours pour objet des chofes furnaturelles, & nous
tombons du haut de notre édifice, auffi-tôt que les tenebres
fe diffipent; n'importe, la chûte en eft heureufe. C'eft ce
qui fait revenir à eux tous les jours ceux qui croyent aux Efprits, & qui a fait rentrer dans leur maifon plufieurs particuliers defabufés de leur effroi. Une maifon eft remplie d'Efprits, on les voit, on les entend: on tremble feulement quand
on en parle: on mettroit fa main au feu que ces bruits ne peuvent être naturels. Un feul plus hardi qui entreprend de s'é-
s'éclaircir du fait, découvre que la caufe du bruit qu'on a entendu n'eft quafi rien; alors tout le monde dit: quoi n'étoit-ce
que cela! & on reprend fa tranquillité toûjours occafionnée
par la connoiffance de la verité. A l'égard de la vertu de ce qu'on
appelle des paroles dont nous nous fommes un peu écartés, je
dirai encore que c'eft un moyen fûr pour conferver fa recette,
quoiqu'on s'en ferve à la vûe de fpectateurs trop fimples pour
devoiler la rufe. Ces paroles font prefque toûjours accompagnées de quelques remedes qu'on fait devant ou après; mais
comme on s'imagine que fans elles le remede n'auroit pû produire aucun effet, on fe garde bien de s'en fervir, fûrs qu'il
ne réuffiroit pas fans les paroles myftericufes que le trompeur
n'a pas manqué de dire fi bas que perfonne ne les a entendues,
& qui fouvent font forgées à plaifir, ou ne font d'aucune langue; témoin les recettes fuivantes que j'ai tirées d'un manuf-
crit plein de ces fortes de fecrets pour beaucoup de maladies.

de chevaux. Les voici, pour la rage, *Iram quiram càffram çaffrantem tronſque ſecretum ſecurit, ſecuricit, ſecurſit, ſeducit*, écrire ſur du papier, le rouler, & le faire avaler au cheval dans du beurre. Autre pour cheval qui a les avives : *Avives qui êtes vives, je vous prie & vous ſupplie que vous vous retiriez de deſſus ma bête, ainſi que fit le diable d'enfer au vendredy beny avant l'eau benite.* Il faut nommer le poil du cheval. On voit bien que celui qui les avoit recueillies étoit plus ignorant que ſorcier.

Les folets, dit-on, panſent les chevaux, & quand on voit qu'un cheval a les crins tortillés de façon qu'on ne les peut défaire, c'eſt le follet qui y a mis ſa marque, & celui qui les démêlera, mourra dans l'année. J'eſpere qu'on jugera de cette extravagance ſuivant ce qui vient d'être dit à l'occaſion des autres dont j'ai fait le detail. Il ſeroit ſuperflu de m'étendre davantage à cet égard, laiſſant la déciſion de toutes ces momeries aux Lecteurs cenſés. J'aurai fait un grand bien ſi mes raiſons peuvent déſabuſer pour toûjours ceux qui ont eu juſqu'ici quelque penchant pour le myſterieux & le ſurnaturel de cette eſpéce.

F I N.

DICTIONNAIRE

Pl. 1.

Delphinium platani folio staphisagria dictum staphisaigre herbe aux poux.

Licoperdon Vulgare. Vesce de Loup

Azarum, Cabaret

Ricinus Vulgaris Ricin

Tragacantha. Barbe renard ou Espine de Bouc

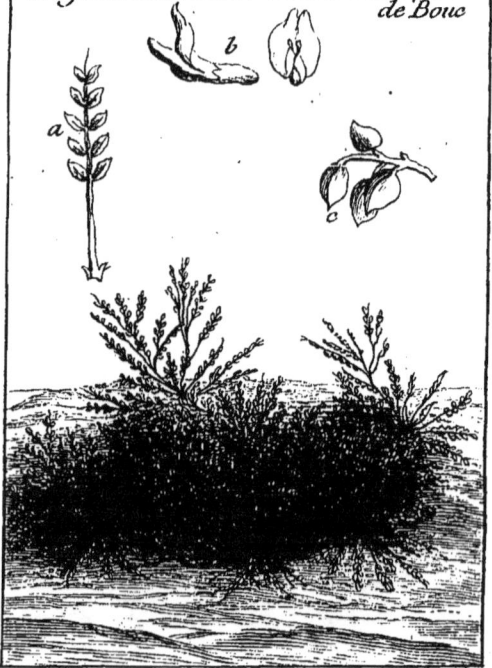

Pl. 2.

Bryonia aspera siue alba baccis rubris
Couleuuree

Helleborus niger angustioribus foliis
Ellebore noir

Convolvulus ou maritimus nostras
Soldanelle Chou marin

Aloe   Aloes   Soccotrina hepatica
caballina

Dracunculus poliphyllus
Serpentaire

Jalappa off. fructu
rugoso

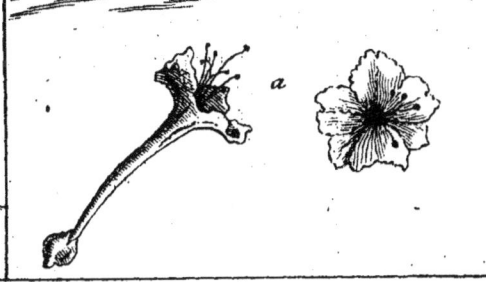

Jalap ou
Belle de
Nuit

Arum Vulgare
m maculatum
Pied de Veau

Pl. 3.

thimelea laurifolio sempervirens sive
Laureola mas. Laureole

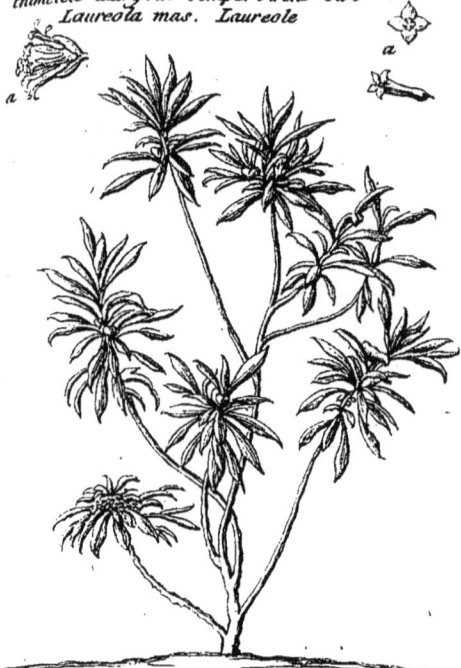

Thimelea laurifolio deciduo sive laureola
Femina Bois gentil

cucumis
concombre Silvestris asininus dictus
Sauvage

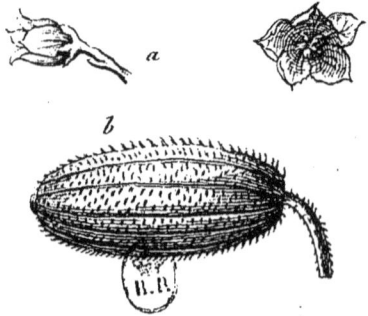

Tithymalus latifolius cataputia dictus
epurge

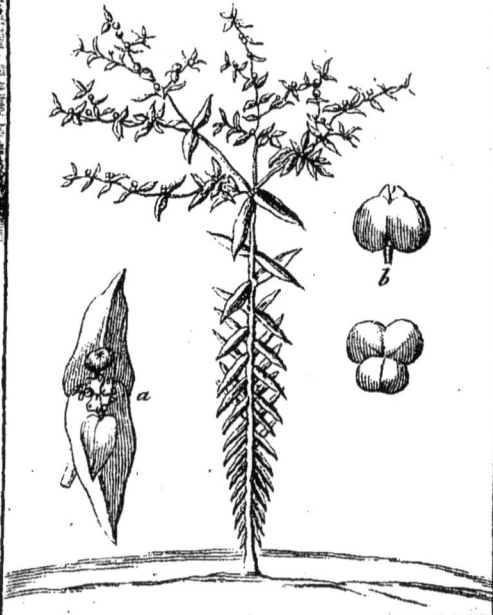

Pl. 4.

Mercuriale

a

a

Sambucus humilis sive ebulus
Hyeble

b

Mercurialis testiculata
sive mas

Mercurialis
spicata sive fœmina

b

c

b

Iris Vulgaris
germanica
sive silvestris
Iris ou flambe
a

Carthamus off.
Safran bâtard
a

a

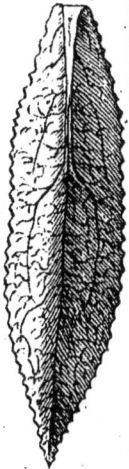

Pl. 5

Cnicus silvestris hirsutior sive carduus benedictus
Chardon beny
a
a

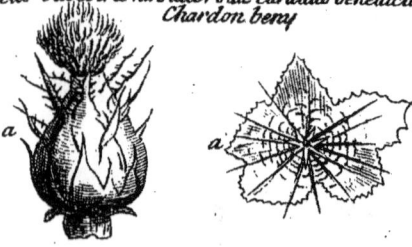

Carduus albis maculis notatus Vulgaris
Chardon Marie ou Chardon
Nôtre Dame
a

Frangula Aulne noir
b
a
a

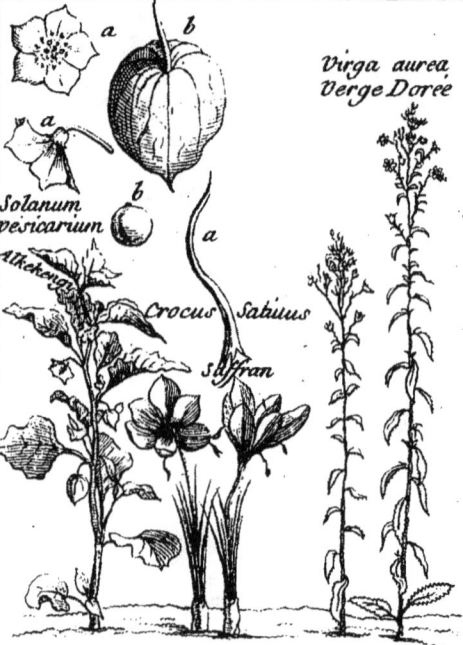

a *b*
Virga aurea
Verge Dorée
Solanum
vesicarium
Alkchengi
Crocus Satiuus
a
Saffran

B.R

Pl. 6.

Melissa tragi
Melisse de traguo

Lithos permum majus erectum
herbe aux perles

Saxifraga
rotundi folia alba

Saxifrage

Althæa sive bismalua
Guimauve

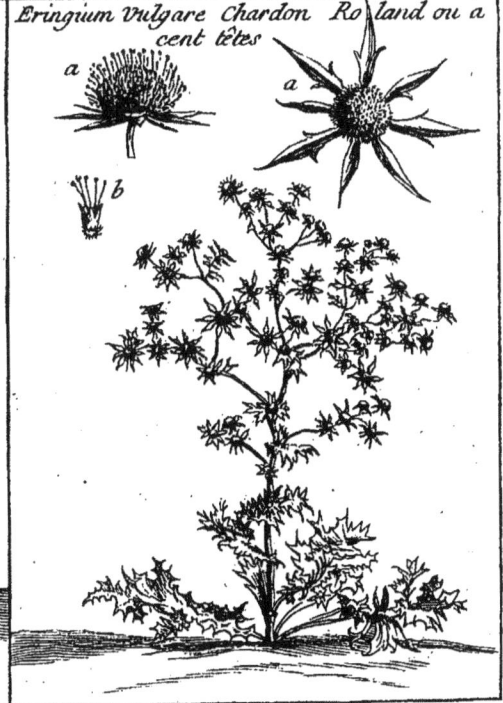

Eringium vulgare Chardon Ro land ou a
cent têtes

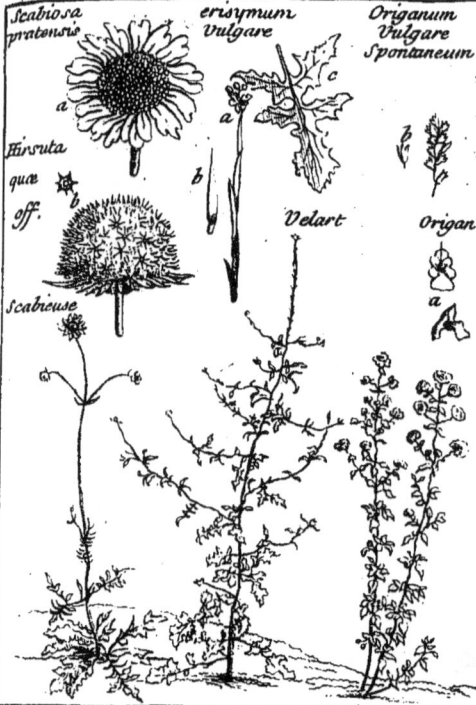

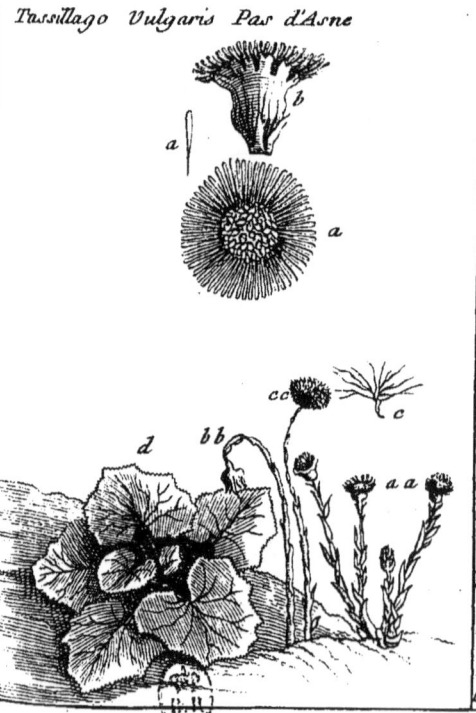

Pl. 7.

Scabiosa pratensis — erisymum Vulgare — Origanum Vulgare Spontaneum

Hirsuta quæ off.

scabieuse

Velart

Origan

Aster omnum maximus seu enula campana off. — aulnee

Tassillago Vulgaris Pas d'Asne

Iris alba Florentina

Iris de Florence

Marrubium album Vulgare. Marrube blanc

Calamintha humilior folio rotundiore Terreterrestre

Ruscus myrtifoliis aculeatus
houx freslon

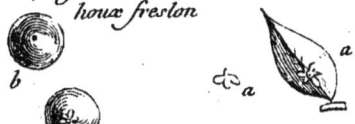

b

a

Polypodium Vulgare
Polipode

a

Pl. 8

Herniaria herniole turquette
b   a
a

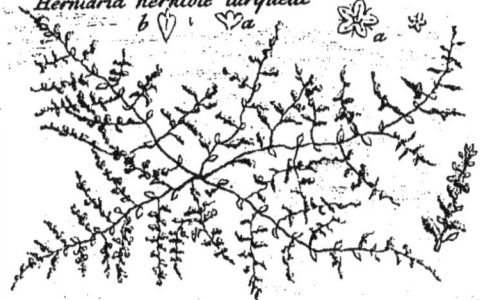

Lappa major   Bardane ou glouteron

B.R.

Carduus stellatus sive calcitrapa
Chardon estvilé, chausse trape

a

Pl. 9.

Trichomanes sive politricum

ruta muraria

Polit.ric

rue des murs

Lingua cerinna off. Scolopendre

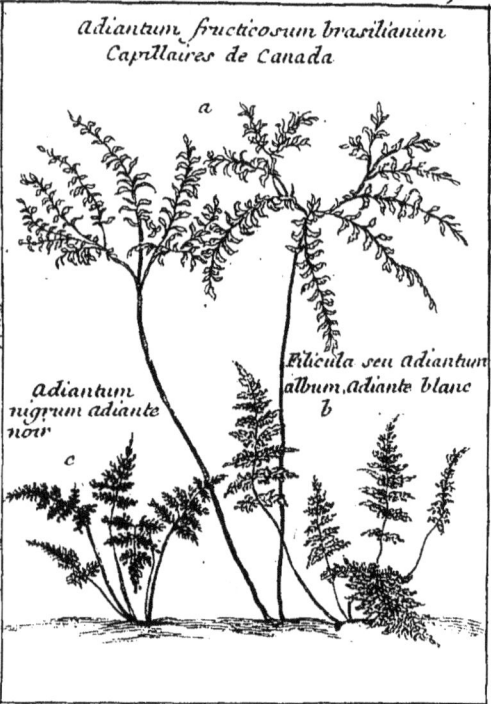

Adiantum fructicosum brasilianum
Capillaires de Canada

a

Adiantum nigrum adiante noir

c

Filicula seu Adiantum album, Adiante blanc
b

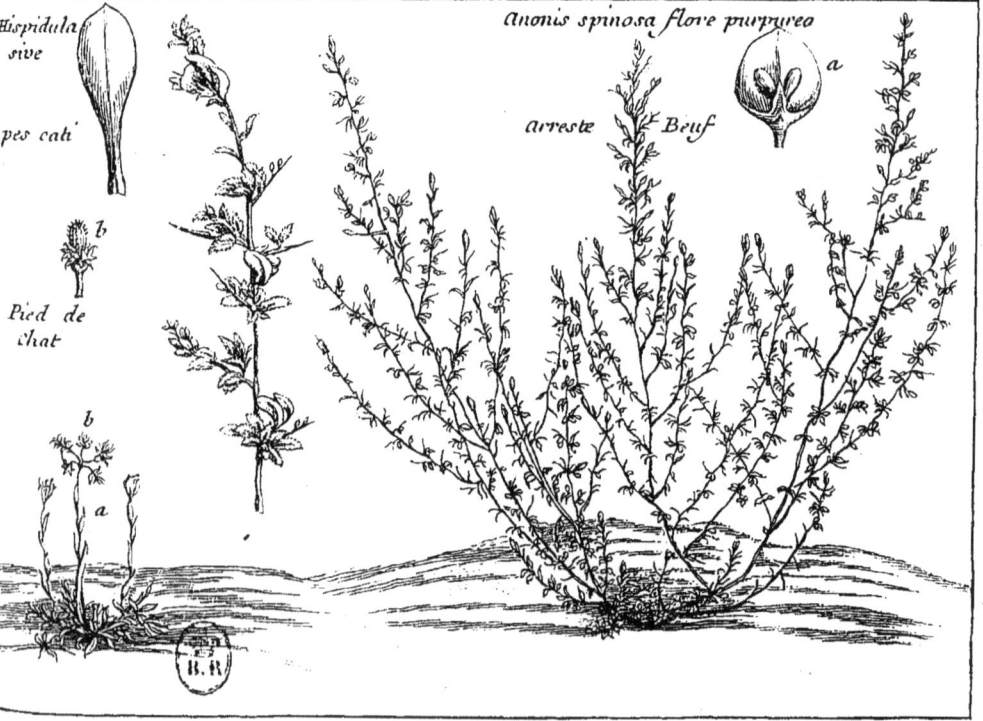

Hispidula sive

pes cati

Pied de chat

Anonis spinosa flore purpureo

a

Arreste Beuf

Pl.10

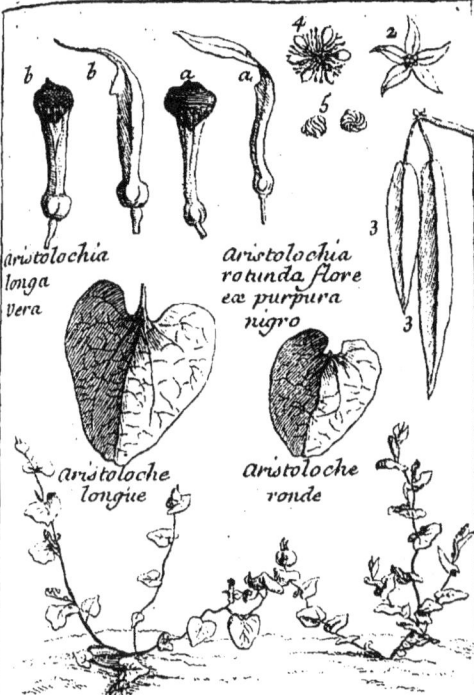

b b a a

4

5

2

aristolochia
longa
vera

Aristolochia
rotunda flore
ex purpura
nigro

3

3

3

Aristoloche
longue

Aristoloche
ronde

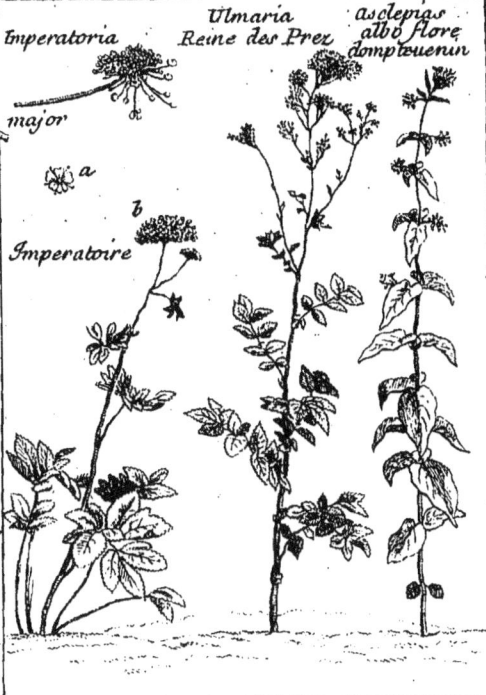

Imperatoria

Ulmaria
Reine des Prez

asclepias
albo flore
domptuenin

major

a

b

Imperatoire

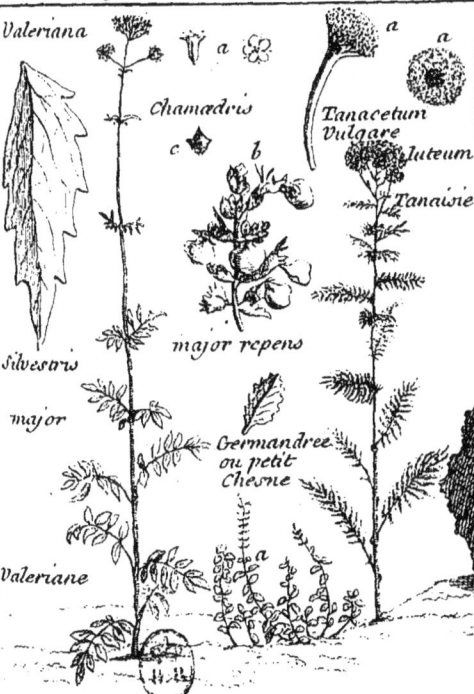

Valeriana

Chamædris

a

c

b

Tanacetum
Vulgare

a

a

luteum

Tanaisie

major repens

Silvestris

major

Germandree
ou petit
Chesne

a

Valeriane

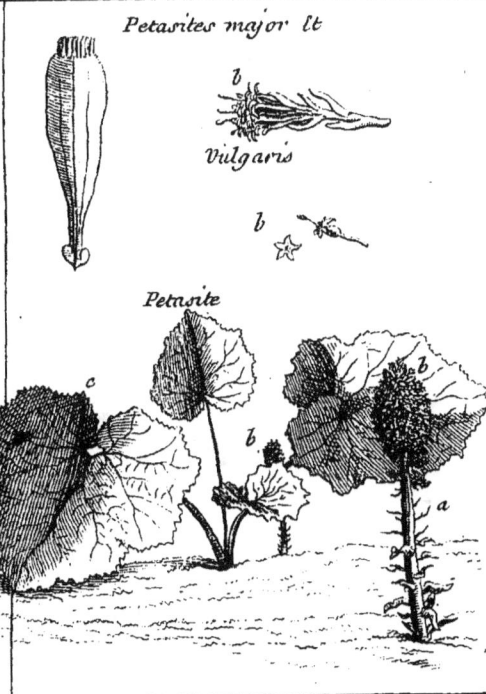

Petasites major lt

b

Vulgaris

b

Petasite

c

b

b

a

Pl. 11.

Rhamnus catharticus nerprun ou
Bourgepine

a

Ziziphus
Jujubier

a

a

a

a

Ammi vulgare
ammi

a

Carui cæsalpin
carui

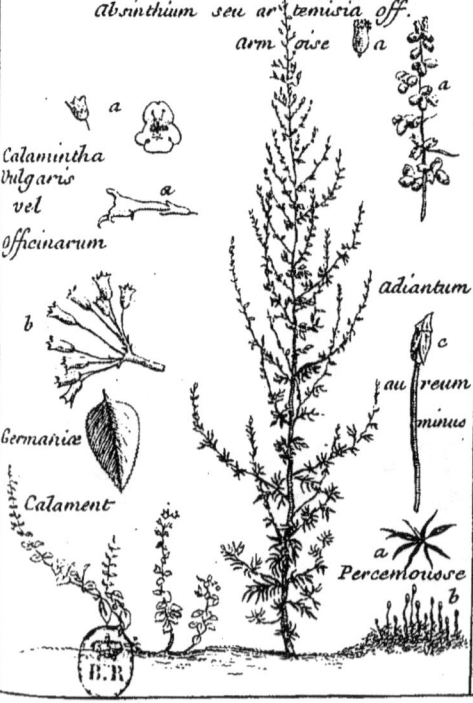

Absinthium seu artemisia off.
armoise

a

a

Calamintha
vulgaris
vel
officinarum

a

a

b

Germaniæ

Calament

adiantum

c

aureum

minus

a
Percemousse

b

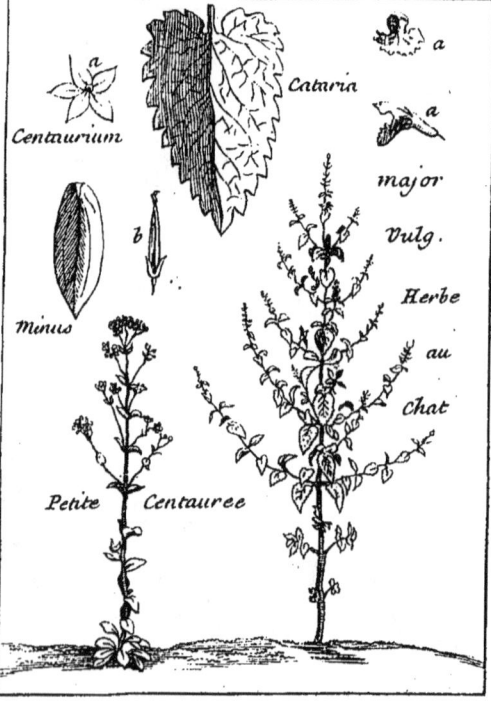

a

Cataria

Centaurium

major

Vulg.

b

Herbe

au

Chat

Minus

Petite Centauree

Fraxinella

a

Melilotus

c

b

b off.

Fraxinelle ou

Germaniæ

dictame blanc

a

Melilot

Cucurbita longa folio molli flore albo
Courge ou Calebasse

a

b

a

Carlina a caulos Chardonerette

a *a*

Pulegium

b

Latifolium

Pouliot

Nigella
flore minore
simplici
candido

b

a

a

Nigelle
ou
Nielle

Chamæmelum Vulgare
leucanthemum
diosc oridis

a

c

Chamæ
teai

b

Vulgaris

folio trifido

Juette

Camomille

Pl. 13.

Fraxinus excelsior   Fresne

d
c
c
b
a

Tormentilla silvestris
Tormentille
b
a
3
a
2
Quinque folium
quinte feuille
b
majus repens

Origanum creticum latifolium tomentosam
seu   dictamus cretious
b   b
Dictame   de   a
Crete

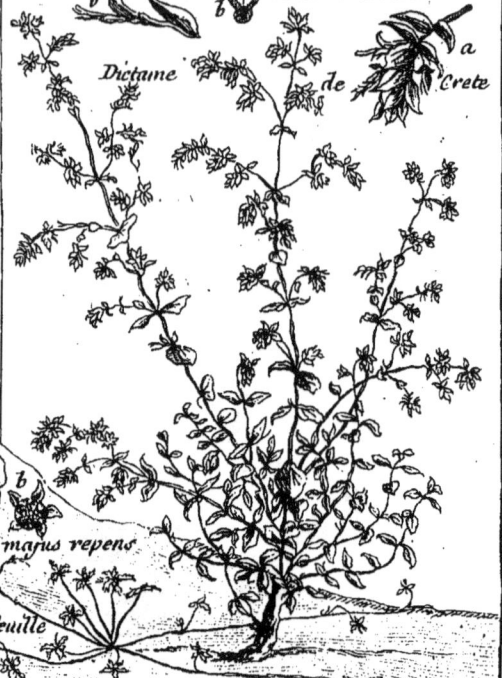

Symphytum   consolida
major
a
a
b
b
Grande   Consoude

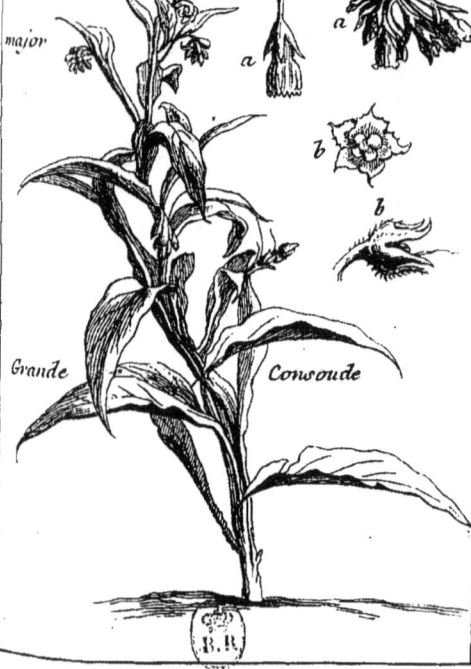

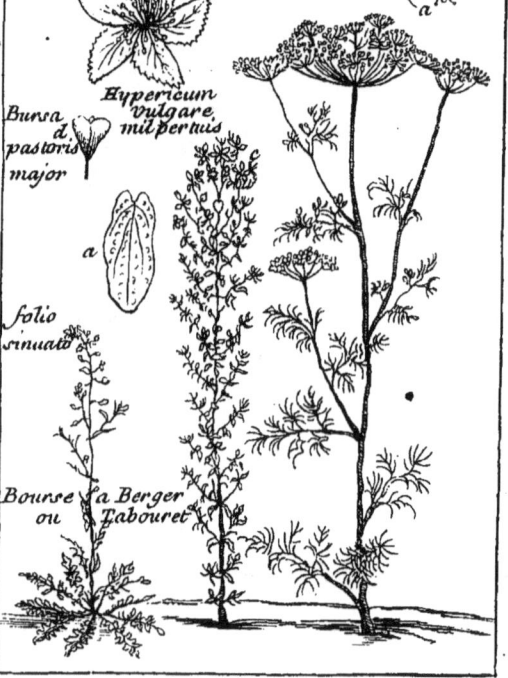

b   Anethum   Anet
a
Hypericum vulgare mil pertuis
Bursa d. pastoris major
a
folio sinuato
Bourse La Berger ou Tabouret

B.R.

Pl. 14

*Bistorta major radice majis
intorta   Bistorte*

*Mille folium Vulgare
album   Mille feuille*

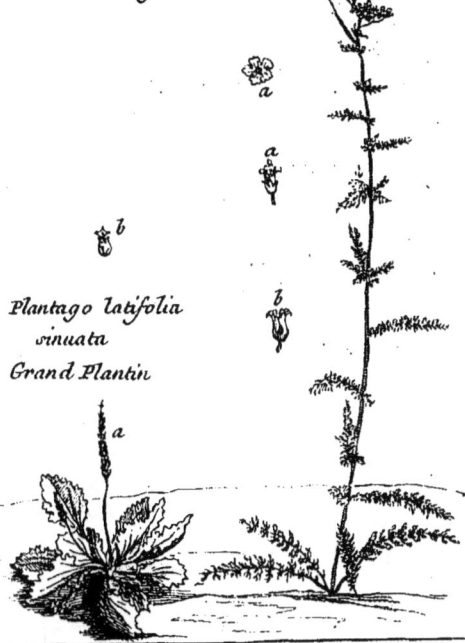

*Plantago latifolia
sinuata
Grand Plantin*

...naphilloi   des

Psillium

Majus

...rgenteum

...latum

...eu

...a

crectum

*Herbe aux
Puces*

...otentilla

...argentine

*...rmachia humi
...sa folio rotundiore
...mmulaire ou herbe aux Ecus*

*Sanicula
a   off.*

sanicle

*a   Brunetta
a   major*

b   folio non

b

dissecto

Brunette

Pl. 15

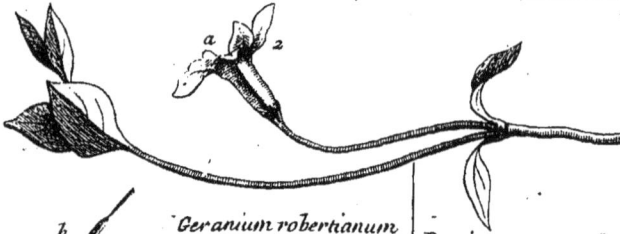

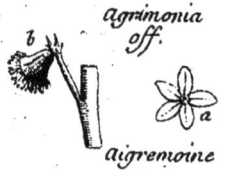

Agrimonia off.

Aigremoine

Geranium robertianum

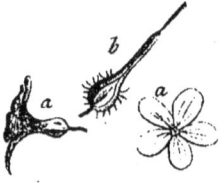

Peruinca

Vulgaris

Angustifolia

Petite Peruanche

Alchimilla Vulgaris
Pied de Lion

Herbe Robert

Rubia

tinctorum

Satiua

Chamædris

Palustris

Canescens

seu

Scordium off.
Germandree d'eau

Garance

Nymphea alba major
nenufar blanc

nymphea lutea major
nenufar jaune

Pl.16

Cochlearia folio

c

Cubitali

c

Grand Raifort

a

b

Glycyrrhisa Siliquosa vel

Germanica Reglisse

Oxis flore
albo

alleluya

b

b

Cochlearia

folio

m

Jubro tundo

herbe aux
Cuilleres

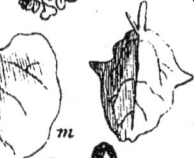

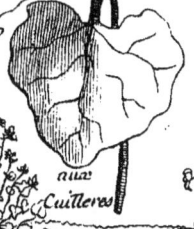

a

Sium siv.

apium
palustre

Foliis
oblongis

berle

Cynoglossum

a

majus Vulgare a

a

Sonchus
laevis
laciniatus
latifolius

Laitron
doux

b

Langue de Chien

Pl. 17.

aconitum   cæruleum
a

seu napellus
napel

a

Christophoriana vulg.
nostras racemosa
et ramosa

Herbe de St Christophle

a

b

Buglossum
a

Angustifolium
a

majus

Buglose

Veratrum

Hellebore   blanc
a

a

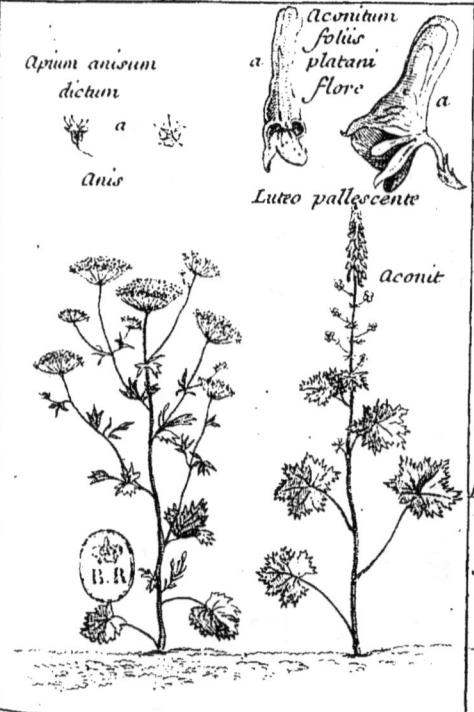

Apium anisum
dictum

Anis

a

Aconitum
foliis
platani
flore

Luteo pallescente

Aconit

a

a

B.R

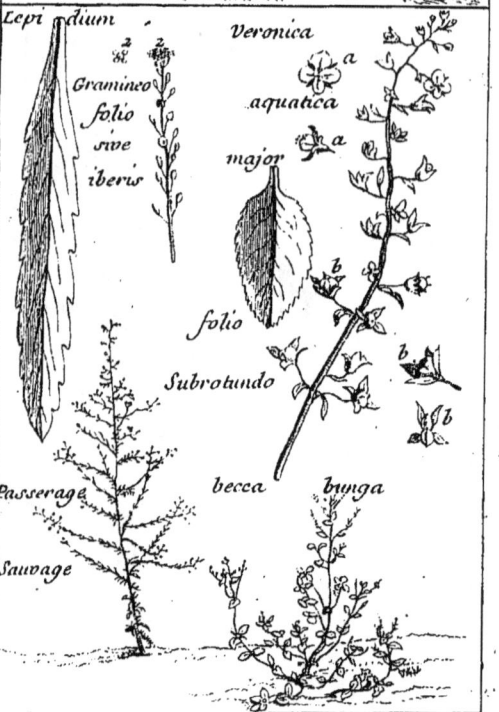

Lepidium

Gramineo
folio
sive
iberis

Passerage

Sauvage

Veronica

aquatica

major

folio

Subrotundo

becca   bunga

a

a

b

b

b

Pl. 18.

rbena
mmunis
ruleo
flore   *a*

Verveine

2

I

Aconitum
salutiferum
seti

Leucanthemum *anthora*
Vulgare

betonica   *a*

Purpurea   *b*

betoine

Margueritte
   a

Stramonium fructu spinoso rotundo
semine nigrante
Pomme
Epineuse

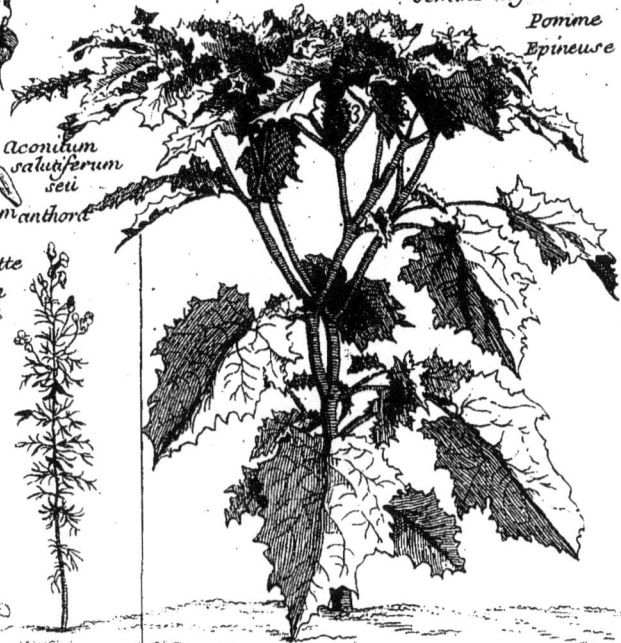

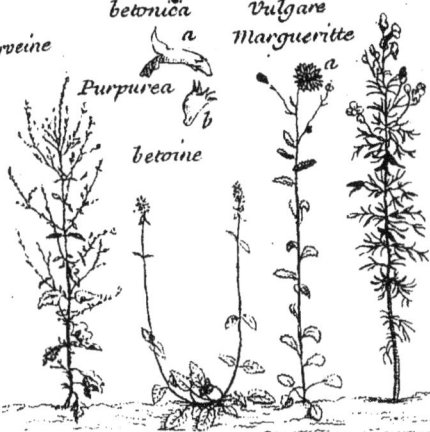

Cicuta minor
   a
Petroselino similis
Petite Cigue

   a

Androsæmum
maximum   *b*

frutescens

Toute Saine

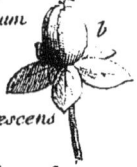

   a

Mandragora fructu rotundo
Mandragore masle

   b

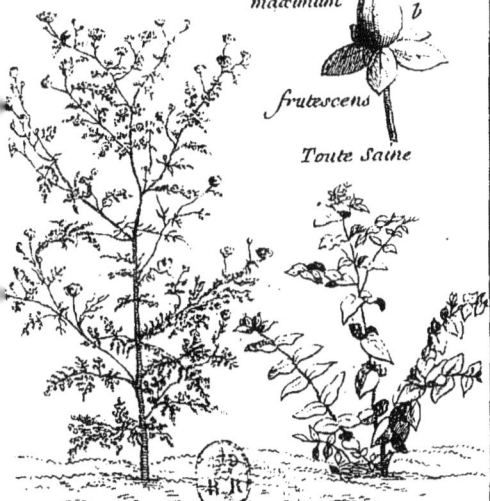

anagallis

Phænicœflore   *b*
   a
Mouron

Anacampseros
Vulgo faba crassa

orpin

Veronica mas
supina et

vulgatissima

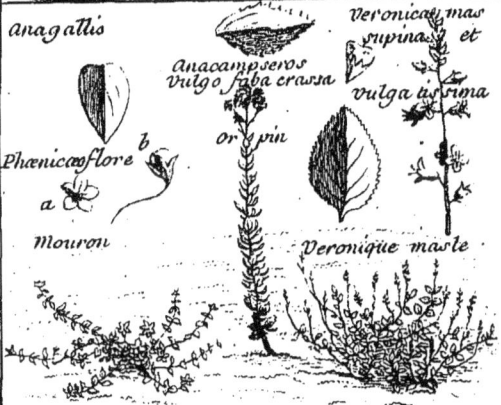

Veronique masle

Pl. 19.

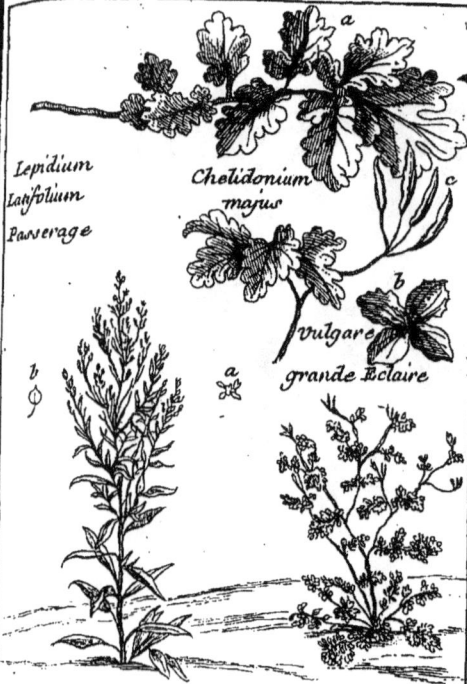

Lepidium
Latifolium
Passerage

Chelidonium
majus

Vulgare
grande Eclaire

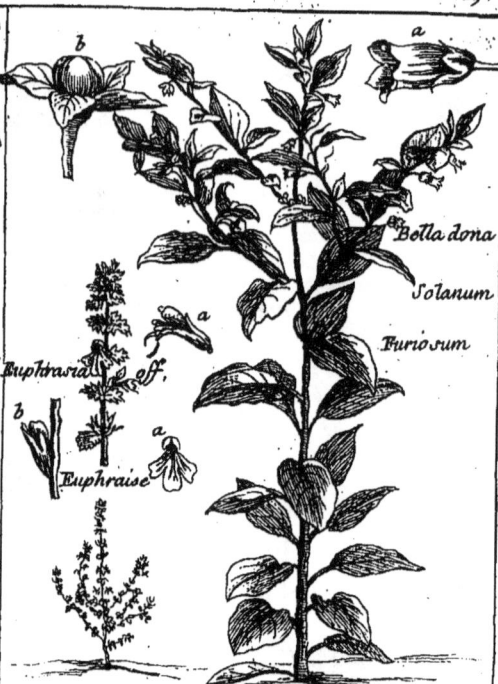

Bella dona
Solanum
Furiosum

Euphrasia off.

Euphraise

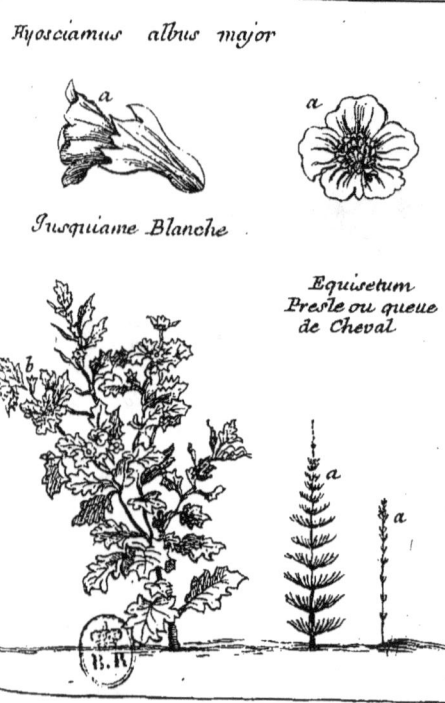

Hyosciamus albus major

Iusquiame Blanche

Equisetum
Presle ou queue
de Cheval

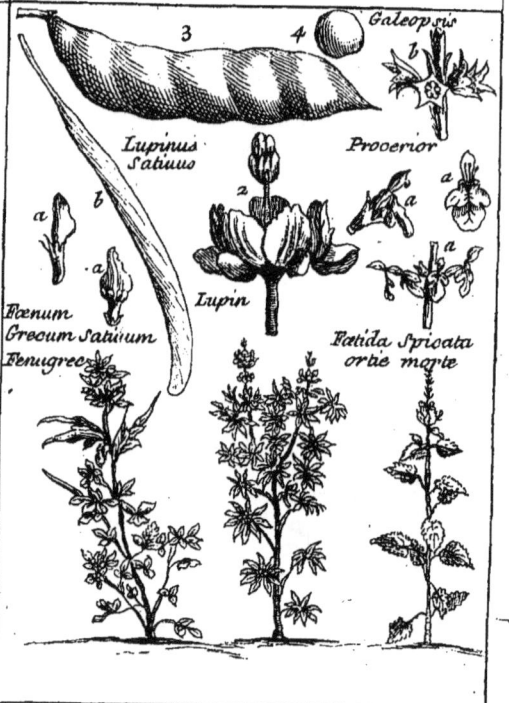

Galeopsis

Procerior

Lupinus
Satiuus

Lupin

Fœnum
Grecum Satiuum
Fenugrec

Fætida Spicata
ortie morte

Pl. 25

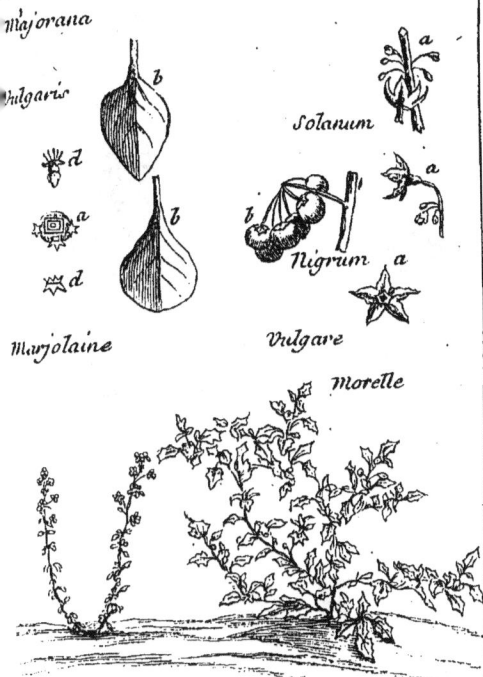

Majorana
Vulgaris *b*
d
a
d

Solanum

Nigrum *a*

Marjolaine

Vulgare

Morelle

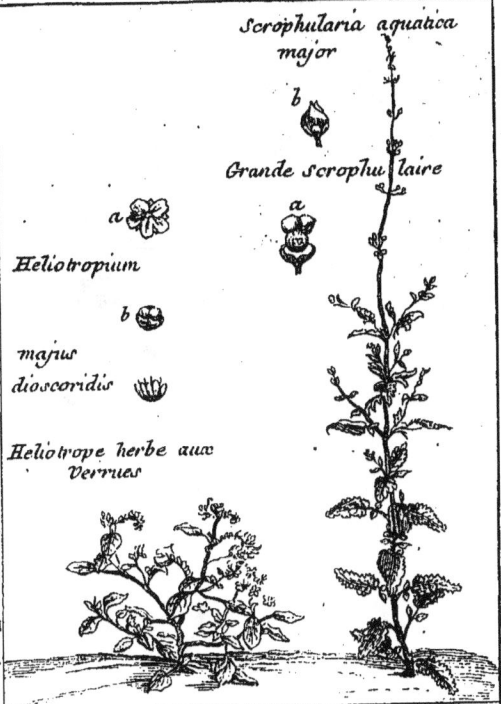

Scrophularia aquatica major

b

Grande scrophulaire

a

Heliotropium

a

b

majus dioscoridis

Heliotrope herbe aux Verrues

2

a

3 *c*

b

Malua Vulgaris flore majore folio sinuato mauue

b

Ophioglossum Vulgatum Langue de Serpent ou herbe sans couture

b

a

B.R.

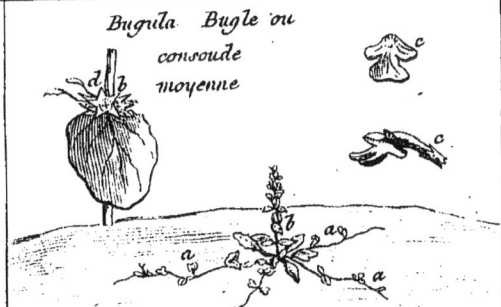

Bugula Bugle ou consoude moyenne

d *b*

c

c

b *a*

a *a*

a

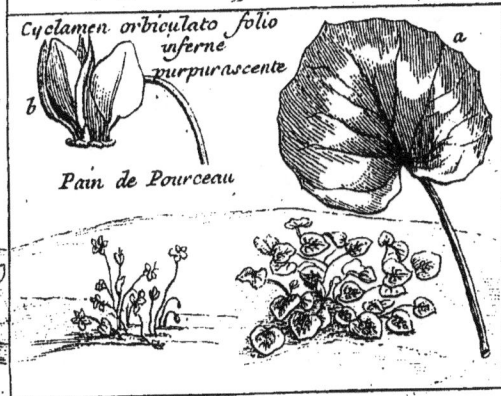

Cyclamen orbiculato folio inferne purpurascente

b

a

Pain de Pourceau

DICTIONNAIRE
DES TERMES
DE
CAVALERIE.

AVERTISSEMENT.

J'Ai donné à ce Dictionnaire général le plus d'étenduë qu'il m'a été possible ; le composant des Termes qui sont actuellement en usage dans l'Art de la Cavalerie, & de ceux que l'on rencontre dans les Auteurs. J'ai cependant obmis de dessein prémedité plusieurs de ces derniers, parce que les choses qu'ils exprimoient alors ayant été abolies, pour, suivant toutes les apparences, ne plus revoir le jour, il étoit superflu d'en grossir un Dictionnaire. Tels sont les noms des parties d'une prodigieuse quantité d'embouchures, &c.

On ne trouvera ici que la simple dénomination des instrumens qui regardent le pensement des Chevaux, la matiere des Médicamens & Operations ; la Ferrure, les Selles & Bottes ; parce que leur explication accompagnée d'Estampes suit les Chapitres qui traitent de ces differentes parties de la Cavalerie, auxquelles je renvoye le Lecteur ; m'étant fait un plan de ne point quitter une matiere commencée, sans y joindre en même tems tout ce qui y a rapport autant que j'en ai été capable.

A

*A*BANDONNER un Cheval ; c'est le faire courir de toute sa vitesse, sans lui tenir la bride. *Abandonner* les étriers ; c'est ôter ses pieds de dedans. *S'abandonner*, ou Abandonner son Cheval après quelqu'un ; c'est le poursuivre à course de Cheval.

Abattre un Cheval ; c'est le faire tomber sur le côté, par le moyen de certains cordages, appellés entraves & lacs ; on l'abat ordinairement pour lui faire quelques operations de Chirurgie, ou même pour le ferrer quand il eft trop difficile. *Abatre l'eau* ; c'eft effuyer le corps d'un Cheval qui vient de fortir de l'eau, ou qui eft en fueur, ce qui fe fait par le moyen de la main ou du couteau de chaleur. *S'abatre*, fe dit plus communement des Chevaux de tirage lorfqu'il tombent en tirant une voiture.

Abreuver un Cheval ; c'eft-à-dire, le faire boire. On difoit autrefois *Embuver*.

Abreuvoir ; c'eft un endroit choifi & formé en pente douce au bord de l'eau, pour y faire boire, ou y faire baigner les Chevaux. On pave ordinairement les Abreuvoirs. On dit : Menez ce Cheval à l'*Abreuvoir*, ou à l'eau.

Academie. Bâtiment & emplacement deftiné principalement à apprendre aux jeunes gens l'art de monter à cheval. On y reçoit des Penfionaires & des Externes. Les Penfionaires y logent & apprennent à danfer, à voltiger, les Mathematiques, à faire des armes &c. & les Externes n'y viennent que pour apprendre à monter à cheval chaque jour.

Academifte. Penfionaire ou Externe, à qui on apprend à monter à cheval &c. dans une Academie.

Accourcir la bride dans fa main ; c'eft un action du Cavalier, qui après avoir tiré vers lui les rênes de la bride, en les prenant par le bout où eft le bouton avec fa main droite, les réprend enfuite avec fa main gauche qu'il avoit ouverte tant foit peu, pour laiffer couler les rênes pendant qu'il les tiroit à lui.

Accoutumer un Cheval ; c'eft le ftiler à quelque exercice ou à quelque bruit, afin qu'il n'en ait pas peur.

S'Acculer ; c'eft lorfqu'un Cheval rétif ayant réculé la croupe contre une muraille, ou ailleurs, y refte opiniâtrement, malgré tous les efforts que fait le Cavalier, pour l'en faire fortir. Il fe dit auffi d'un Cheval de Manege, qui récule au lieu d'avancer en faifant des voltes.

Acheminer un Cheval ; c'eft accoutumer un Poulin à marcher droit devant lui.

Achever un Cheval ; c'eft achever fa derniere réprife au Manege.

A Cru, on dit monter, à Cru. *Voyez* Monter.

Action, fignifie à l'égard du Cheval un mouvement vif. On dit donc une belle ou une mauvaife action du Cheval. On dit d'un Cheval qui a de l'ardeur, & qui remuë perpetuellement, qu'il eft toujours en action.

Adroit, fe dit d'un Cheval qui choifit bien l'endroit où il met bien fon pied en marchant dans un terrein raboteux ou difficile. Il y a des Chevaux très-mal-adroits, & qui font fouvent des faux pas dans ces occafions, quoiqu'ils ayent la jambe fort bonne.

Advertir un Cheval ; c'eft le réveiller au moyen de quelques aides, lorfqu'il fe neglige dans fon exercice. Ce terme ne s'employe guere qu'au Manege.

Adverti, un Pas *adverti*. *Voyez* Pas, allûre du Cheval.

Affermir la bouche d'un Cheval, ou l'Affermir dans la main & fur les hanches ; c'eft continuer les leçons qu'on lui a données, pour qu'il s'accoutume à l'effet de la bride, & à avoir les hanches baffes. *Voyez* Affurer.

Age. L'âge du Cheval fe connoît jufqu'à fept ans aux dents de devant & aux crochets ; & paffé fept ans, on le peut découvrir à d'autres remarques affez incertaines.

Aides ; ce font les moyens, ou plutôt les inftrumens dont le Cavalier fe fert pour faire entendre au Cheval ce qu'il exige de lui. Ces aides font le frapement de la langue contre le palais ; d'approcher les gras des jambes du ventre du Cheval en le lui ferrant, de lui donner des coups de gaules, & de lui fraper le ventre avec les pointes de l'éperon. On dit, répondre, obéir aux Aides, tenir dans la fujetion des Aides. *Voyez* Répondre, Obéir & Sujetion.

Aider un Cheval ; c'eſt ſe ſervir pour avertir un Cheval d'une ou de pluſieurs Aides enſemble, comme appeller de la langue, approcher les jambes, donner des coups de gaules, ou des coups d'éperon.

Aiguillette. Nouer l'*Aiguillette*, eſpece de proverbe, qui ſignifie cinq ou ſix ſauts & ruades conſecutives & violentes qu'un Cheval fait tout-à-coup par gaïeté, ou pour démonter ſon Cavalier.

Airs de Manege, ſont tous les mouvemens, allûres & exercices qu'on apprend au Cheval de Manege. Le pas naturel d'un Cheval, le trot & le galop ne ſont point comptés au nombre des Airs de Manege. *Airs rélevez*, ſont les Airs par leſquels le Cheval s'élève davantage de terre : les Airs de Manege, ſont les balotades, les croupades, les caprioles, les courbettes, & demi-courbettes ; les falcades, le galop gaillard, le demi-air ou meſair ; le pas & ſault ; les paſſades, les peſades, les pirouettes, le répolon, le terre à terre, les voltes & demi-voltes. Vous trouverez les explications de tous ces Airs à leurs lettres.

Ajuſter un Cheval ; c'eſt lui apprendre ſon exercice en lui donnant la grace néceſſaire. *Ajuſter* un fer ; c'eſt le rendre propre au pied du Cheval.

Aîles, les Aîles de *la lance*, ſont les planches de bois, qui forment l'endroit le plus large de la lance au-deſſus de la poignée. *Voyez* la lettre *t* de la planche XXIV.

Allegerir un Cheval ; c'eſt le rendre plus leger du devant, afin qu'il ait plus de grace dans ſes airs de Manege.

Aller, ſe dit des allûres du Cheval. Aller le pas, le trot, &c. *Voyez* Allûres : On dit auſſi en termes de Manege, *Aller étroit*, lorſqu'on s'approche du centre du Manege : *aller large*, ſignifie s'éloigner du centre du Manege : *aller droit à la muraille* ; c'eſt conduire ſon Cheval vis-à-vis de la muraille, comme ſi on vouloit paſſer au travers. On dit en termes de Cavalerie, *Aller par ſurpriſe* ; lorſque le Cavalier ſe ſert des aides trop à coup, de façon qu'il ſurprend le Cheval, au lieu de l'avertir. *Aller par païs*, ſignifie faire un voyage, ou ſe promener à Cheval. *Aller à toutes jambes*, *à toute bride*, *à étripe Cheval*, *ou à tombeau ouvert* ; c'eſt faire courir ſon Cheval auſſi vîte qu'il peut aller. On dit du Cheval, *Aller par bonds & par ſauts*, lorſqu'un Cheval par gaïeté ne fait que ſauter, au lieu d'aller une allûre reglée. Cette expreſſion a une autre ſignification en termes de Manege. *Voyez* Sauter. *Aller à trois jambes*, ſe dit d'un Cheval qui boîte. *Aller de l'oreille*, ſe dit d'un Cheval qui fait une inclination de tête en marchant à chaque pas qu'il fait.

Allûre, les Allûres du Cheval, ſont le pas, l'entre-pas, le trot, l'amble, le galop ; le traquenard & le train rompu. *Voyez* ces mots à leurs lettres On dit qu'un Cheval a les *Allûres froides*, quand il leve très-peu les jambes de devant en cheminant. Une *Allûre reglée* ; c'eſt celle qu'on fait aller au Cheval, ſans qu'il augmente ni qu'il diminuë de viteſſe.

Allonger le col, se dit d'un Cheval, qui au lieu de tenir sa tête en bonne situation lorsqu'on l'arrête, avance la tête & tend le col, comme pour s'appuyer sur sa bride, ce qui marque ordinairement peu de force de reins. *Allonger*, c'est en terme de Cocher avertir le Postillon de faire tirer les Chevaux de devant; alors le Cocher dit au Postillon, *Allongez*, *Allongez*. *Allonger les étriers*; c'est augmenter la longueur de l'étriviere par le moyen de sa boucle, dont on fait entrer l'ardillon à un ou plusieurs points plus bas.

Alzan, poil de Cheval tirant sur le roux : ce poil à plusieurs nuances qu'on désigne par plusieurs épithetes; sçavoir, Alzan clair, Alzan poil de Vache : Alzan bay, Alzan vif, Alzan obscur, Alzan brûlé. On dit proverbalement Alzan brûlé plutôt mort que lassé; ce qui veut dire, que les Chevaux de ce poil sont si vigoureux qu'ils ne se lassent jamais.

Amble, allûre fort douce du Cheval, elle égale le trot en vîtesse : le Cheval qui a cette allûre naturelle ne va jamais le trot. On appelle un Cheval qui va l'Amble, naturellement *franc d'Amble*. On peut donner cette allûre au Cheval par art, les Anglois y réüssissent. Le Cheval qui va l'*Amble* avance en même tems la jambe de devant & de derriere du même côté.

Ambler; c'est aller l'amble. *Voyez* Amble.

Ambleur, Officier de la petite Écurie du Roi & de la grande.

Ambulant, Cheval qui va l'amble.

A miroir. Voyez *Bay*. On nomme aussi *Mors à miroir*, une espece de Mors qu'on fait pour empêcher un Cheval de tirer la langue hors de sa bouche. *Voyez* Mors, & *V*. fig. G. planche X.

Ample, épithete qu'on donne au jarret d'un Cheval. *Voyez* Jarret.

Animer un Cheval; c'est le reveiller quand il ralentit ses mouvemens au Manege, au moyen du bruit de la langue ou du sifflement de la gaule.

Appaiser un Cheval; c'est adoucir son humeur lorsqu'il a des mouvemens déreglés & trop vifs par colere; ce qui se fait, ou en le caressant, ou en lui donnant un peu d'herbe à manger, ou au moyen d'un sifflement doux que le Cavalier fait.

Appareiller un Cheval de carosse; c'est en choisir un autre qui lui ressemble le plus que faire se peut, de taille, de poil & d'âge. *Appareiller* en termes de Haras, signifie faire saillir à un Etalon, la Jument la plus propre pour faire avec lui un beau ou un bon Poulain.

Apparence, belle Apparence, se dit ordinairement d'un Cheval, qui (quoiqu'il paroisse très-beau) n'a pas cependant beaucoup de vigueur, & quelquefois point du tout. On dit voilà un Cheval de *belle Apparence*.

Appartenance, se dit de tout ce qui est nécessaire pour composer entierement le harnois d'un Cheval de selle, de carosse, de charette, &c. quand on ne les détaille pas. Par exemple, on dit une selle avec toutes *ses Appartenances* qui sont les sangles, la croupiere, &c.

Appeller un Cheval de la langue; c'est frapper la langue contre le palais, ce qui fait un son qui ressemble à *tac*. On accoutume les Chevaux à cet avertissement en l'accompagnant d'abord de quelqu'autre aide; afin que par la suite il réveille son attention pour son exercice en entendant ce son tout seul.

Approcher les gras de jambes, les talons, ou les éperons; c'est avertir un Cheval qui ralentit ſon mouvement, ou qui n'obéït pas, en ſerrant les jambes vers le flanc plus ou moins fort.

Appuyer des deux ; c'eſt frapper & enfoncer les deux éperons dans le flanc du Cheval. *Appuyer vertement des deux* ; c'eſt donner le coup des deux éperons de toute ſa force. *Appuyer le poinçon* ; c'eſt faire ſentir la pointe du poinçon ſur la croupe du Cheval de Manege pour le faire ſauter. *Voyez* Poinçon.

Appui de la main , eſt l'effet que fait le mors ſur les barres de la bouche du Cheval , & dont la main du Cavalier eſt avertie par une peſanteur plus ou moins forte , qu'elle eſt obligée de ſoutenir, pour conduire ſon Cheval par les rênes : quand l'homme ne ſent aucune peſanteur ce qui vient de ce que le Cheval a les barres extrememement ſenſibles ; alors on dit que le Cheval n'a point d'Appui : quand il ſent une peſanteur médiocre , alors le Cheval a de l'Appui, & l'Appui bon ou à pleine main ; ſi la peſanteur eſt exceſſive , le Cheval peſe à la main.

Arbalêtre, un cheval en Arbalêtre ; c'eſt un Cheval attelé ſeul à une voiture devant les deux Chevaux du timon.

Ardeur. Cheval d'Ardeur, ou qui *a de l'Ardeur* ; c'eſt un Cheval toujours inquiet ſous l'homme , & dont l'envie d'avancer augmente à meſure qu'il eſt retenu : c'eſt un défaut bien fatiguant.

Arreſtes , Maladie du Cheval : Galles qui viennent aux jambes.

Arreſt, c'eſt en termes de Manege , les derniers mouvemens qu'on fait faire à ſon Cheval avant de l'arrêter tout-à-fait. On appelle cette action *former un Arreſt* ; un Cheval forme bien ou mal ſon Arreſt, ſelon qu'il fait ces mouvemens avec grace , ou lourdement , ſoit par ſa faute ou par celle du Cavalier : *un demi-Arreſt*, eſt arreſter ſon Cheval ou ralentir ſon allûre un moment, puis la lui faire reprendre ſur le champ : on appelle cela former un demi-Arreſt.

Argenté. Gris-Argenté , nom d'un poil de Cheval. *Voyez* Gris.

Arriere main ; c'eſt tout le train de derriere du Cheval.

Armand. Compoſition medecinale, dont on frotte le bout d'un nerf de bœuf, & qu'on introduit enſuite juſqu'au fond du goſier du Cheval dans de certains cas.

S'armer. Un Cheval s'arme, lorſque obéïſſant trop promptement à la bride , pour peu qu'on la tire , pour l'empêcher d'avancer , il approche ſi fort ſon menton du poitrail , qu'il rend inutile l'effet du mors ; parce qu'alors les branches de la bride poſent ſur le poitrail. Il *s'arme* auſſi *des levres* quand il les met entre le mors & ſes barres.

Arondir un Cheval ; c'eſt le dreſſer à manier en rond.

Arqué , défectuoſité d'un Cheval. Un Cheval Arqué eſt celui dont les tendons des jambes de devant ſe ſont retirés par fatigue , de façon que les genoux avancent trop , parce que la jambe eſt à moitié pliée en deſſous.

Ars , veine du bras en dedans.

Arzel , eſt un Cheval qui a une balzane au pied de derriere hors du montoir.

Aſſembler un Cheval ; c'eſt lui tenir la main en ſerrant les cuiſſes, de façon qu'il ſe racourciſſe, pour ainſi dire , en rapprochant le train de derriere du train de devant, ce qui lui réleve les épaules & la tête.

Aſſiete. L'Aſſiete du Cavalier , eſt la façon dont il eſt ſitué dans la ſelle ; ainſi il y a une bonne & une mauvaiſe Aſſiete.

Aſſis, ſe dit du Cheval & du Cavalier. Le Cavalier eſt bien ou mal Aſſis dans la ſelle ; & le Cheval eſt bien *Aſſis ſur les hanches*, quand dans ſes airs au Manege, & même au galop ordinaire, ſa croupe eſt plus baſſe que les épaules.

Aſſoir un Cheval ſur les hanches ; c'eſt le dreſſer à exécuter ſes airs de Manege, ou à galoper, ayant la croupe plus baſſe que les épaules. *Aſſoir le fer* ; c'eſt le faire porter. *Voyez* Porter.

Aſſortir, en terme de Haras ; c'eſt donner à un Etalon la Jument qu'on croit lui convenir le mieux, tant par rapport à la figure, que pour les qualités. On aſſortit la Jument à l'Etalon bien ou mal.

Aſſouplir un Cheval ; c'eſt le dreſſer à faire avec facilité & liaiſon ſon exercice.

Aſſujetir les épaules, les hanches d'un Cheval ; c'eſt le conduire de façon que ſes épaules ou ſes hanches ne ſortent point de la piſte ſur laquelle on le conduit.

Aſſûrer la bouche d'un Cheval ; c'eſt accoutumer celui que la bride incommode à en ſouffrir l'effet ſans aucun mouvement d'impatience. Aſſûrer les épaules d'un Cheval ; c'eſt l'empêcher de porter ſes épaules de côté.

Attache : un Cheval à l'Attache, eſt celui qu'on attache à la mangeoire pour le nourrir avec foin, avoine & paille.

Attacher haut ; c'eſt attacher la longe du licol aux barreaux du ratelier, ce qui ſe fait ordinairement pour empêcher le Cheval de manger ſa litiere.

S'*Attacher* à l'éperon ; c'eſt la même choſe que ſe jetter ſur l'éperon. *Voyez* Se jetter.

Attaquer un Cheval ; c'eſt le piquer vigoureuſement avec les éperons.

Atteinte. Mal qui arrive au derriere du pied d'un Cheval quand il s'y bleſſe, ou qu'il y eſt bleſſé par le pied d'un autre Cheval. *Atteinte en corne*, eſt celle qui penetre juſque deſſous la corne. *Atteinte ſourde*, eſt celle qui ne fait qu'une contuſion ſans bleſſure apparente.

Attelage, eſt un nombre de Chevaux deſtinés à tirer une voiture.

Atteler. C'eſt joindre des Chevaux à une voiture pour la tirer.

Attendre un Cheval ; c'eſt ne s'en point ſervir, ou le menager juſqu'à ce que l'âge ou la force lui ſoient venus.

Avalure. C'eſt un bourelet, ou cercle de corne, qui ſe forme au ſabot d'un Cheval quand le ſabot a été bleſſé, & qu'il vient de la nouvelle corne qui pouſſe l'ancienne devant elle ; c'eſt proprement la marque de l'endroit où la nouvelle corne touche l'ancienne.

Avantage, *être monté à ſon Avantage* ; c'eſt être monté ſur un bon ou ſur un grand Cheval. *Monter avec Avantage*, ou prendre de l'Avantage pour monter à Cheval ; c'eſt ſe ſervir de quelque choſe ſur laquelle on monte avant de mettre le pied à l'étrier. Les femmes, & les vieillards, ou gens infirmes ſe ſervent aſſez ordinairement d'*Avantage* pour monter à Cheval.

Avant-Cœur, maladie du Cheval, qui ſe denote par une tumeur qui ſe forme au poitrail vis-à-vis du cœur.

Avant-main ; c'eſt le devant du Cheval, ſçavoir, la tête, le col, le poitrail & les épaules. On dit ce Cheval eſt beau de la Main en Avant.

Auber, poil de Cheval ; il eſt blanc ſemé de bay & d'alzan.

Aubin, allûre qui tient de l'amble & du galop.

Auge, ce mot ſignifie deux choſes : 1°. C'eſt un canal de bois deſtiné à mettre l'avoine pour la faire manger au Cheval : 2°. C'eſt une groſſe pierre creuſée deſtinée à faire boire les Chevaux; on y verſe l'eau des puits quelque tems avant de la laiſſer boire aux Chevaux afin d'en ôter la crudité.

Auget. V. *Canal.*

Avoine, eſpece de grain qu'on recueille & qu'on donne à manger au Cheval; c'eſt la nourriture ordinaire qui lui donne le plus de courage. Roter ſur l'Avoine. *Voyez* Roter. Vaner l'Avoine. *V.* Vaner. Picotin d'Avoine. *V.* Picotin.

Avoir du corps, ſe dit d'un Cheval qui a le flanc rempli & les côtes évaſées & arrondies. N'avoir point de corps, ſe dit lorſqu'un Cheval a les côtes plattes, & que ſon ventre va en diminuant vers les cuiſſes, comme celui d'un levrier : lesChevaux d'ardeur ſont ſujets à cette conformation. *Avoir de la nobleſſe*, ſe dit principalement d'un Cheval qui a le col long & relevé, & la tête haute & bien placée. *Avoir du ventre*, ſe dit en mauvaiſe part d'un Cheval qui a le ventre trop gros, ſigne d'un Cheval pareſſeux. *Avoir de l'haleine & du fond*, ſe diſent communément des Chevaux qu'on employe à courir quand ils reſiſtent long-tems à cet exercice ſans s'eſſouffler, & qu'ils le peuvent recommencer ſouvent ſans ſe fatiguer. *Avoir des reins ou du rein*, ſe dit d'un Cheval vigoureux, ou de celui dont les reins ſe font ſentir au Cavalier, parce qu'ils ont des mouvemens trop durs & trop ſecs. *Avoir le nez au vent*, ſe dit d'un Cheval qui leve toujours le nez en haut; c'eſt un défaut qui provient ſouvent de ce que le Cheval ayant les os de la ganache ſerrés, il a de la peine à bien placer ſa tête. Ce défaut vient quelquefois auſſi de ce qu'il a la bouche égarée; c'eſt-à-dire, dereglée. *Avoir l'éperon fin*, ſe dit d'un Cheval fort ſenſible à l'éperon, & qui s'en apperçoit pour peu qu'on l'approche. *Avoir de la tenuë* à Cheval, ſe dit du Cavalier lorſqu'il y eſt ferme,& qu'il ne ſe déplace point, quelques mouvemens irreguliers que le Cheval faſſe. *Avoir du vent*, ſe dit d'un Cheval pouſſif.

B

Bague. Anneau de Cuivre qui pend au bout d'une eſpece de potence, & qui s'en détache facilement, quand on eſt aſſez adroit pour l'enfiler avec une lance en courant à Cheval de toute ſa viteſſe ; c'eſt un exercice d'Academie. Courir la bague. *V.* Courir avoir deux dedans. *V.* Dedans.

Baillet, poil de Cheval, il eſt roux tirant ſur le blanc.

Baiſſer les hanches, ſe dit du Cheval. *V.* Hanches. Baiſſer la lance. *V.* Lance.

Balancer la croupe au pas ou au trot, ſe dit du Cheval dont la croupe dandine : à ces allûres, c'eſt marque de foibleſſe de reins.

Balotade, Air de Manege ; ce ſont des ſauts où le Cheval étant entre les piliers doit avoir les quatre pieds en l'air en même tems.

Balzane ; c'eſt une eſpece de poil tout blanc tout autour du bas de la jambe juſqu'au ſabot. *Balzane herminée*, ſe dit lorſqu'il y a dans l'étenduë de la Balzane des taches de quelqu'autre poil ſemées çà & là ; les termes de travat, tranſtravat, & chauſſe-trop-haut, appartiennent aux Balzanes. *V.* ces termes à leurs lettres.

Barbe, Cheval né en Barbarie.

Barbe, partie de la tête du Cheval, eſt un os qui finit au-deſſus du menton ; c'eſt entre cet os & le menton que la gourmette doit porter. La *Barbe*, eſt proprement le bout, ou plûtôt la jonction des os de la ganache.

Barbes, ce ſont de petites excroiſſances de chair longuettes, & finiſſant en pointe, qui viennent, & ſont attachées au palais ſous la langue du Cheval qui l'empêchent de manger, & qu'on ôte pour cette raiſon. On dit auſſi Barillons.

Barcade de Chevaux ; c'eſt pluſieurs chevaux embarqués qu'on a acheté, & auſquels on veut faire paſſer la mer.

Barre, c'eſt un morceau de bois gros comme la jambe, rond & long de ſept à huit pieds, percé d'un trou à chaque bout, pour y arrêter deux cordes, dont l'une s'attache à la mangeoire, & l'autre au poteau. Ce ſont ces morceaux de bois qui ſeparent les Chevaux l'un de l'autre dans une écurie : ils ſont ordinairement ſuſpendus à un pied & demi de terre : Quelquefois les Chevaux s'embarrent. *Voyez* Embarrer.

Barrer les Chevaux ; c'eſt les ſeparer l'un de l'autre dans l'écurie, en mettant des Barres entre-eux. *Barrer la veine*, eſt une operation de Chirurgie. *V.* le Chapitre qui en parle, au traité du Chirurgien.

Barres, partie de la tête du Cheval. Les Barres d'un Cheval ſont la continuation des deux os de la machoire inferieure en dedans de la bouche, entre les dents machelieres & les dents de devant. Cet eſpace eſt recouvert d'une chair, ou peau plus ou moins épaiſſe : c'eſt ſur les Barres qu'eſt poſé le mors de la bride, au moyen duquel on conduit le Cheval. Quand les *Barres* ſont *tranchantes* & décharnées ou hautes, c'eſt-à-dire, que la peau qui les couvre eſt mince, le Cheval a la bouche ſenſible : quand la peau eſt fort épaiſſe, *les Barres* ſont *charnuës*, rondes ou baſſes, & le Cheval n'y a gueres de ſentiment.

Bas. Mettre Bas. V. *Mettre, porter Bas.* V. Porter avoir *les talons bas.* V. Talon.

Baſſe. C'eſt une pente qu'on pratique dans une colline, & qu'on deſtine à faire galoper un Cheval en deſcendant, afin de l'accoutumer à ployer les jarrets.

Bât. C'eſt une eſpece de ſelle de bois qu'on met ſur les Anes, Mulets, & Chevaux, ſur laquelle on ajuſte des paniers, ou autres machines deſtinées à porter des fardeaux. *Un Cheval de Bât*, eſt un Cheval deſtiné à porter des fardeaux ſur un Bât, ſoit à la guerre ou en route, ou dans les Meſſageries.

Bâter un Cheval, un Mulet, ou un Ane ; c'eſt lui attacher le Bât ſur le dos. Le *debâter* ; c'eſt lui ôter le Bât de deſſus le dos.

Bataille, *Cheval de Bataille* ; c'eſt un Cheval de belle taille, étoffé & qui a l'air fier & noble.

Battre du flanc, ſe dit d'un Cheval pouſſif, ou d'un Cheval qui a la fiévre, ou quelqu'autre maladie, qui ſe denote par une agitation de ſon flanc plus forte qu'à l'ordinaire. *Battre à la main*, ſe dit d'un Cheval qui hauſſe & baiſſe perpetuellement le nez, ſoit par l'incommodité que lui cauſe la bride quand il n'y eſt pas encore accoutumé, ou bien par une mauvaiſe habitude que quelques Chevaux prennent. *Battre* la pouſſiere, ſe dit d'un Cheval qui a de l'ardeur & qu'on retient ; alors il trepigne perpetuellement ſans pouvoir avancer, parce qu'il eſt retenu & *bat la pouſſiere.*

Bay, poil de Cheval tirant fur le rouge : ce poil a plufieurs nuances ; fçavoir, Bay *clair*, Bay *doré*, Bay *brun*, Bay *châtain*, Bay *cérife*. Bay *miroité* ou *miroir* fe nomme ainfi, lorfqu'on diftingue des taches rondes femées par tout le corps & d'un Bay plus clair que le refte du poil.

Beau, un Beau *parer*, un Beau *partir*, *porter* Beau, ou en Beau lieu. *Voyez* Parer, partir, porter. *Beau pas*. *V*. Pas.

Beaux jarrets. *V*. Jarrets. *Beaux mouvemens*. *V*. Mouvemens.

Beguayer. C'eft la même chofe que battre à la main par l'incommodité de la bride. *V*. Battre à la main.

Begut. Cheval Begut, eft un Cheval qui conferve toûte fa vie les marques noires qui font à fes dents ; ces marques aident à connoître l'âge aux autres Chevaux à mefure qu'elles s'effacent ; c'eft pourquoi on ne fçauroit connoître l'âge d'un Cheval Begut à fes dents.

Belle-face, eft la même chofe que chanfrein blanc. *V*. Chanfrein.

Se bercer, fe dit d'un Cheval qui fe laiffe aller nonchalament d'un côté & d'un autre au pas & au trot, imitant pour ainfi dire, le moûvement qu'on fait faire au Berceau pour endormir un enfant. Ce dandinement marque très-fouvent un Cheval mol & fans force.

Bête chevaline ; c'eft la même chofe que Cheval : cela ne fe dit que d'un Cheval de Païfan ou de peu de valeur. *Bête bleuë*, eft une expreffion figurée & proverbiale, qui fignifie un Cheval qui n'eft propre à rien.

Bœuf Eparvin de bœuf. *V*. Eparvin.

Bidet, fignifie un Cheval de la plus petite taille. *Bidet de pofte*, eft un petit Cheval de pofte fur lequel on monte, & qu'on n'atele point à la chaife de pofte. *Bidet pour la bague*, eft un petit Cheval deftiné dans une Academie à monter pour courre la bague. Un Bidet ne paffe gueres trois pieds & demi de haut. *Double Bidet*, eft un Cheval entre le Bidet & la taille ordinaire : il ne paffe gueres quatre pieds & demi de haut. Les Chevaux de cette taille fervent ordinairement pour la promenade, pour l'arquebufe, & aux Meffageries.

Bien jambé ou *Bien de la jambe*. *V*. Jambé. Bien dans *les talons*, dans *la main*. *V*. Talons & Main. Bien en *felle*. *V*. Selle.

Billarder ; c'eft lors qu'un Cheval en marchant jette fes jambes de devant en dehors.

Billot, morceau de bois rond, ayant près d'un pouce de diametre, & d'environ cinq à fix pouces de long, ayant aux deux bouts deux anneaux de fer pour y attacher un cuir. On met ordinairement de l'affafœtida autour du Billot, puis on lie un linge par-deffus : on met le Billot comme un mors dans la bouche du Cheval, & on paffe le cuir par deffus fes oreilles comme une têtiere. L'affafœtida fe fond avec la falive dans la bouche, & reveille l'apetit au Cheval dégouté. *Le Billot* fans affafœtida, eft la bride des Chevaux de charette. On appelle auffi *Billots* les barres de bois rondes qui s'attachent aux Chevaux que l'on couple, & qui coulent tout le long de leurs flancs. *V*. le Chapitre X. du Traité des Haras.

Biftourner ; c'eft donner un tour ou une entorfe, pour ainfi dire, aux tefticules d'un Cheval, de façon qu'il ne peut plus engendrer, quoiqu'il ne foit pas châtré.

Blanc, poil de Cheval qui n'a aucun poil noir fur tout le corps.

B

Blanchir la fole d'un Cheval ; c'eft en ôter fimplement la premiere écorce.

Bleyme, foulure ou meurtriffure qui arrive à la fole du pied. *V.* le Chap. LXVII. des Maladies des Chevaux.

Boire dans fon blanc, expreffion figurée qui fignifie qu'un Cheval bay alzan, &c. a le nez tout blanc. *Boire la bride*, fe dit lorfque les montans de la bride n'étant pas affez allongés, le mors force les coins de la bouche du Cheval & les fait rider. *Faire Boire un Cheval au fceau* ; c'eft lui apporter un fceau d'eau pour le faire boire dans l'écurie fans le deranger de fa place.

Boiter, a la même fignification au Cheval, comme à l'homme. *Boiter* de vieux ou de vieux tems, fignifie qu'il y a long-tems que le Cheval boite.

Boiteux, eft un Cheval qui boite. *Boiteux de l'oreille* ou de *la bride*, fe dit d'un Cheval qui en allant au pas accompagne chaque pas qu'il fait d'une inclination ou baiffement de tête.

Bon homme de Cheval, *Bon Haras*, *Bon pied*, *Bon train*. *V.* Tous ces mots à leurs lettres.

Bond, eft un faut que fait le Cheval en s'élevant fubitement en l'air & retombant à fa même place. Aller par fauts & par *bonds. V.* Aller.

Bonne nature, un Cheval de *Bonne nature. V.* Nature.

Bottes ; c'eft une chauffure de cuir fort, qu'on met pour monter à Cheval : elle eft compofée de la genouillere, d'une tige auffi large en haut près du genouil qu'en bas près du cou de pied, & d'un foulier armé d'un éperon : le foulier tient à la tige. *La Botte forte*, eft celle dont la tige eft dure & ne fait aucun pli ; elle fert ordinairement aux Chaffeurs, aux Poftillons, & à la Cavalerie. *La Botte molle*, eft celle qui fait plufieurs plis au-deffus du coude-pied. Les Academiftes & les Dragons s'en fervent. *La Botte à la Houzarde* & *à l'Angloife*, font molles & n'ont point de genouilleres. On met quelquefois aux Chevaux qui fe coupent, un morceau de cuir qu'on attache avec des boucles, & qui entoure la jambe dans l'endroit où le Cheval fe coupe. On appelle ce cuir *une Botte*.

Botte de paille ou *de foin*, eft une certaine quantité de paille ou de foin, qu'on entoure avec des liens de la même nature, & qui pefe plus ou moins felon les differens païs : on en nourrit les Chevaux qui font à l'Ecurie.

Aller à la Botte ; c'eft une action d'un Cheval colere, qui porte fa bouche à la botte ou à la jambe de celui qui le monte pour le mordre. *Serrer la Botte*, eft une expreffion figurée qui veut dire preffer un Cheval d'avancer en ferrant les jambes ; c'eft un terme ufité à la guerre.

Se botter, fignifie mettre des Bottes pour monter à Cheval. Un Cheval *fe botte*, lorfque marchant dans un terrin gras. La terre lui emplit le pied & y refte.

Bottines ; c'eft une chauffure de cuir fort & dur, qu'on met à fes jambes pour monter à Cheval : Elle differe de la botte, en ce que la tige & la genouillere font fenduës en long par le côté, & fe rejoignent par des boucles ou des boutons ; en ce qu'elle fuit précifément le moule de la jambe ; & en ce que le foulier n'y eft point attaché.

Bouche, partie de la tête du Cheval, eft ce qu'on appelle la gueule aux autres animaux. *Bouche*, ne fe dit que de l'homme & du Cheval, à caufe de la Nobleffe de cet animal ; fes bonnes qualités font d'être *bonne* ou *loyale* ; c'eft-à-dire, que le mors n'y faffe ni trop ni trop peu d'impreffion. On appelle auffi

Bouche *à pleine main*, une bonne Bouche que l'on ne fent ni trop ni trop peu dans la main. *Affurée*; c'eft-à-dire, que le Cheval fente le mors fans inquiétude. *Senfible*, fignifie qu'elle eft délicate aux impreffions du mors; c'eft un défaut à une Bouche que d'être trop fenfible. *Fraîche*; c'eft-à-dire, qu'elle conferve toujours le fentiment du mors, & qu'elle eft perpetuellement humeĉtée par une écume blanche. Les mauvaifes qualités d'une Bouche, font d'être *fauffe* ou *égarée*; c'eft-à-dire, qu'elle ne répond pas jufte aux impreffions du mors. *Chatouilleufe*, vient de trop grande fenfibilité. *Seche*, c'eft-à-dire, fans écume, eft quelquefois une fuite d'infenfibilité. *Forte* veut dire que le mors ne fait prefque point d'effet fur les barres. On dit dans cette occafion que le Cheval eft *gueulard*, ou à de *la Gueule*, ou eft fans *Bouche*, ou eft fort en *Bouche*. *Perduë* ou *Ruinée*, fignifie que le Cheval n'a plus aucune fenfibilité à la bouche. *Affurer*, *Raffurer*, *Gourmander*, *Offenfer*, *Ouvrir* la Bouche d'un Cheval. *V.* ces termes à leurs lettres.

Bouchon; c'eft un tortillon de paille ou de foin qu'on fait fur le champ, pour frotter tout le corps d'un Cheval, fur tout quand il a chaud.

Bouchoner un Cheval; c'eft le frotter avec le Bouchon.

Boucler une Jument; c'eft lui fermer la nature, au moyen de plufieurs aiguilles de cuivre, dont on perce diametralement les deux lévres, & qu'on arrête des deux côtés. On fe fert auffi d'anneaux de cuivre. Le tout afin qu'elle ne puiffe pas être couverte.

Bouë. On dit que la *Bouë fouffle au poil*, lorfque par quelque bleffure qu'un Cheval aura eu dans le pied, la matiere de la fupuration paroît vers la couronne.

Bouillon de chair, eft une excroiffance ronde & charnuë qui croît dans une bleffure.

Boules de licol; font des boules de bois d'environ quatre pouces de diamettre, & percées d'un trou tout au travers. On paffe les longes du licol dans deux boules, une pour chaque longe. Ces Boules qui pendent au bout des longes les entraînent toujours en bas, au lieu que quand les longes font arrêtées aux anneaux de la mangeoire, elles plient au lieu de defcendre; ainfi lorfque le Cheval veut fe grater la tête avec le pied de derriere, il court rifque d'engager fon pied dans le pli de la longe & de s'encheveftrer.

Boulet, partie de la jambe du Cheval; c'eft la premiere jointure du bas de la jambe du Cheval. Eftre fur les *Boulets*; c'eft la même chofe qu'être bouleté. *Voyez* Bouleté.

Bouleté. Un Cheval, bouleté, eft celui dont le Boulet paroît avancer trop en devant, parce que le pâturon & le pied fe font pliés en arriere. Cette conformation vient de trop grande fatigue, & eft une marque fûre que la jambe eft ufée.

Bouleux, fe dit d'un Cheval de médiocre taille qui n'a ni nobleffe ni grace ni legereté dans fes allûres, & qui eft étoffé.

Bouquet; c'eft la paille que les Marchands de Chevaux mettent à l'oreille, ou à la queuë d'un Cheval, pour indiquer au marché qu'il eft à vendre.

Bourbillon; c'eft plus communément la matiere qui fort d'un Javart.

Bout. On dit qu'un Cheval n'a point de bout, lorfqu'il recommence fouvent des exercices violens & de longueur, fans en être fatigué, & avec la même vigueur.

Boute-en-train, terme de Haras ; c'est le nom qu'on donne à un Cheval entier, dont on se sert pour mettre les Jumens en chaleur, ou pour découvrir
si elles sont en état de se laisser couvrir ; il faut qu'un bon bout-en-train hen-
nisse souvent.

Bouté ; C'est la même chose que *Bouleté*.

Bouton de la bride, est un petit anneau de cuir, au travers duquel les deux
rênes passent, & qu'on fait monter ou descendre, suivant le besoin qu'on en
a. *Couler le Bouton* ; C'est le faire descendre sur le crin. Mettre un Cheval
sous le Bouton ; c'est racourcir & tendre les rênes par le moyen du *Bouton de
la bride*, que l'on fait descendre jusque sur le crin. On se sert quelquefois de
cette maniere quand on dresse les Chevaux d'Arquebuse pour les arrêter
plus facilement & plus vîte. *Boutons de farcin*, sont les grosseurs rondes qui
viennent à un Cheval farcineux. *Bouton de feu* ; c'est un morceau de fer long,
& qui finit en pointe : il est emmanché, & on le fait rougir par le bout pour
qu'il perce la peau du Cheval dans de certains cas.

Boyau, se dit pour ventre ; avoir, ou n'avoir point *de Boyau*, signifie, ou que
le Cheval à le ventre bien rond, ou qu'il est éflanqué. On le nomme aussi
étroit de Boyau, quand il n'a point de ventre.

Brailleur, est un Cheval qui hennit très-souvent ; c'est un défaut bien incommode, sur-tout à la guerre.

Bras de la jambe ; c'est la partie superieure de la jambe de devant, qui va depuis
le poitrail jusqu'au genouil : il faut qu'il soit large & long, & charnu pour
être bien fait.

Brassicourt, est un Cheval qui a les jambes de devant arquées par sa conformation naturelle, sans les avoir ruinées. *Voyez* Arqué.

Brave, un brave Cheval, est celui qui a du courage & de la vigueur.

Braye. Voyez Canal.

Bretauder un Cheval ; c'est lui couper les oreilles.

Breuvage, ce sont toutes les liqueurs médicinales, que le Maréchal fait avaler à
un Cheval malade avec la corne de Vache.

Bricolier, est le Cheval qu'on attelle à une chaise de poste à côté du Cheval
de brancard, & sur lequel le Postillon est monté. Ce nom vient du Harnois
qu'on lui met, qui s'appelle une bricole.

Bride, se dit en général de tout le Harnois de tête du Cheval harnaché, &
en particulier du mors, & de tout le fer qui l'accompagne. *La main de la
Bride*, est la gauche. *V.* Main. *Boiteux de la Bride. V.* Boiteux. *Secousse de
la Bride. V.* Saccade. *Effet de la Bride* ; c'est le dégré de sensibilité que le
Mors cause aux barres du Cheval par la main du Cavalier. *Boire la Bride.
V.* Boire. *Donner quatre doigts de Bride. V.* Donner. *Mettre la Bride sur le
col. V.* Mettre. *Rendre la Bride. V.* Rendre. *Raccourcir la Bride*, est la même
chose qu'accourcir. *V.* Accourcir. *Bride en main. V.* Tenir. *Hocher avec la Bride* ; c'est une habitude que quelques Chevaux prennent de joüer avec leur
Bride, en secoüant le mors par un petit mouvement de tête, principalement quand ils sont arrêtés. *Goûter la Bride*, se dit lorsque le Cheval commence à s'accoutumer aux impressions du mors. On dit aussi connoître la
Bride.

Brider un Cheval, consiste à faire entrer le Mors dans la bouche, à passer le

haut de la têtiere par-deſſus les oreilles, & à acrocher la Goûrmette. *Bri-*
der la Potence. V. Potence.

Se brider bien, ſe dit du Cheval lorſqu'il a la tête placée, comme il faut; c'eſt-
à-dire, qu'il n'a point le nez en avant, ni en deſſous, ni trop bas. *Se brider*
mal, ſe dit lorſqu'il tend le nez; c'eſt-à-dire, qu'il l'avance trop.

Brillant, terme de Manege. Un Cheval brillant ſignifie celui qui execute ſon
exercice & les airs de Manege avec un feu & une vivacité qui éblouït pour
ainſi dire les yeux des ſpectateurs.

Bringue, une Bringue, ſignifie un petit Cheval d'une vilaine figure & qui n'eſt
point étoffé.

Briſe-col. On appelle ainſi un jeune homme hardi & de bonne volonté à qui on
fait monter les Poulains & jeunes chevaux, pour commencer à les accoutumer à ſouffrir l'homme.

Brocher, terme de Maréchal; c'eſt enfoncer à coups de brochoir qui eſt le marteau des Maréchaux, des clouds qui paſſent au travers du fer & de la corne du ſabot, afin de faire tenir le fer au pied du Cheval. *Brocher haut*; c'eſt
enfoncer le cloud plus près du milieu du pied. *Brocher bas*; c'eſt l'enfoncer
plus près du tour du pied. *Brocher en Muſique*; c'eſt Brocher tous les clouds
d'un fer inégalement, tantôt haut, tantôt bas; ce qui vient de la maladreſſe
de celui qui ferre.

Bronchade: Faux-pas que fait un Cheval. *Broncher*, ſe dit du Cheval qui fait
un faux-pas.

Broſſe, inſtrument de Palfrenier, qui lui ſert à panſer les Chevaux. *V.* Chap.
VII. du Traité de l'Ecuyer, & Planche VIII.

Broſſer un Cheval; c'eſt le frotter avec la Broſſe, pour ôter la pouſſiere de deſſus ſon corps.

Broüiller un Cheval, terme de Manege; c'eſt le conduire ſi mal-adroitement
& avec tant d'incertitude, qu'on l'oblige à agir avec confuſion & ſans regle.

Se Broüiller, ſe dit d'un Cheval communément trop ardent qui à force de vouloir précipiter ſon exercice, le confond de façon qu'il ne ſçait plus ce qu'il fait.

Brun; c'eſt une nuance du poil *Bay. V.* Bay.

Buade; c'eſt la même choſe que Bride à longue branche. Les branches de
cette eſpece de Bride ſont droites & non coudées.

C

C Abas, grand Coche, dont le corps eſt d'oſier cliſſé, cette Voiture appartient ordinairement à des Meſſageries.

Se Cabrer, ſe dit d'un Cheval, qui au lieu d'avancer, ſe leve ſur ſes pieds de
derriere; c'eſt une action de deſobéïſſance du Cheval, ou la faute du Cavalier qui tire la bride trop rudement à un Cheval qui a la bouche ſenſible.

Cabriole ou *Capriole*, eſt un petit ſaut vif, par lequel le Cheval leve le devant,
& enſuite le derriere, imitant le ſaut des Chevres. *Lever à Caprioles. V.* Lever. *V.* auſſi *Sauter.*

Cadence, ſignifie les mouvemens d'un Cheval qui galope; ainſi il y a une belle
& mauvaiſe cadence, ſelon que le Cheval a les mouvemens lians ou durs.

Calade, eſt la même choſe que *Baſſe. Voyez* Baſſe.

Se Camper pour uriner, eſt un ſigne de convaleſcence à de certaines maladies où le Cheval n'avoit pas la force de ſe mettre dans la ſituation ordinaire des Chevaux quand ils urinent.

Camus, un Cheval Camus eſt un Cheval qui a le Chamfrein enfoncé.

Canal, partie de la tête du Cheval, eſt le creux qui ſe trouve depuis le goſier juſque vers le menton, & qui eſt formé par l'élevation des deux os de la ganache : quand le Canal eſt large, le goſier s'y loge facilement ; ainſi le Cheval peut ſe bien brider ; quand il eſt trop étroit, le Cheval eſt contraint de porter le nez au vent.

Canon de la jambe, eſt la partie qui eſt depuis le genoüil & le jarret juſqu'au boulet ; le canon de la jambe doit être large.

Cap de Maure ou *Caveſſe de Maure*, eſt une nuance du poil *Rouban*. *V*. Rouban.

Caparaçon, eſt une eſpece de couverture qu'on attache ſur un Cheval harnaché. L'*Emouchoir*, eſt une eſpece de Caparaçon.

Caparaçonner un Cheval ; c'eſt lui mettre un Caparaçon.

Capelet, eſt une groſſeur qui vient à la pointe du jarret d'un Cheval.

Capriole V. Cabriole.

Caracole, terme de Manege ; c'eſt pluſieurs demi-tours à droit & à gauche ſucceſſivement, ſans aſſujettiſſement de terrein.

Caracoler ; c'eſt faire des Caracoles dans un Manege. On ſe ſert auſſi de ce terme, quand de la Cavalerie ſe détache un à un des Eſcadrons au galop, pour aller agacer à coups de piſtolet les ennemis.

Cariole, eſpece de Voiture groſſiere à deux roux dépendante des Meſſageries.

Carogne, eſt un terme de mépris qu'on employe quand on veut parler d'un Cheval ſans mérite & ſans force.

Caroſſe, Voiture deſtinée à tranſporter les hommes d'un endroit dans un autre, ſoit à la Ville ou à la Campagne, il s'en fait de deux ſortes ; ſçavoir, des Caroſſes à deux fonds & des Caroſſes coupés.

Caroſſe, Cheval de Caroſſe, eſt celui qu'on attele à un Caroſſe, &c. pour le tirer.

Carriere ; c'eſt une eſpace de terrein long qu'on pratique dans l'emplacement d'un Manege, & que l'on borde avec des barrieres de bois, au bout duquel on poſe la potence à laquelle pend la Bague. Ce lieu eſt deſtiné pour courre la Bague, ou pour faire courir les Chevaux d'un bout à l'autre.

Carrouſel, courſe de Chevaux & de Chariots magnifiquement équipés.

Cavalcade. Aſſemblée de pluſieurs perſonnes qui ſe promenent à Cheval.

Cavalcadour. V. Ecuyer.

Cavalerie, Soldats qui combattent à Cheval. *Cavalerie*, ſignifie auſſi la connoiſſance des Chevaux. On dit, cet homme-là eſt expert dans la Cavalerie, ou dans l'art de la Cavalerie.

Cavalerice, vieux mot inventé par la Broüe, qui a fait un Traité du Manege. Ce terme ſignifie un homme expert au Manege.

Cavalier, ſignifie un Homme ou Soldat à Cheval. On dit, *un beau Cavalier*, qui veut dire un homme qui a bonne grace à Cheval. *Un mechant Cavalier*, eſt celui qui ne peut pas conduire ſon Cheval.

Cavalle ; c'est la femelle du Cheval. *V*. Jument.

Cavesse de Maure. *V*. Cap de Maure & Rouhan.

Cerf, *mal de Cerf*, maladie du Cheval ; c'est un Rhumatisme universel, qui occupe principalement le col & la tête. *Jambes de Cerf*. *V*. Jambes.

Cercle à la corne ; c'est ou une avalure, *V*. Avalure, ou bien des bourrelets de corne qui entourrent le sabot, & qui marquent que le Cheval a le pied trop sec, & que la corne se dessechant, se retire, & serre le petit pied. *Cercle* ou *rond*, signifient la même chose que Volte. *V*. Volte.

Chair, Boüillon de Chair. *V*. Boüillon. *Se charger de Chair*. *V*. Se charger.

Chaise roulante ou *Chaise de Poste*, est une Voiture legere à deux roües, destinée pour aller en campagne ; il n'y a ordinairement que la place d'un homme seul. *Chaise à deux*, se nomme ainsi, quand elle est faite pour y mettre deux personnes. *Cheval de Chaise*, est un Cheval destiné à tirer une Chaise. Une Chaine est ordinairement tirée par deux Chevaux.

Chaîne. *V*. Mesure.

Chaleur, une *Jument en Chaleur*. *V*. Jument. *Couteau de Chaleur*. *V*. Couteau.

Chanfrein du Cheval, est la partie du devant de la tête, qui va depuis le front jusqu'au nez. *Chanfrein blanc*, est une raye de poil blanc qui couvre tout le Chanfrein.

Changer de main. *V*. Main. Changer de pied. *V*. Se défunir.

Charboné, gris Charboné. *V*. Gris.

Charette, est une Voiture longue toute de bois & à deux roües, destinée à porter des fardeaux d'un endroit dans un autre. *Charette couverte*, est celle sur laquelle on ajuste quelques cercles de bois pour soutenir de la toile, ou autre étoffe, afin de garentir ceux qui vont dedans, des injures de l'air & du soleil. *Cheval de Charette*, est celui qui est destiné à tirer une Charette. On attele tous les Chevaux de Charette, l'un devant l'autre.

Charge ; c'est le nom d'une composition médicinale du Maréchal, qu'on applique exterieurement sur la partie offensée. La Remolade est une espece de charge. *V*. Remolade.

Chargé d'épaules, de *ganache*, de *chair*, se dit d'un Cheval dont les épaules & la ganache sont trop grosses & épaisses, & de celui qui est trop gras.

Se Charger d'épaules, de *ganache*, de *chair*, se dit d'un Cheval auquel les épaules & la ganache deviennent trop grosses, & de celui qui engraisse trop.

Charnu, se dit du Jarret du Cheval. *V*. Jarret.

Chartier, domestique qui conduit une Charette.

Chartil, est un endroit destiné dans une Ferme, ou dans une Maison de campagne, pour les Charettes à couvert des injures du tems : il signifie aussi le corps de la Charette.

Charuë, est un instrument en partie de bois, & en partie de fer, monté sur deux roües, & attelé de plusieurs Chevaux ou Bœufs, destiné à couper, & retourner la terre ; pour ensuite y semer les grains qui font vivre les Hommes & les Chevaux. *Cheval de Charuë*, est un Cheval destiné à tirer la Charuë.

Chasse, *Cheval de Chasse*, est un Cheval d'une taille legere qui a de la vitesse, dont on se sert pour chasser avec des chiens courans. Les Chevaux Anglois, sont en reputation pour cet usage.

Chasser son Cheval en avant; c'est le déterminer à avancer quand il hesite ou qu'il veut se retenir.

Châtain; c'est une nuance du poil Bay, tenant sur la couleur des châtaignes. *Voyez* Bay.

Châtier un Cheval; c'est lui donner des coups de gaules ou d'éperon, quand il resiste à ce qu'on demande de lui. On peut le châtier à propos, ou mal à propos; cela dépend du discernement, & de la science du Cavalier.

Châtiment; ce sont les coups de gaule ou d'éperon qu'on donne au Cheval quand il n'obéït pas au Cavalier. La Chambriere, est aussi un châtiment au Manege : le maître étant à pied en donne des coups au Cheval quand il ne lui obéït pas entre les piliers : il en donne aussi au Cheval qui resiste à son Cavalier, & quelquefois au Cavalier même pour l'avertir d'avoir attention à ses leçons.

Châtrer un Cheval; c'est lui ôter les testicules en les coupant, ou les ôtant par le moyen des caustics. Quoiqu'il y ait des Châtreurs; cependant à l'égard des Chevaux, ce devroit être une operation des Maréchaux, & quelques-uns la savent faire.

Chatoüilleuse. V. Bouche.

Chatoüilleux à l'éperon, se dit d'un Cheval, qui au lieu d'obéïr à l'éperon, & d'aller en avant, pousse son flanc contre l'éperon, & ne veut point avancer.

Chaussé trop haut, se dit d'un Cheval dont les balzanes montent jusques vers le genoüil & vers le Jarret ; ce qui passe pour un indice malheureux ou contraire à la bonté du Cheval. *V.* Balzane.

Chausser les Etriers; c'est enfoncer son pied dedans jusqu'à ce que le bas des Etriers touche aux talons. Cette façon d'avoir ses Etriers a très-mauvaise grace au Manege : il faut les avoir au bout du pied.

Se chausser, est la même chose à l'égard du Cheval, que se botter. *Voyez* Se botter.

Chef d'Académie, est un Ecuyer qui tient une Academie, où il enseigne à monter à Cheval.

Chercher la cinquiéme jambe, se dit d'un Cheval qui a la tête pesante, & peu de force, & qui s'apuye sur le mors pour s'aider à marcher

Cheval, animal à quatre pieds, & le plus utile de tous les animaux qui sont au service de l'homme. Comme cet animal varie beaucoup, tant par rapport à sa conformation, qu'au service qu'on en peut tirer, & à ses qualités bonnes ou mauvaises, on a été obligé pour signifier le tout, de se servir de differens termes. On trouvera l'explication de ces termes (dont voici la liste) chacun à sa lettre.

PAR RAPPORT A LA CONFORMATION.

Cheval bas du devant.	*Cheval* crochu.
begut.	éflanqué.
brassicourt.	ensellé.
camus.	entier.
coëffé bien ou mal.	épais.
cornu.	étroit de boyau.
court-jointé.	estrac.
	gigoté

Cheval gigoté bien ou mal.
haut du devant.
haut monté.
hongre.
jambé bien ou mal.
jareté.
juché.
long-jointé.
oreillard.
ouvert du devant ou du der-
     riere.
rablé.
de race.
ramaſſé.

Cheval rampin.
ſerré du devant ou du der-
     riere.
traverſé.
Bidet.
double Bidet.
échappé de barbe.
criquet.
geneſt.
gouſſaut.
haquet.
ragot.
rouſſin.

PAR RAPPORT AU SERVICE.

Cheval d'amble.
d'arquebuſe.
de bague.
de bâts.
de brancart.
de caroſſe.
de chaiſe.
de Charbonnier.
de charette.
de charuë.
de chaſſe.
de courſe.
à deux mains.
de main.
de manége.
de Meſſager.
de parade.
de pas.
de poſte.
de relais.
de remonte.

Cheval de ſervice.
de ſomme.
de ſuite.
de Timbalier.
de timon.
de tirage.
de trait.
de volée.
Bricolier ou d'à-côté.
Boutte-en-train.
Coureur.
Eſtalon.
Haquenée.
Limonier.
Mallier.
Porteur.
Porteur de choux.
Sommier.
Sonailler.
Timonier.

PAR RAPPORT AUX QUALITE'S.

Cheval adroit.
d'ardeur.
de bataille.
brailleur.
brave.
brillant.
chatouilleux à l'éperon.
dur à l'éperon.

Cheval entier ou rétif.
eſcouteux.
fait.
de feu.
fort en bouche.
fort.
franc du collier.
gueulart.

Cheval incertain.
indomptable.
leger.
lourd.
loyal.
mol.
obſtiné.
ombrageux.
paiſible.
pareſſeux.
peſant.
piaffeur.
planté bien ou mal.
quinteux ,
ramingue.
rare.
rétif.
retenu.
roide.
rueur.
ruiné.
ſage.
ſain & net.
ſauvage.
ſenſible.
ſeur.
ſombre.

Cheval ſouffleur.
ſoupçonneux.
ſouple.
ſuperbe.
de taille.
taré.
traître.
tranquile.
travaillé.
triſte.
trompeur.
trotteur.
turbulent.
vaillant.
vain.
valeureux.
vicieux.
vif.
volontaire.
uſé.
Bête bleuë.
Bringue.
Godé.
Haridelle.
Mazette.
Roſſe.
Terragnol.

PAR RAPPORT AU POIL.

Cheval alzan.
arzel.
aubert.
baillet.
bay.
cap ou caveſſe de maure.
chaſtein.
chauſſé trop haut.
eſtourneau.
gris.
iſabelle.
louvet.
maron.
miroité ou à miroir.

Cheval noir.
pie.
porcelaine.
rouhan.
rubican.
ſillé.
ſoupe de lait.
ſouris.
tigre.
tiſoné.
tranſtravat.
travat.
truité.
zain.

Chevaler, terme de Manége, c'eſt lorſqu'un Cheval en allant de côté croiſe les
jambes de devant ou de derriere l'une ſur l'autre.
Chevaline, *bête chevaline*. Voyez *bête*.

Chevaucher long ou court, c'eſt être accoûtumé à avoir ſes étriers longs ou courts.

Cheveſtre, eſt un vieux mot qui ſignifioit le Licol d'un Cheval. Le mot de s'encheveſtrer ſe dit encore. *Voyez* s'encheveſtrer.

Chevillé ſe dit des épaules & des ſuros. *Voyez* épaule & ſuros.

Ciller ſe dit d'un Cheval auquel il vient pluſieurs poils blancs au-deſſus des yeux vers les ſalieres, c'eſt une marque de vieilleſſe.

Cygne, encolure de Cygne. *Voyez* encolure.

Cinquiéme jambe. Voyez *chercher*.

Clair, *bay clair*, c'eſt une nuance du poil bay. *Voyez* bay.

Clairan, eſpece de ſonnette de fer blanc ou de léton qu'on pend au col des Chevaux qui ſont en pâture, pour pouvoir entendre où ils ſont quand ils s'égarent dans les Forêts.

Cloiſons, ce ſont des planches qu'on attache enſemble dans une écurie depuis les poteaux juſqu'au ratelier, & qui en bouchent toute l'intervalle, afin que les Chevaux ne puiſſent ſe battre, & qu'ils ſoient plus tranquilles en leurs places. Lorſqu'on met des cloiſons dans une écurie, il faut que les poteaux ſoient plus éloignés l'un de l'autre que quand il n'y a que des barres, afin qu'ils ayent aſſez d'eſpace pour ſe coucher. Cette mode vient d'Angleterre.

Cloüé, être *cloüé* à Cheval, ſignifie y être très-ferme, & ne ſe point ébranler, quelques violens que ſoient les mouvemens du Cheval.

Cochon, *œil de cochon*. *Voyez* œil.

Coëffé bien ou mal, bien ſe dit d'un Cheval qui a les oreilles petites & bien placées au haut de la tête, & mal de celui qui les a placées trop à-côté de la tête, & longues ou pendantes.

Coffre ſe dit quelquefois en parlant du ventre du Cheval : on dit ce Cheval a un *grand coffre*, pour dire qu'il a bien du ventre ou qu'il mange beaucoup : on dit d'un Cheval qui a peu de force, que c'eſt un *vrai coffre à avoine*. *Le coffre à avoine* dans une écurie eſt un coffre de bois qui ferme à clef, qui eſt ordinairement ſéparé en-dedans par une cloiſon, afin de mettre l'avoine d'un côté & le ſon de l'autre. Le délivreur a la clef du coffre à avoine.

Coins ou *dents des coins*, ſont les dernieres dents de devant en-haut & en-bas : *entrer dans les coins*, terme de Manége. *Voyez* entrer.

Col du Cheval ou *encolure*. Voyez encolure ; un Cheval qui a le col roide. *Voyez* roide ; plier le col à un Cheval. *Voyez* plier ; *mettre la bride ſur le col*, c'eſt laiſſer aller un Cheval à ſa fantaiſie.

Colé à Cheval, c'eſt la même choſe que cloüé. *Voyez* cloüé.

Colier eſt un harnois de bois rembourré qu'on met au col d'un Cheval de charette ou de charuë, & auquel on attache les cordes qui lui ſervent à tirer la voiture. *Donner un coup de colier*, *Voyez* donner. *Franc du colier*, *Voyez* franc.

Comble, *pied comble*. Voyez *pied*.

Commencer un Cheval, c'eſt lui apprendre ſes premiéres leçons de manége.

Conduire ſon Cheval *étroit* ou *large*, terme de manége : *étroit* ſignifie le mener en s'approchant du centre du manége, & *large* en s'approchant des murailles du manége. L'Ecuyer d'Académie dit quelquefois à l'Ecolier, *conduiſez votre Cheval*, lorſque l'Ecolier laiſſe aller le Cheval à ſa fantaiſie.

Confirmer un Cheval, c'eſt achever de le dreſſer aux airs de manége.

Connoiſſeur ſe dit d'un homme qui eſt habile dans la connoiſſance des Chevaux : c'eſt un connoiſſeur, un bon connoiſſeur.

Connoître les éperons, les jambes, les talons, la bride, &c. c'est de la part du Cheval, sentir avec justesse ce que le Cavalier demande lorsqu'il approche les éperons, les jambes ou les talons, & qu'il tire ou rend la bride.

Contre-marque, c'est une fausse marque que les Maquignons font aux dents des Chevaux pour tromper sur l'âge, *Voyez* contre-marquer.

Contre-marquer un Cheval, c'est creuser avec un burin la dent à un Cheval qui ne marque plus, afin qu'il paroisse qu'il marque encore : c'est une tromperie des Maquignons.

Contre-tems sont des mouvemens déréglés & rudes qu'un Cheval fait tout-à-coup en galoppant quand il a peur, ou quand il se desunit, c'est-à-dire, qu'il change de pied.

Corde à saigner, est une petite corde qui sert à serrer le col du Cheval quand on le saigne.

Corde de farcin, c'est plusieurs boutons de farcin qui se touchent. *Faire la Corde*, se dit d'un Cheval poussif, qui forme le long de son ventre en respirant une grosseur longue ressemblant à une corde.

Cordes, donner dans les cordes. Voyez donner.

Corne, c'est cette matiére dure qui forme le pied extérieur du Cheval, qu'on nomme le sabot. *Corne de Vache* est une corne de Vache creuse & ouverte par les deux bouts, dont on se sert pour donner des breuvages à un Cheval. *Corne de Chamois*, est la corne d'un animal appellé Chamois, dont on se sert à plusieurs opérations. *Donner un coup de corne, Voyez* donner. *Muer de corne, Voyez* muer.

Cornu, un Cheval cornu est celui dont les os des hanches s'élévent aussi haut que le haut de la croupe.

Corps, le corps du Cheval signifie les côtes & le ventre ; avoir ou n'avoir point de corps, *Voyez* avoir.

Corriger un Cheval, c'est la même chose que châtier, *Voyez* châtier.

Se Coucher dans les coins, ou en tournant, ou sur les voltes, se dit d'un Cheval qui, en tournant au galop ou aux voltes, panche tout le corps du côté qu'il tourne.

Coude, partie de la jambe de devant du Cheval, c'est cet os qui est au haut du bras du Cheval en arriere auprès du ventre ; ply du *Coude*, *Voyez* ply.

Couler le bouton, *Voyez* bouton. Le Maître d'Académie dit quelquefois à l'Ecolier, quand il galoppe autour du Manége, *coulez, coulez*, ce qui veut dire ne retenez pas tant votre Cheval, & allez un peu plus vîte : un Cheval qui coule au galop est celui qui va un galop uni & qui avance.

Coup de hache, mauvaise conformation du col d'un Cheval, c'est un creux à la jonction du col & du garrot. *Coup de corne, Voyez* donner. *Le coup de lance* est un enfoncement comme une espece de goutiere qui va le long d'une partie du col sur le côté ; quelques Chevaux d'Espagne & quelques Barbes naissent avec cette marque qui passe pour bonne, fondé sur une histoire fabuleuse.

Couper un Cheval, c'est le châtrer, *Voyez* châtrer. *Couper les oreilles*, c'est la même chose que bretauder. *Couper la queuë.*

Se Couper, s'entre-couper ou s'entre-tailler se disent lorsque le Cheval en marchant se blesse les boulets avec les côtés de ses fers d'une jambe à l'autre ; c'est-à-dire qu'il se coupe le boulet droit avec le fer de la jambe gauche, & ainsi des autres de devant ou de derriere.

Courbature, maladie qui entreprend tout le corps d'un Cheval, elle vient de trop grande fatigue.

Courbe, grosseur accidentelle qui vient au-dedans du jarret, plus bas que l'esparvin.

Courbette, air de Manége, où le Cheval en baissant les hanches leve le devant, puis en baissant le devant, leve tant soit peu les jambes de derriere. Ainsi, *lever à courbettes* signifie faire des courbettes. *Rabattre la courbette*, c'est poser à terre les deux pieds de derriere à la fois. *Terminer la courbette*, c'est la même chose. *La demi-courbette* est une petite courbette où le Cheval ne s'éleve pas tant qu'à la courbette.

Courre, c'est faire aller son Cheval au galop, c'est la même chose que courir : mais l'usage est de dire courre au lieu de courir. Dans les occasions suivantes, on dit à l'égard de la chasse, *courre le Cerf, le Sanglier*, &c. on dit *courre la poste*.

Courre en guides, *V.* guides. On couroit autrefois le faquin ou la quintaine. *Voyez* faquin & quintaine.

Courir se dit au lieu de courre dans les occasions suivantes. *Courir un Cheval*, c'est le faire galoper sans aucun but, ou pour le mettre en haleine : on dit, *courir la bague, les têtes & la méduse*, *Voyez* ces mots à leurs lettres. *Courir à toutes jambes ou à tombeau ouvert*, c'est faire courir son Cheval tant qu'il peut.

Coureur, Cheval qui a la queuë coupée & une partie des crins. Les Ecuyers modernes prononcent coureux.

Courier, homme à Cheval qui porte des Lettres ou des Paquets en courant d'un endroit à l'autre : on appelle aussi *Courier* tout homme qui courre la poste.

Couronne, partie du pied du Cheval, c'est la partie du Cheval qui est immédiatement au-dessus du sabot & au dessous du pâturon.

Couronné, un Cheval est couronné, lorsqu'il s'est emporté la peau des genoüils en tombant, & que la marque y reste.

Course, c'est un deffi de plusieurs hommes à Cheval, à qui arrivera le premier, en courant de toute la vîtesse du Cheval à un but fixé. Les Anglois font fréquemment de ces courses. Le Vainqueur gagne un prix ou une somme d'argent que les Anglois appellent une vaisselle : on dit *une course* de bague, de tête, de meduse, on dit poursuivre un homme *à course* de Cheval.

Coursier de Naples, on appelle ainsi les grands & beaux Chevaux du Royaume de Naples en Italie.

Court, un Cheval court est un Cheval, dont le corps a peu de longueur du garot à la croupe.

Courtaut, est un Cheval qui a les oreilles coupées ou la queuë.

Court-jointé, est un Cheval dont le pâturon est court.

Confus se dit d'un Cheval fort maigre : on dit il a les flancs *confus*, ce qui signifie qu'il y a si peu d'épaisseur d'un flanc à l'autre, qu'on croiroit qu'ils sont *confus* ensemble.

Couteau de chaleur, morceau de vieille faux, avec lequel on abat la sueur à un Cheval.

Couteau de feu, est un instrument de Maréchal qui sert à mettre le feu au Cheval.

Couvert, *Manége couvert. Voyez* Manége.

Couverture, eſt un morceau de coutis bordé qu'on met ſur le corps du Cheval dans l'écurie ; on dit *donner une couverture* d'un étalon quand on lui fait couvrir une Jument.

Couvrir une Jument, action de l'Etalon : faire *couvrir en main* ſignifie que des hommes tiennent l'étalon. *Couvrir en liberté*, veut dire qu'on le lâche dans les pâturages avec les Jumens. *Couvrir un Cheval dans l'écurie*, c'eſt lui mettre ſa couverture.

Crampe, Mal qui rend pour un moment la jambe douloureuſe & immobile.

Crampon, eſpece de talon de fer qu'on fait quelquefois au bout des éponges du fer, il y en a de quarrés, & d'autres en oreilles de Liévre.

Crans du Palais, c'eſt la même choſe que Sillons. *Voyez* Sillons.

Crapaud, c'eſt une groſſeur molle qui vient ſous les talons du Cheval, on l'appelle auſſi un fic.

Crapaudine, crevaſſe qui vient au-deſſus du ſabot du Cheval vers la Couronne.

Creat eſt un homme payé par un Maître d'Académie, pour lui aider à apprendre à monter à Cheval à ſes Ecoliers.

Créche, c'eſt la même choſe que mangeoire. *Voyez* mangeoire.

Crevaſſes, ſont des fentes qui viennent derriere les pâturons & les boulets.

Crever un Cheval, c'eſt lui cauſer des fatigues auſquelles il ne peut réſiſter.

Crin, les crins du Cheval ſont ces grands poils qui ſont attachés tout le long du col, & ceux qui forment la queuë : on dit qu'un Cheval a tous ſes *crins*, lorſqu'on ne lui a coupé ni la queuë ni les crins du col : on noüe, on treſſe & on natte les crins, ou pour l'embelliſſement du Cheval, ou pour les accoutumer à reſter du côté que l'on veut ; on *coupe les crins* depuis la tête juſqu'à la moitié du col pour que le col paroiſſe moins gros & plus dégagé. *Faire le crin*, c'eſt recouper au bout de quelques tems le crin de l'encolure qui a été coupé, lorſqu'il devient trop long. *Faire les oreilles* ou *faire le crin des oreilles*, eſt couper le poil tout autour du bord des oreilles. *Se tenir aux crins*, ſe dit lorſque le Cavalier peu ferme, prend les crins du col avec la main, lorſqu'un Cheval ſaute, de peur qu'il ne le jette à terre : on dit vendre un Cheval *crins & queuë*, ce qui veut dire le vendre très-cher.

Criniere. La Criniere ſont les crins du col du Cheval ; on appelle auſſi *criniere* ou *fauſſe criniere*, ou *faux crins*, ou *colliere*, des crins poſtiches, qu'on attache à un Cheval, à qui on a coupé les crins, quand on veut qu'il paroiſſe avoir tous ſes crins ; *Criniere*, ſe dit auſſi d'une couverture de toile qu'on met autour du col d'un Cheval à l'écurie, afin que la pouſſiere ne lui tombe pas ſur le col.

Criquet, eſt un petit Bidet maigre & miſerable.

Crochets, **Crocs**, ce ſont des eſpeces de dents rondes & pointuës, qui croiſſent entre les dents de devant & les dents machelieres plus près des dents de devant ; preſque tous les Chevaux ont des crochets, & il eſt aſſez rare que les Jumens en ayent. *Pouſſer les crochets*, ſe dit d'un Cheval à qui les crochets commencent à paroître.

Crochu, ſe dit d'un Cheval, dont les pointes des jarrets ſe touchent ; on dit auſſi qu'il eſt ſur ſes jarrets, ou qu'il eſt jarreté.

Croiſer la gaule par derriere. *Voyez* Gaule.

Croiſſant, ſuite de la Fourbure. *Voyez* Fourbure.

Croix, *faire la Croix*, Terme de manége, c'eſt méner un Cheval en avançant & en reculant, de façon qu'il faſſe la figure d'une croix ſur le terrein.

Crotin, fiante fraîche du Cheval.

Croupade ou groupade, c'eſt un ſaut, les quatre jambes en l'air & les jarrets plus ſous le ventre.

Croupe, partie du train de derriere du Cheval ; c'eſt cette partie ronde qui répond au haut des feſſes de l'homme : les bonnes qualités de la croupe, ſont d'être *large & ronde*. La croupe *de Mulet*, qui fait voir une élevation ou arête ſur toute la partie ſupérieure, depuis les reins juſqu'à la queuë, eſt une marque de force ; les mauvaiſes qualités de la croupe ſont la croupe *avalée*, c'eſt-à-dire, qu'elle deſcend trop tôt & la racine de la queuë, eſt par conſéquent trop baſſe. La croupe *trop étroite*, deſigne peu de force ; & la croupe *coupée*, eſt creuſe dans le milieu. *Tortiller la croupe*, ſe dit d'un Cheval ſans force, qui en marchant, fait aller ſa croupe de côté & d'autre.

A Cru, monter à cru. *Voyez* Monter.

Cuiſſes, partie du train de derriere. Les cuiſſes d'un Cheval, ſont les parties qui vont depuis les feſſes & le ventre juſqu'aux jarrets. *Renfermer un Cheval dans les cuiſſes*. Voyez Renfermer.

Cul de verre, c'eſt un eſpece de brouillard verdâtre, qui paroît au fond de l'œil de quelques Chevaux, & qui dénote que la vûë eſt mauvaiſe. Farcin, *cul de poule*, eſpece de farcin ; voyez farcin. Avoir *le cul dans la ſelle*, ſe dit du Cavalier, quand il eſt bien aſſis dans la ſelle, de façon que ſon derriere ne leve pas, & ne ſe voye pas hors de la ſelle.

D

Ada, Mot que les enfans diſent, pour ſignifier Cheval : *Aller à dada* : c'eſt aller à Cheval ſelon les enfans.

Dandiner. Voyez Balancer.

Débiller, Terme de riviere ; c'eſt détacher du harnois des Chevaux, qui tirent un bateau, les cordes auſquelles ils ſont harnachés pour aider le bateau à remonter une riviere.

Débourrer un Cheval ; c'eſt rendre les mouvemens d'un jeune Cheval ſouples & liants, par l'exercice du trot. Débourrer les épaules d'un Cheval ; c'eſt pour ainſi dire les dégeler, quand il n'y a pas aſſez de mouvement.

Découvert, Manége découvert. *Voyez* Manége.

Dedans, Terme de Manége : le dedans ſe forme ſur le champ, ſuivant le côté ſur lequel le Cheval tourne en maniant au manége ; s'il doit tourner à droite la main, le talon & la jambe droite du Cavalier, ſont *la main*, *le talon & la jambe de dedans* ; il en eſt de même de la tête, de l'épaule, de la jambe & hanche du Cheval ; ſi c'eſt à gauche, toutes ces parties gauches deviennent celles de dedans ; ainſi, *mettre la tête*, l'épaule ou la hanche d'un Cheval *dedans* ; c'eſt obliger le Cheval à pouſſer ces parties du côté qu'il doit tourner, ſoit à droite ou à gauche. *Avoir deux dedans*, quand on courre la bague ; c'eſt avoir enlevé la bague deux fois. *Le quartier de dedans* du pied. *V.* Quartier.

Défauts héréditaires, font ceux que l'étalon communique aux Poulains, qui naiffent de fon accouplement ; fçavoir, tous les maux de jarret & la lune.

Se défendre, fe dit d'un Cheval, qui réfifte, en fautant ou en reculant, à ce qu'on veut qu'il faffe ; c'eft fouvent figne qu'il n'a pas la force de l'executer. *Se défendre des lévres* ; c'eft la même chofe que s'armer de la lévre. *Voyez* Armer.

Défenfe, *la défenfe* d'un Cheval, eft la maniere dont il refifte à ce qu'on demande de lui.

Se déferrer, fe dit d'un Cheval, dont le fer quitte le pied, fans que perfonne y touche. Les Chevaux qui ont mauvais pied, ou qui forgent, fe déferrent fouvent.

Dehors, Terme de manége ; c'eft le côté oppofé à celui fur lequel le Cheval tourne ; fi le Cheval tourne à droite, toutes les parties gauches du Cheval & du Cavalier, comme les hanches, la main, l'épaule &c. font les parties *de dehors* ; enfin c'eft l'oppofé de *dedans*. *Voyez* Dedans. *Voyez* auffi Muraille. *Le quartier de dehors* du pied. *Voyez* Quartier.

Déliberer un Cheval ; c'eft le déterminer aux allûres, qu'il a de la peine à prendre.

Se délicoter, fe dit d'un Cheval, qui étant attaché avec fon licol, trouve moyen de l'ôter de fa tête.

Délivreur, Domeftique d'écurie, dont la fonction eft d'avoir la clef du coffre à Avoine, & de la diftribuer aux heures marquées.

Demander, ne fe dit guéres qu'avec une négation, lorfque le Maître d'Académie voit que l'écolier veut exiger quelque chofe de fon Cheval ; fi ce n'eft pas fon avis, il dit ne *demandez* rien à votre Cheval, laiffez-le aller comme il voudra.

Démêler un Cheval de voiture ; c'eft lui remettre les jambes où elles doivent être, quand il les a paffées par-deffus fes traits.

Demeurer fe dit du Cheval lorfque l'Ecolier ne le détermine pas affez à aller en avant ; alors le Maître dit, votre Cheval *demeure*.

Demi-volte, *demi-courbette*, *demi-hanche*, *demi-terre-à-terre*, *demi-air*. *V.* volte, repolon & paffade, courbette, hanche, terre-à-terre & mes-air. *Demi-arrêt*. *V.* Arrêt. *Serrer la demi-volte*. *V.* ferrer.

Dents. Les Chevaux en ont de deux fortes ; fçavoir, 1°. *Les dents mâchelieres* au nombre de vingt quatre, dont douze font à la machoire inférieure, fix de chaque côté & douze à la machoire fupérieure, fix de chaque côté ; ces dents fervent à mâcher les alimens. 2°. *Les dents de devant ou incifives* au nombre de douze ; fçavoir, fix en haut & fix en bas ; celles qui font tout-à-fait au-devant de la bouche s'appellent les pinces ; celles qui les cotoyent, les mitoyennes & celles d'après, les coins ; les crocs viennent entre les dents mâchelieres & les dents de devant. *V.* crocs. Ces dents de devant fervent à couper l'herbe, le foin, &c. elles font éloignées des mâchelieres de quatre ou cinq pouces : cet intervalle s'appelle la barre ; les dents de devant fervent auffi à faire connoître l'âge du Cheval jufqu'à fept ans. *Les dents de lait* font les dents de devant qui pouffent au Cheval auffi-tôt qu'il eft né, & qui tombent au bout d'un certain tems, pour faire place à d'autres que le Cheval garde toute fa

vie

vie. *Avoir la dent mauvaise*, se dit d'un Cheval qui mord ceux qui l'approchent. *Mettre, pousser, prendre, jetter, percer, ôter ses dents.*' *V.* ces mots à leurs lettres.

Dépêtrer un Cheval, c'est la même chose que démêler. *V.* démêler.

Dérobé, pied dérobé. V. Pied.

Se *Dérober sous l'homme*, se dit lorsqu'un Cheval en galopant fait tout-à-coup & de lui-même quelques tems de galop plus vifs & précipités pour desarçonner le Cavalier, & s'en défaire s'il peut.

Derriere, train de derriere *ouvert, serré* du derriere. *V.* Train ouvert, serré, haut du derriere.

Desarçonner se dit du Cheval qui fait sortir le Cavalier de la Selle en sautant ou en faisant quelque mouvement violent.

Desarçonné, être *desarçonné*; se dit du Cavalier quand il sort de la selle, lorsque le Cheval saute ou fait quelques mouvemens violens.

Desarmer un Cheval, c'est l'empêcher de s'armer. *Voyez* Armer.

Déchargé de tête, *d'épaule*, *d'encolure*. *Voyez* ces mots à leurs lettres.

Desergoter, opération de Chirurgie, c'est fendre jusqu'au vif l'ergot du boulet du Cheval pour de certains maux.

Dessoler un Cheval, opération de Chirurgie, c'est lui arracher la sole pour de certains maux.

Dessoudé, le sabot dessoudé. *Voyez* Sabot.

Destrier, (vieux mot) un Destrier signifioit un Cheval du main ou de bataille.

Desuni: un Cheval est *desuni*, lorsqu'ayant commencé à galoper en avançant la jambe droite la premiere il change de jambe, & avance la jambe gauche la première : il est *desuni du derriere* quand il avance la jambe droite de derriere au galop en même-tems que la jambe droite de devant, car à toutes les allures, excepté à l'amble, la jambe gauche de derriere doit marcher avec la jambe droite de devant, & ainsi des deux autres.

Se *Desunir* est la même chose qu'être desuni. *Voyez* Desuni.

Détaché, le nerf bien détaché, *V.* nerf.

Détacher la ruade, c'est ruer vigoureusement. *V.* Ruer.

Dételer un Cheval, c'est défaire ou détacher de la voiture les traits, au moyen desquels le Cheval y étoit attaché.

Déterminer un Cheval, c'est le faire aller en avant lorsqu'il hésite ou qu'il se retient.

Détraqué, un Cheval est détraqué lorsque le Cavalier par mal-adresse ou par négligence a gâré & corrompu ses allures.

Devant. Voyez Train, ouvert, haut, serré, leger. Lever.

Devanture de mangeoire. *V.* Mangeoire.

Dévider, on dit qu'un Cheval dévide lorsqu'en faisant des voltes les épaules vont trop vîte, & que la croupe ne suit pas.

Deux, Cheval à deux mains. *V.* Cheval. Donner, appuyer, pincer des deux. *Voyez* ces mots à leurs lettres.

Dia, terme de Charretier, par ce terme les Charretiers font entendre à leurs Chevaux qu'il faut tourner à gauche.

Dompter un Cheval. *Voyez* Réduire.

Donner haleine. *V.* Haleine.

Donner des deux à un Cheval, c'eſt le fraper avec les deux éperons. *Donner le ply*, c'eſt la même choſe que plier. *Donner leçon* à un Cheval, c'eſt lui apprendre ſes airs de Manége. *Donner dans les cordes*, ſe dit du Cheval qu'on a attaché avec le Caveſſon entre les deux piliers. Il *donne dans les cordes* lorſqu'en avançant entre les deux piliers, il tend également les deux cordes qui tiennent par un bout à ſon Caveſſon, & par l'autre à chaque pilier. *Donner un coup de colier* ſe dit d'un Cheval de Voiture lorſqu'il tire vigoureuſement, ſur tout quand il faut faire ſortir la Voiture de quelque mauvais pas. *Donner quatre doigts de bride* eſt une expreſſion qui ſignifie qu'il faut lâcher un peu les rênes au Cheval. *Donner l'herbe ou le vert* à un Cheval, c'eſt le nourrir dans l'écurie avec de l'herbe verte fraîche coupée au lieu de foin & d'avoine, ce qu'on fait pour le rafraîchir. *Donner un coup de corne*, c'eſt ſaigner un Cheval au palais, au moyen d'un coup qu'on y donne avec le petit bout d'une corne de Vache. *Donner des plumes* à un Cheval, c'eſt une opération à l'épaule.

Se *Donner de la peine* ſe dit d'un Cheval qui n'ayant point de vîteſſe, galoppe en ſe donnant bien du mouvement; & cependant, galoppe lourdement, & n'avance point.

Dos. Le dos du Cheval va depuis le garrot juſqu'aux reins, c'eſt la partie du corps du Cheval ſur laquelle on met la Selle.

Double Bidet. V. Bidet. *Le rein double* ſe dit des reins du Cheval quand ils ſont fort larges.

Doubler ou *doubler large* (terme de Manége) c'eſt tourner ſon Cheval vers la moitié du Manége, & le conduire droit à l'autre muraille ſans changer de main. *Doubler étroit*, c'eſt tourner ſon Cheval en lui faiſant décrire un quarré à un coin du Manége ou aux quatre coins. *Doubler les reins*, eſt un ſaut que le Cheval fait en voutant ſon dos.

Dreſſé, un Cheval dreſſé eſt un Cheval accoutumé à obéïr à ce que le Cavalier exige de lui.

Dreſſer un Cheval, c'eſt lui apprendre les exercices qu'on exige de lui.

Se *Dreſſer*, un Cheval qui *ſe dreſſe* eſt celui qui ſe leve tout droit ſur les pieds de derriere.

Droit; on dit qu'un Cheval eſt *droit*, quand on veut dire qu'il ne boite point. Un Cheval *droit ſur ſes boulets* ſignifie la même choſe qu'un Cheval bouleté. *V.* Bouleté, excepté que le pied n'eſt pas ſi reculé en arriére. *Droit ſur ſes jambes*, ſignifie que les jambes de devant du Cheval tombent bien à plomb quand il eſt arrêté: c'eſt la meilleure ſituation des jambes de devant; il y a des Chevaux qui ſe poſtent de façon que leurs jambes de devant vont trop en-deſſous; c'eſt-à-dire, s'approchent trop des jambes de derriere. *Aller droit à la muraille*, c'eſt changer de main en terme de Manége ſans mener ſon Cheval de côté. *Aller par le droit*, c'eſt mener ſon Cheval par le milieu du Manége ſans s'approcher des murailles. *Promener* un Cheval *ſur le droit. V.* Promener.

Dur au foüet ou à l'éperon, ſe dit d'un Cheval auquel le foüet ou l'éperon font peu d'impreſſion. Mouvements durs. *V.* Mouvemens.

E

E A U blanche, boiſſon rafraîchiſſante pour les Chevaux, c'eſt de l'eau dans laquelle on a mis du ſon. *Abattre l'eau. V.* Abattre. *Mener à l'eau. V.* Abreuvoir. *Rompre l'eau* à un Cheval. *V.* Rompre.

Eaux, Maladie du Cheval; ce ſont de mauvaiſes eaux qui coulent du derriere du pâturon des Chevaux.

Ebrillade, c'eſt une ſecouſſe que le Cavalier donne avec une rêne ſeule à un Cheval deſobéïſſant pour l'obliger à tourner.

S'Ebroüer, un Cheval *s'ébroüe* quand pour ſe dégager de ce qui lui chatouille le dedans des nazeaux, il les fait fremir en faiſant du bruit.

Effet de la Bride. V. Bride. *Effet* de la Main. *V.* Main.

Effilée, une encolure *effilée. V.* Encolure.

Efflanqué, Cheval *efflanqué*, eſt celui dont le ventre va en étreciſſant vers les cuiſſes.

Effort, les Chevaux ſont ſujets aux efforts d'épaule, de reins, de hanches, de jarrets & de boulets.

Embarré, être *embarré*, ſe dit d'un Cheval à l'Ecurie, qui, après avoir paſſé ſa jambe de l'autre côté d'une de ſes barres d'écurie, fait des efforts pour la repaſſer, & ne pouvant en venir à bout, s'écorche & ſe bleſſe.

S'Embarrer eſt la même choſe qu'être *embarré. V.* Embarré.

Embarrure, contuſion ou écorchure provenant de s'être embarré. *V.* Embarré.

Emboucher un Cheval, c'eſt lui choiſir & lui mettre un mors dans la bouche : ainſi, on peut emboucher un Cheval bien ou mal.

Embouchure ſignifie le mors & tout le fer qui l'accompagne, on la nommoit autrefois le frein. *Ordonner l'embouchure* d'un Cheval, c'eſt en proportionner toutes les pieces à la qualité de la bouche du Cheval.

Embraſſer ſon Cheval ou *le tenir embraſſé*, c'eſt ſerrer médiocrement les cuiſſes, & tenir ſes jambes près du ventre de ſon Cheval quand on eſt deſſus. *Embraſſer du terrein* ſe dit d'un Cheval qui avance au galop & qui eſt vîte. *Embraſſer du terrein* au Manége, c'eſt la même choſe qu'aller large, *V.* Aller. *Embraſſer* ou *embraſſer la volte*, c'eſt la même choſe qu'élargir. *V.* Elargir.

Embuver. V. Abreuver.

Emmiélure, eſpece d'onguent qui ſert aux maladies des pieds & des jambes des Chevaux.

Emouchoir ou *caparaçon*, eſpece de couverture qu'on met ſur le corps des Chevaux ſellés ou harnachés, pour les garantir de la piqueure des mouches.

S'Empêtrer ou être *empêtré*, ſe dit d'un Cheval qui eſt pris dans ſes traits, c'eſtà-dire, qui a paſſé ſes jambes par-deſſus les traits de cuir ou les cordes qui l'attachent à la Voiture à laquelle il eſt attelé.

S'Emporter ſe dit d'un Cheval, qui n'ayant point de ſenſibilité à la bouche, & ayant de l'ardeur, va toujours (ſur tout au galop) malgré tous les efforts que le Cavalier fait pour l'arrêter.

En-avant, mener ou conduire ſon Cheval *en-avant. V.* Mener. *De la main-enen-avant. V.* Avant-main. Le Maître d'Académie dit quelquefois à ſon Ecolier, quand le Cheval ſe retient ou ralentit ſon alure, *en-avant en-avant* votre

Cheval demeure ; votre Cheval reste : ce qui veut dire , déterminez-le à avancer.

S'Encapuchonner , ou être *encapuchonné* se dit du Cheval qui baisse la tête , & s'arme. *V.* S'armer.

Encastelé , un Cheval *encastelé* est celui qui a les talons des pieds de devant si serrés , qu'il en boite communément.

Encastelure , c'est le ferrement des talons des pieds de devant.

S'Enchevestrer , un Cheval est *enchevestré* , lorsque voulant se gratter l'oreille avec le pied de derriere , il se prend le pied dans la longe de son licol , & voulant s'en débarasser , s'écorche très-souvent le derriere du pâturon.

Enchevestrure , écorchure ou contusion au pâturon , provenant de s'être enchevestré.

Encloüer un Cheval se dit du Maréchal ferrant , qui , au lieu d'enfoncer le clou du fer seulement dans la corne , pique la chair qui est dessous vers l'os qu'on appelle petit-pied , alors le Cheval *est encloüe.*

Encloueure , c'est la piqueure de quelque clou que le Maréchal a enfoncé dans la chair vers l'os du petit-pied d'un Cheval en le ferrant.

Encolure , c'est le col du Cheval qui va depuis les oreilles jusqu'au garrot. Les bonnes qualités d'une encolure sont d'être *longue* , *déchargée* ou *tranchante* , ce qui signifie qu'elle soit peu garnie de chair ; elle doit bien *sortir des épaules. V.* Sortir. *Haute* ou *relevée* ; c'est-à-dire , que le Cheval la soutienne bien. *Roüée* ou *de cigne* , c'est la beauté (selon quelques-uns) de l'encolure des Chevaux de carosse ; c'est-à-dire , que le dessus de l'encolure tourne en rond vers la tête. *Droite* est la vraie beauté , quoique l'opposé de roüée , car icy le dessus de l'encolure va en ligne droite depuis le garrot jusqu'au derriere de la tête. Les mauvaises qualités de l'encolure sont d'être *courte* , *effilée* , qui veut dire trop mince , sur tout vers la tête. *Renversée* ou *panchante* , cela arrive lorsque le dessus de l'encolure est si chargé de chair , que sa pesanteur le fait pancher de côté. *Fausse* ou *de cerf* , signifie que le dessus de l'encolure creuse , & le dessous qui va du poitrail au gosier avance en rondeur ou en bosse. *Epaisse* ou *trop chargée de chair* signifie qu'elle est trop grasse : on dit qu'un Cheval *se charge d'encolure. V.* Charger.

Encorné , Javart encorné , Atteinte encornée. V. Javart & Atteinte.

Encraîné , vieux mot , qui signifioit esgaroté. *V.* Esgaroté.

Enerver un Cheval , opération de Chirurgie , c'est lui couper un tendon qu'il a entre les deux nazeaux ; cela ne se fait qu'aux Chevaux qui ont le bout du nez trop gros , pour qu'il paroisse plus fin.

Enfoncer les éperons à un Cheval ; c'est les lui faire sentir avec violence.

Enfonceure de mangeoire. V. Mangeoire.

Enfourcher un Cheval , terme bas , qui signifie monter dessus.

Enharnacher , c'est la même chose qu'harnacher. *V.* Harnacher.

Enrayer une Voiture ; c'est empêcher les roües d'une voiture , de tourner en descendant une montagne , de peur que la voiture par sa pesanteur ne fatigue trop les Chevaux ; on enraye les charettes , au moyen d'une grosse perche de bois qu'on passe entre deux rayes de la roüe , & les carosses avec un gros crochet de fer , attaché à une corde arrêtée au train de derriere du carosse ; on l'accroche à la raye d'une roüe.

Ensellé , Cheval *ensellé* ; est celui dont le dos va en creusant.

S'*Entabler*, un Cheval *s'entable*, lorfqu'en faifant des voltes, il fait avancer fa croupe, avant fes épaules.

Entendre les talons. *V*. Talon.

Entamer le chemin, c'eft commencer à galopper.

Entier, un *Cheval entier*, eft un Cheval capable d'engendrer : *entier*, fignifie en terme de Manége, un Cheval roide, & qui ne peut fe plier ; ainfi on dit *ce Cheval eft entier à main droite ou à main gauche*, quand il a bien de la peine à tourner à main droite ou à main gauche.

Entiereté d'un Cheval, c'eft fa conformation en général.

Entorfe. *V*. Mémarcheure.

Entraver un Cheval ; c'eft lui *mettre des Entraves* aux pâturons. *V*. Entraves.

Entraves, les Entraves qui fervent à mettre aux deux pâturons de devant d'un Cheval, foit pour l'empêcher de mettre fes pieds dans la mangeoire, foit pour lui ôter la liberté de courir dans les pâturages : ces entraves, dis-je, font compofées de deux entravons joints enfemble par des anneaux ou une chaîne de fer. Les *Entraves* dont on fe fert pour jetter un Cheval par terre, quand on veut lui faire quelques opérations, font compofées de quatre entravons féparés ; ayant chacun un anneau de fer ; on attache une corde longue à l'anneau d'un de ces entravons, puis après avoir bouclé les quatre entravons, un à chaque pâturon ; on paffe la corde dans chaque anneau, puis la tirant par le bout, les quatre jambes fe raffemblent & le Cheval tombe. *Voyez* Entravon.

Entravon, groffe laniere de cuir fort, rembourré d'un côté, au bout de laquelle on attache une boucle pour boucler cette laniere au pâturon, la remboureure dedans.

S'*entre-couper*, c'eft la même chofe que fe couper. *V*. Se couper.

Entr'ouvert. Cheval entr'ouvert, ou Cheval qui s'eft entr'ouvert ; c'eft un Cheval qui en gliffant, s'eft écarté & forcé les mufcles de l'épaule violemment.

Entr'ouverture, écart de l'épaule très-violent.

Entrepas, ou *Traquenard*. *V*. Traquenard.

Entrer dans les coins, fe dit du Cavalier lorfqu'il tourne fon Cheval dans les quatre coins du Manége en fuivant exactement la muraille.

S'*Entre-tailler* eft la même chofe que s'entre-couper & fe couper. *V*. Se couper.

Entre-taillure, Mal que s'eft fait le Cheval qui s'eft coupé.

Entretenir fon Cheval dans quelque allure, c'eft l'empêcher de la précipiter ou de la ralentir.

Entretenir fon Cheval au galop, c'eft lui faire continuer fon galop d'une égale vîteffe.

S'*Eparer*, vieux mot, qui fignifioit un Cheval qui lâche des ruades, & noue l'éguillette.

Equeftre, Statuë équeftre ; c'eft la Statuë d'un homme à Cheval. *V*. Statuë.

Ergot, partie de la jambe du Cheval. L'Ergot du Cheval, c'eft une groffeur naturelle reffemblant à de la corne molle qui eft au bas du boulet par derriere, & cachée fous le poil du fanon aux quatre jambes : on defergote les Chevaux. *V*. Defergoter.

Efbranler fon Cheval au galop, c'eft le faire paffer du pas du trot ou de quelqu'autre allure au galop.

Escaille d'huitre, Pied en écaille d'huitre. *V.* Pied.

Escaillons, vieux mot qui signifioit les dents du Cheval, qu'on appelle les Crochets.

Escapade, prononcez l'S, action fougueuse d'un Cheval qui ne veut pas obéïr au Cavalier.

Escart, *faire des écarts* ou *s'écarter*, action d'un Cheval qui ayant peur de quelqu'objet, se jette de côté. *Escart* signifie aussi le mal qui vient à l'épaule d'un Cheval, qui, pour avoir glissé ou avoir eû peur, s'est alongé avec douleur les muscles qui tiennent l'épaule au corps : alors on dit, *prendre* ou *avoir un escart*. Un Cheval entr'ouvert est celui qui a pris un violent écart. *V.* Entr'ouvert & Entr'ouverture.

Escavessade, vieux mot qui signifioit une saccade, que le Palefrenier qui tient un Cheval par la corde du cavesson, lui donne pour l'arrêter ou pour le châtier, on dit à présent coup de cavesson.

Eschapé de Barbe, est un Cheval qui vient de race de Cheval Barbe avec une Jument du Païs.

Eschaper, *faire* ou *laisser échaper*, ou *laisser échaper de la main* son Cheval, c'est ne le plus retenir, & lui rendre tout-à-coup la main, afin qu'il prenne le galop.

S'Eschaper de dessous l'homme, c'est la même chose que se dérober. *V.* Se dérober.

Esclame, vieux mot qui signifioit un Cheval trop fatigué, & qui n'a point de boyau.

Escole signifie Manége dans quelques occasions. *La basse Ecole*, ce sont les Académistes qui commencent à apprendre à monter à Cheval. *Un Cheval d'Ecole*, c'est un Cheval de Manége. *Un Pas d'Ecole*. *V.* Pas. Cheval *hors d'Ecole*. *V.* Hors.

Escouté, terme de Manége, c'est la même chose que soutenu. *Un Pas écouté*, des *tems écoutés*. *V.* Soutenu.

Escouter son Cheval, terme de Manége, c'est être attentif à ne point le déranger de ses airs de manége quand il manie bien.

Escouteux, un Cheval *écouteux* est celui qui hésite à se déterminer à quelque allure que ce soit, quoiqu'on l'en sollicite.

Escurie, Bâtiment destiné pour y attacher, y mettre à couvert, & y nourrir les Chevaux. *L'Ecurie simple* n'a qu'un rang de Chevaux, & un espace derriere pour aller d'un bout à l'autre. *L'Ecurie double* se pratique de deux façons, elle a deux rangs de Chevaux, les Croupes vis-à-vis l'une de l'autre, & un espace entre-deux, ou bien on met le Ratelier dans le milieu, alors les têtes des Chevaux sont vis-à-vis l'une de l'autre, & il y a deux espaces pour passer derriere les croupes des deux rangs. *Ecurie* signifie aussi non seulement le Bâtiment fait pour les Chevaux, mais encore tout ce qui y a rapport ; c'est-à-dire, les logemens de tous les Officiers, Palefreniers, &c. Lorsque le tout ne forme qu'une enceinte de Bâtimens : Ainsi, les Ecuries du Roy & des Princes s'entendent dans ce dernier sens. Les Ecuries du Roy de France sont séparées en deux Bâtimens ; l'un destiné pour les Chevaux de Manége & de Guerre, & pour les Chevaux de Selle & de Chasse, ce qui s'appelle la grande Ecurie. L'autre Ecurie appellée la petite Ecurie, est faite pour les Chevaux de Carosse. M. Le Grand vend toutes les Charges de la grande Ecurie du Haras qui en dépend & de la petite Ecurie ; il ordonne les fonds pour le dépenses desdites Ecuries, comme aussi de toute la Livrée. Nul Maître d'Académie ne peut montrer, ni établir d'Académie sans son ordre & permission formelle, avec des lettres pour prendre le nom d'Académie Royale.

Des Officiers des Ecuries, il y en a qui sont communs à la grande & à la petite : Tels sont : Premiérement, Le Grand Ecuyer nommé M. le Grand, M. le Prince Charles de Lorraine l'est actuellement ; un Intendant & Controlleur ancien, alternatif & triennal, un Tresorier, deux Juges d'Armes & Génealogistes, huit Fourriers, douze Chevaucheurs, autrement Couriers du Cabinet, douze Herauts, y compris le Roy d'Armes, deux Poursuivans d'Armes, trois Porte-Epée de parement, deux Porte-Manteaux, deux Porte-Caban (qui est un Manteau de pluye) deux Médecins, quatre Chirurgiens, deux Apoticaires. D'autres Officiers nécessaires, comme Garde-Malade, Garde-Meuble, Lavandiers, Portier, Drapier, Passementier, Merciers, Tailleurs, Sellier, Eperonnier, Charon, Bourrelier, Brodeur & Menuisier des deux Ecuries. Trompettes, Joüeurs de Violon, Haut-bois, Saquebou-tes, Cornets, Haut-bois, Musettes de Poitou, Joüeurs de Fifres & Tambours, Cromornes & Trompettes Marines, un Ambleur & un Conducteur du Chariot. Maîtres en fait d'Armes, des Exercices de Guerre, à danser, de Mathématiques, à écrire, à dessiner & à voltiger. Les Officiers de la grande Ecurie sont, un Argentier-Proviseur, un Ecuyer-Commandant, quatre Ecuyers pour le Manége, dont deux ordinaires & deux Cavalcadour, un Ecuyer ordinaire & un Cavalcadour. Il y a encore quatre ou cinq Charges d'Ecuyer ordinaire sans fonctions, quarante Pages portant la Livrée du Roy, la poche en travers, un Gouverneur, deux Sous-Gouverneurs, un Précepteur, un Aumônier, huit Premiers-Valets des Pages, quatorze Palefreniers, quatre Maréchaux, un Arroseur de Manége, un Concierge, quarante-deux Grands-Valets de Pied.

Le Haras du Roy a pour Officiers, un Ecuyer Capitaine du Haras, six Gardes du Haras, deux Maréchaux, deux Pages, Medecin, Chirurgien, Apoticaire, Taulpier. Les Officiers de la Petite Ecurie sont, un Ecuyer de main-ordinaire, & vingt Ecuyers de main appellés Ecuyers de quartier, qui doivent donner la main au Roy quand il sort & partout où il va, un Ecuyer ordinaire Commandant la Petite Ecurie, & deux autres Ecuyers ordinaires, vingt Pages portant la Livrée du Roy les poches en long, un Argentier-Proviseur, un Gouverneur, un Précepteur, un Aumônier.

Tous les Pages doivent faire leurs preuves anciennes & Militaires de quatre génerations paternelles.

Tous les Officiers des Ecuries sont Commençaux de la Maison du Roy.

La Petite Ecurie a seize Petits-Valets de pied par Commission.

Escuyer, homme qui a le commandement sur une Ecurie, & sur tout ce qui en dépend. Ecuyer ordinaire de la grande Ecurie, *Grand Ecuyer*, *Premier Ecuyer*, *Ecuyer Cavalcadour*, *Ecuyer de main & ordinaire de la Petite Ecurie.* V. Ecurie.

Esgarée, Bouche égarée. V. Bouche.

Esgarer la bouche d'un Cheval, c'est en diminuer la sensibilité par ignorance ou par brutalité.

Esgaroté, Cheval *égaroté*, eſt un Cheval qui a une playe ſi conſidérable ſur le garot que ſa forme en eſt changée & applatie.

Esguillette, noüer l'*eſguillette*. V. Noüer.

Eshanché, Cheval dont la hanche a ſouffert un ſi grand effort, que l'os qui la forme eſt deſcendu plus bas que celui de l'autre côté, on dit auſſi *épointé*.

Eslancé, Cheval long, & qui a peu de ventre.

Eslargir ſon Cheval, c'eſt le faire aller au Manége plus près du mur, ou lui faire embraſſer un plus grand eſpace de terrain.

Eſmouchoir, eſpece de caparaçon dont on couvre un Cheval ſellé ou harnaché pour le garantir de la piqueure des mouches; on l'appelle auſſi émouchette: on appelle auſſi *émouchoir* une queuë de Cheval attachée au bout d'un bâton, avec laquelle on chaſſe les mouches de deſſus le corps du Cheval, de peur qu'il ne remuë quand on le ferre, ou lorſqu'on lui fait quelqu'autre opération.

Eſpais, un *Cheval épais* eſt un Cheval dont tous les membres ſont fort gros.

Eſparvin, groſſeur qui vient par accident aux jarrets du Cheval au-deſſous du ply & en-dedans. Il y a de deux ſortes d'eſparvins; ſçavoir, *eſparvin ſec*; il fait lever le jarret du Cheval en marchant plus haut qu'à l'ordinaire. L'*eſparvin de Bœuf* eſt plus gros, & fait boiter le Cheval.

Eſpaule, partie du train de devant du Cheval, qui va depuis le garot juſqu'au bras de la jambe; ſes bonnes qualités ſont d'être *déchargée de chair ou décharnée*: on dit ce Cheval eſt *déchargé d'épaules*; *féche*, *platte*, *tranchante*; tout cela ſignifie qu'on ne doit ſentir quaſi que la peau ſur l'os de l'épaule. *Libre*, c'eſt-à-dire, qu'elle ait du mouvement quand le Cheval marche, trotte ou galope. Les mauvaiſes qualités ſont, *chargé d'épaules* ou *épaules rondes*, ce qui ſignifie qu'il y a beaucoup de chair ſur les épaules. Les *épaules ſerrées*; c'eſt-à-dire, que la poitrine ou le poitrail eſt ſerré par les deux épaules; *chevillées* ſignifie qu'elles ſont très-ſerrées & ſans mouvement; *froides*, le Cheval qui a les épaules froides a peu de mouvement dans les épaules & dans les jambes, au lieu que celui qui eſt *entrepris des épaules* n'y a point de mouvement, mais en a beaucoup dans les jambes. On dit *gagner les épaules*, *aſſeurer les épaules* d'un Cheval, *trotter des épaules*. V. Aſſeurer, gagner, trotter.

Eſpaulé, Cheval *épaulé*, eſt un Cheval qui a eu un ſi grand mal à l'épaule, qu'on ne peut plus s'en ſervir. *Bête épaulée*, ſignifie un Cheval qui n'eſt bon à rien.

Eſpée. La main de l'épée, de la lance, de la gaule, c'eſt la main droite. V. Main. L'*épée Romaine*, c'eſt un long épi de poil qu'on trouve ſur quelques Chevaux; cet épi coule tout le long du col ſous la criniere, on fait paſſer cet épi pour une bonne marque.

Eſperon, inſtrument de fer dont le bout eſt une roſette tournante à pluſieurs pointes. Le Cavalier attache les éperons à ſes talons, afin d'en piquer le Cheval au flanc quand il le juge à propos, pour lui faire connoître ſa volonté, ou pour le châtier. Ainſi, l'éperon eſt un *aide* & un *châtiment*. V. Aide & châtiment; c'eſt pourquoi, *donner un coup d'éperon*, c'eſt aider ou châtier un Cheval ſuivant l'occaſion; on ſe ſert quelquefois du mot de *talons*, pour ſignifier éperons. V. Talons. *Senſible à l'éperon*, *dur à l'éperon*, *chatouilleux à l'éperon*. V. Senſible, dur, chatouilleux. *Avoir l'éperon fin*, ſe dit d'un Cheval auquel la moindre approche de l'éperon fait connoître la volonté du

Cavalier,

Cavalier, & qui agit juste en conséquence. *S'attacher à l'éperon*, ou *se jetter sur l'éperon*. *V*. S'attacher. *Connoître, résister, répondre à l'éperon*. *V*. ces termes à leurs lettres. *Pincer, appuyer, enfoncer, faire sentir, piquer, picoter des éperons*. *V*. ces termes. *Souffrir l'éperon*. *V*. Souffrir.

Esperonné ne se dit plus qu'avec le mot botté ; on dit *je suis botté & éperonné*, ce qui signifie il y a des éperons aux bottes que je viens de mettre.

Espic, endroit marqué sur la peau du Cheval par le retour du poil qui prend des sens différens ; il y en a presque toujours un au milieu du front ; les autres n'ont point d'endroits déterminés. Quelques superstitieux s'imaginent qu'il y a des épics heureux & d'autres malheureux.

Espointé, c'est la même chose qu'éhanché. *V*. Eshanché.

Epoussette, Instrument de Palfrenier : c'est un morceau de Serge de deux pieds en quarré, dont les Palfreniers se servent pour ôter la poussiere sur le corps du Cheval quand ils le pansent.

Espousseter un Cheval, c'est secouer la poussiere de dessus son corps avec l'épous-fette.

Esquine se disoit autrefois pour signifier le dos & les reins du Cheval.

Essourisser un Cheval, opération de Chirurgie, c'est lui fendre un cartilage qui est dans les nazeaux nommé *la souris*, afin de l'empêcher de s'ébrouer.

Establer les Chevaux, c'est les mettre à couvert.

Estalon ou estelon, Cheval entier destiné à la géneration & à la propagation de l'espece. *Le saut d'un étalon*. *V*. Saut. *Souffrir l'étalon*. *V*. Souffrir.

Estalonner une Jument, c'est la même chose que la couvrir. *V*. Couvrir.

Estampe, Instrument de Maréchal qui fait les trous pour passer les clous d'un fer.

Estamper un fer, c'est se servir de l'estampe, pour percer au travers du fer les trous par lesquels les clous passeront pour attacher le fer à la corne. *Estamper gras*, c'est percer ces trous près du bord du dedans du fer. *Estamper maigre*, c'est les percer près du bord extérieur ou de dehors du fer.

Estampure du fer, c'est la façon dont il est estampé. *V*. Estamper.

Estoile, c'est un espace rond de poil blanc que plusieurs Chevaux noirs ou de quelques autres couleurs ont au milieu du front. *Fausse étoile*, c'est une étoile artificielle qu'on fait à ceux qui n'en ont pas de véritable, soit en appareillant des Chevaux de carosse, afin qu'ils soient marqués de même, soit pour satisfaire l'opinion de ceux qui croyent qu'un Cheval qui n'a aucune marque blanche sur le corps est vicieux ou malheureux.

Estourneau ou gris estourneau, variété du poil gris. *V*. Gris.

Estrac, prononcez l'f ; *un Cheval estrac* est celui qui est mince, & a peu de corps.

Estrapade, saut de Mouton très-vif que fait le Cheval.

Estrapasser, c'est en terme de Manége la même chose qu'outrer un Cheval ; c'est-à-dire, le faire travailler au-delà de ses forces.

Estraint, vieux mot qui signifioit la paille destinée à faire la Litiere des Chevaux.

Estrecir son Cheval, terme de Manége, qui signifie qu'on n'embrasse pas assez de terrain en faisant des voltes ou en travaillant son Cheval en rond à quelque air que ce soit.

S'étrecir signifie que le Cheval n'entourre pas assez de terrein en travaillant en rond : on dit, *votre Cheval s'étrecit*.

E

Estriers, machine composée de plusieurs petites barres de fer jointes ensemble par les bouts, & qui laissent un vuide dans lequel entre le bout du pied, ou même le pied tout entier ; cette machine tient à une courroye attachée à la Selle. L'*Etrier* sert à monter à Cheval & à appuyer ses pieds quand on est assis dans la Selle. *Mettre le pied à l'étrier*, c'est se servir de l'étrier pour monter à Cheval. *Estre ferme sur ses étriers*, c'est se bien tenir à Cheval, de façon que quelques mouvemens violens que fasse le Cheval, les pieds ne sortent point des étriers. *Abandonner, alonger, acourcir, chausser, quitter les étriers, péser sur ses étriers*. *V.* Tous ces termes à leurs lettres.

Estriviere, courroye de cuir qui tient l'étrier à la Selle. L'Etriviere est garnie d'une boucle, au moyen de laquelle on fait descendre ou monter l'étrier, ce qui s'appelle l'alonger ou le racourcir.

Estrille, Instrument de Palefrenier pour panser les Chevaux.

Estriller, c'est panser un Cheval avec l'Etrille.

A Estripe Cheval, aller *à étripe Cheval*. *V.* Aller.

Estroit de boyau, les *jarrets étroits*, la *croupe trop étroite*. *V.* Boyau, Jarrets, croupe. Conduire son Cheval étroit, ou aller étroit. *V.* Aller.

Extrémités, par extrémités on entend les quatre jambes & le bout du nez d'un Cheval. *Les extrémités lavées*, signifie que le poil du Cheval est plus pâle aux jambes & au bout du nez que par tout le corps. *Les extrémités de feu ou du feu aux extrémités* ne se trouve guéres qu'aux Chevaux Bays bruns ; c'est-à-dire, que le poil est d'un rouge plus vif au bout du nez, aux jambes & au flanc que par tout le corps.

F

FAce, la Face d'un Cheval, c'est la même chose que chanfrain. Ainsi, *la face blanche* ou *belle face*, signifie chanfrain blanc. *V.* Chanfrain.

Facile au montoir. *V.* Montoir.

Façonner un Cheval, c'est lui donner de la grace sous l'homme dans ses exercices.

Faim-Vale, Maladie du Cheval qui a rapport à la faim canine de l'homme.

Faire net ; on dit aux Palefreniers de *faire net* ; c'est-à-dire, de bien nettoyer la mangeoire un moment avant de donner l'avoine aux Chevaux. *Faire la revérence*, expression qui signifie un Cheval qui fait un faux pas. *Faire trouver des jambes* à son Cheval. *V.* Jambes. *Faire des contre-tems, faire la corde, faire la croix, faire sentir les éperons & les gras de jambes, faire échaper son Cheval, faire falquer son Cheval, faire les crins & les oreilles, faire une levée* de la lance, *faire couvrir en main, faire pied neuf, quartier neuf, faire manier son Cheval, faire la pointe, faire les quatre coins, faire fuir les talons, faire des voltes, demi-voltes, &c. faire volte-face, faire les forces, faire la tortuë, faire siffler la gaule, faire litiere*. *V.* Tous ces termes à leurs lettres.

Fait, un *Cheval fait*, est un Cheval qui n'est plus jeune, & qui est dressé.

Falcade, mouvement vif & réiteré des hanches & des jambes de derriere qui plient fort bas lorsqu'on arrête son Cheval à la fin de sa reprise au Manége ; c'est proprement trois ou quatre petites courbettes pressées avant l'arrêt.

Falquer, *faire falquer son Cheval*, c'est le mener à falcades. *V.* Falcade.

Fanon, c'est le poil long qui se trouve au bas des boulets du Cheval, & qui couvre l'ergot.

Fantaisies, un Cheval qui a des fantaisies est celui à qui il prend de tems en tems envie de tourner, de sauter ou de reculer contre la volonté de l'homme.

Faquin. V. Quaintaine.

Farcin, Maladie du Chéval, qui se dénote par de gros boutons sur diverses parties du corps, lesquels forment autant d'ulceres. On donne des noms au farcin suivant le lieu & la figure de ses boutons, comme *farcin volant*, *cordé*, *cul de poule*, *testicule de coq*, *mouchereux*, *bifurque*, *taupin*; mais tous ces noms ne font rien à la cure qui est toujours la même.

Farcineux, Cheval qui a le Farcin. *V.* Farcin.

Farouche, un Cheval est farouche quand il craint l'approche de l'homme. Les Poulains qu'on abandonne dans les herbages sans les approcher, deviennent farouches.

Faucher, un Cheval fauche, lorsqu'ayant eu un écart il ne porte pas sa jambe malade droit en avant lorsqu'il marche, mais la jette en dehors en lui faisant décrire un demi-cercle.

Fausse gourme, Maladie du Cheval, c'est la même chose que la gourme, mais elle s'appelle *fausse gourme*, lorsque le Cheval la jette quand il n'est plus poulain; c'est-à-dire, quand il a passé cinq ans. La *bouche fausse. V.* Bouche.

Fausse queuë. V. Queuë.

Faux, *être faux* ou *galoper faux* se dit du Cheval lorsqu'en galopant il leve la jambe gauche de devant la premiere, car il doit lever la droite la premiere.

Feindre, un Cheval feint lorsqu'ayant le pied douloureux par quelque accident, il boite un peu, & presqu'imperceptiblement.

Fer, le Fer d'un Cheval est une bande de fer tournée en arcade, & percée de trous, on attache avec des clous ce fer sous le pied du Cheval, c'est proprement le soulier des Chevaux qui sert à les empêcher d'user la corne de leurs pieds, principalement quand ils marchent sur des terrains durs. Les différentes façons de fers, *comme fers à pantouffle*, *demi-pantouffle*, *à lunette*, *à demi-lunette*, *à patin*, *voutés*, *à la Turque*, *à bec de corbin*, se voyent dans le Traité de la Ferrure. On dit d'un Cheval qui tombe sur le dos, *il a les quatre fers en l'air*, qui veut dire qu'alors on voit les fers de ses quatre pieds; on dit de l'homme qu'il a *des jarrets de fer. V.* Jarrets. *Faire porter*, *asseoir le Fer. V.* Porter & Asseoir.

De *Ferme à ferme*. Sauter ou manier de ferme à ferme. *V.* Manier & Sauter.

Fermer la volte, *la passade*, &c. ou autres airs en rond; c'est les terminer. Ainsi, on peut fermer bien ou mal avec justesse ou sans grace, on ferme ordinairement ces airs par des courbettes.

Ferrer un Cheval, c'est attacher le Fer d'un Cheval dessous son pied, au moyen de clous qu'on fait passer par les trous du fer qui percent la corne, & qu'on rive ensuite.

Ferrure, c'est la science de ferrer les Chevaux.

Feu, opération de Chirurgie, on donne ou on met le feu à quelques parties du corps en différens cas; on le met par exemple aux jambes, à l'épaule, à la hanche pour des maux qui arrivent à ces parties, on brûle pour cet effet la peau avec des Instrumens de fer qu'on fait rougir qu'on appelle *couteaux de* feu & boutons ou pointes de feu. *V.* Couteau & Bouton. Les rayes qu'on trace avec le couteau de feu fur la partie, forment différentes figures fuivant l'intention qu'on a, on appelle ces figures pâte d'Oye, *fougere*, *plume*, *palme*, &c. Les trous qu'on fait avec le bouton de feu s'appellent pointes de feu, & forment fi on veut la figure d'une roüe, ou telle autre qu'on veut. *Mettre des pointes de feu* à quelque partie, c'eft y faire des trous à la peau avec le bouton de feu. *Cheval de feu*, c'eft la même chofe que Cheval d'ardeur. *V.* Ardeur.

Féve, incommodité qui vient au Cheval, on l'appelle auffi Lampas. *V.* Lampas. *Le germe de féve*, c'eft le creux noir qui eft au milieu des dents de devant, & qui fait une marque certaine que le Cheval n'a pas encore fept ans.

Feutre de gourmette eft un morceau de vieux chapeau qu'on attache fous la gourmette quand elle a écorché la barbe du Cheval, ou pour prévenir cet accident.

Fic, excroiffance de chair fpongieufe qui vient fur plufieurs endroits du corps du Cheval indifféremment : on appelle auffi *Fic* un mal qui vient fous les talons du Cheval. *V.* Crapaud.

Fiente. V. Crotin.

Filet, efpece de mors qu'on met au Cheval pour le panfer, pour le faire fortir fans monter deffus, & pour le mener à l'abreuvoir. *Mettre un Cheval au Filet. V.* Mettre.

Fin, un Cheval *fin* eft un Cheval qui a la tête feche, la taille dégagée, & peu de poil au fanon. Un Cheval fin eft bon pour le Manege, la Chaffe, & pour monter un Maître, auffi l'appelle-t-on un Cheval de Maître. Avoir *l'éperon fin. V.* Efperon.

Flanc, partie du Cheval, c'eft l'efpace qui fe trouve au deffaut des côtes entre l'os de la hanche & les côtes fur le côté du corps du Cheval. *Battre du flanc. V.* Battre. Un Cheval a le *flanc* alteré ; lorfqu'on voit qu'il commence à battre en deux tems, c'eft l'avant-coureur de la pouffe. *Le flanc coufu. V.* Coufu. Les bonnes qualités du flanc font d'être *retrouffé & plein* ; c'eft-à-dire, qu'il ne paroiffe point de creux à l'endroit du flanc ; fes mauvaifes qualités font d'être *creux ou coufu*.

Flandrin, eft un Cheval de Flandre.

Fleche de la lance, c'en eft le bâton depuis les aîles jufqu'au bout.

Foin, nourriture des Chevaux, c'eft de l'herbe qu'on coupe, & que les Chevaux ne mangent que quand elle eft feche. *Cheval de Foin. V.* Cheval.

Fond, un Cheval qui a du *fond* eft un Cheval qui travaille long-tems fans fe fatiguer.

Forcer un Cheval, c'eft lui faire faire un travail exceffif & au-delà de fa force. *Forcer la main*, c'eft la même chofe que s'emporter. *V.* S'emporter.

Forces, *faire les forces* ; un Cheval qui ouvre beaucoup la bouche, au lieu de fe ramener quand on lui tire la bride, fait les forces ; cette expreffion veut dire qu'il imite, en ouvrant la bouche, la figure d'une efpece de tenaille de fer qu'on nomme des forces.

Forge, c'eft la Boutique du Maréchal-Ferrant en général, & en particulier c'eft l'endroit de la Boutique où on allume le charbon pour faire rougir le fer, & pour lui donner la forme qu'il doit avoir pour être attaché au pied du Cheval.

Forger un fer, c'eſt former un fer à Cheval au feu de la Forge. *Un Cheval qui forge* eſt celui qui, en marchant, attrape le fer de la jambe de devant avec celui de la jambe de derriere du même côté ; ces Chevaux ſont ſujets à ſe déferrer.

Forme, groſſeur qui vient ſur le devant du pâturon immédiatement au-deſſus de la Couronne.

Former un arrêt ou *un demi-arrêt*. *V.* Arrêt.

Fort Cheval eſt un Cheval étoffé & de grande taille. *Fort en bouche. V.* Bouche.

Fortrait ſignifie un Cheval extenué à force de fatigue.

Fougueux, Cheval colere & fantaſque.

Fourbu, Cheval qui a la Maladie appellée Fourbure. *V.* Fourbure.

Fourbure, Maladie qui arrive au Cheval & dont le ſimptôme le plus dangereux eſt de lui rendre les jambes roides & douloureuſes, & enfin de lui relâcher l'os du petit-pied, de façon qu'il pouſſe la ſolle du côté de la pince du pied, & forme ce que l'on appelle un croiſſant, qui donne ſa figure à la ſolle qu'il a pouſſée, alors la fourbure a tombé dans les pieds.

Fourchette, partie du pied du Cheval ; c'eſt pour ainſi dire un allongement & un repliment des deux talons du pied, qui s'unit & ſe termine en pointe vers le milieu de la ſolle ; ſes bonnes qualités ſont d'être *bien nourrie* ; c'eſt-à-dire, d'une groſſeur proportionnée au reſte du pied ; ſes mauvaiſes qualités ſont d'être *graſſe* ; c'eſt-à-dire, d'être trop épaiſſe & trop groſſe, *petite & deſſechée*, c'eſt un indice que le pied eſt trop ſec & échauffé.

Fournir ſa carriere, ſe dit d'un Cheval qui va d'une égale vîteſſe juſqu'au bout d'une carriere ou d'un terrain limité.

Fourreau, c'eſt l'envelope du membre du Cheval.

Frais, *un Cheval frais* ; c'eſt la même choſe qu'un relais. *V.* Relais.

Fraîche, *la bouche fraîche*. *V.* Bouche.

Franc d'amble. *V.* Amble. *Franc du colier*, ſignifie un Cheval qui tire bien & également à une Voiture, on dit qu'il eſt *franc du colier*.

A la *Françoiſe*, Paſſades à la *Françoiſe*. *V.* Paſſades.

Frein, vieux mot, qui ſignifioit un mors, une embouchure.

Fretillarde. *V.* Langue.

Froides. *V.* Alleures & Epaules.

Front, partie de la tête du Cheval, c'eſt l'eſpace qui va depuis les deux yeux juſqu'entre les deux oreilles.

Fuir les talons ſe dit au Manége d'un Cheval qui va de côté, évitant le talon qu'on approche de ſon flanc : ainſi, ſi on approche le talon droit, il le fuit en marchant de côté à gauche, & il marche de même à droit ſi on approche le talon gauche ; c'eſt ainſi que le Cavalier lui *fait fuir les talons*.

Fumier de Cheval, c'eſt ſa litiere mêlée avec ſa fiente.

Furieuſes. *V.* Paſſades.

Fuſée, c'eſt deux ſuros l'un ſur l'autre. *V.* Suros.

G

G *Agnée : l'épaule*, *la hanche* eſt gagnée ; lorſque le Cavalier eſt parvenu à empêcher que le Cheval ne pouſſe ſon épaule ou ſa hanche du côté qu'il ne veut pas en faiſant ſon exercice. *La volonté gagnée* ſignifie que le

Cheval eſt devenu obéïſſant à ce que le Cavalier exige de lui. *La liberté ga-gnée* ſe dit du mors lorſqu'il eſt fait de façon qu'il y a une eſpace ménagée pour que la langue puiſſe ſe remuer à ſon aiſe.

Gagner l'épaule, les hanches, ſe dit du Cavalier lorſqu'il dirige ces parties ſui-vant ſa volonté. *Gagner la volonté* du Cheval, c'eſt le rendre obéïſſant.

Galop, c'eſt l'allure la plus vîte du Cheval. Le *galop* a pluſieurs degrés de vîteſſe. Le *petit-galop* eſt le moins vîte. Le grand trot l'égale en vîteſſe. Le *galop rond* ou *galop de Chaſſe* eſt plus vîte; & enfin, le *grand galop* eſt le plus vîte. Le *galop gaillard* eſt un air de Manége, c'eſt la même choſe qu'un pas & un ſault. *V.* Pas. *Esbranler ſon Cheval au galop.* V. Esbranler. *Faire faire un tems, deux tems de galop ;* c'eſt faire galoper ſon Cheval pendant un petit eſpace; c'eſt-à-dire, le faire ceſſer de galoper preſqu'auſſi-tôt qu'il a commencé. *Prendre le galop. V.* Prendre. *Mettre ſon Cheval au galop. V.* Mettre.

Galopade, c'eſt le tems qu'un Cheval de Manege employe à galoper dans un Manége, c'eſt auſſi en général une courſe courte qu'on fait faire à un Che-val pour l'exercer ou pour l'eſſayer.

Galoper, c'eſt aller au galop. *V.* Galop. *Galoper ſur le bon pied* ſe dit du Cheval lorſqu'il leve en galopant la jambe droite de devant la premiere. *Galoper ſur le mauvais pied,* c'eſt lever le pied gauche le premier. *Galoper près du tapis* ſe dit du Cheval qui leve peu les jambes de devant au galop.

Ganache ou Ganaſſe, partie de la tête du Cheval; c'eſt pour ainſi dire le bas des jouës du Cheval du côté du col, elle eſt terminée par deux os, un de chaque côté qu'on appelle *les os de la ganache.* Les bonnes qualités de la ganache ſont d'être *ouverte;* c'eſt à-dire, que les deux os ſoient ſuffiſamment éloignés l'un de l'autre. *Les os de la ganache tranchants ou déchargé de ganache,* c'eſt-à-dire, qu'il y ait peu de chair ſur les os de la ganache. Les mauvaiſes qualités ſont d'être *ſerrée,* c'eſt quand les deux os ſont trop proches l'un de l'autre vers le col, ce qui empêche le Cheval de ſe ramener. D'être *quarrée;* c'eſt-à-dire, que les deux os ſont trop gros & trop chargés de chair. On dit d'un Cheval qu'il *ſe charge de ganache* quand elle devient trop charnuë.

Garantie des Marchands, eſt un Réglement qui les oblige à reprendre un Che-val qu'ils ont vendu, au bout de neuf jours.

Garantir un Cheval, c'eſt aſſeurer qu'il n'a pas les défauts qui obligent de le reprendre.

Garde-Eſtalon, homme de la Campagne, à qui on donne un Eſtalon pour lui faire couvrir les Juments de ſon canton.

Garde-Meuble, endroit où on enferme tous les Utenciles qui ſervent à une Ecurie; on appelle auſſi *Garde-Meuble* l'Officier de la Grande & de la Petite Ecurie du Roy de France, qui a ſoin deſdits Utenciles.

Garder ſon terrain. V. Terrain.

Garot, partie du train de devant du Cheval; c'eſt l'endroit qui eſt entre le col & le dos au-deſſus des deux pointes des épaules; ſes bonnes qualités ſont d'être *élevé & tranchant;* ſes mauvaiſes qualités ſont d'être *rond & bas.*

Gaule eſt une baguette de bouleau effeuillée, longue de quatre ou cinq pieds & pliante, dont on ſe ſert particulierement aux Manéges pour fraper le Cheval ſuivant l'occaſion, c'eſt une des Aydes. *V.* Ayde. *Remuer ou ſiffler la gaule,* c'eſt faire faire du bruit de la gaule pour avertir le Cheval quand il ſe

ralentit. *Croiſer la gaule en arriere* ne ſe pratique que ſur les ſauteurs au Manége ; le Cavalier met le petit bout de ſa gaule au-deſſus de la croupe, & en
agitant la gaule avec ſa main, elle plie & frape le Cheval ſur la croupe à
petits coups réïterés, ce qui l'excite à ſauter plus vivement & plus haut. *Toucher de la gaule* ne ſe pratique qu'au manége, où un homme à pied donne de
petits coups de gaule ſur le poitrail ou ſur les jambes de devant du Cheval,
pour lui faire lever le devant entre les pilliers ou aux courbettes. *Preſenter
la gaule*, c'eſt une honnêteté que le Maître d'une Ecurie fait ordinairement
aux perſonnes auſquelles il veut faire honneur, lorſqu'il entre dans ſon Ecurie: Un Palefrenier ou lui-même leur preſente une gaule pour en toucher
les Chevaux s'il veut. *La main de la gaule. V.* Main.

Geneſt d'Eſpagne ou de Portugal, c'eſt un petit Cheval entier bien fait & beau ;
ce mot ſignifioit autrefois *Cavalier Eſpagnol*, mais depuis on l'a tranſporté
de l'homme au Cheval.

Genette, monter *à la genette. V.* Monter.

Genouil, partie des jambes de devant, c'eſt une groſſe jointure ſituée entre le
bras de la jambe & le canon de la jambe ; il faut qu'il ſoit *plat*, *large & décharné*, il eſt mal fait quand il eſt *trop gros & rond*. Le genouil eſt quelquefois *couroné. V.* Couroné.

Gentileſſe, un Cheval *qui a de la gentilleſſe* eſt celui qui fait ſon exercice avec
grace & legereté.

Germe de féve. V. Féve.

Gigoté, un Cheval *bien gigoté* eſt celui qui eſt bien fourni de cuiſſes & de jarrets.

Gigots, un Cheval qui a de *bons gigots*, c'eſt la même choſe que bien gigoté.
V. Gigoté.

Glandé, un Cheval *glandé* eſt celui dont les glandes de deſſous la ganache ſont
enflées.

Glandes, parties ou morceaux ſpongieux qu'on trouve ſous la peau, qui s'enflent dans de certaines Maladies du Cheval ; les plus connuës ſont *les avives. V.* Avives, & *les glandes* qui ſont dans la braye près du goſier, qu'on
appelle *glandes de la ganache*.

Gode, *une gode*, expreſſion de mépris qui ſignifie un mauvais Cheval ſans force.

Gorgé ſignifie enflé ; ainſi, *le boulet gorgé*, *la jambe gorgée* veut dire le boulet ou
la jambe enflée.

Goſier, partie du col du Cheval qui tient à la ganache ; quand on ſerre le goſier
du Cheval un moment avec la main, cela le fait touſſer ; & on fait cela
pour juger par la qualité de ſa toux, & par ce qu'il jette en touſſant par les
nazeaux s'il a la gourme ou la morve ou la poitrine affectée. Le goſier eſt le
commencement du conduit de la reſpiration qu'on nomme la trachée-artere.

Gourmander un Cheval, c'eſt le tourmenter trop en le menant. *Gourmander la
bouche* d'un Cheval, c'eſt lui donner des ſaccades avec la bride.

Gourme, Maladie des Poulins, c'eſt un écoulement de matiére blanche par les
nazeaux ; on dit d'un Poulin qui a cette maladie, qu'il *jette ſa gourme*.

Gourmer un Cheval, c'eſt attacher ſa gourmette.

Gourmette, eſpece de chaîne de fer à gros chaînons, attachée à un des yeux du
mors ; on la fait paſſer au-deſſus du menton du Cheval, puis on l'arrête à
l'autre œil du mors ; cette chaîne ſerre la machoire au-deſſus du menton,

quand le Cavalier tire la bride, & par ce moyen, elle empêche le Cheval d'avancer, *on ferre* ou on *lâche la gourmette* quand on la met au fecond ou au premier chaînon qu'on appelle maillons; on met quelquefois *un feutre fous la gourmette* quand elle bleffe le Cheval. *V.* Feutre. *Mettre la gourmette à fon poinct. V.* Poinct.

Gouffaut, Cheval de petite taille court & épais.

Goûter la bride, on dit d'un Cheval qui commence à s'accoutumer aux effets du mors, qu'il commence à goûter la bride.

Gouverner fon Cheval, c'eft le conduire foi-même, & ne le pas laiffer aller à fa fantaifie.

Grand galop, grands *jarrets*, grands *pieds*, grande *taille*, grand *pas*, grand *trot*, grand *rang*; grand *mangeur*, grand *coffre. V.* ces mots à leurs lettres.

Grappes, c'eft la même chofe qu'arêtes. *V.* Arêtes.

Gras de jambes, c'eft une des aides. *V.* Aide. On approche, on fait fentir *les gras des jambes*. *Les jarrets gras*, *les pieds gras. V.* Jarrets & Pieds. *Eftamper gras. V.* Eftamper.

Gras-fondure, Maladie du Cheval qui fe dénote quand fa fiente eft enveloppée d'humeur.

Gras-fondu, un Cheval *gras-fondu* eft celui qui eft attaqué de la Maladie appellée gras-fondure.

Gratter le pavé fe dit des Chevaux de Caroffe lorfqu'ils ont des mouvemens vifs, & qu'ils fe tiennent fermes fur le pavé en tirant le Caroffe au trot.

Gris, poil de Cheval mêlé de blanc & de noir; ce poil a plufieurs variétés; fçavoir, *gris pommelé*, quand le poil noir forme des ronds gros comme une pomme, *gris argenté*, quand il y a peu de noir, & que le poil eft d'un beau blanc, *gris brun ou gris fale*, quand il y a beaucoup de noir mêlé également avec le blanc, *gris tourdille*, *tifoné ou charboné*, eft celui fur lequel il y a des poils bays ou alezans. *V.* le Chap. II. du Traité de la connoiffance du Cheval. Le poil tigre a auffi le fond blanc, mais on ne le met pas au nombre des gris non plus que le porcelaine. *V.* Tigre & Porcelaine.

Gros jarrets, *pieds*, *nerfs*, *gros d'haleine. V.* ces mots à leurs lettres.

Groupade ou croupade. V. Croupade.

Guéer un Cheval, c'eft le promener dans l'eau pour lui laver feulement les jambes.

Guerre, *un Cheval de guerre* eft un Cheval de taille, affez étoffé & vigoureux. *Manége de guerre. V.* Manége.

Se *Gueftrer*, c'eft mettre des Gueftres.

Gueftre, chauffure *de coutil*, *de toile* ou *de cuir* mol qu'on met pour monter à Cheval. Les gueftres n'ont point de foulier qui y tienne, elles finiffent fur le cou de pied, & s'attachent deffus la jambe comme les bottines. *V.* Bottines. On met der jarretieres par-deffus afin de les tenir tenduës fur la jambe.

Gueulart, le Cheval eft gueulart quand il a la bouche forte, & qu'il l'ouvre quand on lui tire la bride.

Gueule, un Cheval qui a de la gueule eft celui qui a la bouche forte, & qui ne répond à la bride qu'en ouvrant la bouche.

Guides, ce font les courroyes de cuir ou de foye treffée, plattes ou rondes que tient le Cocher pour gouverner fes Chevaux quand il les mene de deffus fon

Siége.

Siége. *Courre la poſte en guides*, c'eſt courre la poſte à Cheval, le Poſtillon marchant devant ſur un autre Cheval.

Guider ſes Chevaux ſe dit du Cocher qui les mene avec les guides.

Guilledin, nom Anglois qui ſignifie Cheval hongre, mais on n'appelle *Guilledins* que les Chevaux Anglois.

Guindé, être *guindé à Cheval*, c'eſt s'y tenir droit avec trop de gêne & d'affeĉtation.

H

Hache, le coup d'hache. V. Coup.

Haleine, avoir de l'haleine. Voiez. Avoir. *Mettre* ſon Cheval *en haleine, tenir en haleine.* V. Tenir. *Hors d'haleine.* V. Mettre. *Eſtre en haleine*, ſe dit du Cheval, qui pour avoir été exercé modérement, eſt en état de fournir une courſe longue, ou d'entreprendre un voyage ſans être incommodé. *Donner haleine* au Cheval; c'eſt l'arrêter, ou le méner doucement au pas, quand il a fait une courſe rapide, qui l'a eſſouflé. *Gros d'haleine*, ſe dit de certains Chevaux, qui ſans être pouſſifs, paroiſſent eſſoufflés au moindre exercice qu'ils font.

Haller les Chevaux, qui remontent les batteaux, terme de riviere; c'eſt faire des cris, pour les exciter à tirer le batteau.

Hanche, partie du train de derriere du Cheval: la hanche eſt formée par un os, qui ſe trouve à côté du flanc un peu plus haut vers la croupe; c'eſt pour ainſi dire, le commencement du train de derriere: *être ſur ſes hanches*, ou *être aſſis ſur les hanches*, ou *plier* ou *baiſſer les hanches*, ſe dit du Cheval, lorſqu'à ſes airs de manége, ou au galop ordinaire, il baiſſe la croupe & releve les épaules, *mettre* ou *aſſeoir* ſon Cheval *ſur les hanches.* V. Mettre & Aſſeoir. *Traîner les hanches*, ſe dit du Cheval qui dandine & dont le train de derriere retarde trop en marchant: *gagner les hanches, affermir, aſſujettir* un Cheval *ſur les hanches.* V. ces Mots à leurs lettres. Les défauts des hanches, ſont d'être *trop hautes*; ce qui eſt à peu près la même choſe que *cornu.* V. Cornu. D'être *trop courtes*, c'eſt-à-dire, qu'il y ait trop peu de diſtance de la hanche au commencement de la queuë, il faut que la hanche ſoit *longue*, & qu'on ne voye point ſortir l'os de la hanche, c'eſt-à-dire, qu'il ſoit bien effacé: *parer ſur les hanches*, ſe dit du Cheval qui manie & arrête aſſis ſur les hanches.

Hannir ou *hennir*, ſe dit du Cheval, lorſqu'il fait ſon hanniſſement.

Hanniſſement ou *henniſſement* du Cheval; c'eſt le cry tremblottant du Cheval.

Haquenée, on appelle la haquenée, un Cheval qui va l'amble.

Haquet, mot peu uſité, qui ſignifie un Cheval petit & mince.

Haquet, Voiture, eſpece de Charette ſans ridelles.

Haqueteur, Chartier qui conduit un haquet.

Haras, terrein, enclos, prez, bois, & pâturages, & enceinte de bâtiment, deſtiné à la propagation de l'eſpece des Chevaux; il eſt compoſé d'Etalons, de Jumens poulinieres & de leurs Poulins qu'on nourrit & eleve juſqu'à ce qu'ils puiſſent ſervir aux différens uſages, auſquels on lés deſtine. Le Haras du Roy de France, eſt actuellement établi en Baſſe-Normandie ſur les confins du païs d'Auge, entre les villes de l'Aigle, de Sées, d'Argentan & d'Hyefme : *le Haras* dépend du Grand-Ecuyer, & eft joint à la grande Ecurie. Voyez Ecurie. Il eft compofé d'environ 300. Chevaux, tant étalons que juments & poulins : on appelle auffi *les Haras du Royaume* des Eftalons répandus dans tout le Royaume un à un chez des Fermiers, des Bourgeois, &c. Ces Eftelons font deftinés à couvrir les Juments qu'on leur améne, en payant une petite retribution au Maître de l'Eftalon : on dit qu'un Cheval eft d'un *bon ou d'un mauvais haras*, felon que la race de fon pere & de fa mere, eft bonne ou méchante.

Haraffer un Cheval, c'eft trop le fatiguer ; on dit ce Cheval *eft haraffé*.

Haraffier, Domeftique qui a foin dans un Haras des Chevaux qui paiffent dans les pâturages.

Haridelle, une haridelle, c'eft un Cheval mince & fort maigre.

Harnachement, ce font toutes les piéces néceffaires pour harnacher les Chevaux.

Harnacher un Cheval, c'eft lui mettre fon harnois.

Harnois, c'eft ce qu'on met fur le corps du Cheval pour l'attacher à la voiture qu'il doit tirer : ainfi, il y a le harnois pour *le Careffe*, le harnois de *Chaife de pofte*, le harnois de *Charette*, &c.

Harper, c'eft la même chofe que trouffer. *V*. Trouffer.

Haftez, haftez, expreffion dont le Maître fe fert au Manége pour avertir l'Ecolier qui fait des voltes que fon Cheval fe ralentit.

Hau, hau, he, efpece de cri que font les Poftillons des Poftes un peu avant d'arriver, pour avertir qu'ils amenent un Courier, & qu'on fonge à lui donner des Chevaux.

Haut, haut, expreffion dont le Maître fe fert au Manége lorfque l'Ecolier fait des courbettes, pour l'avertir que fon Cheval ne leve pas affez le devant : *haut du derriere*. *V*. Derriere.

Haut du devant. *V*. Devant. *Les talons hauts, la main haute*. *V*. Talons & Main. *Haut monté* fe dit d'un Cheval dont les jambes font trop longues à proportion du corps.

Hauvre-fac eft un fac de toile dans lequel entre le nez du Cheval, & qu'on fait tenir à fa tête au moyen d'une ficelle qui paffe par-deffus fes oreilles ; on met de l'avoine dans le fond du fac : cette invention fert à faire manger l'avoine hors de l'écurie, ou aux Chevaux attelés, ou pour guérir un Cheval de tiquer fur la mangeoire.

Haye, prononcez l'*a* & l'*y*, cry des Charetiers pour faire avancer leurs Chevaux.

Hennir. *V*. Hannir.

Henniffement. *V*. Hanniffement.

Herbe, un Cheval *à l'herbe* eft celui qui paift de l'herbe verte en liberté dans un pâturage. *Donner l'herbe* à un Cheval. *V*. Donner. *Mettre à l'herbe*. *V*. Mettre. *Sortir de l'herbe*, quand on a retiré depuis peu de tems un Cheval d'un pâturage pour le mettre à l'écurie, on dit qu'il fort de l'herbe. On dit pour defigner l'âge d'un Cheval, qu'il aura 1, 2, 3, 4, &c. ans *aux herbes* ; c'eft-à-dire, au Printems qui eft ordinairement la faifon pendant laquelle les Juments poulinent.

Herber un Cheval, operation de Chirurgie, c'eft lui mettre au poitrail entre cuir & chair un morceau de certaines racines qui attirent une enflure en cet endroit qu'on perce ensuite ; cette opération se fait pour plusieurs maladies.

Héréditaires, *défauts héréditaires*. *V*. Défauts.

Herminées, *balzanes herminées*. *V*. Balzanes.

Hobbis, c'est un Cheval d'Irlande.

Hocher avec la bride se dit du Cheval qui hausse & baisse le bout du nez pour faire aller & venir le mors dans sa bouche pour s'amuser soit en marchant, ou lorsqu'il est arrêté.

Hola, expression du Maître de Manége pour avertir l'Ecolier de finir sa reprise.

Homme de Cheval se dit d'un homme qui sçait monter à Cheval, & qui s'adonne à cet exercice ; ainsi, on peut être bon ou mauvais homme de Cheval.

Hongre, *Cheval hongre* est celui qu'on a châtré.

Hongrer un Cheval, c'est la même chose que châtrer. *V*. Châtrer.

Hors la main. *V*. Main. Le pied, la jambe, *hors du montoir*. *V*. Montoir. *Mettre un Cheval hors d'haleine*. *V*. Mettre. Un Cheval *hors d'école* ; c'est un Cheval de Manége qui a oublié son exercice pour avoir été long-tems sans manier au manége.

Hou, expression du Cavalier pour faire arrêter son Cheval sans lui tirer la bride. Les Chevaux qu'on accoutume le plus à s'arrêter tout court en criant *hou* sont les Chevaux d'Arquebuse, parce qu'on a besoin de ses deux mains pour tirer un coup de fusil.

Houssine, c'est la même chose que gaule. *V*. Gaule, excepté que la houssine est une gaule d'un arbre appellé houx.

Hué, expression des Charetiers pour faire partir leurs Chevaux attelés.

Hurhaut, *hulhaut* ou *huriaut*, terme de Charetier pour faire tourner leurs Chevaux à droit.

Hyppomanes signifie deux choses ; sçavoir, la liqueur qui sort d'une Jument en chaleur, & un morceau de chair plat ressemblant à une ratte, & long de quatre pouces au plus qu'on voit dans les envelopes du Poulin au moment qu'il vient de naître ; on a inventé plusieurs fables sur les propriétés de l'un & l'autre hyppomanes.

I

Jambe, partie des deux trains du Cheval. La jambe prend au train de devant depuis le genouil jusqu'au sabot, & au train de derriere depuis le jarret jusqu'au sabot. Quand on veut exprimer simplement la partie des jambes qui va jusqu'aux boulets, on l'appelle *le canon de la jambe*. *V*. Canon. Les bonnes qualités des jambes du Cheval sont d'être *larges*, *plattes & séches* ; c'est-à-dire, que quand on regarde les jambes de côté, elles montrent une surface large & applatie, *nerveuses* ; c'est-à-dire, qu'on voye bien distinctement le tendon qui cotoye l'os, & qui, du genouil & du jarret, va se rendre dans le boulet. Les mauvaises qualités sont d'être *fines* ; c'est-à-dire étroites & menuës, on les appelle aussi *jambes de cerf*, d'être *rondes*, qui est le contraire de plattes. *Les jambes du montoir & les jambes hors du montoir*. *V*. Montoir. *Avoir bien de la jambe & avoir peu de jambes* se dit du Cheval selon qu'il a les jambes

larges ou fines. *N'avoir point de jambes* fe dit d'un Cheval qui bronche à tout
moment. Les *jambes gorgées. V.* Gorgé. Les *jambes ruinées & travaillées.*
V. Ruiné & Travaillé. Les *jambes roides. V.* Roide. *La jambe de Veau* eft celle
qui au lieu de defcendre droit du genouil au boulet, plie en devant ; c'eft le
contraire d'une jambe arquée. *Aller a trois jambes,* expreffion qui fignifie être
boiteux, *chercher la cinquiéme jambe* fe dit d'un Cheval qui pefe à la main du
Cavalier, & qui s'appuye fur le mors pour fe repofer la tête en cheminant ou
en courant. Un Cheval *fe foulage fur une jambe* quand il a mal à l'autre. *Raf-*
fembler fes quatre jambes. V. Raffembler. *Droit fur fes jambes. V.* Droit. *Faire*
trouver des jambes à fon Cheval, c'eft le faire courir très-vîte & long-tems.
Comme les jambes du Cavalier font une des aides. *V.* Aides. On dit en termes de Cavalerie & de Manége, *la jambe de dedans,* c'eft la jambe du Cavalier du côté que le Cheval tourne en maniant au Manége. *La jambe de dehors*
eft l'autre jambe ; ainfi, le Maître dit : *Approchez la jambe de dedans : Soute-*
nez votre Cheval de la jambe de dehors, &c. Soutenir un Cheval d'une jambe ou
des deux jambes. V. Soûtenir. *Laiffer tomber fes jambes. V.* Tomber. *Approcher*
les gras de jambes. V. Approcher. Monter à Cheval, *jambe deçà, jambe de là*
ne fe dit que des femmes lorfqu'elles s'affeoyent dans la Selle comme les
hommes. On dit du Cheval qui devient fenfible à l'approche des jambes de
l'homme, qu'il commence à *prendre les aides des jambes. Connoître, obéir,*
répondre aux jambes fe dit du Cheval. *V.* Ces termes à leurs lettres. *Courir a*
toutes jambes ou à tombeau ouvert. *V.* Courir.

Jambé, un Cheval *bien jambé* eft un Cheval qui a bien de la jambe. *V.* Jambe.

Jardon ou *Jardé*, groffeur qui vient fur l'os du jarret en dehors.

Jarret, partie du train de derriere entre le bas de la cuiffe & le haut de la jambe.
Les bonnes qualités des jarrets font d'être *grands, amples, larges* ; c'eft-à-
dire, qu'en les regardant par le côté, ils prefentent une furface large. *Ner-*
veux & décharnés, que le tendon du jarret paroiffe gros, & qu'il n'y ait que la
peau fur l'os & fur le tendon. *Bien vuidés*, fignifie qu'on voye un creux entre
le tendon & l'os. Quand les jarrets ont toutes ces qualités, on les appelle de
beaux jarrets, des *jarrets bien faits*. Les mauvaifes qualités des jarrets font
d'être *petits ou étroits*, d'être *gras ou charnus & pleins* ; c'eft-à-dire, qu'ils
foient chargés de chair, & qu'il ne paroiffe point de creux entre l'os & le
tendon, d'être *plians* ; c'eft-à-dire, que la force leur manque. *Plier les jar-*
rets. V. Plier. On dit d'un Cavalier qui ferre les jarrets avec trop de force,
& fans y avoir de liant, qu'il a *des jarrets de fer. Eftre fur fes jarrets. V.* Crochu.

Jarreté, c'eft la même chofe que crochu. *V.* Crochu.

Javart, Mal qui vient au pâturon. *Javart encorné*, eft celui qui va jufqu'au fabot.
Javart nerveux eft celui qui attaque le tendon.

Jays, noir de jays. *V.* Noir.

Jetter fes dents fe dit du Poulin, lorfque fes dents de lait tombent, & que les
autres viennent à leur place. On dit, par exemple : ce Cheval jette la dent de
quatre, de cinq ans. *Jetter fa gourme. V.* Gourme. *Se jetter fur l'éperon, fur le*
talon, fur la jambe droite ou gauche, fe dit d'un Cheval qui pouffe fon corps
du côté où le Cavalier approche l'éperon, le talon ou la jambe, au lieu de
ceder à ces aydes en jettant fon corps du côté oppofé. *Jetter un Cheval dans*
le Pré, expreffion qui fignifie le mettre à la pâture, pour le repofer quand il

a trop fatigué ou qu'il a eu de certains maux. *Se jetter fur un Cheval*, c'eſt y monter précipitamment, & ſouvent à poil. *Jetter une Selle fur un Cheval*, c'eſt le ſeller vîte pour monter deſſus ſur le champ.

Indomptable, *Cheval indomptable*, eſt celui qui, quelques moyens qu'on employe, refuſe abſolument l'obéïſſance à l'homme.

Infirmerie, Ecurie, dans laquelle on ne met que les Chevaux malades.

Inquiet, *un Cheval inquiet*, eſt la même choſe qu'un Cheval qui a de l'ardeur. *V.* Ardeur.

Jointé, *long jointé*, *court jointé*. *V.* Long & Court.

Jointure ſe dit pour pâturon dans les occaſions ſuivantes. *La jointure groſſe*; c'eſt-à-dire, le pâturon gros, ce qui eſt une bonne qualité. *La jointure menuë* eſt une mauvaiſe qualité, ſur tout quand elle eſt *pliante*; c'eſt-à-dire, que le bas du pâturon eſt fort en devant. *La jointure longue ou courte* fait dire d'un Cheval qu'il eſt long ou court jointé. *V.* Jointé.

Joüer avec ſon mors ſe dit d'un Cheval qui mâche & ſecouë ſon mors dans ſa bouche pour s'amuſer. *Joüer de la queuë* ſe dit du Cheval qui remuë ſouvent la queuë comme un chien, principalement quand on lui approche les jambes. Les Chevaux qui aiment à ruer & à ſe défendre ſont ſujets à ce mouvement de queuë qui déſigne ſouvent leur mauvaiſe volonté.

Jouſte, ſpectacle en forme de combat de Cavaliers armés de lances.

Jouſter, combattre à Cheval avec des lances.

Jouſteur, Cavalier armé d'une lance, qui combat à une jouſte. *V.* Jouſte.

Iſabelle, poil de Cheval tirant ſur le jaune clair. Les Chevaux Iſabelles ont quelquefois les crins & la queuë iſabelle: mais il y a plus d'*iſabelles à crins blancs* ou *à crins noirs*.

Juché, *un Cheval juché* eſt celui dont les boulets des jambes de derriere font le même effet que ceux des jambes de devant. Lorſqu'on dit que le Cheval eſt bouleté. *V.* Bouleté; ainſi, *juché* ne ſe dit que des boulets des jambes de derriere, & bouleté ſe dit ſeulement des boulets des jambes de devant.

Jumart, Animal monſtrueux engendré d'un Taureau & d'une Jument ou d'une Aſneſſe, ou bien, d'un Aſne & d'une Vache. Cet Animal n'engendre point, & porte des fardeaux très-peſants.

Jument, c'eſt la Femelle du Cheval, c'eſt même choſe que Cavalle; on ſe ſert plus communément du mot de Jument dans les occaſions ſuivantes. *Jument Pouliniere* eſt celle qui eſt deſtinée à porter des Poulins, ou qui en a déja eu. *Jument de Haras* eſt la même choſe. *Jument pleine* eſt celle qui a un Poulin dans le ventre. *Jument vuide*, terme de Haras, c'eſt celle qui n'a pas été emplie par l'Eſtalon.

L

LAcs ou las, cordage avec un nœud coulant deſtiné à abattre un Cheval auquel on veut faire quelque opération: on appelle auſſi *Las* un cordage qui entre dans l'aſſemblage des machines qui ſervent à coupler les Chevaux qu'on conduit en voyage.

Ladre, un Cheval qui *a du ladre* eſt celui qui a pluſieurs petites taches naturelles dégarnies de poil & de couleur brune autour des yeux ou au bout du nez.

Laiſſer aller ſon Cheval, c'eſt ne lui rien demander, & le laiſſer marcher à ſa fantaiſie, ou bien c'eſt ne le pas retenir de la bride quand il marche ou qu'il galoppe ; il ſignifie encore lorſqu'un Cheval galoppe, lui rendre toute la main, & le faire aller de toute ſa vîteſſe. *Laiſſer echapper. V.* Eſchapper. *Laiſſer tomber. V.* Tomber. *Laiſſer ſouffler ſon Cheval. V.* Souffler.

Lampas ou feve, incommodité du Cheval, c'eſt une groſſeur charnuë qui vient au palais, immédiatement derriere les dents d'enhaut.

Lance, Arme dont on ſe ſervoit autrefois à la guerre, & qui ne ſert plus à preſent que d'amuſement, c'eſt un bâton long armé de fer au bout avec lequel on courre la bague dans les Académies ; la poignée de la lance eſt l'endroit au deſſous des aîles qu'on empoigne avec la main. On appelle *Lance mornée ou courtoiſe* celle dont le bout eſt émouſſé, & qui n'eſt point armée de fer. On appelle en terme de bague *pied de la Lance*, le pied droit du Cheval, & *la main de la Lance*, la main droite du Cavalier. *La Lance en arrêt*, c'eſt le gros bout de la Lance ſur la cuiſſe droite du Cavalier, & la Lance quaſi toute droite en haut. *La levée de la Lance* eſt les mouvemens qu'on fait en courant la bague, pour diſpoſer le bout de la lance à enfiler la bague. *Le coup de lance. V.* Coup. *Rompre une lance. V.* Rompre.

Lancier, on appelle ainſi l'Ouvrier qui fait des Lances. Le Lancier de la grande Eſcurie. *V.* Eſcurie.

Langue, partie de la bouche du Cheval ; c'eſt un défaut à un Cheval d'avoir *la langue trop épaiſſe*, comme auſſi, que le bout ſorte de la bouche ; c'eſt auſſi un défaut au Cheval d'avoir *la langue ſerpentine ou fretillarde* ; c'eſt-à-dire, de l'avoir ſi flexible, qu'il la paſſe ſouvent par deſſus le mors. *La liberté de la langue* ſe dit de certains mors tournés de façon que la langue du Cheval peut ſe remuer deſſous en liberté. Comme le bruit de la langue du Cavalier eſt une des aides. *V.* Aides. on ſe ſert des expreſſions ſuivantes, *appeller ou aider ou animer de la langue. V.* Appeller.

Larder un Cheval de coups d'éperons, c'eſt lui donner tant de coups d'éperons, que les playes y paroiſſent.

Large ſe dit *du rein, des jarrets, de la croupe & des jambes. V.* Ces mots à leurs lettres. *Aller large. V.* Aller.

Larmiers, les *larmiers du Cheval* ſont cet eſpace qui va depuis le petit coin de l'œil juſqu'au derriere des oreilles ; c'eſt pour ainſi dire les temples du Cheval.

Laſcher la main à ſon Cheval, c'eſt le faire courre de toute ſa vîteſſe. *Laſcher la gourmette*, c'eſt l'accrocher au premier maillon, quand elle ſerre trop le menton du Cheval étant au ſecond maillon.

Latin, piquer en latin. V. Piquer.

Lavé, le *poil lavé* ſe dit de certains poils du Cheval, qui ſont pâles & de couleur fade. *Les extrêmités lavées. V.* Extrêmités.

Leçon, donner leçon ſe dit du Cavalier au Cheval, & du Maître à l'Académiſte. Le Cavalier donne leçon au Cheval en lui apprenant ſes airs de Manége, & le Maître en parlant à l'Académiſte à Cheval, ſur la ſituation de ſon corps, & ſur la façon de conduire ſon Cheval.

Leger à la main ſe dit du Cheval qui a la bouche bonne, & qui n'appuïe preſque pas ſes barres ſur ſon mors. *Leger du devant* ſe dit d'un Cheval, qui en maniant, maintient ſon train de devant relevé & plus haut que ſes hanches. *Avoir la main legere. V.* Main.

Levée, *faire une levée*, c'est situer sa lance pour enfiler la bague. *V.* Lance.

Lever le devant ou *lever à courbettes* signifie faire des courbettes, il se dit du Cavalier qui les fait faire au Cheval, & du Cheval qui les fait sous le Cavalier.

Lévre, partie qui termine la bouche extérieurement. *S'armer des lévres* ou *se défendre des lévres*. *V.* S'armer & Se défendre.

Liberté, *la liberté de la langue*. *V.* Langue. *Sauteur en liberté*. *V.* Sauteur.

Lice, c'est une barriere de bois qui borde & termine la carriere d'un Manége.
Entrer en lice, c'est entrer à Cheval en dedans de la lice, pour y courir ou pour y joûter comme on faisoit du tems des joûtes & des carouzels.

Licol, harnois de tête destiné à attacher un Cheval à la mangeoire, au moyen de cordes, de cuirs ou de chaînes de fer qui y tiennent, & qu'on arrête à des anneaux de fer qu'on met à ce dessein aux mangeoires. Il y a des *licols de cuir*, d'autres *de corde* qu'on appelle aussi *gros licols*. On appelloit autrefois ce harnois *un chevestre*. *V.* Chevestre & S'enchevestrer.

Lieu, *porter en beau lieu*. *V.* Porter.

Limonier, Cheval de Voiture attelé entre deux limons. *V.* Limons.

Lisse, c'est la même chose que le chanfrein blanc : on dit qu'un Cheval a *une lisse en tête*. *V.* Chanfrein.

Litiere, paille dénuée de grain qu'on met sous les Chevaux pour qu'ils se couchent dessus à l'Ecurie. *Faire la litiere*, c'est mettre de la litiere neuve ou remuer la vieille avec des fourches, pour que le Cheval soit couché plus mollement.

Locher se dit du fer qu'on entend faire un peu de bruit quand le Cheval marche lorsqu'il ne tient plus guéres.

Long jointé se dit du Cheval qui a la jointure, c'est-à-dire le pâturon trop long. *Chévaucher long*. *V.* Chévaucher.

Louvet, poil de Cheval, il est d'un gris, couleur de poil de Loup.

Loyale, *bouche loyale*. *V.* Bouche.

Lunatique, Cheval attaqué d'une fluxion habituelle sur les yeux, laquelle on croyoit autrefois causée par les influences de la Lune.

Lunette, *fer à lunette*, c'est un fer dont les éponges sont coupées, on se sert de ces fers en certaines occasions.

Lunettes, ronds de cuir qu'on pose sur les yeux du Cheval pour les lui boucher.

M

M *Aigre*, estamper maigre. *V.* Estamper.
Main, terme qui s'employe dans les expressions suivantes par rapport au Cheval. *Avant-main*, *Arriere-main*. *V.* Avant-main & Arriere-main à l'A. Un Cheval est beau ou mal fait *de la main en avant* ou *de la main en arriere*, lorsqu'il a l'avant-main ou l'arriere-main, beau ou vilain. *Cheval de main* est un Cheval de Selle qu'un Palefrenier mene en main, c'est-à-dire sans être monté dessus, & qui doit servir de monture à son Maître quand il le juge à propos. *Cheval à deux mains* signifie un Cheval qui peut servir à tirer une Voiture, & à monter dessus. Un Cheval *entier à une ou aux deux mains*. *V.* Entier. Le Cheval qui est *sous la main* à un carosse est celui qui est attelé à la droite du timon du côté de la main droite (du Cocher) qui tient le

foüet; celui qui eſt *hors la main* eſt celui qui eſt attelé à gauche du timon.

Aller aux deux mains ſe dit d'un Cheval de caroſſe, qui n'eſt pas plus gêné à droite qu'à gauche du timon. *Leger à la main. V.* Leger. *Eſtre bien dans la main* ſe dit d'un Cheval dreſſé, & qui obéït avec grace à la main du Cavalier. *Peſer à la main. V.* Peſer. *Obéïr, répondre à la main. Battre, tirer à la main. Forcer la main, appuy à pleine main. V.* Tous ces termes à leurs lettres.

Tourner à toutes mains ſe dit d'un Cheval qui tourne auſſi aiſément à droite qu'à gauche. Le terme de *main* s'employe auſſi par rapport au Cavalier. La *main de dedans, la main de dehors. V.* Dedans, Dehors. *La main de la bride* eſt la main gauche du Cavalier. *La main de la gaule, de la lance, de l'épée,* c'eſt la droite. *L'effet de la main,* c'eſt la même choſe que l'effet de la bride. *V.* Bride. *La main haute* eſt la main gauche du Cavalier, lorſque tenant la bride, il tient ſa main fort élevée au-deſſus du poméau. *La main baſſe* eſt la main de la bride fort près du pomeau. *Avoir la main legere,* c'eſt conduire la main de la bride, de façon qu'on entretienne la ſenſibilité de la bouche de ſon Cheval. *N'avoir point de main,* c'eſt ne ſçavoir pas conduire ſa main de la bride, & échauffer la bouche de ſon Cheval, ou en ôter la ſenſibilité. Ces deux expreſſions ſe diſent auſſi à l'égard de la main des Cochers. *Partir de la main, faire une partie de main, faire partir ſon Cheval de la main, ou laiſ-ſer échapper de la main.* Tout cela ſignifie faire aller tout à coup ſon Cheval au galop. On appelle *preſteſſe de main* l'action vive & prompte de la main du Cavalier, quand il s'agit de ſe ſervir de ſa bride. *Faire couvrir en main. V.* Couvrir. *Affermir ſon Cheval dans la main, ſoutenir ſon Cheval de la main, tenir, ſentir ſon Cheval dans la main, rendre la main, changer de main, pro-mener, mener un Cheval en main, ſéparer ſes rênes dans la main, travailler de la main à la main. V.* Tous ces mots à leurs lettres.

Maintenir ſon Cheval *au galop,* c'eſt la même choſe qu'entretenir. *V.* Entre-tenir.

Maître d'Académie eſt la même choſe que Chef d'une Académie. *V.* Chef. *Eſtre maître de ſon Cheval,* c'eſt ſçavoir le conduire, & le faire obéïr à ſa volonté.

Mal de Cerf, rhumatiſme géneral par tout le corps du Cheval.

Mal teint, variété du poil noir. *V.* Noir.

Malandre, mal qui vient au ply du genoüil du Cheval.

Mallier, Cheval de poſte deſtiné à porter la malle des lettres ou celle de celui qui courre la poſte, c'eſt proprement le Cheval que monte le Poſtillon.

Manége, il y en a de deux ſortes. *Le Manége couvert* eſt un terrein quarré fer-mé par quatre murailles qui ſoutiennent un toît ſous lequel les Académiſtes apprennent à monter à Cheval. Le terrein du Manége couvert eſt du crotin de Cheval. *Le Manége découvert* eſt un terrein pris communément auprès du Manége couvert & deſtiné au même exercice; ce terrein eſt ſans toît & communément ſablé. *Cheval de Manége* eſt un Cheval ordinairement entier, dreſſé pour ſervir à apprendre aux Académiſtes l'Art de monter à Cheval. *Airs de Manége. V.* Airs. *Manége par haut* ſignifie les airs relevés. *V.* Airs. *Manége de guerre* eſt un galop de Manége, avec de fréquents changements de main.

Mangeoire ou crêche, canal creux de bois ou de pierre appliqué de côté au-deſſous du ratelier le long de la muraille de l'écurie deſtiné à attacher les

Chevaux qui font à l'écurie, & à mettre dedans l'Avoine qu'on leur donne à manger, on met des anneaux de fer de diftance en diftance au devant ou à la devanture de la mangeoire en dehors, dont les uns fervent à attacher les longes du licol de chaque Cheval, & les autres à arrêter les cordes d'un bout des barres qui féparent chaque Cheval l'un de l'autre. *Devanture de mangeoire* fignifie l'élévation ou bord de la mangeoire du côté du poitrail des Chevaux. *Enfonçûre de mangeoire* eft le creux ou le canal de la mangeoire dans lequel on met l'Avoine.

Manier fe dit du Chêval de Manége: quand il fait fon exercice avec grace & legereté. Il manie bien, finon il manie mal. *Manier de ferme à ferme* fe dit du Cheval que le Cavalier fait manier fans fortir de fa place.

Maquignon, efpece de Marchand de Chevaux, qui fait commerce de Chevaux tarés & défectueux, dont il déguife les défauts, pour vivre en trômpant le Public. *Valet de Maquignon*, jeune homme hardi & vigoureux, qui monte les Chevaux des Maquignons.

Maquignonage, c'eft les fineffes & tromperies que les Maquignons employent pour ajufter leurs Chevaux.

Maquignoner un Cheval, c'eft fe fervir d'Art pour cacher fes défauts aux yeux de l'Acheteur; un Cheval ajufté ainfi eft un Cheval *maquignoné*.

Marchand de Chevaux, eft un Marchand qui fait commerce de Chevaux neufs qui n'ont point encore fervi.

Marcher en avant, c'eft à l'égard du Cavalier, déterminer un Cheval à continuer fa même allûre quand il a envie de la ralentir. *Marcher & courir près du tapis*, fe dit du Cheval qui ne leve guéres les jambes de devant en marchant & en courant.

Maron, poil de Cheval ayant la couleur d'un maton, c'eft une nuance du poil Bay.

Marque, Inftrument de Haras. *V.* Le Ch. xxviii. du Traité du Chirurgien, & la Pl. xxii.

Marqué en tête, fe dit d'un Cheval qui a l'eftoile au front. *V.* Eftoile.

Marque, fe dit d'un Cheval duquel on connoît encore l'âge aux dents, on dit ce Cheval marque encore. *Marquer un Cheval*, c'eft lui appliquer la marque fur quelque partie du corps. *V.* Marque.

Mafcher fon mors fe dit d'un Cheval qui remuë fon mors dans fa bouche comme s'il vouloit le mafcher, c'eft une action qu'un Cheval fait quand il eft en vivacité ou en gayeté.

Maure, cap de maure. *V.* Cap.

Mauvaife nature, un Cheval de mauvaife nature eft celui qui a inclination naturelle à réfifter à la volonté du Cavalier. Un Cheval rétif & ramingue eft un Cheval de mauvaife nature.

Mazette fignifie un mauvais petit Cheval.

Mener, fe dit du pied de devant du Cheval qui part le premier au galop; quand un Cheval galoppe fur le bon pied, c'eft le pied droit de devant qui méne. *Mener fon Cheval en avant. V.* Marcher. *Mener un Cheval en main*, c'eft conduire un Cheval fans être monté deffus. *Mener fon Cheval fagement. V.* Sagement.

Menton, partie de la mafchoire inférieure du Cheval; le menton eft fous les barbes.

G

Mes-air eft un air de Manége qui tient du terre-à-terre , & de la cour-bette.

Mefler un Cheval, terme de Manége ; c'eft à l'égard du Cavalier, le mener de façon , qu'il ne fçache ce qu'on lui demande. Un Cheval de tirage *eft mêlé* , lorfqu'il embaraffe fes jambes dans les traits qui l'attachent à la Voiture.

Mefmarchure , effort que le Cheval s'eft donné au pâturon en pofant fon pied à faux.

Meffager , *Cheval de Meffager* , petit Cheval ou Bidet fur lequel on met des far-deaux pour les porter d'un lieu à un autre.

Mefure , Inftrument qui eft fait pour connoître la hauteur du Cheval depuis le haut du garrot jufqu'au bas du pied de devant ; c'eft ordinairement une chaî-ne de fix pieds de haut où chaque pied eft diftingué ; la potence eft une me-fure plus certaine. *V.* Potence.

Mettre un Cheval au pas , *au trot* , *au galop* , *&c.* c'eft le déterminer à aller le pas, le trot, le galop, &c. *Mettre un Cheval en haleine* , c'eft l'exercer douce-ment , pour le mettre en état de fournir quelque courfe ou d'entreprendre un voyage. *Mettre un Cheval hors d'haleine* , c'eft le faire courir au-delà de fes forces. *Mettre dedans* , c'eft dreffer un Cheval de Manége à quelque air. *Mettre fur les voltes. V.* Voltes. *Mettre fur les hanches. V.* Affeoir. *Mettre dans la main* , *dans les talons* , c'eft en terme de Manége , lui apprendre à obéïr à la main & aux talons en lui donnant la grace du Manége. *Mettre au vert. V.* Vert. *Mettre au filet* , c'eft Tourner le Cheval le cul à la man-geoire pour l'empêcher de manger , & lui mettre un filet dans la bouche. *Mettre fur le crotin* , c'eft mettre du crotin moüillé fous les pieds de devant du Cheval. *Mettre dans les piliers* , c'eft attacher un Cheval avec un cavef-fon aux piliers du Manége ; pour l'accoutumer fur les hanches. *Mettre la lance en arrêt* , c'eft difpofer fa lance comme il eft expliqué au mot Lance. *V.* Lance. *Mettre la gourmette à fon point. V.* Point. *Mettre un raffis. V.* Raffis. *Se mettre en Selle. Mettre le cul fur la Selle* , c'eft monter à Cheval. *Mettre fes dents* , fe dit d'un Cheval à qui les dents qui fuccedent aux dents de lait commencent à paroître. *Mettre bas. V.* Pouliner.

Milieu , le milieu de la place. *V.* Place.

Miroité ou *à miroir* , poil de Cheval. *V.* Bay.

Mis , un Cheval *bien ou mal* mis , terme de Manége , qui fignifie bien ou mal dreffé au Manége.

Mitoyennes. V. Dents.

Mol , *Cheval mol* eft un Cheval qui n'a point de force.

Molettes d'éperon font les pointes ou piquants de l'éperon. *Molette* , c'eft un épy de poil qui fe trouve au milieu du front entre les deux yeux d'un Che-val. *Molettes* , groffeurs remplies d'eau , qui viennent au bas des jambes des Chevaux.

Molir fous l'homme , fe dit d'un Cheval qui diminuë de force en allant ; on dit auffi qu'*il molit* ou que *fa jambe molit* quand il bronche fouvent.

Monte , la *monte d'un Haras* , c'eft le tems , le lieu & l'heure où on fait couvrir les Jumeuts , auffi bien que le Regiftre qu'on en tient.

Monté , *haut monté. V.* Haut.

Monter à Cheval , c'eft s'affeoir fur le dos d'un Cheval ; les hommes s'y affoyent fur la fourchette ou le perinée, embraffant les côtes avec les deux jambes. Les femmes s'affeoyent communément ayant les deux jambes du même côté. *Monter en croupe ou en trouffe*, c'eft s'affeoir fur la croupe d'un Cheval derriere celui qui eft affis fur fon dos. *Monter à poil à dos nud ou à cru*, c'eft ne rien mettre fur le dos du Cheval avant de s'y affeoir. *Monter en ferpiliere*, c'eft mettre, comme font les valets de Maquignon, une toile nommée *ferpiliere* ou une *époußette* fur le dos du Cheval, & le monter de cette façon. *Monter avec avantage. V.* Avantage. *Monter fous un Ecuyer ou à l'Académie*, c'eft apprendre l'Art de monter à Cheval. *Monter un Cheval*, c'eft s'en fervir quand on eft deffus. *Monter entre les piliers*, fe dit des Académiftes quand ils montent les Sauteurs.

Monté, être bien ou mal monté, c'eft avoir entre fes jambes un bon ou un mauvais Cheval. *Eftre monté à l'avantage*, c'eft être deffus un Cheval ou plus grand ou meilleur que celui d'un autre.

Montoir, défigne le côté gauche du Cheval, parce que c'eft de ce côté qu'on monte à Cheval. Ainfi, *les pieds & jambes du montoir* de devant & de derriere du Cheval font les gauches, & celles hors le montoir font les droites. *Affurer un Cheval au montoir*, c'eft l'accoutumer à être tranquile lorfqu'on monte deffus. *Facile au montoir* fe dit d'un Cheval qui fe laiffe monter fans remuer.

Montre, la montre eft un endroit choifi par un ou plufieurs Marchands pour y faire voir aux Acheteurs les Chevaux qu'ils ont à vendre. *La montre* eft auffi une façon particuliere que les Marchands ont d'effayer leurs Chevaux, laquelle n'eft bonne qu'à éblouïr les yeux des fpectateurs.

Monture fe dit de toutes les bêtes fur le dos defquelles ont monte.

Moreau, un Cheval moreau eft un Cheval très-noir.

Morfondu, Cheval attaqué du mal appellé morfondure.

Morfondure, Maladie du Cheval.

Mornée, Lance mornée. *V.* Lance.

Mors, partie de la bride qui entre dans la bouche du Cheval. *Prendre le mors aux dents. V.* Prendre.

Morve, Maladie des poulmons, incurable.

Morveux, Cheval qui a la morve.

Mouvements fe dit des qualités des alleures des Chevaux, de *beaux mouvements*, *des mouvements durs.*

Muer fe dit du Cheval dont le poil tombe lorfqu'il en fuccede un autre, foit poil d'Hyver ou d'Eté. Les Chevaux muënt au Printems & à la fin de l'Automne. *Muer* fe dit auffi de la corne ou du pied, quand il leur pouffe une corne nouvelle.

Mules traverfieres, crevaffes qui viennent au boulet & au ply du boulet.

Mulet, Animal monftrueux engendré d'un Afne & d'une Jument; on dit d'un Cheval qui a la croupe effilée & pointuë, qu'il a *la croupe du Mulet*, parce que les Mulets l'ont ainfi faite.

Muletier, Palefrenier & conducteur de Mulets.

Mur, gratter le mur fe dit de l'Academifte qui approche trop le long du mur du Manége.

Muraille, c'eft les Murs du Manége, & ce qu'on appelle en certaines occafions le dehors. *V.* Dehors. *Paffeger la tête à la muraille. V.* Paffeger. *Porter la main à la muraille. Aller droit à la muraille. Arrêter droit à la muraille.* Différentes actions que le Cavalier fait faire à fon Cheval au Manége pour l'affouplir.

Mufique. V. Brocher.

N

NAger *à fec*, opération que les Maréchaux ont inventé pour les Chevaux qui ont eu un effort d'épaule. Cette operation ne vaut rien.

Naiffance d'une Jument. *V.* Nature.

Nater les crins, c'eft en faire dès treffes.

Nature d'une Jument, c'eft la partie extérieure de la géneration. Un Cheval d'une *bonne ou mauvaife nature*, c'eft celui qui a de bonnes ou de mauvaifes inclinations.

Nazeaux, ouverture du nez du Cheval.

Négliger fon corps à Cheval, c'eft ne s'y pas maintenir en belle pofture.

Nerf, on appelle improprement nerf un tendon qui coule derriere les os des jambes, fes bonnes qualités font *d'être gros & bien détachés*, c'eft-à-dire, qu'il foit apparent à la vûë, & qu'il ne foit pas colé contre l'os. *Le nerf failly* eft celui qui va fi fort en diminuant vers le ply du genouil, qu'à peine le fent-on en cet endroit, ce qui eft un mauvais pronoftic pour la force du Cheval.

Nerveux, *un Cheval nerveux*, c'eft un Cheval qui a beaucoup de force. *Javart nerveux. V.* Javart.

Net, un Cheval fain & net. *V.* Sain. *Faire net. V.* Faire.

Neud de la queuë, c'eft l'éminence ou l'élévation que fait chaque vertebre de la queuë.

Neuf, *Chevaux neufs*, jeunes Chevaux qui n'ont point encore fervi aux Voitures, & qu'on commence à y accoutumer. *Pied & quartier neuf. V.* Pied & quartier.

Nez, *le bout du nez* du Cheval eft, pour ainfi dire, fa lévre fupérieure. *Porter le nez au vent*, *ou porter au vent*, fe dit d'un Cheval qui leve le nez en l'air au lieu de fe ramener.

Noble, Cheval noble, c'eft celui qui a bien de la beauté furtout à l'avant-main.

Nobleffe, *la nobleffe d'un Cheval* eft l'encolure belle, & fur-tout relevée, & la tête petite & bien placée.

Noir, Poil du Cheval. Noir jais, ou maure, ou moreau, ou vif, c'eft le vrai noir ; on appelle un Cheval, qui (quoique noir) a une teinte rouffâtre. *Noir mal teint.*

Nombril fe prend chez les Chevaux pour le milieu des reins : ainfi on dit qu'un Cheval eft bleffé fur le nombril quand il l'eft dans cet endroit.

Noüer l'aiguillette. V. Aiguillette & S'éparer.

Nourriture, on dit de certains Cantons, qu'ils font bons à faire des nourritures de Chevaux, cela veut dire que ces Cantons leur conviennent pour la pâture.

Nud, *monter à nud*, c'eft à poil. *V.* Monter. Vendre un Cheval *tout nud*, c'eft le vendre fans Selle ni bride par le bout du licol.

Nuës, porter sa tête aux nuës. V. Porter.

Nuit, la nuit d'un Cheval, est en terme de Cabaret, le foin & la paille qu'on donne aux Chevaux pendant les nuits qu'ils séjournent au Cabaret.

O

O*Béir* se dit du Cheval quand il répond aux Aides.

Observer le terrein. V. Terrein.

Obtenir d'un Cheval, c'est venir à bout de lui faire faire ce qu'il refusoit auparavant.

Oeil du Cheval, ses yeux doivent être grands à fleur de tête, vifs & nets. *Oeil verron* signifie que la prunelle en est d'une couleur tirant sur le verd clair. *Oeil de Cochon* se dit d'un Cheval qui a les yeux trop petits. Il a des yeux de cochon. *La vitre de l'œil. V.* Vitre.

Ombrageux, un Cheval ombrageux est un Cheval qui a souvent peur des objets, c'est un Cheval peureux.

Ongle du pied du Cheval est la même chose que la corne du pied.

Onglée, accident qui arrive aux yeux du Cheval.

Ordinaire d'un Cheval, c'est ce qu'on lui donne à manger par jour, il est fort ou petit.

Ordonner l'embouchure. V. Embouchure.

Oreillard ou orillard, Cheval qui a les oreilles trop longues, placées trop bas & écartées.

Oreille du Cheval doit être petite, placée haut & droite. *Boiteux de l'oreille. V.* Boiteux. *Redresser les oreilles. V.* Redresser. *Regarder entre les deux oreilles. V.* Regarder. *Couper les oreilles. V.* Couper. *Aller de l'oreille. V.* Aller. *Le bouquet sur l'oreille* est une marque qu'on met à l'oreille d'un Cheval, qui indique qu'il est à vendre.

Osselet, espece de Suros plat.

Oster ses dents, se dit d'un Poulin lorsque quelques-unes de ses dents de lait tombent pour faire place à celles d'ensuite. Par exemple, ce Cheval ôte ses dents de trois ans

O, u u u u, expression des Chartiers pour faire arrêter leurs Chevaux.

Outrer un Cheval, c'est le faire aller au-delà de ses forces.

Outré, un Cheval outré, c'est un Cheval qu'on a trop fait travailler. *Poussif outré. V.* Poussif.

Ouvert ou bien ouvert du devant ou du derriere, est un Cheval dont les jambes de devant ou de derriere sont suffisamment écartées l'une de l'autre. *Courir à tombeau ouvert. V.* Courir.

Ouvrir les talons à un Cheval, opération du Maréchal qui a rapport à la ferrure.

P

P*Age,* Gentilhomme portant les Livrées des Rois & des Princes ou Seigneurs, & dont un des principaux exercices est de monter à Cheval, & d'apprendre cet Art.

Paille, *botte de paille*. *V*. Botte. *Paille hachée* sert dans quelques Païs de nourriture aux Chevaux, mêlée avec l'Avoine; on la hache avec une machine
faite exprès appellée hachoir ou coupe-paille. *La paille pour la litiere* est
communément sans épics & sans grain.

Pailler, *du pailler*, c'est la paille qui ne sert qu'à la litiere.

Païs, *Cheval de Païs*, est un Cheval provenant de pere & de mere du Païs même;
on dit qu'un Cheval n'est bon qu'à *aller par Païs* quand il n'a pas grande
ressource, mais qu'il marche commodement.

Paisible, *un Cheval paisible* est celui qui n'a aucune ardeur.

Palais, partie du dedans de la bouche. Les replis ou sillons du palais.

Palefrenier, Domestique destiné à panser & entretenir les Chevaux; un Palefrenier a trois, quatre ou cinq Chevaux à panser, ce mot est dérivé de Palfroy.

Palfroy ou *Palefroy*, on appelloit ainsi anciennement un Cheval qui ne servoit
qu'aux promenades, aux Fêtes & aux Dames.

Pance, les Maréchaux appellent l'estomach des Chevaux la pance.

Pansement est le soin qu'on a des Chevaux pour leurs besoins & leur propreté.

Panser un Cheval est l'ouvrage du Palefrenier, c'est le tenir propre & le nourrir.

Pantouffle, *fer à pantouffle*. *V*. Fér.

Par le droit. *V*. Droit.

Par haut. *V*. Manége.

Parade, un *Cheval de parade* est un Cheval destiné aux occasions d'appareil,
comme aux Tournois, aux Carousels, aux Revûës, &c. On appelle *la parade* un endroit que le Maquignon a destiné pour faire monter le Cheval qu'il
veut vendre. *La parade* en terme de Manége est la même chose que le parer.
V. Parer.

Parer le pied d'un Cheval, terme de Maréchal. *V*. Pied. *Le Parer*, c'est un
Arrêt relevé du Cheval de Manége. Ainsi, on dit un *beau Parer*, pour dire
un bel Arrêt bien relevé & sur les hanches.

Pareßeux, un *Cheval pareßeux* est celui qui ralentit toujours son allûre, & qu'il
faut avertir incessamment.

Parler aux Chevaux, c'est faire du bruit avec la voix. Quand on approche
les Chevaux dans l'écurie: on risque souvent de se faire donner des coups
de pieds lorsqu'on les approche sans leur parler.

Parois du sabot, c'est l'épaisseur des bords de la corne.

Paroître sur les rangs, s'est dit d'abord des Chevaliers lorsqu'ils s'avançoient
dans les Tournois pour combattre.

Partager les resnes, c'est prendre une resne d'une main & l'autre de l'autre
main, & conduire ainsi son Cheval.

Partez, mot que dit le Maître d'Académie, quand il veut que l'Ecolier aille au
galop.

Partir de la main. *V*. Main.

Pas, le pas est l'allûre du Cheval la plus lente. *Faux pas* est la même chose que
bronchade; c'est un fléchissement involontaire de la jambe du Cheval. *Pas
relevé, écouté, averti, soutenu, d'Ecole*. Tous ces termes signifient le Pas de
Manége. *Un pas & un saut, deux pas & un saut*, airs de Manége. Les Pas
dans cette occasion veulent dire des courbettes, & les sauts signifient des

caprioles ; on appelle auſſi le pas & ſaut , galop gaillard. *V.* Galop.

Paſſade, chemin que fait le Cheval de Manége en paſſant & repaſſant pluſieurs fois ſur une même longueur de terrein. *Fermer la paſſade* ſe dit du mouvement qu'on fait avant de reprendre la ligne de la paſſade. *Paſſade d'un tems en pirouette ou demi pirouette*, c'eſt un tour que le Cheval fait d'un ſeul tems de ſes épaules & de ſes hanches. *Paſſade ou demi-volte de cinq tems* eſt un demi tour que le Cheval fait aux bouts de la volte en cinq tems de galop. *Paſſades furieuſes ou à la Françoiſe*, ſont des demi-voltes en trois tems , en marquant un demi-arrêt. *Paſſades relevées* ſont celles où les demi-voltes s'y font à courbettes.

Paſſager ou paſſeger un Cheval, terme de Manége, c'eſt le promener au pas & au trot. *Paſſager la tête à la muraille*, c'eſt mener ſon Cheval de côté , la tête vis-à-vis & près de la muraille du Manége. *Paſſeger aux voltes. V.* Voltes.

Paſturon, partie de la jambe qui eſt entre le boulet & la couronne ; il y a des occaſions où cette partie s'appelle jointure. *V.* Jointure.

Pavé , tâter le pavé, grater le pavé. V. Grater & Tâter.

Peignes, Maladie de la couronne. *Peigne de corne*, inſtrument de Palefrenier pour peigner les crins & la queuë du Cheval.

Pelle, inſtrument de Palefrenier pour ôter le fumier.

Pelote en tête, c'eſt la même choſe que l'étoile au front du Cheval. *V.* Eſtoile.

Percer ſes dents, c'eſt la même choſe que mettre ſes dents. *V.* Mettre.

Peſade, air de Manége, c'eſt une partie de la courbette, car alors le Cheval ne fait que lever les jambes de devant ſans remuer celles de derriere.

Peſant, Cheval peſant eſt celui qui marche groſſierement, & court ſans aucune legereté.

Peſer à la main ſe dit du Cheval qui n'ayant point de ſenſibilité dans la bouche , s'appuye ſur le mors, de façon que le bras du Cavalier en eſt fatigué.

Petarrade, ruade que fait le Cheval en liberté.

Petit pied, petit galop. V. Pied & Galop.

Peureux, Cheval *peureux. V.* Ombrageux.

Piaffer, ſe dit d'un Cheval qui en marchant leve les jambes de devant fort haut, & les replace quaſi au même endroit & avec précipitation. Les mauvais Chevaux d'Eſpagne, & qui ont de l'ardeur, piaffent communément, c'eſt un défaut en Cavalerie, mais qui eſt fort eſtimé des petits Maîtres, alors le Cheval reſſemble à celui qui eſt deſſus, beaucoup d'apparence, & peu de fond.

Piaffeur, Cheval qui piaffe.

Picoter un Cheval, c'eſt lui faire ſentir foiblement l'éperon à pluſieurs repriſes, ce qui inquiete plûtôt le Cheval, qu'il ne le détermine à obéïr.

Picotin d'avoine, c'eſt environ le|quart du boiſſeau de Paris.

Pie, Poil du Cheval, il eſt toujours à fond blanc ſur lequel ſe trouvent de grandes taches ou noires ou bayes ou alzanes.

Pied, c'eſt la partie qui termine les quatre jambes du Cheval , cette partie eſt entourée de corne, & porte tout le corps du Cheval, il eſt compoſé de la couronne , du ſabot, de la ſolle, de la fourchette & des deux talons. Les défauts du pied ſont d'être *gros*, c'eſt-àdire trop conſiderables à proportion de la jambe. *Gras*, c'eſt-à-dire que la corne en eſt trop mince. *Comble plat*, *ou en écäille d'huitre* eſt celui qui n'a pas la hauteur ſuffiſante, & dont la ſolle deſcend plus bas que les bords de la corne, & ſemble gonflée. *Dérobé ou mauvais pied* eſt celui dont la corne eſt ſi caſſante, qu'on ne ſçauroit y brocher de clous. *Encaſtelé. V.* Encaſtelure. *Cerclé. V.* Cerclé. *Pied du montoir*, c'eſt le pied gauche de devant & de derriere. *Pied hors le montoir*, c'eſt le droit. *Pied ſec* eſt celui qui ſe reſſerre par nature, il s'encaſtele ou ſe cercle ordinairement. *Le petit pied* eſt un os qui tient le dedans du pied, & qui eſt emboîté par la corne du ſabot. *Faire pied neuf* ſe dit du pied du Cheval lorſque le ſabot s'eſt détaché par quelque maladie, & qu'il revient une nouvelle corne. *Parer le pied* d'un Cheval, c'eſt rendre les bords de la corne unis, pour enſuite poſer le fer deſſus. *Galoper ſur le bon ou ſur le mauvais pied. V.* Galoper. On meſure le Cheval par pieds & pouces. *Le pied de la lance. V.* Lance.

Pilier eſt un morceau de bois ordinairement arrondi, & finiſſant par une tête, il eſt environ de quatre pieds de hauteur hors de terre, & à peu près de ſix à ſept pouces de diametre; on plante ce morceau de bois tout debout en différents endroits, comme dans les écuries, pour faire les ſéparations des places de chaque Cheval avec la barre ou la cloiſon. Dans les Manéges on place *deux piliers* à diſtance l'un de l'autre de quatre pieds, pour y attacher les Sauteurs, & les Chevaux qu'on veut relever du devant, & on en met un autre tout ſeul pour faire trotter autour les jeunes Chevaux, celui-là paſſe pour le centre de la volte, & on le ſuppoſe toujours (quand il n'y en auroit pas) lorſqu'on travaille ſur les voltes. *Trotter ou travailler un Cheval autour du pilier*, c'eſt attacher la longe de ſon caveſſon au pilier, & l'obliger par ce moyen à aller en rond, la longe doit être aſſez longue pour qu'il ne s'étourdiſſe pas, & qu'il décrive de grands cercles; ſouvent un Palefrenier, ſans ſortir de ſa place, fait l'office du pilier. *Travailler, mettre un Cheval entre les piliers*, c'eſt attacher les deux longes de ſon caveſſon chacune à un pilier, & le faire agir ainſi ſuivant la ſcience & la volonté. *Sauter entre les piliers. V.* Sauter. *Monter entre les piliers. V.* Monter.

Pince du pied, c'eſt le devant du ſabot. *Les pinces* ſont les quatre dents de devant, deux en haut à côté l'une de l'autre, & deux en bas.

Pincer des deux, c'eſt donner un leger coup des deux éperons.

Piqué, le poil piqué. *V.* Poil.

Piquer des deux, c'eſt la même choſe qu'appuyer. *V.* Appuyer. *Piquer un Cheval* en terme de Maréchal, c'eſt le bleſſer avec un clou en le ferrant.

Piqueur en terme de Cavalerie, eſt un domeſtique deſtiné à monter les Chevaux, pour les dreſſer ou pour les exercer. Il y a *des Piqueurs* à gages dans les Ecuries conſidérables, & *des Piqueurs* qu'on loüe pour un certain tems quand on a de jeunes Chevaux à accoutumer à l'homme : ces Piqueurs les montent auſſi dans les Foires.

Piroüette d'une piſte, air de Manége, c'eſt un tour qu'on fait faire au Cheval, de la tête à la queüe, ſans qu'il change de place. *Piroüette de deux Piſtes*, c'eſt un tour dans un petit terrein à peu près de la longueur du Cheval. *Piroüette ou demi piroüette d'un tems. V.* Paſſade.

Piroüeter, c'eſt faire la piroüette ou demi piroüette.

Piſte, c'eſt une ligne ſuppoſée en terme de Manége ſur laquelle on fait aller le Cheval. Ainſi, le Cheval va de *deux piſtes* lorſqu'il marche de côté, il en

marque

marque une des deux pieds de devant, & l'autre des deux pieds de derriere. *V.* Volte.

Place, on appelle ainſi l'eſpace qui eſt entre deux poteaux dans une écurie, lequel eſpace eſt deſtiné pour y attacher & loger un Cheval. *Place*, s'entend en quelques occaſions pour le Manége, comme quand le Maître dit à l'Ecolier à Cheval de *venir par le milieu de la place*, *d'arrêter au milieu de la place*; il entend par cette expreſſion le milieu du Manége.

Placé bien ou mal à Cheval, ſe dit du Cavalier quand il eſt dans une belle ou dans une mauvaiſe ſituation à Cheval.

Placer bien ſa tête, ſe dit du Cheval quand il ne leve ni ne baiſſe trop le nez. La *placer mal*, arrive lorſque le Cheval avance trop le bout du nez, ou qu'il l'approche trop du poitrail. *Placer à Cheval*, ſe dit du Maître quand il enſeigne à l'Ecolier l'attitude qu'il veut qu'il tienne à Cheval. Se *placer ou être placé à Cheval*, c'eſt y être dans une belle & bonne attitude.

Planté, poil planté. *V.* Poil.

Plat, un Cheval plat eſt un Cheval dont les côtes ſont ſerrées. Les *épaules plates. V.* Epaule.

Plein, le flanc plein, les jarrets pleins, la bouche à pleine main. V. Flanc, Jarrets, Bouche. *Pleine, une Jument pleine. V.* Jument.

Pli, le pli du jarret, du genouil, du coude, c'eſt l'endroit où toutes ces jointures ſe plient.

Pliant, la jointure pliante ſe dit du pâturon. *V.* Jointure. *Les jarrets pliants. V.* Jarrets.

Plier les jarrets, en terme de Manége, ſe dit d'un Cheval qui manie ſur les hanches. *Plier les hanches. V.* Hanche. *Plier un Cheval* à droit ou à gauche, c'eſt l'accoutumer à tourner ſans peine à ces deux mains. *Plier le col* d'un Cheval, c'eſt le rendre ſouple afin que le Cheval obéïſſe plus promptement quand on veut le tourner, mais c'eſt une très-mauvaiſe maxime ſi on ne fait pas ſuivre les épaules.

Plumes, donner des plumes à un Cheval, c'eſt une façon de remede ou d'opération.

Poignée. V. Lance.

Poil ſe dit au lieu de couleur à l'égard du Cheval; ainſi, on ne dit jamais ce Cheval eſt d'une telle couleur; mais on dit toujours, il eſt d'un tel poil. *Voyez* la liſte des poils au mot Cheval; & pour une plus ample explication, le Chap. II. du Traité de la Conſtruction du Cheval qui traite des poils. Vous ſçaurez auſſi dans le même Ch. II. ce qu'on entend par bon poil & mauvais poil. *Monter à poil. V.* Monter. *Poil planté* ou *Poil piqué* ſe dit quand on voit le poil du Cheval tout droit, au lieu d'être couché comme à ſon ordinaire, c'eſt ſigne que le Cheval a froid, ou qu'il eſt malade. *Poil lavé. V.* Lavé. *Souffler au poil. V.* Souffler. *Avoir toujours l'éperon au poil*, ſe dit du Cavalier qui picote inceſſamment le flanc de ſon Cheval avec les éperons, ce qui eſt un défaut.

Poinçon, petit bout de bois rond, long de cinq à ſix pouces, pointu par le bout, quelquefois armé & terminé par une pointe de fer ſervant au Manége à exciter les Chevaux à ſauter entre les piliers. L'Ecolier, pour cet effet, prend le poinçon de ſa main droite; & paſſant cette main derriere ſon dos, il fait ſentir la pointe du poinçon au Cheval en l'appuyant ſur le haut de ſa

H

croupe. *Appuyer le poinçon. V.* Appuyer. *Poinçon*, eſt auſſi un inſtrument que chaque Palefrenier doit avoir au bout de ſon couteau, pour percer des trous quand le cas y échet.

Point, on appelle ainſi des trous faits avec le poinçon aux étrivieres & aux cour-royes des ſangles, pour y faire entrer les ardillons des boucles qui les tien-nent; ainſi, *alonger* ou *racourcir les étriers d'un point*, &c. c'eſt mettre l'ardil-lon à un trou plus haut ou bas qu'il n'étoit auparavant. *Mettre la gourmette à ſon point*, c'eſt faire entrer, ſuivant le cas, la premiere ou la ſeconde maille dans le crochet qui tient à l'œil de la bride.

Pointe, action de deſobéïſſance du Cheval. Le Cheval *fait une pointe* aux vol-tes quand il s'élance hors du rond de la volte, & *il fait une pointe en l'air* quand de colere il s'éleve ſur ſes jarrets, & fait alors un ſaut en avant. *Poin-te de feu. V.* Bouton.

Poireaux, Maladie qui vient au boulet du Cheval.

Poitrail, partie du Cheval qui va depuis le bas du col juſqu'entre les deux jam-bes de devant, & qui occupe l'entre-deux des deux épaules. La mauvaiſe qualité du poitrail eſt d'être trop ſerré; il faut qu'il ait une largeur propor-tionnée à la figure & à la taille du Cheval. *Poitrail de la Selle* eſt un cuir qui entourre le poitrail du Cheval ſellé.

Pomeau, partie de la Selle. *Se tenir au pomeau. V.* Tenir.

Pomelé. V. Gris.

Pont-levis, on appelle ainſi l'action d'un Cheval, qui ne voulant pas obéïr au Cavalier, ſe leve tout droit ſur les jambes de derriere.

Porcelaine, poil de Cheval dont le fond eſt blanc, mêlé de taches irrégulieres, & jaſpé (pour ainſi dire) principalement d'un noir mal teint, qui a un œil bleu ardoiſé.

Porter beau, en beau lieu, porter bien ſa tête; toutes ces expreſſions ſignifient qu'un Cheval a la tête bien ſituée en marchant. *Porter ſa tête dans les nuës*, ſe dit du Cheval qui tient ſon col fort élevé. *Porter au vent*, ſe dit de celui qui éleve le bout du nez fort en avant. *Porter bas*, ſignifie qu'un Cheval baiſſe trop le col en marchant. *Porter ſon Cheval*, c'eſt le faire avancer en le ſoutenant de la main, & ſerrant les jarrets. *Porter ſon Cheval d'un talon ſur l'autre. V.* Talon. *Porter la main à la muraille. V.* Muraille. On dit du fer & de la ſelle qu'*ils portent*, quand ils s'approchent du Cheval, de façon qu'ils ſont en danger de le bleſſer.

Porteur, c'eſt le Cheval du Poſtillon, & auſſi celui ſur lequel monte le Meſſa-ger & le Marchand de Chevaux; on appelle *porteur de choux* un méchant petit Cheval, qui ne peut guéres ſervir qu'à cet uſage.

Poſade. V. Peſade.

Poſer bien ſes pieds, ſe dit du Cheval adroit qui choiſit bien le terrein en marchant.

Poſte, maiſon dans laquelle on entretient pluſieurs Chevaux deſtinés à con-duire des Voyageurs ſucceſſivement d'une de ces maiſons à l'autre en diligen-ce, & moyennant une ſomme par chaque Cheval. Ainſi, *courre la poſte*, c'eſt ſe ſervir de ces Chevaux à chaque poſte. *Cheval de poſte*, eſt le Cheval qui conduit un Voyageur d'une poſte à la ſuivante. *Poſte*, ſignifie auſſi l'inter-valle de deux lieuës.

Poſtillon de poſte , & *Poſtillon d'attelage* , font la même fonction qui eſt de mener la chaiſe de poſte , étant ſur le Cheval d'à-côté. Le Poſtillon d'attelage monte auſſi ſur le quatriéme ou ſixiéme Cheval à gauche, & mene le devant. Le Poſtillon de poſte monte à Cheval , & marche devant le Courrier qui courre à Cheval d'une poſte à l'autre.

Poteau d'écurie, c'eſt la même choſe que pilier. *V.* Pilier.

Potence, eſt une regle de ſix pieds de haut, diſtinguée & marquée par pieds & pouces. Une autre régle qui fait l'équerre avec celle-là , & qui y tient de maniere qu'elle coule tout du long, détermine la meſure de la hauteur des Chevaux. On poſe la régle de ſix pieds droite le long de l'épaule poſant à terre près le ſabot : on fait décendre enſuite l'autre régle juſqu'à ce qu'elle poſe ſur le garrot, puis regardant à l'endroit où ces deux régles ſe joignent ; & comptant les pieds & pouces de la grande régle juſqu'à cet endroit, on connoît préciſément la hauteur du Cheval. *Potence,* eſt auſſi un bâtis de charpente en forme de potence , au bout de laquelle on laiſſe pendre la bague quand on veut courre la bague. *Brider la potence,* c'eſt toucher en courant la bague avec la lance le bras de la potence auquel pend la bague.

Pouliche. *V.* Poulin.

Poulin, eſt l'enfant d'un Cheval, on l'appelle ainſi juſqu'à cinq ans ; on diſtingue le mâle d'avec la fémelle en appellant le mâle, Poulin mâle, & la fémelle Pouliche, Pouline, Poutre.

Pouline. *V.* Poulin.

Pouliner, ſe dit de la Jument qui accouche.

Pouliniere. *V.* Jument.

Pouſſe, maladie du Cheval , qui répond à l'aſthme de l'homme.

Pouſſer, ſe dit du Cheval qui a la pouſſe, c'eſt avoir la pouſſe. *Pouſſer ſon Cheval,* ſe dit du Cavalier qui preſſe ſon Cheval au galop, & le fait aller très-vîte. *Pouſſer ſes dents,* c'eſt la même choſe que mettre ſes dents. *V.* Mettre.

Pouſſif, un Cheval pouſſif eſt celui qui a la pouſſe. *V.* Pouſſe. *Pouſſif outré,* eſt celui qui a ce mal exceſſivement fort.

Poutre. *V.* Poulin.

Prendre le trot, *le galop,* ſe dit de l'Homme, quand il excite le Cheval à aller le trot ou le galop, & du Cheval quand il s'y met de lui-même. *Prendre ſes dents,* c'eſt à l'égard du Cheval la même choſe que mettre ſes dents. *V.* Mettre. *Prendre le mors aux dents,* ſe dit communément des Chevaux de caroſſe, lorſque n'ayant plus aucune ſenſibilité dans la bouche, ils vont de toute leur vîteſſe ſans pouvoir être arrêtés par les mains du Cocher. *Prendre les aides des jambes.* *V.* Jambe. *Prendre ſon avantage.* *V.* Avantage.

Près du tapis. *V.* Marcher.

Preſenter la gaule, eſt un honneur qu'on rend aux perſonnes de conſidération, lorſqu'ils entrent dans une écurie pour y voir les Chevaux. L'Ecuyer ou un des principaux Officiers lui preſentent une gaule.

Preſſer ſon Cheval, c'eſt lui faire augmenter la viteſſe de ſon allure, ou l'empêcher de la diminuer lorſqu'il la ralentit. *Preſſer la veine,* mal que le Maréchal fait à un Cheval en le ferrant.

Preſteſſe de main, ancien mot, qui ſignifie adreſſe & vivacité de la main du Cavalier.

Promener fon Cheval, c'eft le mener doucement au pas en terme de manége. Le *promener fur le droit*, c'eft le mener droit fans lui rien demander. *Promener fur les voltes*, c'eft la même chofe que paffeger fur les voltes. *V.* Voltes. *Promener entre les deux talons. V.* Talon. *Promener en main*, c'eft promener un Cheval fans être monté deffus, & étant à pied.

Provende, c'eft une nourriture compofée de fon & d'avoine qu'on donne le plus communément à des Poulius.

Purge, une purge eft un breuvage purgatif qu'on donne aux Chevaux au befoin. Les Anglois aiment fort à donner des purges aux Chevaux.

Q

QUadrille, petite compagnie de Cavaliers qui fait partie d'un carouzel.

Quarré, *travailler en quarré. V.* Volte.

Quart, *de quart en quart. V.* Volte.

Quartier, c'eft le côté du fabot, chaque pied a deux quartiers, celui de dehors & celui de dedans. Le défaut des quartiers eft d'être *trop ferrés*, c'eft-à dire, trop aplatis ; le quartier de dedans y eft plus fujet que celui de dehors. *Faire quartier neuf*, fe dit du pied dont le quartier eft tombé, ou a été ôté par quelque maladie, alors il en revient un neuf.

Quatre coins, faire les quatre coins, ou travailler aux quatre coins. *V.* Volte.

Queuë, eft le croupion du Cheval dont les vertebres fortent du haut de la croupe, & font garnis de peau & de crins ou plus longs ou plus courts, il y a des queuës bien garnies de longs crins, & ce font les plus belles. Les queuës dégarnies de crins s'appellent *queuës de rat*. C'eft un agrément quand le Cheval releve la queuë en marchant, cela s'appelle *porter bien fa queuë* ; on dit que c'eft figne de force. Il y a des Chevaux qui *portent leur queuë en trompe*, c'eft-à-dire, recourbée du côté du dos. *Faire la queuë*, ou *rafraîchir la queuë*, c'eft couper au bas de la queuë tous les crins qui débordent. On *trouffe la queuë* en *la noüant* ou fe fervant d'un trouffe-queuë. *V.* Trouffe-queuë. Quand on met de la paille à la queuë d'un Cheval, cela fignifie qu'il eft à vendre. Les vertebres de la queuë s'appellent en terme de Cavalerie les *neuds de la queuë*. *Couper la queuë* à un Cheval, c'eft couper une partie de ces neuds, afin que la queuë n'ait que huit ou dix pouces de long ; on coupe la queuë à tous les Chevaux de chaffe & de courfe. Ainfi on appelle les Chevaux qui ont la queuë coupée, *des coureurs ou des courtes-queuës* ; on appelle *racine de la queuë* l'endroit où elle fort de la croupe, & *le tronçon ou le quoart*, le refte des vertebres jufqu'au bout ; on ajufte des *fauffes queuës* aux Chevaux qui l'ont coupée, & cela dans de certaines occafions, ou pour tromper l'acheteur. *Joüer de la queuë*, ou *quoatiller*, fe dit d'un Cheval qui remuë perpétuellement la queuë quand on le monte, ce qui marque que le Cheval a inclination à ruer. *Faire un Roffignol fous la queuë. V.* Roffignol. *Queuë de rat*, Maladie du boulet & du canon de la jambe. *V.* Arêtes. *Couper la queuë à l'Angloife*, opération qu'on fait pour faire porter la queuë en trompe au Cheval, en coupant les tendons de deffous la queuë.

Quintaine, Poteau ou Jacquemart, reprefentant un homme armé d'un bouclier, auquel on jette des dards, ou fur lequel on va rompre des lances à Cheval; on l'appelle auſſi cette figure *faquin*. *Courre la quintaine ou le faquin*, c'eſt un exercice d'Académie.

Quinte, eſpece de fantaiſie qui tient du Cheval rétif; car le Cheval pendant quelques inſtans ſe défend, & ne veut pas avancer. Les Mules ſont ſujettes à ce défaut.

Quinteux, Cheval qui a des quintes.

Quitter les eſtriers, c'eſt ôter ſes pieds de dedans de gré ou de force, car lorſqu'un Cheval emporte ſon homme, il doit quitter les eſtriers, ou pour ſe jetter à terre, ou afin que ſi le Cheval tombe, il n'ait pas les pieds engagés dans les eſtriers, ce qui eſt très-dangereux. Le peu de fermeté du Cavalier lui fait ſouvent quitter les eſtriers quand ſon Cheval trote ou galope.

Quoailler. V. Queuë.

Quoart. V. Queuë.

R

R *Abaiſſer, ſe rabaiſſer*, ſe dit en terme de Manége du Cheval qui n'a pas aſſez de force pour continuer ſes courbettes auſſi élevées qu'il les a commencées.

Rabattre les courbettes, eſt le mouvement des courbettes où le Cheval porte à terre ſes deux pieds de derriere; il rabat bien la courbette quand ſes deux pieds de derriere portent à terre en même-tems.

Race, Cheval de race, eſt celui qui provient d'un Cheval des Païs étrangers, eſtimés pour avoir de beaux & bons Chevaux. *Cheval de premiere race*, eſt celui qui vient d'un Cheval étranger connue pour excellent. *Faire des races*, c'eſt *tirer race*, ou tirer des Poulins de beaux & bons Chevaux.

Racine de la queuë. V. Queuë.

Racolt, vieux mot qui veut dire que le Cheval de Manége marche d'une allure écoutée.

Racourcir les eſtriers, c'eſt faire entrer l'ardillon de la boucle de l'eſtriviere dans un des trous qui ſont au-deſſus de l'endroit où il étoit. *Racourcir les reſnes ou la bride*. V. Acourcir. *Racourcir un Cheval*, c'eſt ralentir ſon allure en le tenant dans la main.

Ragot, Cheval qui a le col court, de taille de double Bidet, & étoffé.

Ralentir, ſe ralentir, ſe dit du Cheval qui diminuë la vîteſſe de ſon allure.

Ralonger les eſtriers. V. Alonger.

Ramaſſé, un Cheval ramaſſé, c'eſt la même choſe que ragot. V. Ragot, excepté qu'il ſe dit des Chevaux de toute ſorte de taille.

Ramener, ſe ramener, ſe dit d'un Cheval qui place bien ſa tête & ſon col. *Ramener ſon Cheval*, ſe dit du Cavalier, lorſqu'il l'oblige à bien placer ſa tête & ſon col, & le maintient en belle ſituation.

Ramingue, un Cheval ramingue eſt celui qui ſe défend ſeulement à l'éperon, ne voulant pas avancer auſſi-tôt qu'il le ſent, c'eſt une eſpece de rétif, car il ne l'eſt que pour l'éperon ſeulement, & non pour le foüet ou la gaule.

Rampin, eſt un Cheval bouleté des boulets de derriere, & qui ne marche par co ſéquent que ſur la pince; c'eſt ordinairement un défaut que le Cheval a apporté en naiſſant.

Rang d'écurie, c'est un nombre de Chevaux attachés à un même ratelier. *Le grand rang*, lorsqu'il y a plusieurs écuries, est celui où il y a le plus de Chevaux, ou les plus beaux. *Le rang*, en terme d'Académie, est l'endroit dans un Manége où les Académistes à Cheval sont à côté l'un de l'autre, & dont ils sortent pour travailler tour à tour.

Rangée de dents. Les Chevaux en ont six, deux de devant, & quatre de mâchelieres.

Ranger, se ranger sous la remise, action du Cocher ou Voiturier, qui recule ses Chevaux, pour mettre sa Voiture sous une remise.

Rare, un Cheval rare, expression qui signifie un Cheval qui a des qualités supérieures.

Rassembler son Cheval, c'est le tenir dans la main & dans les jarrets de façon que ses mouvemens soient plus vifs & moins alongés ; effectivement, le Cheval alors paroît plus court qu'auparavant. *Se rassembler* est l'action du Cheval dans cette occasion. *Rassembler ses quatre jambes ensemble ;* mouvement que fait un Cheval pour sauter un fossé, une haye, &c.

Rassis, terme de Maréchal, quand après avoir déferré un Cheval, il lui pare le pied, & lui remet le même fer qu'il lui vient d'ôter.

Ratelier, est une grille de bois qu'on attache au-dessus de la mangeoire, derriere laquelle on jette du foin que le Cheval tire entre les rouleaux de cette grille pour le manger ; il y a *des rateliers droits & de panchés*.

Ration, est ce qu'on donne de foin, paille & avoine à la Cavalerie & aux Dragons pour la nourriture de leurs Chevaux ; chaque ration est ordinairement de douze livres de foin, autant de paille, & trois picotins d'avoine.

Razer, se dit du Cheval, lorsque le creux noir des dents du coin est presque effacé, ce qui arrive entre sept & huit ans. *Razer le tapis*, se dit d'un Cheval qui galope près de terre sans presque s'élever.

Rebuter un Cheval, c'est exiger de lui plus qu'il ne peut faire, de façon qu'à la fin il devient comme hebété & insensible aux aides & aux châtiments.

Rechercher un Cheval, c'est lui donner toute la gentillesse & les agréments dont il est capable.

Recommencer un Cheval, c'est lui rapprendre de nouveau son exercice quand il l'a oublié, pour avoir été mené par un Cavalier ignorant.

Redresser les oreilles, opération qu'on fait aux oreilles d'un Cheval qui les a pendantes.

Réduire un Cheval ou *le dompter*, c'est l'obliger à quitter son humeur sauvage & ses fantaisies ou ses vices ; on réduit mieux & plus aisément un Cheval par la douceur que par la violence.

Refait, un Cheval refait est un mauvais Cheval ou un Cheval maigre & usé, qu'un Maquignon a raccommodé pour le vendre.

Réforme, signifie dans un équipage ou dans une troupe, la séparation qu'on fait des vieux ou mauvais Chevaux d'avec les autres : on vend ceux-là, ou on s'en défait de quelque maniere que ce soit.

Refroidissement, est une morfondure legere.

Refuser, on dit que le Cheval refuse quand il ne veut pas ou qu'il n'a pas la force d'obéir au Cavalier.

Regarder dans la volte. V. Volte.

Regimber, mot du ftile populaire qui fignifie ruer.

Réglée, *alleure réglée. V.* Alleure.

Reins, *les reins du Cheval* commencent vers le milieu du dos jufqu'à la croupe. *Les reins bien faits* font ceux qui s'élevent un peu en dos d'âne ; quand ils s'élevent trop, on dit que le Cheval eft *boffu.* Autre bonne qualité du Cheval, c'eft d'avoir les *reins larges* ; ce qu'on appelle le *rein double* ; les *reins courts* marquent la force. Les mauvaifes qualités des reins font d'être *longs* & d'être *bas*, ce qui s'appelle un Cheval *enfellé.* On entend en difant qu'un Cheval *a du rein*, que la force de fes reins fe fait fentir au trot ; & au galop, aux reins du Cavalier.

Relais, on appelle ainfi des Chevaux de Chaffe ou de Voiture, placés à une diftance de l'endroit d'où on eft parti, afin de s'en fervir au lieu & place des Chevaux qui ont mené jufqu'à *l'endroit du relais.*

Relayer, c'eft monter ou faire atteler à fa Voiture des Chevaux frais qu'on appelle *Chevaux de relais.*

Relever un Cheval, c'eft l'affeoir fur les hanches. *V.* Affeoir. On *releve quelquefois la tête du Cheval*, en lui donnant un mors fait de façon, qu'il l'empêche de porter la tête baffe quand y a inclination.

Relevés, *airs relevés. V.* Airs. *Pas relevé. V.* Pas.

Rembourrer les Selles & les Bas, c'eft mettre de la bourre ou du crin dans les paneaux.

Rembourreure, c'eft la bourre ou le crin qui eft dans les paneaux.

Remis, *un Cheval bien remis*, terme de manége, qui veut dire que l'Ecuyer a repris l'exercice du Manége à un Cheval à qui on l'avoit laiffé oublier ou par négligence, ou pour avoir été mené par des Cavaliers ignorans.

Remife, endroit à couvert deftiné pour y loger des Voitures, particulierement des Caroffes & Chaifes, afin de les préferver des injures du tems.

Remolade, compofition qu'on met dans les pieds des Chevaux attaqués de certains maux.

Remonte, Chevaux achetés pour remplacer dans un équipage ou dans une troupe de Cavalerie les Chevaux qui ont été réformés ou qui ont péri. *Remonte*, en terme de Haras fignifie tous les faults que l'Eftalon donne à la Jument enfuite du premier.

Rendre la main, c'eft faire enforte que les refnes pour le Cavalier, & les guides pour le Cocher deviennent moins tendues, afin de foulager la bouche des Chevaux ; il y a deux façons de rendre la main pour le Cavalier, & il n'y en a qu'une pour le Cocher. La premiere, qui eft la même pour le Cavalier & pour le Cocher, eft d'avancer fa main qui tient les refnes ou les guides. La feconde, qui ne peut regarder que le Cavalier, eft de prendre le bout des refnes de la main droite, puis la main gauche les quitte pour un moment. *Rendre toute la bride*, c'eft prendre le bout des refnes, comme je viens de dire, & après les avoir quittées de la main gauche, avancer la main droite jufques fur le col du Cheval. Tout cela fait à propos, donne une grande aifance à la bouche du Cheval ; & par conféquent, le Cavalier s'en trouve auffi plus à fon aife. *Se rendre*, fe dit d'un Cheval fi fatigué, qu'il ne peut plus avancer.

Rendu, *un Cheval rendu*, eft celui qui, par fatigue, ne fçauroit plus marcher.

Renfermer un Cheval entre les cuiſſes, c'eſt la même choſe qu'aſſujettir. *V.* Aſſujettir.

Reniffler, ſe dit du bruit que fait le Cheval avec ſes nazeaux quand quelque objet lui fait peur.

Renverſée. V. Encolure. *Volte renverſée. V.* Volte.

Renverſer, *ſe renverſer*, le Cheval ſe renverſe lorſqu'il s'eſt élevé tout droit, & que perdant ſon équilibre, il tombe en arriere.

Replier, *ſe replier ſur ſoi-même*, ſe dit du Cheval qui tourne ſubitement de la tête à la queuë dans le moment qu'il a peur ou par fantaiſie.

Repolon, air de Manége : c'eſt une demie-volte fermée en cinq tems. La croupe en dedans, c'eſt auſſi une galopade de l'eſpace d'un demi mille.

Reprendre, on appelle reprendre lorſqu'après avoir fait un demi-arrêt, on fait repartir le Cheval.

Repriſe au Manége, c'eſt l'eſpace de tems pendant lequel l'Académiſte fait travailler ſon Cheval devant l'Ecuyer. Chaque Ecolier monte ordinairement trois Chevaux, & fait trois repriſes ſur chaque Cheval.

Réchauffer un Cheval, c'eſt ſe ſervir des aides un peu vigoureuſement pour rendre plus actif un Cheval pareſſeux.

Réſiſter à l'éperon, défaut du Cheval ramingue. *V.* Ramingue.

Reſnes, eſpeces de longes de cuir attachées à la bride dont le Cavalier ſe ſert pour mener ſon Cheval. *Acourcir*, *ſeparer*, *partager* les reſnes dans ſa main. *V.* Ces mots à leurs lettres.

Répondre aux éperons, ſe dit d'un Cheval qui y eſt ſenſible, & qui y obéït. *Répondre à l'éperon* eſt tout le contraire, car ce terme ſignifie un Cheval mol, qui au lieu d'obéïr au coup d'éperon, ne fait qu'une eſpece de plainte, & n'en eſt pas plus émû. *Répondre à la main. V.* Main.

Reſſource, un Cheval qui a de la reſſource, c'eſt la même choſe que d'avoir du fond. *V.* Fond.

Reſter. V. Demeurer.

Rétif, le Cheval rétif eſt celui à qui il prend ſouvent la fantaiſie de ne vouloir pas avancer, dût-on le tuer à force de le battre, ce qui ne fait que le faire reculer davantage.

Retenir, en terme de Haras, ſe dit d'une Jument qui devient pleine, elle a retenu. *Se retenir*, ſe dit d'un Cheval dont la fantaiſie eſt de ralentir ſon alleure.

Retenu. V. Eſcouteux.

Retraite, portion de clou qui eſt reſté dans le pied d'un Cheval.

Retrouſſé. V. Flanc.

Réveiller ſon Cheval, c'eſt la même choſe qu'avertir & animer. *V.* Ces mots.

Révérence. V. Faire.

Robe, ſe dit en certaines occaſions pour le poil en général. Par exemple, on dit du poil du Cheval quand il frape les yeux agréablement qu'il a *une belle robe*.

Roide, ſe dit du col & des jambes du Cheval ; du col quand le Cavalier ne ſçauroit le faire plier, & des jambes lorſqu'elles ſont ſi fatiguées, qu'à peine peut-il les plier un peu en marchant. *Eſtre roide à Cheval* ou *être à Cheval comme une paire de pincettes*, ſe dit du Cavalier quand il eſt à Cheval d'un air contraint ſans aucune aiſance dans ſon attitude.

Roidir,

Roidir, se roidir, fantaisie du Cheval lorsque roidissant les quatre jambes il ne veut pas avancer malgré le châtiment, mais il part de lui-même quand sa fantaisie est passée : ainsi il n'est pas rétif.

Rompre un Cheval à quelque alleure, c'est l'y accoutumer. *Rompre le col d'un Cheval*, c'est l'obliger quand on est dessus à plier le col à droite & à gauche pour le rendre flexible, & qu'il obéïsse aisément aux deux mains, c'est une assez mauvaise leçon qu'on donne à un Cheval quand on ne gagne pas les épaules en même-tems. *Rompre l'eau* à un Cheval, c'est l'empêcher de boire tout d'une haleine quand il est essouflé ou qu'il a chaud. *Rompre une lance*, se disoit autrefois des Cavaliers armés qui alloient l'un contre l'autre la lance à la main.

Rompu. V. Train.

Rond. V. Volte. *Couper le rond. V.* Volte. *Le garot rond, les épaules rondes, la croupe ronde. V.* ces mots à leurs lettres.

Rosée, on appelle ainsi le sang qui commence à paroître à la solle lorsqu'on la pare pour dessoler le Cheval.

Rosse, une rosse est un Cheval qui n'a ni force ni vigueur.

Rossignol, faire un rossignol sous la queuë, opération qu'on fait au Cheval poussif outré, pour lui faciliter à ce qu'on croit la respiration.

Roter sur l'avoine se dit, ou d'un Cheval dégoûté qui ne veut pas manger son avoine, ou de celui à qui on en a trop donné, & qui ne sçauroit l'achever. *Roter sur la besogne*, se dit d'un Cheval paresseux ou sans force, qui ne sçauroit fournir son travail.

Rouhan, poil de Cheval mêlé également de blanc & de bay ; quand le bay domine, on l'appelle rouhan vineux. *Rouhan, cap de maure*, est un poil mêlé de blanc & de noir mal teint communément. La tête de ces Chevaux est plus noire que le reste du corps, c'est pourquoi on appelle ces Chevaux rouhans tête ou cap de maure.

Rouge, un Cheval rouge, est un Cheval Bay très-vif ; ce terme n'est guéres usité. *Gris rouge. V.* Gris.

Rouler à Cheval, c'est s'y tenir si mal, que pour peu que le Cheval remuë le corps on va tantôt à droite, & tantôt sur le côté gauche.

Roulier, Chartier qui transporte des Marchandises réglément d'un endroit à l'autre. Les *Rouliers* d'Orleans transportent les Vins d'Orleans à Paris.

Roussin, Cheval entier de race commune, & épais.

Ruade, action du Cheval, lorsque baissant la tête, & levant le derriere, il alonge subitement les deux jambes de derriere, & les jette, pour ainsi dire, en l'air ; c'est pourquoi on dit *détacher, alonger, tirer, séparer une ruade.*

Rubican; il y a du rubican dans le poil d'un Cheval noir, lorsqu'il a les flancs ou tout le poil mêlés d'un peu de poil blanc, c'est ce mélange qu'on appelle du rubican.

Rudoyer son Cheval, c'est le maltraiter mal-à-propos quand on est dessus.

Ruer, se dit du Cheval qui détache une ruade. *V.* Ruade.

Rueur, Cheval qui a le vice de ruer souvent.

Ruiné, Cheval ruiné, est un Cheval usé de fatigue. *La bouche ruinée. V.* Bouche. *Les jambes ruinées*, sont des jambes qui n'ont plus la force de porter le Cheval, & qui sont communément arquées & bouletées.

I

S

S Abot, on appelle ainsi la corne du pied du Cheval ; ceux qui sont de corne noire sont les meilleurs. *Le sabot blanc* est communément d'une corne trop tendre ; on divise le sabot en trois parties, la pince qui est le devant, les quartiers qui sont les deux côtés, & les talons qui sont derriere. *V.* Pied pour un plus grand éclaircissement. *Le sabot dessoudé*, est celui qui par maladie s'est détaché du petit-pied, quelquefois il tombe de lui-même tout entier, & laisse le petit-pied à découvert ; on appelle encore le sabot l'ongle du pied ou les parois du pied. *V.* Ongle *&* Parois.

Saccade, coup qu'on donne à la bouche d'un Cheval en secoüant les rênes ou les guides avec violence : c'est le plus seur moyen de lui gâter la bouche, & de lui rompre les barres.

Saccader, c'est mener son Cheval en lui donnant perpétuellement des saccades.

Sage, un Cheval *sage* est un Cheval doux & sans ardeur.

Sagement, *mener son Cheval sagement*, c'est le mener sans colere, & ne le point fatiguer.

Saillir une Jument, c'est la même chose que couvrir. *V.* Couvrir.

Sain & net, un Cheval sain & net est celui qui n'a aucun défaut de conformation ni aucun mal.

Salieres, les salieres d'un Cheval sont à un bon pouce au-dessus de ses yeux ; quand cet endroit est creux & enfoncé, il dénote un vieux Cheval ou un Cheval engendré d'un vieil Estelon. Les jeunes Chevaux ont cet endroit ordinairement plein de graisse, laquelle s'affaisse en vieillissant, & devient un creux à peu près comme celui d'une saliere où on met du sel.

Sangler un Cheval, c'est serrer les sangles, afin que la Selle soit ferme sur son dos.

Sangles, tissu de ficelle menuë qui sert à asseurer la Selle sur le dos d'un Cheval.

Saut, mouvement du Cheval quand il s'éleve en l'air. *Saut de Mouton*, est un saut où le Cheval s'éleve d'abord du devant, & tout de suite du derriere en doublant les reins. Les Moutons sautent ainsi. *Un pas & un saut. V.* Pas. On appelle le saut de l'Estalon le moment où il couvre la Jument.

Sauter, c'est faire des sauts. *Aller par bons & par sauts*, en terme de manége, c'est aller à courbettes & à caprioles. *Sauter entre les piliers*, terme de Manége, se dit du Cheval qu'on a accoutumé à faire des sauts, étant attaché aux deux piliers du Manége sans avancer ni reculer. *Sauter une Jument*, se dit de l'Estalon lorsqu'il la couvre. *Sauter de ferme à ferme*, se dit au Manége quand on fait sauter un Cheval sans qu'il bouge de sa place. *Sauter en selle*, c'est sauter, ou se jetter sur un Cheval sellé, sans mettre le pied à l'estrier.

Sauteur, un Sauteur au Manége est de deux especes, ou entre les piliers, ou en liberté. *Le Sauteur entre les piliers* est un Cheval auquel on apprend à faire des sauts entre les deux piliers. *V.* Saut, & *le Sauteur en liberté* est celui à qui on apprend à faire le pas & le saut, en appuyant le poinçon, ou en croisant la gaule par derriere.

Sauvage, *Chevaux sauvages*. Il y a des Païs où dans des Isles on a jetté des Jumens, on leur donne des Estalons pour les couvrir, & elles sont abandonnées dans ces endroits sans voir ame vivante ; elles deviennent comme des animaux sauvages, & par conséquent leurs Poulins. Quand on veut se servir de ces Poulins, on les prend avec des filets ou lacs, puis on les apprivoise avec peine : c'est ce qu'on appelle *des Chevaux sauvages* qui ne valent pas mieux que les autres.

Sceau, Instrument de Palefrenier. On fait boire les Chevaux au sceau quand on ne les mene pas à l'abreuvoir.

Sec, un Cheval est *au sec*, quand au lieu de paître l'herbe, on le nourrit au foin, à la paille & à l'avoine. *Nager à sec. V.* Nager. *La tête seche, les épaules seches, la jambe seche, la bouche seche, le pied sec. V.* ces mots à leurs lettres.

Secoüer, se dit d'un Cheval dont le trot est rude, il secoüe son homme.

Selle, Machine inventée pour asseoir le Cavalier quand il est à Cheval. *Estre bien en Selle*, c'est avoir bonne grace à Cheval. *Gagner le fond de la Selle*, ou *s'entretenir dans la Selle*, signifie s'y coler, pour ainsi dire. *Sortir de la Selle*, ou, *avoir le derriere hors de la Selle*, est le contraire. *Sauter en Selle. V.* Sauter. *Une Selle qui n'a point de tenuë*, est une Selle mal faite dans laquelle on n'est point bien assis. *Sauter dans la Selle*, se dit du Cavalier qui a si peu de tenuë, qu'à chaque tems de trot ses cuisses s'élevent & sortent de la Selle.

Seller un Cheval, c'est lui attacher la Selle sur le corps.

Sellerie, Chambre où l'on met les Selles, les brides & autres appartenances d'une écurie pour les conserver.

Sellier, il y en a de deux sortes : l'un est un ouvrier qui fait ou fournit tout l'équipage d'un Cheval de Selle, excepté le mors : l'autre est un ouvrier qui travaille à garnir les Carosses & Chaises : on l'appelle *Sellier-Carossier*.

Sensible à l'éperon, se dit d'un Cheval qui y obéït pour peu qu'il le sente.

Sentir, *faire sentir les éperons à son Cheval*, c'est en appuyer un coup. *Faire sentir les gras de jambes*, c'est les approcher du Cheval, afin qu'il obéïsse en conséquence. *Sentir son Cheval dans la main*, c'est le tenir la main & des jarrets, de façon qu'on en soit le maître pour tout ce qu'on voudra entreprendre sur lui.

Séparations. V. Cloisons.

Séparer les resnes. V. Partager.

Serpentine, langue serpentine. V. Langue.

Serré, *un Cheval serré du devant*, est celui qui a le poitrail étroit & les deux jambes de devant trop près l'une de l'autre. *Serré du derriere*, est la même chose que crochu. *V.* Crochu. *Les épaules serrées. V.* Espaules. *La ganache serrée. V.* Ganache. *Les talons serrés. V.* Encastelure.

Serrer la demi-volte, c'est faire revenir le Cheval sur la même piste sur laquelle la demi-volte a été commencée. *Se serrer*, se dit du Cheval lorsqu'il approche trop du centre de la volte.

Service, *un Cheval de service* est un Cheval qui a tiré ou porté, & qui y est fait.

Serviteur, on dit quelquefois d'un bon ou d'un mauvais Cheval, que c'est un bon ou un mauvais serviteur.

Sevrer un Poulin, on les sevre communément au commencemen. de l'Hyver.

Seyme, Maladie du sabot.

Siffler, on siffle communément quand un Cheval boit ou qu'il urine, parce qu'on a l'expérience que cela le tranquilise pour ces deux fonctions. Quand on veut réveiller un Cheval au Manége, on agite la gaule qui fait du bruit en l'air, ce qui s'appelle *siffler de la gaule*, ou *faire siffler la gaule*.

Siller, se dit d'un vieux Cheval dont le dessus des yeux devient blanc.

Sillons, *les sillons du Palais* font des élévations posées en travers du palais à un demy-pouce l'une de l'autre : on donne le coup de corne pour saigner au palais entre le deux & troisiéme sillon.

Siquenille. *V.* Souquenille.

Solandres, Maladie du ply du jarret.

Solbatu, Cheval qui a une solbature.

Solbature, Maladie de la solle.

Solle, le dessous du pied du Cheval. *Porter sur la solle*, se dit du fer. *V.* Porter.

Solliciter, on dit d'un Cheval paresseux, qu'il a besoin d'être sollicité, c'est-à-dire d'être animé pour aller.

Somme, fardeau qu'on met sur un Cheval, & qui est aussi pesant qu'il le peut porter. *Cheval de somme*, est celui qui est destiné à porter la somme.

Sommier, c'est un Cheval de somme.

Sonaille on sonette, c'est une ou plusieurs clochettes qu'on pend au col des Mulets & des Chevaux de Messager.

Sonailler; le Mulet ou le Cheval qui porte la sonaille.

Sonette. *V.* Sonaille.

Sortir, se dit de l'encolure ; elle sort bien du garot, quand elle commence à s'élever du haut du garot ; elle en sort mal, quand après le garot il y a un creux duquel part l'encolure. *Sortir de la Selle*, se dit du Cavalier lorsque n'ayant point de fermeté, les mouvements du Cheval l'ôtent de son assiéte.

Souffler, se dit d'un Cheval poussif. *Laisser souffler son Cheval*, c'est l'arrêter pour lui laisser reprendre haleine. *V.* Haleine. *Souffler au poil*, se dit de la matiere qui n'aura pas eû d'écoulement dans certains maux de pied, & qui reflue, & se fait jour au pâturon ou à la couronne.

Souffleur, on nomme ainsi de certains Chevaux, qui, sans être poussifs, soufflent prodigieusement, sur-tout, dans les chaleurs, ce qui ne peut provenir que de défaut de conformation à l'entrée du conduit de la respiration ou de quelque excroissance de chair à l'entrée extérieure des nazeaux.

Souffrir l'éperon, se dit d'un Cheval qui n'y est point sensible. *Souffrir l'Estelon*, se dit de la Jument quand elle est bien en chaleur.

Soulager, *se soulager sur une jambe*, se dit du Cheval, qui, ayant les jambes de devant fatiguées & douloureuses, avance tantôt l'une & tantôt l'autre quand il est arrêté pour les reposer.

Soulandres. *V.* Solandres.

Soupçonneux, un Cheval soupçonneux est un Cheval médiocrement peureux.

Soupe de laict, poil de Cheval d'un jaune presque blanc, c'est la nuance la plus claire du poil Isabelle.

Souple, *un Cheval souple*, est celui qui a les mouvements liants & vifs.

Souplesse, qualité d'un Cheval souple.

Souquenille, espece de redingotte de toile que les Palefreniers & Cochers mettent pour penser leurs Chevaux, & dont les Chartiers se vestissent pour conduire leurs Charettes.

Souris, *gris de souris*, poil de Cheval, c'est une nuance du poil gris, laquelle est de la couleur du poil d'une souris. *La souris* est un cartilage qui forme le devant des nazeaux du Cheval, & qui l'aide à s'ébrouer.

Soutenir un Cheval, c'est l'empêcher de tendre le col, & de s'en aller sur les épaules; pour cet effet, on le soutient par le moyen des aides de la main, & des jarrets.

Soutenu, se dit des alleures relevées d'un Cheval de Manége. *Pas soutenu.* *V*. Pas. *Temps soutenus*, sont les temps des airs de Manége quand ils sont bien égaux & bien relevés.

Suite, *Cheval de suite*, est un Cheval destiné aux Valets & aux Palefreniers dans les équipages, pour le monter.

Suivre, se dit du pied de derriere qui avance le premier au galop; le pied de devant mene, & le pied de derriere suit.

Superbe, un Cheval superbe est un Cheval excellemment beau & fier.

Sur-dent, incommodité de la bouche du Cheval, c'est une dent mâcheliere qui devient plus longue que les autres.

Sur-fais, espece de sangle qu'on met par-dessus les autres, pour les fortifier & aider à asseurer la Selle en sa place.

Sur-mener un Cheval, c'est la même chose que l'outrer. *V*. Outrer.

Sur-os, grosseur qui vient à la jambe. *Sur-os chévillé*, ce sont deux sur os vis-à-vis l'un de l'autre, l'un en dehors, & l'autre en dedans de la jambe.

Surprendre un Cheval, c'est se servir des aides trop brusquement: c'est aussi approcher de lui quand il est à sa place dans l'écurie sans lui parler avant, ce qui lui fait peur, & alors un coup de pied de sa part est fort à craindre.

Suspendre un Cheval, c'est lui passer une sous-pente sous le ventre dans l'occasion de certains maux. Les Messagers suspendent ordinairement leurs Chevaux aux couchées sans les enlever de terre, mais seulement de façon que le Cheval en s'affaissant un peu, porte sur la ventriere de la sous-pente, & soulage ainsi ses jambes: car si ces Chevaux se couchoient, leurs jambes deviendroient si roides, à cause du travail journalier qu'ils font, qu'ils ne pourroient plus se relever.

Statuë équestre, on appelle ainsi une Statuë représentant communément la Personne d'un Roy ou d'un homme fameux monté sur un beau Cheval, & destinée à être mise dans une Place publique ou autre endroit remarquable & fréquenté. Les Statuës équestres sont ou de marbre ou de fonte; c'est l'affaire des Sculpteurs, ou de les parachever tout-à-fait quand elles sont de marbre, ou d'en faire le modele quand elles doivent être fonduës. Les Sculpteurs doivent alors travailler d'après nature pour le Cheval, & choisir par le moyen des connoisseurs le plus beau Cheval & le mieux proportionné, & sur-tout, ne pas s'en rapporter aux études qu'ils ont fait sur l'antique où la vraie beauté des Chevaux fins étoit peu connuë, puisqu'on ne voit communément dans les modéles anciens que des figures de Chevaux grossiers & colossaux sur lesquels les hommes paroissent des Pygmées.

T

Aille, les Chevaux sont de diverses tailles; les plus petits ont trois pieds, & les plus grands ont cinq pieds quatre pouces & six pouces. Différents Corps de Cavalerie sont fixés pour leurs Chevaux à des tailles différentes: ainsi, il y a des Chevaux taille de Dragons, taille de Mousquetaires, de Gendarmes, &c. Ce qu'on appelle Chevaux de belle taille pour la Selle, ne sont ni trop grands ni trop petits.

Talons, font toujours deux à chaque pied : c'eſt la partie du pied qui finit le ſabot, & qui commence la fourchette. Les bonnes qualités des talons ſont d'être *hauts*, *ronds*, *& bien ouverts* ; c'eſt-à-dire, ſéparés l'un de l'autre. Les mauvaiſes qualités ſont d'être *bas*, d'être *ſerrés*. *V.* Encaſtelure. *Ouvrir les talons* d'un Cheval, cela dépend de la ferrure. *V.* le Chap. qui en traite, & c'eſt une très-mauvaiſe maxime. *Talon*, ſe dit auſſi en certaines occaſions des talons du Cavalier relativement au Cheval. Le talon *de dedans*, *de dehors*. *V.* Dedans & Dehors. *Promener un Cheval entre deux talons*, c'eſt le mener au pas en le recherchant, & le maintenir droit entre les deux talons.

Faire fuir les Talons. V. Fuir. *Porter ſon Cheval d'un talon ſur l'autre*, c'eſt lui faire fuir tantôt le talon droit, & tantôt le gauche. *Mettre un Cheval dans les talons. V.* Mettre.

Taon, Mouche qui pique les Chevaux au ſang, il y en a de gros & de petits.

Tapis, *razer le tapis*, *galoper près du tapis. V.* Razer & Galoper.

Tare, une tare ſignifie un Mal viſible.

Taré, *un Cheval taré* eſt celui qui a quelque Mal qu'on puiſſe découvrir à la vûë.

Taſter ſon Cheval, c'eſt ſolliciter un Cheval qu'on a peu monté, pour connoître s'il a quelque vice, ou pour voir le degré de ſa vigueur. *Taſter le pavé ou le terrain*, ſe dit d'un Cheval qui ne marche pas hardiment, parce qu'il a les pieds douloureux.

Taye ou blancheur, Mal qui vient à l'œil du Cheval.

Teigne, Maladie de la fourchette.

Temps, on appelle ainſi chaque mouvement accompli de quelque alleure que ce ſoit du Cheval ; quelquefois ce terme ſe prend à la lettre, & quelquefois il a une ſignification plus étenduë : Par exemple, quand on dit au Manége : *Faire un temps de galop*, c'eſt faire une galopade qui ne dure pas long-temps ; mais lorſqu'on va au pas, au trot ou au galop, & qu'on *arrête un temps*, c'eſt arrêter quaſi tout court & remarcher ſur le champ. *Arrêter un demi temps*, n'eſt que ſuſpendre un inſtant la viteſſe de l'alleure du Cheval pour la reprendre ſans arrêter. *Temps écoutés*, c'eſt la même choſe que ſoutenus. *V.* Soutenus. *Paſſade d'un temps*, *de cinq temps. V.* Paſſade.

Tendon : Les Maréchaux appellent, mal-à-propos, tendon un cartilage qui eſt ſous les côtés de la couronne.

Tenir ſon Cheval dans la main, c'eſt faire enſorte par la façon de tenir ſa bride que le Cheval maintienne ſa tête & ſon col en belle ſituation, & le tenir en même-temps *dans les talons*, c'eſt le relever encore davantage, & empêcher qu'il ne s'échappe & qu'il ne ſe traverſe. *Tenir ſon Cheval bride en main*, c'eſt l'empêcher d'avancer autant qu'il en auroit envie. *Tenir ſon Cheval dans la ſujetion des aides*, c'eſt la même choſe que l'aſſujetir. *V. Tenir un Cheval en haleine*, c'eſt l'exercer tous les jours médiocrement pour ſa ſanté, & pour pouvoir dans l'occaſion faire un travail conſidérable ſans en être incommodé. *Se tenir aux crins ou au pomeau de la Selle*, eſt un expédient que les Perſonnes qui n'ont point de fermeté à Cheval ont trouvé pour ne pas tomber lorſque le Cheval veut ſauter de gayeté ou autrement, mais cela ne leur réuſſit pas toujours. *Tenir un Cheval au filet*, c'eſt l'empêcher de manger pendant quelque temps.

Tenuë, avoir *ou* n'avoir point de *tenuë à Cheval*, c'eſt y être ou n'y être pas ferme. *Une Selle qui n'a point de tenuë. V.* Selle.

Terminer des courbettes, des voltes, &c. c'est les finir selon les regles.

Terragnol, un Cheval terragnol, est celui qui a les mouvements trop retenus & trop près de terre, & qui, par le défaut de ses épaules, ne peut lever le devant.

Terrein au Manége, est la piste qu'on veut suivre en menant son Cheval. Ainsi, *garder, observer bien son terrein,* est suivre la même piste sans se serrer ni s'élargir. *Embrasser bien son terrein,* & *embrasser du terrein au galop.* V. Embrasser.

Terre à terre, le terre à terre est un air de Manége dans lequel le Cheval coule & s'éleve peu de terre.

Témoigner de la force, se dit d'un Cheval, dans les mouvements duquel il en paroît.

Tête du Cheval, il y en a de conformations différentes; sçavoir, de longues, de larges ou quarrées, de courtes, de busquées ou moutonnées, de petites; mais la beauté d'une tête de Cheval est *d'être petite, déchargée de chair,* de façon que les veines y paroissent sous la peau; celles qui approchent le plus de cette description approchent le plus de la beauté. *Les têtes busquées ou moutonnées;* c'est-à-dire, celles qui depuis les yeux jusqu'au bout du nez, forment une ligne convexe, quand on les regarde de côté, passent pour belles; mais celles qui, en les regardant ainsi, forment une ligne concave en s'enfonçant vers le milieu du chanfrein, & se relevant ensuite pour former les nazeaux, sont les plus vilaines & les plus ignobles de toutes. C'est un défaut pour une tête d'être *trop longue.* Le front large qui fait *la tête quarrée* n'est pas une beauté. *La tête grosse* est un défaut, aussi-bien que la *tête mal attachée ou mal penduë;* c'est-à-dire, commençant un peu trop bas & au-dessous du haut du col. *Lisse-en-tête.* V. Chanfrein. *Marqué en tête.* V. Estoile. *La tête à la muraille.* V. Passager. *Porter bien sa tête, la tête dans les nuës.* V. Porter. *Placer sa tête.* V. Placer. *Relever la tête.* V. Relever. On dit aux voltes qu'un Cheval a la *tête dedans,* lorsqu'on le mene de biais sur la volte, & qu'on lui fait plier un peu la tête en-dedans de la volte. *Courir les têtes,* exercice d'Académie : on place une tête de carton dans la carriere; & l'Ecolier tantôt armé d'une épée, & tantôt d'un dard, tâche de l'enlever ou de la fraper en courant à Cheval à toutes jambes.

Tic, le tic est une incommodité du Cheval qui le fait maigrir; c'est une espece de rot.

Tigre, poil de Cheval dont le fond est blanc, parsemé de taches noires & rondes d'espace en espace.

Timbalier, Cheval de Timbalier est un Cheval de Selle très-grand & étoffé, qui n'est propre qu'à monter un Timbalier, parce que c'est de cette taille qu'il les faut pour les Timbaliers.

Timoniers, Chevaux d'atelage qu'on atelle au timon : c'est toujours les plus grands de l'atelage.

Tiquer, avoir le tic. V. Tic.

Tiqueur, est un Cheval qui tique souvent.

Tirage, on appelle en général Chevaux de tirage ceux qui servent aux Voitures.

Tirer, est l'action des Chevaux de tirage. *Tirer à la main,* se dit d'un Cheval, qui, au lieu de se ramener, résiste à la bride en alongeant la tête quand on tire les resnes. *Tirer une ruade,* c'est la même chose que ruer. *Tirer race, se* dit de ceux qui font couvrir les Juments. *Ils tirent race ; c'eſt-à-dire , ils tirent des Poulins ou Pouliches de l'Eſtalon & de la Jument.*

Tiſoné , gris tiſoné , eſt un poil de Cheval , qui , ſur un fond blanc , a des marques noires & irrégulieres , larges au moins comme la main.

Tombelier , eſt le Chartier qui mene un tombereau.

Tortuë , faire la tortuë , c'eſt la même choſe que doubler les reins. *V.* Doubler.

Toucher de la gaule , c'eſt la même choſe que croiſer la gaule en arriere. *V.* Croiſer.

Toupet , le toupet d'un Cheval eſt le crin qui eſt entre les deux oreilles , & qui retombe ſur le front.

Tourdille , eſpece de poil gris.

Tourmenter ſon Cheval , c'eſt le châtier ou l'inquiéter mal-à-propos. *Se tourmenter ,* ſe dit d'un Cheval qui a trop d'ardeur , & qui eſt toujours en action ; il ſe tourmente , & tourmente ſon homme.

Tourner à toutes mains. V. Main.

Tournois , divertiſſement guerrier & galant où pluſieurs Cavaliers bien montés & magnifiquement parés font manier leurs Chevaux.

Toux , Maladie du Cheval.

Train , le train de devant d'un Cheval eſt les épaules & les jambes de devant , & *le train de derriere* eſt la croupe & les deux jambes de derriere. *Train ,* ſignifie auſſi l'alleure du Cheval. Ainſi , *aller bon train , grand train ,* c'eſt mener ſon Cheval vîte. Un Cheval qui va un *petit train ,* eſt celui dont les aleures ſont courtes , c'eſt-à-dire qui avance peu. *Train rompu ,* eſt celui qui tient de deux aleures : Par exemple , le traquenard eſt un train rompu & l'aubin. *V.* ces deux mots.

Traîner les hanches. V. Hanches.

Trait , Cheval de trait , c'eſt la même choſe que Cheval de tirage. *V.* Tirage.

Tranchant. V. Garot & Barres.

Tranquile , un Cheval tranquile eſt un Cheval qui n'a aucune ardeur.

Traquenard , train ou aleure qui tient de l'amble & du trot.

Travaillé , les jambes travaillées ſignifie les jambes fatiguées.

Travailler un Cheval , ſe dit au Manége , de celui qui lui donne leçon ; c'eſt-à-dire , qui lui apprend ſon exercice. Ainſi , il le travaille , ou autour du pilier , ou dans les piliers , ou dans les coins du Manége. *Travailler en quarré. V.* Volte. *Travailler de la main à la main ,* c'eſt changer ſon Cheval de main ſans l'aider des jambes.

Travat , c'eſt un Cheval qui a une balzane au pied de devant , & une autre au pied de derriere du même côté , on dit auſſi *travé ou entravé.*

Traverſé , un Cheval bien traverſé eſt celui qui eſt étoffé , & qui a les côtes larges.

Traverſer , ſe traverſer , ſe dit du Cheval , quand lorſque le Cavalier veut l'aſſujetir au lieu d'aller droit , il ſe jette tantôt ſur un talon & tantôt ſur l'autre , & va de biais.

Trébucher. V. Broncher , c'eſt la même choſe.

Trépigner , ſe dit d'un Cheval d'ardeur , c'eſt la même choſe que battre la pouſſiere. *V.* Battre.

Tricoter , ſe dit d'un Cheval qui remuë vîte les jambes en marchant , & qui n'avance pas.

Tride ,

Tride, fignifie qu'un Cheval rabat fes hanches avec viteffe & agilité.

Tronçon, *le tronçon* de la queuë n'eft autre chofe que les vertebres de la queuë vers la croupe ou le gros de la queuë.

Trot, allure naturelle du Cheval : c'eft celle qui tient le milieu pour la viteffe entre le pas & le galop ; on diftingue le trot en trois fortes de viteffe : la moindre s'appelle le petit trot ; la plus vîte après celle-ci eft le trot ou le bon trot. La troifiéme & la plus vîte s'appelle *le grand trot*. *Le trot alongé* ou *le trot de Chaffe* : quand le Cheval va le trot de lui-même, & fans y être excité, on dit qu'il prend le trot : quand on lui fait aller, on dit qu'on le met au trot. *Le trot reglé*. *V*. Allure.

Troter, eft aller le trot. *Troter des épaules*, fe dit du Cheval qui trote pefamment. *Troter legerement*, c'eft le contraire. *Troter autour du pilier*, exercice qu'on fait faire aux Poulins pour les débourrer.

Troteur, Cheval qui va le trot très-vîte. *Un bon troteur*, fe dit communément d'un Cheval de brancart qui avance beaucoup au trot.

Trouffe, en terme de guerre, eft une botte d'herbe verte ou de fourage que les Cavaliers mettent derriere ou devant eux quand ils l'ont coupée & botelée pour la rapporter au camp, afin d'en nourrir leurs Chevaux. *Monter en trouffe*, fe dit d'un homme ou d'une femme qui montent en fecond fur la croupe d'un Cheval lorfqu'il a déjà quelqu'un fur fon dos. *Porter en trouffe*, fe dit d'un Cheval qui fouffre patiemment celui ou celle qui montent en trouffe fur fes reins.

Trouffe-queuë, efpece de fac ou d'envelope dans quoi on enferme la queuë des Chevaux de Caroffe qui ont tous leurs crins, pour que la queuë ne fe crote ni ne fe faliffe quand ils font au Caroffe ; on met auffi *un trouffe-queuë* aux Sauteurs du Manége, de peur qu'en fautant leur queuë n'incommode le Cavalier en le frapant par derriere.

Trouffer, fe dit d'un Cheval qui a des éparvins fecs qui lui font trop lever les jarrets à quelque allure que ce foit.

Truité, *gris truité*, poil de Cheval dont le fond eft blanc, mêlé de petites marques de poil bay ou alzan.

V

*V*Aillant Cheval, on appelle ainfi un Cheval courageux & vigoureux.

Vaiffelle, prix qu'on donne en Angleterre pour de certaines courfes de Chevaux.

Valet, c'eft la même chofe que poinçon. *V*. Poinçon. *Valet d'écurie*, on nomme ainfi dans une Hôtellerie le domeftique prépofé pour donner aux Chevaux qui y arrivent tous leurs befoins.

Valeureux Cheval, c'eft la même chofe que vaillant Cheval. *V*. Vaillant.

Van ou vanette, efpece de panier d'ozier, dans lequel on fecouë l'avoine qu'on va donner aux Chevaux pour la nettoyer.

Vaner l'avoine, c'eft fe fervir de la vanette.

Varice, groffeur qui vient au pli du jarret.

Veine, *preffer la veine*. *V*. Preffer. *Barrer la veine*. *V*. Barrer.

Venir par le milieu de la Place. *V*. Place.

Vent, avoir du vent, se dit d'un Cheval qui est pouſſif. *Porter le nez au vent, ou porter au vent*, c'eſt la même choſe. *V.* Porter. On dit d'un Cheval qui court naturellement d'une vîteſſe exceſſive, qu'il eſt *vîte comme le vent.*

Ventre du Cheval, ſes mauvaiſes qualités ſont de deſcendre trop bas, ce qu'on appelle ventre de Vache ou ventre avalé.

Verge, on appelle ainſi le manche d'une eſpece de foüet de Cocher, qui a peu de touche.

Verre, cul de verre. V. Cul.

Verron, œil verron. V. Oeil.

Vert, on appelle ainſi l'herbe verte que le Cheval mange dans le Printemps. *Mettre un Cheval au vert*, c'eſt le mettre dans un Pré ou herbage pâturer l'herbe pendant le Printemps. *Donner le vert. V.* Donner.

Vertement. V. Appuyer.

Vertigo, Maladie de la tête.

Veſſigon, groſſeur au jarret.

Vicieux, un Cheval vicieux eſt celui qui a de fortes fantaiſies, comme de ruer & de mordre.

Vieux, boiter de vieux ou de vieux temps. V. Boiter.

Vineux, gris vineux, eſt un poil blanc & noir, mêlé de bay. *Rouhan vineux. V.* Rouhan.

Vîte comme le vent. V. Vent, *comme un oiſeau*, c'eſt la même choſe.

Vitre, on appelle ainſi la prunelle de l'œil du Cheval.

Uni, un Cheval uni : il eſt uni, quand au galop il avance la jambe droite de devant & la jambe gauche de derriere en même-temps.

Unir un Cheval, c'eſt le remettre quand il eſt deſuni au galop. *V.* Deſuni.

Voiture, c'eſt en géneral tout ce qui étant monté ſur deux ou quatre roües, ſert à tranſporter les hommes ou les marchandiſes d'un lieu à un autre avec l'aide des Chevaux. On appelle auſſi *une voiture de Chevaux* une quantité de Chevaux que les Marchands de Chevaux conduiſent dans quelque endroit, pour être vendus ou livrés.

Voiturier, c'eſt le conducteur d'une voiture.

Volée, Chevaux de volée, ſont ceux qu'on atelle à la volée d'une voiture.

Volontaire, un Cheval volontaire, eſt celui qui eſt plein de fantaiſies & de deſobéiſſance.

Volonté. V. Gagner.

Volte, cercle ou rond, eſt un terrein ſuppoſé dans un Manége, & que l'on y choiſit à volonté ; on le ſuppoſe ſouvent circulaire & quelquefois quarré : alors en faiſant manier ſon Cheval autour de ce terrein, la volte ou le quarré ſont formés par la premiere piſte du Cheval. *La demi-volte*, c'eſt la moitié dudit rond ; il y a toujours un pilier effectif ou ſuppoſé pour centre de la volte. Quand on fait manier le Cheval en quarré, on dit, *travailler en quarré* lorſqu'on mene le Cheval trois fois ſur chaque ligne du quarré, cela s'appelle *travailler de quart en quart* ; & lorſqu'on fait faire au Cheval un tour à chaque coin du quarré de la volte, en marquant toujours ledit quarré ſans s'arrêter : on dit, *faire les quatre coins*, ou *travailler aux quatre coins* : on appelle *voltes d'une piſte*, celles que le Cheval parcourt, les hanches ſuivant les épaules ; c'eſt-à-dire, ſans aller de côté. *Les voltes de deux piſtes*, ſont celles où le Cheval va de côté. *Les voltes renversées*, font celles que le Cheval fait ayant la tête tournée vers le centre de la volte, & la croupe vers la circonférence. *Mettre un Cheval sur les voltes*, c'est le dresser à cet air de Manége. *Faire six voltes tout d'une haleine*, c'est conduire son Cheval six fois sur la volte, commençant par deux voltes à droite, puis deux à gauche; & finissant par deux à droite, ces voltes sont ce qu'on appelle *des voltes redoublées. Passeger, ou promener un Cheval sur les voltes*, c'est le mener de côté sur la volte au pas & sans courbettes. *Tenir un Cheval sujet aux voltes*, c'est empêcher qu'il ne s'échape, & qu'il ne se traverse en faisant des voltes. *Regarder dans la volte*, se dit du Cheval lorsqu'en faisant des voltes de deux pistes, il a la tête tournée du côté qu'il va, ou lorsqu'aux voltes d'une piste, il a la tête tournée vers le centre de la volte. Un Cheval *se couche sur les voltes* lorsque ses épaules précedent ses hanches. *Embrasser la volte*, c'est ne la pas serrer; & la serrer, c'est trop s'approcher du centre de la volte, & racourcir le rond ou le quarré. *Couper la volte ou le rond*, c'est changer de main en faisant des voltes.

Voltiger sur le Cheval de bois, exercice qui se joint à ceux des Académies, au moyen duquel, en faisant divers sauts sur un Cheval de bois, on acquiert de l'adresse & de la legereté; il y a des Maîtres à voltiger qui montrent cet exercice.

Vouloir, en vouloir, terme de Haras qui se dit de la Jument, lorsqu'elle paroît disposer à souffrir l'Etelon.

Usé, un Cheval usé, est celui qui a tant fatigué, qu'il ne peut plus rendre de bons services.

Vuidé, qualité du jarret. *V.* Jarret.

Vuider, se vuider, c'est fienter.

Y

Y *Eux de Cochon. V.* Oeil.

Z

Z *Ain, un Cheval Zain* est un Cheval, qui, de quelque poil qu'il soit, (excepté gris ou blanc) n'a aucune marque de poil blanc sur le corps.

TABLE
DES MATIERES
CONTENUES DANS CE VOLUME.

L

M

M ij

N

O

Q

Q ij

Fin de la Table des Matieres.

De l'Imprimerie de C L A U D E S I M O N.